Frank-Michael Barth
Praktische Thermodynamik
De Gruyter Studium

Weitere empfehlenswerte Titel

Thermische Trennverfahren
Trennung von Gas-, Dampf- und Flüssigkeitsgemischen
Burhard Lohrengel, 2017
ISBN 978-3-11-047321-6, e-ISBN (PDF) 978-3-11-047322-3

Thermodynamik für Maschinenbauer
Frank-Michael Barth, 2016
ISBN 978-3-11-041334-2, e-ISBN (PDF) 978-3-11-041336-6

Chemische Thermodynamik
Grundlagen, Übungen, Lösungen
Walter Schreiter, 2018
ISBN 978-3-11-055747-3, e-ISBN (PDF) 978-3-11-055750-3

Thermodynamik
Vom Tautropfen zum Solarkraftwerk
Rainer Müller, 2016
ISBN 978-3-11-044531-2, e-ISBN (PDF) 978-3-11-044533-6

Frank-Michael Barth

Praktische Thermodynamik

Autor
Prof. Dr.-Ing. habil. Frank-Michael Barth
FOM Hochschule
Leimkugelstraße 6
45141 Essen
frank.barth@fom.de

ISBN 978-3-11-060133-6
e-ISBN (PDF) 978-3-11-060135-0
e-ISBN (EPUB) 978-3-11-060581-5

Library of Congress Control Number: 2019951308

Bibliografische Information der Deutschen Nationalbibliothek
Die Deutsche Nationalbibliothek verzeichnet diese Publikation in der Deutschen Nationalbibliografie; detaillierte bibliografische Daten sind im Internet über http://dnb.dnb.de abrufbar.

© 2019 Walter de Gruyter GmbH, Berlin/Boston
Einbandabbildung: tridland / iStock / Getty Images Plus
Druck und Bindung: CPI books GmbH, Leck

www.degruyter.com

Vorwort

> Habe Mut, dich deines eigenen
> Verstandes zu bedienen.
> *Immanuel Kant (1724 – 1804)*

Das vorliegende Lehrbuch wurde für Studierende des Maschinenbaus an Technischen Hochschulen und Universitäten geschrieben. Darin eingeflossen sind die praktischen und didaktischen Erfahrungen, die der Verfasser mit seiner zwanzigjährigen weltweiten Praxistätigkeit in Planung, Errichtung und Betrieb energietechnischer Anlagen als General Manager und Direktor im Geschäftssegment Engineering des Pharma- und Chemiekonzerns Bayer AG bzw. bei seiner langjährigen Lehrtätigkeit an der FOM School of Engineering gesammelt hat.

Ein Dozent für Thermodynamik muss die eigene Freude und Begeisterung an seinem Fach spürbar werden lassen und er muss mit klarer Sprache zur didaktischen Reduktion, zur Veranschaulichung und zur Herstellung von Transparenz fähig sein. Wenn solides Fachwissen aus der Industrie-Praxis und didaktisches Geschick zusammenkommen, dann sind beste Voraussetzungen für eine erfolgreiche Lehrtätigkeit im Fach Thermodynamik gegeben.

Wenn aber an Hochschulen und Universitäten im Dschungel der Bologna-Reformen für die Vermittlung der Grundlagen der Thermodynamik mit der Reduzierung der Präsenzstunden von 100 UE auf etwa 70 UE fast nur noch die Theorie der Thermodynamik gelehrt wird und die Studierenden kaum Aufgaben zur Übung bekommen, dann ärgert solcher Minimalismus, weil den Studierenden eine der attraktivsten Seiten der Naturwissenschaften vorenthalten wird. Übungsaufgaben und deren Lösung sind in der Lehre unverzichtbar, weil sie den fundamentalen Weg aufzeigen, auf dem die Naturwissenschaften die Erkenntnisse über diese Welt gewinnen.

Die Studierenden sollen den Weg der Erkenntnisgewinnung durch ein zu diesem Lehrbuch beigefügtes Repetitorium selbst erleben und gehen. Mit den praxisnahen Aufgaben im Repetitorium, die sich auf den Inhalt des gesamten Lehrbuches beziehen, sollen durch zunächst selbständiges Bearbeiten die Fähigkeiten entwickelt und gesteigert werden, eigene Lösungswege für thermodynamische Aufgaben zu finden oder schließlich durch die im Repetitorium enthaltenen ausführlich durchgerechneten Lösungen die eigene Methodik zur Lösungsfindung angeregt werden.

Die Kapitel wurden von Anfang an nach Erfahrungen aus der Ingenieurpraxis und streng auf unmittelbare Praxiswirksamkeit hin orientiert, um in einem Verbesserungsprozess am Puls der Wirtschaft ein praxisnahes und kompaktes Lehrbuch zu erstellen. Dabei wurden die aktuellen Methoden des Kompetenz Centrums für Hochschuldidaktik der FOM-Hochschule KCD mit einbezogen.

Dem Verlag De Gruyter möchte ich für die äußerst angenehme und konstruktive Zusammenarbeit danken.

Frank-Michael Barth
Leverkusen, Juni 2019

Inhaltsverzeichnis

Vorwort		V
Häufig verwendete Formelzeichen		XIII
1	**Einleitung**	**1**
2	**Grundbegriffe**	**5**
2.1	System, Systemgrenze, Umgebung, Bezugssystem	5
2.2	Thermodynamischer Zustand	9
2.3	Erstes Gleichgewichtspostulat der Thermodynamik	9
2.4	Innere Zustandsgrößen	10
2.4.1	Spezifisches und molares Volumen	12
2.4.2	Druck und Temperatur	12
2.5	Zweites Gleichgewichtspostulat der Thermodynamik	14
2.5.1	Thermisches Gleichgewicht	14
2.5.2	Nullter Hauptsatz der Thermodynamik	15
2.5.3	Temperaturskale – SI-Definition der Temperatur	15
2.6	Äußere Zustandsgrößen	18
2.7	Prozess und quasistatische Zustandsänderung	18
2.8	Reversible und irreversible Prozesse	20
2.9	Thermische Zustandsgleichung	20
2.9.1	Thermische Zustandsgleichung des idealen Gases	21
2.9.2	Gesetz von Boyle-Mariotte	25
2.9.3	Gesetze von Gay-Lussac	25
2.9.4	Normzustand	25
3	**Methoden der Thermodynamik**	**27**
3.1	Bilanzgleichungen und Transportgleichungen	27
3.2	Anfangs-, Rand- und Nebenbedingungen	27
3.3	Schreibweise der mathematischen Beziehungen in der Thermodynamik	28
3.3.1	Die differenziellen Größen dz und ∂z in der Thermodynamik – Zustandsgrößen	28
3.3.2	Die differenzielle Größe δz in der Thermodynamik – Prozessgrößen	35

4	**Erster Hauptsatz der Thermodynamik**	**37**
4.1	Grundgesetze	37
4.2	Erster Hauptsatz – Energieerhaltungssatz	39
4.2.1	Wärme und Arbeit	39
4.2.2	Druckarbeit (Volumenänderungsarbeit)	42
4.2.3	Reibungsarbeit	45
4.2.4	Gesamtenergie, innere Energie und Bezugssystem	45
4.2.5	Thermische und kalorische Zustandsgrößen	47
4.2.6	Erster Hauptsatz für ruhende, geschlossene, homogene Systeme	47
4.2.7	Erster Hauptsatz für ruhende, offene, inhomogene Systeme	48
4.2.8	Erster Hauptsatz für bewegte, geschlossene Systeme	51
4.2.9	Erster Hauptsatz für bewegte, offene, inhomogene Systeme	53
4.2.10	Kalorische Zustandsgleichungen und spezifische Wärmekapazität	55

5	**Spezielle Zustandsänderungen idealer Gase**	**65**
5.1	Einfache thermodynamische Prozesse	65
5.2	Prozesse mit Zustandsänderungen idealer Gase	65
5.2.1	Prozesse mit isentroper Zustandsänderung	67
5.2.2	Prozesse mit isothermer Zustandsänderung	72
5.2.3	Prozesse mit isochorer Zustandsänderung	74
5.2.4	Prozesse mit isobarer Zustandsänderung	76
5.2.5	Prozesse mit polytroper Zustandsänderung	78
5.3	Übersicht einfacher Zustandsänderungen idealer Gase	81

6	**Zweiter Hauptsatz der Thermodynamik**	**83**
6.1	Typische irreversible Prozesse	85
6.1.1	Reibungsbehaftete Prozesse (Dissipationsprozesse)	85
6.1.2	Wärmeübertragungsvorgänge und andere Ausgleichsvorgänge	87
6.2	Mathematische Formulierung des zweiten Hauptsatzes	89
6.2.1	Der integrierende Nenner und die absolute Temperatur	90
6.2.2	Die Entropie für inhomogene, geschlossene Systeme	93
6.2.3	Die Bedeutung der Entropie	95
6.3	Diagramm für Wärme und irreversible Prozessenergie	99

7	**Anwendung des ersten Hauptsatzes auf Kreisprozesse**	**101**
7.1	Prozessarbeit und thermischer Wirkungsgrad	102
7.2	Betrachtungen zur Theorie von Kreisprozessen	107
7.3	Carnotprozess	109

8	**Anwendung des zweiten Hauptsatzes auf Energieumwandlungen**	**111**
8.1	Exergie und Anergie	111
8.2	Exergie und Anergie der Wärme	112

8.3	Exergie und Anergie des Stoffstromes	115
8.4	Zufuhr von Exergie an ein inhomogenes, geschlossenes System	117
8.5	Die Exergie eines inhomogenen, geschlossenen Systems	118
8.6	Die Bilanz der technischen Arbeitsfähigkeiten (Exergiebilanz)	119
8.7	Die Anergie bei Reibung und Wärmeübertragung	120
8.8	Der technische Arbeitsverlust	121
9	**Wärmeübertragung und Wärmedämmung**	**123**
9.1	Transport thermischer Energie	123
9.2	Wärmeleitung	124
9.2.1	Wärmeleitung durch eine einschichtige ebene Wand	127
9.2.2	Wärmeleitung durch eine mehrschichtige ebene Wand	128
9.3	Konvektion	130
9.4	Strahlung	132
9.5	Kombination von Strahlung und Konvektion	135
9.6	Kombination von Konvektion und Leitung	136
9.7	Wärmedurchgang durch Wände mit Wärmebrücken	138
9.8	Zusammenstellung wesentlicher Merkmale des thermischen Energietransports	148
10	**Repetitorium**	**151**
10.1	Aufgaben Kapitel 2 – Grundbegriffe	151
10.2	Aufgaben Kapitel 3 – Methoden der Thermodynamik	157
10.3	Aufgaben Kapitel 4 – Erster Hauptsatz der Thermodynamik	158
10.4	Aufgaben Kapitel 5 – Spezielle Zusatandsänderungen idealer Gase	193
10.5	Aufgaben Kapitel 6 – Zweiter Hauptsatz der Thermodynamik	203
10.6	Aufgaben Kapitel 7 – Anwendung des ersten Hauptsatzes auf Kreisprozesse	206
10.7	Aufgaben Kapitel 8 – Anwendung des zweiten Hauptsatzes auf Energieumwandlungen	225
10.8	Aufgaben Kapitel 9 – Wärmeübertragung und Wärmedämmung	233
10.9	Lösungen Kapitel 2 – Grundbegriffe	242
10.10	Lösungen Kapitel 3 – Methoden der Thermodynamik	253
10.11	Lösungen Kapitel 4 – Erster Hauptsatz der Thermodynamik	255
10.12	Lösungen Kapitel 5 – Spezielle Zusatndsänderungen idealer Gase	356
10.13	Lösungen Kapitel 6 – Zweiter Hauptsatz der Thermodynamik	397
10.14	Lösungen Kapitel 7 – Anwendung des ersten Hauptsatzes auf Kreisprozesse	407

10.15	Lösungen Kapitel 8 – Anwendung des zweiten Hauptsatzes auf Energieumwandlungen	477
10.16	Lösungen Kapitel 9 – Wärmeübertragung und Wärmedämmung	514
11	**Literatur**	**537**
12	**Index**	**539**

Häufig verwendete Formelzeichen

a)   Lateinische Formelbuchstaben

A	Fläche
a	Absorptionskoeffizient
B	Anergie
$\dot{B}$	Anergiestrom
B_Q	Anergie der Wärme
C_s	Strahlungskoeffizient des schwarzen Körpers
c	spezifische Wärmekapazität
c_p	spezifische Wärmekapazität bei konstantem Druck
c_v	spezifische Wärmekapazität bei konstantem Volumen
d	Durchlasskoeffizient
E	Exergie
E_{kin}	kinetische Energie
E_{pot}	potentielle Energie
$\dot{E}$	Exergiestrom, Strahlungsenergiestrom
e	spezifische Exergie
F	Fläche
g	Erdbeschleunigung
H	absolute Enthalpie
h	spezfische Enthalpie
K	Kelvintemperatur
k	Wärmedurchgangskoeffizient
M	molare Masse
m	Masse
$\dot{m}$	Massenstrom
n	Molzahl, Teilchenmenge, Polytropenexponent
p	Druck
p_B	barometrischer Druck
p_n	Normaldruck
p_U	Unterdruck
$p_{\text{Ü}}$	Überdruck
Q	Wärme
$\dot{Q}$	Wärmestrom

q	spezifische Wärme
$\dot{q}$	spezifischer Wärmestrom
R	spezielle Gaskonstante, elektrischer Widerstand
R_T	thermischer Widerstand
$\bar{R}$	universelle Gaskonstante
r	Reflexionskoeffizient
S	Entropie
$\dot{S}$	Entropiestrom
S_{irr}	irreversible Entropie
s	spezifische Entropie
T	Kelvintemperatur
T_n	Normaltemperatur
t	Celsiustemperatur
U	absolute innere Energie
u	spezifische innere Energie
V	Volumen
$\dot{V}$	Volumenstrom
v	spezifisches Volumen
$\bar{v}$	molares Volumen
$\bar{v}_n$	Norm-Molvolumen
W	absolute Arbeit
W_t	absolute technische Arbeit
$W_{D,nt}$	absolute Arbeit der Druckkräfte (Oberflächenkräfte)
W_R	absolute Arbeit der Reibungskräfte
$\dot{W}$	Arbeitsstrom
w	spezifische Arbeit
w_t	spezifische technische Arbeit
$w_{D,nt}$	spezifische Arbeit der Druckkräfte (Oberflächenkräfte)
w_R	spezifische Arbeit der Reibungskräfte
$\dot{w}$	spezifischer Arbeitsstrom
x	Koordinate
y	Koordinate
Z	Realgasfaktor
z	Koordinate

b) Griechische Formelbuchstaben

α	Wärmeübergangskoeffizient
δ	Schichtdicke
ε	Emissionskoeffizient

- η_{th} thermischer Wirkungsgrad einer Wärmekraftmaschine
- η_C CARNOT-Faktor
- λ Wärmeleitkoeffizient
- κ Isentropenexponent
- ρ Dichte

1 Einleitung

Die Entwicklung einer modernen Gesellschaft geht mit ihrer Fähigkeit parallel, sich Energien in Form von Wärme, Arbeit und in Form von Elektroenergie in immer größerem Maße nutzbar zu machen.

Nach wie vor beruht der ganz überwiegende Teil der deutschen Stromerzeugung auf den konventionellen Anlagen der Versorger.

In Deutschland werden dabei immer noch vorwiegend natürliche Brennstoffe (fossile Energieträger: Kohle, Erdöl, Erdgas) aber nach der Energiewende 2011 abnehmend Kernbrennstoffe (Uran) und zunehmend regenerative Energien (Windenergie, Wasserkraft, Sonnenenergie, Bioenergie, Geothermie, Wellenenergie) genutzt, die auch als „erneuerbare Energien" bezeichnet werden. Der Begriff „erneuerbare Energien" wird für Energien verwendet, die für die bestehende Menschheit praktisch unerschöpflich zur Verfügung stehen. Tatsächlich ist der Begriff „erneuerbare Energien" im thermodynamischen Sinne wie auch der Begriff „Wärmespeicher" falsch, denn Energie lässt sich nach dem Energieerhaltungssatz der Physik weder vernichten, noch erschaffen oder erneuern, sondern lediglich in verschiedene Formen überführen [29]. Leider hat sich die Verwendung dieses Begriffs nicht nur in der gesellschaftlichen und politischen Diskussion fest etabliert, sondern auch in der Gesetzgebung wie z. B. das Erneuerbare-Energie-Gesetz EEG 2016/2017.

Im Jahr 2017 lag der Anteil der regenerativen Energien am Bruttoendenergieverbrauch in Deutschland bei 15,5 %. In Deutschland wird der Primärenergiebedarf immer noch überwiegend mit Erdöl, mit Erdgas und mit Kohle gedeckt.

Durch zunehmendes Umweltbewusstsein und bewussteren Umgang mit vorhandenen Ressourcen gewinnen regenerative Energien weltweit zwar eine immer größere Bedeutung, aber die bei regenerativen Energien häufigen Einspeiseschwankungen müssen im vollen Umfang durch Kohlekraftwerke ausgeglichen werden.

Auf dem G-7-Gipfel 06/2015 wurde die so genannte Dekarbonisierungsstrategie d. h. die Abkehr von Öl, Kohle und Gas als Energielieferanten, erörtert. Besser wäre der Begriff Defossilierung, da hier nur indirekt die CO_2-Reduzierung einher geht.

Die westlichen Industrieländer sind trotz aller Fortschritte bei alternativen Energien noch viele Jahrzehnte von einer flächendeckenden Öl- und Gasversorgung abhängig.

Der bisherige maßlose Verbrauch fossiler Energieträger führte zu globalen Problemen. Technischer Fortschritt – der mit weniger Energie Gleiches oder mehr zu erzielen ermöglicht – ist zu beschleunigen. Energiesparende Produkte und Techniken sollen die alten verdrängen.

Aus dem Bestreben heraus, die Umwandlung und Übertragung der einzelnen Energieformen sicherer zu beherrschen, entstanden als Teilgebiete der Physik die Thermodynamik

(Grundlagen der Energielehre) und die Wärmelehre (Grundlagen der Wärmeübertragung, d.h. präziser der thermische Energietransport durch Leitung, Konvektion und Strahlung).

Der Begriff Thermodynamik ist aus den griechischen Wörtern *thermos* und *dynamis (Wärme* und *bewegen)* abgeleitet und resultiert aus einer historischen Wissenschaftsbetrachtung, in der es vornehmlich um die Untersuchung von Wärmeerscheinungen ging. Heute wird unter Thermodynamik die Energielehre, d.h. die Lehre von den Energieumwandlungen und Energieübertragungen und den damit verbundenen Änderungen der Stoffeigenschaften verstanden. Wärmelehre wird als die Lehre vom Transport thermischer Energie aufgefasst.

Die hier betrachtete nur auf makroskopisch messbare Eigenschaften aufbauende so genannte phänomenologische Darstellungsart der Thermodynamik oder „technische" Thermodynamik (inklusive Wärmelehre) stützt sich im Gegensatz zur „statistischen" Thermodynamik in ihren Betrachtungen auf Erfahrungssätze. Die wichtigsten Erfahrungssätze sind der erste und zweite Hauptsatz der Thermodynamik, die Größen enthalten, die direkt gemessen werden können. Bei dieser Darstellungsart werden zudem chemische, elektrische und magnetische Vorgänge aus der Betrachtung ausgeschlossen. Die „technische" Thermodynamik in ihrer phänomenologischen Darstellungsart, ausgehend von Erfahrungssätzen, ist gegenüber der statistischen Thermodynamik eine relativ einfache, beschreibende ingenieurtechnische Wissenschaft, die zur Behandlung technischer Aufgabenstellungen in der Regel völlig ausreichend ist.

Die statistische Thermodynamik geht dagegen vom Atom- bzw. Molekülaufbau der Materie aus und beschreibt mit statistischen Methoden die Eigenschaften der Teilchen des zu untersuchenden Stoffes.

Die technische Thermodynamik – im folgenden nur Thermodynamik genannt – wird hier also phänomenologisch behandelt, d.h. die Eigenschaften der untersuchten Stoffe in einem thermodynamischen (Makro-)System werden mit experimentell messbaren Größen, z.B. Druck, Temperatur und Volumen beschrieben. Grundlage dieser Darstellung sind hypothesenfreie Erfahrungsgrundlagen (Axiome oder Hauptsätze) und Gleichungen zur Beschreibung der Stoffeigenschaften. Die phänomenologische Betrachtungsweise beschränkt sich auf die Beschreibung von Gleichgewichtszuständen thermodynamischer Systeme und auf die Darstellung von Zustandsänderungen, die unendlich langsam (im Sinne von unendlich vielen Gleichgewichtszuständen) durchlaufen werden. Die Materie im thermodynamischen System (Kontrollraum, Bezugsraum oder Stoffmenge) wird dabei als Kontinuum mit seinen wesentlichen messbaren Eigenschaften z.B. Druck, Temperatur und Volumen betrachtet. Diese Betrachtungsweise führt zu einer gewissen Kompliziertheit in der Begriffsbildung, die den Studierenden erfahrungsgemäß zunächst einige Schwierigkeiten bereitet. Schnell wird jedoch klar, dass die bei der phänomenologischen Betrachtungsweise erlangten Aussagen zur schnellen und unkomplizierten Lösung von technischen Aufgaben bestens geeignet sind.

Zu den wichtigsten Themen der „Global Challenges", der globalen Herausforderungen, gehört die wachsende Nachfrage von nachhaltigen, sicheren und kostengünstigen Energie- und Energieeffizienzlösungen.

Energiekonzepte lassen sich nachträglich häufig nur schwer in ein bereits bestehendes Gebäudekonzept integrieren. Dabei stellt sich oft die Frage, ob zuerst klimagerecht gebaut und erst dann bauwerksgerecht die Raumluft eines Bauwerks durch technische Anlagen zu konditionieren ist oder umgekehrt. Eine Integration von Energie- und Gebäudekonzept ist der richtige Weg und sollte daher möglichst früh erfolgen und setzt thermodynamisches Wissen voraus.

Die Anforderungen an die Ingenieure des Maschinen- und Anlagenbaus in der Industrie 4.0 werden sich verändern. Aber auch im Rahmen zukünftiger Smart Energy Factories wird es mehr denn je wichtig sein, die Systeme dahinter genau zu verstehen und die dafür notwendigen Kompetenzen zu erlernen. Dabei muss die Auslegung, d. h. die Vorausberechnung thermodynamischer Einzel-Systeme wie Pumpen, Turbinen, Ventile, Wärmeübertrager und kompletter Anlagen-Systeme wie Wärme-Kraft-Maschinen nach vorgegebenen Anforderungen erlernt werden. Die Kenntnis dieser Berechnungsgleichungen ist auch bei zukünftigen Smart Energy Factories für die Erstellung von Analysealgorithmen erforderlich, um bei einem fehlerhaften System-Verhalten zum Beispiel für einen bevorstehenden Ausfall einer Pumpe oder eines Ventils nicht nur entsprechende Vorsorge zu treffen, sondern auch die Betriebssicherheit zu gewährleisten.

Eine große Zahl technischer Vorgänge hat Energieübertragungen und Energieumwandlungsprozesse zum Ziel. Somit ist die Thermodynamik für viele Fachdisziplinen von besonderer Bedeutung. Hierzu zählen z.B. alle Bereiche der Versorgungs- und Entsorgungstechnik, die Planung, Errichtung und der Betrieb energietechnischer Anlagen (Pumpen, Verdichter, Motoren und Turbinen), Wärmeübertrager (Dampferzeuger, Kondensatoren), Feuerungs-, Heizungs- und Rohrleitungstechnik, Klima- und Kältetechnik, Wärme- und Stoffübertragung.

Thermodynamische Kenntnisse sind schließlich notwendig bei der Entwicklung von Energiespeichertechnologien und dem so genannten Wärmemanagement. Beispielhaft ist hier das 2011 errichtete Hybridkraftwerk Prenzlau für grundlastfähige Windkraftwerke, in dem Wasserstoff erzeugt und als Energiespeicher genutzt wird. Der zwischengespeicherte Wasserstoff wird in Zeiten hoher Nachfrage nach Elektroenergie und geringem Windenergieangebot beispielsweise in einem Blockheizkraftwerk mit dem Brennstoff Biogas und Wasserstoff zur Erzeugung von Strom- und Wärme genutzt.

Die Thermodynamik ist ebenfalls Grundlage in der thermischen Verfahrenstechnik und der Umweltschutztechnik sowie bei der thermischen Behandlung von Abfällen. Zur Umweltschutztechnik gehört auch der Einsatz von Dämmstoffen. Berechnungsgrundlage ist hier die Wärmelehre.

Mathematisch-physikalische Beziehungen für thermische Abläufe, die auch als physikalisch-mathematische Modelle PMM bezeichnet werden, sind der eigentliche Kern der Thermodynamik. Diese PMMs dienen vorrangig zur Erstellung von Prognosen, die ein wichtiger Teil der wissenschaftlichen Methodik sind. Nur wenn unabhängig vom Experiment vorhergesagt werden kann, wie sich ein thermischer Prozess verhalten wird, ist es möglich, den Vorgang wirklich zu verstehen.

Moderne Softwaresysteme und flexible Modellierungssprachen großer Leistungsfähigkeit, in denen die physikalisch-mathematischen Modellen PMM implementiert werden können - so genannte rechentechnische Modelle RM - können zur Lösungsfindung komplexer mathematischer Funktionssysteme und großer Gleichungssysteme eingesetzt werden.

Nicht zuletzt die Beherrschung der thermodynamischen Begriffswelt, die Übung mit den Aufgaben und Lösungen des Repetitoriums des Buches und die Gewöhnung an immer wiederkehrende gleichartige Modellvorstellungen (im Sinne eines Kochrezeptes) für die verschiedenartigsten Aufgaben als methodisches Instrumentarium bilden eine entscheidende Voraussetzung zu deren Lösung.

2 Grundbegriffe

2.1 System, Systemgrenze, Umgebung, Bezugssystem

Für jede thermodynamische Untersuchung muss festgelegt werden, welcher Gegenstand (Körper, konstante oder veränderliche Stoffmenge, Bezugsraum, Feld) von welchem Standpunkt (*Bezugssystem BZS*) aus untersucht werden soll.

Der zu untersuchende Gegenstand (konstante oder veränderliche Stoffmenge, abgegrenzter Kontrollraum, Bezugsraum, Bilanzraum) heißt thermodynamisches System oder kurz *System*. Er wird durch eine gedachte oder vorhandene materielle Grenze, der so genannten *Systemgrenze (Bilanzhülle)*, von der *Umgebung* abgegrenzt, Abb. 2.1.

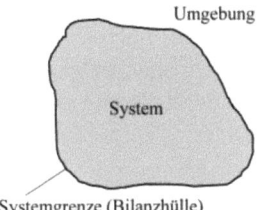

Abb. 2.1: Thermodynamisches System

In einer Wärmekraftmaschine können z.B. folgende Systemgrenzen gelegt werden, Abb. 2.2, Abb. 2.3 und Abb. 2.4

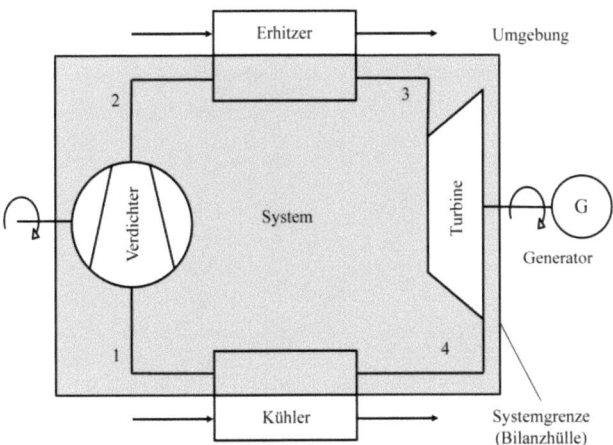

Abb. 2.2: Thermodynamisches System Wärmekraftmaschine

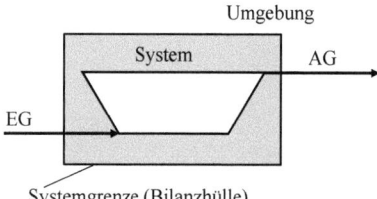

Abb. 2.3: Thermodynamisches System Turbine, EG – Eingangsgröße, AG – Ausgangsgröße

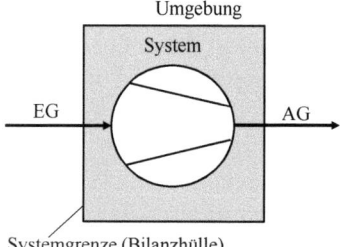

Abb. 2.4: Thermodynamisches System Verdichter, EG – Eingangsgröße, AG – Ausgangsgröße

Andere thermodynamische Systeme müssen nicht nur körperlich oder geometrisch begrenzte Objekte sein wie Pumpen, Abb. 2.5, sondern auch gedachte Bereiche wie ein Strömungsbereich zwischen zwei Schaufelgittern einer Turbine, Abb. 2.6.

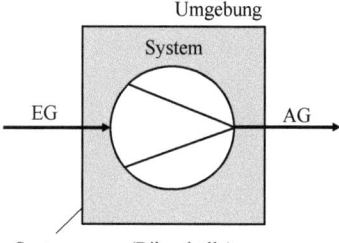

Abb. 2.5: Thermodynamisches System Pumpe, EG – Eingangsgröße, AG – Ausgangsgröße

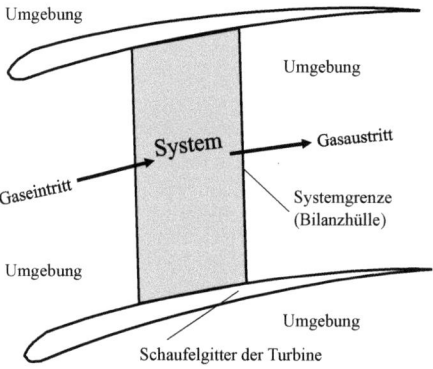

Abb. 2.6: Thermodynamisches System Strömung zwischen Schaufelgittern der Turbine

2.1 System, Systemgrenze, Umgebung, Bezugssystem

Durch die Schaffung dieser Bilanzräume ist es möglich, Maschinen und Apparate thermodynamisch zu berechnen, ohne sich im Einzelnen um die Vorgänge innerhalb dieser Räume zu kümmern (Prinzip: black box).

Die Systemgrenzen werden stets so gelegt, dass die untersuchten Größen unmittelbar berechnet werden können.

Die thermodynamischen Systeme werden unterschieden

- nach den Eigenschaften bzw. der Beschaffenheit ihrer Systemgrenzen (Bilanzhüllen)
  - *Offene Systeme*, die einen Stoff- und Energietransport über die Systemgrenze hinweg aufweisen
  - *Geschlossene Systeme*, bei denen stets dieselben Teilchen betrachtet werden bzw. kein Stofftransport über die Systemgrenze auftritt
  - *Abgeschlossene Systeme*, über deren Systemgrenze weder ein Stoff- noch ein Energietransport stattfindet
- nach dem Zustand im Innern des Systems
  - *Homogene Systeme*, die an allen Punkten des Systems die gleiche Stoffzusammensetzung und die gleichen Eigenschaften, z.B. Druck, Temperatur usw. aufweisen (Definitionen von Druck und Temperatur erfolgen später).
  - *Inhomogene Systeme*, die an verschiedenen Punkten unterschiedliche Stoffzusammensetzungen oder unterschiedliche Eigenschaften besitzen

Eigenschaften bzw. Beschaffenheit der Systemgrenzen (Bilanzhüllen)

Sind die Grenzen eines Systems stoffdicht, so wird es als geschlossen bezeichnet, Abb. 2.7. Die geschlossenen Systeme lassen also keinen Stoffstrom über die Systemgrenze zu, Energieströme in Form von Arbeit und/oder Wärme über diese sind aber möglich (Definitionen von Wärme und Arbeit erfolgen später).

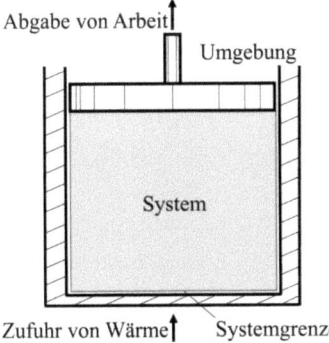

Abb. 2.7: Thermodynamisches geschlossenes System

Wie aus Abb. 2.7 leicht erkennbar ist, kann ein System mit veränderlichen Systemgrenzen durchaus geschlossen sein.

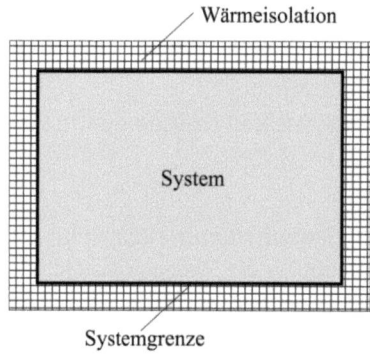

Abb. 2.8: Thermodynamisches abgeschlossenes System

In der Abb. 2.8 wird ein abgeschlossenes System gezeigt, über deren Systemgrenze weder Stoff- noch Energietransporte stattfinden.

Beispiele für geschlossene thermodynamische Systeme sind:
- Wärmekraftmaschine, Abb. 2.2
- Zylinder mit beweglichen Kolben, Abb. 2.7
- Thermosgefäß, Abb. 2.8

Beispiele für offene thermodynamische Systeme sind:
- Turbine zur Energiegewinnung, Abb. 2.3
- Verdichter (Kompressor) zum Verdichten eines Gases, Abb. 2.4
- Pumpe zum Fördern von Flüssigkeiten, Abb. 2.5
- Volumenelement eines strömenden Fluids (Flüssigkeit oder Gas), Abb. 2.6

Bei den offenen Systemen sind Stoffströme über die Systemgrenzen vorhanden. Die Grenzen der Systeme sind stoffdurchlässig. Bei offenen Systemen sind folgende Energieströme über die Systemgrenze möglich:
1. an den Stoffstrom gebundener Energiestrom
2. Energieströme in Form von Arbeit und Wärme (wie beim geschlossenen System)

Eigenschaften im Innern des Systems

Ein *homogenes System* ist vorhanden, wenn die makroskopischen Eigenschaften der im System befindlichen Stoffe an allen Stellen des Systems gleich sind, d.h. wenn überall gleiche chemische Zusammensetzung und gleiche physikalische Eigenschaften (z.B. Druck, Temperatur) vorhanden sind (Definitionen von Druck und Temperatur erfolgen später).

Ändern sich die Eigenschaften der Stoffe jedoch sprunghaft an gewissen Grenzflächen und existieren an verschiedenen Punkten unterschiedliche Stoffzusammensetzungen oder unterschiedliche Eigenschaften, wird das *System inhomogen (heterogen)* bezeichnet.

Bezugssystem

Der Standpunkt wird durch das *Bezugssystem BZS* (Koordinatensystem) festgelegt. Die thermodynamischen Systeme sind *ruhende Systeme*, wenn sie sich in Ruhe zum Bezugssystem befinden. Die thermodynamischen Systeme sind *bewegte Systeme*, wenn sie sich im Bezugssystem bewegen. Die Bewegungen zwischen System und Bezugssystem sind relativ. Ein bewegtes Bezugssystem im oder außerhalb zum System wird demzufolge auch als bewegtes System (aus der Sicht des Bezugssystems) angesehen. Die geschickte Wahl des Bezugssystems erleichtert die Lösung eines thermodynamischen Problems.

2.2 Thermodynamischer Zustand

Der *thermodynamische Zustand* eines Systems ist die Gesamtheit seiner momentanen (zu einem Zeitpunkt vorliegenden) makroskopischen Eigenschaften. Alle folgenden Betrachtungen beschränken sich hier auf makroskopisch *messbare* Eigenschaften des zu untersuchenden Systems im *Gleichgewichtszustand*, siehe dazu nächsten Abschn. Beispielsweise wird bei der Fiebermessung der Gleichgewichtszustand zwischen Körper und Thermometer abgewartet. Jedes thermodynamische System hat eine Vielzahl makroskopischer Eigenschaften wie Volumen, Druck, Dichte, Temperatur, Stoffmenge u.a. Der Gleichgewichtszustand eines Systems lässt sich dagegen mit wenigen Eigenschaften beschreiben. Mit der Beschränkung auf die Betrachtung von Gleichgewichtszuständen werden hier auch bei Änderungen des Zustandes eines Systems stets zunächst nur der eingeschwungene Anfangs- und dann der eingeschwungene Endzustand untersucht. Der thermodynamische Zustand im jeweils eingeschwungenen Anfangs- bzw. Endzustand kennzeichnet eindeutig ein System und lässt Änderungen im System erkennbar und berechenbar machen.

Systeme im Nichtgleichgewichtszustand fallen in das Gebiet der irreversiblen Thermodynamik und werden hier nicht behandelt.

2.3 Erstes Gleichgewichtspostulat der Thermodynamik

Die Thermodynamik beschäftigt sich mit thermodynamisch wichtigen, makroskopischen Eigenschaften. Sie betrachtet nur Systeme, die dem *ersten Gleichgewichtspostulat der Thermodynamik* folgen:

> Jedes System strebt einen Gleichgewichtszustand zu, wenn es abgeschlossen wird. Im Gleichgewichtszustand erfolgen keine Änderungen des makroskopischen Zustandes.

Systeme, die dem ersten Gleichgewichtspostulat nicht genügen, d.h. auf Grund der Bewegung der Atome und Moleküle keinen Gleichgewichtszustand erreichen oder ihn spontan wieder verlassen, gehören in den Arbeitsbereich der statistischen Thermodynamik.

2.4 Innere Zustandsgrößen

Die Eigenschaften, die den Zustand des Systems beschreiben, werden durch *Zustandsgrößen* ausgedrückt. Eine Größe besteht stets aus einem Zahlenwert und einer Einheit.

Zustandsgrößen können nach verschiedenen Gesichtspunkten eingeteilt werden. Für die Thermodynamik ist die Unterteilung in *extensive* und *intensive* sowie in *äußere* und *innere* Zustandsgrößen besonders wichtig.

Innere Zustandsgrößen lassen sich in *extensive* (mengenabhängige) und *intensive* (mengenunabhängige) Zustandsgrößen einteilen.

Extensive Zustandsgrößen Z eines Systems setzen sich additiv aus den entsprechenden Zustandsgrößen der Teilsysteme k zusammen

$$Z = \sum_{k} Z_k \qquad (2.1)$$

Für ein homogenes System folgt daraus, dass extensive Zustandsgrößen proportional der Masse des Systems sind.

Intensive Zustandsgrößen z eines Systems erhält man, wenn eine extensive Zustandsgröße auf eine Substanz- oder Stoffmenge des Systems bezogen wird.

Wird als Stoffmengenbezug die Systemmasse m verwendet, so ergeben sich *spezifische Zustandsgrößen*

$$z = \frac{Z}{m} \qquad (2.2)$$

Bezieht man die extensive Zustandsgröße nicht auf die Masse, d.h. einer Gewichtseinheit, sondern auf die Stoffmenge n, auch Molzahl, Molmenge oder Teilchenmenge (Moleküle, Atome oder Ionen) genannt, so erhält man *molare Zustandsgrößen*

$$\bar{z} = \frac{Z}{n} \qquad (2.3)$$

Die Einheiten für die Masse m und für die Molmenge n sind g bzw. mol.

Es gilt das

> AVOGADRO-Gesetz:
> Beliebige Stoffmengen enthalten bei gleichem Druck, gleichem Volumen und gleicher Temperatur die gleiche Molmenge, d.h. die gleiche Anzahl von Teilchen (Moleküle, Atome oder Ionen).

(Definitionen von Druck, Volumen und Temperatur erfolgen später).

Die Anzahl der Teilchen (Moleküle, Atome oder Ionen) eines beliebigen Stoffes in $1\ mol$ beträgt $6{,}022 \cdot 10^{23}\ Teilchen$.

2.4 Innere Zustandsgrößen

Die Größe $N_A = 6,022 \cdot 10^{23} \frac{Teilchen}{mol}$ (Größe besteht stets aus Zahlenwert und Einheit) wird nach seinem Entdecker AVOGADRO-Konstante genannt.

Gleiche Molmengen (Stoffmengen in mol) haben selbstverständlich unterschiedliche Massen (Stoffmengen in g).
Das Mol (mol) ist nach der 14. Generalkonferenz für Maß und Gewicht CGPM 1971 die siebte und letze Basiseinheit des Internationalen Einheitensystems SI.
Die Masse eines Stoffes m ist der Menge seiner Teilchen n proportional, somit folgt $m \sim n$.
Führt man den Proportionalitätsfaktor M ein, ergibt sich eine Definitionsgleichung für die molare Masse M

$$m = M \cdot n \qquad (2.4)$$

Im Periodensystem der Elemente steht das Kohlenstoffelement mit der Bezeichnung $^{12,01}C$.
$6,022 \cdot 10^{23}$ ^{12}C-Atome haben eine Masse von $m = 12,01\ g$ oder nach Gl. (2.4) die molare Masse (Molmasse) $M_C = \frac{m_C}{n_C} = 12,01\ g/mol = 12,01\ kg/kmol \approx 12\ kg/kmol$.

Die Summenformel für Aspirin $C_9 H_8 O_4$ beispielsweise hat mit den Elementen $^{12,01}C$, $^{1,01}H$ und $^{15,99}O$ mit 9 $C - Atomen$, 8 $H - Atomen$ und 4 $O - Atomen$ nach Tab. 2.1 die Molmasse von $180\ kg/kmol$.

Tab. 2.1: Molmasse von Aspirin $C_9 H_8 O_4$

Atom	Molmasse M	Anzahl Atome	gesamt
C	12,01 $kg/kmol$	9	108,09 $kg/kmol$
H	1,01 $kg/kmol$	8	8,06 $kg/kmol$
O	15,99 $kg/kmol$	4	63,96 $kg/kmol$
		Summe	180,11 $kg/kmol$

Die Molmassen einiger technisch wichtiger Gase und Dämpfe sind in Tab. 2.2 aufgelistet.

Tab. 2.2 Molmassen von Gasen (nach verschiedenen Quellen)

Gasart	Molmasse M	Gasart	Molmasse M
H_2	2,016 $kg/kmol$	CO	28,01 $kg/kmol$
O_2	32,00 $kg/kmol$	CO_2	44,01 $kg/kmol$
Luft	28,96 $kg/kmol$	CH_4	16,04 $kg/kmol$

Spezifische und molare Größen werden mit dem Symbol der extensiven Zustandsgrößen, aber in Kleinschrift z bezeichnet. Die molaren Größen bekommen dazu einen Überstrich $\bar{z}$.
Intensive Zustandsgrößen sind Angaben für einen Punkt des Systems. In einem endlichen System wird eine intensive Zustandsgröße durch ein Feld beschrieben, Für ein homogenes System legt bereits ein Wert das gesamte Feld fest. Eine intensive Zustandsgröße ist

unabhängig von der Masse des Systems. Spezifische und molare Zustandsgrößen können als intensive Zustandsgrößen aufgefasst werden.

Innere Zustandsgrößen (also spezifische und molare Zustandsgrößen) hängen nur von den momentanen Größen des Systems ab. Da viele System-Eigenschaften untereinander verknüpft sind, bedarf es nur einer geringen Zahl dieser Eigenschaften, um den thermodynamischen Zustand eines Systems eindeutig zu beschreiben. Gut messbare Eigenschaften wie *Volumen, Druck, Temperatur* und *Systemmasse*, aber auch aus ihnen abgeleitete physikalische Größen können dazu verwendet werden.

Die einen (inneren) Zustand des Systems beschreibenden physikalischen Größen werden innere Zustandsgrößen genannt. Zu ihnen gehören *spezifisches und molares Volumen, Druck, Temperatur* und *Systemmasse*. Die inneren Zustandsgrößen sind von der Art und Weise, auf welche das System (über irgendeinen *Zeitbereich*) in den betreffenden Zustand gelangt ist, unabhängig und charakterisieren den momentanen thermodynamischen Zustand (eines *Zeitpunktes*) eindeutig. Beispielsweise ist es völlig gleich, ob die momentane (augenblickliche) Temperatur eines Körpers durch ein über irgendeinen Zeitbereich erfolgtes Abkühlen des vorher gefühlt „heißen" Körpers oder durch ein Aufwärmen des vorher gefühlt „kalten" Körpers erreicht wurde. Die physikalische Größe Temperatur wird nicht durch das vorhergehende Geschehen beeinflusst. Sie ist eine Zustandsgröße, die nur den momentanen (augenblicklichen) Zustand, d.h. den Zustand zu einem Zeitpunkt charakterisiert.

2.4.1 Spezifisches und molares Volumen

Der Quotient aus *Systemvolumen V* und der *Systemmasse m* wird als spezifische Volumen v bezeichnet und ist zugleich der Kehrwert der Dichte ρ des Systemstoffs

$$v = \frac{1}{\rho} = \frac{V}{m} \tag{2.5}$$

Das *molare Volumen oder Molvolumen* ist der Quotient aus Systemvolumen V und Menge seiner Teilchen n und beträgt

$$\bar{v} = \frac{V}{n} \tag{2.6}$$

2.4.2 Druck und Temperatur

Der Quotient aus Normalkraft F und der Fläche A wird als Druck bezeichnet

$$p = \frac{F}{A} \quad mit \ p \perp A \tag{2.7}$$

Es sind zu unterscheiden:

$p_\text{Ü}$ bzw. p_U Über- bzw. Unterdruck (mit Manometer gemessen)

p_B Luftdruck = barometrischer Druck = atmosphärischer Druck (mit Barometer gemessen)

2.4 Innere Zustandsgrößen

p absoluter Druck

Hierfür gilt

$$p = p_B + p_Ü \qquad (2.8)$$

$$p = p_B - p_U \qquad (2.9)$$

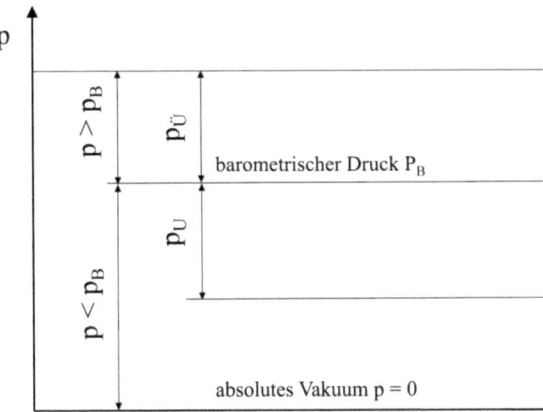

Abb. 2.9: Lage der Druckarten

Die SI-Druckeinheit ist das Pascal (Pa) oder $Newton/m^2$, kurz (N/m^2).

$$1\,Pa = 1\frac{N}{m^2} = 1\frac{kg\,m}{s^2 m^2} = 1\frac{kg}{m s^2}$$

Da die Einheit Pa sehr klein ist, verwendet man in der Praxis häufig die Einheit bar, wobei

$$1\,bar = 10^5\,\frac{N}{m^2} = 10^5\,Pa$$

gilt.

Weitere alte, selten noch gebrauchte Druckeinheiten und deren Umrechnung sind
- die physikalische Atmosphäre

$$1\,atm = 1{,}013 \cdot 10^5\,\frac{N}{m^2} = 1{,}013 \cdot 10^5\,Pa = 1.013{,}25\,mbar = 1{,}013\,bar$$

- die technische Atmosphäre

$$1\,at = \frac{1\,kp}{cm^2} = 9{,}81 \cdot 10^4\,\frac{N}{m^2} = 9{,}81 \cdot 10^4\,Pa = 10\,mWS$$

Am 01.01.1978 wurden at und atm durch bar abgelöst.

Im Alltagsgebrauch wird der Druck oft relativ zum atmosphärischen Druck angegeben. Wenn ein Reifendruckmessgerät an einer Tankstelle einen Druck von $2{,}3\,bar$ anzeigt, dann ist der Druck im Autoreifen tatsächlich $2{,}3\,bar$ über den dann gerade vorhandenen atmosphärischen Druck von z.B. 1,03 *bar*, d.h. die Errechnung des absoluten Drucks lautet wie folgt:

$$\text{Manometer: } p_{\ddot{U}} = 2{,}30 \cdot 10^5 \, Pa \text{ Überdruck}$$
$$\text{Barometer: } p_B = 1{,}03 \cdot 10^5 \, Pa \text{ atmosphärischer Druck}$$
$$\overline{}$$
$$P = 3{,}33 \cdot 10^5 \, Pa \text{ absoluter Druck}$$

Eine weitere für die Thermodynamik charakteristische innere Zustandsgröße ist die *Temperatur T*. Sie beschreibt die Eigenschaft eines Systems, gefühlsmäßig „warm" oder „kalt" zu sein und wird im folgenden Kapitel erläutert.

2.5 Zweites Gleichgewichtspostulat der Thermodynamik

2.5.1 Thermisches Gleichgewicht

Zunächst ist festzulegen, wann zwei Systeme umgangssprachlich gleich „warm" sind. Dafür wird ein „warmes" System *A* mit einem „kalten" System *B* in Berührung gebracht. Das Gesamtsystem *AB* soll abgeschlossen sein. *A* und *B* für sich sind geschlossene Systeme. Die Systemgrenze zwischen *A* und *B* ist unverschiebbar, so dass keine Übertragung von Arbeit stattfinden kann.

Zunächst wird infolge Wärmeübertragung das „warme" System „kälter" und das „kalte" System „wärmer". Die Systemgrenze zwischen *A* und *B* soll die Änderung dieser Eigenschaft zulassen. Schließlich stellt sich entsprechend dem *ersten Gleichgewichtspostulat der Thermodynamik* ein Gleichgewichtszustand ein, der *thermisches Gleichgewicht* genannt wird.

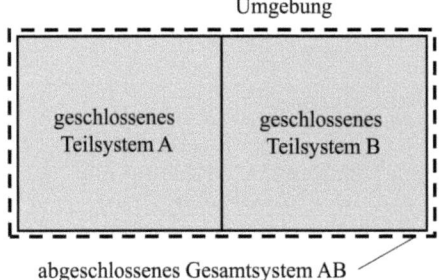

Abb. 2.10: Gesamtsystem AB abgeschlossen, bestehend aus den geschlossenen Systemen A und B

Die Temperaturgleichheit verschiedener Systeme wird durch die Definition

> Zwei Systeme im thermischen Gleichgewicht besitzen die gleiche Temperatur.

festgelegt.

Durch diese Definition kann ein Temperaturunterschied als Antriebsgröße für die Einstellung des thermischen Gleichgewichtes und damit der Wärmeübertragung aufgefasst werden. Im thermischen Gleichgewicht verschwindet der Temperaturunterschied; es findet keine Wärmeübertragung und damit keine Änderung des Zustands mehr statt.

2.5.2 Nullter Hauptsatz der Thermodynamik

Bisher wurde stillschweigend vorausgesetzt, dass es für ein System eine Zustandsgröße „Temperatur" existiert.

Das ist gar nicht so selbstverständlich, sondern wird erst durch das erfahrungsgemäß erfüllte *zweite Gleichgewichtspostulat der Thermodynamik*, auch *Nullter Hauptsatz der Thermodynamik* genannt, ermöglicht.

> Zwei Systeme im thermischen Gleichgewicht mit einem dritten sind auch untereinander im thermischen Gleichgewicht.

Der Nullte Hauptsatz verdankt seinen sonderbaren Namen der Tatsache, dass erst nach der Formulierung des ersten und zweiten Hauptsatzes der Thermodynamik feststand, dass dieses offenbar triviale Postulat als Erstes hätte formuliert werden müssen.

Da die Eigenschaft „warm" für beliebige Punkte eines Systems angebbar ist, muss die Temperatur eine intensive Zustandsgröße sein. Für *homogene Systeme* besteht zwischen den intensiven Zustandsgrößen p, v und T ein allgemeiner funktioneller Zusammenhang, eine so genannte *thermische Zustandsgleichung*

$$T = T(p, v) \qquad (2.10)$$

bzw.

$$F(p, v, T) = 0 \qquad (2.11)$$

Mehr dazu wird in Abschn. 3.3. erläutert.

Nachdem bisher nur die Temperaturgleichheit zweier Systeme festgelegt wurde, ist noch die Temperatur selbst zu bestimmen.

2.5.3 Temperaturskale – SI-Definition der Temperatur

Für ein homogenes Ausgangssystem kann die Temperatur durch eine so genannte empirische Temperaturskale willkürlich in Bezug zu einem Vergleichswert definiert werden. Dann ist für alle anderen Systeme die Temperatur ebenfalls festgelegt, wenn sie im thermischen Gleichgewicht mit dem Ausgangssystem stehen. Das ist die eigentliche Grundlage einer jeden Temperaturmessung.

Im Wesentlichen wurden zwei Methoden bekannt, eine Skale zu definieren:

Nach der ersten Methode wird die Änderung des spezifischen Volumens von Quecksilber, Alkohol oder einem Gas zwischen zwei Fixpunkten, d.h. zwischen zwei in der Natur vorkommenden und durch Experimente reproduzierbaren Werten, in gleiche Teile geteilt. Als Fixpunkte für die Änderung des spezifischen Volumens von Quecksilber dienen die Temperaturen des Quecksilbers im Gleichgewicht mit Wasser beim Eis- und Siedepunkt bei dem so genannten Normdruck von $p_n = 1,01325 \cdot 10^5 \, Pa$. Zur Festlegung der Temperaturskale wird bei Quecksilber die Temperatur zwischen den Fixpunkten *linear* zum spezifischen Volumen angesetzt. Andere Stoffe jedoch, wie Alkohol (z.B. C_2H_5OH) oder einige Gase (z.B. H_2) weisen dem gegenüber *nichtlineare* Temperaturskalen auf, siehe Abb. 2.11. Diese Temperaturskalen können die Größe einer Temperatur nicht eindeutig festlegen, da sie an stoffabhängige Eigenschaften gebunden sind. Derartige Temperaturmessgeräte eignen sich nicht für grundlegende Messungen der Temperatur.

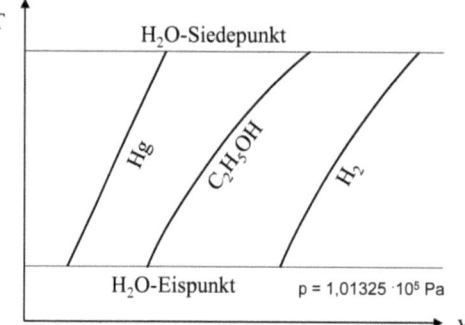

Abb. 2.11: Lineare und nichtlineare Temperaturskalen

Bei der zweiten Methode wird die Erkenntnis genutzt, dass alle Gase bei sehr kleinen, konstanten Drücken fast die gleiche Temperaturabhängigkeit des Volumens aufweisen. Völlige Übereinstimmung dieser Abhängigkeit ergibt sich im Grenzfall bei $p = 0$ in allen Temperaturbereichen. Das Volumen des Gases steigt dann bei konstantem Druck linear mit der Temperatur an, Abb. 2.12. Eine völlige Unabhängigkeit der Temperatur von den verwendeten Temperaturmessgeräten und Füllstoffen wird mit der *absoluten* oder *thermodynamischen Temperaturskale* erreicht. Für diese zweite Methode wird nur ein Fixpunkt verwendet, Abb. 2.13. Zur Festlegung der Temperaturskale wird ein Gas unter sehr niedrigem, konstantem Druck benutzt, indem der Nullpunkt der thermodynamischen Temperaturskale, der so genannte Temperaturnullpunkt $T_0 = 0\,K$ für $v = 0\,m^3/kg$ und die Temperatur $T_{Tr} = 273{,}16\,K$ für das Gas im thermischen Gleichgewicht mit Wasser im Tripelpunkt definiert wird. Im Tripelpunkt befinden sich die gasförmige, flüssige und feste Phase des Stoffes miteinander im Gleichgewicht.

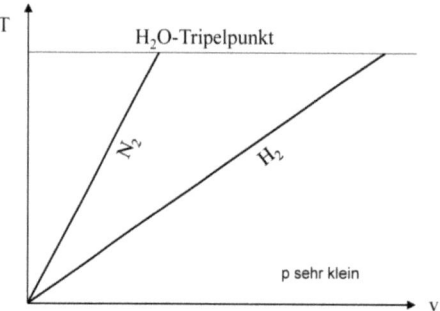

Abb. 2.12: Lineare Temperaturskalen von Gasen bei sehr kleinen Drücken

2.5 Zweites Gleichgewichtspostulat der Thermodynamik

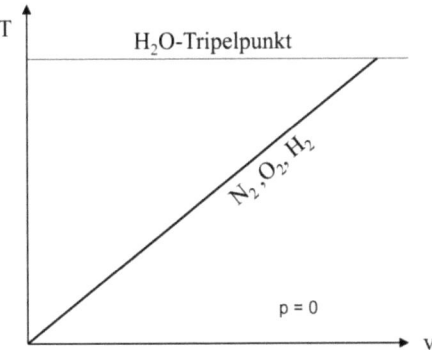

Abb. 2.13: Absolute oder thermodynamische Temperaturskale

Die thermodynamische Temperatur ist eine Grundgröße. Die SI-Einheit der thermodynamischen Temperatur T ist das Kelvin mit dem Einheitszeichen K. Die 13. Generalkonferenz für Maß und Gewicht (CGPM) hat 1968 festgelegt, dass 1 $Kelvin$ der 273,16 te Teil der thermodynamischen Temperatur des Tripelpunktes eines Wassers von genau definierter isotopischer Zusammensetzung (Vienna Standard Ocean Water) ist. Die thermodynamische Temperatur wird vom absoluten Nullpunkt an mit $T = 0\ K$, der praktisch nicht erreichbar ist, gezählt.

Neben der Kelvinskale sind noch andere Skalen gebräuchlich, z. B. die Celsiusskale. Die Celsiustemperatur, auch häufig für Temperaturangaben verwendet, wird durch

$$t = T - 273{,}15\ K \tag{2.12}$$

definiert. Die Einheit der Celsiustemperatur ist °C.

Der Zahlenwert der Temperatur des Tripelpunktes des definierten Wassers auf exakt $T_{Tr} = 273{,}16\ K = 0{,}01\ °C$ bei einem Normdruck von $p_n = 1{,}01325 \cdot 10^5\ Pa$ wurde so gewählt, dass der früher festgelegte Abstand zwischen den Temperaturen des schmelzenden Eises bei $1{,}01325 \cdot 10^5\ Pa$ und des siedenden Wassers bei $1{,}01325 \cdot 10^5\ Pa$ erhalten bleibt, siehe Tab. 2.3.

Tab. 2.3 Fixpunkte der Temperaturskale des idealen Gases

Temperatur-Fixpunkte	Kelvintemperatur K	Celsiustemperatur °C
Siedepunkt von Wasser	373,15 K	100 °C
Tripelpunkt von Wasser	273,16 K	0,01 °C

Bezüglich weiterer Größen der technischen Thermodynamik und deren Umrechnung wird auf die folgende Tab. 2.4 verwiesen.

Tab. 2.4 Internationales Einheitensystem SI

Größe	Symbol	SI-Einheit	Umrechnung
Kraft	F	Newton	
		$1\ N = 1\ kgm\ s^{-2}$	$1\ kp = 9{,}81\ N$
Druck	p	Pascal	
		$1\ Pa = 1\ Nm^{-2}$	$1\ bar = 10^5\ Pa$

				$1\,at = 1\,kpcm^{-2}$
				$1\,atm = 1,01325 \cdot 10^5\,Pa$
Arbeit	W	Joule		
Energie	W	$1\,J = 1\,Nm = 1\,Ws$		$1\,kpm = 9,81\,J$
Wärme	Q			$1\,kcal = 4,19\,kJ$
Enthalpie	H			
Innere Energie	U			
Leistung	P	Watt		
		$1\,W = 1\,Js^{-1}$		$1\,kcalh^{-1} = 1,163\,W$
				$1\,PS = 736\,W$
Entropie	S	Joule je Kelvin JK^{-1}		
		$JK^{-1} = 1WsK^{-1}$		$1\,kcalK^{-1} = 4,19 JK^{-1}$
spezifische Wärmekapazität	c	$Jkg^{-1}K^{-1}$		
Wärmeleitfähigkeit	λ	$Wm^{-1}K^{-1}$		
Wärmeübergangskoeffizient	α	$Wm^{-2}K^{-1}$		

2.6 Äußere Zustandsgrößen

Äußere Zustandsgrößen drücken Systemeigenschaften aus, die auch von momentanen Größen außerhalb des Systems abhängig sind. Sie beschreiben Lage und Bewegung des Systems. Z.B. sind der Ortsvektor $\vec{r}$ und die Geschwindigkeit $\vec{c}$ des Systems äußere Zustandsgrößen.

2.7 Prozess und quasistatische Zustandsänderung

Bei der Betrachtung der inneren Zustandsgrößen wurde festgestellt, dass diese von der Art und Weise, auf welche das System (über irgendeinen *Zeitbereich*) in den betreffenden Zustand gelangt ist, unabhängig sind und dass sie den momentanen thermodynamischen Zustand (eines *Zeitpunktes*) eindeutig charakterisieren.

Eine *Zustandsänderung*, d.h. die Änderung von einem Zustand 1 (eines *Zeitpunktes*) in einen anderen Zustand 2 (eines anderen *Zeitpunktes*) ist der Übergang von einem Gleichgewichtszustand eines Systems in einen anderen Gleichgewichtszustand.

Ein Gleichgewichtszustand 1 eines thermodynamischen Systems kann nur durch äußere Einwirkung auf das System in einen anderen Gleichgewichtszustand 2 verändert werden.

Bei jedem Prozess ändert sich der Zustand des Systems. Das Resultat des Prozesses ist die Zustandsänderung. Folgendes Beispiel in Abb. 2.14 soll diesen Sachverhalt verdeutlichen:

2.7 Prozess und quasistatische Zustandsänderung

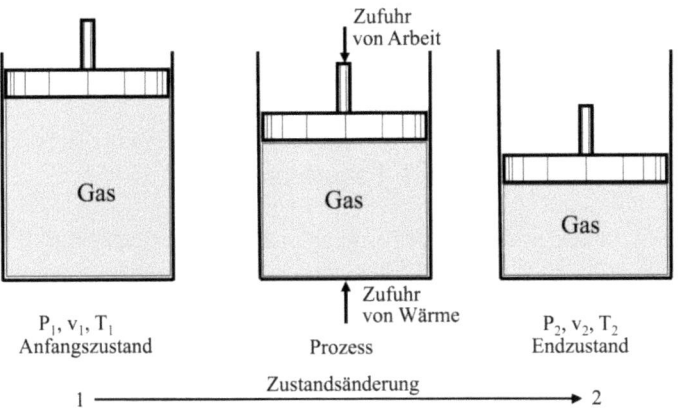

Abb. 2.14: Prozess und quasistationäre Zustandsänderung

In den folgenden Betrachtungen werden so genannte *einfache Systeme* vorausgesetzt, in denen elektrische und magnetische Erscheinungen vernachlässigt werden können und die *nicht zu schnellen Zustandsänderungen* unterliegen. Nicht zu schnelle, man sagt auch *quasistatische Zustandsänderungen*, sind solche, bei denen es noch möglich ist, makroskopische Zustandsgrößen anzugeben.

So ist z.B. die Kompression oder Expansion eines Gases in einem Zylinder als quasistationäre Zustandsänderung anzusehen, so lange die Kolbengeschwindigkeit klein gegenüber der Schallgeschwindigkeit des Gases ist.

Die so genannten Ausgleichsvorgänge, die vom thermodynamischen Nichtgleichgewicht zum thermodynamischen Gleichgewicht führen, werden hier nicht untersucht. Hier können nur der Anfangs- und Endzustand eines Systems eindeutig beschrieben werden, falls diese dem Gleichgewicht entsprechen. Die Zustände können z.B. in einem p, v-Schaubild durch Anfangs- und Endpunkt veranschaulicht werden, die Zwischenzustände jedoch nicht.

Für ein *homogenes System* gegebener Stoffart lässt sich somit die Zustandsgleichung Gl. (2.10) wie folgt als *allgemeine Zustandsgleichung* formulieren

$$Z = Z(p, v, m) \tag{2.13}$$

bzw.

$$Z = m \cdot z(p, v) \tag{2.14}$$

bzw. mit intensiven Zustandsgrößen

$$z = z(p, v) \tag{2.15}$$

Für viele technische Prozesse ist die Annahme der quasistatischen Zustandsänderung berechtigt, da sich zumindest alle Zwischenzustände in der unmittelbaren Nähe des Gleichgewichtszustandes befinden. In diesem Fall kann jeder Zwischenzustand mit Hilfe der Zustandsgleichung berechnet werden.

Mit der Zustandsgleichung sind durch die drei inneren Zustandsgrößen p, v und m erfahrungsgemäß weitere innere Zustandsgrößen eines homogenen Systems gegebener Stoffart bereits festgelegt, wie in den folgenden Abschnitten gezeigt wird.

2.8 Reversible und irreversible Prozesse

Alle Ausgleichsprozesse (z.B. Druck und Temperaturausgleich) sind irreversibel, d.h. nicht umkehrbar. Als Beispiel soll das in Abb. 2.15 gezeigte thermodynamische System betrachtet werden.

Am Anfang des Prozesses befindet sich ein Gas mit dem Druck $p > 0$ im Raum 1. Im Raum 2 herrscht ein Druck $p = 0$ (Vakuum). Wird die Steckscheibe entfernt, strömt Gas vom Raum 1 in den Raum 2 über. Die Druckverhältnisse im Raum 1 und 2 des Gesamtsystems ändern sich. Der Prozess kann von selbst nicht rückgängig ablaufen. Vielmehr kann der Prozess nur durch Energiezufuhr von außen (Hineindrücken des Kolbens bis Raumgrenze 1, Steckscheibe wieder zurückplatzieren und mit Kolben Vakuum in Raum 1 herstellen) rückgängig gemacht werden. Der Überströmprozess ist ein irreversibler Prozess.

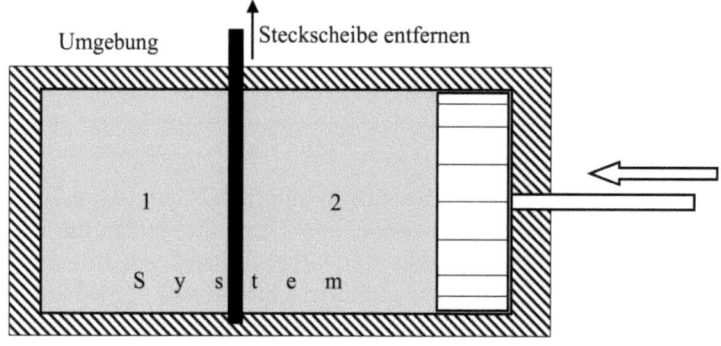

Abb. 2.15: Irreversibler Überströmprozess

Ein reversibler Prozess ist dagegen ein Idealprozess, der eine Folge von Gleichgewichtszuständen durchläuft. Ein reversibler Prozess ist reibungsfrei und dient als Modellvorstellung zur Bestimmung der Güte von Energieumwandlungen.

Ein Prozess verläuft von einem Anfangs- zu einem Endzustand reversibel (umkehrbar), wenn das zu betrachtende System ohne Änderungen der Umgebung in seinen Anfangszustand zurückgebracht werden kann.

2.9 Thermische Zustandsgleichung

Die inneren Zustandsgrößen *Druck p, spezifisches Volumen v* und *Temperatur T* werden auch thermische Zustandsgrößen genannt. Sie sind *momentane Größen*, d.h. sie sind für einen *Zeitpunkt* angebbar. Zwischen diesen Zustandsgrößen besteht für homogene Systeme ein funktioneller Zusammenhang. Dieser funktionelle Zusammenhang wird durch die *allgemeine Zustandsgleichung* Gl. (2.14) beschrieben.

Gl. (2.14) besagt, dass in einem homogenen System eine innere Zustandsgröße p, T oder v jeweils von zwei anderen momentanen Zustandsgrößen innerhalb des Systems (nicht von momentanen Zustandsgrößen außerhalb des Systems) abhängen. Durch zwei intensive Zustandsgrößen sind nach Gl. (2.15) erfahrungsgemäß weitere intensive Zustandsgrößen eines homogenen Systems gegebener Stoffart festgelegt.

2.9.1 Thermische Zustandsgleichung des idealen Gases

Die thermische Zustandsgleichung muss im Allgemeinen für jeden Stoff experimentell ermittelt werden. In den meisten Fällen ist eine analytische Formulierung schwierig so dass man grafische Darstellungen (Zustandsdiagramme) benutzen wird.

Es gibt jedoch zwei wichtige Grenzfälle, die häufig als Näherungsbeziehungen angewendet werden können:

a) die thermische Zustandsgleichung eines *inkompressiblen*, d.h. nicht zusammendrückbaren Körpers, die sich aus der Bedingung

$$\frac{dv(p,T)}{dp} = 0 \quad zu \quad F(v,T) = 0 \tag{2.16}$$

ergibt

b) die thermische Zustandsgleichung des *idealen Gases*

$$p \cdot v = R \cdot T \quad mit \quad R = konst \tag{2.17}$$

Gln. (2.16) und (2.17) gelten unter der Voraussetzung, dass *Druck p, spezifisches Volumen v und Temperatur T* an jeder Stelle des Systems jeweils den gleichen Wert haben (homogenes System) und damit das System eindeutig kennzeichnen.

Die Gl. (2.17) besagt Folgendes: Bildet man aus gemessenen und zusammengehörenden Werten von *Druck p, spezifisches Volumen v und Temperatur T* eines idealen Gases den Ausdruck $p \cdot v/T$, so entsteht eine gastypische Konstante, die so genannte *spezielle Gaskonstante R*. Die spezielle Gaskonstante R hängt also nicht vom Gaszustand, sondern nur von der Gasart ab. Sie ist damit eine stoffabhängige Größe. In Tab. 2.5 sind für einige Gase die Werte von R aufgelistet.

Tab. 2.5 Spezielle Gaskonstante R (Auszug aus [22])

Gasart	R in $\frac{kJ}{kg\,K}$	Gasart	R in $\frac{kJ}{kg\,K}$
H_2	4,1243	CO	0,2968
O_2	0,2598	CO_2	0,1889
$Luft$	0,2871	CH_4	0,5184

Das ideale Gas ist ein Modellstoff, bei dem das Eigenvolumen der Moleküle und die Wechselwirkungskräfte zwischen ihnen vernachlässigbar sind. Diese Voraussetzungen werden um so besser erfüllt, je näher sich das System in der Nähe des Wertes $p = 0$ befindet, d.h. je niedriger der absolute Druck p ist, unter dem das Gas im System steht. In der Praxis hat man es oft mit höheren Drücken zu tun. In diesem Fall werden die Voraussetzungen des idealen Gases nicht ausreichend erfüllt; es liegt dann ein *reales Gas* vor und die Zustandsgleichung Gl. (2.17) muss durch einen so genannten Realgasfaktor Z korrigiert werden.

Statt

$$\frac{p \cdot v}{R \cdot T} = 1 \quad \text{für ideale Gase} \tag{2.18}$$

heißt die korrigierte Zustandsgleichung

$$\frac{p \cdot v}{R \cdot T} = Z \quad \text{für reale Gase} \tag{2.19}$$

Dabei bedeutet

$$Z = 1 \quad \text{ideales Verhalten}$$
$$Z \lessgtr 1 \quad \text{reales Verhalten}$$

Der Realgasfaktor Z kann
- als Funktion zweier Variablen $Z = Z(p,t)$ vorliegen oder
- aus Tabellen oder
- aus Diagrammen

entnommen werden.

Der Realgasfaktor Z ist von der Gasart, dem Gasdruck und der Gastemperatur abhängig. Mit folgender Funktion

$$\begin{aligned} Z(p,t) = &((0{,}50417 \cdot 10^{-5} \cdot p^2 - 0{,}258625 \cdot 10^{-2} \cdot p + 0{,}17083 \cdot 10^{-2}) \cdot 10^{-5}) \cdot t^2 \\ &+ ((-0{,}22125 \cdot 10^{-4} \cdot p^2 + 0{,}974875 \cdot 10^{-2} \cdot p - 0{,}41250 \cdot 10^{-2}) \cdot 10^{-3}) \cdot t \\ &+ (0{,}29500 \cdot 10^{-5} \cdot p^2 - 0{,}596500 \cdot 10^{-3} \cdot p + 1{,}00005) \end{aligned} \tag{2.20}$$

lässt sich der Realgasfaktor beispielsweise für trockene Luft für Drücke $p = 0$ *bis* $100\ bar$ und Temperaturen $t = 0$ *bis* $200\ °C$ berechnen und 2- und 3-dimensional darstellen, siehe Abb. 2.16 und 2.17.

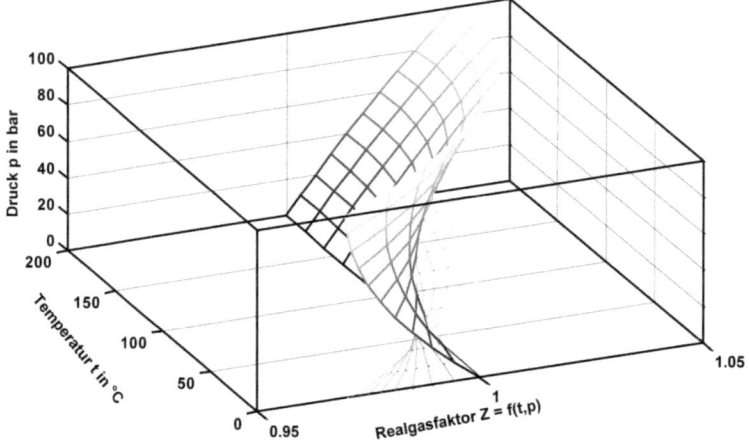

Abb. 2.16: Realgasfaktor $Z = Z(p,t)$ für trockene Luft

2.9 Thermische Zustandsgleichung

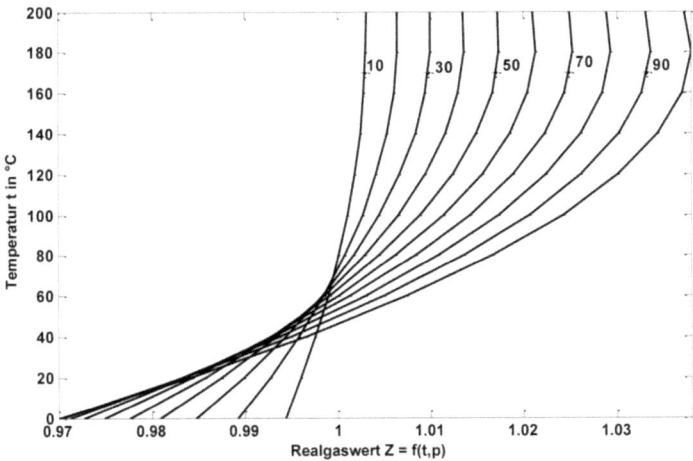

Abb. 2.17: Realgasfaktor $Z = Z(p,t)$ für Luft als Projektion auf die Z, t – Ebene (Parameter p in bar)

Die folgende Tab. 2.6 enthält einige mit Gl. (2.20) berechnete Z-Werte für trockene Luft.

Tab. 2.6   Realgasfaktoren Z von Luft nach Gl. (2.20) mit Werten aus [23]

p in bar		Z – Werte		
↓	t in °C	0	100	200
0		1,0000	1,0000	1,0000
20		0,9893	1,0027	1,0065
50		0,9776	1,0089	1,0172
100		0,9699	1,0242	1,0372

Es ist aus Abb. 2.20 erkennbar, dass für trockene Luft bei kleinen und mittleren Drücken p der Realgasfaktor $Z \approx 1$ beträgt. In diesem Fall ist die Zustandsgleichung des idealen Gases mit für die Praxis ausreichender Näherung bis $p \approx 20\ bar$ anwendbar.

Das trifft für alle Gase zu, die erst bei sehr tiefen Temperaturen verflüssigt werden können, also N_2, O_2, H_2 etc.

Gleichzeitig muss die Gastemperatur sehr viel höher sein als die zugehörige Verflüssigungstemperatur.

Die Zustandsgleichung des idealen Gases mit den genannten Voraussetzungen kann also mit zulässiger Näherung auch zur Behandlung realer Gase Verwendung finden.

Zu beachten ist, dass in die Zustandsgleichung Gl. (2.18) stets absolute Drücke gemäß Gl. (2.8) bzw. (2.9) und absolute Temperaturen einzusetzen sind.

Mit $v = V/m$ nach Gl. (2.5) entsteht aus Gl. (2.18)

$$p \cdot V = m \cdot R \cdot T \tag{2.21}$$

Wird die Masse des idealen Gases m nach Gl. (2.4) in Gl. (2.21) durch

$$m = n \cdot M \tag{2.22}$$

ersetzt, folgt hieraus

$$p \cdot V = n \cdot M \cdot R \cdot T \tag{2.23}$$

Wird Gl. (2.23) auf der linken und rechten Seite durch die Molzahl n geteilt, ergibt sich

$$p \cdot \bar{v} = M \cdot R \cdot T \tag{2.24}$$

Wird das Produkt $M \cdot R$ zu einer neuen Größe $\bar{R}$ zusammengefasst

$$\bar{R} = M \cdot R \tag{2.25}$$

gilt

$$p \cdot \bar{v} = \bar{R} \cdot T \tag{2.26}$$

Damit wird eine zur Gl. (2.17) analoge, von speziellen Stoffeigenschaften jedoch unabhängige Form der thermischen Zustandsgleichung der idealen Gase erhalten.
Die Größe $\bar{R}$ wird *universelle Gaskonstante* oder *molare oder allgemeine Gaskonstante* genannt.
So folgt z.B. aus den Tabellen 2.2 und 2.5 mit Gl. (2.25) für

$$O_2: \quad \bar{R} = 0{,}2598 \frac{kJ}{kg\,K} \cdot 32{,}00 \frac{kg}{kmol} = 8{,}3143 \frac{kJ}{kmol\,K}$$

$$\text{Luft:} \quad \bar{R} = 0{,}2871 \frac{kJ}{kg\,K} \cdot 28{,}96 \frac{kg}{kmol} = 8{,}3143 \frac{kJ}{kmol\,K}$$

für die universelle Gaskonstante $\bar{R}$ von *Luft* wie für O_2 jeweils der gleiche Zahlenwert von $8{,}315 \frac{kJ}{kmol\,K}$.

Die universelle Gaskonstante $\bar{R}$ hat für alle idealen Gase den gleichen Wert, siehe Tab. 2.7.

Tab. 2.7 Molmassen, spezielle und universelle Gaskonstante (nach verschiedenen Quellen)

Gasart	R in $\frac{kJ}{kg\,K}$	Molmasse M	$\bar{R}$ in $\frac{kJ}{kmol\,K}$	Gasart	R in $\frac{kJ}{kg\,K}$	Molmasse M	$\bar{R}$ in $\frac{kJ}{kmol\,K}$
H_2	4,1243	2,016 $kg/kmol$	8,3143	CO	0,2968	28,01 $kg/kmol$	8,3143
O_2	0,2598	32,00 $kg/kmol$	8,3143	CO_2	0,1889	44,01 $kg/kmol$	8,3143
Luft	0,2871	28,96 $kg/kmol$	8,3143	CH_4	0,5184	16,04 $kg/kmol$	8,3143

Mit Gl. (2.17) kann die spezielle Gaskonstante R aus zwei verschiedenen Zuständen 1 und 2 auch wie folgt berechnet werden

$$R = p_1 \cdot \frac{v_1}{T_1} = p_2 \cdot \frac{v_2}{T_2} \tag{2.27}$$

Neben dieser weiteren grundlegenden Form der Zustandsgleichung der idealen Gase kann durch Multiplikation mit den Systemmassen m_1 und m_2 die Zustandsgleichung ebenfalls lauten

2.9 Thermische Zustandsgleichung

$$p_1 \cdot \frac{V_1}{T_1} = p_2 \cdot \frac{V_2}{T_2} \qquad (2.28)$$

2.9.2 Gesetz von Boyle-Mariotte

Die Gl. (2.28) enthält als Sonderfall das Gesetz von *Boyle-Mariotte*. Bei konstanter Temperatur $T_1 = T_2$ folgt das Gesetz von *Boyle-Mariotte*

$$p_1 \cdot V_1 = p_2 \cdot V_2 \quad \text{d.h.} \quad p \cdot V = konst \qquad (2.29)$$

2.9.3 Gesetze von Gay-Lussac

Bei konstantem Druck $p_1 = p_2$ folgt das *1. Gesetz von Gay-Lussac*

$$\frac{V_1}{T_1} = \frac{V_2}{T_2} \qquad (2.30)$$

Für die Bedingung $V_1 = V_2$ schließlich gilt das *2. Gesetz von Gay-Lussac*

$$\frac{p_1}{T_1} = \frac{p_2}{T_2} \qquad (2.31)$$

2.9.4 Normzustand

Für Vergleichszecke wurde der so genannte physikalische Normzustand der idealen Gase durch folgende Zustandsgrößen definiert:

$$p_n = 1{,}01325 \cdot 10^5 \, Pa \qquad (2.32)$$

$$T_n = 273{,}15 \, K \qquad (2.33)$$

Zur zahlenmäßigen Bestimmung des molaren Volumens (Molvolumen) aller idealen Gase $\overline{v_n}$ für einen durch Normdruck p_n und Normtemperatur T_n festgelegten thermischen Zustand kann die Zustandsgleichung der idealen Gase in der Form Gl. (2.26) verwendet werden:

$$\overline{v_n} = \bar{R} \cdot \frac{T_n}{p_n} = \frac{8314{,}3 \, Nm/(kmol \, K) \cdot 273{,}15 \, K}{1{,}01325 \cdot 10^5 N/m^2} = 22{,}4136 \, \frac{m^3}{kmol} \qquad (2.34)$$

Nach Avogadro, siehe Abschn. 2.1, ist die Zahl der Teilchen in einem Mol (1 mol) einer beliebigen Substanz gleich groß, nämlich genau $6{,}022 \cdot 10^{23}$ *Teilchen*. Jede Stoffmenge $n = 1 \, mol$ enthält genau diese Anzahl Teilchen.

Gl. (2.34) lässt sich somit wie folgt interpretieren. Nach Avogadro nimmt ein Mol jedes beliebigen Gases bei gleichem Druck und gleicher Temperatur den gleichen Raum, das Molvolumen, ein. Dieses Molvolumen $\overline{v_n}$ beträgt für ideale Gase im Normzustand $22{,}4136 \, m^3/kmol = 0{,}02241 \, m^3/mol$. Anders gesagt, im Normzustand beträgt der Rauminhalt von 1 *mol* eines beliebigen Gases dem zufolge $0{,}02241 \, m^3$.

Ein Normkubikmeter ist zudem die Gasmenge, die im Normzustand (p_n, T_n) das Volumen von $1\ m^3$ einnimmt.

Desweiteren gilt gemäß Gl. (2.5) mit $\rho = m/V$ folglich auch die Berechnungsformel für die Normdichte

$$\rho_n = \frac{m}{V_n} \tag{2.35}$$

Gl. (2.5) und Gl. (2.35) umgestellt nach m ergibt eine Beziehung zur Berechnung der Systemmasse, insbesondere, wenn die Normgrößen ρ_n und V_n bekannt sind.

$$m = \rho \cdot V = \rho_n \cdot V_n \tag{2.36}$$

Bezogen auf einen Zeitabschnitt ergibt sich aus Gl. (2.36) eine Beziehung in Stromgrößen

$$\dot{m} = \rho \cdot \dot{V} = \rho_n \cdot \dot{V}_n \tag{2.37}$$

In der folgenden Tab. 2.8 sind für einige wichtige Gase die Werte für die Normdichte ρ_n aufgelistet.

Tab. 2.8 Normdichte von Gasen $\rho_n = M/\overline{v_n}$ bei $T_n = 273{,}15\ K$ und $p_n = 1{,}01325 \cdot 10^5\ Pa$

Gasart	ρ_n in kg/m^3	Gasart	ρ_n in kg/m^3
H_2	0,0899	CO	1,250
O_2	1,429	CO_2	1,977
$Luft$	1,293	CH_4	0717

So haben z.B. $100\ m^3 Luft$ im Normzustand eine Masse von

$$m = V_n \cdot \frac{p_n}{R \cdot T_n} = 100\ m^3 \frac{1{,}01325 \cdot 10^5 N/m^2}{287{,}1\ Nm/(kg\ K) \cdot 273{,}15\ K} = 129{,}2\ kg$$

Die Dichte im Normzustand ρ_n oder das spezifische Volumen v_n lassen sich mit Gl. (2.35) wie folgt berechnen, siehe Tab. 2.8,

$$\rho_n = M/\overline{v_n}$$

$$v_n = \overline{v_n}/M$$

Für Sauerstoff ergibt sich z.B. mit der Molmasse $M = 32{,}00\ kg/kmol$ (Tab. 2.7) die Dichte im Normzustand

$$\rho_n = \frac{32{,}00\ kg/kmol}{22{,}4136\ kmol/m^3} = 1{,}429\ kg/m^3$$

bzw. das spezifische Volumen im Normzustand

$$v_n = 0{,}700\ m^3/kg$$

3 Methoden der Thermodynamik

Das Lehrgebiet der Thermodynamik hat über das spezielle fachliche Anliegen hinaus die Aufgabe, Methoden von Bilanzen und Bewertungen zum energiewirtschaftlichen Denken und Handeln zu liefern. Die Beherrschung dieses methodischen Instrumentariums bildet eine volks- und betriebswirtschaftliche Voraussetzung für eine rationelle Energieumwandlung und -anwendung.

3.1 Bilanzgleichungen und Transportgleichungen

Bei thermodynamischen Aufgabenstellungen sind Vorgänge zu berechnen, die mit Energieübertragungen an ein System und Änderungen des Systemzustandes verbunden sind. Die dabei auftretenden Variablen machen es erforderlich, entsprechende, mathematisch formulierte Beziehungen zu finden.

Die zur Verfügung stehenden grundlegenden Beziehungen werden folgende Bilanzgleichungen sein:
- Erster Hauptsatz der Thermodynamik
- Massenerhaltungsgesetz
- Zweiter Hauptsatz der Thermodynamik

Dazu kommen Transportgleichungen und Aussagen über spezielle Systemeigenschaften, über Anfangs- und Randbedingungen sowie besondere Nebenbedingungen.

3.2 Anfangs-, Rand- und Nebenbedingungen

Anfangsbedingungen AB legen den Anfangszustand fest.
Randbedingungen RB beschreiben die Bedingungen an der Systemgrenze.
Nebenbedingung NB ist z.B. die Forderung nach Reibungsfreiheit.

Für ein System sind beispielsweise verschiedene Aussagen bekannt. Es ist zu entscheiden, ob folgende Aussagen

$p \cdot v = R \cdot T$
$p = konst$
homogenes System

zu den Gesetzen, den Systemeigenschaften oder den Anfangs-, Rand- bzw. Nebenbedingungen gehören.

Aussagen und Lösungen sind in Tab. 3.1 aufgelistet.

Tab. 3.1 Entscheidungstabelle für verschiedene Aussagen

Aussage	$p \cdot v = R \cdot T$	$p = konst$	homogenes System
Gesetz	X		
Systemeigenschaft			X
AB, RB, NB		X	

3.3 Schreibweise der mathematischen Beziehungen in der Thermodynamik

Es werden im Weiteren Vorgänge zu berechnen sein, die mit Energieübertragungen an ein System und Änderungen des Systemzustandes verbunden sind. Die dabei auftretenden Variablen machen es erforderlich, entsprechende mathematisch formulierte Beziehungen zu finden. Hier werden kurz die mathematischen Grundlagen für das Lehrfach Thermodynamik bereitgestellt. Ziel ist die praktische Anwendung dieser mathematischen Grundlagen in der Thermodynamik.

3.3.1 Die differenziellen Größen dz und ∂z in der Thermodynamik – Zustandsgrößen

Die Größe dz stellt die differenzielle Änderung einer (momentanen) Variablen z dar, die für einen *Zeitpunkt* angebbar ist. In der Thermodynamik handelt es sich meist um Differenziale von *Zustandsgrößen*. Nach Gl. (2.18) ist die Zustandsgleichung für ideale Gase $p = p(T, v)$ oder $v = v(p, T)$ oder $T = T(p, v)$ verallgemeinert eine mathematische Funktion von zwei Variablen $z = z(x, y)$.

Bereits im Rahmen der Schulmathematik wird der Begriff der Ableitung eingeführt. Die Definition der Ableitung einer Funktion einer Variablen $f(x)$ erfolgt mit Hilfe des Grenzwertbegriffs. Der Grenzwert

$$\frac{df}{dx} = \lim_{x \to x_0} \frac{f(x) - f(x_0)}{x - x_0} \tag{3.1}$$

heißt Ableitung von f an der Stelle x_0. Die Ableitung kann als Steigung der Tangente an die Funktionskurve im Punkt x_0 geometrisch interpretiert werden, siehe Abb. 3.1.

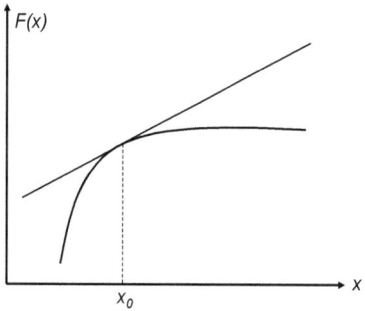

Abb. 3.1: Geometrische Deutung der Ableitung einer Funktion einer Variablen

3.3 Schreibweise der mathematischen Beziehungen in der Thermodynamik

Für eine Funktion mit zwei Variablen $z(x, y)$ gibt es zwei Grenzwerte

$$\lim_{\Delta x \to 0} \frac{z(x + \Delta x, y)}{\Delta x} \tag{3.2}$$

$$\lim_{\Delta y \to 0} \frac{z(x, y + \Delta y)}{\Delta y} \tag{3.3}$$

Es wird also teilweise sowohl in x-Richtung als auch in y-Richtung abgeleitet. Die beiden Ableitungen werden somit als partielle Ableitungen bezeichnet. Zur Kennzeichnung wird das Differenzialsymbol ∂ verwendet:

$$\frac{\partial z}{\partial x}(x, y) = \lim_{\Delta x \to 0} \frac{z(x + \Delta x, y)}{\Delta x} \tag{3.4}$$

$$\frac{\partial z}{\partial x}(x, y) = \lim_{\Delta y \to 0} \frac{z(x, y + \Delta y)}{\Delta y} \tag{3.5}$$

Das sich aus den beiden partiellen Differenzialen zusammengesetzte vollständige Differenzial, auch totales Differenzial genannt, ist wie folgt definiert

$$dz(x, y) = \frac{\partial z}{\partial x} dx + \frac{\partial z}{\partial y} dy \tag{3.6}$$

und kann geometrisch als Steigung einer Tangentialebene an die Funktion $z(x, y)$ interpretiert werden, siehe Abb. 3.2.

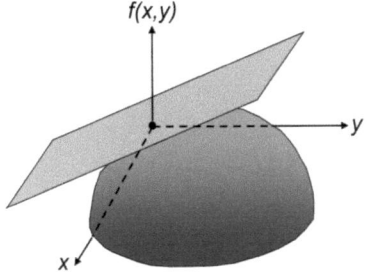

Abb. 3.2: Geometrische Deutung der Ableitung einer Funktion zweier Variablen

Die beiden partiellen Ableitungen bestimmen die lokalen Steigungen der Funktion $z(x, y)$ in x- und y-Richtung. Dabei ist zu erkennen, dass das totale Differenzial die absolute Steigung der Funktion im Punkt (x, y) beschreibt. Das totale Differenzial ist also als

Änderung der Funktion z zu verstehen, wenn die Funktion durch ihre Tangentialebene genähert wird.

Aus der Definition der partiellen Ableitung geht hervor, dass mit dieser wie mit der bekannten Ableitung bei Funktionen einer Veränderlichen gerechnet werden kann. So werden die anderen Variablen als Parameter betrachtet und dann die Berechnung vorgenommen. Sehr anschaulich wird dieses Prinzip, wenn die aus der Schule bekannte Kettenregel der Differenziation in einer Variablen betrachtet wird. Die totale Ableitung einer parametrisierten Funktion $z = z(x,y) = z(x(t), y(t))$ nach dem Parameter t ist definiert über das totale Differenzial

$$\frac{dz}{dt}(x(t), y(t)) = \frac{\partial z}{\partial x}(x(t), y(t))\frac{dx}{dt}(t) + \frac{\partial z}{\partial y}(x(t), y(t))\frac{dy}{dt}(t) \qquad (3.7)$$

mit der Kurzschreibweise

$$\frac{dz}{dt} = \frac{\partial z}{\partial x}\frac{dx}{dt} + \frac{\partial z}{\partial y}\frac{dy}{dt} \qquad (3.8)$$

Durch dt dividiert wird wieder die Gl. (3.6) erhalten.

Für das totale Differenzial ist häufig auch folgende Schreibweise anzutreffen:

$$dz(x, y) = \left(\frac{\partial z}{\partial x}\right)_y dx + \left(\frac{\partial z}{\partial y}\right)_x dy \qquad (3.9)$$

Bei den partiellen Ableitungen ist es (nicht nur in der Thermodynamik) zweckmäßig, die bei der partiellen Differentiation konstantzuhaltende Größe x bzw. y mit anzugeben:

$$\left(\frac{\partial z}{\partial y}\right)_x = \left(\frac{\partial z}{\partial y}\right)_{x = konst.} = z_y \qquad (3.10)$$

$$\left(\frac{\partial z}{\partial x}\right)_y = \left(\frac{\partial z}{\partial x}\right)_{y = konst.} = z_x \qquad (3.11)$$

Die Abhängigkeit einer Zustandsgröße von anderen Zustandsgrößen über die Funktion $f(p, v, T) = 0$ gemäß Gl. (2.11) kann z.B. in den Formen

$$v(p, T) \qquad (3.12)$$

$$T(p, v) \qquad (3.13)$$

$$p(T, v) \qquad (3.14)$$

3.3 Schreibweise der mathematischen Beziehungen in der Thermodynamik

auftreten. Somit gilt entsprechend Gl. (3.9)

$$dv(T,p) = \left(\frac{\partial v}{\partial T}\right)_p dT + \left(\frac{\partial v}{\partial p}\right)_T dp \qquad (3.15)$$

$$dT(p,v) = \left(\frac{\partial T}{\partial p}\right)_v dp + \left(\frac{\partial T}{\partial v}\right)_p dv \qquad (3.16)$$

$$dp(T,v) = \left(\frac{\partial p}{\partial T}\right)_p dT + \left(\frac{\partial p}{\partial v}\right)_T dv \qquad (3.17)$$

Nach Gleichung (3.16) lässt sich die Zustandsgleichung für ideale Gase wie folgt schreiben:

$$v(p,T) = \frac{R \cdot T}{p} \qquad (3.18)$$

Damit gilt für die partiellen Ableitungen

$$v_T = \left(\frac{\partial v}{\partial T}\right)_p = \frac{R}{p} \qquad (3.19)$$

und

$$v_p = \left(\frac{\partial v}{\partial p}\right)_T = -\frac{R \cdot T}{p^2} \qquad (3.20)$$

Für die partiellen Ableitungen 2.Ordnung gilt

$$\frac{\partial^2 v}{\partial p\, \partial T} = \frac{\partial}{\partial p}\left(\frac{R}{p}\right) = -\left(\frac{R}{p^2}\right) \qquad (3.21)$$

bzw.

$$\frac{\partial^2 v}{\partial T\, \partial p} = \frac{\partial}{\partial T}\left(-\frac{R \cdot T}{p^2}\right) = -\left(\frac{R}{p^2}\right) \qquad (3.22)$$

d.h.

$$\frac{\partial^2 v}{\partial p\, \partial T} = \frac{\partial^2 v}{\partial T\, \partial p} \qquad (3.23)$$

Diese Integrabilitätsbedingung (Satz von SCHWARZ) ist notwendig und hinreichend für die Existenz eines vollständigen (totalen) Differenzials.
Bestimmte Integrale einer Funktion von mehreren Variablen sind wegunabhängig, d.h. das Integral über einen geschlossenen Pfad ist gleich Null, wenn die Funktion ein vollständiges (totales) Differenzial besitzt.

Zustandsgrößen sind Funktionen mehrerer Variablen, die diesem Gesetz folgen:

$$\int_1^2 dz + \int_2^1 dz = \oint dz = z_2 - z_1 + z_1 - z_2 = 0 \qquad (3.24)$$

Die Integration der differenziellen Änderung der Zustandsgröße dz von einem Zeitpunkt 1 zu einem Zeitpunkt 2 und wieder zurück, d.h. das über die Zustandsgröße gebildete Kreisintegral ist Null.

Zustandsgrößen sind nur für einen bestimmten Zeitpunkt definiert.

Änderungen von Zustandsgrößen sind von der Art der Zustandsänderung unabhängig, d.h. sie sind wegunabhängig und lassen sich allein aus der Differenz ihres jeweiligen Zustandes zum Anfangs- und Endzeitpunkt z_1 bzw. z_2 berechnen.

Die hier aufgestellten Differenzialgleichungen sind allgemeine Gesetzmäßigkeiten, die mit jeder Form der thermischen Zustandsgleichung $f(p, v, T) = 0$ als Zustandsfläche im p, v, T-Raum darstellbar sind. Beispielsweise lässt sich aus Abb. 3.3 die differenzielle Änderung der Temperatur dT als Summe der beiden Terme $(\partial T/\partial p_v)dp$ und $(\partial T/\partial v_p)dv$ entsprechend Gl. (3.16) entnehmen.

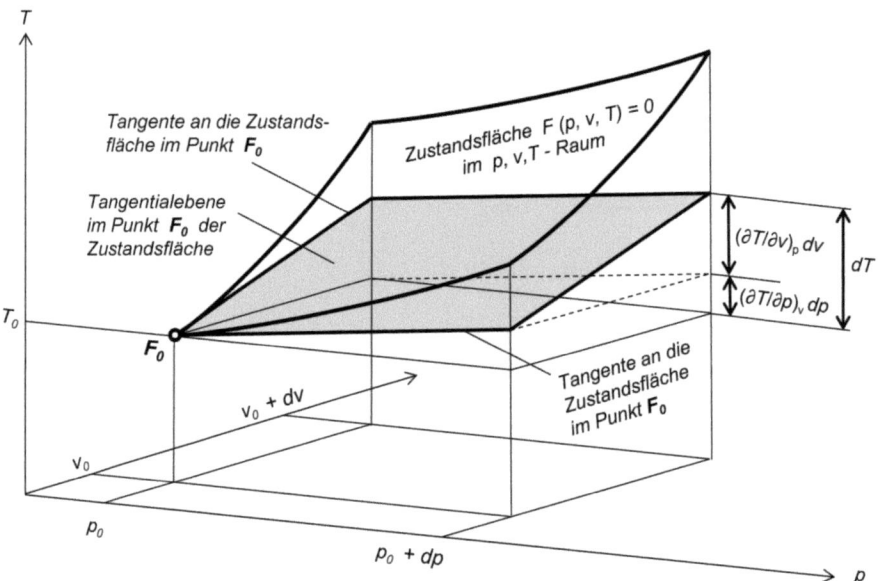

Abb. 3.3: Differenzieller Ausschnitt aus einer Zustandsfläche im dreidimensionalen thermodynamischen p,v,T-Raum

Die thermische Zustandsgleichung eines idealen Gases lässt sich geometrisch durch ein hyperbolisches Paraboloid im dreidimensionalen p, v, T-Raum darstellen.

Abb. 3.4 zeigt zudem auch die perspektivische Gestalt dieser räumlich gekrümmten Fläche. Durch senkrechte Projektionen werden das p, v-Diagramm und das p, T-Diagramm erhalten. Die perspektivische Gestalt wird von allen Ebenen $p = konst$ und $v = konst$ in Geraden und von den Ebenen $T = konst$ in gleichseitigen Hyperbeln geschnitten.

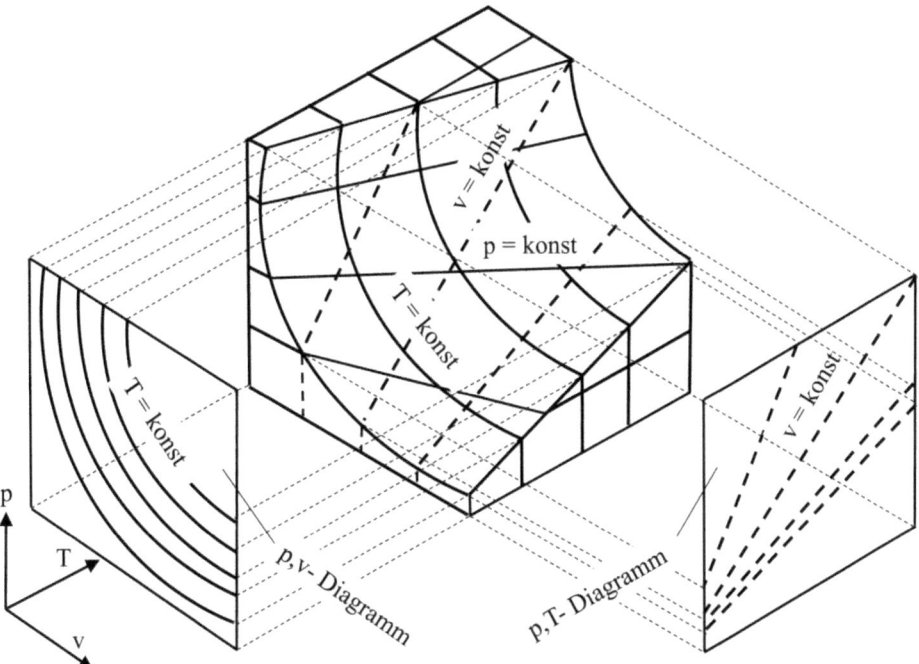

Abb. 3.4: Projektionen der Zustandsfläche eines idealen Gases auf die p,v- und p,T-Ebene

An Stelle von räumlichen Darstellungen werden häufig die Projektionen dieser Fläche auf die drei Koordinatenebenen als so genannte Arbeitsdiagramme (p, v-Diagramm, p, T-Diagramm und v, T-Diagramm) verwendet. In Abb. 3.4 ist ersichtlich, wie durch Festhalten z.B. der Variablen T eine Funktion von nur einer Veränderlichen $v = v(p)$ entsteht. Für verschiedene Werte $T = konst$ entstehen Scharen (Hyperbeln) dieser Funktionen einer Veränderlichen.

Spezielle Aussagen über ein untersuchtes thermodynamisches System erhält man, wenn die das allgemeine Systemverhalten beschreibenden obigen Beziehungen stoffbezogen angewendet werden.

Die Abb. 3.5 zeigt die perspektivische Gestalt der räumlich gekrümmten Zustandsfläche für das ideale Gas *Luft* mit der Projektion von mehreren Linien $T = konst$ auf die p, v-Ebene (Hyperbeln).

In Abb. 3.6 wird die gekrümmte Zustandsfläche für das ideale Gas Luft nur durch Linien $T = konst$ dargestellt.

In den Abbildungen 3.7 und 3.8 sind die Projektionen der Zustandsfläche auf die p, T- bzw. v, T-Ebene angegeben.

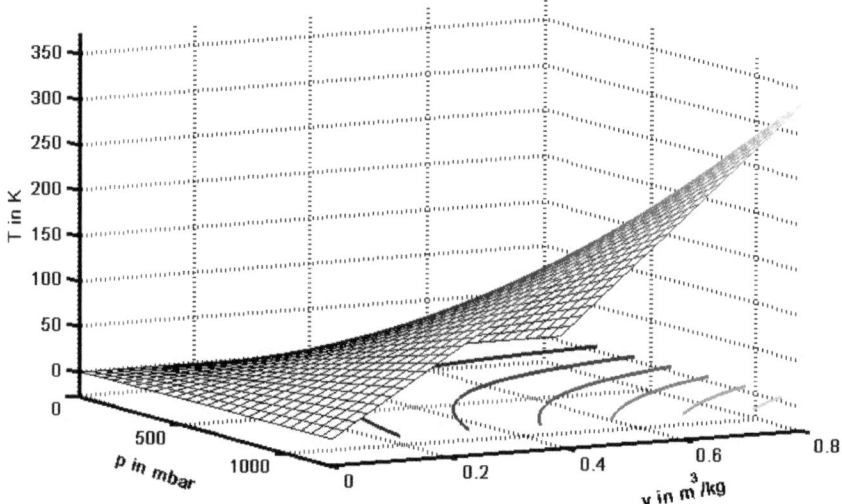

Abb. 3.5: Darstellung der Zustandsgleichung des idealen Gases Luft als Zustandsfläche im p,v,T-Raum und in Projektionsdarstellung als Linien T = konst auf der p,v-Ebene

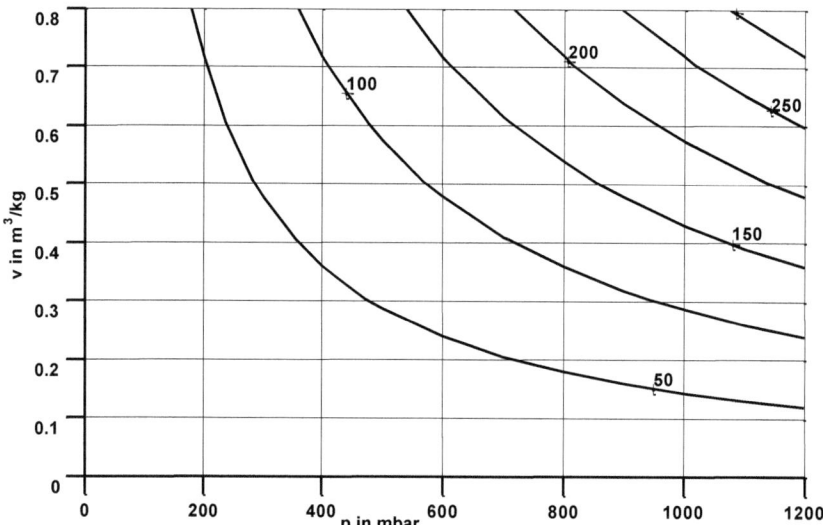

Abb. 3.6: Projektion der Zustandsfläche auf die p,v-Ebene, Darstellung der Linien T = konst

3.3 Schreibweise der mathematischen Beziehungen in der Thermodynamik

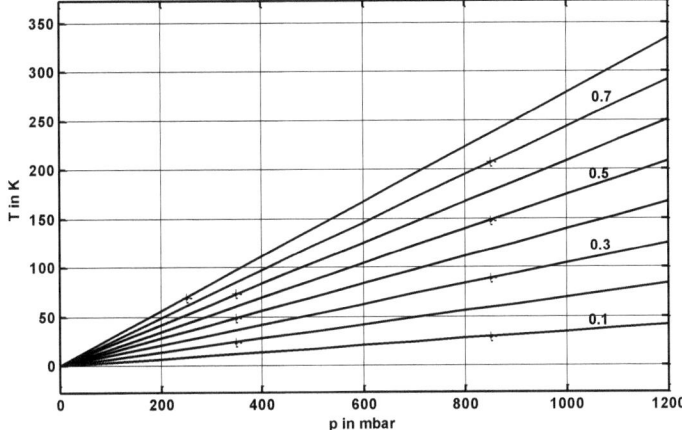

Abb. 3.7: Projektion der Zustandsfläche auf die p,T-Ebene, Darstellung der Linien v = konst

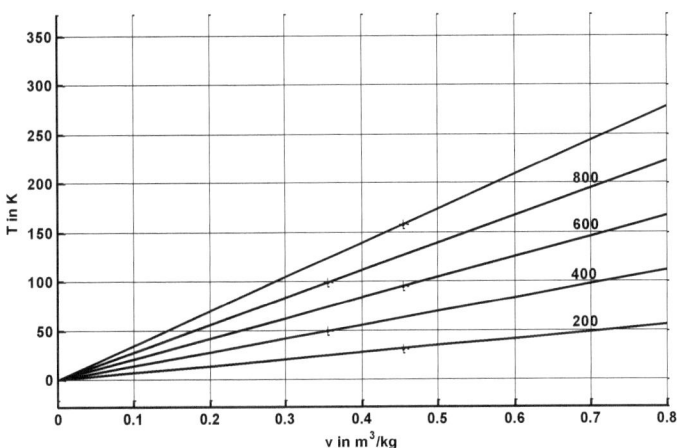

Abb. 3.8: Projektion der Zustandsfläche auf die v,T-Ebene, Darstellung der Linien p = konst

3.3.2 Die differenzielle Größe δz in der Thermodynamik – Prozessgrößen

Das Lehrfach Thermodynamik ist für den Maschinenbauingenieur unbestritten so wichtig wie andere technische Lehrfächer, aber die Thermodynamik ist nicht um so wichtiger, je unverständlicher sie – auch in neueren Lehrbüchern - dargestellt wird. Damit leidet die gebotene Anschaulichkeit, insbesondere für die nur kurze Bachelor-Ausbil-dungszeit künftiger Maschinenbauingenieure, für jene also, für die ein solches Buch bestimmt sein soll.

Häufig wird nicht zwischen Prozessgrößen einerseits und Zustandsgrößen andererseits unterschieden, vgl. Abschn. 2.7. Hier noch einmal die zum Verstehen wichtigsten Unterscheidungsmerkmale:

> Eine Zustandsgröße beschreibt den momentanen thermodynamischen Zustand eines Systems zu einem bestimmten Zeitpunkt. Eine Zustandsänderung erfolgt demnach von einem Zeitpunkt 1 zu einem neuen Zeitpunkt 2 und wird mit der Zustandsgrößenänderung $\Delta z = z_2 - z_1$ beschrieben.

> Es gibt keine Prozessgröße zu einem Zeitpunkt 1 oder zu einem Zeitpunkt 2. Eine Prozessgröße wird einem System in einem Zeitbereich zu- oder abgeführt. Es gibt demnach keine „Prozessgrößenänderung", sondern nur eine in einem Zeitbereich wirkende Prozessgröße $z_{12} \neq \Delta z$!

Man denke nur an die armen Studierenden, die zur Thermodynamik-Prüfung verschiedene Bücher zu Rate ziehen und beispielsweise nicht nur die unterschiedlichsten Definitionen von Wärme finden. Da gibt es eine „ausgetauschte" Wärme, eine „CLAUSIUSsche" Wärme, eine „erzeugte" Wärme, eine „reduzierte" Wärme, eine „thermodynamische" Wärme, eine „gespeicherte" Wärme, eine „Wärmeänderung", eine „Änderung der Wärmeenergie". Zur „Reibungswärme", die gar keine Wärme, sondern Arbeit der Reibungskräfte ist, wird später in Abschn. 4.2.1 eingegangen.

Um diesen unverständlichen Sumpf trocken zu legen, muss hier in aller Schärfe formuliert werden, dass diese aufgelisteten Bezeichnungen alle sachlich verwirrend und unsinnig sind.

> Die in einigen Büchern zu findende Bezeichnung Wärmeänderung ΔQ ist falsch!
> Ein totales Differenzial dQ gibt es nicht, da es keine Anfangs- und keine Endwärme gibt.

Die Energieform Wärme ist eine Prozessgröße. Die differenziellen Änderungen einer Prozessgröße z sollten nicht mit der falschen Schreibweise dz dargestellt werden.

Ist eine thermodynamische Größe z nicht für einen Zeitpunkt angebbar, sollte die differenzielle Änderung der Größe z in einem differenziellen Zeitbereich mit δz bezeichnet werden. In der Thermodynamik handelt es sich dabei um *Prozessgrößen*, d.h. differenzielle Energie-Zu-oder Abfuhren während eines differenziellen Zeitbereiches.

Setzt sich eine Prozessgröße z für einen endlichen Zeitbereich aus der Summe der differenziellen Prozessgrößen δz für die differenziellen Zeitbereiche zusammen, gilt

$$\int_1^2 \delta z = z_{12} \quad (nicht\ z_2 - z_1!) \tag{3.25}$$

Bei der Integration von differenziellen Prozessgrößen δz kommt es im Gegensatz zu Zustandsgrößen sehr wohl auf die Art des gewählten Weges von 1 nach 2 an. Prozessgrößen sind wegabhängig und lassen sich im Gegensatz zu Zustandsgrößen nicht aus ihren Anfangs- und Endzuständen berechnen. Der Satz von SCHWARZ gilt nur für Zustandsgrößen, nicht für Prozessgrößen, da selbige nicht für einen Zeitpunkt definiert sind!

4 Erster Hauptsatz der Thermodynamik

Die Energiebilanz am thermodynamischen System geht von dem Erfahrungssatz über die Erhaltung und Umwandlung der Energie aus. Aus diesem Erfahrungssatz folgt, dass die einem thermodynamischen System in einem *Zeitbereich* zugeführte Energie gleich der Änderung der Energie des Systems *von einem Zeitpunkt zu einem anderen Zeitpunkt* ist. Die Formulierung dieses Zusammenhangs wird als Erster Hauptsatz der Thermodynamik bezeichnet. An der Energieübertragung können verschiedene Energieformen beteiligt sein.

Diese Energien können einem System zu- bzw. abgeführt werden. Dabei ist es sinnvoll, eine Vorzeichenregelung zu vereinbaren. Es wird durchgängig festgelegt, dass die einem System *zugeführte Energien* oder Masse als *positiv* und die von einem System *abgeführte Energie* oder Masse als *negativ* bezeichnet wird.

4.1 Grundgesetze

Die folgenden grundlegenden Aussagen über das Verhalten eines Systems bei Zu- und Abfuhr einer Menge (Energie bzw. Masse) sollen von speziellen Stoffeigenschaften unabhängig verstanden werden und sind als Grundgesetze der Physik bekannt.

Die Grundgesetze werden zunächst für geschlossene, endliche Systeme aufgestellt.

Da geschlossene Systeme stets dieselben Teilchen enthalten, ergeben sich so besonders einfache Zusammenhänge. Ausgehend von geschlossenen Systemen können auch Aussagen für offene Systeme getroffen werden.

Die Grundgesetze können als Bilanzgleichungen aufgestellt werden. Die Bilanz einer Größe G enthält den Inhalt $G_{in,1}$ bzw. $G_{in,2}$, d.h. die Menge der Größe G, die sich zu dem jeweiligen Zeitpunkt 1 bzw. Zeitpunkt 2 im System befindet, die aus mehreren Zu- und Abfuhren resultierende Zufuhr G_{12}, d.h. die resultierende Menge der Größe G, die in einem Zeitbereich dem System infolge der äußeren Einwirkungen zu bzw. abgeführt wird.

Die Mengenbilanz für einen endlichen Zeitbereich zwischen den Zeitpunkten 1 und 2 mit Zeitpunkt 2 > Zeitpunkt 1 lautet dann

$$G_{12} = G_{in,2} - G_{in,1} = \Delta G_{in} \tag{4.1}$$

In der Aufstellung der Mengenbilanzgleichung (4.1) ist G_{12} als die Summe aller zugeführten und abgeführten Mengen anzusehen, wobei vereinbarungsgemäß die Zufuhren mit positivem und die Abfuhren mit negativem Vorzeichen eingesetzt werden. Es wird demnach vereinbart, dass stets $G_{12} > 0$ gilt, wenn die Menge G_{12} dem thermodynamischen System zugeführt wird.

Für einen differenziellen Zeitbereich ergibt sich

$$\delta G = dG_{in} \qquad (4.2)$$

Mit $\int_1^2 dG_{in} = G_{in,2} - G_{in,1}$, siehe Gl. (3.16), ist sofort erkennbar, dass die Größe dG_{in} der rechten Seite der Gl (4.2) die differenzielle Änderung einer (momentanen) Variablen G_{in}, die für einen *Zeitpunkt* angebbar ist, darstellt. Diese Größen, die offenbar momentane Zustände (hier zum Zeitpunkt 1 und 2) beschreiben, werden bereits bekanntermaßen als *Zustandsgrößen* bezeichnet.

Die linke Seite der Gl. (4.2) mit $\int_1^2 \delta G = G_{12}$ muss nach Gl. (3.17) offensichtlich aus *Prozessgrößen G* bestehen, die nur für einen *Zeitbereich* angebbar sind, *wegabhängig* sind und sich nicht aus ihren Anfangs- und Endzuständen berechnen lassen. Im Abschn. 4.2 werden Prozessgrößen hinsichtlich ihrer mathematischen Behandlung näher erläutert.

Bezieht man alle Größen der Gl. (4.2) auf einen Zeitbereich dt, so erhält man mit

$$\dot{G}_{12} = \frac{\delta G}{dt} \quad \dot{G}_{in} = \frac{dG_{in}}{dt} \qquad (4.3)$$

die Strombilanz

$$\dot{G}_{12} = \dot{G}_{in} \qquad (4.4)$$

Setzt man an Stelle der allgemeinen Menge G nunmehr die Variablen E für die Energie und m für die Masse ein, so folgen hieraus die Erhaltungssätze für Energie und Masse bzw. mit zeitabhängigen Prozessgrößen Energiestrom und Massenstrom

$$\dot{E}_{12} = \frac{dE_{in}}{dt} \qquad (4.5)$$

$$\dot{m}_{12} = \frac{dm_{in}}{dt} \qquad (4.6)$$

Für eine Strommenge $\dot{G}_{12}$, d.h. auch für $\dot{E}_{12}$ und $\dot{m}_{12}$ gelten dabei die gleichen Vorzeichenvereinbarungen wie für G_{12}, d.h. auch für E_{12} und m_{12}.

Werden dem System im Zeitbereich dt Summen von Massenströmen $\sum_i \dot{m}_i$ zugeführt (positives Vorzeichen) und Summen von Massenströmen $\sum_j \dot{m}_j$ abgeführt (negatives Vorzeichen), dann gilt als Resultierende für $\dot{m}_{12} = \sum_i \dot{m}_i - \sum_j \dot{m}_j$. Analog dazu gilt ebenfalls für $\dot{E}_{12} = \sum_i \dot{E}_i - \sum_j \dot{E}_j$.

4.2 Erster Hauptsatz – Energieerhaltungssatz

Der Erste Hauptsatz der Thermodynamik ist ein Erfahrungssatz und stellt das allgemeine Energieerhaltungsprinzip dar:

> Energie kann weder erzeugt noch vernichtet werden. Erfahrungsgemäß kann jedoch die Energie in verschiedenen Formen auftreten, die ineinander umgewandelt werden können.

Bezeichnet man unter Beachtung der o.g. Vorzeichenregeln die Summe aller einem homogenen System zu- und abgeführten Energien resultierend mit E_{12} und den Energieinhalt des homogenen Systems anstelle $\Delta E_{in} = E_{in,2} - E_{in,1}$ mit der etablierten Bezeichnung, der so genannten Gesamtenergie $\Delta U_g = U_{g,2} - U_{g,1}$, dann nimmt die Energiebilanz als Mengenbilanz die Form an

$$E_{12} = U_{g,2} - U_{g,1} = \Delta U_{g,12} \tag{4.7}$$

bzw.

$$\delta E = dU_g \tag{4.8}$$

Die linke Seite der Gl. (4.8) ist als Summe aller zugeführten und abgeführten differenziellen Energien anzusehen, wobei vereinbarungsgemäß die Zufuhren mit positivem und die Abfuhren mit negativem Vorzeichen eingesetzt werden. Es wird demnach vereinbart, dass stets $\delta E > 0$ gilt, wenn die differenzielle Energie δE dem thermodynamischen System zugeführt wird.

Die rechte Seite der Gl. (4.8) beinhaltet nicht nur die differenzielle Änderung des inneren Energiezustandes des thermodynamischen Systems, sondern darüber hinaus noch äußere Systemzustände, d.h. den Bewegungszustand des thermodynamischen Systems mit seiner Geschwindigkeit (beschrieben durch seine kinetische Energie) und seiner Höhenkoordinate (beschrieben durch seine potentielle Energie), also die differenzielle Änderung des so genannten Gesamtenergiezustandes.

Zunächst ist es erforderlich, die einem System zugeführten Energien genauer zu definieren.

4.2.1 Wärme und Arbeit

Die Energieformen, die die thermodynamische Systemgrenze überschreiten können, sind die Arbeit und die Wärme.

Die einem thermodynamischen System durch Arbeit zugeführte Energie ist die *Arbeit der äußeren makroskopischen Kräfte*.

Bezeichnet man die einem System differenziell zugeführte Arbeit mit δW, so gilt

$$\delta W - \sum_i \vec{F}_i \cdot d\vec{r}_i \mid \sum_j \vec{M}_j \cdot d\vec{\alpha}_j \tag{4.9}$$

wobei $\vec{F}_i\, d\vec{r}_i$ die Arbeit der i äußeren makroskopischen Einzelkräfte $\vec{F}_i$ auf den zurückgelegten i differenziellen Wegen $d\vec{r}_i$ bei geradliniger Bewegung und $|\vec{M}_i|\, d\vec{\alpha}_i$ die Arbeit der j Drehmomente $\vec{M}_i$ mit den zugehörigen j differenziellen Drehwinkeln $d\vec{\alpha}_i$ bei Drehbewegungen gilt.

Aus dem mathematischen Sachverhalt der Gl. (4.9) ist bereits ersichtlich, dass es sich bei der Arbeit um eine wegabhängige Größe handeln muss, denn die Summanden der rechten Seite von Gl. (4.9) sind jeweils Skalarprodukte zweier Vektoren $|\vec{F}_i|\cdot|d\vec{r}_i|\cdot\cos\alpha$ bzw. $|\vec{M}_j|\cdot|d\vec{\alpha}_j|\cdot\cos\beta$.

Die zwischen den Vektoren eingeschlossenen Winkel α und β bestimmen jeweils die Größe der Arbeit. Greift der Kraftvektor $\vec{F}_i$ z.B. senkrecht zum Wegvektor $d\vec{r}_i$ an ($\cos\alpha = 0$), ist die dabei verrichtete Arbeit gleich Null, liegen die beiden Vektoren in einer gemeinsamen, gleichen Richtung ($\cos\alpha = 1$), so wird offensichtlich die größtmögliche Arbeit verrichtet. Dazwischen liegen je nach Winkelgröße wegabhängige Werte für die Arbeit.

Die Arbeiten können je nach Art der sie verursachenden Kräfte verschieden unterteilt werden. In der Thermodynamik spielen Einzelkräfte kaum eine Rolle, da vorwiegend Gase und Flüssigkeiten betrachtet werden. Somit entstehen Normalkräfte an der Systemgrenze durch Druckkräfte und Tangentialkräfte entstehen im System durch Schubspannungen.

Die von den Schubspannungen verrichtete Arbeit ist die Reibungsarbeit δW_R, die von den Normalkräften verrichtete Arbeit ist die Druckarbeit δW_D.

Damit ergibt sich die Beziehung für eine dem System zugeführte differenzielle Arbeit

$$\delta W = \delta W_D + \delta W_R \tag{4.10}$$

Ändert sich der Zustand des Systems in gleicher Weise, ohne dass eine Arbeitszufuhr aufgetreten ist, muss eine Energiezufuhr stattgefunden haben, die der ursprünglichen Arbeitszufuhr äquivalent ist.

Zugeführte Energie ist jede Größe, die die gleiche Wirkung, d.h. die gleiche Zustandsänderung im System hervorruft wie zugeführte Arbeit.

Wird z.B. einer Flüssigkeit Reibungsarbeit zugeführt, siehe Abb. 4.1 (Fall 1), bedingt die entsprechende Erhöhung der Gesamtenergie eine Erhöhung der Temperatur. Die gleiche Temperaturerhöhung kann erreicht werden, in dem die Flüssigkeit beheizt wird, Abb. 4.1 (Fall 2).

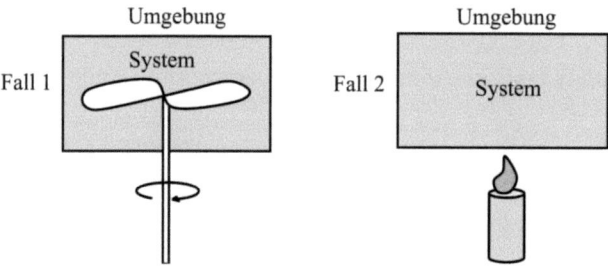

Abb. 4.1: System mit Zufuhr von Reibungsarbeit (Fall 1) und System mit Zufuhr von Wärme (Fall 2)

4.2 Erster Hauptsatz – Energieerhaltungssatz

Da in den Fällen 1 und 2 die zugeführten Arbeiten der Druckkräfte und der Feldkräfte gleich groß sind, muss im Fall 2 anstelle der Reibungsarbeit eine andere Form der Energie zugeführt worden sein, die *Wärme* genannt wird.

Eine Zustandsänderung infolge Wärmezufuhr findet immer statt, wenn ein System sich nicht im thermischen Gleichgewicht mit seiner Umgebung befindet (vgl. Abschn. 2.5.1), d.h. wenn Temperaturunterschiede zwischen System und Umgebung auftreten.

> **Wärme ist eine Form der einem System zugeführten Energie. Sie ist eine Prozessgröße. Eine Prozessgröße heißt dann Wärme, wenn eine Temperaturdifferenz die Ursache des thermischen Energietransports ist.**

Wärme wird also an ein System übertragen, wenn es sich nicht im thermischen Gleichgewicht mit der Umgebung befindet, d.h. wenn ein *Temperaturunterschied gegenüber der Umgebung* besteht.

Der in der Thermodynamik definierte Inhalt des Begriffs Wärme muss entgegen der umgangssprachlichen Deutung präzisiert werden. Es gibt z.B. keine „Speicherwärme", keine „Reibungswärme", keinen „Wärmespeicher" und auch keinen „Wärmeinhalt". Wärmeenergie kann nicht Systeminhalt sein, sondern kann nur eine zwischen zwei Systemen oder einem System und der Umgebung in einem *Zeitbereich* übertragbare Wärmeenergie als Prozessgröße sein. An Stelle des falschen Begriffs „Wärmeinhalt" wird der Begriff Energieinhalt verwendet, der aber eine Eigenschaft des Systems, d.h. seinen Zustand zu einem *Zeitpunkt* beschreibt, wo hingegen die zwischen Systemen übertragene Wärme eine Form der energetischen Wechselwirkung über einem *Zeitbereich* darstellt, also eine Prozessgröße ist, die nicht gleichzeitig das System selbst charakterisieren kann.

In der Fallunterscheidung, Abb. 4.1 wird die Wärme über die Zustandsänderung auf die Änderung der Gesamtenergie eines Systems und diese auf die Arbeit zurückgeführt.

Daraus folgt:

> **Energie ist jede der Arbeit äquivalente Größe.**

In der technischen Thermodynamik kommen als Formen der zugeführten Energie nur die Arbeit und die Wärme in Betracht. Sie sind nach Abschn. 2.7 und Abschn. 3.3.2 Prozessgrößen.

Bezeichnet man die differenzielle Energiezufuhr durch Wärme mit δQ, lautet der erste Hauptsatz der Thermodynamik für ein homogenes, geschlossenes System für einen differenziellen Zeitbereich

$$\delta W + \delta Q = dU_g \qquad (4.11)$$

und mit Gl. (4.10)

$$\delta W_D + \delta W_R + \delta Q = dU_g \qquad (4.12)$$

bzw. nach Integration für einen endlichen Zeitbereich

$$W_{D,12} + W_{R,12} + Q_{12} = U_{g,2} - U_{g,1} \qquad (4.13)$$

Hier wird entsprechend o.g. Vorzeichenregel festgelegt:

dem System zugeführte Wärme oder Arbeit: Q bzw. W > 0

aus dem System abgeführte Wärme oder Arbeit: Q bzw. W < 0

Trotz Vorhandensein einer Temperaturdifferenz kann eine mögliche Wärmeübertragung durch eine adiabate (wärmedichte) Systemgrenze, bei der $Q = 0$ gilt, verhindert werden.

Es kann festgestellt werden, dass an der Energieübertragung folgende verschiedene Energieformen beteiligt sein können: Reibungsarbeit, Druckarbeit und Wärme.

Im Ersten Hauptsatz ist vorerst die Arbeit die einzige Prozessgröße, die direkt ermittelt werden kann. Sie wird über die Kraft und den von der Kraft zurückgelegen Weg bei geradliniger Bewegung (bzw. über das Drehmoment mit dem durchlaufenen Drehwinkel bei einer Drehbewegung bestimmt), siehe Gl. (4.9). Die unterschiedlichen Formen der Arbeit werden im Folgenden erläutert.

4.2.2 Druckarbeit (Volumenänderungsarbeit)

Die normal zur Systemgrenze liegenden Kräfte verrichten Arbeit am System, die *Druckarbeit* (Volumenänderungsarbeit) genannt wird. Die Druckarbeit an einem quasistatischen (siehe Abschn. 2.7), druckhomogenen geschlossenen System ist eine Arbeit, die die Systemgrenze des geschlossenen Systems verschiebt und damit eine einmalige Volumenänderung bewirkt. Sie heißt deshalb auch *Volumenänderungsarbeit*.

Zur Berechnung der Volumenänderungsarbeit wird o.g. System entsprechend Abb. 4.2 zugrunde gelegt. Der Umgebungsdruck betrage $p_U = 0 \; bar$ Umgebung soll hier nicht die Atmosphäre mit p_B sein, sondern eine Modellumgebung.

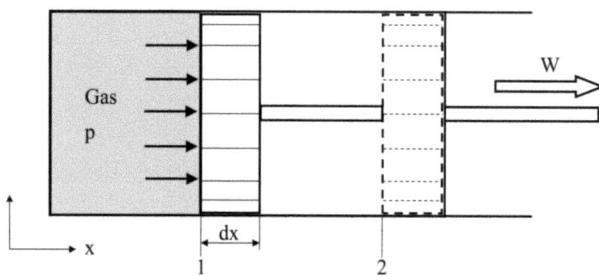

Abb. 4.2: System zur Berechnung der Volumenänderungsarbeit

Die Druckkraft des Gases, die auf den Kolben mit der Kolbenfläche A wirkt, beträgt

$$F_D = p \cdot A \qquad (4.14)$$

Mit der differenziellen Volumenänderung

$$dV = A \cdot dx \qquad (4.15)$$

folgt hieraus die Volumenänderungsarbeit (Volumen wird kleiner mit zunehmendem Druck p bzw. für $dV > 0$ muss $\delta W_D < 0$ sein).

4.2 Erster Hauptsatz – Energieerhaltungssatz

$$\delta W_D = -p \cdot dV \qquad (4.16)$$

Für die Volumenänderungsarbeit, die das System vom Anfangszustand 1 in den Endzustand 2 bringt, entsteht durch Integration

$$W_{D,12} = -\int_1^2 p \cdot dV \qquad (4.17)$$

bzw. spezifisch, d.h. auf die Masse m bezogen

$$w_{D,12} = -\int_1^2 p \cdot dv \qquad (4.18)$$

Nichttechnische Arbeit der Druckkräfte

In der obigen Anordnung muss für eine einmalige Zustandsänderung im geschlossenen System keineswegs die gesamte Kraft $p \cdot A$ aufgebracht werden, sondern durch den Umgebungsdruck p_U wird die Kraft $p_U \cdot A$ von selbst aufgeprägt. Damit ergibt sich die so genannte nichttechnische Arbeit der Druckkräfte.

$$\delta W_{D,nt} = -p_U \cdot dV \qquad (4.19)$$

bzw.

$$W_{D,nt} = -p_U \cdot (V_2 - V_1) \qquad (4.20)$$

Technische Arbeit (Nutzarbeit) der Druckkräfte

Die so genannte technische Arbeit (oft auch als Nutzarbeit bezeichnet), d.h. die durch eine technische Einrichtung (Maschine) dem System zugeführte Arbeit (hier die Nutzarbeit an der Kolbenstange) beträgt dann

$$\delta W_{D,t} = -(p - p_U) \cdot dV \qquad (4.21)$$

bzw.

$$W_{D,t} = -\int_1^2 p \cdot dV + p_U \cdot (V_2 - V_1) \qquad (4.22)$$

bzw. spezifisch

$$w_{D,t} = -\int_1^2 p \cdot dv + p_U \cdot (v_2 - v_1) \qquad (4.23)$$

Es gilt also für die Druckarbeit (Volumenänderungsarbeit) mit Gl. (4.20) und Gl. (4.22)

$$W_{D,12} = W_{D,t} + W_{D,nt} \qquad (4.24)$$

Die Druckarbeit (Volumenänderungsarbeit) W_{D12} kann im p, v-Diagramm als Fläche zwischen der Zustandslinie und der v-Achse dargestellt werden, Abb. 4.3. Ein derartiges Diagramm heißt Zustandsdiagramm.

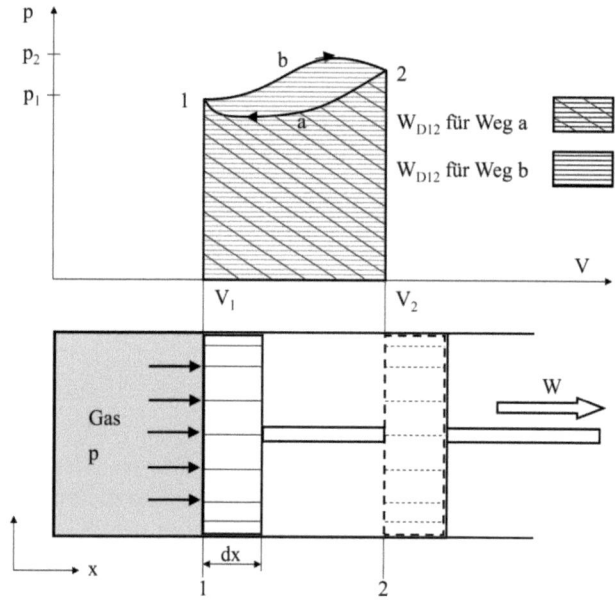

Abb. 4.3: Zur Erläuterung der Volumenänderungsarbeit als Prozessgröße

Die Druckarbeit (Volumenänderungsarbeit), wie jede andere Arbeit auch, ist eine Prozessgröße, d.h. eine wegabhängige Größe wie aus der Abb. 4.3. zu erkennen ist. In Abhängigkeit vom Verlauf der Zustandskurve (z.B. Kurve a oder b) zwischen den beiden Punkten 1 und 2 ergeben sich andere Flächeninhalte für die Größe der Druckarbeit (Volumenänderungsarbeit) W_{D12}.

Für die Auswertung des Integrals $w_{D,12} = -\int_1^2 p \cdot dv$ für die endliche quasistatische Volumenänderung muss der Druckverlauf $p = p(T)$ vorgegeben sein. Hierfür kann jeder beliebige, die Zustandsänderung hinreichend genau beschreibende analytische Ansatz gewählt werden. Lediglich das vorausgesetzte Gleichgewicht an der Systemgrenze muss erfüllt sein.

Die Druckarbeit (Volumenänderungsarbeit) $W_{D,12}$ ist also keine Zustandsgröße eines Zeitpunktes und damit auch keine Systemeigenschaft, sondern eine Prozessgröße eines Zeitbereiches.

Die Druckarbeit (Volumenänderungsarbeit) $W_{D,12}$ bezeichnet die Energie, die einem geschlossenen System bei einmaliger Verdichtung zugeführt oder aus dem System bei einmaliger Entspannung abgeführt wird.

Für die Integrale $\int_1^2 \delta W_D$ und spezifisch geschrieben $\int_1^2 \delta w_D$ gilt demzufolge entsprechend Gl. (3.17) die Schreibweise $W_{D,12}$ (nicht $W_2 - W_1$!) bzw. $w_{D,12}$ (nicht $w_2 - w_1$!).

4.2.3 Reibungsarbeit

Die *Reibungsarbeit* ist eine weitere den inneren Systemzustand beeinflussende Energieform. Neben den die Volumenänderungsarbeit beeinflussenden Normalkräften verrichten auch tangential zur Systemgrenze anliegende Kräfte Arbeit am System. Diese Arbeit wird Reibungsarbeit genannt.

Der Charakter der Reibungsarbeit lässt sich mit Abb. 4.1 (Fall 1) recht gut erläutern. Wie in Abb. 4.1 dargestellt, soll eine Welle mit Schraube in das System hineinragen, aber nicht zum eigentlichen System dazugehören. Beim Drehen der Welle setzen die durch die Zähigkeit der Flüssigkeit bedingten Tangentialkräfte der aufgewendeten Kraft einen entsprechenden Widerstand entgegen. Es muss zum Drehen der Welle somit eine bestimmte Arbeit aufgewendet werden, die je nach Zähigkeit der Flüssigkeit im System eine bestimmte Größe annimmt. Dem System wird die so genannte Reibungsarbeit zugeführt.

Der beschriebene Prozess ist irreversibel, denn es ist nicht möglich den Prozess umzukehren.

Reibungsarbeit kann einem System immer nur zugeführt werden. Reibungsarbeit ist somit nach o.g. Vorzeichenregel stets positiv und tritt bei irreversiblen Prozessen (siehe 2.8) auf.

$$\int_1^2 \delta W_R = W_{R,12} \geq 0 \tag{4.25}$$

Das Gleichheitszeichen gilt für den Grenzfall des reibungsfrei ablaufenden Prozesses. Dieser Grenzfall $W_{R,12} = 0$ wird sehr häufig bei der vereinfachten Betrachtung von technischen Prozessen angenommen. Man setzt dann modellvereinfachend einen reversiblen Prozessverlauf an.

4.2.4 Gesamtenergie, innere Energie und Bezugssystem

Nachdem die linke Seite der Energiebilanz, d.h. die über einen Zeitbereich zugeführten Energien im Einzelnen beschrieben worden sind, soll die rechte Seite der Gl. (4.11) hier näher erläutert werden.

Gesamtenergie

Die rechte Seite der Energiebilanz Gl. (4.11) beschreibt mit den Größen $U_{g,1}$ und $U_{g,2}$ jeweils einen Zustand des Systems zum Zeitpunkt 1 und zum Zeitpunkt 2, die so genannte Gesamtenergie des Systems zum Zeitpunkt 1 und zum Zeitpunkt 2.

Bezugssystem BZS

Ruhendes Bezugssystem in Bezug zur Systemgrenze (ruhendes System)

Falls bei den Zu- und Abfuhren von Energien bei einem geschlossenen System das *Bezugssystem BZS* im Bezug zur Systemgrenze ruht, ist für einen Beobachter im Bezugssystem das System ortsunveränderlich (ruhendes System). Der relativ zum System ruhende Beobachter registriert die Veränderungen des inneren Zustandes des Systems infolge Energiezufuhren oder -abfuhren.

Der Beobachter registriert nur den inneren Systemzustand, die so genannte *innere Energie U* zu irgendeinem Zeitpunkt 1 oder 2.

Bewegtes Bezugsystem in Bezug zur Systemgrenze (bewegtes System)

Zur Erklärung der Gesamtenergie wird wieder von einem geschlossenen System ausgegangen. Das *Bezugssystem* ruht jedoch nicht an der Systemgrenze wie bisher, sondern befindet sich außerhalb oder innerhalb des Systems an einem beliebigen festen Ort im Raum. Im Unterschied zu dem bisherigen Bezugssystem, kann nun vom Beobachter vom neuen Bezugssystem auch die örtliche Lage und der Bewegungszustand des Systems registriert werden. Andererseits kann ein Beobachter vom System aus, ein bewegtes Bezugssystem erkennen.

Der Beobachter registriert nicht mehr nur den inneren Systemzustand, die innere Energie U, sondern, die Höhe z des Systems über einem Bezugsniveau bestimmt die potentielle Energie des Systems E_{pot} bzw. bei Veränderung der Höhenkoordinate $E_{pot,2} - E_{pot,1}$ und der Bewegungszustand des Systems mit seiner Geschwindigkeit c wird durch seine kinetische Energie E_{kin} bzw. deren Veränderung durch die Differenz $E_{kin,2} - E_{kin,1}$ beschrieben.

Innere Energie

Für die Differenz der Gesamtenergie

$$\Delta U_{g,12} = U_{g,2} - U_{g,1} = U_2 - U_1 + E_{pot,2} - E_{pot,1} + E_{kin,2} - E_{kin,1} \qquad (4.26)$$

mit

$$\Delta E_{pot,12} = E_{pot,2} - E_{pot,1} = mg(z_2 - z_1) \qquad (4.27)$$

und

$$\Delta E_{kin,12} = E_{kin,2} - E_{kin,1} = \frac{m}{2}(c_2^2 - c_1^2) \qquad (4.28)$$

folgt

$$\Delta U_{g,12} = U_{g,2} - U_{g,1} = U_2 - U_1 + \frac{m}{2}(c_2^2 - c_1^2) + mg(z_2 - z_1) \qquad (4.29)$$

Dabei bezeichnet die Differenz $U_2 - U_1$ die Änderung der inneren Energie des Systems von einem Zeitpunkt 1 zu einem Zeitpunkt 2 und ist demnach die Differenz zweier Zustandsgrößen des Systems, die nur von ihren inneren Zustandsgrößen abhängen.

Bei einem aus mehreren Teilsystemen bestehenden System, werden die Differenzen $U_2 - U_1$, $U_{g,2} - U_{g,1}$, $E_{kin,2} - E_{kin,1}$ und $E_{pot,2} - E_{pot,1}$ ersetzt durch die Summen $\sum_i U_i$ bzw. $\sum_j U_{gj}$, $\sum_k E_{kin,k}$ und $\sum_m E_{pot,m}$, d.h. durch die Summen der Energiezustände der einzelnen Teilsysteme vorher (negatives Vorzeichen) und nachher (positives Vorzeichen).

4.2 Erster Hauptsatz – Energieerhaltungssatz

Für ein einfaches System (ohne weitere Aufteilung in Teilsysteme) setzt sich die Gesamtenergieänderung $U_{g,2} - U_{g,1}$ zusammen aus der Zustandsänderung im Innern des Systems und seiner kinetischen und potentiellen Energieänderung. Auf die Systemmasse m bezogen, folgt hieraus

$$u_{g,2} - u_{g,1} = u_2 - u_1 + \frac{c_2^2 - c_1^2}{2} + g(z_2 - z_1) \tag{4.30}$$

4.2.5 Thermische und kalorische Zustandsgrößen

Die Größe U in Gl. (4.29) oder u in Gl. (4.30) sind absolute bzw. spezifische Zustandsgrößen, da selbige den inneren Systemzustand zu einem Zeitpunkt beschreiben. Im Gegensatz zu den *thermischen Zustandsgrößen* p, T, v bzw. V werden u bzw. U als *kalorische* oder *energetische Zustandsgrößen* bezeichnet.

Aus praktischen Gründen wird mit der so genannten spezifischen *Enthalpie h* eine neue kalorische oder energetische Zustandsgröße eingeführt

$$h = u + p \cdot v \tag{4.31}$$

Aus Gl. (4.31) ergibt sich für die differenzielle Änderung der spezifischen Enthalpie dh

$$dh = du + d(p \cdot v) = du + p \cdot dv + v \cdot dp \tag{4.32}$$

Die absolute oder extensive Größe für die Enthalpie H ergibt sich durch Multiplikation mit der Systemmasse.

Neben den hier genannten kalorischen Zustandsgrößen innere Energie u bzw. U und Enthalpie h bzw. H gibt es noch eine weitere kalorische Zustandsgröße, die so genannte *Entropie s* bzw. *S*. Diese ebenfalls den Systemzustand beschreibende Zustandsgröße Entropie wird in einem späteren Kapitel behandelt.

Während die thermischen Zustandsgrößen gemessen werden können, müssen die stoffbezogenen kalorischen Zustandsgrößen berechnet werden

4.2.6 Erster Hauptsatz für ruhende, geschlossene, homogene Systeme

Bei ruhenden Systemen tritt keine Änderung von kinetischer und potentieller Energie auf.
Mit Gl. (4.12) lässt sich die Energiebilanz für spezifische Größen wie folgt formulieren.

Gleichung des ersten Hauptsatzes für ruhende, geschlossene, homogene Systeme

$$\delta w_D + \delta w_R + \delta q = du \tag{4.33}$$

oder integriert

$$w_{D,12} + w_{R,12} + q_{12} = u_2 - u_1 \tag{4.34}$$

bzw. mit Gl. (4.18)

$$-\int_1^2 p \cdot dv + w_{R,12} + q_{12} = u_2 - u_1 \qquad (4.35)$$

oder in absoluten Größen

$$W_{D,12} + W_{R,12} + Q_{12} = U_2 - U_1 \qquad (4.36)$$

bzw.

$$-\int_1^2 p \cdot dV + W_{R,12} + Q_{12} = U_2 - U_1 \qquad (4.37)$$

Wird einem ruhenden, geschlossenen, homogenen System bei $V = konst$ ($dV = 0$) lediglich Wärme zugeführt (der Prozess verläuft reibungsfrei), dann folgt aus Gl. (4.37)

$$Q_{12} = U_2 - U_1 \qquad (4.38)$$

bzw.

$$q_{12} = u_2 - u_1 \qquad (4.39)$$

bzw.

$$\delta q = du \qquad (4.40)$$

> Einem ruhenden, geschlossenen, homogenen System zugeführte Wärme erhöht die innere Energie des Systems. Eine abgeführte Wärme verringert die innere Energie des Systems.

4.2.7 Erster Hauptsatz für ruhende, offene, inhomogene Systeme

Bei vielen offenen Systemen (z.B. Pumpen, Verdichter, Turbinen, Benzinmotoren usw.) tritt im Gegensatz zu geschlossenen Systemen bei entsprechender kontinuierlicher Strömung auch kontinuierlich Arbeit auf, die als technische Arbeit bezeichnet wird.

In der Turbine bewirkt eine kontinuierliche Strömung eines Gases oder einer Flüssigkeit das Drehen der Turbinenschaufeln. Über die Turbinenwelle kann technische Arbeit abgeführt ($\delta w_t < 0$) werden. Beim Kolbenverdichter kann durch Bewegen des Kolbens eine technische Arbeit einem Gas zugeführt werden ($\delta w_t > 0$).

In einer kontinuierlichen Strömung ändert sich im Allgemeinen der Zustand von Ort zu Ort und von Zeitpunkt zu Zeitpunkt, d.h. das betrachtete geschlossene System ist inhomogen und im System herrschen instationäre Zustände.

An Stelle der Änderung des Systemzustandes wird man hier deshalb die Zustandsänderung für *charakteristische Querschnitte* untersuchen, in denen *homogene und stationäre Bedingungen* herrschen.

Grenzt man über den gesamten Strömungsquerschnitt beliebige sich durch den Bilanzraum bewegende homogene Stoffmengen ab, so stellen diese dann zusammen mit dem

4.2 Erster Hauptsatz – Energieerhaltungssatz

unveränderten Innenraum des Systems (Maschine mit momentaner Masse und innerer Energie) ein *offenes System* dar.

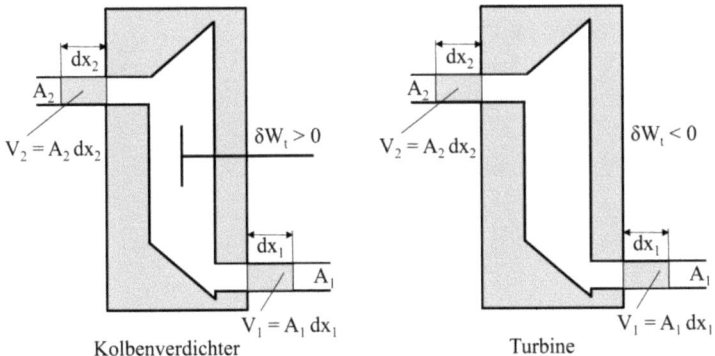

Abb. 4.4: Bewegte homogene Stoffmenge (geschlossenes System) zur Berechnung eines offenen Systems

Das bedeutet, dass für die Berechnung eines offenen Systems lediglich alle über die Systemgrenze passierenden Energie- und Massenströme stationär (von der Zeit unabhängig) und homogen sein müssen, jedoch nicht zwingend auch das Systeminnere diese Restriktionen besitzen muss.

Das System nimmt zu Beginn des betrachteten Zeitintervalls den Bereich zwischen den charakteristischen Querschnitten 1 und 2 ein. Innerhalb des thermodynamischen Systems können also durchaus inhomogene und instationäre Zustände, wie z.B. in Kolbenmaschinen, vorliegen.

Während des betrachteten Zeitintervalls verschieben sich die Systemgrenzen infolge der Strömung um dx_1 und dx_2.

Im Folgenden werden die Verhältnisse für einen Kolbenverdichter und für eine Turbine beschrieben.

In beiden Fällen gilt für die technische Arbeit

$$\delta W_t = \delta W_D + p_2 \cdot A_2 \cdot dx_2 - p_1 \cdot A_1 \cdot dx_1 \tag{4.41}$$

Mit

$$V_1 = A_1 \cdot dx_1 \tag{4.42}$$

und

$$V_2 = A_2 \cdot dx_2 \tag{4.43}$$

folgt daraus

$$\delta W_t = \delta W_D + p_2 \cdot V_2 - p_1 \cdot V_1 \tag{4.44}$$

und mit Gl. (4.17)

$$\delta W_t = -p \cdot dV + p_2 \cdot V_2 - p_1 \cdot V_1 \tag{4.45}$$

Mit der bekannten Regel für die Ableitung des Produktes zwei Funktionen p, V

$$d(p \cdot V) = p \cdot dV + V \cdot dp \qquad (4.46)$$

kann für die technische Arbeit geschrieben werden

$$W_{t,12} = \int_1^2 V \cdot dp = -\int_1^2 p \cdot dV + p_2 \cdot V_2 - p_1 \cdot V_1 \qquad (4.47)$$

und für die spezifische technische Arbeit folgt

$$w_{t,12} = \int_1^2 v \cdot dp = -\int_1^2 p \cdot dv + p_2 \cdot v_2 - p_1 \cdot v_1 \qquad (4.48)$$

Das Integral $\int_1^2 v(p) \cdot dp$ entspricht im p,v-Diagramm (Abb. 4.5) der Fläche zwischen der Zustandslinie, d.h. zwischen dem Zustandsverlauf p =f(v) und der p-Achse.

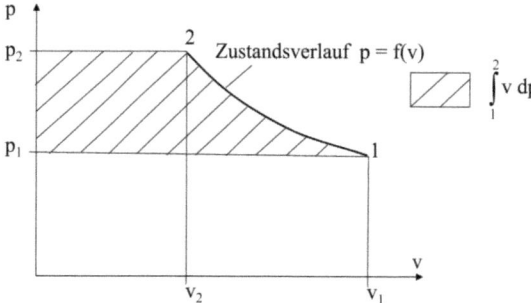

Abb. 4.5: Technische Arbeit im p,v-Diagramm bei einer Kompression

Abb. 4.6 veranschaulicht dazu den Zusammenhang zwischen $\int_1^2 v(p) \cdot dp$ und der Volumenänderungsarbeit $-\int_1^2 p(v) \cdot dv$.

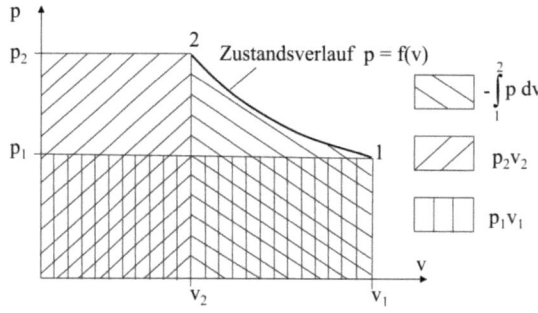

Abb. 4.6: Zur Erläuterung der Flächeninhalte beim Zustandsverlauf p = f v)

Die Differenz $p_2 \cdot v_2 - p_1 \cdot v_1$ heißt spezifische Verschiebearbeit.

Mit der Beziehung für die differenzielle Enthalpie $dh = du + p \cdot dv + v \cdot dp$, siehe Gl. (4.32), folgt mit Gl. (4.33) daraus eine

Gleichung des ersten Hauptsatzes für ruhende, offene, inhomogene Systeme
$$\delta q + \delta w_t + \delta w_R = dh \qquad (4.49)$$

In integrierter Form folgt daraus

$$q_{12} + \int_1^2 v(p) \cdot dp + w_{R,12} = h_2 - h_1 \qquad (4.50)$$

bzw. mit absoluten Größen

$$Q_{12} + \int_1^2 V(p) \cdot dp + W_{R,12} = H_2 - H_1 \qquad (4.51)$$

Die als Wärme und/oder technischer Arbeit reibungsfrei ($W_{R,12} = 0$) zugeführten Energien erhöhen die Enthalpie des thermodynamischen Systems.

Mit dieser Form des ersten Hauptsatzes werden vor allem offene thermodynamische Systeme untersucht. Wie festgestellt wurde, kann das thermodynamische System durchaus inhomogen sein, da für das Herleitungsmodell der Bilanzgleichung für das offene System (4.51) lediglich eine durch den Bilanzraum sich bewegende homogene Stoffmenge (als bewegtes geschlossenes System) betrachtet wurde. Voraussetzung war demzufolge, dass das System nur in den Strömungsquerschnitten an den Zu- und Abströmungen stationäre und homogene Bedingungen besitzen muss. Innerhalb des offenen thermodynamischen Systems können also durchaus instationäre und inhomogene Zustände, wie z.B. in Kolbenmaschinen, vorliegen.

Wird Gl. (4.50) auf reibungsfreie Zustandsänderungen ($w_{R,12} = 0$) angewendet, bei der dazu noch $p = konst$ ist, dann gilt $dp = 0$ und es wird dann

$$q_{12} = h_2 - h_1 \qquad (4.52)$$

Wird einem ruhenden, offenen, inhomogenen System bei konstantem Druck lediglich Wärme zugeführt (reibungsfreie Zustandsänderung), dann führt diese Wärmezufuhr zu einer Änderung der Enthalpie des Systems. Abgeführte Wärme verringert die Enthalpie des Systems.

4.2.8 Erster Hauptsatz für bewegte, geschlossene Systeme

Vom Standpunkt eines auf der Systemgrenze postierten Beobachters ruht das System und es gilt für den ersten Hauptsatz für ruhende, geschlossene Systeme die im Abschn. 4.2.6 abgeleitete Energiebilanz Gl. (4.33).

Im Unterschied zum ruhenden Bezugssystem, kann vom Beobachter mit einem bewegten Bezugssystem, siehe Abschn. 4.2.4, auch die örtliche Lage und der Bewegungszustand des Systems registriert werden.

Der Beobachter registriert nicht mehr nur den inneren Systemzustand, die innere Energie U, sondern, die Höhe z des Systems über einem Bezugsniveau bestimmt die potentielle Energie des Systems E_{pot} bzw. bei Veränderung der Höhenkoordinate die Änderung der potentiellen Energie $E_{pot,2} - E_{pot,1}$.

Der Bewegungszustand des Systems mit seiner Geschwindigkeit c wird durch seine kinetische Energie E_{kin} bzw. deren Veränderung durch die Differenz der kinetischen Energie $E_{kin,2} - E_{kin,1}$ mit Hilfe des Bewegungsgesetzes beschrieben, so dass der erste Hauptsatz für bewegte, geschlossene, homogene, thermodynamische Systeme folgende Form annimmt:

$$W_{D,12} + W_{R,12} + Q_{12} = U_{g2} - U_{g1}$$

$$= U_2 - U_1 + E_{pot,2} - E_{pot,1} + E_{kin2} - E_{kin1} \quad (4.53)$$

Für ein System, das aus mehreren Teilsystemen besteht, werden $U_2 - U_1$, $U_{g,2} - U_{g,1}$, $E_{kin,2} - E_{kin,1}$ und $E_{pot,2} - E_{pot,1}$ ersetzt durch $\sum_i U_i$ bzw. $\sum_j U_{gj}$, $\sum_k E_{kin,k}$ und $\sum_m E_{pot,m}$, d.h. durch die Summen der Energiezustände vorher (negatives Vorzeichen) und nachher (positives Vorzeichen).

Somit lässt sich diese Bilanz auch in differenzieller Schreibweise notieren

> Gleichung des ersten Hauptsatzes für bewegte, geschlossene, homogene Systeme
>
> $$\delta W_D + \delta W_R + \delta Q = dU_g = dU + dE_{pot} + dE_{kin} \quad (4.54)$$

bzw. in spezifischen Größen

$$\delta w_D + \delta w_R + \delta q = du + c \cdot dc + g \cdot dz \quad (4.55)$$

oder nach Integration für ein einfaches System (ohne weitere Aufteilung in Teilsysteme)

$$-\int_1^2 p \cdot dv + w_{R,12} + q_{12} = u_2 - u_1 + \frac{c_2^2 - c_1^2}{2} + g \cdot (z_2 - z_1) \quad (4.56)$$

und in absoluten Größen

$$-\int_1^2 p \cdot dV + W_{R,12} + Q_{12} = \Delta U_{g12} \quad (4.57)$$

mit

$$\Delta U_{g12} = \Delta U_{12} + \Delta E_{kin,12} + \Delta E_{pot,12} \quad (4.58)$$

$$\Delta U_{12} = U_2 - U_1 \quad (4.59)$$

$$\Delta E_{kin,12} = \frac{m}{2}(c_2^2 - c_1^2) \quad (4.60)$$

$$\Delta E_{pot,12} = m \cdot g (z_2 - z_1) \quad (4.61)$$

4.2.9 Erster Hauptsatz für bewegte, offene, inhomogene Systeme

Vom Standpunkt eines auf der Systemgrenze postierten Beobachters ruht das System und es gilt für den ersten Hauptsatz für ruhende offene Systeme die im Abschn. 4.2.7 abgeleitete Energiebilanz Gl. (4.49)

Völlig analog zum vorhergehenden Kapitel lässt sich bei gleichen Überlegungen die Energiebilanz für bewegte, offene, inhomogene Systeme formulieren.

$$W_{t,12} + W_{R,12} + Q_{12} = H_{g2} - H_{g1}$$
$$= H_2 - H_1 + E_{pot,2} - E_{pot,1} + E_{kin,2} - E_{kin,1} \quad (4.62)$$

Mit $H_{g2} - H_{g1}$ wird die *Gesamtenthalpie*-Differenz analog zur Gesamtenergie-Differenz beschrieben.

Für ein System, das aus mehreren Teilsystemen besteht, werden $H_2 - H_1$, $H_{g,2} - H_{g,1}$, $E_{kin,2} - E_{kin,1}$ und $E_{pot,2} - E_{pot,1}$ ersetzt durch $\sum_i H_i$ bzw. $\sum_j H_{gj}$, $\sum_k E_{kin,k}$ und $\sum_m E_{pot,m}$, d.h. durch die Summen der Energiezustände vorher (negatives Vorzeichen) und nachher (positives Vorzeichen).

In differenzieller Schreibweise folgt daraus die

Gleichung des ersten Hauptsatzes für bewegte, offene, inhomogene Systeme

$$\delta W_t + \delta W_R + \delta Q = dH_g = dH + dE_{pot} + dE_{kin} \quad (4.63)$$

bzw. in spezifischen Größen

$$\delta w_t + \delta w_R + \delta q = dh + g \cdot dz + c \cdot dc \quad (4.64)$$

oder nach Integration für ein einfaches System (ohne weitere Aufteilung in Teilsysteme)

$$w_{t,12} + w_{R,12} + q_{12} = h_2 - h_1 + \frac{c_2^2 - c_1^2}{2} + g \cdot (z_2 - z_1) \quad (4.65)$$

und in absoluten Größen

$$W_{t,12} + W_{R,12} + Q_{12} = \Delta H_g \quad (4.66)$$

mit

$$\Delta H_g = \Delta H_{12} + \Delta E_{kin} + \Delta E_{pot}$$

$$\Delta H_{12} = H_2 - H_1$$

und entsprechend Gl. (4.27) und (4.28)

$$\Delta E_{kin} = \frac{m}{2}(c_2^2 - c_1^2)$$

$$\Delta E_{pot} = m \cdot g \cdot (z_2 - z_1)$$

Wie bereits im Abschn. 2.1 erwähnt, gehören Turbinen, Pumpen und Verdichter zu den offenen thermodynamischen Systemen. Im Gegensatz zu geschlossenen Systemen können bei offenen Systemen neben Energieströmen auch Massenströme die Systemgrenze durchdringen.

Zur Vereinfachung werden hier generell die Massen- und Energieströme an den Eintritts- bzw. Austrittsöffnungen der Systemgrenze als jeweils zeitlich konstant (stationär) angenommen. Man spricht dann von vorausgesetzten *stationären Fließprozessen an den Ein- und Austrittsöffnungen*. Innerhalb des thermodynamischen Systems können durchaus instationäre Zustände, wie z.B. in Kolbenmaschinen vorliegen.

Dabei gelten folgende Erkenntnisse:

Bei einem adiabaten Strömungsprozess in einer waagerechten Rohrleitung $z_1 = z_1 = z$ ist die (zeitliche) Enthalpieabnahme des strömenden Mediums gleich der (zeitlichen Zunahme der kinetischen Energie.

Bei einem adiabaten Drosselprozess ist die spezifische Enthalpieabnahme eines strömenden Mediums bei kleinen Geschwindigkeitsänderungen ($< 100 \ m/s$) vernachlässigbar.

Es gilt

$$h_1 \approx h_2 \quad \text{(Drosselprozess bei Gasen)} \tag{4.67}$$

Bei inkompressiblen Medien $v = \frac{1}{\rho} = konst$ (z.B. Wasser) und gleichen Querschnitten vor und nach dem Drosselorgan $A_1 = A_2$ gilt für stationäre Massenströme nach Gl. (4.6) verallgemeinert für i Massenströme mit $\sum_i \dot{m}_i = \frac{dm_{in}}{dt} = 0$ und damit für einen zugeführten (positives Vorzeichen) und einen abgeführten (negatives Vorzeichen) Massenstrom ($\dot{m}_1 - \dot{m}_2 = 0$) die so genannte *Kontinuitätsgleichung*

$$\rho_1 \cdot A_1 \cdot c_1 = \rho_2 \cdot A_2 \cdot c_2 \tag{4.68}$$

Die Geschwindigkeiten sind mit $A_1 = A_2$ und $\rho_1 = \rho_2$ vor und nach dem Drosselorgan ebenfalls gleich $c_1 = c_2$.

Damit gilt

$$h_1 = h_2 \quad \text{(Drosselprozess bei Flüssigkeiten)} \tag{4.69}$$

4.2.10 Kalorische Zustandsgleichungen und spezifische Wärmekapazität

Die Berechnung der Änderung der inneren Energie eines ruhenden, adiabaten Systems bei einer reibungsfrei zugeführten Arbeit $\delta w = du$ bzw. $w_{12} = u_2 - u_1$ ist nicht ohne Weiteres möglich, da der erste Hauptsatz über die kalorische Zustandsgrößen u_1 und u_2 keine Aussage macht.

Es wurde im Abschn. 4.2.5 festgestellt, dass kalorische Zustandsgrößen im Gegensatz zu thermischen Zustandsgrößen nicht gemessen, sondern nur berechnet werden können.

Kalorische Zustandsgrößen sind aus thermischen Zustandsgrößen, die stoffabhängig messbar sind, berechenbar.

Zwischen den spezifischen thermischen Zustandsgrößen besteht für homogene Systeme ein funktioneller Zusammenhang, siehe Abschn. 2.9.

In einem homogenen System hängt eine spezifische Zustandsgröße jeweils von zwei anderen momentanen spezifischen Zustandsgrößen innerhalb des Systems ab.

Insofern ist auch jede spezifische kalorische Zustandsgröße spezifische innere Energie u, spezifische Enthalpie h und spezifische Entropie s (siehe Abschn. 4.2.5) von zwei anderen momentanen Zustandsgrößen innerhalb des Systems abhängig.

Die Abhängigkeit der kalorischen Zustandsgrößen u, h und s von anderen Zustandsgrößen kann, entsprechend Abschn. 3.3.1 als Zustandsfunktion in den Formen

$$u(v, T) \tag{4.70}$$

$$h(p, T) \tag{4.71}$$

$$s(p, T) \tag{4.72}$$

auftreten. Somit gelten entsprechend Gl. (3.1) für die totalen Differentiale der spezifischen inneren Energie, der spezifischen Enthalpie und spezifischen Entropie folgende Beziehungen

$$du(v,T) = \left(\frac{\partial u}{\partial T}\right)_v dT + \left(\frac{\partial u}{\partial v}\right)_T dv \tag{4.73}$$

$$dh(p,T) = \left(\frac{\partial h}{\partial T}\right)_p dT + \left(\frac{\partial h}{\partial p}\right)_T dp \tag{4.74}$$

$$ds(p,T) = \left(\frac{\partial s}{\partial T}\right)_p dT + \left(\frac{\partial s}{\partial p}\right)_T dp \tag{4.75}$$

Die Gln. (4.70) bis Gl. (4.72) heißen *kalorische Zustandsgleichungen*.

Werden Messungen mit Gasen durchgeführt, die der thermischen Zustandsgleichung der idealen Gase genügen, werden keine Abhängigkeiten der inneren Energie vom spezifischen Volumen festgestellt. Für ideale Gase nimmt damit die kalorische Zustandsgleichung die besonders einfache Form $u = f(T)$ an. Über den Zusammenhang der spezifischen inneren Energie mit der spezifischen Enthalpie nach Gl. (4.31) muss auch die einfache Form $h = f(T)$ für ideale Gase gelten.

Für ideale Gase sind also sowohl die spezifische innere Energie als auch die spezifische Enthalpie jeweils nur Funktionen der Temperatur, somit gilt

$$du(v = konst, T) = du(T) = c_v \cdot dT \quad mit \; c_v = \left(\frac{\partial u}{\partial T}\right)_v \quad \text{(Ideales Gas)} \quad (4.76)$$

bzw.

$$dh(p = konst, T) = dh(T) = c_p \cdot dT \quad mit \; c_p = \left(\frac{\partial h}{\partial T}\right)_p \quad \text{(Ideales Gas)} \quad (4.77)$$

Die spezifische Entropie ist für ideale Gase dagegen eine Funktion von zwei thermischen Zustandsgrößen. Die Definitionsgleichung für die differenzielle Änderung der spezifischen Entropie idealer Gase

$$ds(p,T) = \frac{du(T) + pdv}{T} = \frac{c_v \cdot dT + pdv}{T} \quad mit \; c_v = \left(\frac{\partial u}{\partial T}\right)_v \quad \text{(Ideales Gas)} \quad (4.78)$$

wird erst im Abschn. 5.2 näher erläutert.

Die Größe

$$c_v = c_v(T) \quad (4.79)$$

heißt spezifische Wärmekapazität bei konstantem spezifischen Volumen und die Größe

$$c_p = c_p(T) \quad (4.80)$$

wird spezifische Wärmekapazität bei konstantem Druck genannt.

Bei *realen Gasen* hat die spezifische Wärmekapazität neben der Temperaturabhängigkeit noch eine geringe Druckabhängigkeit. Die spezifische Wärmekapazität ist bei realen Gasen von der Gasart, dem Gasdruck und der Gastemperatur abhängig.

Mit folgender Funktion (mit Messwerten aus [6])

$$\begin{aligned} c_p(p,t) = &((-0{,}32565 \cdot 10^{-4} \cdot p^2 + 0{,}13815 \cdot 10^{-1} \cdot p + 0{,}10955) \cdot 10^{-6}) \cdot t^2 \\ &+ ((0{,}37838 \cdot 10^{-3} \cdot p^2 - 0{,}16206 \cdot 10^{0} \cdot p + 0{,}73834) \cdot 10^{-4}) \cdot t \\ &+ (-0{,}60090 \cdot 10^{-5} \cdot p^2 + 0{,}25105 \cdot 10^{-2} \cdot p + 1{,}00150) \quad (4.81) \end{aligned}$$

lässt sich die spezifische Wärmekapazität $c_p = c_p(t,p)$ beispielsweise für trockene Luft für Drücke $p = 0$ *bis* 100 bar und Temperaturen $t = -50$ *bis* 1000 °C berechnen und 3-dimensional darstellen, siehe Abb. 2.7.

4.2 Erster Hauptsatz – Energieerhaltungssatz

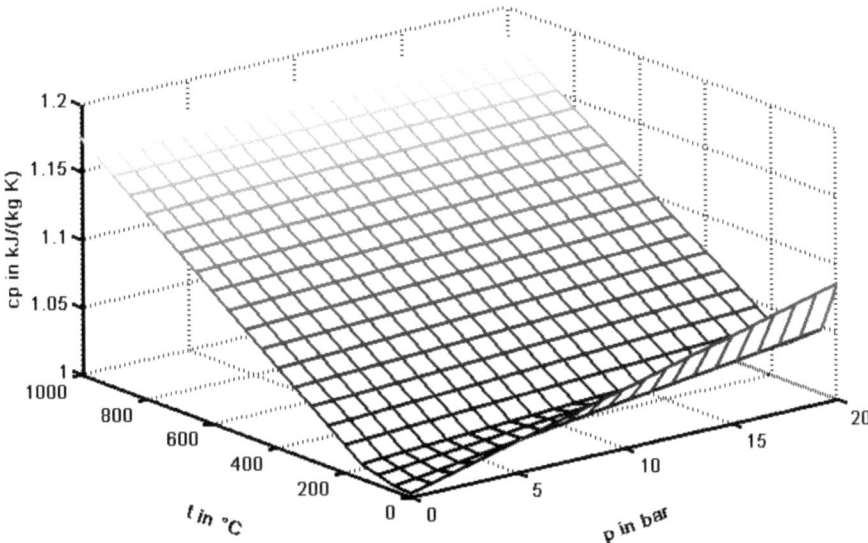

Abb. 4.7: Druck- und Temperaturabhängigkeit der spezifischen Wärmekapazität eines realen Gases (Bsp. Luft)

Wie in Abb. 4.7 erkennbar ist, ist bei der spezifischen Wärmekapazität eine überwiegende Temperaturabhängigkeit gegenüber der Druckabhängigkeit vorhanden. Erst bei Drücken über 20 bar und für Temperaturen zwischen 0 °C und 150 °C ist die Druckabhängigkeit des dann vorhandenen *realen Gases* nicht zu vernachlässigen. Bei höheren Temperaturen als 100 °C und niederen Drücken < 20 bar (ideales Gasverhalten) existiert eine nahezu reine Temperaturabhängigkeit und für Rechnungen in der Ingenieurpraxis ist dann die Druckabhängigkeit der spezifischen Wärmekapazität zu vernachlässigen.

Einige c_p-Werte von Luft im Temperaturintervall $0 < t < 100$ °C sowie im Druckintervall $0 < p < 50$ bar sind mit Gl. (4.81) berechnet und in Tab. 4.1 zusammengestellt worden.

Tab. 4.1 Spezifische Wärmekapazität der Luft $c_p = c_p(t,p)$ in $kJ/(kg\,K)$

	p in bar					
t in °C	0	10	20	30	40	50
0	1.0015	1.0260	1.0493	1.0714	1.0923	1.1120
20	1.0030	1.0244	1.0448	1.0640	1.0823	1.0995
40	1.0046	1.0230	1.0405	1.0571	1.0727	1.0875
60	1.0063	1.0218	1.0365	1.0505	1.0637	1.0761
80	1.0081	1.0208	1.0329	1.0443	1.0551	1.0653
100	1.0100	1.0200	1.0295	1.0385	1.0470	1.0550

Weitere Werte für die spezifische Wärmekapazität anderer realer Gase können dem VDI-Wärmeatlas [6] entnommen werden.

Mit der spezifischen Enthalpie eines idealen Gases nach Gl. (4.31) und mit der thermischen Zustandsgleichung für ideale Gase nach Gl. (2.17) ergibt sich

$$h(T) = u(T) + p \cdot v = u(T) + R \cdot T \qquad (4.82)$$

sowie

$$dh(T) = du(T) + d(p \cdot v) = du(T) + R \cdot dT \qquad (4.83)$$

Damit gilt

$$c_p \cdot dT = c_v \cdot dT + R \cdot dT \qquad (4.84)$$

bzw.

$$c_p(T) = c_v(T) + R \qquad (4.85)$$

oder

$$c_p(t) = c_v(t) + R \qquad (4.86)$$

Aus den spezifischen Wärmekapazitäten c_p und c_v lassen sich molare Wärmekapazitäten

$$\bar{c}_p = c_p M \qquad (4.87)$$

$$\bar{c}_v = c_v M \qquad (4.88)$$

mit M als der molaren Masse berechnen. Für ideale Gase besteht der Zusammenhang

$$\bar{c}_p - \bar{c}_v = \bar{R} = 8{,}3143 \; \frac{kJ}{kmolK} \qquad (4.89)$$

bzw. mit $c_p = c_v + R$ gemäß Gl. (4.67)

$$\bar{c}_p - \bar{c}_v = MR \qquad (4.90)$$

Sowohl die spezifischen Wärmekapazitäten $c_p(T)$ und $c_v(T)$ eines idealen Gases als auch die molaren Wärmekapazitäten $\bar{c}_p$ und $\bar{c}_v$ sind somit über die stoffgebundene spezielle Gaskonstante R bzw. die universelle (für alle idealen Gase gleiche) Gaskonstante $\bar{R}$ von einander abhängig.

Nach Gl. (4.33) gilt für isochore Erwärmung von idealen Gasen (isochore Zustandsänderung $v = konst$) bei Vernachlässigung der Reibungsarbeiten

$$\delta q = du = c_v(T) \cdot dT \qquad (4.91)$$

Nach Gl. (4.49) gilt für isobare reibungsfreie Erwärmung von idealen Gasen (isobare Zustandsänderung $v = konst$)

$$\delta q = dh = c_p(T) \cdot dT \qquad (4.92)$$

4.2 Erster Hauptsatz – Energieerhaltungssatz

Beispielsweise kann die Funktion $c_p(T)$ für Luft mit folgendem Polynom 3. Grades technisch hinreichend genau berechnet werden.

$$c_{p,Luft}(t) = -1{,}836 \cdot 10^{-11} \cdot t^3 + 9{,}599 \cdot 10^{-11} \cdot t^2 + 2{,}078 \cdot 10^{-5} \cdot t + 0{,}9923 \quad (4.93)$$

Für andere Gase gibt es in den einschlägigen Literaturstellen entsprechende Berechnungsgleichungen oder Tabellenwerte, siehe z.B. VDI-Wärmeatlas [6].

In Tab. 4.1 sind berechnete spezifischen Wärmekapazitäten c_p in $\frac{kJ}{kg\,K}$ als Funktion der Temperatur für einige ausgewählte Gase aufgelistet.

Tab. 4.2 Spezifische Wärmekapazität von Gasen c_p in $\frac{kJ}{kg\,K}$ als Temperaturfunktion (umgerechnet nach [24])

t in °C	H_2	O_2	Luft	CO	CO_2
0	14,21	0,915	1,004	1,040	0,818
100	14,45	0,934	1,013	1,045	0,916
500	14,68	1,049	1,094	1,133	1,159
1000	15,54	1,124	1,185	1,232	1,297
1500	16,57	1,164	1,236	1,281	1,362
2000	17,41	1,201	1,266	1,308	1,397

Für *Feststoffe* und *Flüssigkeiten* ist im Gegensatz zu Gasen der zahlenmäßige Unterschied zwischen den spezifischen Wärmekapazitäten $c_p(T)$ und $c_v(T)$ in normalen Temperatur- und Druckbereichen in der Regel vernachlässigbar.

Für Stahl beträgt bei $t = 20\,°C$ der relative Fehler $(c_p - c_v)/c_p < 1{,}6\%$ und für Wasser sogar $< 0{,}5\%$. Somit gilt für ingenieurtechnische Berechnungen als ausreichende Näherung

$$c_p(T) \approx c_v(T) = c(T) \quad \text{(Feststoffe und Flüssigkeiten)} \quad (4.94)$$

Systemzustandsberechnung über mittlere spezifische Wärmekapazitätswerte

Für *ideale Gase* liefert die Integration von $c_p \cdot dT$ in Gl. (4.77)

$$\int_1^2 dh(p,T) = \int_1^2 c_p(T) \cdot dT = c_{pm}\Big|_{T_1}^{T_2} \cdot (T_2 - T_1) \quad (4.95)$$

mit der vor das Integral zu ziehenden Konstanten $c_{pm}\Big|_{T_1}^{T_2}$, der so genannten mittleren spezifischen Wärmekapazität. Diese mittlere spezifische Wärmekapazität lässt sich wie folgt darstellen, siehe Abb. (4.8). $c_{pm}\Big|_{T_1}^{T_2}$ ist eine für den Temperaturbereich T_1 bis T_2 geltende Konstante. Diese Konstante gestattet es, genauso einfach zu rechnen, als ob c_p konstant wäre. Diese Konstante für alle interessierenden unterschiedlichen Temperaturbereiche T_1 bis T_2 angeben zu wollen, ist jedoch praktisch unsinnig und unmöglich.

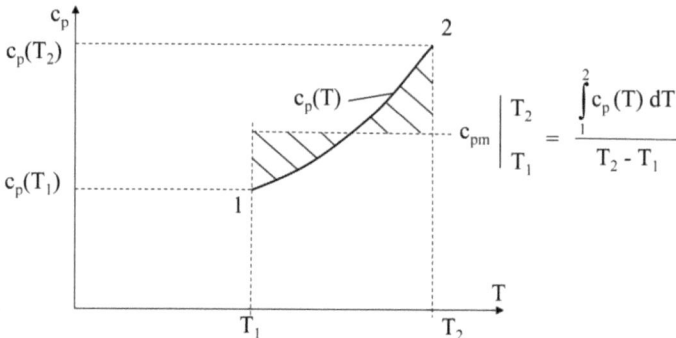

Abb. 4.8: Geometrische Darstellung der mittleren spezifischen Wärmekapazität

Mit der mathematischen Identität

$$\int_1^2 c_p(T) \cdot dT \equiv \int_0^2 c_p(T) \cdot dT - \int_0^1 c_p(T) \cdot dT \tag{4.96}$$

ist es aber möglich, die mittlere spezifische Wärmekapazität von einer willkürlich gewählten Bezugstemperatur T_0 ausgehend anzugeben.

$$\int_1^2 c_p(T) \cdot dT = c_{pm}\Big|_{T_1}^{T_2} = \frac{c_{pm}\Big|_{T_0}^{T_2} \cdot (T_2 - T_0) - c_{pm}\Big|_{T_0}^{T_1} \cdot (T_1 - T_0)}{T_2 - T_1} \tag{4.97}$$

Damit ist es einfach möglich, beliebige Enthalpie-Differenzen über die Berechnung von mittleren spezifischen Wärmekapazitäten für beliebige Temperaturintervalle, die bei einer Bezugstemperatur T_0 beginnen, zu berechnen.

$$h_2 - h_1 = c_{pm}\Big|_{T_0}^{T_2} \cdot (T_2 - T_0) - c_{pm}\Big|_{T_0}^{T_1} \cdot (T_1 - T_0) \tag{4.98}$$

Mit Gl. (4.76) sind natürlich auch Differenzen von inneren Energien über die gleiche Methode berechenbar.

Es ist auch üblich, anstelle mit Kelvintemperaturen, mit Celsiustemperaturwerten zu rechnen, so dass Gl. (4.98) auch für Celsiustemperaturwerte gilt.

Die Berechnungsformel für die Differenz der spezifischen inneren Energie lautet dann

$$u_2 - u_1 = c_{vm}\Big|_{t_0}^{t_2} \cdot (t_2 - t_0) - c_{vm}\Big|_{t_0}^{t_1} \cdot (t_1 - t_0) \tag{4.99}$$

4.2 Erster Hauptsatz – Energieerhaltungssatz

Beispielsweise kann die Funktion $c_{pm}\big|_{t_0}^{t}$ für Luft bei gegebenen $t_0 = 0$ in Abhängigkeit von t mit folgendem Polynom 3. Grades technisch hinreichend genau berechnet werden.

$$c_{pm}\big|_{t_0}^{t} = -2{,}036 \cdot 10^{-11} \cdot t^3 + 5{,}144 \cdot 10^{-8} \cdot t^2 + 5{,}820 \cdot 10^{-5} \cdot t + 1{,}001 \quad (4.100)$$

Für andere Gase gibt es in den einschlägigen Literaturstellen entsprechende Berechnungsgleichungen oder Tabellenwerte, z.B. [6].

Tab. 4.2 und 4.3 enthalten berechnete Tabellenwerte für die mittlere spezifische Wärmekapazität $c_{pm}\big|_{t_0}^{t}$ zwischen $t_0 = 0°C$ und der angegebenen Temperatur t für verschiedene ideale Gase, Flüssigkeiten und Feststoffen.

Tab. 4.3 Mittlere spezifische Wärmekapazität $c_{pm}\big|_{t_0}^{t}$ in $\frac{kJ}{kg\,K}$ von Gasen, $t_0 = 0\,°C$ (umgerechnet nach [14], [25])

t in °C	H_2	O_2	Luft	CO	CO_2	H_2O (Dampf)
0	14,21	0,915	1,004	1.040	0,818	1.858
100	14,29	0,924	1,008	1,042	0,872	1.873
500	14,49	0,980	1,039	1,075	1,017	1.893
1000	14,79	1,036	1,093	1,131	1,127	1.919
1500	15,20	1,072	1,133	1,175	1,196	1.947
2000	15,66	1,100	1,162	1,205	1,242	1.977

Tab. 4.4 Mittlere spezifische Wärmekapazität $c_{pm}\big|_{t_0}^{t}$ in $\frac{kJ}{kg\,K}$ von Feststoffen, $t_0 = 0\,°C$ bei verschiedenen Temperaturen t (nach verschiedenen Quellen, Messing 70% Cu, 29% Zn, 1% Sn)

t in °C	Stahl	Kupfer	Aluminium	Nickel	Messing
0	0,469	0,402	0,872	0,448	0.365
100	0,478	0,405	0,902	0,461	0.370
200	0,490	0,408	0,927	0,473	0.377
300	0,507	0,412	0,952	0,486	0.387
400	0,527	0,415	0,981	0,489	0.397
500	0,545	0,418	1,006	0,511	0.407

Systemzustandsberechnung direkt über spezifische Enthalpiewerte

Es gilt für ideale Gase wegen Gl. (4.77) $dh = dh(T)$ und damit $h = h(T)$

$$h_2 - h_1 = h(T_2) - h(T_1) = h(t_2) - h(t_1) \quad (4.101)$$

Für das ideale Gas Luft gilt beispielsweise (mit Werten von [22])

$$h_{Luft}(t) =$$
$$-2{,}122 \cdot 10^{-8} \cdot t^3 + 1{,}354 \cdot 10^{-4} \cdot t^2 + 0{,}9758 \cdot t + 74{,}132 \quad (4.102)$$

Mit Gl. (4.102) kann die spezifische Enthalpie $h(T)$ des idealen Gases Luft in Abhängigkeit von der Temperatur berechnet werden. Der Gl. (4.102) liegt der willkürlich gewählte Nullpunkt der Enthalpie $h_0 = 0$ bei $t_0 = -73{,}15\,°C = 200\,K$ zugrunde. An sich ist die Nullpunktfestlegung beliebig wählbar. Zu bedenken ist lediglich, dass es bei anderen Nullpunktfestlegungen zu anderen Wertepaaren $h(T)$ kommt. Da jedoch bei ingenieurtechnischen Berechnungen lediglich Enthalpiedifferenzen benötigt werden, ist die Nullpunkfestlegung nicht relevant.

Tab. 4.5 sind einige mit Gl. (4.102) berechnete Werte $h(T)$ zusammengestellt.

Tab. 4.5 Spezifische Enthalpie h des idealen Gases Luft bei verschiedenen Temperaturen t

t in °C	h in $\frac{kJ}{kg}$	t in °C	h in $\frac{kJ}{kg}$	t in °C	h in $\frac{kJ}{kg}$
0	74,13	500	593,2	1000	1164,1
100	173,0	600	703,8	1100	1283,1
200	274,5	700	816,2	1200	1403,3
300	378,5	800	930,5	1300	1524,8
400	484,7	900	1046,5	1400	1647,4

Hier ein beispielhafter Vergleich der Berechnung einer Enthalpiedifferenz h(500 °C) − h(100 °C) *für Luft*

1. mit Hilfe der mittleren spezifischen Wärmekapazität $c_{pm}\Big|_{t_0}^{t_2}$ und $c_{pm}\Big|_{t_0}^{t_1}$ und
2. direkt mit der Enthalpiefunktion $h_2 - h_1$ mit $h_1 = h(t_1)$ und $h_2 = h(t_2)$

Zu 1. Mit

$$h_2 - h_1 = c_{pm}\Big|_{t_0}^{t_2} \cdot (t_2 - t_0) - c_{pm}\Big|_{t_0}^{t_1} \cdot (t_1 - t_0)$$

ergibt beispielsweise für das ideale Gas Luft mit folgenden Werten

$$c_{pm}\Big|_{t_0}^{t_1} = c_{pm}\Big|_{0}^{100°C} = 1{,}008\;kJ/(kg\;K)$$

$$c_{pm}\Big|_{t_0}^{t_2} = c_{pm}\Big|_{0}^{500°C} = 1{,}039\;kJ/(kg\;K)$$

$$h_2 - h_1 = 1{,}039\,\frac{kJ}{(kg\,K)} \cdot 500\,K - 1{,}008\,\frac{kJ}{(kg\,K)} \cdot 100\,K$$

4.2 Erster Hauptsatz – Energieerhaltungssatz

$$h_2-h_1 = 519{,}5\,\frac{kJ}{kg} - 100{,}8\,\frac{kJ}{kg} = 418{,}7\,\frac{kJ}{kg}$$

Zu 2. Beim Berechnen mit direkten Enthalpiewerten nach Gl. (4.102) oder Tab. 4.3 muss sich die gleiche Enthalpiedifferenz ergeben:

$$h_2-h_1 = 593{,}2\,\frac{kJ}{kg} - 173{,}0\,\frac{kJ}{kg} = 420{,}2\,\frac{kJ}{kg}$$

Die Ergebnisse von a) und b) stimmen praktisch überein. Der relative Unterschied (0,4%) ist durch unterschiedliche Ursprünge für die mittlere spezifische Wärmekapazität und für die Enthalpiewerte begründet.

Bei vielen technischen Aufgaben ist die Enthalpiedifferenz zu ermitteln. So ist z.B. die bei konstantem Druck reversibel übertragene Wärme nach Gl. (4.50) $q_{12} = h_2-h_1$ und die für adiabate Systeme ($q_{12} = 0$) reversibel zu übertragene technische Arbeit $w_{t,12} = h_2-h_1$. Ist dabei der Systeminhalt ein ideales Gas, kann die Ermittlung sowohl mit Hilfe der mittleren spezifischen Wärmekapazitäten $c_{pm}\Big|_{t_0}^{t_2}$ und $c_{pm}\Big|_{t_0}^{t_1}$ als auch direkt mit der Differenz der ensprechenden Enthalpiefunktionen $h_2(t_2) - h_1(t_1)$ oder Tabellenwerten erfolgen.

Wenn Enthalpiewerte $h(t)$ vorhanden sind, sind die Berechnungen stets einfacher als über den Umweg der mittleren spezifischen Wärmekapazitäten.

5 Spezielle Zustandsänderungen idealer Gase

5.1 Einfache thermodynamische Prozesse

Einfache thermodynamische Prozesse sind Vorgänge, die idealisiert wie folgt ablaufen.
- Die Zustandsänderungen laufen quasistatisch, d.h. sehr langsam gegenüber der Schallgeschwindigkeit, ab.
- Die Prozesse verlaufen stationär, d.h. vorausgesetzt wird eine zeitliche Unveränderlichkeit der Prozessgrößen (inklusive der Stoffmengen) bei geschlossenen Systemen und der Prozess- und Zustandsgrößen bei offenen Systemen. Zustandsgrößen befinden sich jeweils in momentanen Gleichgewichtszuständen.
- Zur Beschreibung des Systemzustandes werden Änderungen der kinetischen und potentiellen Energie außen vorgelassen, d.h. beim einfachen thermodynamischen Prozess wird nur der innere Systemzustand beschrieben.
- Die speziellen Zustandsänderungen sollen *reversibel* (reibungsfrei) ablaufen.

5.2 Prozesse mit Zustandsänderungen idealer Gase

Der Systemzustand lässt sich bei Einhaltung der in Abschn. 5.1 definierten Bedingungen, insbesondere der Konstanz der am stationären Prozess beteiligten Stoffmenge, für den Modellstoff „ideales Gas" eindeutig durch die Angabe von zwei der thermischen Zustandsgrößen Druck, Temperatur und spezifisches Volumen beschreiben.

Es gibt für das ideale Gas theoretisch unendlich viele Möglichkeiten von Zustandsänderungen. Auf Grund der Stoffunabhängigkeit und des einfachen Aufbaus der Zustandsgleichung für ideale Gase ist eine durchgängige analytische Behandlung mit den thermischen Zustandsgrößen möglich. Bei den kalorischen Zustandsgleichungen sind jedoch solche einfachen analytischen Zusammenhänge nicht vorhanden. Vielmehr sind Rechnungen mit kalorischen Zustandsgrößen nur möglich, wenn die stoffabhängigen Zusammenhänge der kalorischen Zustandsgrößen von den thermischen Zustandsgrößen z.B. $h = h(T), u = u(T)$ für die betreffenden idealen Gase entweder als mathematische Modellfunktion (siehe z.B. Gl. (4.102)) oder tabellarisch (siehe z.B. Tab. 4.5) vorliegen.

Viele Vorgänge lassen sich mathematisch weniger kompliziert modellieren, wenn man sich für den Zustandsverlauf auf einige wenige Spezialfälle beschränkt.

Im Folgenden werden spezielle Zustandsänderungen idealer Gase unter den in Abschn. 5.1 genannten Bedingungen betrachtet.

Wie in den vorangegangen Kapiteln wird mit dem Index 1 der Anfangszustand des geschlossenen Systems bzw. der Eintrittszustand des Fluids (Gas, Flüssigkeit) in das offene

System gekennzeichnet und mit Index 2 der End- bzw. Austrittszustand. Prozessgrößen erhalten, wie aus Kap. 4 bekannt, den Index 12.

Bezüglich der thermischen Zustandsgrößen werden unterschieden

- Isochore Zustandsänderungen $\quad (v_1 = v_2 = v = konst)$
- Isobare Zustandsänderungen $\quad (p_1 = p_2 = p = konst)$
- Isotherme Zustandsänderungen $\quad (T_1 = T_2 = T = konst)$

Da die kalorischen Zustandsgleichungen für ideale Gase reine Temperaturfunktionen $u = u(T)$ und $h = h(T)$ sind, sind die Fälle $u = konst$ und $h = konst$ mit der isothermen Zustandsänderung $T = konst$ erklärbar.

Bei vielen thermodynamischen Berechnungen wird jedoch noch eine weitere kalorische Zustandsgröße, die so genannte Entropie S bzw. spezifische Entropie $s = S/m$ benötigt. Zustandsänderungen bei konstanter Entropie heißen isentrop.

- Isentrope Zustandsänderung $\quad (s_1 = s_2 = s = konst)$

Die Definitionsgleichung für die differenzielle Änderung der Entropie idealer Gase lautet gemäß Gl. (4.78) mit $du + pdv = \delta q$ nach Gl. (4.33) für reversible Prozesse

$$ds = \frac{\delta q}{T} \qquad (5.1)$$

mit der reversibel übertragenen differenziellen spezifischen Wärme nach Gl. (4.33)

$$\delta q = du + pdv \qquad (5.2)$$

oder mit der Enthalpiedefinition nach Gl. (4.49)

$$\delta q = dh - vdp \qquad (5.3)$$

Die Gl. (5.3) wird immer dann Verwendung finden, wenn zur Berechnung der Entropieänderung an Stelle des Volumens der Druck während des Prozesses konstant ist.

Nach der Definitionsgleichung Gl. (5.1) für die differenzielle Änderung der Entropie idealer Gase existiert also ein totales Differenzial für die Entropie, dessen Integral wegunabhängig sein muss, um die Voraussetzung als Zustandsgröße zu erfüllen. Interessant ist jedoch, dass das Integral des Zählers der Definitionsgleichung Gl. (5.1) vom Weg abhängig, also eine Prozessgröße ist. Da das Integral der linken Seite der Gl. (5.1) wegunabhängig ist, muss auch das Integral der Rechten Seite wegunabhängig sein. Offenbar wird aus der Konstruktion $\int_1^2 \frac{\delta q}{T}$ ein wegunabhängiges Integral. Die Einführung des Nenners T wird als so genannte Methode des integrierenden Nenners bezeichnet.

Die mathematischen Grundlagen zum integrierenden Nenner für Funktionen mit zwei Veränderlichen sind kompliziert und werden nicht hier, sondern erst im Kap. 6 erörtert.

Nach der Definitionsgleichung für die differenzielle Änderung der spezifischen Entropie Gl. (5.1) muss bei der isentropen Zustandsänderung ($s_1 = s_2 = s = konst$) die differenzielle Änderung der spezifischen Enropie $ds = 0$ sein.

5.2 Prozesse mit Zustandsänderungen idealer Gase

Da die Kelvintemperatur stets $T > 0$ ist, kann ein isentroper Prozess, Reibungsfreiheit vorausgesetzt, nur in einem adiabaten (wärmedichten) System ablaufen. Ein *isentroper Prozess*, läuft adiabat und reibungsfrei ab. Eine reibungsfreie Zustandsänderung wird auch als *reversible Zustandsänderung* bezeichnet. Eine reversible Zustandsänderung in einem adiabaten System heißt *isentrope Zustandsänderung*. Der Zustandsverlauf wird durch eine Linie gleicher spezifischer Entropie, einer so genannten *Isentropen* beschrieben, also gilt

- Isentrope   = Linie gleicher spezifischer Entropie

und entsprechend

- Isotherme   = Linie gleicher Temperatur
- Isobare   = Linie gleichen Drucks
- Isochore   = Linie gleichen spezifischen Volumens

5.2.1 Prozesse mit isentroper Zustandsänderung

Für ideale Gase mit $p \cdot v = R \cdot T$ nach Gl. (2.17) folgt aus der Definition der differenziellen Entropieänderung Gln. (5.1) und (5.3) sowie mit $dh = c_p(T) \cdot dT$ nach Gl. (4.92)

$$ds = \frac{dh - vdp}{T} = \frac{c_p(T) \cdot dT}{T} - \frac{R \cdot T}{T} \cdot \frac{dp}{p} = c_p(T) \cdot \frac{dT}{T} - R \cdot \frac{dp}{p} \tag{5.4}$$

und nach Integration und Annahme einer mittleren spezifischen Wärmekapazität $c_{pm}\Big|_{T_1}^{T_2}$

$$s_2 - s_1 = c_{pm}\Big|_{T_1}^{T_2} \cdot \ln\left(\frac{T_2}{T_1}\right) - R \cdot \ln\left(\frac{p_2}{p_1}\right) \tag{5.5}$$

Aus Gl. (4.78) folgt für ideale Gase gleichermaßen mit $p \cdot v = R \cdot T$ nach Gl. (2.17)

$$ds = \frac{du + pdv}{T} = \frac{c_v(T) \cdot dT}{T} + \frac{R \cdot T}{T} \cdot \frac{dp}{p} = c_v(T) \frac{dT}{T} + R \cdot \frac{dv}{v} \tag{5.6}$$

sowie nach Integration und Annahme einer mittleren spezifischen Wärmekapazität $c_{vm}\Big|_{T_1}^{T_2}$

$$s_2 - s_1 = c_{vm}\Big|_{T_1}^{T_2} \cdot \ln\left(\frac{T_2}{T_1}\right) + R \cdot \ln\left(\frac{v_2}{v_1}\right) \tag{5.7}$$

Im Temperaturbereich $-50\,°C$ bis $100\,°C$ und im Druckbereich $p < 20\ bar$ könnte mit hinreichender technischer Genauigkeit auf die Temperaturabhängigkeit der mittleren, spezifischen Wärmekapazität verzichtet werden und es können an Stelle $c_{pm}\Big|_{T_1}^{T_2}$ und $c_{vm}\Big|_{T_1}^{T_2}$ mit konstanten spezifischen Wärmekapazitäten c_p und c_v gerechnet werden.

Die Gleichungen (5.5) und (5.7) nehmen dann folgende besonders einfache Formen an

$$s_2 - s_1 = c_p \cdot \ln\left(\frac{T_2}{T_1}\right) - R \cdot \ln\left(\frac{p_2}{p_1}\right) \tag{5.8}$$

$$s_2 - s_1 = c_v \cdot \ln\left(\frac{T_2}{T_1}\right) + R \cdot \ln\left(\frac{v_2}{v_1}\right) \tag{5.9}$$

Spezifische Wärme bei adiabater und reversibler Zustandsänderung (s = konst)

Nach Definition kann nach isentroper Zustandsänderung $s = konst$ bzw. $ds = 0$ mit

$$\delta q = T \cdot ds \tag{5.10}$$

die isentrope Zustandsänderung nur in einem adiabaten System $\delta q = 0$ ablaufen.

Als *Isentrope* wird die reversible Zustandsänderung im adiabaten System bezeichnet, also eine Zustandsänderung, die adiabat und reversibel verläuft.

Spezifische Wärme bei reversibler Zustandsänderung (s ≠ konst)

Nach Integration von Gl. (5.10) folgt

$$q_{12} = \int_1^2 T \cdot ds \tag{5.11}$$

Wie die Prozessgröße Volumenänderungsarbeit $w_{D,12} = -\int_1^2 p(v) \cdot dv$ und die Prozessgröße technische Arbeit $w_{t,12} = \int_1^2 v(p) \cdot dp$ im p, v-Diagramm, Abb. 4.7 bzw. 4.8, so kann auch die Prozessgröße Wärme $q_{12} = \int_1^2 T \cdot ds$ in einem Diagramm dargestellt werden.

Abb. 5.1 zeigt eine Möglichkeit der Darstellung der in einem reversiblen Prozess übertragenen Wärme in einem T, s-Diagramm nach Gl. (5.11). Die spezifische Entropieänderung bei einer beliebigen Zustandsänderung (Weg a oder Weg b) mit veränderlicher Temperatur stellt sich wie folgt dar (Abb. 5.1):

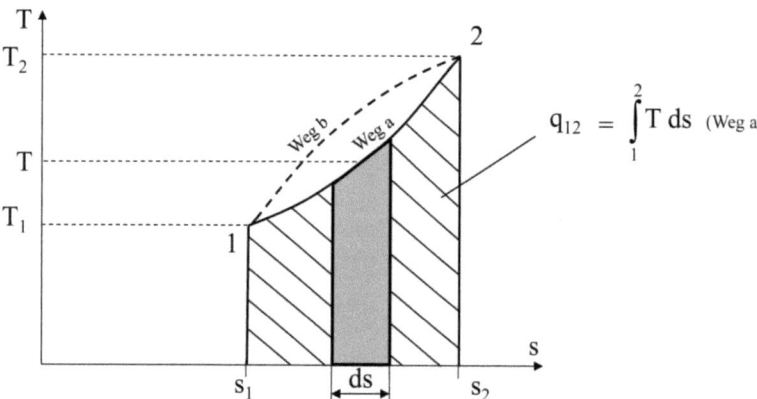

Abb. 5.1: T,s-Diagramm zur Darstellung der in einem reversiblen Prozess übertragenen spezifischen Wärme

5.2 Prozesse mit Zustandsänderungen idealer Gase

Aus Abb. 5.1 ist erkennbar, dass die Größe des wegabhängigen Intergrals $\int_1^2 T \cdot ds$ tatsächlich vom Weg a oder b abhängt und somit q_{12} keine Zustandsgröße, sondern eine Prozessgröße ist. Wird der Weg von 1 nach 2 auf der Zustandskurve durchlaufen, so entspricht die Fläche, die rechts vom Weg liegt, stets einer reversibel zugeführten spezifischen Wärme $+q_{12}$ (mit positivem Vorzeichen). Wird dagegen der Weg von 2 nach 1 auf der Zustandskurve durchlaufen, so entspricht die Fläche, die links vom Weg liegt, stets einer reversibel abgeführten spezifischen Wärme $-q_{12}$ (mit negativem Vorzeichen).

Andererseits gilt

Wärmezufuhr $+q_{12}$ bedingt eine Entropiezunahme $s_2 > s_1$

Wärmeabfuhr $-q_{12}$ bedingt eine Entropieabnahme $s_2 < s_1$

Für den Fall, dass mit konstanten spezifischen Wärmekapazitäten c_p und c_v gerechnet werden kann (im Temperaturbereich $-50\,°C$ bis $100\,°C$ und im Druckbereich $p <$ 20 bar), wird für die isentrope Zustandsänderung $s_1 = s_2 = konst$ nach Gl. (5.8)

$$c_p \cdot \ln\left(\frac{T_2}{T_1}\right) = R \cdot \ln\left(\frac{p_2}{p_1}\right) \tag{5.12}$$

bzw.

$$\ln\left(\frac{T_2}{T_1}\right) = \frac{R}{c_p} \cdot \ln\left(\frac{p_2}{p_1}\right) \tag{5.13}$$

Mit

$$\frac{R}{c_p} = \frac{c_p - c_v}{c_p} = 1 - \frac{c_v}{c_p} \tag{5.14}$$

und mit Einführung des so genannten *Isentropenexponenten*

$$\kappa = \frac{c_p}{c_v} \tag{5.15}$$

$$\frac{R}{c_p} = 1 - \frac{1}{\kappa} = \frac{\kappa - 1}{\kappa} \tag{5.16}$$

folgt durch Delogarithmierung von Gl. (5.13)

$$\frac{T_2}{T_1} = \left(\frac{p_2}{p_1}\right)^{\frac{\kappa-1}{\kappa}} \tag{5.17}$$

bzw. mit

$$\frac{R}{c_v} = \frac{c_p - c_v}{c_v} = \kappa - 1 \tag{5.18}$$

$$\frac{T_2}{T_1} = \left(\frac{v_1}{v_2}\right)^{\kappa-1} \tag{5.19}$$

Für den Zusammenhang zwischen p und v erhält man mit Gl. (5.17) und (5.19)

$$\left(\frac{p_2}{p_1}\right)^{\frac{\kappa-1}{\kappa}} = \left(\frac{v_1}{v_2}\right)^{\kappa-1}$$

$$\left(\frac{p_2}{p_1}\right)^{\frac{\kappa-1}{(\kappa-1)\kappa}} = \left(\frac{v_1}{v_2}\right)^{\frac{\kappa-1}{\kappa-1}}$$

$$\left(\frac{p_2}{p_1}\right)^{\frac{1}{\kappa}} = \frac{v_1}{v_2}$$

$$\frac{p_2}{p_1} = \left(\frac{v_1}{v_2}\right)^{\kappa} \tag{5.20}$$

In anderer Form lautet Gl. (5.20)

$$p_1 \cdot v_1^{\kappa} = p_2 \cdot v_2^{\kappa} \tag{5.21}$$

bzw.

$$p \cdot v^{\kappa} = konst \tag{5.22}$$

Gl. (5.22) ist die Zustandsgleichung für ideale Gase für isentrope Zustandsänderungen (adiabate und reversible Zustandsänderungen), d.h. dass $s = konst$ ist.

Für $\kappa = 1$ folgt aus Gl. (5.22) die thermische Zustandsgleichung Gl. (2.17) $p \cdot v^1 = konst$ für den isothermen Fall, d.h. dass die Zustandsänderung bei $T = konst$ abläuft.

Spezifische Volumenänderungsarbeit bei s = konst

Nach Gln. (4.33) und Gl. (4.91) gilt für reversible Zustandsänderungen idealer Gase mit $\delta q = 0$ der erste Hauptsatz

$$\delta w_D = du = c_v(T) \cdot dT \tag{5.23}$$

Für den Fall, dass mit konstanten spezifischen Wärmekapazitäten c_v gerechnet werden kann (im Temperaturbereich $-50\,°C$ bis $100\,°C$ und im Druckbereich $p < 20\,bar$), bzw. nach Integration folgt

$$w_{D,12} = u_2 - u_1 = c_v \cdot (T_2 - T_1) \tag{5.24}$$

Mit Gl. (5.18) wird daraus

$$w_{D,12} = \frac{R \cdot T_1}{\kappa - 1} \cdot \left(\frac{T_2}{T_1} - 1\right) \tag{5.25}$$

bzw. mit $p \cdot v = R \cdot T$ nach Gl. (2.17)

$$w_{D,12} = \frac{p_1 \cdot v_1}{\kappa - 1} \cdot \left(\frac{T_2}{T_1} - 1\right) \tag{5.26}$$

5.2 Prozesse mit Zustandsänderungen idealer Gase

Mit dem Temperaturverhältnis $\frac{T_2}{T_1}$ nach Gl. (5.17) oder Gl. (5.19) folgt aus Gl. (5.25)

$$w_{D,12} = \frac{R \cdot T_1}{\kappa - 1} \cdot \left(\left(\frac{p_2}{p_1} \right)^{\frac{\kappa-1}{\kappa}} - 1 \right) \quad (5.27)$$

bzw.

$$w_{D,12} = \frac{R \cdot T_1}{\kappa - 1} \cdot \left(\left(\frac{v_1}{v_2} \right)^{\kappa-1} - 1 \right) \quad (5.28)$$

Spezifische technische Arbeit bei s = konst

Nach Gl. (4.49) und $dh = c_p(T) \cdot dT$ nach Gl. (4.92) gilt für reversible Zustandsänderungen idealer Gase mit $\delta q = 0$ der erste Hauptsatz in der Form

$$\delta w_t = dh = c_p(T) \cdot dT \quad (5.29)$$

Für den Fall, dass mit konstanten spezifischen Wärmekapazitäten c_p und c_v gerechnet werden kann (im Temperaturbereich $-50\,°C$ bis $100\,°C$ und im Druckbereich $p < 20\,bar$), wird aus Gl. (5.29) nach Integration

$$w_{t,12} = h_2 - h_1 = c_p \cdot (T_2 - T_1) \quad (5.30)$$

$$w_{t,12} = c_p \cdot T_1 \cdot \left(\frac{T_2}{T_1} - 1 \right) \quad (5.31)$$

Mit Gl. (5.16) gilt

$$c_p = \frac{\kappa \cdot R}{\kappa - 1} \quad (5.32)$$

und damit

$$w_{t,12} = \kappa \cdot \frac{R \cdot T_1}{\kappa - 1} \cdot \left(\frac{T_2}{T_1} - 1 \right) \quad (5.33)$$

Ein Vergleich von Gl. (5.33) mit Gl. (5.25) zeigt, dass bei isentroper Zustandsänderung gilt

$$w_{t,12} = \kappa \cdot w_{D,12} \quad (5.34)$$

> Bei einer isentropen Zustandsänderung ist die (spezifische) technische Arbeit gleich dem κ-fachen der (spezifischen) Volumenänderungsarbeit (mit dem Isentropenexponenten κ)

Die isentrope Zustandsänderung im T, s-Diagramm ist in Abb. 5.2 dargestellt.

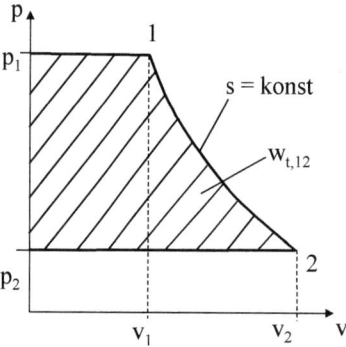

Abb. 5.2: p,v-Diagramm zur Darstellung der übertragenen spezifischen technischen Arbeit bei s = konst (reversibler Prozess)

5.2.2 Prozesse mit isothermer Zustandsänderung

Bei der isothermen Zustandsänderung ($T = konst$) wird mit $T_1 = T_2$ aus Gl. (5.5)

$$s_2 - s_1 = -R \cdot \ln\left(\frac{p_2}{p_1}\right) \tag{5.35}$$

oder aus Gl. (5.7)

$$s_2 - s_1 = R \cdot \ln\left(\frac{v_2}{v_1}\right) \tag{5.36}$$

Da $T_1 = T_2$ entsteht aus Gl. (2.27) oder mit dem Gesetz von Boyle-Mariotte Gl. (2.29)

$$\frac{p_2}{v_1} = \frac{p_1}{v_2} \tag{5.37}$$

Der isotherme Zustandsverlauf stellt im p,v-Diagramm eine Hyperbel dar.

Mit $p = R \cdot T/v$ aus Gl. (2.17) wird aus Gl. (4.18) die Berechnungsbeziehung für die

Spezifische Volumenänderungsarbeit bei T = konst

$$w_{D,12} = -\int_1^2 p \cdot dv = -R \cdot T \int_1^2 \frac{dv}{v} \tag{5.38}$$

$$w_{D,12} = -R \cdot T \cdot \ln\left(\frac{v_2}{v_1}\right) \tag{5.39}$$

Ebenfalls unter Beachtung von Gl. (5.37) gilt

$$w_{D,12} = -R \cdot T \cdot \ln\left(\frac{p_1}{p_2}\right) \tag{5.40}$$

bzw. wegen $p_1 \cdot v_1 = p_2 \cdot v_2 = p \cdot v = R \cdot T$

5.2 Prozesse mit Zustandsänderungen idealer Gase

$$w_{D,12} = -p_1 \cdot v_1 \cdot \ln\left(\frac{p_1}{p_2}\right) \tag{5.41}$$

Mit $v = R \cdot T/p$ aus Gl. (2.17) folgt aus Gl. (4.48) die Berechnungsbeziehung für die

Spezifische technische Arbeit bei T = konst

$$w_{t,12} = \int_1^2 v \cdot dp = R \cdot T \cdot \int_1^2 \frac{dp}{p} \tag{5.42}$$

bzw.

$$w_{t,12} = R \cdot T \cdot \ln\left(\frac{p_2}{p_1}\right) = -R \cdot T \cdot \ln\left(\frac{p_1}{p_2}\right) \tag{5.43}$$

Offensichtlich ist bei der reversiblen isothermen Zustandsänderung eines idealen Gases die spezifische technische Arbeit, Gl. (5.43), genauso groß wie die spezifische Volumenänderungsarbeit, Gl. (5.40).

$$w_{t,12} = w_{D,12} \tag{5.44}$$

Abb. 5.3 zeigt die spezifische Volumenänderungsarbeit und die spezifische technische Arbeit bei einer reversiblen isothermen Zustandsänderung

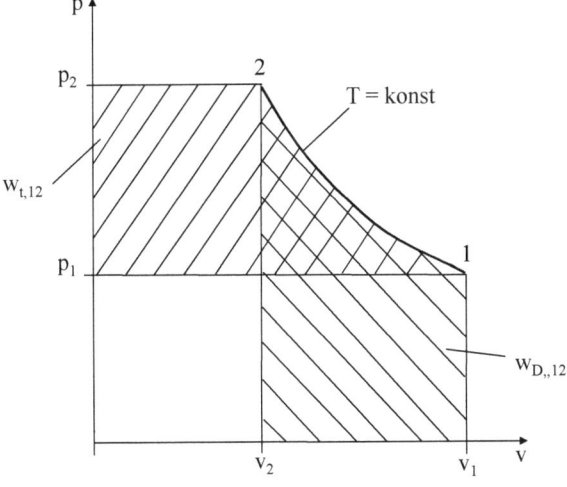

Abb. 5.3: p,v-Diagramm zur Darstellung der übertragenen spezifischen Arbeiten bei T = konst (reversibler Prozess)

Spezifische Wärme bei T = konst

Mit Gl. (4.49) bei einem reversiblen Prozess und $T_1 = T_2$ gilt wegen $h(T_1) = h(T_2)$ auch $\delta q + vdp = dh = 0$ und somit

$$\delta q = -vdp \tag{5.45}$$

und nach Integration

$$q_{12} = -w_{t,12} \tag{5.46}$$

bzw. mit der Gleichheit von technischer Arbeit und Volumenänderungsarbeit im isothermen Fall nach Gl. (5.44)

$$\delta q = p\,dv \tag{5.47}$$

$$q_{12} = -w_{D,12} \tag{5.48}$$

> Die bei einer isothermen Zustandsänderung zugeführte (spezifische) Wärme entspricht ihrer Größe nach einer reversibel zugeführten (spezifischen) Volumenänderungsarbeit oder einer reversibel abgeführten (spezifischen) technischen Arbeit.

Durch $T_1 = T_2$ kann die spezifische Wärme

$$\int_1^2 \delta q = q_{12} = T \cdot (s_2 - s_1) \tag{5.49}$$

wie folgt dargestellt werden, siehe Abb. 5.4.

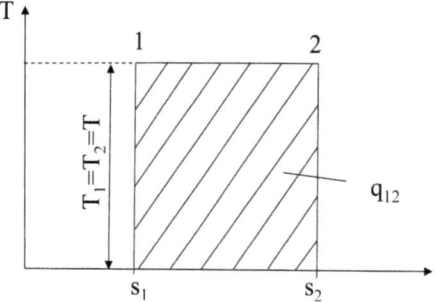

Abb. 5.4: T,s-Diagramm zur Darstellung der übertragenen spezifischen Wärme bei T = konst (reversibler Prozess)

5.2.3 Prozesse mit isochorer Zustandsänderung

Für die isochore Zustandsänderung idealer Gase ($dv = 0$) folgt nach dem ersten Hauptsatz Gl. (4.33) für einen vorausgesetzten reversiblen Prozess

$$\delta q + \delta w_D = du \tag{5.50}$$

Spezifische Volumenänderungsarbeit bei v = konst

Die Volumenänderungsarbeit $-p\,dv$ verschwindet bei $v = konst$ mit $dv = 0$

$$\delta w_D = -p\,dv = 0 \tag{5.51}$$

5.2 Prozesse mit Zustandsänderungen idealer Gase

Spezifische Wärme bei v = konst

$$\delta q = du \quad (5.52)$$

Bei der reversiblen isochoren Zustandsänderung idealer Gase bedingt eine (spezifische) Wärmezufuhr an das System eine Änderung der (spezifischen) inneren Energie des Systems.

Dieser Satz gilt sowohl für spezifische als auch absolute Größen.

Nach Gl. (4.91) gilt für die reversible isochore Erwärmung von idealen Gasen

$$\delta q = du = c_v(T) \cdot dT \quad (5.53)$$

Nach Integration folgt daraus

$$q_{12} = u_2 - u_1 = c_{vm}\Big|_{T_1}^{T_2} \cdot (T_2 - T_1) \quad (5.54)$$

Die gleiche Aussage des oben genannten Satzes wird erhalten, wenn der erste Hauptsatz in der Schreibweise Gl. (4.49) für ein offenes System angewendet wird

$$\delta q + \delta w_t = \delta q + v\,dp = dh \quad (5.55)$$

Nach Integration mit folgt

$$q_{12} + v \cdot (p_2 - p_1) = h_2 - h_1 = c_{pm}\Big|_{T_1}^{T_2} \cdot (T_2 - T_1) \quad (5.56)$$

Mit $v_1 = v_2 = v$ wird nach Gl. (2.17) $v(p_2 - p_1) = v_2 p_2 - v_1 p_1 = R \cdot (T_2 - T_1)$.
Somit gilt

$$q_{12} = \left(c_{pm}\Big|_{T_1}^{T_2} - R\right) \cdot (T_2 - T_1) \quad (5.57)$$

$$q_{12} = c_{vm}\Big|_{T_1}^{T_2} \cdot (T_2 - T_1) \quad (5.58)$$

Für die spezifische Wärme q_{12} wird demzufolge die gleiche Berechnungsbeziehung wie Gl. (5.54) erhalten.

Mit $v = konst$ folgt aus Gl. (5.7)

$$s_2 - s_1 = c_{vm}\Big|_{T_1}^{T_2} \cdot \ln\left(\frac{T_2}{T_1}\right) \quad (5.59)$$

Die Zustandskurve $v = konst$ ist im T, s-Koordinatensystem offensichtlich als Exponentialfunktion $T = T(s)$ darstellbar wie Abb. 5.5 zeigt. Die beim reversiblen isochoren Prozess übertragene spezifische Wärme $q_{12} = u_2 - u_1$ ist als Fläche unter dieser Funktionskurve in diesem T, s-Diagramm darstellbar.

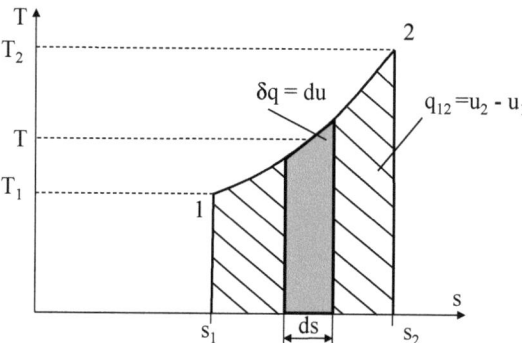

Abb. 5.5: T,s-Diagramm zur Darstellung der spezifischen Wärme bei v = konst (reversibler Prozess)

Spezifische technische Arbeit bei v = konst

Nach Gl. (4.48) gilt für die differenzielle technische Arbeit

$$w_{t,12} = \int_1^2 v \cdot dp = -\int_1^2 p \cdot dv + p_2 \cdot v_2 - p_1 \cdot v_1 \tag{5.60}$$

und nach Integration mit $dv = 0$ und $v_1 = v_2 = v$

$$w_{t,12} = v \cdot (p_2 - p_1) \tag{5.61}$$

5.2.4 Prozesse mit isobarer Zustandsänderung

Für die isobare Zustandsänderung ($dp = 0$) idealer Gase folgt nach dem ersten Hauptsatz Gl. (4.49) für einen vorausgesetzten reversiblen Prozess

$$\delta q + \delta w_t = \delta q + vdp = dh \tag{5.62}$$

Spezifische technische Arbeit bei p = konst

Aus Gl. (4.48) wird mit

$$w_{t,12} = \int_1^2 vdp \tag{5.63}$$

$$w_{t,12} = 0 \tag{5.64}$$

Spezifische Volumenänderungsarbeit bei p = konst

Aus Gl. (4.18) wird mit

5.2 Prozesse mit Zustandsänderungen idealer Gase

$$w_{D,12} = -\int_1^2 p\,dv \qquad (5.65)$$

$$w_{D,12} = -p \cdot (v_2 - v_1) \qquad (5.66)$$

bzw.

$$w_{D,12} = -R \cdot (T_2 - T_1) \qquad (5.67)$$

Spezifische Wärme bei p = konst

Wegen $dp = 0$ wird aus Gl. (4.49)

$$\delta q = dh \qquad (5.68)$$

bzw. in integrierter Form mit Gl. (4.50)

$$q_{12} = h_2 - h_1 \qquad (5.69)$$

oder mit Gl. (4.95)

$$q_{12} = c_{pm}\Big|_{T_1}^{T_2} \cdot (T_2 - T_1) \qquad (5.70)$$

> Bei der reversiblen isobaren Zustandsänderung idealer Gase bedingt eine (spezifische) Wärmezufuhr an das System eine Änderung der (spezifischen) Enthalpie des Systems.

Die gleiche Aussage des oben genannten Satzes wird erhalten, wenn der erste Hauptsatz in der Schreibweise Gl. (4.33) angewendet wird

$$\delta q + \delta w_{D,12} = \delta q - p\,dv = du \qquad (5.71)$$

In integrierter Form folgt

$$q_{12} = u_2 - u_1 + p(v_2 - v_1) \qquad (5.72)$$

$$q_{12} = c_{vm}\Big|_{T_1}^{T_2} \cdot (T_2 - T_1) + p(v_2 - v_1) \qquad (5.73)$$

bzw. wegen Gl. (2.17) $p_1 \cdot v_1 = R \cdot T_1$ und $p_2 \cdot v_2 = R \cdot T_2$ folgt mit $p = konst$

$$p(v_2 - v_1) = R \cdot (T_2 - T_1) \qquad (5.74)$$

und damit

$$q_{12} = \left(c_{vm}\Big|_{T_1}^{T_2} + R\right) \cdot (T_2 - T_1) \qquad (5.75)$$

$$q_{12} = c_{pm} \Big|_{T_1}^{T_2} \cdot (T_2 - T_1) \tag{5.76}$$

Die Berechnungsgeleichung für die spezifische Wärme Gl. (5.76) ist identisch mit Gl. (5.70). Es ist also egal, welcher der beiden Hauptsätze, in Schreibweise Gl. (4.33) oder in Schreibweise (4.49), angewendet wird.

Aus Gl. (5.8) folgt für $p = konst$

$$s_2 - s_1 = c_p \cdot \ln\left(\frac{T_2}{T_1}\right) \tag{5.77}$$

Die Zustandskurve $p = konst$ ist im T, s-Koordinatensystem offensichtlich ebenfalls wie die Isochore als Exponentialfunktion $T = T(s)$ darstellbar wie Abb. 5.6 zeigt. Die beim reversiblen isobaren Prozess übertragene spezifische Wärme $q_{12} = h_2 - h_1$ ist als Fläche unter dieser Funktionskurve in diesem T, s-Diagramm darstellbar.

Zum Vergleich wurde eine Isochore mit eingezeichnet. Die Exponentialkurve $p = konst$ verläuft wegen $c_p(T) > c_v(T)$ bei derselben Temperatur T flacher als die Exponentialkurve $v = konst$.

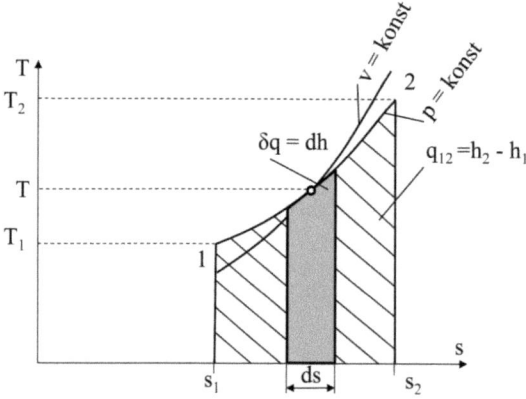

Abb. 5.6: T,s-Diagramm zur Darstellung der spezifischen Wärme bei p = konst (reversibler Prozess)

5.2.5 Prozesse mit polytroper Zustandsänderung

Alle in den Abschnitten 5.2.2 bis 5.2.4 hergeleiteten Zustandsänderungen bewegen sich zwischen folgenden zwei Grenzfällen

1. $p \cdot v^\kappa = konst$ isentrope Zustandsänderung $s = konst$
2. $p \cdot v^1 = konst$ isotherme Zustandsänderung $T = konst$

In der Realität wird der Zustandsverlauf irgendwo zwischen diesen beiden Grenzfällen liegen und wird als polytrope Zustandsänderung

$$p \cdot v^n = konst \tag{5.78}$$

mit dem so genannten *Polytropenexponenten n* bezeichnet.

5.2 Prozesse mit Zustandsänderungen idealer Gase

Die bisherigen Sonderfälle sind also auch über die Gl. (5.78) darstellbar, wenn der Polytropenexponent entsprechende Werte annimmt:

$$p \cdot v^{n=0} = konst \quad \text{isobare Zustandsänderung} \quad (5.79)$$

$$p \cdot v^{n=1} = konst \quad \text{isotherme Zustandsänderung} \quad (5.80)$$

$$p \cdot v^{n=\kappa} = konst \quad \text{isentrope Zustandsänderung} \quad (5.81)$$

$$p \cdot v^{n=\pm\infty} = konst \quad \text{isochore Zustandsänderung} \quad (5.82)$$

Nach Gl. (5.81) ist der Aufbau der Zustandsgleichung der polytropen Zustandsänderung identisch mit der isentropen Zustandsänderung, wenn $n = \kappa$ gesetzt wird:

Aus den Gln. (5.19) und (5.20) folgen somit die Berechnungsgleichungen für polytrope Zustandsänderungen

$$\frac{T_2}{T_1} = \left(\frac{p_2}{p_1}\right)^{\frac{n-1}{n}} = \left(\frac{v_1}{v_2}\right)^{n-1} \quad (5.83)$$

Spezifische Volumenänderungsarbeit bei polytroper Zustandsänderung

Die spezifische Volumenänderungsarbeit w_{D12} beträgt nach den Gln. (5.25) bis Gl. (5.28) mit $n = \kappa$

$$w_{D,12} = \frac{R \cdot T_1}{n-1} \cdot \left(\frac{T_2}{T_1} - 1\right) = \frac{p_1 \cdot v_1}{n-1} \cdot \left(\left(\frac{p_2}{p_1}\right)^{\frac{n-1}{n}} - 1\right) \quad (5.84)$$

Spezifische technische Arbeit bei polytroper Zustandsänderung

Die spezifische technische Arbeit w_{t12} beträgt nach Gl. (5.33) und Gl. (5.34) mit $n = \kappa$

$$w_{t,12} = \frac{n}{n-1} R \cdot T_1 \cdot \left(\left(\frac{p_2}{p_1}\right)^{\frac{n-1}{n}} - 1\right) = n \cdot w_{D12} \quad (5.85)$$

Spezifische Wärme bei polytroper Zustandsänderung

Nach dem ersten Hauptsatz gilt für reibungsfreie ruhende Systeme nach Gln. (4.33) und (4.49)

$$\delta q + \delta w_D = du \quad (5.86)$$

bzw.

$$\delta q + \delta w_t = dh \quad (5.87)$$

Nach Integration werden daraus folgende Berechnungsgleichungen für die übertragene spezifische Wärme bei einem polytropen Prozess

$$q_{12} = u_2 - u_1 - w_{D,12} \quad (5.88)$$

bzw.

$$q_{12} = h_2 - h_1 - w_{t,12} \qquad (5.89)$$

Für den Fall, dass bei idealen Gasen mit hinreichender technischer Genauigkeit auch mit konstanten spezifischen Wärmekapazitäten c_p und c_v gerechnet werden kann (im Temperaturbereich $-50\,°C$ bis $100\,°C$ und im Druckbereich $p < 20\,bar$), folgt aus Gl. (5.88) mit Gln. (5.83) und (5.84)

$$q_{12} = c_v\,(T_2 - T_1) - \frac{R \cdot T_1}{n-1} \cdot \left(\frac{T_2}{T_1} - 1\right) = c_v\,(T_2 - T_1) - \frac{R}{n-1} \cdot (T_2 - T_1) \qquad (5.90)$$

Nach Gl. (5.16) gilt $R = c_v \cdot (\kappa - 1)$ und somit

$$q_{12} = c_v - \frac{c_v \cdot (\kappa - 1)}{n-1} \cdot (T_2 - T_1) \qquad (5.91)$$

sowie

$$q_{12} = c_v \cdot \frac{n - \kappa}{n - 1} \cdot (T_2 - T_1) \qquad (5.92)$$

Mit folgender Substitution durch die so genannte *spezifische Wärmekapazität der polytropen Zustandsänderung*

$$c_n = c_v \cdot \frac{n - \kappa}{n - 1} \qquad (5.93)$$

lässt sich die spezifische Wärme bei der polytropen Zustandsänderung einfacher wie folgt schreiben

$$q_{12} = c_n \cdot (T_2 - T_1) \qquad (5.94)$$

Spezifische Entropie bei einer polytropen Zustandsänderung

Mit Gl. (5.1) gilt $\delta q = T\,ds$ und nach Integration unter Annahme $c_n = konst$ gilt

$$s_2 - s_1 = c_n \ln\left(\frac{T_2}{T_1}\right) \qquad (5.95)$$

bzw. mit Gl. (5.83)

$$s_2 - s_1 = c_n \ln\left(\frac{p_2}{p_1}\right)^{\frac{n-1}{n}} = c_n \ln\left(\frac{v_1}{v_2}\right)^{n-1} \qquad (5.96)$$

5.3 Übersicht einfacher Zustandsänderungen idealer Gase

Im Folgenden werden die Berechnungsgleichungen für die bisher behandelten Prozesse mit einfachen Zustandsänderungen, bei denen eine Zustandsgröße konstant bleibt (isentrope, isotherme, isochore, isobare und polytrope Zustandsänderung) übersichtlich zusammengestellt. Als weitere Vereinfachung gilt die Annahme konstanter spezifischer Wärmekapazitäten c_p und c_v. Falls die Temperaturabhängigkeit in praktischen Aufgaben berücksichtigt werden muss, ist in den entsprechenden Gleichungen anstelle $c_p = konst$ und $c_v = konst$ jeweils die temperaturabhängige mittlere spezifische Wärmekapazität $c_{pm}\big|_{T_1}^{T_2}$ und $c_{vm}\big|_{T_1}^{T_2}$ zu setzen.

Tab. 5.1: Übersicht einfacher Zustandsänderungen idealer Gase

Zustands-änderung	Isentrope $s = konst$	Isotherme $t = konst$	Isochore $v = konst$
Zustandsgleichung	$p_1 \cdot v_1^\kappa = p_2 \cdot v_2^\kappa$	$p_1 \cdot v_1 = p_2 \cdot v_2$	$\dfrac{p_1}{T_1} = \dfrac{p_2}{T_2}$
$s_2 - s_1$	0	$= R \ln\left(\dfrac{v_2}{v_1}\right)$ $= -R \ln\left(\dfrac{p_2}{p_1}\right)$	$= c_v \ln\left(\dfrac{T_2}{T_1}\right)$ $= c_v \ln\left(\dfrac{p_2}{p_1}\right)$
q_{12}	0	$= -w_{D,12}$	$= c_v \cdot (T_2 - T_1)$
$w_{D,12}$	$= c_v \cdot (T_2 - T_1)$ $= \dfrac{R\,T_1}{\kappa - 1} \cdot \left(\dfrac{T_2}{T_1} - 1\right)$ $= \dfrac{R\,T_1}{\kappa - 1} \cdot \left(\left(\dfrac{p_2}{p_1}\right)^{\frac{\kappa-1}{\kappa}} - 1\right)$ $= \dfrac{R\,T_1}{\kappa - 1} \cdot \left(\left(\dfrac{v_1}{v_2}\right)^{\kappa-1} - 1\right)$	$= -RT \cdot \ln\left(\dfrac{v_2}{v_1}\right)$ $= -RT \cdot \ln\left(\dfrac{p_1}{p_2}\right)$ $= -p_1 v_1 \cdot \ln\left(\dfrac{p_1}{p_2}\right)$ $= -p_2 v_2 \cdot \ln\left(\dfrac{p_1}{p_2}\right)$	$= -\displaystyle\int_1^2 p\,dv = 0$
$w_{t,12}$	$= c_p \cdot (T_2 - T_1)$ $= \kappa \cdot \dfrac{R \cdot T_1}{\kappa - 1} \cdot \left(\dfrac{T_2}{T_1} - 1\right)$ $= \kappa \cdot \dfrac{R\,T_1}{\kappa - 1} \cdot \left(\left(\dfrac{p_2}{p_1}\right)^{\frac{\kappa-1}{\kappa}} - 1\right)$ $= \kappa \cdot \dfrac{R\,T_1}{\kappa - 1} \cdot \left(\left(\dfrac{v_1}{v_2}\right)^{\kappa-1} - 1\right)$ $= \kappa \cdot w_{D,12}$	$= w_{D,12}$ $= -q_{12}$	$= \displaystyle\int_1^2 v\,dp = v \cdot (p_2 - p_1)$

Zustands-änderung	Isobar $p = \text{konst}$	Polytrop
Zustands-gleichung	$\dfrac{v_1}{T_1} = \dfrac{v_2}{T_2}$	$p_1 \cdot v_1^n = p_2 \cdot v_2^n$
$s_2 - s_1$	$= c_p \ln\left(\dfrac{v_2}{v_1}\right)$ $= c_p \ln\left(\dfrac{T_2}{T_1}\right)$	$= c_n \cdot \ln\left(\dfrac{T_2}{T_1}\right)$ mit $c_n = c_v \cdot \dfrac{n-\kappa}{n-1}$
q_{12}	$= c_v(T_2 - T_1) + R(T_2 - T_1)$ $= c_p(T_2 - T_1)$	$= c_n \cdot (T_2 - T_1)$ mit $c_n = c_v \cdot \dfrac{n-\kappa}{n-1}$
$w_{D,12}$	$-p(v_2 - v_1)$ $= -R(T_2 - T_1)$	$= \dfrac{R}{n-1}(T_2 - T_1)$ $= c_v \cdot \dfrac{\kappa - 1}{n-1}(T_2 - T_1)$ $= \dfrac{p_1 v_1}{n-1} \cdot \left(\left(\dfrac{v_1}{v_2}\right)^{n-1} - 1\right)$
$w_{t,12}$	$= \displaystyle\int_1^2 v\,dp = 0$	$= \dfrac{n \cdot R}{n-1}(T_2 - T_1)$ $= \dfrac{n}{n-1} R \cdot T_1 \cdot \left(\left(\dfrac{p_2}{p_1}\right)^{\frac{n-1}{n}} - 1\right)$ $= \dfrac{n}{n-1} p_1 \cdot v_1 \cdot \left(\left(\dfrac{p_2}{p_1}\right)^{\frac{n-1}{n}} - 1\right)$ $= n \cdot w_{D,12}$

6 Zweiter Hauptsatz der Thermodynamik

Ebenso wie der erste Hauptsatz ist auch der zweite Hauptsatz der Thermodynamik ein Erfahrungssatz, der stets durch Experimente bestätigt werden kann.

Der erste Hauptsatz drückt das Prinzip der Energieerhaltung aus und verknüpft in seiner Darstellung die einem thermodynamischen System zugeführten Prozessgrößen Arbeit und Wärme mit den dadurch bedingten veränderten Zustandsgrößen des Systems.

Die Erfahrung zeigt darüber hinaus, dass bestimmte irreversible Prozesse nur in einer Richtung ablaufen können. Jedoch macht darüber der erste Hauptsatz keine Aussage, denn er verlangt lediglich die Einhaltung des ersten Hauptsatzes, dass weder Energie erzeugt noch vernichtet werden kann.

Zur eindeutigen Kennzeichnung natürlicher Prozesse reicht der erste Hauptsatz nicht aus.

Eine Ergänzung des ersten Hauptsatzes gibt es dahingehend, dass mit dem zweiten Hauptsatz die Richtung des ablaufenden Prozesses formuliert wird.

In den folgenden Abschnitten werden die charakteristischen Eigenschaften natürlicher Prozesse in Bezug auf Ablauf und Energieumsatz erläutert, die bereits in Abschn. 4.2.5 erwähnte und in Abschn. 4.2.10 definierte kalorische Zustandsgröße Entropie für die quantitative Formulierung der Zusammenhänge begründet und folgende Prozesse

- *Realprozess* (möglicher irreversibler Prozess)
- *Idealprozess* (reversibler Prozess) und
- *unmöglicher Prozess*

miteinander verglichen.

Alle in der Natur auftretenden Prozesse sind durch unzählige kausale Zusammenhänge miteinander verflochten.

Um die Untersuchung eines bestimmten Vorganges überhaupt zu ermöglichen, ist es notwendig, von den unzähligen kausal zusammenhängenden Vorgängen nur die wesentlichen und charakteristischen zu betrachten.

Die wesentlichen miteinander zusammenhängenden Vorgänge bilden einen Prozess.

Der zweite Hauptsatz stellt eine grundlegende Aussage über natürliche Prozesse, d.h. in der Natur vorkommende, makroskopische, mit endlicher Geschwindigkeit verlaufende Prozesse dar. Es soll sich dabei jedoch nicht um gedankliche Abstraktionen wie die eines reversiblen oder unendlich langsam verlaufenden Prozess handeln.

Der zweite Hauptsatz lautet:

> Alle natürlichen Prozesse sind irreversibel.

Irreversibel oder *nicht umkehrbar* ist ein Prozess, bei dem es unmöglich ist, ihn wieder in umgekehrter Richtung ablaufen zu lassen, bis keinerlei Änderungen im System und in der Umgebung zurückbleiben.

Reversibel oder *umkehrbar* ist ein Prozess, bei dem es möglich ist, ihn wieder in umgekehrter Richtung ablaufen zu lassen, bis keinerlei Änderungen im System und in der Umgebung zurückbleiben.

Mit dem zweiten Hauptsatz scheint der Begriff eines reversiblen Prozesses überflüssig zu sein. Es wird jedoch gezeigt, dass theoretisch denkbare Grenzfälle existieren, in denen die Irreversibilität eines Prozesses beliebig klein wird.

> **Reversible Prozesse sind theoretisch denkbare Grenzfälle der natürlichen irreversiblen Prozesse.**

Der zweite Hauptsatz steht in engem Zusammenhang mit dem ersten Hauptsatz, nach dem in der Thermodynamik nur Systeme betrachtet werden, die, wenn sie abgeschlossen sind, einen Gleichgewichtszustand zustreben.

Ein Prozess in einem solchen abgeschlossenen System verläuft stets in einer Richtung, nämlich hin zum Gleichgewicht. Unter Richtung wird hier nicht eine geometrische Richtung verstanden, sondern eine allgemeine Charakterisierung des Prozessverlaufes.

Solange das System abgeschlossen bleibt, wird der Gleichgewichtszustand nicht wieder verlassen. Der Anfangszustand kann also nicht wiederhergestellt werden, d.h. der Prozess ist irreversibel.

> Im Allgemeinen erfasst ein Prozess Vorgänge im System und in der Umgebung. Es ist jedoch möglich, alle in einem endlichen Gebiet ablaufenden Prozesse auf Prozesse in abgeschlossenen Systemen zurückzuführen. Es müssen nur die Systemgrenzen so erweitert werden, dass alle Vorgänge in der ursprünglichen Umgebung mit in das neue System einbezogen werden.

Der zweite Hauptsatz kann als *Aussage über die Richtung der ablaufenden Prozesse* aufgefasst werden. Ein natürlicher Prozess verläuft eben nur von einem Anfangszustand zu einem Endzustand, der näher zum Gleichgewichtszustand hin liegt, nicht zu einem Endzustand, der weiter vom Gleichgewichtszustand entfernt ist als der Anfangszustand.

> Wenn kein abgeschlossenes System betrachtet wird, ist unter Zustand der Zustand des Systems und der Umgebung zu verstehen.

Bei der Anwendung des ersten Hauptsatzes ist es gleichgültig, ob ein Prozess vom Anfangszustand 1 in den Endzustand 2 führt und dabei die Energieform X in die Energieform Y umgewandelt wird, oder ob der Prozess in umgekehrter Richtung verläuft und eine Umwandlung der Energieform Y in die Energieform X eintritt.

Welcher Prozess tatsächlich möglich ist, kann erst mit Hilfe des zweiten Hauptsatzes entschieden werden. Es wird der sein, der zu einem Gleichgewichtszustand nähergelegenen Zustand führt.

Wenn bei einem natürlichen Prozess die Energieform X in die Energieform Y umgewandelt wird, kann in Folge der Irreversibilität die Energieform Y nicht vollständig in die Energieform X zurückverwandelt werden.

Ist der Gleichgewichtszustand in einem abgeschlossenen System erreicht, sind überhaupt keine Energieumwandlungen mehr möglich. Die Energie ist zwar nicht verloren, aber sie ist auch nicht mehr verwertbar, d.h. sie ist wertlos, solange das System abgeschlossen bleibt.

Aus dem zweiten Hauptsatz folgt somit, dass mit einem irreversiblen Prozess stets eine *Energieentwertung* verbunden ist. Entwertung ist hier nicht im ökonomischen, sondern im technischen Sinn zu verstehen.

Im Abschn. 2.8 wurden bereits wesentliche Merkmale reversibler und irreversibler Prozesse erläutert. Irreversible Prozesse wie z.B. *Ausgleichsprozesse* (Druck-, Temperatur- und Konzentrationsausgleich) sind von selbst nicht umkehrbar. Wärme kann beispielsweise nie von selbst von einem Körper niederer Temperatur auf einen Körper höherer Temperatur übergehen.

Bei der Einführung der Reibungsarbeit wurde festgestellt, dass selbige nicht abgeführt wird, sondern bei einem Prozess eine zugeführte Arbeit (positives Vorzeichen) darstellt. Zugeführte Reibungsarbeit tritt z.B. bei Rührprozessen oder bei reibungsbehafteten Strömungen auf. Diese Reibungsarbeit kann nur in das System hinein transportiert werden. Diesen nicht umkehrbaren Umwandlungsprozess einer Energieform bezeichnet man als *Dissipationsprozess*.

6.1 Typische irreversible Prozesse

6.1.1 Reibungsbehaftete Prozesse (Dissipationsprozesse)

Der Einfluss der Reibung auf einen Prozess (häufig auch als *Dissipationsprozess* bezeichnet) soll am Beispiel der adiabaten Verdichtung eines Gases, siehe Abb. 6.1, näher betrachtet werden.

Die adiabate Verdichtung eines Gases in einem System A wird durch die Einwirkung der Umgebung hervorgerufen. Der an dem Prozess beteiligte Teil der Umgebung kann in einem System B zusammengefasst werden, so dass das System AB während des Prozessablaufes abgeschlossen ist.

Vor Beginn des Prozesses befindet sich, z.B. durch eine Sperre das System in Ruhe, d.h. im Gleichgewicht. Nach Lösen der Sperre führt das gestörte mechanische Gleichgewicht zu einer Bewegung der Systemteile Gewicht, Kurvenscheibe, Zahnstange, Kolben und Gas, die periodisch sein kann. Die auftretenden Reibungserscheinungen bringen das System nach einer gewissen Zeit in Ruhe, d.h. in ein neues Gleichgewicht.

Ein einfacher Analogfall ist in der Auslenkung einer an zwei Federn befestigten Punktmasse, siehe Abb. 6.2, zu sehen. Zunächst wird die Punktmasse außerhalb ihrer Ruhelage durch eine Sperrvorrichtung festgehalten. Der Prozess beginnt nach Lösen der Sperrvorrichtung infolge eines gestörten Gleichgewichtes.

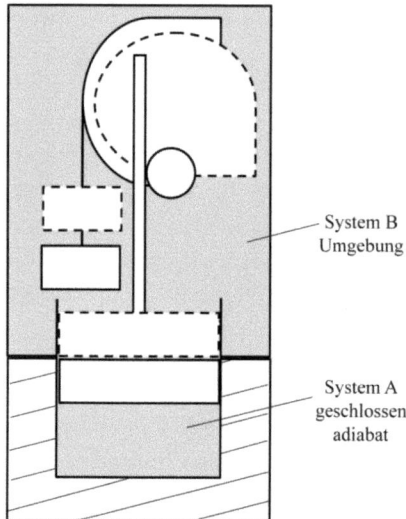

Abb. 6.1: Adiabate Zustandsänderung innerhalb eines abgeschlossenen Systems

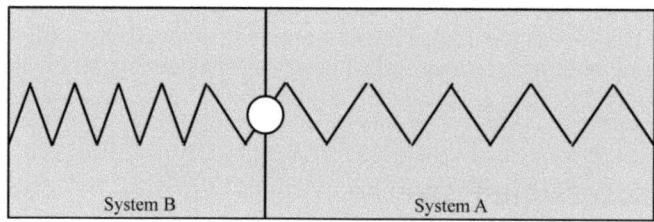

Abb. 6.2: Adiabate Zustandsänderung innerhalb eines abgeschlossenen Systems

Der neue Gleichgewichtszustand ist erreicht, wenn durch Reibungserscheinungen die Punktmasse wieder zur Ruhe gekommen ist. Die Zahl der betrachteten Beispiele für mechanische Bewegungen kann beliebig erweitert werden. Verallgemeinert kann gesagt werden:

> Abweichungen vom mechanischen Gleichgewicht, d.h. wirkende resultierende Kräfte sind Ursachen der Bewegung.
> Alle natürlichen Bewegungsvorgänge sind reibungsbehaftet.
> Alle Reibungsvorgänge sind irreversibel.

In einem endlichen System können Reibungsvorgänge sowohl an der Systemgrenze als äußere Reibungsvorgänge (z.B. an der Wandung einer Strömung) als auch innerhalb des Systems als innere Reibungsvorgänge (z.B. zwischen Strömungsteilchen) auftreten. In vielen Fällen ist es zweckmäßig, einen idealisierten Prozess zu untersuchen, in dem der theoretisch denkbare Grenzfall der Reibungsfreiheit vorausgesetzt wird.

Werden die Prozesse als reibungsfrei betrachtet und wird eine endliche Störung des mechanischen Gleichgewichts angenommen, ergeben sich Schwingungsvorgänge. Der Anfangszustand wird periodisch wieder erreicht, d.h. der Prozess ist reversibel.

6.1 Typische irreversible Prozesse

Es besteht auch noch die Möglichkeit, dass der reibungsfreie Prozess verschiedene Zustände durchläuft und nur differenzielle Abweichungen vom Gleichgewicht auftreten.

Es werde nunmehr ein System betrachtet, das bei verschiedenen Zuständen im Gleichgewicht ist.

In der ersten Anordnung lässt sich z.B. durch eine geeignete Form der Kurvenscheibe erreichen, dass in jeder Lage die von der Umgebung B auf das Gas ausgeübte Kraft gleich der vom ruhenden Gas auf den Kolben ausgeübte Kraft ist, d.h. dass in jeder Lage Gleichgewicht herrscht.

In der zweiten Anordnung könnten unendlich viele Federn verwendet werden, die in jeder Ortslage auf die Punkmasse die gleiche Kraft aufprägt, so dass keine resultierende Kraft vorhanden ist.

Wird nun eine differenzielle Kraft von außen aufgebracht, so entsteht eine unendlich langsame Bewegung des reibungsfreien Systems.

Der Prozess durchläuft unendlich langsam verschiedene Zustände, die sich nur differenziell vom Gleichgewicht unterscheiden. Kehrt man durch eine weitere äußere Einwirkung die Richtung der Kraft um, erreicht das System AB wieder den Ausgangszustand. Da die Änderungen in der Umgebung auch nur differenziell klein sind, unterscheidet sich der Endzustand des Prozesses nur differenziell vom Anfangszustand, oder mit anderen Worten, der Prozess ist reversibel.

Wie bereits festgestellt, sind reversible Prozesse theoretisch denkbare Grenzfälle der natürlichen, irreversiblen Prozesse.

6.1.2 Wärmeübertragungsvorgänge und andere Ausgleichsvorgänge

Ausgleichsprozesse werden durch Druck-, Temperatur- und Konzentrationsunterschiede verursacht. Beim Temperaturausgleich findet eine Wärmeübertragung statt.

Als Wärmeübertragung wird ein Vorgang bezeichnet, bei dem durch eine Fläche, durch die kein Stoffstrom hindurchtritt, Energie in Form von Wärme übertragen wird. Die Fläche kann ein Teil der Systemgrenze oder die gesamte Systemgrenze eines geschlossenen Systems sein.

Die Wärmeübertragung an ein System A erfolgt, wenn die Temperaturen der Umgebung sich von den Temperaturen des Systems zumindest teilweise unterscheiden. Der an der Wärmeübertragung beteiligte Teil der Umgebung wird im System B zusammengefasst, so dass das System AB als abgeschlossen betrachtet werden kann, Abb. 6.3.

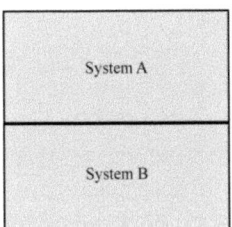

Abb. 6.3: Adiabate Zustandsänderung innerhalb eines abgeschlossenen Systems

Vor Beginn des Prozesses kann trotz unterschiedlicher Temperaturen in A und B ein Gleichgewichtszustand bestehen, wenn A und B durch eine adiabate, d.h. wärmeundurchlässige Wand, voneinander getrennt sind. Es handelt sich hierbei nicht um ein thermisches Gleichgewicht. Beim thermischen Gleichgewicht war vorausgesetzt worden, dass die Systemgrenze Temperaturänderungen der Systeme A und B zulässt, also nicht adiabat ist. Die adiabate Wand ist für die Wärmeübertragung das, was eine Sperre für einen mechanischen Vorgang darstellt. Die adiabate Wand kann allerdings nur näherungsweise z.B. durch eine Isolation verwirklicht werden.

Die Wärmeübertragung über die Systemgrenze zwischen A und B beginnt, nachdem durch das Entfernen der adabaten Wand das Gleichgewicht gestört ist. Die Wärmeübertragung erfolgt stets in Richtung fallender Temperaturen. Der Prozess ist beendet, wenn ein neuer Gleichgewichtszustand, das thermische Gleichgewicht, erreicht ist, d.h. wenn überall im System AB die gleichen Temperaturen vorliegen.

Dieser Gleichgewichtszustand wird nicht wieder verlassen, solange das System abgeschlossen bleibt. Das bedeutet, dass die ursprünglich vorhandenen Temperaturen sich nicht wieder von selbst einstellen können und dementsprechend auch keine Wärmeübertragung in Richtung steigender Temperaturen stattfinden kann.

Damit kann festgestellt werden:

> Abweichungen vom thermischen Gleichgewicht, d.h. bestehende Temperaturdifferenzen, sind Ursachen der Wärmeübertragung
>
> Bei allen Wärmeübertragungsvorgängen wird die Wärme stets in Richtung fallender Temperaturen übertragen
>
> Alle Wärmeübertragungsvorgänge zwischen Systemen mit endlichen Temperaturdifferenzen sind irreversibel.

Es soll nun gezeigt werden, dass eine Wärmemenge im theoretisch denkbaren Grenzfall auch auf reversible Weise übertragen werden kann.

Es wird ein abgeschlossenes System AB betrachtet, dessen Teilsysteme A und B untereinander im thermischen Gleichgewicht sind, d.h. die gleichen Temperaturen besitzen.

Bereits eine differenzielle Absenkung der Temperatur eines Teilsystems führt zu einer Wärmeübertragung, die unendlich langsam vor sich geht. Durch eine differenzielle Erhöhung der Temperatur des Teilsystems kann die Wärmeübertragung rückgängig gemacht werden.

Der Prozess unterscheidet sich also nur differenziell von einem reversiblen Prozess oder mit anderen Worten, er ist reversibel.

> Alle Wärmeübertragungsvorgänge zwischen Systemen mit verschwindenden Temperaturdifferenzen sind reversibel.

Die Überlegungen, die für mechanische Vorgänge und für Wärmeübertragungsvorgänge aufgestellt wurden, lassen sich in völlig analoger Weise auch auf Stoffübertragungsvorgänge und auf chemische Reaktionen anwenden. Darauf soll hier jedoch nicht näher eingegangen werden.

6.2 Mathematische Formulierung des zweiten Hauptsatzes

Nachdem die Aussagen des zweiten Hauptsatzes bisher nur qualitativ beschrieben wurden, soll nun eine Größe bestimmt werden, mit deren Hilfe auf einfache Weise quantitative Aussagen über die Richtung eines Prozesses und die mit dem Prozess verbundene Energieentwertung gemacht werden können.

Diese Größe wird als irreversible Entropie δS_{irr} bezeichnet. Sie ist im Gegensatz zur spezifischen Entropie dS keine Zustandsgröße, was auch sofort an dem mathematischen Differenzialkennzeichen δ anstelle von d erkennbar ist.

Die irreversible Entropie würde die Richtung eines Prozesses sicher dann kennzeichnen, wenn für ein System stets Folgendes gilt:

- bei irreversiblen Prozessen ist $\qquad \delta S_{irr} > 0$
- bei reversiblen Prozessen ist $\qquad \delta S_{irr} = 0$
- bei unmöglichen Prozessen ist $\qquad \delta S_{irr} < 0$

Die irreversible Entropie wird zunächst für das einfachste System aufgestellt, d.h. für ein quasistatisches, homogenes, geschlossenes System. Außerdem soll das System vorerst als adiabat angenommen werden. Irreversibilitäten können dann nur durch Reibungsvorgänge entstehen. Dabei darf die Reibungsarbeit δW_R einem endlichen System nur unendlich langsam zugeführt werden, andernfalls würde die Homogenität aufgehoben. Da Reibungserscheinungen irreversibel sind, kann ein quasistatisches, homogenes System nur Reibungsarbeiten aufnehmen, aber nie solche abgeben, d.h. es ist stets $\delta W_R \geq 0$.

Die Reibungsarbeit erfüllt bereits die Forderungen, die Prozessrichtung in einem System unter den genannten Voraussetzungen eindeutig zu charakterisieren, denn es gilt Folgendes:

- bei irreversiblen Prozessen ist $\qquad \delta W_R > 0$
- bei reversiblen Prozessen ist $\qquad \delta W_R = 0$
- bei unmöglichen Prozessen ist $\qquad \delta W_R < 0$

Die Reibungsarbeit kann aber die Irreversibilität bei Wärmeübertragungsvorgängen nicht kennzeichnen. Außerdem besitzt sie den Nachteil, eine wegabhängige Größe zu sein. Für eine endliche Zustandsänderung eines adiabaten, quasistatischen, homogenen, geschlossenen Systems ist nach dem ersten Hauptsatz

$$W_R = \int_1^2 dU + \int_1^2 p dV \tag{6.1}$$

die Reibungsarbeit W_R abhängig vom Verlauf $p(V)$. Die Reibungsarbeit nimmt also von Prozess zu Prozess unterschiedliche Werte an.

Sollen mit der irreversiblen Entropie auf einfache Weise quantitative Aussagen gemacht werden, muss sie eine wegunabhängige Größe sein, bzw. in einem einfachen Zusammenhang mit einer wegunabhängigen Größe, also einer Zustandsgröße, stehen. Zustandsgrößen können ein für allemal in Diagrammen dargestellt werden und sind dann für beliebige Prozesse verwendbar.

Wegunabhängige Größen können mit Hilfe eines so genannten *integrierenden Nenners N* aus wegabhängigen Größen hergestellt werden. Für ein adiabates, quasistatisches, homogenes, geschlossenes System kann demzufolge der Ansatz

$$(\delta S_{irr})_{ad} = \frac{\delta W_R}{N} = \frac{dU + pdV}{N} \tag{6.2}$$

Der integrierende Nenner N bleibt zunächst noch unbestimmt.

Es soll nun die Einschränkung des adiabaten Systems fallen gelassen werden.

Bei einer Zustandsänderung, die durch dU und dV gekennzeichnet ist, wird gegenüber der Zufuhr von δW_R im adiabaten Fall nach dem ersten Hauptsatz Gl. (4.33) eine gleich große Energie $\delta W_R + \delta Q$ zugeführt. Dabei wird aber nur die Reibungsarbeit irreversibel zugeführt. Die Wärmezufuhr kann im System keine Irreversibilität hervorrufen, da das System voraussetzungsgemäß homogen ist und deshalb die Temperaturdifferenzen im System verschwinden.

Wenn für das adiabate System $\frac{dU+pdV}{N}$ eine wegunabhängige Größe ist, kann sie durch die Änderung einer Zustandsgröße dargestellt werden. Eine Zustandsgröße ist unabhängig vom Weg, d.h. von der Energiezufuhr, durch die das System in den jeweiligen Zustand gelangte.

Die rechte Seite von Gl. (6.2) ist demnach mit

$$dS = \frac{dU + pdV}{N} = \frac{\delta Q + \delta W_R}{N} \tag{6.3}$$

die differenzielle Änderung einer Zustandsgröße für quasistatische, homogene, geschlossene Systeme. Die Zustandsgröße S wird Entropie genannt.

Die Entropie ist aber nicht mehr charakteristisch für irreversible Vorgänge nichtadiabater Systeme, da sich dS aus einem reversiblen Anteil $\frac{\delta Q}{N}$ und einem irreversiblen Anteil $\frac{\delta W_R}{N}$ zusammensetzt.

Der irreversible Anteil der Entropieänderung für ein quasistatisches, homogenes, geschlossenes System folgt daraus zu

$$\delta S_{irr} = \frac{\delta W_R}{N} = dS - \frac{\delta Q}{N} \tag{6.4}$$

6.2.1 Der integrierende Nenner und die absolute Temperatur

Zur Bestimmung des integrierenden Nenners kann zunächst festgestellt werden, dass für irreversible Prozesse $\delta S_{irr} > 0$ und $\delta W_R > 0$ gilt. Folglich muss auch $N > 0$ sein.

Aus der Gl. (6.3) ist erkennbar, dass N eine Zustandsgröße ist. Nach der allgemeinen Zustandsgleichung für ein homogenes System ist N im Allgemeinen eine Funktion der Stoffart, der Masse und zweier Zustandsgrößen, z.B.

$$N = N(\text{Stoff}, m, T, v) \tag{6.5}$$

6.2 Mathematische Formulierung des zweiten Hauptsatzes

Um zu weiteren Aussagen über den integrierenden Nenner zu gelangen, wird ein reversibler Prozess betrachtet, an dem zwei quasistatische, homogene, geschlossene Systeme beteiligt sind.

Zwischen beiden Systemen kann eine Übertragung von Wärme stattfinden. Das Gesamtsystem AB ist adiabat. Um die Temperaturen beider Systeme beeinflussen zu können, ist eine Zufuhr von Arbeit möglich.

Aus der Forderung nach einem reversiblen Prozess folgt, dass keine Reibungsarbeiten auftreten ($\delta W_R = 0$) und dass bei der Wärmebertragung Temperaturgleichheit beider Systeme bestehen muss ($T_A = T_B$).

Mit diesen Systemen, die anfänglich die gleiche Temperatur besitzen, wird folgender Prozess ausgeführt:

1 – 2: Reversible Wärmeübertragung zwischen beiden Systemen
bei veränderlichen Temperaturen $T_A = T_B$

Im Punkt 2 soll das System A wieder die Entropie $S_{A_2} = S_{A_1}$ besitzen

2 – 3: Die Systeme werden voneinander getrennt und
adiabat – reversibel in den Anfangszustand gebracht

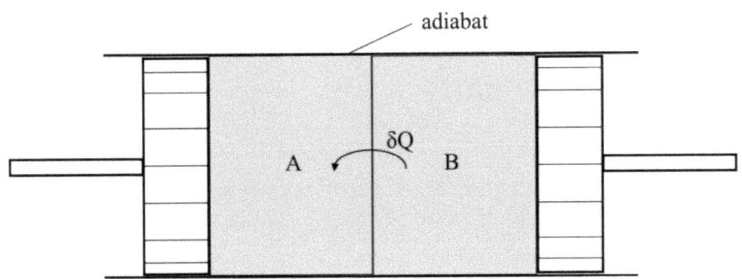

Abb. 6.4: Reversible Wärmeübertragung zwischen zwei Systemen A und B bei veränderlichen Temperaturen

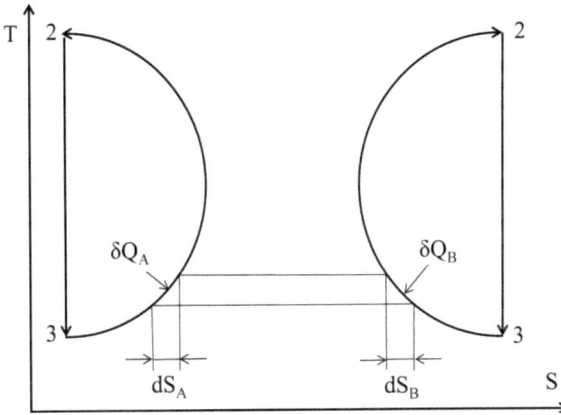

Abb. 6.5: Getrennte adiabate und reversible Rückführung der beiden Systeme A und B in den Anfangszustand

System A gelangt auf Grund der Forderung $S_{A_2} = S_{A_1}$ sicher wieder in den Anfangszustand, denn bei adiabat-reversiblen Prozessen ist nach der Entropiedefinition Gl. (6.3) $dS = 0$.

Aber auch das System B muss wieder in den Anfangszustand gelangen können, sonst wäre im Widerspruch zur Voraussetzung der Prozess nicht reversibel. Ein beliebiges System B kann nur in den Anfangszustand zurückkehren, wenn ebenfalls $S_{B_2} = S_{B_1}$ ist.

Es gilt somit für beliebige Systeme

$$\int_1^2 dS_A = \int_1^2 dS_B = 0 \tag{6.6}$$

Andererseits ist in Folge $\delta Q_A = -\delta Q_B \quad N_A \cdot dS_A = -N_B \cdot dS_B$

Die Gl. (6.6) nimmt dann für beliebige Wege unter Beachtung von $T_A = T_B$ folgende Form an

$$\int_1^2 dS_A = -\int_1^2 \frac{N_A(\text{Stoff}_A, m_A, T_A, v_A)}{N_B(\text{Stoff}_B, m_B, T_B, v_B)} dS_A = 0 \tag{6.7}$$

Diese Bedingung ist offensichtlich nur zu erfüllen, wenn der integrierende Nenner lediglich eine Funktion der Temperatur ist, d.h.

$$N = N(T) \tag{6.8}$$

ist.

Diese universelle Funktion kann zur Festlegung einer *absoluten Temperatur* benutzt werden. Die absolute Temperatur ist dann nicht mehr abhängig von der willkürlich festgelegten Temperaturskale des idealen Gases.

Die universelle Temperaturfunktion kann, da sie für alle Stoffe gilt, für den besonders einfachen Fall des idealen Gases ermittelt werden.

Zunächst gilt noch allgemein, dass die Entropie extensiv ist, da U und V extensiv sind, $N(T)$ intensiv ist. Die spezifische Entropie $s = S/m$ ist nach der allgemeinen Zustandsgleichung abhängig von zwei Zustandsgrößen, z.B. $s = s(T, v)$.

Dann ist

$$ds = \frac{dS}{m} = \frac{dU + p \cdot dV}{N(T)} = \left(\frac{\partial s(T, v)}{\partial T}\right)_v dT + \left(\frac{\partial s(T, v)}{\partial v}\right)_T dv \tag{6.9}$$

Dabei gilt die Integrabilitätsbedingung

$$\frac{\partial}{\partial v}\left(\frac{\partial s}{\partial T}\right)_v = \frac{\partial}{\partial T}\left(\frac{\partial s}{\partial v}\right)_T \tag{6.10}$$

Für ein ideales Gas mit $pv = RT$ nach Gl. (2.17) und $u = u(T)$ nach Gl. (4.76) gilt

$$\frac{\partial s(T, v)}{\partial T} = \frac{du(T)/dt}{N(T)} \tag{6.11}$$

und

$$\frac{\partial s(T,v)}{\partial v} = \frac{R \cdot T}{v \cdot N(T)} \tag{6.12}$$

Die Integrabilitätsbedingung lautet dann

$$\frac{\partial s(T,v)}{\partial T} = \frac{du(T)/dt}{N(T)} \tag{6.13}$$

$$\frac{\partial}{\partial v}\left(\frac{du(T)/dt}{N(T)}\right)_T = 0 = \frac{\partial}{\partial T}\left(\frac{R \cdot T}{v \cdot N(T)}\right)_v \tag{6.14}$$

Daraus folgt

$$N(T) = konst = T \tag{6.15}$$

Die willkürliche Konstante wird 1 gesetzt, so dass $N(T) = T$ ist.

Der Temperaturskale des idealen Gases kommt somit eine universelle Bedeutung auf Grund des zweiten Hauptsatzes zu.

Der integrierende Nenner ist nun festgelegt, so dass sich für quasistatische, homogene, geschlossene Systeme das Differenzial der *Entropie*

$$dS \equiv \frac{dU + pdV}{T} = \frac{\delta Q + \delta W_R}{T} \tag{6.16}$$

und das Differenzial der *irreversiblen Entropie* zu

$$\delta S_{irr} \equiv \frac{\delta W_R}{T} = dS - \frac{\delta Q}{T} \tag{6.17}$$

definieren lässt.

6.2.2 Die Entropie für inhomogene, geschlossene Systeme

Ein inhomogenes, geschlossenes System kann aus mehreren differenziellen, homogenen Systemen zusammengesetzt gedacht werden.

Da bisher die Entropie und die irreversible Entropie nur für homogene Systeme definiert wurden, muss zunächst eine Rechenvorschrift zur Bestimmung beider Größen in inhomogenen Systemen festgelegt werden.

Da die Entropie homogener Systeme extensiv ist, wird Extensivität auch für inhomogene Systeme wie folgt vereinbart

$$S = \sum_i S_i \tag{6.18}$$

Wenn die irreversible Entropie für adiabate Systeme wieder mit dem Differenzial der Entropie übereinstimmen soll, muss für ein homogenes System

$$\delta S_{irr} = \sum_i dS_i - \sum_{F_i} \frac{\delta Q}{T} \qquad (6.19)$$

i: Anzahl Teilsysteme des endlichen Systems
F_i: Anzahl Teilsystemflächen, die zur Oberfläche des endlichen Systems gehören

sein.

Daraus folgt

$$dS = \sum_i \frac{dU + pdV}{T} = \underbrace{\sum_{F_i} \frac{\delta Q + \delta W_R}{T}}_{Zufuhr} + \underbrace{\sum_j \frac{\delta Q + \delta W_R}{T}}_{Erzeugung} \qquad (6.20)$$

i: Teilsysteme des endlichen Systems
F_i: Teilsystemflächen, die zur Oberfläche des endlichen Systems gehören
j: Teilsystemflächen, die innerhalb des endlichen Systems liegen

und

$$\delta S_{irr} = \sum_{F_i} \frac{\delta W_R}{T} + \sum_j \frac{\delta Q + \delta W_R}{T} \qquad (6.21)$$

Die Irreversibilität in einem inhomogenen System wird also durch innere Wärmeübertragungsvorgänge bei unterschiedlichen Temperaturen und durch innere und äußere Reibungsvorgänge hervorgerufen.

Es ist auf drei wesentliche Unterschiede gegenüber dem ersten Hauptsatz hinzuweisen.

1. Für die Entropie gilt kein Erhaltungssatz
2. Beim ersten Hauptsatz erscheinen innere Vorgänge nicht im Einzelnen. Sie werden durch die Änderung der Gesamtenergie des Systems pauschal erfasst.
3. Die Summation der Entropieanteile über das System beim zweiten Hauptsatz erfolgt über quasistatische Teilsysteme. Es wird also von Teilsystem zu Teilsystem das Bezugssystem gewechselt. Im Gegensatz dazu muss beim ersten Hauptsatz für alle Teilsysteme das gleiche Bezugssystem benutzt werden.

Für homogene Systeme ergibt sich mit $\delta W_R \geq 0$ und $T > 0$, dass $\delta S_{irr} \geq 0$ ist. Für inhomogene Systeme können durch die Reibungsvorgänge nur positive Beträge zu δS_{irr} entstehen. Das gilt auch für die inneren Wärmeübertragungsvorgänge.

Betrachtet man zwei homogene Systeme mit den Temperaturen T_1 und T_2 ($T_1 > T_2$), zwischen denen die Wärme δQ übertragen wird, dann ist für $\delta W_R = 0$

$$\delta S_{irr} = -\frac{|\delta Q|}{T_1} + \frac{|\delta Q|}{T_2} = |\delta Q| \frac{T_1 - T_2}{T_1 \cdot T_2} \qquad (6.22)$$

Dieser Ausdruck ist immer positiv und verschwindet nur im reversiblen Grenzfall $T_1 = T_2$.

6.2 Mathematische Formulierung des zweiten Hauptsatzes

Der zweite Hauptsatz für inhomogene, geschlossene Systeme lässt sich mathematisch wie folgt formulieren

$$\delta S_{irr} \geq 0 \tag{6.23}$$

Wie anfangs gefordert, werden irreversible Vorgänge durch eine Zunahme der irreversiblen Entropie und reversible Vorgänge durch eine konstant bleibende irreversible Entropie gekennzeichnet.

Ein angenommener Prozessverlauf, für den sich $\delta S_{irr} < 0$ bzw. $S_{irr,12} < 0$ ergibt, ist unmöglich.

Es ist noch darauf hinzuweisen, dass im Gegenteil dazu die Entropie in Folge Wärmeentzug ($\delta Q < 0$) durchaus abnehmen kann.

6.2.3 Die Bedeutung der Entropie

Die Entropie ist eine Zustandsgröße, mit deren Hilfe leicht Aussagen über die irreversible Entropie und damit über die Richtung eines Prozesses gemacht werden können.

Für adiabate, reibungsfreie Prozesse bleibt die Entropie konstant.

Die Entropie ist deshalb und auch aus anderen Gründen besonders für die Aufstellung von Zustandsdiagrammen geeignet.

Ein wesentlicher Nutzen der Entropie wird später zu Tage treten.

Es wird noch gezeigt, dass die Energieentwertung bei einem Prozess durch $T_U \cdot \delta S_{irr}$ (mit T_U – Umgebungstemperatur) angegeben wird.

Damit sind Möglichkeiten zur Beurteilung und zur Verbesserung der technischen Vorgänge gegeben.

Vom Standpunkt der statistischen Thermodynamik aus kann gezeigt werden, dass die Entropie eine Funktion der thermodynamischen Wahrscheinlichkeit W eines Zustandes ist

$$S = k_B \cdot \ln W \tag{6.24}$$

mit der BOLTZMANN-Konstanten k_B (nicht zu verwechseln mit der STEFAN-BOLTZMANN-Konstanten im Abschn. 9.4)

$$k_B = 1{,}38 \cdot 10^{-23} J/K \tag{6.25}$$

Die BOLTZMANN-Konstante ergibt sich übrigens mit $k_B = \bar{R}/N_A$ aus der universellen Gaskonstante $\bar{R}$ und der AVOGADRO-Konstanten N_A.

Von der statistischen Thermodynamik aus gesehen, stellt der zweite Hauptsatz also ein Wahrscheinlichkeitsgesetz dar – allerdings in Folge der großen Teilchenzahlen in unseren Systemen mit einer zugegebenen großen Wahrscheinlichkeit.

In der technischen Thermodynamik ist der zweite Hauptsatz ein strenges Gesetz, da auch im ersten Gleichgewichtspostulat nur Vorgänge betrachtet werden, für die kein Unterschied zwischen den tatsächlichen und den wahrscheinlichsten Zustand besteht.

Aus der Sicht des Ingenieurs ist die Interpretation des zweien Hauptsatze nicht der statistischen, sondern der technischen Thermodynamik von Interesse.

Der zweite Hauptsatz als Prinzip der Irreversibilität lässt sich wie folgt qualitativ formulieren

- Alle reibungsbehafteten Prozesse (Dissipationsprozesse) und Wärmeübertragungsprozesse (und andere Ausgleichsprozesse) sind irreversibel.
- Wärme kann nie von selbst von einem Körper niederer auf einen Körper höherer Temperatur übergehen.

Die Frage nach der Richtung thermodynamischer Prozesse wird mit der Unterscheidung zwischen in der Natur unmöglichen und möglichen, d.h. irreversiblen Prozessen beantwortet. Reversible Prozesse sind lediglich als Grenzfälle der natürlichen Prozesse aufzufassen. Reversible Prozesse sind Modellprozesse, die verlustlos und unendlich langsam ablaufen, die so natürlich nicht auftreten, praktisch aber häufig technisch hinreichend genaue und damit verwertbare Ergebnisse liefern.

Für die Unterscheidung von reversiblen, irreversiblen und unmöglichen Prozessen gibt es ein quantitatives Kriterium des zweiten Hauptsatzes der Thermodynamik mit den Gln. (6.16) und (6.17):

$$dS \equiv \frac{dU + pdV}{T} = \frac{\delta Q + \delta W_R}{T} \qquad (6.26)$$

$$\delta S_{irr} \equiv \frac{\delta W_R}{T} = dS - \frac{\delta Q}{T} \qquad (6.27)$$

Besteht ein System aus mehreren Teilsystemen, so gilt mit den Gl. (6.18) die Entropiebilanz für geschlossene Systeme

$$dS = \sum_i dS_i \qquad (6.28)$$

Nichtadiabates geschlossenes System

Für nichtadiabate Systeme gilt

$$dS = \frac{\delta Q}{T} \gtreqless 0 \qquad (6.29)$$

Bei reversiblen Prozessen in einfachen, geschlossenen Systemen ändert sich die Entropie entsprechend Wärmezu- oder -abfuhr, da wegen $T > 0$ das Vorzeichen der Entropieänderung stets mit dem Vorzeichen der Wärme übereinstimmt.

Diese durch Wärmetransport verursachte Entropieänderung wird auch als *Entropietransport* bezeichnet.

Für ein aus mehreren Teilsystemen bestehendes geschlossenes Gesamtsystem gilt damit

$$dS = \sum_i dS_i \gtreqless 0 \qquad (6.30)$$

6.2 Mathematische Formulierung des zweiten Hauptsatzes

Bei der Anwendung des zweiten Hauptsatzes auf mehrere nichtadiabate Teilsysteme wird demnach die Änderung der Entropie des Gesamtsystems aus der Summe der Änderungen der Entropien der Teilsysteme gebildet.

Wird die in Gl. (6.1) steckende Beziehung $\delta Q = dU + pdV$ (erster Hauptsatz für ein reibungsfreies, geschlossenes, ruhendes System) ersetzt durch den ersten Hauptsatz unter Berücksichtigung der Reibungsarbeit

$$\delta Q + \delta W_R = dU + pdV \tag{6.31}$$

so ist hier das Differenzial der Entropie

$$dS = \frac{\delta Q}{T} + \frac{\delta W_R}{T} \tag{6.32}$$

Wobei $\frac{\delta Q}{T} \gtreqless 0$ wie oben erläutert und mit

$$\frac{\delta W_R}{T} \geq 0 \tag{6.33}$$

ein Ausdruck durch einen irreversiblen Prozess entsteht, der auch als *Entropieerzeugung* bezeichnet wird.

Adiabates geschlossenes System

Für einen Prozess in einem adiabaten System gilt mit

$$\frac{\delta Q}{T} = 0 \tag{6.34}$$

$$dS = \frac{\delta W_R}{T} \geq 0 \tag{6.35}$$

> In einem geschlossenen, adiabaten System kann die Entropie bei allen natürlichen Prozessen nur zunehmen oder im Fall reversibler Vorgänge konstant ($dS = 0$) bleiben, jedoch niemals abnehmen.

Für die Beschreibung des *Entropiezustandes offener Systeme* ist es erforderlich, auch den Transport der Entropie mit zu berücksichtigen, der durch den Massetransport über die Systemgrenze erfolgt.

Nichtadiabates offenes System

Grenzt man gemäß Abb. 4.6 über den gesamten Strömungsquerschnitt beliebige sich durch den Bilanzraum bewegende homogene Stoffmengen ab, so stellen diese dann zusammen mit dem unveränderten Innenraum des Systems (Maschine mit momentaner Masse und innerer Energie) ein *offenes System* dar. Für den einfachen Fall des mit einer Zu- und einer Abströmleitung (Index 1 und 2) versehenen Systems gilt dann für die Entropieänderung folgende Bilanz

$$\int_1^2 \frac{\delta \dot{Q}}{T} + (s_1 - s_2) \cdot \dot{m} + \dot{S}_{12,irr} = 0 \tag{6.36}$$

In differenzieller Form folgt aus Gl. (6.36)

$$d\dot{S}_{rev} + d\dot{S} + \delta \dot{S}_{irr} = 0 \tag{6.37}$$

mit

$$d\dot{S}_{rev} = \frac{\delta \dot{Q}}{T} \quad \text{und} \quad d\dot{S} = (s_1 - s_2) \cdot \dot{m} \tag{6.38}$$

und

$$\delta \dot{S}_{irr} = \frac{\delta \dot{W}_R}{T} \tag{6.39}$$

Sowie Gl. (6.37) dividiert durch den Massenstrom $\dot{m}$ ergibt

$$\int_1^2 \frac{\delta q}{T} + s_1 - s_2 + \int_1^2 \frac{\delta w_R}{T} = 0 \tag{6.40}$$

bzw.

$$s_2 - s_1 - \int_1^2 \frac{\delta q}{T} = \int_1^2 \frac{\delta w_R}{T} \geq 0 \tag{6.41}$$

oder in differenzieller Schreibweise

$$ds = \frac{\delta q}{T} + \frac{\delta w_R}{T} \tag{6.42}$$

oder

$$ds \geq \frac{\delta q}{T} \tag{6.43}$$

Gl. (6.42) ist offenbar die gleiche Beziehung wie Gl. (6.32), die für das Entropieverhalten eines geschlossenen nichtadiabaten Systems gilt, wenn die extensiven Größen durch intensive Größen ersetzt werden.

Adiabates offenes System

Für ein offenes adiabates System gilt in Übereinstimmung mit Gl. (6.32)

$$ds \geq 0 \tag{6.44}$$

Die Gl. (6.36) nimmt dann die spezielle Form

$$(s_1 - s_2) \cdot \dot{m} = \dot{S}_1 - \dot{S}_2 \geq \dot{S}_{12,irr} \tag{6.45}$$

an.

6.3 Diagramm für Wärme und irreversible Prozessenergie

Nach Gln. (6.26) und (6.42) $dS = \frac{\delta Q}{T} + \frac{\delta W_R}{T}$ bzw. $ds = \frac{\delta q}{T} + \frac{\delta w_R}{T}$ kann eine Änderung der Entropie in offenen wie in geschlossenen thermodynamischen Systemen nur in Folge einer Wärmeübertragung und/oder durch einen irreversiblen Prozess erfolgen. Es gilt somit

$$dS = dS_{rev} + \delta S_{irr} \geq 0 \qquad (6.46)$$

mit

$$dS_{rev} = \frac{\delta Q}{T} \gtreqless 0 \qquad (6.47)$$

und

$$\delta S_{irr} = \frac{\delta W_R}{T} \geq 0 \qquad (6.48)$$

Gl. (6.47) lässt sich wie folgt interpretieren:

$$dS_{rev} = 0 \quad \text{adiabates System} \qquad (6.49)$$
$$dS_{rev} > 0 \quad \text{nichtadiabates System (Wärmezufuhr)} \qquad (6.50)$$
$$dS_{rev} < 0 \quad \text{nichtadiabates System (Wärmeabfuhr)} \qquad (6.51)$$
$$\delta S_{irr} = 0 \quad \text{reversibler Prozess} \qquad (6.52)$$
$$\delta S_{irr} > 0 \quad \text{irreversibler Prozess} \qquad (6.53)$$
$$dS \gtreqless 0 \quad \text{Wärmeübertragung} \frac{\text{und}}{\text{oder}} \text{irreversibler Prozess} \qquad (6.54)$$

Die Summe aus übertragener Wärme und irreversibler Prozessenergie (beim Dissipations- oder Ausgleichsprozess) kann als Fläche in einem T,s-Diagramm dargestellt werden (siehe Abb. 6.6).

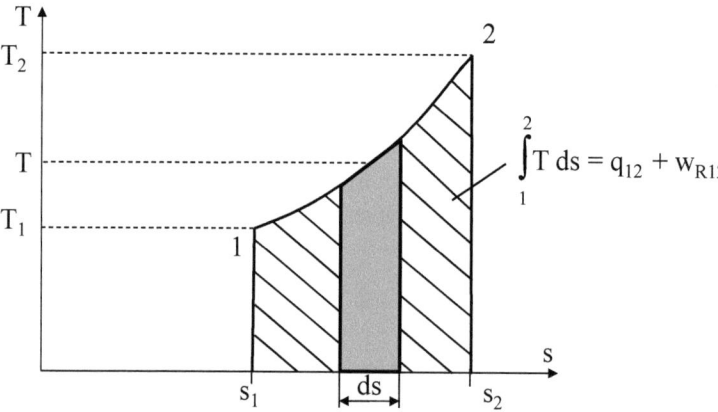

Abb. 6.6: Wärme und irreversible Prozessenergie (hier Reibungsarbeit) im T,s-Dagramm

7 Anwendung des ersten Hauptsatzes auf Kreisprozesse

Aufgabe der Energietechnik ist es, Energie für die Industrie für die Durchführung von Verfahren und technischen Prozessen und für die Bedürfnisse der Menschen bereitzustellen. Diese Energie wird aus chemischer, potentieller und nuklearer Energie gewonnen und kann in Form von elektrischer, mechanischer oder innerer Energie verwendet werden.

Die Umwandlung von chemischer Energie, d.h. der Energie natürlicher Brennstoffe (fossile Energieträger: Kohle, Erdöl, Erdgas), von nuklearer Energie, d.h. der Energie von Kernbrennstoffen (Uran) und potentieller Energie, z.B. Energie des angestauten Wassers erfolgt zur Zeit noch großtechnisch mit Hilfe der *Kraftmaschinen*.

Verbrennungskraftmaschinen sind Kraftmaschinen, bei denen der Brennstoff innerhalb der Maschine verbrannt wird.

Bei *Wärmekraftmaschinen* wird zugeführter Wärme in technische Arbeit umgewandelt.

Expansionsmaschinen (Turbinen) wandeln die zugeführte Energie in mechanische oder mit Hilfe eines Generators in elektrische Energie um.

Diese Kraftmaschinen weisen sehr hohe Verluste auf, da für die Bereitstellung der mechanischen Energie komplizierte Prozesse durchlaufen werden müssen.

Wesentlich geringere Energieverluste besitzen die nach der Energiewende 2011 zunehmend angewendeten direkten Verfahren, bei denen elektrische Energie aus erneuerbaren Energien (Windenergie, Wasserkraft, Sonnenenergie, Bioenergie, Geothermie, Wellenenergie) direkt gewonnen wird. Auch die Anwendung der Brennstoffzelle gehört zu den direkten Verfahren, bei der durch katalytische Verbrennung direkt Elektroenergie erzeugt wird.

Durchläuft ein Arbeitsstoff bei einem thermodynamischen Prozess verschiedene Zustandsänderungen und kommt wieder in den Ausgangszustand zurück, wird von einem *Kreisprozess* gesprochen. Da die Zustandsgrößen des Arbeitsstoffes immer wieder in den Ausgangszustand zurückkehren, wiederholt sich der Prozess periodisch.

Es werden hier nur *Kreisprozesse von Kraftmaschinen* behandelt. In Kraftmaschinen erfolgt die Umwandlung von Energie in Form von technischer Arbeit, elektrischer oder kinetischer Energie (Nutzenergie.

Die gewonnenen Erkenntnisse können auf *Kreisprozesse von Arbeitsmaschinen* (Kälte- und Klimaanlagen), die als Energiequelle die elektrische Energie verwenden, übertragen werden

Aufgabe der thermodynamischen Untersuchung der Energieumwandlungen ist es, die Wirtschaftlichkeit einer Anlage zu beurteilen und Möglichkeiten zur Verbesserung der Wirtschaftlichkeit zu finden. Diese Untersuchungen können einsetzen, wenn sich die Anlage im Planungsstadium befindet und für bestimmte geforderte Leistungen ausgelegt werden soll. Aber oft muss auch umgekehrt das so genannte statische Verhalten einer fertigen Anlage für geänderte Bedingungen oder zulässige Leistungsänderungen beurteilt werden. Die Wirtschaftlichkeitsuntersuchungen erstrecken sich sowohl auf die Güte der Umwandlung, die in erster Linie die Betriebskosten beeinflusst, als auch auf die geforderte Leistung, die in erster Linie in die Anlagenkosten eingeht. Wirtschaftlichkeit und Kostensicherheit sind das Ziel der Ingenieurarbeit in den Bereichen der Anlagenplanung (neudeutsch: Engineering, Development & Design etc.) der Industrie.

7.1 Prozessarbeit und thermischer Wirkungsgrad

Im Folgenden wir erläutert, wie zugeführter Wärme in technische Arbeit umgewandelt wird. Kraftmaschinenprozesse sind immer irreversibel, die Vorgänge in den Maschinen sind wie bereits bei Turbinen und Verdichtern festgestellt wurde, instationär und inhomogen, die Arbeitsstoffe sind reale Stoffe. Oftmals ist es aber für den Bachelor-Ingenieur ausreichend, die wichtigsten Einflussgrößen auf die Leistung und Wirtschaftlichkeit der Prozesse zu kennen. Dazu genügt es oft, die Prozesse als reversibel zu betrachten. Ähnlich wie die Betrachtungen zur Herleitung des ersten Hauptsatzes für offene Systeme werden auch hier die Vorgänge in den offenen Systemen durch Vorgänge in geschlossenen Systemen ersetzt. Wenn auch innerhalb der Teilsysteme keine stationären und homogenen Verhältnisse vorherrschen, kann doch der Arbeitsstoff zumindest an den Ein- und Ausströmbereichen der Teilsysteme als stationär strömendes Medium angesehen werden. Die Zustands- und Prozessgrößen sind dann von der Zeit unabhängig betrachtbar.

Zur Erläuterung der prinzipiellen Vorgänge bei einem Kraftmaschinenprozess soll hier eine Wärmekraftmaschine betrachtet werden. Wird als Arbeitsstoff in dem System der einfachheithalber ein ideales Gas mit konstanter spezifischer Wärmekapazität angenommen, werden die Teilprozesse in der Wärmekraftmaschine zum so genannten *Joule-Prozess* wie nachfolgend beschrieben, zusammengefasst.

Das System Wärmekraftmaschine besteht in Wesentlichen aus den zu einem Kreis zusammengeschalteten Teilsystemen Verdichter, Erhitzer, Turbine und Kühler, siehe Abb. 7.1. Die Systemgrenze soll sämtliche Teilsysteme und stofflichen Verbindungen zwischen diesen Teilsystemen umfassen. Das System Wärmekraftmaschine ist scheinbar ein offenes System, denn an den beiden Wärmeübertragern Erhitzer und Kühler treten jeweils Stoffmengen ein bzw. aus. Da die Wärmeübertrager jedoch jeweils zwischen System und Umgebung stofflich getrennt sind und demnach nur Wärme übertragen, bleibt innerhalb des Systems die umlaufende Stoffmenge konstant und das System Wärmekraftmaschine kann als geschlossenes System betrachtet werden.

7.1 Prozessarbeit und thermischer Wirkungsgrad

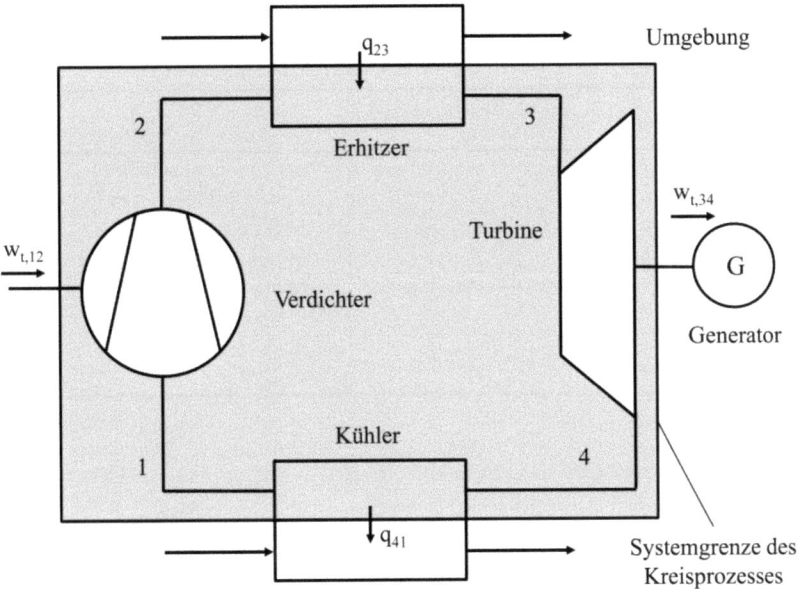

Abb. 7.1: Schema einer Wärmekraftmaschine

Gemäß p, v-Diagramm, Abb. 7.2, lassen sich die periodischen Folgen von Zustandsänderungen des Kreisprozesses einer Wärmekraftmaschine erklären.

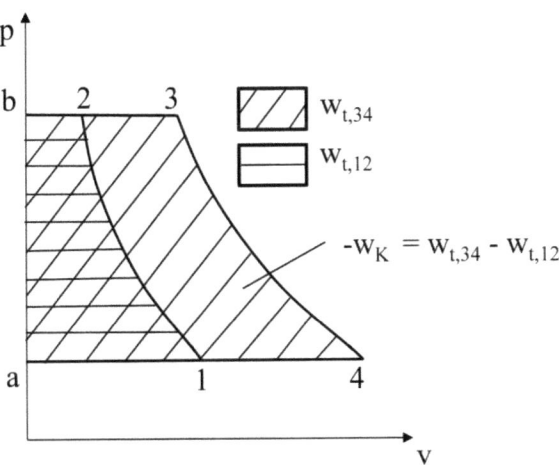

Abb. 7.2: p,v-Diagramm für einen Joule-Prozess einer Wärmekraftmaschine

Die Zustandsänderungen laufen entsprechend Tabelle 7.1 ab.

Tab. 7.1: Zustandsverläufe eines reversiblen Kreisprozesses einer Wärmekraftmaschine

Reversibler Kreisprozess einer Wärmekraftmaschine			
Zustands – verlauf	Teilsystem (Aggregat)	Zustands – änderung	Prozessgröße (+) Zufuhr/(–) Abfuhr
1 – 2	Verdichter	isentrope Verdichtung	Zufuhr von spezifischer technischer Arbeit $+w_{t,12}$
2 – 3	Erhitzer	isobare Erwärmung	Zufuhr von spezifischer Wärme $+q_{12}$
3 – 4	Turbine	isentrope Entspannung	Abfuhr von spezifischer technischer Arbeit $-w_{t,34}$
4 – 1	Kühler	isobare Kühlung	Abfuhr von spezifischer Wäme $-q_{41}$
Fläche im p, v – Diagramm			
a – 1 – 2 – b		spezifische technische Arbeit des Verdichters	$+w_{t,12}$
b – 3 – 4 – a		spezifische technische Arbeit der Turbine	$-w_{t,34}$
1 – 2 – 3 – 4		spezifische Prozessarbeit (Nutzarbeit des Kreisprozesses)	$-w_K$

Ein Arbeitsstoff, z.B. Luft, wird

- im Verdichter vom Zustand 1 auf Zustand 2 isentrop ($s_1 = s_2$) komprimiert ($p_2 > p_1$), die spezifische technische Arbeit $+w_{t,12}$ wird zugeführt
- im Erhitzer vom Zustand 2 auf Zustand 3 isobar ($p_2 = p_3$) erhitzt, die spezifische Wärme $+q_{12}$ wird zugeführt
- in der Turbine vom Zustand 3 auf Zustand 4 isentrop ($s_3 = s_4$) entspannt ($p_4 < p_3$), die spezifische technische Arbeit $-w_{t,34}$ wird abgeführt
- im Kühler vom Zustand 4 wieder zurück zum Ausgangszustand 1 isobar ($p_4 = p_1$) gekühlt. die spezifische Wärme $-q_{41}$ wird abgeführt

Die abgegebene spezifische technische Arbeit bei der Entspannung $-w_{t,34}$ ist betragsmäßig größer als die zugeführte spezifische technische Arbeit bei der Verdichtung $+w_{t,12}$.

Die Summe aus abgegebener spezifischer technischer Arbeit der Turbine und zugeführter spezifischer technischer Arbeit des Verdichters

$$+w_{t,12} - w_{t,34} = -w_K \quad (7.1)$$

wird als spezifische Prozessarbeit $-w_K$ bezeichnet. Die spezifische Prozessarbeit ist mit dem negativen Vorzeichen eine abgegebene spezifische Nutzarbeit des Kreisprozesses.

Die Turbine kann z.B. auf einer gemeinsamen Achse den Verdichter antreiben und die überschüssige Arbeit als Prozessarbeit an einen Generator außerhalb des thermodynamischen Systems zur Stromerzeugung abgeben.

7.1 Prozessarbeit und thermischer Wirkungsgrad

Die Gl. (7.1) des Gesamtprozesses lässt sich aus den einzelnen Teilprozessen begründen. Für jeden Teilprozess mit der Zustandsänderung $i - k$ lautet der erste Hauptsatz für ein offenes, bewegtes Teilsystem nach Gl. (4.65)

$$q_{ik} + w_{R,ik} + w_{t,ik} = h_k - h_i + \frac{1}{2}(c_k^2 - c_i^2) + g(z_k - z_i) \qquad (7.2)$$

Gl. (7.2) auf alle 4 hintereinander geschaltete Teilprozesse angewendet, ergibt folgendes Gleichungssystem

$$1-2: \quad q_{12} + w_{R,12} + w_{t,12} = h_2 - h_1 + \frac{1}{2}(c_2^2 - c_1^2) + g(z_2 - z_1)$$

$$2-3: \quad q_{23} + w_{R,23} + w_{t,23} = h_3 - h_2 + \frac{1}{2}(c_3^2 - c_2^2) + g(z_3 - z_2)$$

$$3-4: \quad q_{34} + w_{R,34} - w_{t,34} = h_4 - h_3 + \frac{1}{2}(c_4^2 - c_3^2) + g(z_4 - z_3)$$

$$4-1: \quad -q_{41} + w_{R,41} + w_{t,41} = h_1 - h_4 + \frac{1}{2}(c_1^2 - c_4^2) + g(z_1 - z_4)$$

Die Teilprozesse laufen unter folgenden Bedingungen ab:

$1-2:$ isentroper Prozess (adiabat + reversibel), d. h. $q_{12} = 0, w_{R,12} = 0$

$2-3:$ keine spezifische techn. Arbeit, d. h. $w_{t,23} = 0$

$3-4:$ isentroper Prozess (adiabat + reversibel), d. h. $q_{34} = 0, w_{R,34} = 0$

$4-1:$ keine spezifische techn. Arbeit, d. h. $w_{t,41} = 0$

Die Addition der Gleichungen der 4 Teilprozesse ergibt

$$1-2: \quad 0 \;\; + w_{t,12} = h_2 - h_1 + \frac{1}{2}(c_2^2 - c_1^2) + g(z_2 - z_1)$$

$$2-3: \quad q_{23} + \;\; 0 = h_3 - h_2 + \frac{1}{2}(c_3^2 - c_2^2) + g(z_3 - z_2)$$

$$3-4: \quad 0 \;\; - w_{t,34} = h_4 - h_3 + \frac{1}{2}(c_4^2 - c_3^2) + g(z_4 - z_3)$$

$$4-1: \quad -q_{41} + \;\; 0 = h_1 - h_4 + \frac{1}{2}(c_1^2 - c_4^2) + g(z_1 - z_4)$$

$$w_{t,12} + q_{23} - w_{t,34} - q_{41} = 0$$

bzw. ergibt für die Summe aus (positiver) zugeführter spezifischer technischer Arbeit des Verdichters und (negativer) abgeführter spezifischer technischer Arbeit der Turbine die (negative) abgeführte spezifische Kreisarbeit (spezifische Nutzarbeit des Kreisprozesses), die oft auch in Absolutbeträgen dargestellt wird

$$-w_K = |w_K| = w_{t,12} - w_{t,34} = q_{23} - q_{41} \qquad (7.3)$$

Sogleich wird aus Gl. (7.3) deutlich, dass die abgegebene spezifische Kreisarbeit $-w_K$ auch als die Summe aus (positiver) zugeführter spezifischer Wärme des Erhitzers und (negative) abgeführter spezifischer Wärme des Kühlers berechnet werden kann.

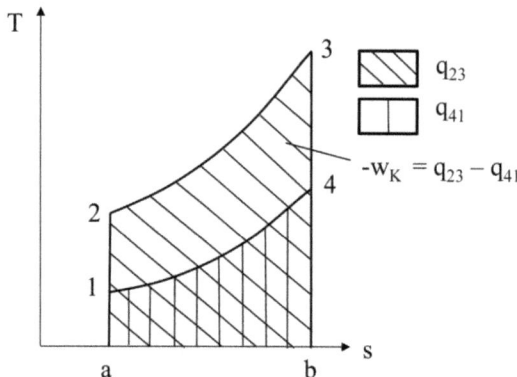

Abb. 7.3: T,s-Diagramm für einen Joule-Prozess einer Wärmekraftmaschine

Der energetische Nutzen, d.h. die (negative) abgegebene spezifische Kreisarbeit (spezifische Nutzarbeit des Kreisprozesses) ist vom Betrag umso größer je kleiner die abgeführte spezifische Wärme des Kühlers q_{41} ist, d.h. je kleiner der energetische Aufwand ist.

Mit dem so genannten thermischen Wirkungsgrad η_{th}, als Quotient vom Betrag der abgeführten (negativen) spezifischen Kreisarbeit $|w_k|$ und zugeführten spezifischen Wärme q_{23}

$$\eta_{th} = \frac{|w_k|}{q_{23}} = \frac{|q_{23} - q_{41}|}{q_{23}} = 1 - \frac{|q_{41}|}{q_{23}} \qquad (7.4)$$

lässt sich eine Aufwand-Nutzen-Betrachtung des Kreisprozesses erstellen.

Im p,v-Diagramm, Abb. 7.3 ist erkennbar, dass eine große Fläche für w_k dann entsteht, wenn die Drücke ($p_2 = p_3$) von den Drücken ($p_1 = p_4$) bzw. die beiden Isentropen ($s_1 = s_2$) und ($s_3 = s_4$) weit voneinander entfernt liegen.

Aus einem entsprechend großen Druckverhältnis $\frac{p_2}{p_1} = \frac{p_3}{p_4}$ mit $p_2 > p_1$ bzw. $p_3 > p_4$ ergibt sich sowohl bei der isentropen Verdichtung als auch bei der isentropen Expansion mit Gl. (5.17) ein entsprechend großes Temperaturverhältnis

$$\frac{T_2}{T_1} = \frac{T_3}{T_4} = \left(\frac{p_2}{p_1}\right)^{\frac{\kappa-1}{\kappa}} \quad \text{mit } T_2 > T_1 \text{ bzw. } T_3 > T_4 \qquad (7.5)$$

> Die Kreisarbeit (Nutzarbeit des Kreisprozesses eines Kraftmaschinenprozesses) ergibt sich aus der Differenz zwischen den als Wärme zu- und abgeführten Energien. Kreisarbeit kann nur dann aus der als Wärme zugeführten Energie gewonnen werden, wenn für den Prozess der Wärmezu- und -abfuhr ein Temperaturgefälle vorhanden ist. Der thermische Wirkungsgrad ist umso größer, je größer das Temperaturgefälle ist.

Zum großen Druckverhältnis gehört nach Gl. (7.5) auch ein großes Temperaturverhältnis.

Wird die abzuführende Wärme von der Umgebung aufgenommen, ist die niedrigste Temperatur des Kraftmaschinenprozesses durch die Umgebungstemperatur T_U gegeben ($T_1 = T_4 = T_U$) und es kann für einen hohen thermischen Wirkungsgrad nur die Temperatur bei der Wärmezufuhr T_2 bis T_3 entsprechend hoch gewählt werden. Das größtmögliche Temperaturverhältnis

$$\frac{T_3}{T_U} = \left(\frac{p_2}{p_1}\right)^{\frac{\kappa-1}{\kappa}} \tag{7.6}$$

hängt jedoch von der größtmöglichen, werkstoffabhängigen Eintrittstemperatur T_3 für die entsprechende Turbine ab.

7.2 Betrachtungen zur Theorie von Kreisprozessen

Ein Kreisprozess kann nur in einem geschlossenen System realisiert werden. Ein geschlossenes System kann wie bei der Wärmekraftmaschine eine Anlage sein, in der der Arbeitsstoff strömt. Zur mathematischen Behandlung wird angenommen, dass die Stoffströme zumindest an den Ein- und Ausströmöffnungen der einzelnen Teilaggregate jeweils stationär sind und die Teilprozesse reversibel verlaufen. Ein Kreisprozess ist eine Folge von Zustandsänderungen, bei denen der Endzustand gleich dem Anfangszustand ist. Die Änderung jeder Zustandsgröße, so auch der Entropie, muss nach jedem Umlauf Null sein, Abb. 7.4.

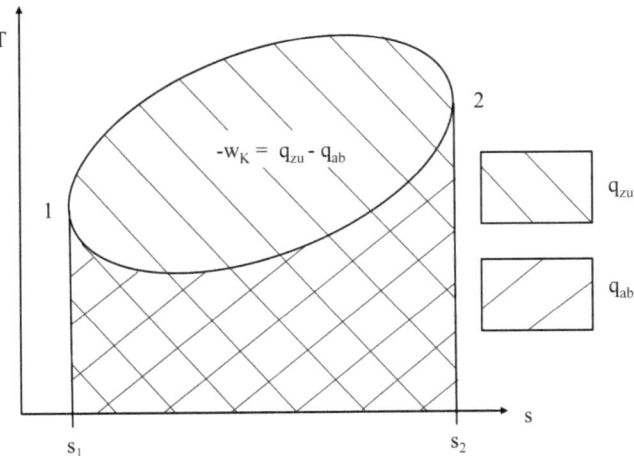

Abb. 7.4: T,s-Diagramm für einen Kreisprozess mit reversiblen Teilprozessen

Damit gilt für Kreisprozesse mit reversiblen Vorgängen die Gleichung

$$\int_1^2 ds + \int_2^1 ds = \oint ds = s_2 - s_1 - (s_2 - s_1) = 0 \tag{7.7}$$

oder mit Gl. (4.33)
$$\delta Q + \delta W_D + \delta W_R = du$$
und mit Gl. (4.49)
$$\delta Q + \delta W_t + \delta W_R = dh$$
jeweils mit $\delta W_R = 0$ für reversible Vorgänge die Beziehungen

$$\oint (\delta Q + \delta W_D) = \oint dU = 0 \tag{7.8}$$

bzw.

$$\oint (\delta Q + \delta W_t) = \oint dH = 0 \tag{7.9}$$

Anders als die Zustandsgrößen verhalten sich die Prozessgrößen. Wird dem geschlossenen System die spezifische Wärme q_{zu} zu- und die spezifische Wärme $-q_{ab}$ abgeführt (negatives Vorzeichen), so wird die spezifische Nutzarbeit des Kreisprozesses (spezifische Prozessarbeit) $-w_K$ abgegeben (negatives Vorzeichen).

$$-w_K = q_{zu} - q_{ab} \tag{7.10}$$

bzw.

$-w_K = \sum_i q_i$ Summe aller zu- bzw. abgeführten spezifischen Wärmen
Zahlenwerte für Zuführen (+) und Abführen (-)

Die abgegebene spezifische Nutzarbeit des Kreisprozesses stammt stets aus der Differenz zwischen den als spezifische Wärme zu- und abgeführten Energien. Dieser Zusammenhang gilt ausschließlich für reversible Vorgänge, die in Abb. 7.4 dargestellt sind.

Da die Prozessarbeit im p,v-Diagramm, Abb. 7.3, der von den Zustandsänderungen umschriebenen Fläche entspricht, ist keine Unterscheidung zwischen Volumenänderungsarbeit und technischer Arbeit erforderlich. Somit gilt in Erweiterung von Gl. (7.3)

$$-w_K = w_{t,zu} - w_{t,ab} = w_{D,zu} - w_{D,ab} \tag{7.11}$$

bzw.

$-w_K = \sum_i w_{t,i}$ Summe aller zu- bzw. abgeführter spezifischer technischer Arbeiten, Zahlenwerte für Zuführen (+) und Abführen (-)

$-w_K = \sum_j w_{D,j}$ Summe aller zu- bzw. abgeführten spezifischen Volumenänderungsarbeiten, Zahlenwerte für Zuführen (+) und Abführen (-)

Die (spezifische) Nutzarbeit eines Kreisprozesses kann als Summe aller zu- und abgeführten (spezifischen) Volumenänderungsarbeiten oder (spezifischen) technischen Arbeiten berechnet werden.

7.3 Carnotprozess

Anstelle der im p,v-Diagramm, Abb. 7.3, dargestellten reversiblen Zustandsänderungen des Kreisprozesses einer Wärmekraftmaschine bestehend aus zwei Isentropen und zwei Isothermen, könnte theoretisch denkbar, die Nutzarbeit eines Kreisprozesses $-w_K = q_{zu}-q_{ab}$ nach Gl. (7.3) sich auch aus zwei isentropen und zwei isothermen Zustandsänderungen zusammensetzen, Abb. 7.5.

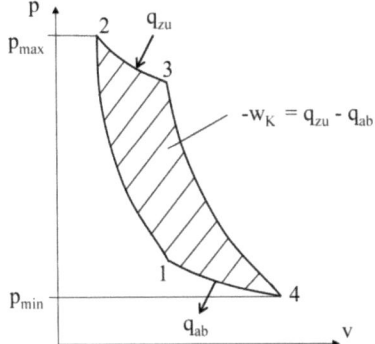

Abb. 7.5: p,v-Diagramm eines Carnot-Prozesses

Dieser nach dem Franzosen CARNOT benannte Prozess setzt sich aus folgenden vier reversiblen Teilprozessen zusammen:

$1-2$: isentrope, d. h. adiabate + reversible Kompression

$2-3$: isotherme Expansion mit Wärmezufuhr an den Arbeitsstoff

$3-4$: isentrope, d. h. adiabate + reversible Expansion

$4-1$: isotherme Kompression mit Wärmeabgabe vom Arbeitsstoff

Wegen $-w_K = q_{zu} - q_{ab}$ nach Gl. (7.10) ist die spezifische Kreisarbeit, die in dem Prozess durch die beschreibende Fläche $(1-2-3-4)$ im T,s-Diagramm darstellbar ist, siehe Abb. 7.6, besonders eindrucksvoll.

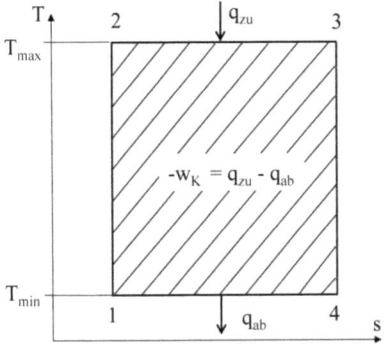

Abb. 7.6: T,s-Diagramm eines Carnot-Prozesses

Der Carnot-Prozess lässt sich leider für Gase als Arbeitsstoff praktisch nicht verwirklichen, weil zwar eine isotherme Kompression oder Expansion durch unendlich langsam ablaufende Prozesse (im Widerspruch zu normalen Arbeitsgeschwindigkeiten für den

Wärmeübertrag), aber eine isotherme Wärmezufuhr (*Teilprozess* 2 − 3) oder -abfuhr (*Teilprozess* 4 − 1) bei einem Gas als Arbeitsstoff nicht zu realisieren ist.

Wenn auch der Carnot-Prozess für Gase als Arbeitsstoff sich nicht verwirklichen lässt (im Gegensatz zu Stoffen im so genannten Nassdampfgebiet), so kann er doch als Vergleichsprozess dienen und ermöglicht damit grundlegende Einsichten in die thermodynamische Güte der Energieumwandlung.

Der thermische Wirkungsgrad des Carnot-Prozesses ergibt sich nach Gl. (7.4) wie folgt

$$\eta_{th} = \frac{|w_k|}{q_{zu}} = \frac{|q_{zu} - q_{ab}|}{q_{zu}} = 1 - \frac{|q_{ab}|}{q_{zu}} \qquad (7.12)$$

Für die reversibel übertragenen spezifischen Wärmen gilt

$$q_{zu} = T_{max} \cdot (s_3 - s_2) = T_{max} \cdot (s_4 - s_1) \qquad (7.13)$$

und

$$q_{ab} = T_{min} \cdot (s_4 - s_1) \qquad (7.14)$$

Damit folgt

$$\eta_{th} = \frac{|q_{zu} - q_{ab}|}{q_{zu}} = \frac{|T_{max} \cdot (s_4 - s_1) - T_{min} \cdot (s_4 - s_1)|}{T_{max} \cdot (s_4 - s_1)} = \frac{T_{max} - T_{min}}{T_{max}} \qquad (7.15)$$

Der thermische Wirkungsgrad eines Carnotprozesses wird als *Carnotfaktor* η_C bezeichnet. Damit lautet mit $T_{zu} = T_{max}$, der Temperatur der zugeführten Wärme q_{zu} und $T_{ab} = T_{min}$, der Temperatur der abgeführten Wärme q_{ab} der Carnotfaktor

$$\eta_C = \frac{T_{max} - T_{min}}{T_{max}} = \frac{T_{zu} - T_{ab}}{T_{zu}} = 1 - \frac{T_{ab}}{T_{zu}} \qquad (7.16)$$

Der Carnotfaktor ist umso größer, je höher die Temperatur T_{zu} ist, bei der die Wärme zugeführt wird und je niedriger die Temperatur T_{ab} ist, bei der die Wärme abgeführt wird.

Wird die abzuführende Wärme von der Umgebung aufgenommen, ist die niedrigste Temperatur durch die Umgebungstemperatur T_U gegeben ($T_{ab} = T_U$). Da für die Umgebungstemperatur stets $T_U > 0\,K$ beträgt, muss auch der Carnotfaktor

$$\eta_C < 1 \qquad (7.17)$$

sein. Da es für ein gegebenes Temperaturgefälle keinen reversiblen Kreisprozess gibt, der einen höheren thermischen Wirkungsgrad besitzt als der Carnot-Prozess, gilt

$$\eta_C = \eta_{th\,max} \qquad (7.18)$$

Nach Gl. (7.10) liefert der Carnot-Prozess aus einer zugeführten Wärme q_{zu} die theoretisch maximal mögliche Kreisarbeit

$$|w_k|_{max} = \eta_C \cdot q_{zu} \qquad (7.19)$$

8 Anwendung des zweiten Hauptsatzes auf Energieumwandlungen

8.1 Exergie und Anergie

Alle thermodynamischen Prozesse müssen nicht nur den ersten Hauptsatz, sondern auch den zweiten Hauptsatz erfüllen. Nach dem ersten Hauptsatz sind alle Prozesse möglich, bei denen lediglich die Summe der Energien konstant bleibt. Der zweite Hauptsatz schränkt diese Aussage erheblich ein, in dem er nur Prozesse zulässt, bei denen die Entropieerzeugung immer positiv oder bei reversiblen Prozessen höchstens Null ist. Dadurch, dass nicht alle Prozesse möglich sind, folgt unmittelbar, dass auch nicht alle Energieformen beliebig in andere Energieformen umgewandelt werden können. Die Energie, die unbeschränkt in jede andere Energieform umgewandelt werden kann, wird als so genannte *technische Arbeitsfähigkeit* oder als *Exergie E* und die Energie, die nicht umgewandelt werden kann, als *Verlust an technischer Arbeitsfähigkeit (Energieentwertung)* oder als *Anergie B* bezeichnet. Nach dem ersten Hauptsatz muss die Energie W als Summe aus Exergie E und Anergie B immer konstant bleiben.

$$W = E + B \tag{8.1}$$

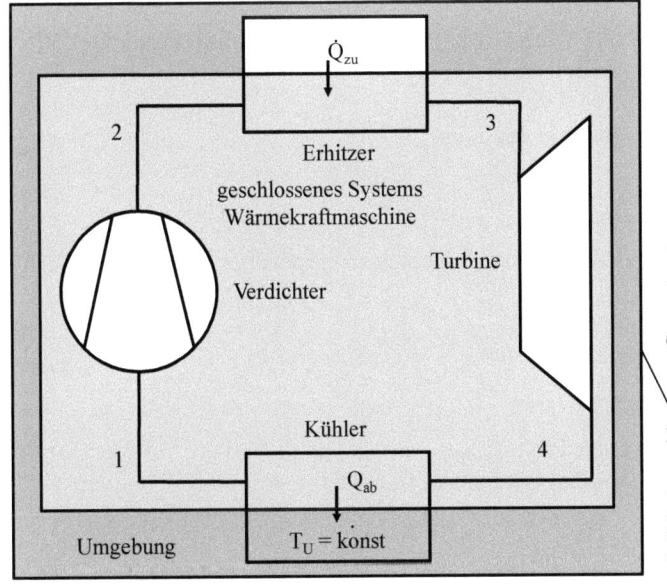

Abb. 8.1: Reversible Wärmekraftmaschine

Für den Ingenieur ist von der Energie nur der umwandelbare Anteil, die Exergie, interessant. Nur mit Hilfe der Exergie lasse sich technische Prozesse aufrechterhalten. Ein einfaches Beispiel ist die Wärmekraftmaschine, siehe Abschn. 8.1.

In Abb. 8.1 ist nicht nur das geschlossene System der Wärmekraftanlage zur Anwendung des ersten Hauptsatzes, sondern auch das adiabate, geschlossene Gesamtsystem, bestehend aus Anlage und Umgebung zur Anwendung des zweiten Hauptsatzes, dargestellt.

Die Luft am Eintritt in die Turbine besitzt Exergie und Anergie. Die Exergie ist der Anteil, der sich bei einem reversiblen Vorgang in der Turbine in technische Arbeit oder mit Hilfe eines Generators in elektrische Energie umwandeln lässt, wenn bis auf den Umgebungszustand expandiert wird.

Wird die abzuführende Wärme von der Umgebung aufgenommen, ist die niedrigste Temperatur des Kraftmaschinenprozesses durch die Umgebungstemperatur T_U gegeben, wie bereits in Abschn. 7.1 festgestellt wurde.

Die Luft am Austritt der Turbine mit Umgebungsparametern besitzt nur Anergie. Diese Energie lässt sich nicht mehr technisch verwerten. Zur richtigen Anwendung der Exergie und Anergie müssen die Anteile der Exergie und Anergie der einzelnen Energieformen analysiert werden.

8.2 Exergie und Anergie der Wärme

Um die Exergie der Wärme zu berechnen, wird gedanklich diese Wärme einer Wärmekraftmaschine zugeführt, die reversibel arbeitet. Damit nicht andere Energieformen die Bilanz verfälschen, muss die Maschine einen geschlossenen Kreislauf besitzen, d.h. der Arbeitsstoff in der Maschine ist immer der gleiche. Demzufolge muss der Arbeitsstoff am Ende des Kreisprozesses die gleichen Zustandsgrößen besitzen wie zu Beginn, siehe Abschn. 7.1.

Der Arbeitsstoff wird im Prozess 1 − 2 isentrop (reversibel und adiabat) verdichtet. Während der Verdichtung wird dem Arbeitsstoff die Arbeit

$$\int_1^2 \delta W_t = W_{t,12} \qquad (8.2)$$

zugeführt.

Während des Prozesses 2 − 3 wird der Maschine bei der Temperatur T_2 bis T_3 die Wärme

$$\int_2^3 \delta Q = Q_{23} = Q_{zu} \qquad (8.3)$$

zugeführt.

Danach wird das Arbeitsmittel beim Prozess 3 − 4 bis auf die konstante Temperatur der Umgebung T_U umkehrbar und adiabat entspannt. Dabei kann von dem Arbeitsmitel die technische Arbeit

$$\int_3^4 \delta W_t = W_{t,34} \qquad (8.4)$$

8.2 Exergie und Anergie der Wärme

abgegeben werden. Bei der Temperatur T_U wird im Prozess $4-1$ von dem Arbeitsmittel die Wärme

$$\int_4^1 \delta Q = Q_{41} = Q_{ab} \tag{8.5}$$

an die Umgebung abgeführt.

Nach Gl. (7.11) ergibt sich aus der Summe aus (positiver) zugeführter technischer Arbeit des Verdichters $\int_1^2 \delta W_t$ und (negativer) abgeführter technischer Arbeit der Turbine $-\int_3^4 \delta W_t$ die (negative) abgeführte spezifische Kreisarbeit (spezifische Nutzarbeit des Kreisprozesses) bzw. mit $-W_K = \sum_i W_{t,i}$

$$-W_K = \int_1^2 \delta W_t - \int_3^4 \delta W_t \tag{8.6}$$

Nach Gl. (7.10) ergibt sich auch, dass die abgegebene spezifische Kreisarbeit $-W_K$ aus der Summe aus (positiver) zugeführter Wärme des Erhitzers $\int_3^2 \delta Q$ und (negative) abgeführter Wärme des Kühlers $-\int_4^1 \delta Q$ berechnet werden kann bzw. mit $-W_K = \sum_i Q_i$

$$-W_K = \int_2^3 \delta Q - \int_4^1 \delta Q \tag{8.7}$$

Nach der Entropiebilanz für geschlossene, adiabate Systeme müssen für reversible Prozesse im Gesamtsystem nach Gl. (6.35) die Summen der Entropien der Teilsysteme konstant bleiben, d.h. die Änderung der Entropie des Gesamtsystems ist Null

$$dS = \sum_i dS_i = 0 \tag{8.8}$$

Somit muss die Entropieabnahme bei der Wärmezufuhr $\int_2^3 ds$ gleich der Entropiezunahme der Umgebung $\int_4^1 ds$ sein

$$-\int_4^1 ds = \int_2^3 ds \tag{8.9}$$

Für die reversibel bei der Temperatur T_U abgeführte Wärme gilt

$$\int_4^1 \delta Q = -T_U \int_4^1 ds \tag{8.10}$$

Für die reversibel beim Prozess $3-2$ bei der variablen Temperatur T zugeführte Wärme gilt

$$\int_2^3 \delta Q = \int_2^3 T ds \tag{8.11}$$

bzw.

$$ds = \frac{\delta Q}{T} = -\frac{\delta Q}{T_U} \qquad (8.12)$$

oder für die verwertbare Kreisarbeit

$$W_K = T_U \int_4^1 \frac{\delta Q}{T} - \int_2^3 \delta Q \qquad (8.13)$$

Die von der Wärmekraftmaschine an die Umgebung bei T_U abgeführte Wärme ist nicht weiter verwertbar und besteht restlos aus der Anergie B_q (Anergie B mit dem Index q für Wärme)

$$B_q = T_U \int_4^1 \frac{\delta Q}{T} \qquad (8.14)$$

Die von der Wärmekraftmaschine verwertbare Kreisarbeit besteht, da die Vorgänge reversibel verlaufen, restlos aus Exergie. Die Exergie der zugeführten Wärme E_Q (Exergei E mit dem Index Q für Wärme) entspricht der abgeführten Kreisarbeit W_K

$$E_Q = |W_K| \qquad (8.15)$$

oder mit Gl. (8.13)

$$E_Q = T_U \int_4^1 \frac{\delta Q}{T} - \int_2^3 \delta Q \qquad (8.16)$$

Bei einem Carnot-Prozess sind die Integrationswege 1 − 4 und 2 − 3 identisch, so dass für diesen Fall die Exergie der abgeführten Wärme auf einen beliebigen Weg 1 − 2

$$E_Q = \int_1^2 \left(1 - \frac{T_U}{T}\right) \delta Q = Q_{12} - T_U \int_1^2 \frac{\delta Q}{T} \qquad (8.17)$$

beträgt.
Der Faktor $1 - \frac{T_U}{T}$ ist der bereits bekannte Carnot-Faktor. Somit gilt für die Exergie der auf einen beliebigen Weg 1 − 2 zugeführten Wärme

$$E_Q = \eta_c \cdot Q_{12} \qquad (8.18)$$

Die Exergie der Wärme ist gleich der mit dem Carnot-Faktor multiplizierten Wärme

Für die Anergie der Wärme folgt aus Gl. (8.1) mit Gl. (8.17)

$$B_Q = T_U \int_1^2 \frac{\delta Q}{T} \qquad (8.19)$$

8.3 Exergie und Anergie des Stoffstromes

Für eine Wärmeübertragung bei $p = konst$ lässt sich die Exergie der Wärme E_q wie folgt berechnen. Für die isobare Wärmezufuhr mit $\delta Q = m \cdot dh = m \cdot c_p \cdot dT$ folgt mit Gl. (8.19)

$$E_Q = \int_1^2 \delta Q - T_U \int_1^2 \frac{\delta Q}{T} = Q_{12} - m \cdot T_U \int_1^2 c_p \frac{dT}{T} \qquad (8.20)$$

bzw. nach Integration

$$E_Q = Q_{12} - m \cdot T_U \cdot c_{pm} \Big|_{T_1}^{T_2} \ln \frac{T_2}{T_1} \qquad (8.21)$$

8.3 Exergie und Anergie des Stoffstromes

Zur Berechnung der Exergie eines Stoffstromes dient eine reversibel arbeitende Turbine, Abb. 8.2, die auf Grund einer zugeführten Energie eines stationären Stoffstromes technische Arbeit abgibt. Erkennbar ist in Abb. 8.2 das offene System der reversibel arbeitenden Turbine für die Anwendung des ersten Hauptsatzes und das adiabate, geschlossene Gesamtsystem Turbine – Umgebung für die Anwendung des zweiten Hauptsatzes.

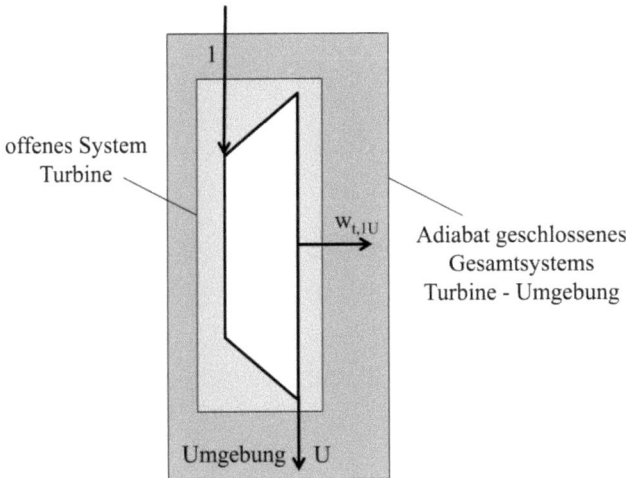

Abb. 8.2: Reversibel arbeitende Turbine mit Stoffzustand 1 und Stoffzustand U

Der Stoffstrom tritt in die Turbine mit der Gesamtenthalpie H_1 ein und verlässt die Turbine mit der Gesamtenthalpie des Umgebungszustandes H_U.

Der erste Hauptsatz für ein bewegtes offenes System einer reversibel arbeitenden Turbine lautet dann nach Gl. (4.66)

$$Q_{1U} + W_{t,1U} = H_U - H_1 + m \cdot \frac{c_U^2 - c_1^2}{2} + g \cdot m \cdot (z_U - z_1) \qquad (8.22)$$

Der Stoffstrom hat im Umgebungszustand den Druck p_U, die Temperatur T_U, die Geschwindigkeit $c_U = 0$ und die Höhe $z_U = 0$.

Mit Gl. (6.41) folgt für die im Prozess $1 - U$ reversibel übertragene Wärme

$$Q_{1U} = T_U \cdot (S_U - S_1) \tag{8.23}$$

Somit ergibt sich für Gl. (8.23)

$$T_U(S_U - S_1) + W_{t,1U} = H_U - H_1 + m \frac{-c_1^2}{2} + g \cdot m \cdot (-z_1) \tag{8.24}$$

und für die abgegebene technische Arbeit $W_{t,1U}$, die voll für den Antrieb eines Generators verwendbar und damit identisch ist mit der Exergie des Stoffstroms E_{Strom}

$$-W_{t,1U} \equiv E_{Strom} = H_1 - H_U - T_U \cdot (S_1 - S_U) + m \frac{c_1^2}{2} + g \cdot m \cdot z_1 \tag{8.25}$$

Für ein ruhendes System, d.h. wenn die Änderungen der kinetischen und potentiellen Energie verschwinden, lautet die Berechnungsgleichung für die Exergie eines Stoffstromes

$$E_{Strom} = H_1 - H_U - T_U \cdot (S_1 - S_U) \tag{8.26}$$

bzw. in spezifischen Größen

$$e_{Strom} = h_1 - h_U - T_U \cdot (s_1 - s_U) \tag{8.27}$$

Die spezifische Anergie beträgt wegen $h = e + b$ nach Gl. (8.1)

$$b_{Strom} = h_U + T_U \cdot (s_1 - s_U) \tag{8.28}$$

Aus Gl. (8.29) ist erkennbar, dass nicht die gesamte Enthalpiedifferenz eines Stoffstromes in Exergie, sondern nur der um $T_U(s_1 - s_U)$ verminderte Teil umwandelbar ist.

Die spezifische Exergie eines idealen Gasstromes lautet mit $h_1 - h_U = c_{pm} \Big|_{T_1}^{T_U} (T_1 - T_U)$

nach Gl. (4.95) und mit $s_1 - s_U = c_{pm} \Big|_{T_1}^{T_2} \cdot \ln \frac{T_1}{T_U} - R \cdot \ln \frac{p_1}{p_1}$ nach Gl. (5.5)

$$e_{Strom} = c_{pm} \Big|_{T_1}^{T_U} \cdot (T_1 - T_U) - T_U \left(c_{pm} \Big|_{T_1}^{T_2} \cdot \ln \frac{T_1}{T_U} - R \cdot \ln \frac{p_1}{p_1} \right) \tag{8.29}$$

oder mit $c_p = konst$

$$e_{Strom} = c_p \cdot (T_1 - T_U) - T_U \cdot \left(c_p \cdot \ln \frac{T_1}{T_U} - R \cdot \ln \frac{p_1}{p_U} \right) \tag{8.30}$$

Aus Gl. (8.30) ist erkennbar, dass nicht die gesamte Enthalpiedifferenz eines Stoffstromes $(h_1 - h_U)$ in Exergie, sondern nur der um $T_U \left(c_p \cdot \ln \frac{T_1}{T_U} - R \cdot \ln \frac{p_1}{p_U}\right)$ verminderte Teil umwandelbar ist.

Die Anergie beträgt also

$$b_{Strom} = T_U \left(c_p \cdot \ln \frac{T_1}{T_U} - R \cdot \ln \frac{p_1}{p_U}\right) \tag{8.31}$$

8.4 Zufuhr von Exergie an ein inhomogenes, geschlossenes System

Es wird nun die mit der Energiezufuhr durch Arbeit und Wärme verbundene Zufuhr technischer Arbeit bestimmt.

Einer Zufuhr technischer Arbeit entspricht einer gleichen Zufuhr technischer Arbeitsfähigkeit (Exergie).

Die Zufuhr nichttechnischer Arbeit an ein System kann in die nichttechnische Arbeit der Druckkräfte $W_{nt,D}$, nichttechnische Arbeit der Reibungskräfte $W_{nt,R}$ und der nichttechnischen Anteile der kinetischen Energie $E_{nt,kin}$ und potentiellen Energie $E_{nt,pot}$ zerlegt werden. Bedingt durch den vorgegebenen Umgebungszustand kann aus der nichttechnischen Arbeit der Druckkräfte $W_{nt,D}$ in einem reversiblen Ersatzvorgang keine technische Arbeit gewonnen werden. Aus der nichttechnischen Arbeit der Reibungskräfte, der kinetischen und der potentiellen Energie ist es jedoch möglich, in einem reversiblen Ersatzvorgang eine gleichgroße technische Arbeit zu gewinnen.

Einer Zufuhr von nichttechnischer Arbeit entspricht also die Zufuhr einer technischen Arbeitsfähigkeit (Exergie) von der Größe der in der nichttechnischen Arbeit enthaltenen nichttechnischen Reibungsarbeit $W_{nt,R}$ und der nichttechnischen kinetischen Energie $E_{nt,kin}$ und potentiellen Energie $E_{nt,pot}$.

Aus der einem System bei der Umgebungstemperatur T_U zugeführten Wärme δQ lässt sich mit einem Carnot-Prozess, der zwischen den Temperaturen T und der Umgebungstemperatur T_U abläuft, die Exergie der Wärme E_Q nach Gl. (8.18) gewinnen. Exergie der Wärme ist technische Arbeitsfähigkeit und wiederum ist identisch mit einer technischen Arbeit

$$\delta W_t = \eta_c \cdot \delta Q = \left(1 - \frac{T_U}{T}\right) \cdot \delta Q \tag{8.32}$$

Der technischen Arbeitsfähigkeit (Exergie) einer Wärmezufuhr nach Gl. (8.18)

$$E_Q = \int_1^2 \left(1 - \frac{T_U}{T}\right) \delta Q = Q_{12} - T_U \int_1^2 \frac{\delta Q}{T} \tag{8.33}$$

entspricht demzufolge einer zusätzlichen Zufuhr von technischer Arbeit.

Die insgesamt bei einem Prozess einem System zugeführte technische Arbeitsfähigkeit (Exergie) beträgt damit

$$E_{zu} = W_t + E_{nt} + E_Q = W_t + W_{nt,R} + E_{nt,kin} + E_{nt,pot} + \int_1^2 \left(1 - \frac{T_U}{T}\right) \delta Q \quad (8.34)$$

8.5 Die Exergie eines inhomogenen, geschlossenen Systems

Die in einem System enthaltene technische Arbeitsfähigkeit, auch Exergie genannt, ist die technische Arbeit, die reversibel aus einem System bei konstanten Umgebungsbedingungen gewonnen werden kann. Technische Arbeit ist solange gewinnbar, solange sich das System nicht im Gleichgewicht mit der Umgebung befindet. Ist der Gleichgewichtszustand (Index G) erreicht, kann kein Prozess mehr ablaufen und keine technische Arbeit gewonnen werden.

Die technische Arbeitsfähigkeit (Exergie) ist somit die technische Arbeit, die erhalten wird, wenn das System von seinem Zustand reversibel in das Gleichgewicht mit der Umgebung gebracht wird. Bei diesem Prozess darf dem System keine technische Arbeitsfähigkeit (Exergie) von außen zugeführt werden. Die gewonnene technische Arbeit würde sonst zum Teil auf die zugeführte technische Arbeitsfähigkeit (Exergie) zurückzuführen sein. Das bedeutet, dass Wärme nur aus der Umgebung mit der Temperatur T_U entnommen werden kann.

Die technische Arbeit ergibt sich nach dem ersten Hauptsatz zu

$$\delta W_t = dU_g - \delta W_{nt} - \delta Q \quad (8.35)$$

$$\int_1^2 \delta W_{nt} = p_U \cdot (V_1 - V_G) \quad \text{z. B. nichttechn. Anteil für einmalige Zustandsänderung}$$

$$\int_1^2 \delta W_{nt} = p_G \cdot V_G - p_1 \cdot V_1 \quad \text{z. B. nichttechn. Anteil für kontinuierliche Strömung}$$

Wenn die technische Arbeit reversibel gewonnen werden soll, dürfen keine Reibungserscheinungen δW_R auftreten. Außerdem darf eine Wärmeübertragung nur bei verschwindenden Temperaturdifferenzen erfolgen, insbesondere zwischen System und Umgebung nur bei $T = T_G = T_U$.

Mit der Entropiedefinition ergibt sich $\delta Q = T_U \cdot dS$ und damit für die differenzielle Änderung der technischen Arbeitsfähigkeit (Exergie)

$$dE = \delta W_{t,rev} = dU_g - \delta W_{nt,rev} - T_U \cdot dS \quad (8.36)$$

Die technische Arbeitsfähigkeit (Exergie) eines inhomogenen, geschlossenen, bewegten Systems im Zustand 1 beträgt damit

$$E_{g,1} = \int_1^G -\delta W_t = \int_G^1 \delta W_t = U_{g,1} - U_{g,G} - W_{nt,D,G1} - T_U \cdot (S_1 - S_G) \quad (8.37)$$

mit

8.6 Die Bilanz der technischen Arbeitsfähigkeiten (Exergiebilanz)

$$U_{g,1} - U_{g,G} = U_1 - U_G + \frac{m}{2}(c_G^2 - c_1^2) + g \cdot m \cdot (z_G - z_1)$$

Insbesondere ergibt sich für eine einmalige Zustandsänderung Gl. (8.35)

$$W_{nt,D,G1} = p_U \cdot (V_G - V_1) \tag{8.38}$$

$$E_g = U_g - U_{g,G} + p_U \cdot (V - V_G) - T_U \cdot (S_1 - S_G) \tag{8.39}$$

und für eine kontinuierliche Strömung (eindimensional, stationär) nach Gl. (8.35)

$$W_{nt,D,G1} = p_G \cdot V_G - p_1 \cdot V_1 \tag{8.40}$$

$$E_g = U_g + p \cdot V - (U_{g,G} + p_G \cdot V_G) - T_U \cdot (S_1 - S_G) \tag{8.41}$$

$$E_g = H - H_{g,G} - T_U \cdot (S - S_G) \tag{8.42}$$

Die in einem System enthaltene technische Arbeitsfähigkeit (Exergie) E_g ist die technische Arbeit, die reversibel aus einem System bei konstanten Umgebungsbedingungen gewonnen werden kann, d.h. abgeführt werden kann.

8.6 Die Bilanz der technischen Arbeitsfähigkeiten (Exergiebilanz)

Im Gegensatz zur Energiebilanz führt die dem System zugeführte technische Arbeitsfähigkeit (Exergie) nicht zu einer äquivalenten Erhöhung der technischen Arbeitsfähigkeit (Exergie) des Systems. Es muss der Verlust an technischer Arbeitsfähigkeit (Exergieverlust) berücksichtigt werden.

Der Exergieverlust ist der bei einem irreversiblen Prozess in Anergie umgewandelte Teil der Exergie

In Abschn. 8.5 wurde die in einem System enthaltene und damit abführbare technische Arbeitsfähigkeit (Exergie) mit E_g bezeichnet. Die differenzielle Änderung der abführbaren technische Arbeitsfähigkeit (Exergie) eines Systems wird damit zu dE_g.

Die Bilanz der technischen Arbeitsfähigkeiten (Exergiebilanz) eines Systems ergibt sich aus zugeführter technischer Arbeitsfähigkeit δE_{zu} gleich abführbare technische Arbeitsfähigkeit dE_g plus Verlust an technischer Arbeitsfähigkeit (Anergie) δB

$$\delta E_{zu} = dE_g + \delta B \tag{8.43}$$

mit der Zufuhr an technischer Arbeitsfähigkeit

$$\delta E_{zu} = \delta W_t + \delta W_{nt,R} + \sum_G \left(1 - \frac{T_U}{T}\right) \delta Q \tag{8.44}$$

und der abführbaren technischen Arbeitsfähigkeit nach Gl. (8.36)

$$dE_g = dU_g + \delta W_{nt,D} - T_U \cdot dS \tag{8.45}$$

Es ergibt sich für den Verlust an technischer Arbeitsfähigkeit (Anergie)

$$\delta B = \delta W_t + \delta W_{nt} + \delta Q - dU_g + T_U \cdot \left(dS - \sum_G \frac{\delta Q}{T}\right) \tag{8.46}$$

Mit

$$dU_g = \delta W_t + \delta W_{nt} + \delta Q \tag{8.47}$$

und

$$\delta S_{irr} = dS - \sum_G \frac{\delta Q}{T} \tag{8.48}$$

folgt

$$\delta B = T_U \cdot \delta S_{irr} \tag{8.49}$$

Der Verlust an technischer Arbeitsfähigkeit, d.h. die im System auftretende Energieentwertung (Anergie) ist somit der irreversiblen Entropie proportional.

8.7 Die Anergie bei Reibung und Wärmeübertragung

Wird einem homogenen, geschlossenen System eine Reibungsarbeit δW_R zugeführt, ergibt sich die Anergie bei Reibung (Verlust an technischer Arbeitsfähigkeit) zu

$$\delta B_R = T_U \cdot \delta S_{irr} = \frac{T_U}{T} \cdot \delta W_R \tag{8.50}$$

Bei der Übertragung einer Wärme δQ zwischen den Systemen A und B mit den Temperaturen $T_A > T_B$ wird für die Anergie bei Wärmeübertragung (Verlust an technischer Arbeitsfähigkeit) Folgendes erhalten

$$\delta B_Q = T_U \cdot \delta S_{irr} = T_U \cdot dS_{AB} = T_U \cdot (dS_A + dS_B) \tag{8.51}$$

$$\delta B = T_U \cdot \left(-\frac{|\delta Q|}{T_A} + \frac{|\delta Q|}{T_B}\right) \tag{8.52}$$

$$\delta B = T_U \cdot \frac{T_A - T_B}{T_A \cdot T_B} \cdot |\delta Q| \tag{8.53}$$

Offensichtlich ist die Anergie bei Wärmeübertraung (Verlust an technischer Arbeitsfähigkeit) umso höher, je niedriger die Temperaturen sind, bei denen die Irreversibilität auftritt.

8.8 Der technische Arbeitsverlust

Häufig wird die Auswirkung von Irreversibilitäten bzw. von Änderungen der Irreversibilitäten auf die technische Arbeit benötigt.

Die einem System während einer Zustandsänderung 1 − 2 zuzuführende technische Arbeit ergibt sich aus der Bilanz aller technischen Arbeitsfähigkeiten (Exergien) zu

$$W_{t,12} = E_{g,2} - E_{g1} + B_{Q,12} - E_{Q,12} \tag{8.54}$$

Zu bemerken ist, dass hier sowohl wegabhängige Integrale $\int_1^2 \delta B_Q = B_{Q,12}$ wie wegunabhängige Integrale $\int_1^2 dE_g = E_{g,2} - E_{g,1}$ existieren.

Es soll nun ein System mit dem gleichen Anfangszustand 1 betrachtet werden, in dem aber erhöhte Irreversibilitäten auftreten.

Dann wird sich der Verlust an technischer Arbeitsfähigkeit und die dem System zuzuführende Arbeit gegenüber dem ersten System erhöhen. Im Allgemeinen wird sich auch ein anderer Endzustand 2′ und eine andere Größe E_G einstellen. Der Mehraufwand an technischer Arbeit, der technische Arbeitsverlust $B_{12'}$, ergibt sich zu

$$\Delta W_t = B_{12'} = W_{t,12'} - W_{t,12} = E_{g,2'} - E_{g,2} + B_{Q,12'} - (E_{Q,12'} - E_{Q,12}) \tag{8.55}$$

Offenbar unterscheidet sich der technische Arbeitsverlust im Allgemeinen von der Erhöhung des technischen Arbeitsfähigkeitsverlustes. Der Unterschied wird durch die Auswirkung der erhöhten Irreversibiltät auf die Zustandsänderung bedingt.

Der Verlust an technischer Arbeitsfähigkeit infolge einer betrachteten Irreversibilität tritt nur dann als technischer Arbeitsverlust in Erscheinung, wenn das System anschließend reversibel in den Gleichgewichtszustand mit der Umgebung gebracht wird:

$$E_{g,2} = E_{g,2'} = E_{g,G} = 0 \tag{8.56}$$

In technischen Prozessen ist dies nicht möglich.

Es ist noch darauf hinzuweisen, dass der technische Arbeitsfähigkeitsverlust $B_{12'}$ alle Irreversibilitäten des Systems erfassen muss. Dabei ist zu beachten, dass die Erhöhung einer Irreversibilität im System weitere Irreversibilitäten verursachen kann, die bei der Berechnung von $B_{12'}$ mit zu berücksichtigen sind.

9 Wärmeübertragung und Wärmedämmung

9.1 Transport thermischer Energie

Die Kapitel 1 bis 8 behandeln als abgeschlossenes Teilgebiet der technischen Thermodynamik die *Grundlagen der Energielehre*.

Der *Transport thermischer Energie*, der häufig auch unter dem konventionellen Begriff Wärmelehre zusammengefasst wird, befasst sich mit den Grundlagen der Wärmeübertragung, d.h. mit der Lehre vom Wärmetransport durch Leitung, Konvektion und Strahlung oder auch um deren Verhinderung (Wärmedämmung, Wärmeisolation).

Auch der Begriff Wärmeübertragung ist zu eng gefasst, da nicht nur der zwischen zwei durch eine Fläche getrennten Systemen unterschiedlicher Temperatur ablaufende Wärmetransport, sondern auch der Energietransport durch stoffliche Energieträger (mit ihren Atomen und Molekülen) innerhalb eines Systems (Leitung und Konvektion) und der Energietransport zwischen Körpern ohne stofflichen Träger (Strahlung), zum Transport thermischer Energie gehören.

Der historisch gewachsene Begriff „Wärmeübertragung" soll hier an Stelle des Transports thermischer Energie beibehalten werden, da er sich als Fachausdruck wie auch Wärmeleitung und Wärmedurchgang etabliert hat.

Die so genannte „Wärmeübertragung" ist durch

Wärmeleitung
Konvektion und
Strahlung

möglich.

- *Wärmeleitung* tritt in festen, flüssigen und gasförmigen Stoffen durch Elektronendiffusion bzw. zwischenmolekularen thermischen Energietransport auf, bei denen die Stoffteilchen annähernd ihren festen Platz beibehalten.
- *Konvektion* tritt in fluiden Stoffen, d.h. in Gasen und Flüssigkeiten durch thermischen Energietransport auf. Der Energietransport kann durch die sich bewegenden oder strömenden Stoffteilchen selbst erfolgen.
- *Strahlung* kann auch durch einen leeren Raum erfolgen, d.h. der thermische Energietransport durch (Wärme-)Strahlung ist überhaupt nicht an Stoffteilchen gebunden, sondern erfolgt durch elektromagnetische Wellen.

Aufgabe des Maschinenbauers ist es, den Wärmefluss in vielen Technikbereichen (z.B. Wärmeübertrager, Kühler, Dampferzeuger in der Chemie- und Pharmaindustrie) entweder zu begünstigen oder aber weitestgehend zu hemmen (z.B. Wärmedämmung und Isolation im Anlagenbau und in der Bauindustrie).

9.2 Wärmeleitung

Der Wärmetransportmechanismus bei der Wärmeleitung ist bei Gasen und Flüssigkeiten ein zwischenmolekularer thermischer Energietransport und bei Feststoffen eine Energieübertragung durch Elektronendiffusion.

Für die phänomenologische Betrachtungsweise des Wärmeleitproblems ist der atomistische und molekulare Aufbau des zu betrachtenden Systems uninteressant.

Mathematisch wird der Wärmeleitvorgang durch zwei Erfahrungsgesetze erfasst:

- Gesetz von FOURIER (Verknüpfung zwischen Wärmeströmen und Temperaturen)
- Anwendung des ersten Hauptsatzes (auf die Energieform Wärme)

Im realen, allgemeinen instationären Fall der Wärmeleitung ist die Temperatur eine Funktion der Raumkoordinaten x, y, z und der Zeitkoordinate τ. Bleiben die einzelnen Teilchen des Stoffes zeitlich unverändert, so ist dessen Temperaturfunktion stationär. Die Temperatur einer dreidimensionalen Wärmeleitung ist dann nur vom Ort x, y, z des jeweiligen Teilchens abhängig. Die Temperatur ist eine skalare Größe, d.h. sie besitzt keine Richtung. Für die Temperatur bei den bisher betrachteten homogenen Systemen musste kein Ort angegeben werden, weil diese an allen Stellen des Systems gleich groß ist. Hängt die Temperatur jedoch vom Ort ab, wird von einem so genannten *Temperaturfeld (Skalarfeld)* gesprochen.

Es wird hier der Einfachheit halber nur das eindimensionale Temperaturfeld ohne Zeiteinfluss, d.h. die *stationäre eindimensionale Wärmeleitung* behandelt, d.h. die Temperatur T ist hier nur von der Ortskoordinate x abhängig, siehe Abb. 9.1.

$$T = T(x) \tag{9.1}$$

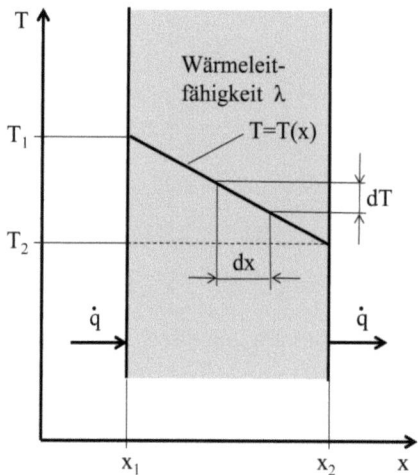

Abb. 9.1: Stationäre eindimensionale Wärmeleitung durch eine ebene, homogene Wand

Für jede Art von Wärmeleitung ist ein Temperaturgefälle $(T_2 - T_1)/(x_2 - x_1)$ erforderlich. Der Wärmetransport durch Wärmeleitung erfolgt immer in Richtung des Temperaturgefälles von höherer zu niederer Temperatur. Daraus folgt, dass der auf eine Fläche

9 Wärmeübertragung und Wärmedämmung

bezogene Wärmestrom $\dot{q}$ proportional zum negativen Temperaturgefälle $(T_2 - T_1)/(x_2 - x_1)$ sein muss.

$$\dot{q} \sim -\frac{T_2 - T_1}{x_2 - x_1} \tag{9.2}$$

Die Temperatur nimmt also längs des Weges in Richtung des Wärmeflusses ab.
Mit einem Proportionalitätsfaktor λ entsteht die Beziehung

$$\dot{q} = -\lambda \cdot \frac{T_2 - T_1}{x_2 - x_1} \tag{9.3}$$

Die so genannte Wärmeleitfähigkeit $\lambda = \lambda(T)$ ist eine experimentell zu ermittelnde Stoffeigenschaft und hat bei guten Wärmeleitern (Metalle) einen hohen Wert und bei schlechten Wärmeleitern (Dämmstoffen) einen sehr niedrigen Wert.

Die Temperaturen $T(x)$ an einer beliebigen Stelle x in der Wand lassen sich berechnen, wenn ein infinitesimales Temperaturgefälle anstelle des endlichen Temperaturgefälles zum Ansatz gebracht wird

$$\dot{q} = -\lambda(T) \cdot \frac{dT(x)}{dx} \tag{9.4}$$

Wird der flächenbezogene Wärmestrom zudem mit einer Übertragungsfläche A multipliziert, ist der durch die Wand fließende Wärmestrom $\dot{Q}$ wie folgt berechenbar

$$\dot{Q} = \dot{q} \cdot A = -\lambda(T) \cdot A \cdot \frac{dT(x)}{dx} \tag{9.5}$$

Gl. (9.5) ist das Erfahrungsgesetz von FOURIER für die eindimensionale stationäre Wärmeleitung.

$\frac{dT}{dx}$ ist hier nichts anderes als der Temperaturgradient $grad(T) = \left(\frac{\partial T}{\partial x} \ \frac{\partial T}{\partial y} \ \frac{\partial T}{\partial z}\right)$ für den eindimensionalen Fall $grad(T) = \left(\frac{dT}{dx}\right)$, der im Gegensatz zur skalaren Temperatur selbstverständlich ein Vektor ist, der die Richtung des größten Temperaturanstiegs in einem Temperaturfeld angibt. Für den eindimensionalen Fall gilt für die partielle Ableitung $\frac{\partial T}{\partial x} = \frac{dT}{dx}$. Demzufolge sind sowohl $\dot{q}$ als auch $\dot{Q}$ Vektoren. Es wird hier aber im eindimensionalen Fall zur Vereinfachung auf die vektorielle Schreibweise $\vec{\dot{q}}$ und $\vec{\dot{Q}}$ verzichtet, da die Richtung der Wärmeströme festliegt.

Nach dem ersten Hauptsatz muss, wenn in der Wand selbst die Summe aller Zustandsänderungen Null ist, der eintretende Wärmestrom identisch mit dem austretenden sein.

$$\dot{q}_1 = \dot{q}_2 = \dot{q} \tag{9.6}$$

Das Temperaturfeld $T(x)$ innerhalb einer Wand wird auch als Temperaturprofil bezeichnet. Abb. 9.1 zeigt das lineare Temperaturprofil einer „stoffbezogen homogenen" ($\lambda = konst$), ebene Wand.

Im Allgemeinen ist die Wärmeleitfähigkeit von Gasen, Flüssigkeiten und festen Dämmstoffen eine Funktion der Temperatur $\lambda = \lambda(T)$, siehe Tab. 9.1 und 9.2, bei Gasen ist λ dazu noch geringfügig druckabhängig, siehe Tab. 9.1, bei festen Stoffen (außer Dämmstoffen) kann λ als konstant angenommen werden, siehe Tab. 9.3. Bei Dämmstoffen Tab. 9.2 liegt auf Grund der Porenstruktur keine reine Wärmeleitung vor. Die Wärmeleifähigkeit setzt sich aus folgenden Anteilen zusammen

- Anteile vom festen Grundgerüst (reine Wärmeleitung)
- Gas in den Zwischenräumen (Wärmeleitung und Konvektion) und
- Transparenz (Wärmestrahlung)

In der Regel werden deshalb bei Dämmstoffen resultierende oder *effektive Wärmeleitfähigkeiten* angegeben, die dann natürlich im Gegensatz zu metallischen Feststoffen Temperaturabhängigkeiten aufweisen. Mit zunehmender Temperatur steigt sowohl der Anteil der Wärmestrahlung als auch der Anteil der Wärmeleitfähigkeit der im Dämmstoff eingeschlossenen Gase.

Tab. 9.1: Wärmeleitfähigkeiten von Gasen und Flüssigkeiten (nach [6])

	Wärmeleitfähigkeit λ in $W/(m\,K)$				
Stoff	*Luft*	CO_2	H_2	Hg	H_2O
Temperatur		*Gase druckabhängig*			
in °C	0,1 MPa	0,0981 MPa	0,0981 MPa		
0	0,02454	0,0143	0,176	7,78	0,569
100	0,03181	0,0213	0,229	9,07	0,681

Tab. 9.2: Effektive Wärmeleitfähigkeiten von Wärmedämmstoffen (nach verschiedenen Quellen)

	Effektive Wärmeleitfähigkeit λ in $W/(m\,K)$					
Stoff	*PUR*	*Mineral-*	*Styropor*	*Kork*	*Holzfaser-*	*Vakuum-*
Temperatur	*Hartschaum*	*faser*			*dämm-*	*isolations-*
in °C					*platte*	*paneele VIPs*
0	0,024	0,032	0,176	0,045	0,040	0,004
100	0,035	0,045	0,229	0,055	0,060	0,008

Tab. 9.3: Wärmeleitfähigkeiten von festen Stoffen (nach verschiedenen Quellen)

	Wärmeleitfähigkeit λ in $W/(m\,K)$				
Aluminium	*Kupfer*	*Stahl*	*Glas*	*Ziegelstein*	*Beton*
229	383	52	1,16	0,46	1,28
Gips- karton- Bauplatte	*Spanplatte*	*Holz*	*Holzwolle- Leichtbau- platte*	*Außenputz*	*Innenputz*
0,21	0,13	0,13	0,093	0,87	0,71

Mit der Einsicht in die Notwendigkeit von Energieeinsparung wächst die Bedeutung der Wärmedämmstoffe. Dämmstoffe aus Kunststoff stammen aber aus einer umweltschädlichen Prozesskette und enthalten meist viel Primärenergie. Mineralische Dämmstoffe bergen gesundheitliche Risiken oder sind gleichfalls energieaufwendig, Dämmstoffe aus nachwachsenden Rohstoffen eignen sich nicht für jede Anwendung. Nach Angaben der Dämmstoff-Spezialisten können durch bessere Isolierung mehr Treibhausgasemissionen eingespart werden, als über die gesamte Lebensdauer der Produkte (Lebenszyklus der Produkte einschließlich des Herstellungsprozesses) emittiert werden. Beim 3-zu-1-Modell entspricht der Verbrauch einer Tonne CO_2 für den Lebenszyklus eines Produktes drei Tonnen CO_2, die durch Nutzung dieses Produktes eingespart werden. Zur kontrovers diskutierten Thematik des Einflusses von CO_2 auf das Klima wird auf [30] verwiesen.

Polyurethan-Dämmstoffe sparen im Laufe ihrer Nutzung im Gebäude etwa 70 Mal mehr Energie ein als zu ihrer Herstellung aufgewandt werden muss.

Leider hat sich aber auch ein unwirtschaftlicher, unsozialer und sogar die Umwelt schädigender „Dämmwahn" herauskristallisiert, der sich nur für die Wärmedämm-Industrie rechnet und sich in übertriebener Wärmedämmung äußert.

Bei diesem „Dämmwahn", der mit der EnEV 2014 auch Gesetzeskraft hat, sind mit der Billigversion mittels Styropor im Wohnungsbau auch negative Folgen zu beachten. Entweder Brandgefahr an mit Styropor gedämmten Fassaden oder Gesundheitsschäden durch ein Brandschutzmittel – HBCD ist ab 21.08.2015 in der EU nicht mehr erlaubt –, mit dem Styropor getränkt ist.

Anstelle des Einsatzes konventioneller, dicker Styropor-Platten mit den genannten Folgen können seit 1 bis 2 Jahren energieeffiziente und platzsparende innovativen Dämmlösungen auf der Basis von Vakuumisolation eingesetzt werden. Erfreulich sind die Entwicklungen von Vakuumisolationspaneelen VIPs und Flüssigkristallfenster-Verglasungen. Die sachlichen ingenieur-technischen Berechnungsmethoden werden im folgenden Abschnitt vorgestellt.

9.2.1 Wärmeleitung durch eine einschichtige ebene Wand

Aus Gl. (9.4) folgt mit $\lambda = konst$

$$\frac{\dot{q}}{\lambda}\int_{x_1}^{x_2}dx = -\int_{T_1}^{T_2}dT \tag{9.7}$$

$$\frac{\dot{q}}{\lambda}(x_2 - x_1) = -(T_2 - T_1) \tag{9.8}$$

Mit der Wanddicke

$$\delta = x_2 - x_1 \tag{9.9}$$

folgt hieraus

$$\dot{q} = \frac{\lambda}{\delta}(T_1 - T_2) \tag{9.10}$$

Der Quotient δ/λ wird auch als thermischer Widerstand bezeichnet. Die thermischen Widerstände von $0{,}02\,m$ Vakuumisolationspaneel $\frac{\delta}{\lambda} = \frac{0.02\,m}{0.004\,W/(m\,K)} = 5\frac{m^2 K}{W}$ und $0{,}20\,m$ Holzfaserdämmplatte $\frac{\delta}{\lambda} = \frac{0.20\,m}{0.04\,W/(m\,K)} = 5\frac{m^2 K}{W}$ haben bei $0\,°C$ offensichtlich denselben Wert, d. h. ein dünnes $0{,}02\,m$ Vakuumisolationspaneel dämmt auf Grund der niedrigen effektiven Wärmeleitfähigkeit von $\lambda = 0.004\,W/(m\,K)$, siehe Tab. 9.2, demnach genau so gut wie eine zehnmal dickere $0{,}20\,m$ Holzfaserdämmplatte.

Mit einer innovativen Flüssigkristallfenster-Verglasung als Zweischeibenfenster kann ein Dämmwert von $\frac{\delta}{\lambda} = 1\frac{m^2 K}{W}$ erreicht werden. Mit einer Dreischeiben-Isolationsvergla-sung kann die Wärmedämmung des Flüssigkristallfensters sogar auf $\frac{\delta}{\lambda} = 0{,}7\frac{m^2 K}{W}$ gestei-gert werden [31].

Nach Gl. (9.10) ist der flächenbezogene Wärmestrom durch eine ebene Wand der Wärmeleitfähigkeit λ und dem Temperaturgefälle $(T_1 - T_2)$ proportional. Zur Wanddicke δ verhält sich der flächenbezogene Wärmestrom umgekehrt proportional.

Der Temperaturverlauf $T = T(x)$ ist bei konstanter Wärmeleitfähigkeit λ in der ebenen Wand geradlinig abnehmend, siehe Abb. 9.1.

Für eine beliebige Stelle x lautet gemäß Gl. (9.8) die Temperaturfunktion

$$T(x) = T_1 - \frac{\dot{q}}{\lambda}(x - x_1) \tag{9.11}$$

Für den Wert $x_1 = 0$ wird Gl. (9.11) zur Geradengleichung $T(x) = ax + b$ mit $a = -\frac{\dot{q}}{\lambda} = konst$ und $b = T_1 = konst$, womit der geradlinige Verlauf von $T = T(x)$ bestätigt ist.

Da Temperaturdifferenzen in Kelvin- und Celsius-Graden identisch sind, gelten die Berechnungsgleichungen auch für Celsius-Temperatur-Werte.

9.2.2 Wärmeleitung durch eine mehrschichtige ebene Wand

Abb. 9.2 zeigt eine dreischichtige ebene Wand mit für jede Schicht unterschiedlichen materialabhängigen Wärmeleitfähigkeiten $\lambda_1, \lambda_2, \lambda_3$. Die Wärmeleitfähigkeiten sollen jeweils konstant sein. Die Schichten sollen dicht an dicht liegen, so dass die Temperaturen an den Oberflächen benachbarter Schichten gleich sind.

Nach dem ersten Hauptsatz muss in der Schicht, wenn dort die Summe aller Zustandsänderungen des Schichtsystems Null ist, jeweils der eintretende Wärmestrom gemäß Gl. (9.6) identisch mit dem austretenden sein. Bei der stationären Wärmeleitung ist der flächenbezogene Wärmestrom in allen Schichten gleich groß. Mit den Zwischentemperaturen

T_{12} – Temperatur zwischen Schicht 1 und 2

T_{23} – Temperatur zwischen Schicht 2 und 3

gilt für die drei Schichten

$$\dot{q} = \frac{\lambda_1}{\delta_1}(T_1 - T_{12}) \tag{9.12}$$

$$\dot{q} = \frac{\lambda_2}{\delta_2}(T_{12} - T_{23}) \tag{9.13}$$

$$\dot{q} = \frac{\lambda_3}{\delta_3}(T_{23} - T_2) \tag{9.14}$$

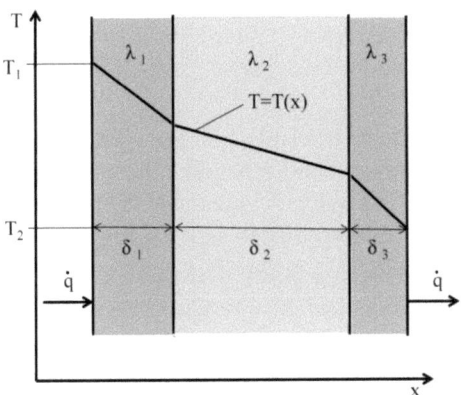

Abb. 9.2: Stationäre eindimensionale Wärmeleitung durch eine ebene, homogene Wand

Aus Gln. (9.12), (9.13) und (9.14) folgt durch Umstellen nach den Zwischentemperaturen T_{12} und T_{23} und deren Elimination die Berechnungsbeziehung des spezifischen Wärmestroms für eine dreischichtige Wand

$$\dot{q} = \frac{T_1 - T_2}{\frac{\delta_1}{\lambda_1} + \frac{\delta_2}{\lambda_2} + \frac{\delta_3}{\lambda_3}} \tag{9.15}$$

oder verallgemeinert für eine n-schichtige ebene Wand

$$\dot{q} = \frac{T_1 - T_2}{\frac{\delta_1}{\lambda_1} + \frac{\delta_2}{\lambda_2} + \cdots + \frac{\delta_n}{\lambda_n}} = \frac{T_1 - T_2}{\sum_i \frac{\delta_i}{\lambda_i}} \tag{9.16}$$

Eine Innendämmung ist zwar häufig leichter als eine Außendämmung zu montieren und hält die Wärme gleichermaßen im Haus, aber die bei Außendämmung hohe Zwischentemperatur weit über den Gefrierpunkt reduziert sich bei einer Innendämmung häufig bis unterhalb des Gefrierpunktes wie obige Beispielrechnung zeigt.

Es wird eine Zwischentemperatur unterhalb des Taupunktes erreicht, d. h. einem Punkt, bei dem die relative Luftfeuchte gerade 100 % erreicht und das in der Luft vorhandene Wasser zu kondensieren beginnt

Wird die Innendämmung ohne Dampfsperre oder anderweitigen Schutz vor kondensierender Feuchtigkeit angebracht, entsteht Feuchtigkeit nicht nur zwischen Außenwand und Innendämmung, sondern durchtränkt die Dämmschicht. Dieser kritische Bereich der Kondensatbildung wird also in den Innenraum verlegt und kann Schimmelbildung begünstigen.

9.3 Konvektion

Im Gegensatz zur *Wärmeleitung*, d.h. zum thermischen Energietransport durch *Berührung zweier fester Stoffe* wird der thermischen Energietransport durch Berührung zweier Stoffe, bei denen wenigstens ein Stoff ein Fluid (Gas oder Flüssigkeit) ist, als Konvektion bezeichnet. Konvektion ist nur in fluiden Stoffen möglich.

Konvektion tritt bei *Berührung mit fluiden Stoffen* durch thermischen Energietransport auf. Der thermische Energietransport kann einerseits dadurch geschehen, dass die Wärme wie in festen Stoffen von Fluidteilchen zu Fluidteilchen geleitet wird und andererseits durch die sich bewegenden oder strömenden Stoffteilchen selbst erfolgen.

Da die Wärmeleitfähigkeiten von Fluiden gegenüber festen Stoffen sehr viel kleiner ist, siehe Tab. 9.1–9.3, kann selbige gegenüber dem thermischen Energietransport durch Konvektion ohne großen Genauigkeitsverlust vernachlässigt werden.

Die Wärmeübertragung durch Konvektion kann wie auch durch Leitung nur von höherer zu niederer Temperatur erfolgen.

Der Temperaturverlauf im strömenden Fluid ist im Gegensatz zu festen Stoffen nicht mehr linear, sondern, da die strömenden Teilchen sich in Bewegung befinden, dem Geschwindigkeitsprofil derselben ähnlich, siehe Abb. 9.3

Die Strömungsgeschwindigkeit c, die Strömungsart und Art der Entstehung der Strömung hat großen Einfluss auf den so genannten *konvektiven Wärmeübergang* vom Fluid auf die Feststoffwand und umgekehrt. Bei der *laminaren Strömung* bewegen sich die Fluidteilchen hauptsächlich auf parallelen Bahnen zur Feststoffwand. Da Fluide schlechte Wärmeleiter sind, ist der Wärmeübergang zur Wand gering.

Anders dagegen ist der Wärmetransport bei *turbulenter Strömung*. Die Teilchen vermischen sich auch quer zur Strömung und tragen damit ein Vielfaches gegenüber der laminaren Strömung zum konvektiven Wärmeübergang bei. Das Strömungsprofil der turbulenten Strömung ist in der Randschicht zur Feststoffwand sehr viel steiler als bei einer laminaren Strömung. Demzufolge ist auch das Temperaturgefälle beim konvektiven Wärmeübergang bei turbulenter Strömung in der Randschicht zur Feststoffwand sehr viel größer als bei der laminaren Strömung.

Nach Art der Entstehung der Strömung wird zwischen *freier Strömung* (infolge Dichteunterschieden zwischen warmen und kalten Fluidteilchen in einem Schwerefeld) und *erzwungener Strömung* (z.B. von Pumpen erzeugten Druckdifferenzen) unterschieden.

Es wird hier nicht näher auf die Theorie der laminaren und turbulenten Strömung und über die einzelnen Mechanismen des konvektiven Wärmeübergangs eingegangen. Vielmehr sollen qualitative Aussagen über die beeinflussenden Parameter herausgestellt werde.

9 Wärmeübertragung und Wärmedämmung

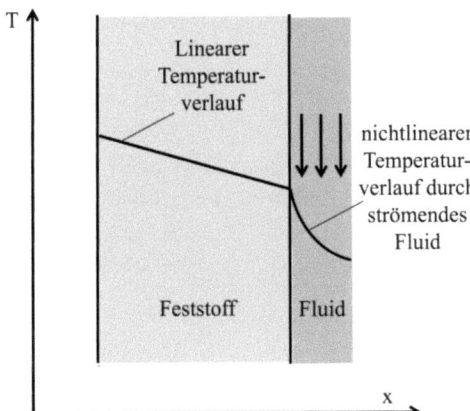

Abb. 9.3: Stationäre eindimensionale Wärmeleitung plus Wärmeübergang durch Konvektion

Einen Einfluss besitzt auch die Wärmeleitfähigkeit des strömenden Fluids auf den Wärmeübergang. Auch die geometrische Form und die Oberflächenbeschaffenheit der Wärmeübergangsfläche sind nicht unwesentlich. Maßnahmen wie z.B. Aufrauen der Oberfläche führen zu turbulenten Strömungen und damit zu verbesserten Wärmeübergängen.

Diese und eine Menge anderer Einflussfaktoren lassen sich zu einem so genannten Wärmeübergangskoeffizienten α zusammenfassen. Der Wärmeübergangskoeffizient α ist keine Stoffkonstante wie die Wärmeleitfähigkeit λ. Aus den vorstehenden Ausführungen geht hervor, dass der Wärmeübergangskoeffizient α von einer Vielzahl von Einflussfaktoren abhängt. Somit gilt

$$\alpha = \alpha(c, \lambda, \text{Oberflächengeometrie}, \ldots) \tag{9.17}$$

Die mathematisch-physikalische Ermittlung dieser komplizierten Abhängigkeit soll hier nicht weiter vertieft werden. Dem Anliegen dieses Buches gerecht werden, wird hier der einfachere Weg über Erfahrungsgesetze und experimentell ermittelte Wärmeübergangskoeffizienten beschritten.

Ähnlich zum Aufbau des Grundgesetzes der Wärmeleitung von FOURIER

$$\dot{Q} \sim \text{Stoffgröße} \cdot A \cdot \Delta T / \Delta x \tag{9.18}$$

ist auch der Aufbau der Grundgleichung des Wärmeübergangs

$$\dot{Q} \sim \text{Koeffizient} \cdot A \cdot \Delta T \tag{9.19}$$

Der Wärmestrom ist der berührten Fläche zwischen Wand und Fluid aber nicht einem Temperaturgefälle $\Delta T/\Delta x$, sondern der Temperaturdifferenz ΔT zwischen Wandtemperatur T_W und Fluidtemperatur T_F proportional. Der Proportionalitätsfaktor (Koeffizient) α heißt hier Wärmeübergangskoeffizient durch Konvektion. Wie festgestellt wurde, ist α kein Stoffwert, sondern wird von vielen Parametern beeinflusst und kann für viele technische Bedingungen als experimentell ermittelter Wert aus einschlägigen Tabellen entnommen werden.

Damit ergibt sich für die Berechnung des Wärmeübergangs durch Konvektion die einfache Beziehung

$$\dot{Q} = \alpha \cdot A \cdot \Delta T \quad (9.20)$$

Gl. (9.20) ist die Grundgleichung des Wärmeübergangs durch Konvektion nach NEWTON. Die Temperaturdifferenz zwischen Wandtemperatur T_W und Fluidtemperatur T_F ist dabei

$$\Delta T = T_F - T_W \text{ bei Wärmestrom von Fluid zu Wand} \quad (9.21)$$

oder

$$\Delta T = T_W - T_F \text{ bei Wärmestrom von Wand zu Fluid} \quad (9.22)$$

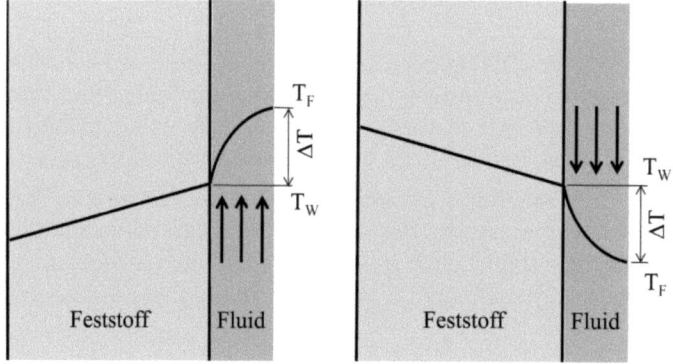

Abb. 9.4: Temperaturverlauf beim Wärmeübergang (links von Fluid an Wand, rechts von Wand an Fluid)

9.4 Strahlung

Thermischer Energietransport durch *Strahlung* unterscheidet sich gänzlich vom thermischen Energietransport der Leitung und Konvektion. Strahlung kann durch einen leeren Raum erfolgen, d.h. der thermische Energietransport durch Strahlung ist an keinem Stoffteilchen, an keinen stofflichen Träger gebunden, sondern erfolgt durch elektromagnetische Wellen, die sich mit Lichtgeschwindigkeit fortbewegen. Wesentlichen Einfluss auf die Größe des abgegebenen Energiestromes hat die Temperatur des Strahlers, deshalb auch neben der so genannten Wärmestrahlung auch der Name Temperaturstrahlung.

Die Temperaturstrahlung umfasst einen Wellenlängenbereich von 0,8 μm bis 800 μm und kann von festen, flüssigen und gasförmigen Stoffen ausgehen und auf einen festen, flüssigen oder gasförmigen Körper auftreffen.

Ein Körper kann im Allgemeinen von der ankommenden flächenbezogenen Bestrahlungsstärke E einen Teil a absorbieren, einen Teil r reflektieren und einen Teil d unverändert hindurch lassen.

(Die Bestrahlungsstärke E darf nicht verwechselt werden mit der Exergie E. Leider haben sich in der Literatur die Bezeichnungen so gefestigt, dass sie hier nicht geändert werden sollen).

9 Wärmeübertragung und Wärmedämmung

Damit lässt sich für die auf den Körper auftreffende flächenbezogene Bestrahlungsstärke E wie folgt angeben.

$$E = a \cdot E + r \cdot E + d \cdot E \qquad (9.23)$$

Dabei gilt

$$a + r + d = 1 \qquad (9.24)$$

Mit

$\qquad a \quad$ Absorptionskoeffizient $\qquad (9.25)$

$\qquad r \quad$ Reflexionskoeffizient $\qquad (9.26)$

$\qquad d \quad$ Durchlasskoeffizient $\qquad (9.27)$

Ein Körper, der die gesamte Strahlung absorbiert ($a = 1$), heißt schwarzer Körper.
Ein Körper, der die gesamte Strahlung reflektiert ($r = 1$), heißt weißer Körper.
Ein Körper, der die gesamte Strahlung hindurch lässt ($d = 1$), heißt diatherm.
(Die Bezeichnungen schwarz und weiß haben nichts mit der farblichen Wahrnehmung zu tun.)

Bei festen und flüssigen Körpern erfolgt die Absorption der Strahlung bereits dicht unter der Oberfläche in einer absorbierenden Randschicht von 1 μm bis 1 mm Dicke.

Körper in *technischen Anwendungsbereichen*, die dicker als diese Randschicht sind, absorbieren und reflektieren, aber lassen keine Strahlung durch. Für diese gilt

$$a + r = 1 \qquad (9.28)$$

Absolut schwarze oder absolut weiße Körper gibt es nicht. Es gibt nur nahezu schwarze Körper. Das derzeit bekannte dunkelste Material (University of Michigan) besteht aus Kohlenstoff-Nanoröhrchen mit $a = 0,999, r = 0,001$, bei dem Licht praktisch weder reflektiert noch gestreut und die Oberflächenstruktur des Objektes praktisch unsichtbar ist. Ein nahezu weißer Körper wäre z.B. poliertes Gold mit $a = 0,02, r = 0,98$.

Der absolut schwarze Körper dient lediglich als Modellfall, er emittiert bei einer bestimmten Temperatur von allen möglichen Körpern den größten flächenbezogenen Energiestrom $\dot{E}_S$ in der Maßeinheit W/m^2. Der Index s bedeutet schwarze Strahlung.

Bei zwei sich gegenüber erstehenden Flächen gleicher Temperatur, von denen die eine grau und die andere schwarz ist, absorbiert die graue Fläche den Strahlungsenergiestrom

$$\dot{E} = a \cdot \dot{E}_S \qquad (9.29)$$

Umgekehrt kann der graue Körper genau den gleichen Energiestrom emittieren.
Mit

$\qquad \varepsilon \quad$ Emissionskoeffizient $\qquad (9.30)$

folgt somit

$$\dot{E} = \varepsilon \cdot \dot{E}_S \qquad (9.31)$$

Daraus folgt das Gesetz von KIRCHHOFF

$$\varepsilon = a \qquad (9.32)$$

Gase verhalten sich anders als flüssige und feste Körper. Sie absorbieren nur in bestimmten Wellenlängenbereichen. Einige Gase sind diatherm (Wasserstoff, Stickstoff, Sauerstoff) und es gilt für diese Gase

$$d = 1 \qquad (9.33)$$

Andere Gase absorbieren und reflektieren (Kohlendioxid, Kohlenmonoxid, Methan und Kohlenwasserstoffgase), aber nicht an der Oberfläche, sondern im Innern des Gaskörpers an den Molekülen. Sie sind umso klimaschädigender, je dicker der Gaskörper ist und es gilt für diese Gase

$$a + d = 1 \qquad (9.34)$$

Nach STEFAN-BOLZMANN ist der flächenbezogene Energiestrom der schwarzen Strahlung der 4. Potenz der Strahlertemperatur proportional.

$$\dot{E}_S \sim \left(\frac{T}{100}\right)^4 \qquad (9.35)$$

Mit einem Proportionalitätsfaktor C_s wird daraus eine Beziehung zur Berechnung des flächenbezogenen Energiestroms des schwarzen Strahlers

$$\dot{E}_S = C_s \left(\frac{T}{100}\right)^4 \qquad (9.36)$$

mit

$$C_s = 5{,}670 \, \frac{W}{m^2 K^4} \qquad (9.37)$$

C_s ist der Strahlungskoeffizient des schwarzen Strahlers (und $\sigma = C_s/100^4$ ist die STEFAN-BOLTZMANN-Konstante, die nicht zu verwechseln ist mit der BOLTZMANN-Konstante k_B im Abschn. 6.2.3).

Nach Gl. (9.31) lässt sich daraus mit dem Emissionsverhältnis ε der abgestrahlte flächenbezogene Energiestrom technischer Oberflächen (grauer Körper) wie fogt berechnen

$$\dot{E} = \varepsilon \cdot C_s \left(\frac{T}{100}\right)^4 \qquad (9.38)$$

Eine technische Oberfläche A emittiert den Wärmestrom

$$\dot{Q} = A \cdot \varepsilon \cdot C_s \left(\frac{T}{100}\right)^4 \qquad (9.39)$$

9 Wärmeübertragung und Wärmedämmung 135

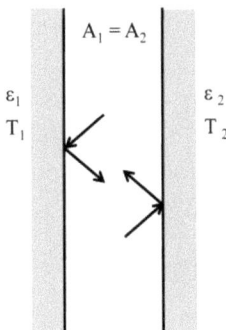

Abb. 9.5: Strahlungsaustausch zwischen zwei parallelen Flächen gleicher Größe

Zwei parallele gleichgroßen Flächen $A_1 = A_2 = A$, Abb. 9.5, mit den Emissionsverhältnissen ε_1 bzw. ε_2 und den Temperaturen T_1 bzw. T_2 übertragen folgenden Wärmestrom

$$\dot{Q}_{12} = \frac{A \cdot C_s}{\frac{1}{\varepsilon_1} + \frac{1}{\varepsilon_2} - 1} \cdot \left[\left(\frac{T_1}{100}\right)^4 - \left(\frac{T_2}{100}\right)^4 \right] \tag{9.40}$$

Dabei wird von folgenden Voraussetzungen ausgegangen:

Jede der beiden Flächen emittiert und reflektiert Strahlung.

Die gesamte von einer Fläche ausgehende Strahlung soll die andere Fläche treffen und umgekehrt (das bedeutet technisch: nicht zu großer Flächenabstand).

9.5 Kombination von Strahlung und Konvektion

Bei technischen Oberflächen ist sehr oft ein thermischer Energietransport sowohl durch Strahlung als auch durch Konvektion vorhanden.

Eine Heizfläche A_1 mit der Oberflächentemperatur T_1 gibt Wärme durch Konvektion an das durch Thermik vorbeiströmende Fluid (z.B. Luft) mit der Temperatur T_F und durch Strahlung an einen davorstehenden Körper mit der Oberfläche A_2 und der Oberflächentemperatur T_2 ab.

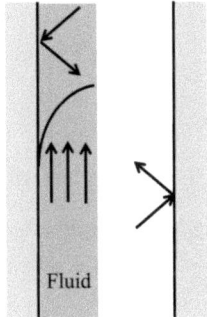

Abb. 9.6: Thermischer Energietransport durch Konvektion und Strahlung

Mit der Annahme von $A_1 \approx A_1 \approx A$ beträgt der übertragene Gesamtwärmestrom nach Gl. (9.20) und (9.40)

$$\dot{Q} = \alpha \cdot A \cdot (T_1 - T_F) + \frac{A \cdot C_s}{\frac{1}{\varepsilon_1} + \frac{1}{\varepsilon_2} - 1} \cdot \left[\left(\frac{T_1}{100}\right)^4 - \left(\frac{T_2}{100}\right)^4 \right] \quad (9.41)$$

9.6 Kombination von Konvektion und Leitung

Bei technischen Prozessen ist sehr oft ein thermischer Energietransport sowohl durch Konvektion als auch durch Leitung vorhanden. Der thermische Energietransport von einem wärmeren Fluid an ein kälteres Fluid durch eine feste Wand, wie er z.B. in Wärmeübertragern stattfindet, wird als *Wärmedurchgang* bezeichnet.

Der Wärmedurchgang, siehe Abb. 9.7, setzt sich zusammen aus
- Wärmeübergang vom wärmeren Fluid an die Wand
- Wärmeleitung durch die Wand und
- Wärmeübergang von der Wand an das kältere Fluid

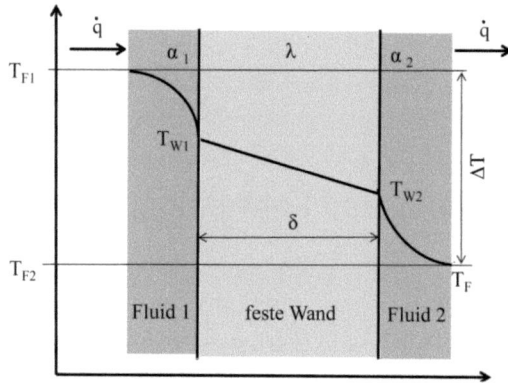

Abb. 9.7: Wärmedurchgang durch eine ebene Wand

Für den flächenbezogenen Wärmeübergang vom Fluid 1 zur Wand gilt nach Gl. (9.20) und (9.21)

$$\dot{q} = \alpha_1 \cdot (T_{F1} - T_{W1}) \quad (9.42)$$

Für die Wärmeleitung in der Wand gilt nach Gl. (9.10)

$$\dot{q} = \frac{\lambda}{\delta} \cdot (T_{W1} - T_{W2}) \quad (9.43)$$

Für den flächenbezogenen Wärmeübergang von der Wand zum Fluid 2 zur gilt nach Gl. (9.20) und (9.22)

$$\dot{q} = \alpha_2 \cdot (T_{W2} - T_{F2}) \quad (9.44)$$

9 Wärmeübertragung und Wärmedämmung

Die Gln. (9.42) bis (9.44) jeweils nach T_{W1} und T_{W2} umgestellt, führt zur Elimination dieser beiden Wandtemperaturen und es folgt

$$\dot{q} = \frac{T_{F1} - T_{F2}}{\frac{1}{\alpha_1} + \frac{\delta}{\lambda} + \frac{1}{\alpha_2}} = \frac{\Delta T}{\frac{1}{\alpha_1} + \frac{\delta}{\lambda} + \frac{1}{\alpha_2}} \tag{9.45}$$

oder allgemein für eine n-schichtige ebene Wand mit Gl. (9.16)

$$\dot{q} = \frac{T_{F1} - T_{F2}}{\frac{1}{\alpha_1} + \sum_i \frac{\delta_i}{\lambda_i} + \frac{1}{\alpha_2}} = \frac{\Delta T}{\frac{1}{\alpha_1} + \sum_i \frac{\delta_i}{\lambda_i} + \frac{1}{\alpha_2}} \tag{9.46}$$

In der Verfahrenstechnik und im thermischen Apparatebau wird als Maß für den Wärmestromdurchgang durch eine ein- oder mehrschichtige Wand bei unterschiedlichen Fluidtemperaturen auf beiden Wandseiten der so genannte Wärmedurchgangskoeffizient k und in der Bauphysik der so genannte Wärmedämmwert U verwendet.

$$k = \frac{1}{\frac{1}{\alpha_1} + \sum_i \frac{\delta_i}{\lambda_i} + \frac{1}{\alpha_2}} \tag{9.47}$$

Gl. (9.46) könnte mit der Stromgröße $\dot{q} = \frac{\Delta T}{R_T}$ in Analogie zur Elektrotechnik mit der elektrischen Stromgröße $I = \frac{\Delta U}{R}$ als OHMsches Gesetz des Wärmedurchgangs bezeichnet werden.

Analog zur elektrischen Stromgröße I, zur treibenden Spannungsdifferenz ΔU und zum elektrischen Widerstand R stehen hier die Stromgröße $\dot{q}$, die treibende Temperaturdifferenz ΔT und die Summe der so genannten thermischen Widerstände

$$R_T = \frac{1}{\alpha_1} + \sum_i \frac{\delta_i}{\lambda_i} + \frac{1}{\alpha_2} \tag{9.48}$$

mit folgenden thermischen Einzelwiderständen

$$R_{\ddot{U},1} = \frac{1}{\alpha_1} \quad \text{Wärmeübergangswiderstand} \tag{9.49}$$

$$R_{\ddot{U},2} = \frac{1}{\alpha_2} \quad \text{Wärmeübergangswiderstand} \tag{9.50}$$

$$R_{D,i} = \frac{\delta_i}{\lambda_i} \quad \text{Wärmeleitwiderstand} \tag{9.51}$$

Daraus folgt für den flächenbezogenen Wärmestrom durch eine mehrschichtige ebene Wand

$$\dot{q} = \frac{\Delta T}{R_T} = k \cdot \Delta T \tag{9.52}$$

und für den Wärmestrom durch eine mehrschichtige ebene Wand

$$\dot{Q} = \frac{A \cdot \Delta T}{R_T} = k \cdot A \cdot \Delta T \qquad (9.53)$$

Der thermische Widerstand für eine mehrschichtige Wand setzt sich analog zur Reihenschaltung von elektrischen Widerständen, siehe Abb. 9.13, gem. Gl. (9.48) aus der Summe der Einzelwiderstände zusammen

$$R_T = R_{\text{Ü},1} + \sum_i R_{D,i} + R_{\text{Ü},2} \qquad (9.54)$$

9.7 Wärmedurchgang durch Wände mit Wärmebrücken

Die Gl. (9.54) für den thermischen Widerstand beim Wärmedurchgang durch eine mehrschichtige Wand gilt nur dann, wenn es sich um homogen aufgebaute Wandschichten handelt. Häufig trifft man jedoch auf Wandkonstruktionen, bei denen Teile einzelner Schichten aus thermisch unterschiedlichen homogenen Bereichen bestehen, z. B. tragenden Konstruktionen in einer Kühlraumisolierung. Diese besser als Isolationsmaterial leitenden Teile stellen Wärmebrücken dar und können die Wirkung einer Isolierung beträchtlich herabsetzen. Man muss dabei beachten, dass nun der Wärmestrom nicht mehr eindimensional ist.

Die Berechnung des thermischen Widerstandes oder des Wärmedurchgangswertes k, dem Kehrwert des thermischen Widerstandes R_T

$$k = \frac{1}{R_T} \qquad (9.55)$$

von inhomogenen Wänden und insbesondere Bauteilen mit Wärmebrücken ist im Allgemeinen recht aufwendig. Deshalb wird hier nur eine von vielen praktikablen Lösungsmethoden zur näherungsweisen Bestimmung des thermischen Widerstandes inhomogener Objekte aufgeführt und zum besseren Verständnis ein Beispiel dazu komplett durchgerechnet. Die Grundzüge und Herangehensweisen einer Berechnungsmethode beliebiger Genauigkeit nach der Finiten Differenzen Methode werden erläutert.

Mit der Einführung der europäischen Norm EN ISO 6946 wird ein relativ einfaches Verfahren zur Berechnung des Wärmedurchgangskoeffizienten k oder des thermischen Widerstandes R_T (Kehrwert des k-Wertes) inhomogener Wände angeboten. In der Bauphysik wird anstelle des k-Wertes die Bezeichnung U-Wert verwendet. Folgende U-Werte werden für die Festlegung der Dämmqualität eines Objektes vorgeschlagen:

0,3 $\frac{W}{m^2 K}$ sehr gut isolierte Objekte

0,6 $\frac{W}{m^2 K}$ gut isolierte Objekte

9 Wärmeübertragung und Wärmedämmung

$1,0 \; \frac{W}{m^2 K}$ normal isolierte Objekte

Im Folgenden wird der auch für Handrechnungen geeignete einfache Berechnungsgang der EN ISO 6946 vorgestellt und anhand eines Anwendungsbeispiels erläutert.

Für ein Bauteil mit Wärmebrücken, das also quasi aus mehreren thermisch unterschiedlichen homogenen Bereichen besteht, lässt sich zur Berechnung des thermischen Widerstandes ein Raster derart einführen, dass sich über eine Aufteilung in Abschnitte und Schichten thermisch homogene Teilflächen ergeben, siehe Abb. 9.8.

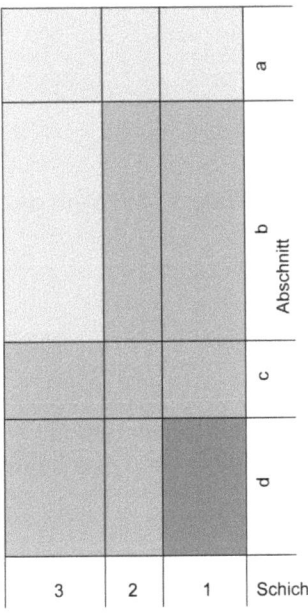

Abb. 9.8: Aufteilung eines inhomogenen Bauteils in homogene Abschnitte und Schichten

In einem Berechnungsschritt (I) können können nun pro Abschnitt j die Einzelwiderstände R_{Tj} der Reihenschaltung

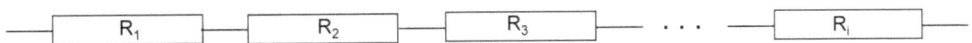

Abb. 9.9: Reihenschaltung der Widerstände in jeder Schicht j

$$R_{Tj} = R_{Ü,1} + \sum_i R_{j,i} + R_{Ü,2} \tag{9.56}$$

berechnet werden.

Aus den thermischen Widerständen der einzelnen Abschnitte R_{Tj} kann der thermische Gesamtwiderstand des Bauteils berechnet werden. Aus Abb. 9.8 ist ersichtlich, dass die Abschnittswiderstände R_{Tj} gem. Abb. 9.10 in einer Parallelschaltung zueinander liegen.

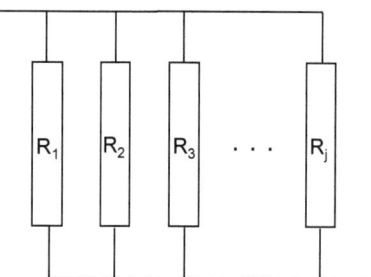

Abb. 9.10: Parallelschaltung der Widerstände der Schichten

Der Kehrwert des Gesamtwiderstandes der Parallelschaltung von Widerständen mit gleichen Leitwerten beträgt in Analogie zur Elektrotechnik

$$\frac{1}{R_T} = \sum_j \frac{1}{R_{Tj}} \tag{9.57}$$

Bei unterschiedlichen Leitwerten der Widerstände in den Schichten wird der thermische Gesamtwiderstand über die unterschiedlichen Flächenanteile der Abschnitte $f_a, f_b, f_c \ldots f_m$

$$\frac{1}{R_T(I)} = \sum_j \frac{f_i}{R_{Tj}} \tag{9.58}$$

bestimmt.

Bei dieser Berechnungsmethode (I) hat man stillschweigend den Wärmestrom zwischen den Abschnitten $a, b, c \ldots m$ in den jeweiligen Schichten vernachlässigt, deshalb wird üblicherweise in einem Schritt (II) noch einmal eine gleichartige Widerstandsberechnung (II) mit den Einzelwiderständen R_{jk} jeder Schicht $i = 1, 2, 3 \ldots k$ der Parallelschaltung

$$\frac{1}{R_{Ti}} = \sum_k \frac{f_j}{R_{j,k}} \tag{9.59}$$

vorgenommen.

Der Gesamtwiderstand aller Schichten $i = 1, 2, 3 \ldots k$ inklusive der Übergangswiderstände für eine Reihenschaltung lautet dann

9 Wärmeübertragung und Wärmedämmung

$$R_T(II) = R_{Ü,1} + \sum_i R_{Ti} + R_{Ü,2} \qquad (9.60)$$

Für die Bestimmung des angenäherten Gesamtwiderstandes werden die beiden Widerstandsberechnungen (I) und (II) gemittelt

$$R_T = \frac{R_T(I) + R_T(II)}{2} \qquad (9.61)$$

Für eine Außenwandkonstruktion, die aus unterschiedlich leitenden Materialien zusammengesetzt ist, wird hier beispielhaft der thermische Gesamtwiderstand R_T berechnet. Die Außenwandkonstruktion besteht aus 5 nebeneinander liegenden Schichten, siehe Abb. 9.10. (Das Berechnungsbeispiel wurde [27] entnommen, geringfügig verändert und mit Ergebnissen der FDM-Methode nach [28] verglichen)

Gegeben:

Schicht 1: Gipskarton-Bauplatte ($\lambda_1 = 0{,}21 \frac{W}{mK}, \delta_1 = 12{,}5 \; mm$)

Schicht 2: Spanplatte ($\lambda_2 = 0{,}13 \; W/(mK), \delta_2 = 16 \; mm$)

Schicht 3: Holz ($\lambda_{3a} = 0{,}13 \; W/(mK), \delta_3 = 140 \; mm$)

und Styropor ($\lambda_{3b} = 0{,}176 \; W/(mK), \delta_3 = 140 \; mm$)

Schicht 4: Holzwolle-Leichtbauplatte ($\lambda_4 = 0{,}093 \; W/(mK), \delta_4 = 35 \; mm$)

Schicht 5: Außenputz ($\lambda_5 = 0{,}87 \; W/(mK), \delta_5 = 20 \; mm$)

$R_{Ü,1} = 0{,}13 \frac{m^2 K}{W}$

$R_{Ü,2} = 0{,}04 \frac{m^2 K}{W}$

Flächenanteil $f_a = \frac{80}{800} = 0{,}1$

Flächenanteil $f_b = \frac{720}{800} = 0{,}9$

Gesucht:

R_T

Lösungsweg:

1. System: geschlossen

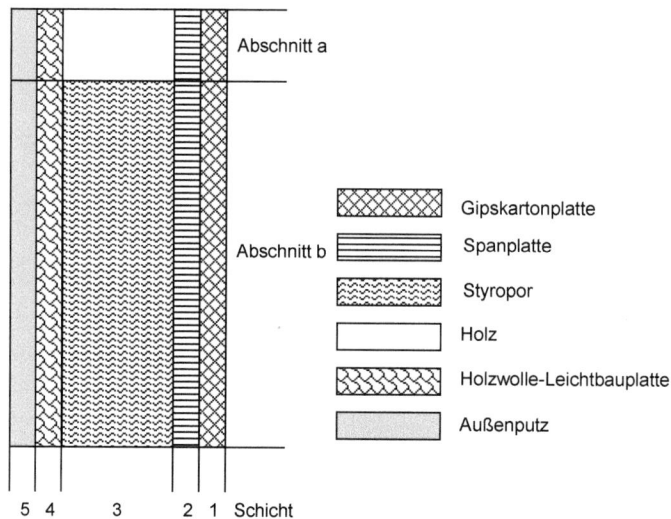

Abb. 9.11: System für Berechnungsbeispiel für Wände mit Wärmebrücken

2. Ruhendes Bezugssystem BZS

3. Modellbildung

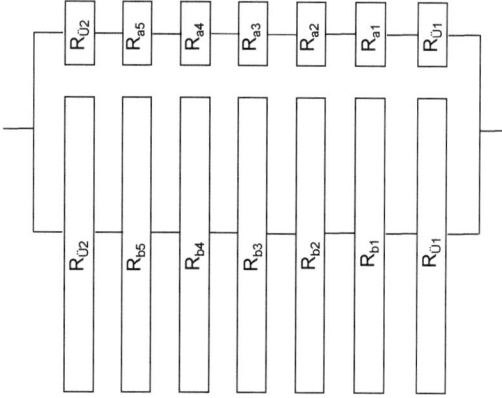

Abb. 9.12: Schaltung der thermischen Widerstände im Schritt I

- Berechnung des thermische Gesamtwiderstand $R_T(I)$
Nach Gln. (9.56) gilt für die Reihenschaltung des Abschnitts a

$$R_{Ta} = R_{Ü,1} + \frac{\delta_1}{\lambda_1} + \frac{\delta_2}{\lambda_2} + \frac{\delta_3}{\lambda_{3a}} + \frac{\delta_4}{\lambda_4} + \frac{\delta_5}{\lambda_5} + R_{Ü,2}$$

$$R_{Ta} = 0{,}13 + \frac{0{,}0125}{0{,}21} + \frac{0{,}016}{0{,}13} + \frac{0{,}140}{0{,}176} + \frac{0{,}035}{0{,}093} + \frac{0{,}020}{0{,}87} + 0{,}04$$

$$R_{Ta} = 1{,}55 \frac{m^2 K}{W}$$

Nach Gln. (9.56) gilt für die Reihenschaltung des Abschnitts b

$$R_{Tb} = R_{\ddot{U},1} + \frac{\delta_1}{\lambda_1} + \frac{\delta_2}{\lambda_2} + \frac{\delta_3}{\lambda_{3b}} + \frac{\delta_4}{\lambda_4} + \frac{\delta_5}{\lambda_5} + R_{\ddot{U},2}$$

$$R_{Ta} = 0{,}13 + \frac{0{,}0125}{0{,}21} + \frac{0{,}016}{0{,}13} + \frac{0{,}140}{0{,}04} + \frac{0{,}035}{0{,}093} + \frac{0{,}020}{0{,}87} + 0{,}04$$

$$R_{Tb} = 4{,}25 \frac{m^2 K}{W}$$

Der thermische Gesamtwiderstand über die unterschiedlichen Flächenanteile der Abschnitte f_a und f_b wird nach Gl. (9.58) wie folgt berechnet

$$\frac{1}{R_T(l)} = \frac{f_a}{R_{Ta}} + \frac{f_b}{R_{Tb}}$$

$$\frac{1}{R_T(l)} = \frac{1/10}{1{,}55} + \frac{9/10}{4{,}25} = 0{,}28 \frac{W}{m^2 K}$$

Für den Wärmestrom können nun für jede Schicht $i = 1, 2, 3 \ldots$ jeweils der Schichtwiderstand der Parallelschaltung der Einzelwiderstände $\frac{f_j}{R_{Djk}}$ der Abschnitte $j = a, b, c \ldots$ nach Gl. (9.59) berechnet werden

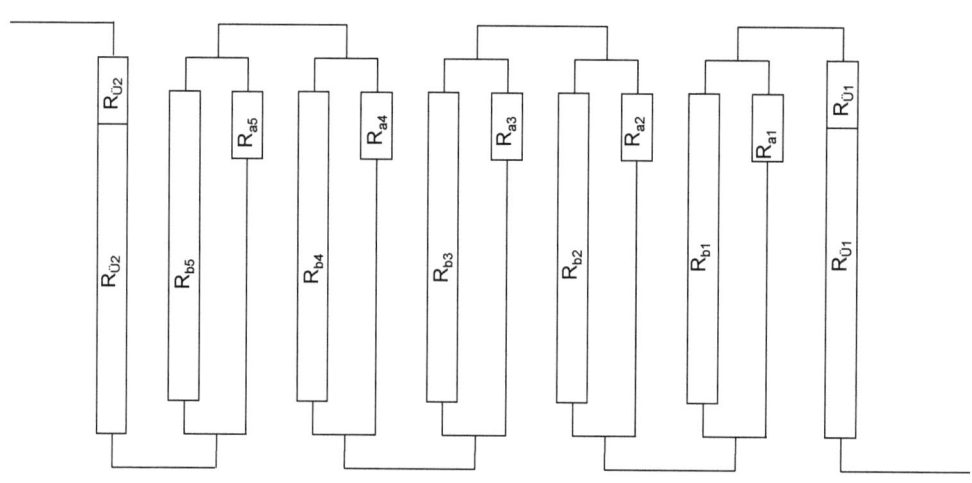

Abb. 9.13: Schaltung der thermischen Widerstände im Schritt II

$$\frac{1}{R_{Tk}} = \sum_j \frac{f_j}{R_{Tj}}$$

$$\frac{1}{R_{T1}} = \frac{f_a}{R_{Da1}} + \frac{f_b}{R_{Db1}}$$

$$\frac{1}{R_{T1}} = \frac{0{,}1}{0{,}0125/0{,}21} + \frac{0{,}9}{0{,}0125/0{,}21} = 16{,}80 \frac{W}{m^2 K}$$

$$\frac{1}{R_{T2}} = \frac{f_a}{R_{Da2}} + \frac{f_b}{R_{Db2}}$$

$$\frac{1}{R_{T2}} = \frac{0{,}1}{0{,}016/0{,}13} + \frac{0{,}9}{0{,}016/0{,}13} = 8{,}13 \frac{W}{m^2 K}$$

$$\frac{1}{R_{T3}} = \frac{f_a}{R_{Da3}} + \frac{f_b}{R_{Db3}}$$

$$\frac{1}{R_{T3}} = \frac{0{,}1}{0{,}140/0{,}176} + \frac{0{,}9}{0{,}140/0{,}04} = 0{,}38 \frac{W}{m^2 K}$$

$$\frac{1}{R_{T4}} = \frac{f_a}{R_{Da4}} + \frac{f_b}{R_{Db4}}$$

$$\frac{1}{R_{T4}} = \frac{0{,}1}{0{,}035/0{,}093} + \frac{0{,}9}{0{,}035/0{,}093} = 2{,}66 \frac{W}{m^2 K}$$

$$\frac{1}{R_{T5}} = \frac{f_a}{R_{Da5}} + \frac{f_b}{R_{Db5}}$$

$$\frac{1}{R_{T5}} = \frac{0{,}1}{0{,}020/0{,}87} + \frac{0{,}9}{0{,}020/0{,}87} = 43{,}5\,\frac{W}{m^2 K}$$

Der Gesamtwiderstand aller 5 in Reihe liegenden Schichten inklusive der beiden Übergangswiderstände können nun in diesem Berechnungsschritt (*II*) ermittelt werden.

$$R_{Tk} = R_{\ddot{U},1} + \sum_k R_{T,k} + R_{\ddot{U},2}$$

Aus den thermischen Widerständen R_{Tk} der einzelnen Schichten kann der thermische Gesamtwiderstand des Bauteils $R_T(II)$ berechnet werden. Aus Abb. 9.14 ist ersichtlich, dass die Schichtwiderstände R_{Tk} gem. Abb. 9.15 in einer Reihenschaltung zueinander liegen.

$$R_{Tk} = R_{\ddot{U},1} + \sum_k R_{T,k} + R_{\ddot{U},2}$$

$$R_T(II) = R_{\ddot{U},1} + R_{T1} + R_{T2} + R_{T3} + R_{T4} + R_{T5} + R_{\ddot{U},2}$$

$$R_T(II) = 0{,}13 + \frac{1}{16{,}8} + \frac{1}{8{,}13} + \frac{1}{0{,}38} + \frac{1}{2{,}66} + \frac{1}{43{,}5} + 0{,}04 = 3{,}36\,\frac{W}{m^2 K}$$

$$\frac{1}{R_T(II)} = 0{,}30\,\frac{W}{m^2 K}$$

Für die Bestimmung des thermischen Gesamtwiderstandes werden die beiden Widerstandsberechnungen (*I*) und (*II*) gemittelt

$$R_T = \frac{R_T(I) + R_T(II)}{2} = \frac{0{,}28\,\frac{W}{m^2 K} + 0{,}30\,\frac{W}{m^2 K}}{2}$$

$$R_T = 0{,}29\,\frac{W}{m^2 K}$$

Bei kleinen Abweichungen zwischen den beiden Rechenschritten (*I*) und (*II*), im vorliegenden Fall nur rund 3 %, ist dieser einfache Berechnungsgang nach EN ISO 6946 sehr zu empfehlen, liefert er doch erstaunlich schnell und sogar per Handrechnung einen schnellen Überblick und eine schnelle Bestimmung des thermischen Widerstandes von inhomogenen Bauteilen mit hinreichender technischer Genauigkeit.

Für genauere Berechnungen des thermischen Widerstandes von inhomogenen Bauteilen und insbesondere von Wänden mit Wärmebrücken hoher Wärmeleitfähigkeit gibt es spezielle kommerzielle Rechenprograme auf der Basis der Finiten Differenzen Methode FDM. Die FDM gilt als das leistungsfähigste, universelle numerische Verfahren der Kontinuumsphysik und kann als allgemeines Verfahren zur Diskretisierung von Feldgleichungen der mathematischen Physik angesehen werden. Hier soll für interessierte Leser nur das gedankliche Grundprinzip des Herangehens in aller Kürze erläutert werden.

Bei dieser Methode wird aus der allgemeinen Differenzialgleichung für die stationäre, inhomogene, zweidimensionale Wärmeleitung

$$0 = \frac{\partial}{\partial x}\left(\lambda(T)\frac{\partial T}{\partial x}\right) + \frac{\partial}{\partial y}\left(\lambda(T)\frac{\partial T}{\partial y}\right) \tag{9.62}$$

ein System von Differenzengleichungen folgender Form erstellt

$$0 = \frac{1}{\Delta x_i}\left(\frac{T_{j,i-1} - T_{j,i}}{\frac{\Delta x_{i-1}}{2\lambda_{i-1}} + \frac{\Delta x_i}{2\lambda_{i-1}}} - \frac{T_{j,i} - T_{j,i+1}}{\frac{\Delta x_i}{2\lambda_i} + \frac{\Delta x_{i+1}}{2\lambda_{i+1}}}\right) + \frac{1}{\Delta y_j}\left(\frac{T_{j-1,i} - T_{j,i}}{\frac{\Delta y_{j-1}}{2\lambda_{j-1}} + \frac{\Delta y_j}{2\lambda_{j-1}}} - \frac{T_{j,i} - T_{j+1,i}}{\frac{\Delta y_j}{2\lambda_j} + \frac{\Delta y_{j+1}}{2\lambda_{j+1}}}\right) \tag{9.63}$$

Anstelle der für den eindimensionalen Wärmeleitvorgang verwendeten homogenen Schichtdicke δ nach Gl. (9.9) wird hier für den zweidimensionalen Fall eine so genannte Maschenweite in x- und y-Richtung Δx_i und Δy_j für die Geometrie eines Widerstandsbereiches R_{ji} verwendet.

Zusammen mit den Randbedingungen stellen die Differenzengleichungen Gl. (9.62) ein System von $i * j$ Gleichungen entsprechend der Anzahl der festgelegten thermisch unterschiedlichen homogenen $i * j$ Widerstandsbereiche R_{ji}, siehe Abb. 9.20.

$R_{j-1,i-1}$	$R_{j-1,i}$	$R_{j-1,i+1}$
$R_{j,i-1}$	$R_{j,i}$	$R_{j,i+1}$
$R_{j+1,i-1}$	$R_{j+1,i}$	$R_{j+1,i+1}$

Abb. 9.14: Erfassung der thermisch unterschiedlichen homogenen Widerstandsbereiche

Diese thermisch unterschiedlichen homogenen Widerstandsbereiche R_{ji} werden hier nicht in zwei Schritten wie bei der europäischen Norm EN ISO 6946 berechnet, bei der zur Rechenvereinfachung im ersten Schritt die Wärmeleitung zwischen den Abschnitte und im zweiten Schritt die Wärmeleitung zwischen den Schichten vernachlässigt wird, um dann diesen Fehler durch Mittelung beider Rechenergebnisse auszugleichen. Bei der

Finiten Differenzen Methode werden im elektrischen Analogieverfahren die Widerstandsbereiche R_{ji} einer inhomogenen, zweidimensionalen Struktur sowohl in horizontaler wie auch in vertikaler Richtung leitend miteinander nach Abb. 9.14 verknüpft.

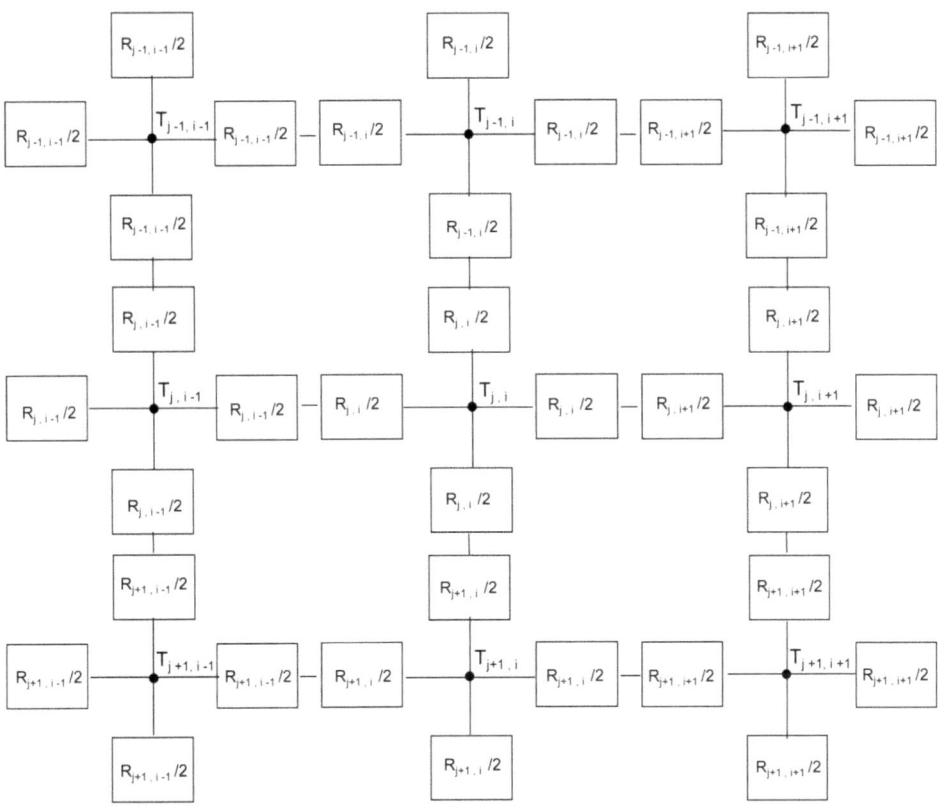

Abb. 9.15: Horizontale (Index i) und vertikale Verknüpfung (Index j) der Widerstandsbereiche

Zusammen mit den Randbedingungen 1. bis 3. Art (definierte Oberflächentemperatur, bekannter Wärmestrom an der Außenseite der Konstruktion oder vorgegebener Konvektionsstrom mit dem Widerstand $R_{Ü1}$ bzw. $R_{Ü2}$) stellt die Gl. (9.62) ein System von $i * j$ Gleichungen zur Berechnung der Temperaturen $T_{j,i}$ in den Leitungsknoten i, j dar.

Der thermische Gesamtwiderstand von inhomogenen Konstruktionen lässt sich einfach berechnen. In Analoge zum OHMschen Gesetz wird der thermische Gesamtwiderstand aus dem Verhältnis von Temperaturdifferenz zwischen Innen- und Außenseite der Konstruktion und der Summe der Einzelströme am inneren oder äußeren Konstruktionsrand berechnet:

$$R_T = \frac{T_{außen} - T_{innen}}{\sum_j \frac{T_{j-1,i-1} - T_{innen}}{R_{j-1,i-1}/2 - R_{Ü1}}} \qquad (9.64)$$

oder

$$R_T = \frac{T_{außen} - T_{innen}}{\sum_j \frac{T_{j+1,i+1} - T_{außen}}{R_{j+1,i+1}/2 - R_{Ü2}}} \tag{9.65}$$

Die Schwierigkeiten bei der Behandlung des Gleichungssystems wachsen mit steigender Anzahl der zu lösenden Gleichungen, die identisch sind mit der vorgegeben Maschenzahl des diskretisierten Objektes. Die Genauigkeit der FDM-Methode steigt mit größer werdender Maschenzahl. Damit nimmt aber auch der erforderliche Rechenaufwand entsprechend zu. Rationell lassen sich auch sehr große Gleichungssysteme rechentechnisch schnell lösen, so dass eine beliebig geforderte Genauigkeit der Ergebnisse der FDM-Methode erfüllt werden kann.

In [28] wird zudem ein erweitertes Verfahren zur Berechnung instationärer Wärmeleitprobleme nicht nur in inhomogenen, sondern auch in anisotropen Objekten erläutert.

9.8 Zusammenstellung wesentlicher Merkmale des thermischen Energietransports

Die wesentlichen Merkmale des thermischen Energietransports durch Wärmeleitung, konvektiven Wärmeübergang und durch Strahlung wie z.B. die Art der beim Transport beteiligten Körper, die Art des thermischen Energietransports und schließlich das zugehörige physikalisch-mathematische Modell (Grundgesetz) zur einfachen Berechnung des entsprechenden Vorgangs sind in Tab. 9.4 aufgelistet.

Tab. 9.4: Zusammenstellung wesentlicher Merkmale des thermischen Energietransports

	Thermischer Energietransport		
Art	Wärmeleitung	Konvektion	Strahlung
Energie – Transport – Vorgang	stoffgebunden intermolekular interatomar	stoffgebunden (makroskopische Teilchenbewegung)	nichtstoffgebunden (elektromagnetische Wellen)
Ort des Energie – Transports	innerhalb Festkörpern innerhalb Fluids	zwischen Festkörper und strömenden Fluid und umgekehrt	Emissionsort kann Oberfläche von Festkörpern oder Fluiden sein
Grund – gesetz	FOURIER $$\dot{q} = -\lambda \cdot \frac{dT(x)}{dx}$$	NEWTON $$\dot{q} = \alpha \cdot \Delta T$$	STEFAN – BOLZMANN $$\dot{E} = \varepsilon \cdot C_s \cdot \left(\frac{T}{100}\right)^4$$

9 Wärmeübertragung und Wärmedämmung

Selbstverständlich können die Transportvorgänge der Wärmeleitung, Konvektion und Strahlung sich überlagern oder nebeneinander auftreten, wie in den Abschnitten 9.5 und 9.6 beschrieben wurde. Andererseits können untergeordnete Wärmeleitungsvorgänge in Flüssigkeiten und Gasen gegenüber den Wärmeleitvorgängen in Festkörpern mit hinreichender technischer Genauigkeit vernachlässigt werden.

10 Repetitorium

10.1 Aufgaben Kapitel 2 – Grundbegriffe

Aufgabe 2.1

Für folgende thermodynamische Systeme ist festzulegen, ob das jeweilige System bei einem Bezugssystem BZS auf der Systemgrenze offen oder geschlossen ist.

Tab. Repetitorium 2.1: Systeme

	Thermodynamisches System
a)	Druckbehälter
b)	Turbine
c)	Pumpe

Gegeben:
Systeme entsprechend Tab. 2.1

Gesucht:
Systemfestlegungen

Aufgabe 2.2

Für einige chemische Stoffe wurden die Atommassen aus dem Periodensystem der Elemente entnommen und tabellarisch wie folgt zusammengestellt.

Tab. Repetitorium 2.2A: Molare Massen (Molmassen) M einiger chemischer Elemente

	chemisches Element	Atommasse
Wasserstoff	H	$01{,}01\ kg/kmol$
Schwefel	S	$32{,}06\ kg/kmol$
Sauerstoff	O	$16{,}00\ kg/kmol$
Stickstoff	N	$14{,}01\ kg/kmol$
Kohlenstoff	C	$12{,}01\ kg/kmol$

Bestimmen Sie die molaren Massen (Molmassen) M der Stoffe, deren chemische Formel in folgender Tabelle aufgelistet sind.

Tab. Repetitorium 2.2B: Chemische Formel einiger Stoffe

	Stoff	chemische Formel
a)	Kohlendioxid	CO_2
b)	Kohlenmonoxid	CO
c)	Methan	CH_4
d)	Propan	C_3H_8
e)	Butan	C_4H_{10}
f)	Wasserdampf	H_2O
g)	Ammoniak	NH_3
h)	Schwefeldioxid	SO_2

Gegeben:

Atommassen verschiedener chemischer Elemente entsprechend Tab. 2.2

Chemische Formel verschiedener Stoffe entsprechend Tab. 2.3

Gesucht:

Molare Massen (Molmassen) M der in Tab. 2.3 aufgelisteten Stoffe

Aufgabe 2.3

In einem Behälter (Volumen $8\,m^3$) befinden sich $7\,kg$ Gas (molare Masse $M = 14\,kg/kmol$).

    a) Ermitteln Sie das spezifische Volumen,
    b) die Dichte und
    c) das molare Volumen

Gegeben:

$M = 14\,kg/kmol$

$V = 8\,m^3$

$m = 7\,kg$

Gesucht:

ϱ

v

$\bar{v}$

Aufgabe 2.4

Der Kolben (Querschnitt $3\,cm^2$) einer Handluftpumpe wird mit einer Kraft $F = 150\,N$ in einen Zylinder gedrückt. Wie groß ist der auftretende Druck in N/m^2, bar und Pa? (Dichte bei $0\,°C$: Wasser $1000\,kg/m^3$).

Gegeben:

$F = 150\,N$

Gesucht:

Druck in N/m^2, bar und Pa

Aufgabe 2.5

In einem mit $m = 300\ kg$ komprimierter Luft gefüllten Behälter von $V = 200\ m^3$ Rauminhalt, siehe Abb. 2.5, wird in einer Höhe von $z = 6\ m$ ein Überdruck von $p_{\text{Ü}} = 0{,}3 \cdot 10^5\ Pa$ gemessen. Der Luftdruck (barometrischer Druck oder atmosphärischer Druck) beträgt $p_B = 10^5\ Pa$.

Der absolute Druck der Luft am Boden des Behälters ($z = 0\ m$) und an der Decke ($z = 6\ m$) ist zu berechnen. Die Erdbeschleunigung ist mit $g = 9{,}81\ m/s^2$ vorgegeben.

Gegeben:

$V = 200\ m^3$

$m = 300\ kg$

$p_{\text{Ü}} = 0{,}3 \cdot 10^5\ Pa$

$p_B = 10^5\ Pa$

$z = 6\ m$

$g = 9{,}81\ m/s^2$

Gesucht:

p_{Decke}

p_{Boden}

Aufgabe 2.6

Eine Uhr wird nach DIN 8310 als „wasserdicht" bezeichnet, wenn alle Dichtungen in einer Wassertiefe von einem Meter 30 Minuten lang aushalten, also einem Umgebungsdruck nach alter Einheit in $mm\ WS$ von $p = 1000\ mm\ WS$ standhält. Wie groß ist der Druck in Pa? Die Dichte von Wasser beträgt $\varrho_{Wasser} = 1000\ kg/m^3$.

Gegeben:

$p = 1000\ mm\ WS$

$\varrho_{Wasser} = 1000\ kg/m^3$

Gesucht:

Druck in N/m^2, bar und Pa

Aufgabe 2.7

Wie groß ist die Dichte ϱ der Luft von $0°\ C$ und $0{,}789\ bar$ Barometerstand in einem geschlossenen Behälter, wenn bei $0°\ C$ und $1\ bar$ die Dichte der Luft $\varrho = 1{,}293\ kg/m^3$ beträgt?

Gegeben:

$p_1 = 1\,bar$

$p_2 = 0{,}789\,bar$

$t_1 = t_2 = 0\,°C$

$\varrho_1 = 1{,}293\,kg/m^3$

Gesucht:

ϱ_2

Aufgabe 2.8

Ein unendlich dehnbarer Heliumballon wird auf der Erde bei $p_E = 0{,}981\,bar$ und $t_E = 15\,°C$ mit 50 kg Helium mit $R = 2{,}08\,kJ/(kg\,K)$ gefüllt. Wie groß ist die Volumenänderung, wenn der Ballon in eine Höhe von 2000 m ($p_H = 0{,}796\,bar, t_H = -30\,°C$) steigt?

Gegeben:

$p_E = 0{,}981\,bar$

$t_E = 15\,°C$

$p_H = 0{,}796\,bar$

$t_H = -30\,°C$

Gesucht:

ΔV

Aufgabe 2.9

In einer Gasflasche befinden sich 0,5 kg Methan mit der speziellen Gaskonstante $R = 0{,}5184\,kJ/(kg\,K)$ bei einer Temperatur von $t = 200\,°C$ und einem Druck $p = 10\,bar$. Man öffnet an der Flasche ein Ventil und lässt das Methan ausströmen. Wieviel kg Methan bleibt in der Flasche, wenn der Zustand in der Flasche gleich dem Umgebungszustand ($t_U = 27\,°C$, $p_U = 1\,bar$) wird?

Gegeben:

$m_1 = 0{,}5\,kg$

$t_1 = 200\,°C$

$p_1 = 10\,bar$

$t_U = t_2 = 27\,°C$

$p_U = p_2 = 1\,bar$

$R = 0{,}5184\,kJ/(kg\,K)$

Gesucht:

m_2

Aufgabe 2.10

Eine Gasometerglocke fasst 30000 m^3 Gas mit der Gaskonstante $R = 0{,}68\ kJ/(kg\ K)$ bei 20 °C und einem Barometerstand von $p_B = 1\ bar$. Die Masse der Glocke ist so bemessen, dass ein Überdruck von 0,03 bar herrscht. Der Glockendurchmesser beträgt 40 m.

a) Welche Gasmasse befindet sich in der Glocke?
b) Wie groß ist die Masse der Glocke, wenn der Auftrieb des eingetauchten Glockenrandes vernachlässigt wird?

Gegeben:

30000 m^3
$t = 20\ °C$
$p_B = 1\ bar$
$p_Ü = 0{,}03\ bar$
$R = 0{,}68\ kJ/(kg\ K)$

Gesucht:

m

m_{Glocke}

Aufgabe 2.11

Ein Kompressor saugt stündlich 120 m^3 Luft an und komprimiert sie auf 16 m^3, wobei sich der Druck von 1 bar auf 9 bar erhöht. Wie groß ist die Temperatur der komprimierten Luft, wenn die Ansaugtemperatur 17 °C beträgt?

Gegeben:
$V_1 = 120\ m^3/h$
$V_2 = 16\ m^3/h$
$p_1 = 1\ bar$
$p_2 = 9\ bar$
$t_1 = 17\ °C$

Gesucht:

t_2

Aufgabe 2.12

Am Fuß eines 40 m hohen Schornsteins beträgt die Abgastemperatur 270 °C, der Abgasvolumenstrom 5000 m^3/h. Welches Volumen strömt in einer Stunde durch die Schornsteinmündung, wenn je Meter Schornsteinhöhe die Temperatur um 0,5 K sinkt? (Der Druck über der Schornsteinhöhe wird als konstant angenommen).

Gegeben:

$V_1 = 5000 \, m^3/h$

$t_1 = 270 \, °C = 543 \, K$

$z = 40 \, m$

$t_2 = 543 \, K - 40 \, m \cdot 0{,}5 \dfrac{K}{m} = 523 \, K$

Gesucht:

V_2

Aufgabe 2.13

Eine zylindrische Taucherglocke (Innendurchmesser $d_i = 4 \, m$, Höhe $z_1 = 4{,}5 \, m$) soll zu Unterwasserarbeiten verwendet werden. Das von Menschen und Werkzeugen eingenommene Volumen beträgt $V_{MW} = 3{,}5 \, m^3$. Wie weit darf der Boden der Glocke, die bei $p_L = 1 \, bar$ und $t_L = 15 \, °C$ eingelassen wird, unter die Oberfläche abgesenkt werden (z_3), wenn das Wasser ($t_W = 4 \, °C$) nicht höher als $z_2 = 1{,}2 \, m$ über den Boden der Glocke steigen soll?

Gegeben:

$d_i = 4 \, m$

$z_1 = 4{,}5 \, m$

$V_{MW} = 3{,}5 \, m^3$

$p_L = 1 \, bar$

$t_L = 15 \, °C$

$t_W = 4 \, °C$

$z_2 = 1{,}2 \, m$

Gesucht:

z_3

Aufgabe 2.14

Rauchgase mit $R = 0{,}34 \, kJ/(kg \, K)$ kühlen sich bei konstantem Druck von $1 \, bar$ von $1200 \, °C$ auf $250 \, °C$ ab. Wie groß ist die auftretende Verminderung des spezifischen Volumens?

Gegeben:

$p = 1 \, bar$

$t_1 = 1200 \, °C$

$t_2 = 250 \, °C$

$R = 0{,}34 \, kJ/(kg \, K)$

Gesucht:

$v_1 - v_2$

Aufgabe 2.15

Wie groß ist das Volumen einer Sauerstoffflasche zu bemessen, die bei 100 bar und 27 °C eine Sauerstoffmenge aufnehmen soll, die auf 1 bar und 18 °C entspannt einen Raum von 1 m^3 einnimmt?

Gegeben:

$p_1 = 1 \, bar$
$p_2 = 100 \, bar$
$t_1 = 18 \, °C$
$t_2 = 27 \, °C$
$v_1 = 1 \, m^3$

Gesucht:

v_2

10.2 Aufgaben Kapitel 3 – Methoden der Thermodynamik

Aufgabe 3.1

Beweisen Sie, dass für ideale Gase die folgende Beziehung gilt:

$$\left(\frac{\partial p}{\partial v}\right)_T \cdot \left(\frac{\partial v}{\partial T}\right)_p \cdot \left(\frac{\partial T}{\partial p}\right)_v = -1$$

Gegeben:

$$\left(\frac{\partial p}{\partial v}\right)_T \cdot \left(\frac{\partial v}{\partial T}\right)_p \cdot \left(\frac{\partial T}{\partial p}\right)_v = -1$$

Gesucht:

$\left(\frac{\partial p}{\partial v}\right)_T$

$\left(\frac{\partial v}{\partial T}\right)_p$

$\left(\frac{\partial T}{\partial p}\right)_v$

Aufgabe 3.2

Für welches ideale Gas gilt folgende Beziehung?

$$\frac{\partial^2 T}{\partial p \cdot \partial v} = \frac{\partial^2 T}{\partial v \cdot \partial p} = 3{,}483 \, \frac{kgK}{kJ}$$

Gegeben:

$$\frac{\partial^2 T}{\partial p \cdot \partial v} = \frac{\partial^2 T}{\partial v \cdot \partial p} = 3{,}483 \, \frac{kgK}{kJ}$$

Gesucht:

Name des idealen Gases

10.3 Aufgaben Kapitel 4 – Erster Hauptsatz der Thermodynamik

Aufgabe 4.1

Mit einem System, dessen Gesamtenergie im Anfangszustand 1 $U_{g1} = 3 \, kJ$ beträgt, werden folgende Zustandsänderungen durchgeführt:

    Zustand 1 zum Zustand 2   6 kJ zugeführt

    Zustand 2 zum Zustand 3   7 kJ zugeführt

    Zustand 3 zum Zustand 4 15 kJ abgeführt

Geben Sie mit Vorzeichen die bei den einzelnen Vorgängen übertragenen Energien, die resultierende Energiezufuhr E_{14} sowie die Gesamtenergie im Zustand 4 an.

Gegeben:

$U_{g1} = 3 \, kJ$

6 kJ zugeführt

7 kJ zugeführt

15 kJ abgeführt

$t_2 = 27 \, °C$

$v_1 = 1 \, m^3$

Gesucht:

U_{g2}

E_{14}

Aufgabe 4.2

Mit einem System werden drei Zustandsänderungen nacheinander ausgeführt und dabei stets Druck und Temperatur bestimmt:

Tab. Repetitorium 4.2 Verschiedene Zustände

	Zustand 1	Zustand 2	Zustand 3	Zustand 4
T in °C	327	581	466	327
p in bar	2,3	5,8	4,2	2,3

Bestimmen Sie
- a) die Differenz der Gesamtenergie vom Anfangs- und Endzustand $U_{g4} - U_{g1}$
- b) die resultierende Energiezufuhr E_{14}

Gegeben:
verschiedene Zustände T und p

Gesucht:
$U_{g4} - U_{g1}$
E_{14}

Aufgabe 4.3

Mit einem in einem Zylinder befindlichen Gas wird eine isobare Zustandsänderung (also mit
$p = konst$) von Zustand 1 zum Zustand 2 durchgeführt. Der Kolben verschiebt sich dabei um Δz nach oben. Wie groß sind bei unterschiedlichem Bezugssystem die an den Wänden I – IV geleisteten Arbeiten (Vorzeichen beachten)?
Wie groß ist jeweils die insgesamt am System geleistete Arbeit?
Anmerkung: Die auftretenden Arbeiten sollen auf die jeweils in Betracht kommenden Flächen bezogen werden. Es ist hier nur ein Weg vorhanden, aber die Kraft muss senkrecht zum Weg stehen.

Gegeben:
Richtung der Arbeiten $w_{DI,12}$ bis $w_{DI,12}$ und $w_{D,12}$

Gesucht:
$w_{DI,12}$
$w_{DII,12}$
$w_{DIII,12}$
$w_{DIV,12}$
$w_{D,12}$

Aufgabe 4.4

Dem skizzierten adiabaten Gesamtsystem wird durch ein Rührwerk Reibungsarbeit zugeführt. Bestimmen Sie, ob bei Dauerbetrieb des Rührwerks die den Teilsystemen A, B, C zugeführte Wärme Q und Arbeit W positiv, negativ oder gleich Null ist. Es gilt dabei ($T_B > T_C$).

Gegeben:

Verschiedene den Teilsystemen zu- bzw. abgeführten Prozessgrößen Q und W

Tab. Repetitorium 4.4A Verschiedene zu- bzw. abgeführte Prozessgrößen Q und W

System	Wärme Q	Arbeit W
A: adiabates Gesamtsystem		
B: Luft im System A		
C: Behälter mit Eis – Wasser – Mischung im System A		

Gesucht:

Vorzeichen der Prozessgrößen Q und W

Aufgabe 4.5

In der nachfolgenden Aufstellung ist das entsprechende geschlossene System für die Betrachtung einer Zustandsänderung durch Unterstreichen hervorgehoben. Bestimmen Sie jeweils, ob die diesem System zugeführte Wärme Q bzw. Arbeit W positiv, negativ oder gleich Null ist. (Vorzeichenregel: zugeführte Wärme/Arbeit $Q/W > 0$ und abgeführte Wärme/Arbeit $Q/W < 0$)

a) Ein <u>Gas</u>, das sich in einem Zylinder mit adiabaten Wänden befindet, expandiert bis zum mechanischen Gleichgewicht mit der Umgebung
b) Ein geschlossener Behälter mit starren Wänden enthält <u>Dampf</u> mit einer Temperatur von 150°C. Er bleibt bis zum thermischen Gleichgewicht in einer Umgebung stehen, deren Temperatur 20°C beträgt.
c) Ein senkrechter Zylinder enthält eine <u>Mischung von Eis und Wasser</u> E/W. Nach oben ist der Zylinder durch einen adiabaten Kolben abgeschlossen, der in seiner Lage festgehalten wird. Von unten wird der Zylinder mit einer Flamme beheizt, wodurch ein Teil des Eises schmilzt.
d) System wie im Fall c), jedoch soll der adiabate Zylinder nicht beheizt werden, sondern in seinem Innern ein Rührwerk arbeiten, bis ebenfalls ein Teil des Eises geschmolzen ist.

Bei den folgenden Fällen soll der Kolben im Zylinder sich jeweils so bewegen können, dass der Druck in der <u>Eis-Wasser-Mischung</u> E/W konstant bleibt. Auch hier soll stets nur ein Teil des Eises schmelzen

e) Energiezufuhr durch die Flamme
f) Energiezufuhr durch ein Rührwerk

Gegeben:

10 Repetitorium

Verschiedene zu- bzw. abgeführte Prozessgrößen Q und W

Tab. Repetitorium 4.5A Verschiedene zu- bzw. abgeführte Prozessgrößen Q und W

System	a	b	c	d	e	f
Arbeit W						
Wärme Q						

Gesucht:

Vorzeichen der Prozessgrößen Q und W

Aufgabe 4.6

In einem Zylinder befindet sich komprimierte Luft. Bei der quasistatischen Expansion verschiebt sich der Kolben (Kolbenfläche $A = 0,1\ m^2$) um $\Delta s = 40\ cm$. Wie groß ist die hierbei zuverrichtende nichttechnische Arbeit, wenn der Umgebungsdruck $p_U = 1$ bar beträgt?

Gegeben:

$A = 0,1\ m^2$

$\Delta s = 40\ cm$

Gesucht:

$W_{D,nt}$

Aufgabe 4.7

In einem mit Gas gefüllten adiabaten Zylinder dreht sich ein Rührwerk. Das Drehmoment des Antriebsmotors beträgt $M = 0,5\ Nm$, die Winkelgeschwindigkeit $\omega = 50\ s^{-1}$, die Versuchsdauer 1 min. Nach dem Abschalten des Motors wartet man, bis das System homogen ist und misst dann eine Kolbenverschiebung von $\Delta s = 20\ cm$. Die Kolbenfläche beträgt
$A = 0,01\ m^2$. Wie groß ist ΔU_g, wenn der gesamte Vorgang bei konstantem Umgebungsdruck $p_U = 1\ bar$ ablaufen soll?

(Bemerkung: Würde man bei dem Versuch die Temperatur messen, so ist es möglich bei Variation des Umgebungsdruckes die thermische Zustandsgleichung $T = T(p,v)$ für das im Zylinder befindliche Medium aufzunehmen).

Gegeben:

$M = 0,5\ Nm$

$\omega = 50\ s^{-1}$

$\Delta \tau = 40\ cm$

$A - 0,01\ m^2$

$\Delta s = 20\ cm$

Gesucht:

ΔU_g

Aufgabe 4.8

In einem Zylinder herrscht ein Innendruck von $p = 8\ bar$, der Außendruck beträgt $p_U = 1\ bar$. Der Kolben wird verschoben, so dass eine Volumenvergrößerung von $\Delta V = 0{,}2\ m^3$ auftritt. Der Innendruck bleibt konstant. Wie groß sind für diesen Vorgang $W_{D,12}$, $W_{nt,12}$, $W_{t,12}$?

Gegeben:

$p = 8\ bar$

$p_U = 1\ bar$

$\Delta V = 0{,}2\ m^3$

Gesucht:

$W_{D,12}$

$W_{nt,12}$

$W_{t,12}$

Aufgabe 4.9

Der in der Skizze dargestellte Körper mit der Masse $m = 5{,}0\ kg$ wird von der Höhe $z_1 = 1\ m$ auf die Höhe $z_2 = 2{,}5\ m$ gehoben. Es ist die am Körper durch Oberflächenkräfte verrichtete Arbeit zu berechnen.

Gegeben:

$m = 5{,}0\ kg$

$z_1 = 1{,}0\ m$

$z_2 = 2{,}5\ m$

Gesucht:

$W_{O,12}$

Aufgabe 4.10

In einem senkrechten Zylinder befindet sich komprimierte Luft. Der zunächst arretierte masselose Kolben (Kolbenfläche $0{,}02\ m^2$) wird mit einem Massestück von $5\ kg$ belastet. Nach dem Lösen der Arretierung verschiebt sich der Kolben durch den quasistatischen Expansionsvorgang um $0{,}5\ m$. Wie groß sind technische und nichttechnische Arbeit, wenn der Umgebungsdruck $p_U = 1\ bar$ beträgt?

Gegeben:

$m = 5{,}0\ kg$
$A = 0{,}02\ m^2$
$\Delta z = 0{,}5\ m$

Gesucht:
$W_{D,t}$
$W_{D,nt}$

Aufgabe 4.11
Zeigen Sie den Unterschied der technischen Arbeit zwischen
a) einem in einem Zylinder ablaufenden einmaligen Vorgang und
b) einem Strömungsprozess.

Gegeben:
a) Betrachtung der Oberfächenkräfte in einem offenen System
b) Betrachtung der Oberfächenkräfte in einem geschlossenen System

Gesucht:
Unterschiede der technischen Arbeiten zwischen a) und b)

Aufgabe 4.12
Für die skizzierte Turbine seien am Ein- und Austritt folgende stationäre Zustandsgrößen bekannt:
$p_1 = 10\ bar$
$\dot{V}_1 = 0{,}5\ m^3/s$
$p_2 = 1\ bar$
$\dot{V}_2 = 3{,}0\ m^3/s$
a) An welchen Teilen der Systemgrenze (I – VII) tritt technische bzw. nichttechnische Arbeit auf?
b) Wie groß ist die nichttechnische Leistung am System?

Gegeben:
$p_1 = 10\ bar$
$\dot{V}_1 = 0{,}5\ m^3/s$
$p_2 = 1\ bar$
$\dot{V}_2 = 3{,}0\ m^3/s$

Gesucht:
a) Systemgrenzen mit $W_{t,12} \neq 0$ und $W_{nt,12} \neq 0$

b) $\dot{W}_{nt,1}$

Aufgabe 4.13

In einem Zylinder befinden sich 0,5 kg Luft. Wie groß ist die Änderung der spezifischen inneren Energie der Luft Δu (in kJ/kg), wenn gleichzeitig durch Verbrennen von Kraftstoff im Zylinder 5 kcal frei werden, eine elektrische Heizspirale 200 W eine Zeitspanne von 3 min betrieben und durch Volumenvergrößerung eine Volumenänderungsarbeit $|W_{D,12}| = 1500$ kpm geleistet wird? (Bei diesem Vorgang gibt es keine Reibungsarbeit).

Gegeben:

$m = 0{,}5\ kg$

$|W_{D,12}| = 1500\ kpm$

$Q_{V12} = 5\ kcal$

$Q_{H12} = 200\ W$

Gesucht:

Δu

Aufgabe 4.14

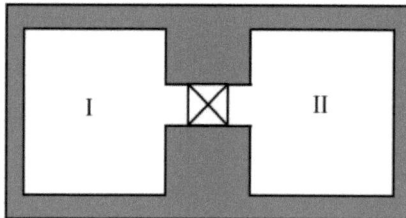

Abb. Repetitorium 4.14A: System zur Aufgabe 4.14

Zwei durch ein Ventil miteinander verbundene Gefäße I (*Volumen* V_I) und II (*Volumen* V_{II}) befinden sich in einem isolierten Behälter. In beiden Gefäßen herrscht die gleiche Temperatur. Als System wird ein ideales Gas betrachtet, das sich zunächst in I unter einem Druck p befindet (II am Anfang evakuiert), dann durch Öffnen des Überströmventils teilweise nach II reibungsfrei überströmt?

a) Wie groß ist die Arbeit, die am System vollbracht wird, wenn man das Ventil bis zum Druckausgleich öffnet? (Begründung)
b) Wie ändert sich die Gesamtenergie bei diesem Vorgang?
c) Welche Aussagen können Sie über die thermischen Zustandsgrößen machen? (Überströmversuch von Gay-Lussac zur Ermittlung der kalorischen Zustandsgleichung).

Gegeben:

V_I

V_{II}

$p_I = p$
$p_{II} = 0$

Gesucht:
W
ΔU_g
Aussagen zu p, v, T

Aufgabe 4.15

Einer in einem Zylinder befindlichen Gasmenge (System) wird eine Wärme $Q_{12} = 14,4\ kJ$ zugeführt. Außerdem wird eine Volumenänderungsarbeit am System verrichtet. Die insgesamt eingetretene Erhöhung der inneren Energie beträgt 21,3 kJ. Welche technische Arbeit tritt an der Kolbenstange auf, wenn sich der Kolben (Kolbenfläche $A = 700\ cm^2$) um
$\Delta s = 50\ cm$ reibungsfrei verschiebt (Umgebungsdruck $p_U = 1\ bar$)?

Gegeben:
$Q_{12} = 14,4\ kJ$
$\Delta U = 21,3\ kJ$
$A = 700\ cm^2$
$\Delta s = 50\ cm$
$p_U = 1\ bar$

Gesucht:
$W_{t,12}$

Aufgabe 4.16

Zwei gleiche, gut isolierte Gefäße enthalten je die gleiche Menge derselben Eis-Wasser-Mischung. Beide Gemische erfahren die gleiche Änderung des Zustandes. Im Gefäß A wird sie durch Zuführung der Wärme von 7,56 kcal hervorgerufen, im Behälter B durch ein Rührwerk, das bei einer Umdrehungszahl von 1485 U/min 40 min lang läuft und dabei ein durchschnittliches Drehmoment von 0,864 kpcm hat.
   a) Wie groß ist die im Behälter B vom Rührwerk verrichtete Arbeit (Nm)?
   b) Wie groß ist die Erhöhung der Gesamtenergie in den Behältern A und B?

Gegeben:
$Q_{12} = 7,56\ kcal$
$n = 1485\ U/min$
$\tau = 40\ min$

Gesucht:

W_{12} im Behälter B

ΔU_g im Behälter A und B

Aufgabe 4.17

Zeigen Sie, dass die Wärmezufuhr an ein System lediglich zur Änderung der inneren Energie führt, wenn man annimmt, dass der Vorgang isochor ($v = konst$) verläuft und keine Reibungsarbeit zugeführt wird.

Gegeben:

$v = konst$

$\delta W_R = 0$

Gesucht:

$\delta q = du$ Wärmezufuhr an ein System soll lediglich zur Änderung der inneren Energie führen

Aufgabe 4.18

Wie groß ist das Volumen V_2 einer in einem Zylinder enthaltenen Gasmenge m (spezifische Wärme c_p ist bekannt) vom Zustand v_1, T_1, wenn ihr durch ein Rührwerk die Arbeit $w_{R,12}$ zugeführt wird? (Das System soll mit der Umgebung stets in mechanischem Gleichgewicht stehen und adiabate Wände besitzen).

Gegeben:

m

c_p also $p = konst$

v_1

T_1

$\delta q = 0$

Gesucht:

V_2

Aufgabe 4.19

Durch einen Kolben wird einem vollständig isolierten (adiabaten) System im Zylinder eine Arbeit w_{12} zugeführt, die größer als $|\int_1^2 p \cdot dv|$ ist. Wie groß ist die Änderung der inneren Energie des Gases?

Gegeben:

$\delta q = 0$

$w_{12} > |\int_1^2 p \cdot dv|$

Gesucht:

Δu

Aufgabe 4.20

In einem Zylinder befindet sich Luft (ideales Gas, $R = 0{,}287 \frac{kJ}{kgK}$) von $p_1 = 1\ bar$ und $T_1 = 300\ K$, der durch eine isochore Zustandsänderung ($v = konst$) eine Wärme von $72\ kJ/kg$ zugeführt wird. Die Temperatur steigt dabei auf $T_2 = 400\ K$.

a) Wie groß ist die Änderung der spezifischen inneren Energie Δu?
b) Wie groß ist die Änderung der spezifischen Enthalpie Δh?

Gegeben:

$R = 0{,}287 \dfrac{kJ}{kgK}$

$p_1 = 1\ bar$

$T_1 = 300\ K$

$T_2 = 400\ K$

$q_{12} = 72\ kJ/kg$

$v = konst$

$\delta w_R = 0$

Gesucht:

Δu

Δh

Aufgabe 4.21

In welcher Zeit können $2\ kg$ Wasser ($c_p = 4{,}23 \frac{kJ}{kg\ K}$) mit einem elektrischen Tauchsieder von $500\ W$ von $10\ °C$ auf $100\ °C$ erwärmt werden? (Es sollen keine Verluste auftreten).

Gegeben:

$m = 2\ kg$

$\dot{Q}_{12} = 500\ W$

$t_1 = 10\ °C$

$t_2 = 100\ °C$

$\delta W_R = 0$

$dp = 0$ isobarer Vorgang

Gesucht:
$\Delta \tau$

Aufgabe 4.22
Welche Änderung der spezifischen inneren Energie Δu erfährt Rauchgas (c_p und R bekannt), das mit der Temperatur T einen Schornstein verlässt und damit auf die Temperatur der Umgebung T_U abgesenkt wird.

Gegeben:
c_p
R
T
T_U
$\delta W_R = 0$
$dp = 0$ isobarer Vorgang

Gesucht:
Δu

Aufgabe 4.23
Ein Behälter mit adiabaten Wänden ist durch einen reibungsfrei geführten und mit der Masse m belasteten Kolben verschlossen. In dem Behälter befindet sich Luft mit einer Masse von 5 kg und der spezifischen Wärmekapazität $c_p = 1{,}004\ kJ(kg\ K)$. Wie groß ist die Leistung des Rührwerks, wenn innerhalb von 5 min die Temperatur der Luft um 40 K steigt, wobei durch die Heizwicklung noch eine Wärme von 8 kJ zugeführt worden ist?

Gegeben:
$m_L = 5\ kg$
$c_p = 1{,}004\ kJ(kg\ K)$
Q_{12}
$\Delta T = 40\ K$
$\Delta \tau = 5\ min$
$\delta W_R(\text{Kolben}) = 0$
$dp = 0$ isobarer Vorgang

Gesucht:
$\dot{W}_{R,12}$

Aufgabe 4.24

Wie hoch steigt a) die Temperatur und wie groß ist b) die Wärmezufuhr, wenn 0,5 m^3 Luft von 20 °C bei konstantem Druck von 3 bar eine Arbeit von $|W_{D,12}| = 23,5 \, kJ$ leisten?

Gegeben:

$t_1 = 20 \, °C$

$c_p = 1,004 \, kJ/(kg \, K)$

$V = 0,5 \, m^3$

$p_1 = p_2 = p = konst$

$W_{D,12} = -23,5 \, kJ$ geleistete (vom System abgegebene Arbeit)

Gesucht:

t_2

Q_{12}

Aufgabe 4.25

In einem geschlossenen Gefäß mit konstantem Volumen 20 l befindet sich Kohlenmonoxid CO mit den Werten $R = 0,2968 \, kJ/(kg \, K)$ und $c_v = 0,743 \, kJ/(kg \, K)$ von 18 °C unter einem Druck von 3 bar. Wie hoch steigen Druck und Temperatur, wenn eine Energie (Wärme und/oder Arbeit) von 5 kJ zugeführt wird?

Gegeben:

$V = 20 \, l$

$c_v = 0,743 \, kJ/(kg \, K)$

$R = 0,2968 \, kJ/(kg \, K)$

$v_1 = v_2 = v = konst$

$t_1 = 18 \, °C$

$p_1 = 3 \, bar$

$E_{zu,12} = 5 \, kJ$

Gesucht:

t_2

p_2

Aufgabe 4.26

Welche Masse eines Bleistücks (spezifische Wärme des Bleis beträgt im festen Zustand $c = 0,13 \, kJ/(kg \, K)$ kann von 27 °C bis auf Schmelztemperatur durch den Aufschlag eines Hammers mit einer Masse von 200 kg aus 2 m Höhe gebracht werden, wenn man annimmt, dass die gesamte Energie des fallenden Hammers dem Blei zugeführt wird? Die Schmelztemperatur des Bleis beträgt 327 °C.

(Da der Wert der spezifischen Wärme des Bleis sich im flüssigen Zustand nahezu verdoppelt, soll der Vorgang nur bis kurz vor der Schmelztemperatur von 327 °C ablaufen, so dass die spezifische Wärme während des Prozesses als konstant angenommen werden kann).

Gegeben:

$c = 0{,}13 \; kJ/(kg \; K)$

$p_1 = p_2 = p = konst$

$t_1 = 27 \; °C$

$t_2 = 327 \; °C$

$m_{Hammer} = 200 \; kg$

$\Delta z = 2 \; m$

Gesucht:

m_{Blei}

Aufgabe 4.27

Ein elektrischer Induktionsofen braucht 153 kWh zum Einschmelzen von 1 t Messing (62 % Cu, 38 % Zn) mit der spezifischen Wärmekapazität von $c = 0{,}38 \; kJ(kg \; K)$ und der spezifischen Schmelzwärme*) $q_s = 146{,}5 \; kJ/kg$. Das Messing wird mit 20 °C in den Ofen eingebracht, seine Schmelztemperatur beträgt 900 °C.
  a) Welche Wärme ist zum Erhitzen und
  b) Zum Einschmelzen von 1 t Messing erforderlich?
  c) Welche Wärme wird an die Umgebung abgegeben, wenn man annimmt, dass die gesamte elektrische Energie in Wärme umgewandelt wird?

*) Die spezifische Schmelzwärme bezeichnet die Energie, die benötigt wird, um einen Stoff von dem festen in den flüssigen Aggregatzustand zu überführen. Dabei werden Bindungskräfte zwischen Molekülen bzw. Atomen überwunden, ohne deren Temperatur zu erhöhen.

Gegeben:

$E_{zu} = 153 \; kWh$

$c = 0{,}38 \; kJ(kg \; K)$

$p = konst$

$t_1 = 20 \; °C$

$t_2 = 900 \; °C$

$m = 10^3 kg$

$q_s = 146{,}5 \; kJ/kg$

$\delta w_R = 0$

Gesucht:

$Q_{12} = Q_{E,12} + Q_{S,12}$ (Erhitzen + Schmelzen)

$Q_{Umgebung,12}$

Aufgabe 4.28

Ein Dieselmotor von 136 PS betreibt einen Generator. Die erzeugte elektrische Energie wird benutzt, um Wasser bei konstantem Umgebungsdruck von 20 °C auf 70 °C in einem adiabaten Behälter zu erwärmen. Welche Wassermenge (in kg) kann in einer Stunde erwärmt werden, wenn keine Umwandlungsverluste auftreten sollen?

Gegeben:

$p = konst$

$t_1 = 20\,°C$

$t_2 = 70\,°C$

$\delta Q = 0$

$\delta W_R = 0$

Gesucht:

$\dot{m}$

Aufgabe 4.29

Berechnen Sie die Differenz zwischen innerer Energie U und Enthalpie H bei konstanten Umgebungsbedingungen ($t_U = 20\,°C, p_U = 735{,}6\,Torr$) für

a) 5 kg Luft ($\varrho_{Luft} = 1{,}293\,kg/m^3$)
b) ein Stahlstück mit der Masse $m = 5\,kg$ ($\varrho_{Stahl} = 7850\,\frac{kg}{m^3}$).

Gegeben:

$t_U = 20\,°C$

$p_U = 735{,}6\,Torr$

$\varrho_{Stahl} = 7850\,kg/m^3$

$\varrho_{Luft} = 1{,}293\,kg/m^3$

$m_{Luft} = 5\,kg$

$m_{Stahl} = 5\,kg$

Gesucht:

$H - U$ für Luft

$H - U$ für Stahlstück

Aufgabe 4.30

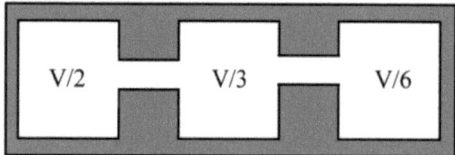

Abb. Repetitorium 4.30A: System zur Aufgabe 4.30

3 kg Luft befinden sich bei $p = 3\ bar$ und Umgebungstemperatur $t_U = 20\ °C$ in nebenstehendem Behälter mit dem Volumen V (Volumen der Verbindungsrohre vernachlässigbar klein). Wie groß ist die Enthalpie H der Luft in den einzelnen Behälterteilen, wenn $u(20\ °C) - u(0°C) = 16\ kJ/kg$ ist und $u(0°C) = 0 kJ/kg$ definiert wird?

Gegeben:
$t_U = 20\ °C$
$m = 3\ kg$
$u(20\ °C) - u(0°C) = 16\ kJ/kg$
$u(0°C) = 0 kJ/kg$

Gesucht:
H

Aufgabe 4.31

Ein bewegtes System mit konstanter innerer Energie wird abgebremst, die Geschwindigkeit verringert sich von 40 m/s auf 0 m/s Wie groß ist die Änderung der spezifischen Gesamtenergie?

Gegeben:
$c_1 = 40\ m/s$
$c_2 = 0\ m/s$

Gesucht:
Δu_g

Aufgabe 4.32

Gegeben ist ein System (ideales Gas $c_p = 2{,}514\ kJ/(kg\ K)$ mit dem eine isobare Zustandsänderung ($p = 50\ bar$) durchgeführt wird. Wie groß ist dabei der Unterschied zwischen den Quotienten $(\Delta u/\Delta T)_v = c_v = 1{,}802\ kJ/(kg\ K)$ und $(\Delta u/\Delta T)_p$? Interpretieren Sie das Ergebnis. Gegeben sind zudem die Werte:

Gegeben:

$T_1 = 330\,°C$

$T_2 = 500\,°C$

$v_1 = 0{,}05\ m^3/kg$

$v_2 = 0{,}07\ m^3/kg$

Werte aus dem Aufgabentext:

$c_p = 2{,}514\ kJ/(kg\ K)$

$c_v = 1{,}802\ kJ/(kg\ K)$

Gesucht:

$\left(\dfrac{\Delta u}{\Delta T}\right)_p - \left(\dfrac{\Delta u}{\Delta T}\right)_v$

Aufgabe 4.33

Ein als geschlossenes thermodynamisches System betrachteter Körper ($m = 10\ kg$) wird von $0\ m/s$ auf $50\ m/s$ beschleunigt. Wie groß ist die dadurch auftretende Änderung der Gesamtenergie des Körpers?

Gegeben:

$m = 10\ kg$

$c_1 = 0\ m/s$

$c_2 = 50\ m/s$

Gesucht:

ΔU_g

Aufgabe 4.34

Ein bewegtes System wird während einer Zustandsänderung von $0\ m/s$ auf $20\ m/s$ beschleunigt. Die spezifische innere Energie nimmt dabei um $2\ kJ/kg$ ab. Wie groß ist die Änderung der Gesamtenergie des Systems?

Gegeben:

$c_1 = 0\ m/s$

$c_2 = 20\ m/s$

Gesucht:

Δu_g

Aufgabe 4.35

Wie groß ist die Gesamtenthalpie von Wasser ($t = 80\,°C$), das mit $20\,m/s$ ein Rohr durchströmt? Es sei $h(0\,°C) = 0\,kJ/kg$.

Gegeben:

$t_1 = 0\,°C$

$t_2 = 80\,°C$

$c = 20\,m/s$

$h_{g,1} = h_g(t_1) = 0\,kJ/kg$

Gesucht:

$h_{g,2} = h_g(t_2)$

Aufgabe 4.36

Ein mit Argon (spezifische Wärmekapazität $c_p = 0{,}316\,\frac{kJ}{kgK}$) gefüllter Ballon (Gasmasse $m = 6\,kg$) steigt um eine bestimmte Höhe. Dabei ändert sich seine Geschwindigkeit von $c_1 = 2\,m/s$ auf $c_2 = 0{,}5\,m/s$ und die Temperatur der Ballonfüllung von $t_1 = 15\,°C$ auf $t_2 = 14\,°C$. Berechnen Sie die Änderung der Gesamtenergie des Ballons

Gegeben:

$c_p = 0{,}316\,\dfrac{kJ}{kgK}$

$m = 6\,kg$

$t_1 = 15\,°C$

$t_2 = 14\,°C$

$c_1 = 2\,m/s$

$c_2 = 0{,}5\,m/s$

Gesucht:

Δu_g

Aufgabe 4.37

Ein Körper ($m = 6\,kg$), der im Anfangszustand keine Geschwindigkeit besitzt, durchfällt mit der Beschleunigung $g = 9{,}81\,m/s^2 = konst$ frei eine Höhe von $50\,m$ (reibungsfreier Vorgang, ruhendes Bezugssystem). Wie groß sind ΔU, ΔU_g sowie die kinetische Energie E_{kin} im Endzustand?

Gegeben:

$m = 6\,kg$

$g = 9{,}81\,m/s^2 = konst$

$\Delta z = z_2 - z_1 = 50\ m$

Gesucht:

ΔU

ΔU_g

Aufgabe 4.38

Wasser ($\varrho = konst$) durchströmt reibungsfrei ein sich im Durchmesser verengendes Rohr. Im Querschnitt 1 (Durchmesser $d_1 = 10\ cm$) wird eine Geschwindigkeit von $2\ m/s$ gemessen. Wie groß ist die Geschwindigkeit im Querschnitt 2, wenn dort der Durchmesser nur $d_2 = 5\ cm$ beträgt?

Gegeben:

$d_1 = 10\ cm$

$d_2 = 5\ cm$

$c_1 = 2\ m/s$

Gesucht:

c_2

Aufgabe 4.39

Welche kinetische Energie besitzt ein Körper ($m = 1\ kg$) beim Auftreffen auf die Erdoberfläche, wenn er von einem $300\ m$ hohen Turm, der auf 50° nördlicher Breite steht, fallen gelassen würde? (Erdradius $6378250\ m$). Die Berechnung soll einmal im ruhenden Bezugssystem und zum anderen im rotierenden Bezugssystem (Erddrehung) erfolgen. Auf 50° nördlicher Breite ist $g = 9{,}8101\ m/s^2$. Der Vorgang soll reibungsfrei verlaufen, Luftdruckänderung bleibt unberücksichtigt. Welche Geschwindigkeit besitzt der Körper beim Aufprall (ruhendes Bezugssystem).

Gegeben:

$m = 1\ kg$

$g = 9{,}8101\ m/s^2$

$r_1 = 6378250\ m$

$r_2 = 6378250\ m + 300\ m$

$\delta W_R = 0$

Gesucht:

ΔE_{kin} für ruhendes $\Delta E_{kin} = \Delta E_{kin,Fall}$ und rotierendes Bezugssystem $\Delta E_{kin} = \Delta E_{kin,Fall} + \Delta E_{kin,Rotl}$

c_2

Aufgabe 4.40

Ein im Querschnitt veränderliches Rohr wird reibungsfrei von Luft durchströmt. Im Querschnitt 1 ($A_1 = 100\ cm^2$) beträgt die Dichte $\varrho_1 = 1{,}6\ kg/m^3$, die Geschwindigkeit $c_1 = 5\ m/s$. Wie groß ist die Dichte im Querschnitt 2 ($A_2 = 25\ cm^2$), wenn dort eine Geschwindigkeit von $40\ m/s$ gemessen wird?

Gegeben:

$A_1 = 100\ cm^2$

$A_2 = 25\ cm^2$

$c_1 = 5\ m/s$

$\varrho_1 = 1{,}6\ kg/m^3$

Gesucht:

c_2

Aufgabe 4.41

In einem sich im Querschnitt verengenden Rohr (Eintritt $d_1 = 8\ cm$, Austritt $d_2 = 6\ cm$) strömen reibungsfrei $600\ kg/min$ Flüssigkeit $\varrho = 0{,}9\ kg/dm^3 = konst$. Wie groß ist die Geschwindigkeit im Ein- und Austrittsquerschnitt?

Gegeben:

$d_1 = 8\ cm$

$d_2 = 6\ cm$

$\dot{m} = 600\ kg/min$

$\varrho = 0{,}9\ kg/dm^3$

Gesucht:

c_1

c_2

Aufgabe 4.42

In einem Reduzierventil wird Pressluft von $7\ bar$ auf $2\ bar$ bei konstanter Temperatur von $20\ °C$ gedrosselt. Wie groß sind Ein- und Austrittsquerschnitt des Ventils zu wählen, wenn der Mengenstrom $\dot{m} = 18000\ kg/h$ und die Strömungsgeschwindigkeit im gesamten Bereich $20\ m/s$ betragen soll?

Gegeben:

$p_1 = 7\ bar$

$p_2 = 2\ bar$

$\dot{m} = 18000\ kg/h$

$c = 20 \, m/s = konst$

Gesucht:

A_1

A_2

Aufgabe 4.43

Wie groß ist die spezifische technische Arbeit einer idealen Pumpe, die Wasser von einem Druck $p_1 = 1 \, bar$ auf $p_2 = 80 \, bar$ bringt? Wie groß ist ihre Leistung, wenn der Massenstrom $\dot{m} = 1000 \, kg/h$ beträgt?

Gegeben:

$p_1 = 1 \, bar$

$p_2 = 80 \, bar$

$\dot{m} = 1000 \, kg/h$

$\delta W_R = 0$

Gesucht:

$w_{t,12}$

$\dot{W}_{t,12}$

Aufgabe 4.44

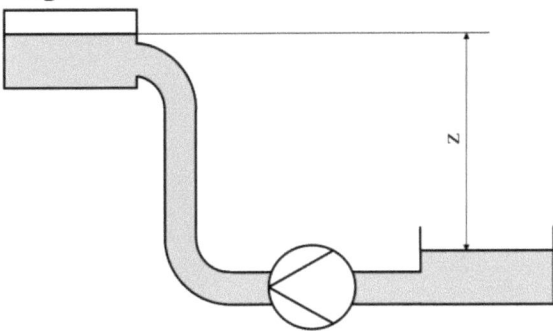

Abb. Repetitorium 4.44A: System zur Aufgabe 4.44

Welche spezifische technische Arbeit hat eine Pumpe zu verrichten, die Wasser aus einem offenen Behälter (Umgebungsdruck $p_U = 1 \, bar$) in einem geschlossenen Behälter (Innendruck $p_{\ddot{U}} = 2 \, bar$) fördert? Die Einströmgeschwindigkeit in den geschlossenen Behälter beträgt $c_2 = 2 \, m/s$, der Höhenunterschied der Wasserspiegel $\Delta z = 10 \, m$. Die Dichte von Wasser beträgt $1000 \, kg/m^3$.

Gegeben:

$p_\ddot{U} = 2\ bar$

$p_U = 1\ bar$

$c_1 = 0\ m/s$

$c_2 = 2\ m/s$

$z_1 = 0\ m$

$z_2 = 10\ m$

$\varrho = 1000\ kg/m^3$

$\delta W_R = 0$

$\delta q = 0$

$dh = 0$

Gesucht:

$w_{t,12}$

Aufgabe 4.45

Welche stündliche Wassermenge ist erforderlich, um mit der skizzierten Turbinenanlage 1 MW Leistung zu erhalten? Die Höhe des zu fördernden Wassers ist $z_2 = 50\ m$. Die Geschwindigkeit beträgt in dieser Höhe $c_2 = 5\ m/s$.

Gegeben:

$\dot{W}_{t,12} = 1\ MW$

$c_1 = 0\ m/s$

$c_2 = 5\ m/s$

$z_1 = 0\ m$

$z_2 = -50\ m$

$\delta W_R = 0$

$\delta q = 0$

$dh = 0$

Gesucht:

$\dot{m}$

Aufgabe 4.46

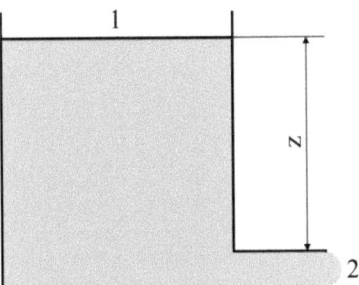

Abb. Repetitorium 4.46A: System zur Aufgabe 4.46

a) Nebenstehendes Gefäß sei bis zur Höhe z_2 mit Wasser gefüllt. Wie groß ist die Ausströmgeschwindigkeit c_2, wenn die Strömung stationär und reibungsfrei sein soll und wenn angenommen werden kann, dass die Höhe der Wassersäule konstant bleibt?

b) Die Höhe z_2 beträgt $2\,m$ und es wird eine Ausflussgeschwindigkeit $c_2 = 5\,m/s$ gemessen.
Überprüfen Sie, ob dieser Wert der unter a) aufgestellten Beziehung für c_2 entspricht. Wenn nein, begründen Sie die Abweichung.

Gegeben:

Zu a)

c_2

Zu b)

$c_2 = 5\,m/s$

$z_1 = -2\,m$

$z_2 = 0\,m$

$\delta W_R = 0$

$\delta q = 0$

$dh = 0$

$p = konst$

$\delta W_t = 0$

Gesucht:

c_2

Aufgabe 4.47

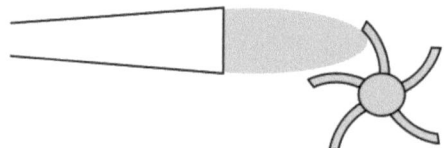

Abb. Repetitorium 4.47A: System zur Aufgabe 4.47

Ein Flüssigkeitsstrahl ($\dot{m} = 1\ kg/s$) trifft mit der Geschwindigkeit von $5\ m/s$ auf ein Schaufelrad auf. Welche Leistung kann an der Schaufelradwelle abgenommen werden, wenn die kinetische Energie vollkommen genutzt wird?

Gegeben:
$\dot{m} = 1\ kg/s$
$c_1 = 5\ m/s$
$\delta W_R = 0$
$\delta q = 0$
$dh = 0$
$p = konst$

Gesucht:
$\dot{W}_{t,12}$

Aufgabe 4.48

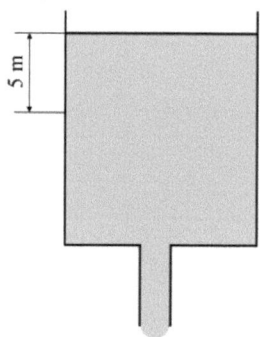

Abb. Repetitorium 4.48A: System zur Aufgabe 4.48

Aus einem offenen Behälter fließt Wasser reibungsfrei durch eine Öffnung im Boden ab. $5\ m$ unterhalb des Wasserspiegels, dessen Höhe sich durch ständigen Nachfluss nicht ändern soll, beträgt die Geschwindigkeit $3\ m/s$.
 a) Wie groß ist der Druck an dieser Stelle, wenn der Umgebungsdruck $1\ bar$ beträgt?
 b) Wie verändert sich der Druck, wenn
  1. der Boden geschlossen ist,

2. die Öffnung vergrößert wird?

Gegeben:

$p_1 = 1\ bar$

$z_1 = 0\ m$

$z_2 = -5\ m$

$c_1 = 0\ m/s$

$c_2 = 3\ m/s$

$\delta W_R = 0$

$\delta q = 0$

Gesucht:

zu a) p_2 bei Umgebungsdruck 1 bar

zu b) p_2 1. bei $c_2 = 0\ m/s$

      2. bei $c_2 > 3\ m/s$

Aufgabe 4.49

Wie groß ist der Einfluss der Erdrotation auf die Arbeit je kg Wasser, die eine Pumpe verrichten müsste, um auf dem Äquator Wasser auf einen Turm von 300 m Höhe bei Berücksichtigung der Luftdruck-Differenzen zu fördern? (Dichte der Luft $\varrho = 1{,}29\ kg/m^3$ ist über der Höhe als konstant anzunehmen, Erdradius $r = 6378250\ m$).

Gegeben:

$\varrho = 1{,}29\ kg/m^3$

$r_1 = 6378250\ m$

$r_2 = 6378250\ m + 300\ m$

Gesucht:

$w_{t,12}$

Aufgabe 4.50

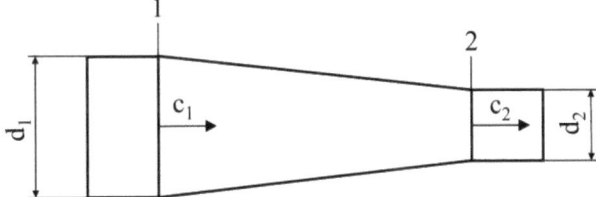

Abb. Repetitorium 4.50A: System zur Aufgabe 4.50

Durch ein konisches Rohr strömt reibungsfrei Wasser ($\varrho = 10^3 kg/m^3 = konst$). Die mittlere Eintrittsgeschwindigkeit im Querschnitt 1 beträgt $c_1 = 0{,}2\ m/s$, der mittlere Druck im Eintrittsquerschnitt $p_1 = 0{,}95\ bar$. Bestimmen Sie Druck und Geschwindigkeit im Querschnitt 2.

Gegeben:

$\varrho = 10^3 kg/m^3 = konst$

$c_1 = 0{,}2\ m/s$

$p_1 = 0{,}95\ bar$

Gesucht:

c_2

p_2

Aufgabe 4.51

Durch ein sich verengendes Rohr (Durchmesser des Eintrittsquerschnittes 800 mm, Durchmesser des Austrittsquerschnittes 600 mm) fließen reibungsfrei stündlich 36 t Flüssigkeit ($\varrho = 900\ kg/m^3$).
   a) Wie groß ist die Geschwindigkeit in beiden Querschnitten?
   b) Wie groß ist die Druckänderung in der Strömung?

Gegeben:

$\varrho = 0{,}9 \cdot 10^3 kg/m^3 = konst$

$d_1 = 0{,}8\ m$

$d_2 = 0{,}6\ m$

$\dot{m} = 36 \cdot 10^3 kg/h$

Gesucht:

c_1

c_2

Δp

Aufgabe 4.52

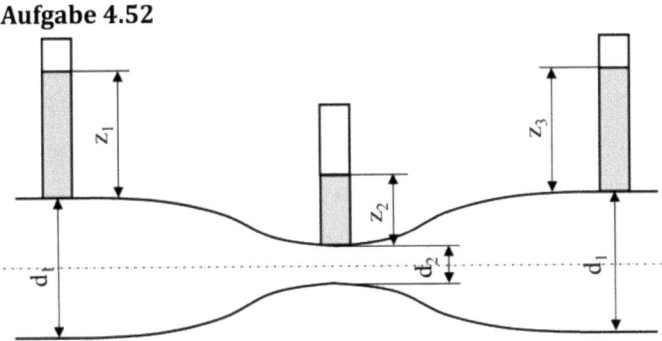

Abb. Repetitorium 4.52A: System zur Aufgabe 4.52

Durch ein Rohr nebenstehender Anordnung ($d_1 = 10\, d_2$) strömt reibungsfrei Wasser ($c_1 = 0{,}1\, m/s$, $p_1 = p_U = 1\, bar$)

a) Welcher Zusammenhang besteht zwischen der Höhe der Wassersäule z_i in den drei Röhrchen und dem Flüssigkeitsdruck im Rohr p_i?
b) Erklären Sie das Absinken der Wassersäule über dem verengten Querschnitt
c) Die skizzierte Einrichtung ist geeignet, Flüssigkeiten aus tiefer liegenden Behältern zu saugen. Wie groß darf die Entfernung Δz_3 maximal werden, damit aus dem unteren Behälter noch Quecksilber ($\varrho = 13500\, kg/m^3$) abgesaugt werden kann? (Es ist $\dot{m}_{H_2O} \gg \dot{m}_{Hg}$).

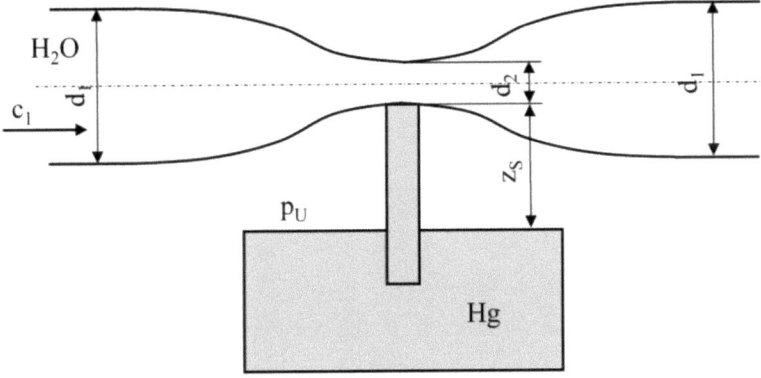

Abb. Repetitorium 4.52B: System zur Aufgabe 4.52

Gegeben:

$c_1 = 0{,}1\, m/s$
$p_1 = p_U = 1\, bar$
$d_1 = 10\, d_2$

Gesucht:

a) $p_i = f(\Delta z_i)$
b) Warum Absinken der Wassersäule über dem verengten Querschnitt

c) Δz_3

Aufgabe 4.53

Ein Gas strömt in einem horizontalen Kanal mit konstantem Querschnitt $\delta w_t = 0, \delta w_R = 0$. Im Zustand 1 sind $p_1 = 3\,bar, c_1 = 60\,\frac{m}{s}, \varrho_1 = 2{,}5\,kg/m^3$ bekannt. Vom Austrittszustand 2 kennt man $c_2 = 50\,m/s, \varrho_2 = 3\,kg/m^3$. Wie groß ist p_2?

Gegeben:
$c_1 = 60\,m/s$
$c_2 = 50\,m/s$
$p_1 = 3\,bar$
$\varrho_1 = 2{,}5\,kg/m^3$
$\varrho_2 = 3\,kg/m^3$

Gesucht:
p_2

Aufgabe 4.54

$1000\,kg/h$ Luft werden vom Umgebungsdruck $p_U = 3\,bar$ bar auf $150\,bar$ verdichtet. Während dieses Vorganges wird die Luft durch Kühlwasser, das sich dabei um $0{,}3\,K$ erwärmt, unverändert auf einer Temperatur von $27\,°C$ gehalten. Wieviel m^3/h Wasser werden benötigt? Folgende Werte für Wasser sind gegeben $\varrho = 10^3\,\frac{kg}{m^3}, c = 4{,}178\,\frac{kJ}{kg\,K}$.

Gegeben:
$\dot{m}_{Luft} = 10^3\,kg/h$
$\Delta T = 0{,}3\,K$
$t_1 = t_2 = 27\,°C$
$p_1 = p_U = 3\,bar$
$p_2 = 150\,bar$
$c = c_{H_2O} = 4{,}178\,\frac{kJ}{kg\,K}$
$\varrho = \varrho_{H_2O} = 10^3\,\frac{kg}{m^3}$

Gesucht:
$\dot{V}_{H_2O}$

Aufgabe 4.55

Berechnen Sie die Leistung einer gekühlten Turbine, in der ein Stoffstrom von $\dot{m} = 80\ kg/s$ durchfließt und die folgende Daten besitzt:

$h_1 = 1400\dfrac{kJ}{kg}, c_1 = 50\ m/s$

$h_2 = 800\dfrac{kJ}{kg}, c_2 = 100\ m/s$

Durch die Kühlung werden 50 kJ/kg Wärme abgeführt.

Gegeben:

$\dot{m} = 80\ kg/s$

$h_1 = 1400\dfrac{kJ}{kg}$

$h_2 = 800\dfrac{kJ}{kg}$

$c_1 = 50\ m/s$

$c_2 = 100\ m/s$

$q_{12} = -50\ kJ/kg$

Gesucht:

$\dot{W}_{t,12}$

Aufgabe 4.56

Berechnen Sie die Leistung eines wassergekühlten Verdichters mit dem Massenstrom $\dot{m} = 4\ kg/s$, von dem folgende Daten bekannt sind:

$h_1 = 300\dfrac{kJ}{kg}, c_1 = 40\ m/s$

$h_2 = 400\dfrac{kJ}{kg}, c_2 = 20\ m/s$

Durch die Kühlung werden 10 kJ/kg Wärme abgeführt.

Gegeben:

$\dot{m} = 4\ kg/s$

$h_1 = 300\dfrac{kJ}{kg}$

$h_2 = 400\dfrac{kJ}{kg}$

$c_1 = 40\ m/s$

$c_2 = 20\ m/s$

$q_{12} = -10 \, kJ/kg$

Gesucht:
$\dot{W}_{t,12}$

Aufgabe 4.57
Berechnen Sie die einem Heißluftgebläse (Massenstrom 25 kg/s, Leistungsaufnahme 8 kW) pro Sekunde zuzuführende Wärme (kJ/s), wenn folgende Daten bekannt sind:

$h_1 = 100 \dfrac{kJ}{kg}, c_1 = 5 \, m/s$

$h_2 = 300 \dfrac{kJ}{kg}, c_2 = 25 \, m/s$

Gegeben:
$\dot{m} = 25 \, kg/s$
$h_1 = 100 \dfrac{kJ}{kg}$
$h_2 = 300 \dfrac{kJ}{kg}$
$c_1 = 5 \, m/s$
$c_2 = 25 \, m/s$
$\dot{W}_{12} = 8 \, kW$

Gesucht:
$\dot{Q}_{12}$

Aufgabe 4.58
Wie prüfen Sie nach, ob ein reibungsfreier Strömungsprozess eines kompressiblen Mediums, der ohne technische Arbeitsleistung vor sich gehen soll, zwischen den Zuständen 1 und 2 adiabat verlaufen ist, wenn bekannt ist, dass $dz = 0$ ist und dass das Bezugssystem nicht rotiert? Wie stellen Sie sich einen solchen Prozess praktisch vor?

Hinweis: Die in den Zuständen 1 und 2 gemessene Temperaturen und Geschwindigkeiten müssen sich nach folgender Beziehung $c_p \cdot T_1 + c_1^2/2 = c_p \cdot T_2 + c_2^2/2$ verhalten.

Gegeben:
$\delta W_R = 0$
$\delta W_t = 0$
$\delta Q = 0$
$dz = 0, dE_{pot} = 0$

Gesucht:
Der Zusammenhang $c_p \cdot T_1 + c_1^2/2 = c_p \cdot T_2 + c_2^2/2$ soll begründet werden.

Aufgabe 4.59

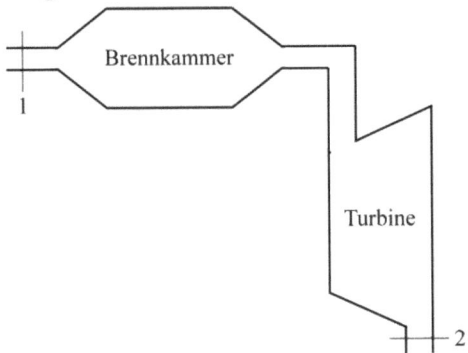

Abb. Repetitorium 4.59A: System zur Aufgabe 4.59

In einer Brennkammer soll einem Gasstrom (ideales Gas, $c_p = 1{,}1 \frac{kJ}{kgK}$), $\dot{m} = 20\ kg/s$) eine Wärme von $10000\ kJ/s$ zugeführt werden. Welche Leistung kann die hinter der Brennkammer befindliche Gasturbine maximal (reibungsfrei) abgeben, wenn folgende Daten bekannt sind:
$t_1 = 200\ °C, c_1 = 30\ m/s$
$t_2 = 400\ °C, c_2 = 100\ m/s$

Gegeben:
$\delta W_R = 0$
$c_p = 1{,}1 \frac{kJ}{kgK}$
$\dot{m} = 20\ kg/s$
$Q_{12} = 10000\ kJ/s$

Gesucht:
$\dot{W}_{t,12}$

Aufgabe 4.60

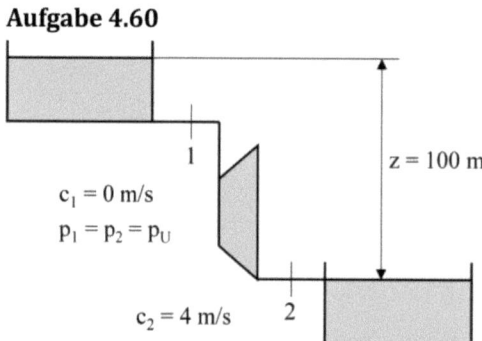

Abb. Repetitorium 4.60A: System zur Aufgabe 4.60

Welche Leistung gibt eine Turbine ($z_1 = 0, z_2 = 100\,m, c_1 = 0\,m/s, c_2 = 4\,m/s$) ab, die von einem Wasserstrom $\dot{m} = 10^4\,\frac{kg}{s}, c = 4{,}182\,\frac{kJ}{kgK}$ durchflossen wird? (Die Austrittstemperatur des Wassers aus der Turbine liegt um 0,1 K höher, die Wärmeübertragung an die Umgebung soll vernachlässigt werden).

Gegeben:
$\delta W_R = 0$
$\delta Q = 0$
$z_1 = 0\,m$
$z_2 = 100\,m$
$c_1 = 0\,m/s$
$c_2 = 4\,m/s$
$\dot{m} = 10^4\,kg/s$
$c = 4{,}182\,\dfrac{kJ}{kgK}$
$\Delta T = 0{,}1\,K$

Gesucht:
$\dot{W}_{t,12}$

Aufgabe 4.61

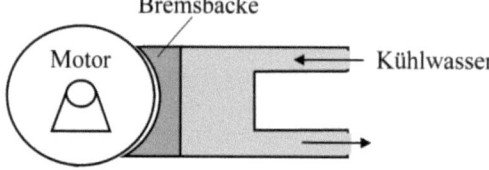

Abb. Repetitorium 4.61A: System zur Aufgabe 4.61

Ein laufender Elektromotor, dem als einzige Belastung Bremsbacken angelegt wurden, zeigt eine Leistungsaufnahme von 44,1 kW. Die Bremsbacken werden mit Wasser gekühlt. 70 % der Energieabgabe der Bremsbacken gehe an das Kühlwasser über, der Rest geht an die Umgebung. Welcher Mengenstrom Wasser $\left(c = 4{,}182 \frac{kJ}{kgK}\right)$ ist erforderlich, wenn die zulässige Temperaturerhöhung des Wassers $\Delta T = 40\,K$ ist? (Von Reibungsverlusten in den Motorlagern werde abgesehen, stationäre Verhältnisse).

Gegeben:
$\delta W_R = 0$
$\dot{Q}_{12} = 30{,}87\,kW = (70\,\%\text{ von } 44{,}1\,kW)$
$\Delta T = 40\,K$
$c = 4{,}182 \frac{kJ}{kgK}$

Gesucht:
$\dot{m}$

Aufgabe 4.62

Ein senkrechtes Kühlrohr ($z = 10\,m$) wird von 36 m^3 Wasser pro Stunde ($\varrho = 10^3 \frac{kg}{m^3}$) durchflossen. Es sind bekannt:
$h_1 = 350\,kJ/kg, c_1 = 1\,m/s$
$h_2 = 80\,kJ/kg, c_2 = 15\,m/s$
Wie groß ist der an die Umgebung abgegebene Wärmestrom?

Gegeben:
$\delta W_R = 0$
$\varrho = 10^3 \frac{kg}{m^3}$
$z_1 = 0\,m$
$z_2 = -10\,m$
$\dot{m} = 36\,m^3/h$
$h_1 = 350\,kJ/kg$
$h_2 = 80\,kJ/kg$
$c_1 = 1\,m/s$
$c_2 = 15\,m/s$

Gesucht:
$\dot{Q}_{12}$

Aufgabe 4.63

Bei einem Wasserfall von $z = 50\ m$ Höhe wird die gesamte kinetische Energie beim Aufschlag in innere Energie umgewandelt. Um wieviel Grad erhöht sich die Temperatur des Wassers. Es gilt $c = 4{,}182\ \frac{kJ}{kgK} = konst$ unter der Voraussetzung, dass während des Vorganges kein Wärmeaustausch mit der Umgebung erfolgt?

Gegeben:

$\delta W_R = 0$

$\varrho = 10^3\ \frac{kg}{m^3}$

$z_1 = 0\ m$

$z_2 = -10\ m$

$\dot{m} = 36\ m^3/h$

$h_1 = 350\ kJ/kg$

$h_2 = 80\ kJ/kg$

$c_1 = 1\ m/s$

$c_2 = 15\ m/s$

Gesucht:

$\dot{Q}_{12}$

Aufgabe 4.64

$1{,}2\ m^3$ zu kühlendes Wasser wird in der Minute durch ein Rohr mit konstantem Durchmesser gepumpt ($\varrho = 10^3\ \frac{kg}{m^3}, c = 4{,}182\ \frac{kJ}{kgK}$). Der Eintrittszustand in eine Pumpe (Leistung $1\ kW$) wird gemessen mit $t_1 = 80\ °C$, $c_1 = 1\ m/s$. Am Ende des Kühlrohres hat das Wasser eine Geschwindigkeit von $5\ m/s$ und eine Temperatur von $65\ °C$. Welche Wärme wird sekündlich zwischen den betrachteten Querschnitten an die Umgebung abgegeben?

Gegeben:

$\delta W_R = 0$

$\varrho = 10^3\ \frac{kg}{m^3}$

$c = 4{,}182\ \frac{kJ}{kgK}$

$\dot{W}_{t,12} = 1\ kW$

$\dot{V} = 1{,}2\ m^3/min$

$t_1 = 80\ °C$

$t_2 = 65\ °C$

$c_1 = 1\ m/s$

$c_2 = 5 \, m/s$

Gesucht:
$\dot{Q}_{12}$

Aufgabe 4.65

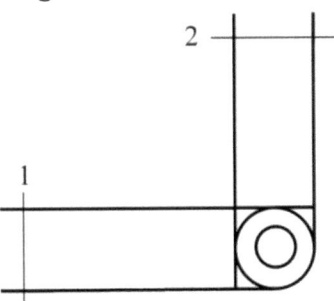

Abb. Repetitorium 4.65A: System zur Aufgabe 4.65

Durch ein senkrechtes Kühlrohr werden $18 \, m^3/h$ Wasser ($\varrho = 10^3 \frac{kg}{m^3}$, $c = 4{,}182 \frac{kJ}{kgK}$) gepumpt. Am Eintrittsquerschnitt werden $c_1 = 3 \, m/s, t_1 = 80 \, °C$ und in $z = 10 \, m$ Höhe $c_2 = 5 \, m/s, t_2 = 70 \, °C$ ermittelt. Welche Wärme wird pro Minute abgegeben, wenn die Pumpe eine Leistung von 1,5 kW besitzt?

Gegeben:
$\delta W_R = 0$
$\varrho = 10^3 \frac{kg}{m^3}$
$c = 4{,}182 \frac{kJ}{kgK}$
$\dot{W}_{t,12} = 1{,}5 \, kW$
$\dot{V} = 18 \, m^3/h$
$t_1 = 80 \, °C$
$t_2 = 70 \, °C$
$c_1 = 3 \, m/s$
$c_2 = 5 \, m/s$
$z_1 = 10 \, m$
$z_2 = 0 \, m$

Gesucht:
$\dot{Q}_{12}$

Aufgabe 4.66

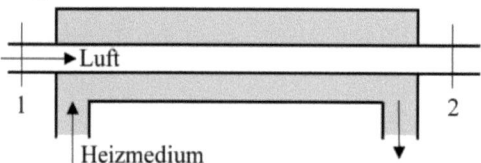

Abb. Repetitorium 4.66: System zur Aufgabe 4.66

In dem skizzierten Vorwärmer werden stündlich $1000\ m^3$ Luft von $-10\ °C$ und $8\ bar$ bei $p = konst$ auf $60\ °C$ erwärmt.

a) Wie groß ist der Massenstrom der Luft $\dot{m}$?
b) Wie groß sind Ein- und Austrittsgeschwindigkeit, der Rohrdurchmesser $d = 0{,}2\ m$ beträgt?
c) Wie groß ist der zuzuführende Wärmestrom $\dot{Q}_{12}$?
d) Wie groß ist die Änderung der spezifischen inneren Energie der Luft?

Gegeben:
$\delta W_R = 0$
$\delta W_t = 0$
$dE_{pot} = 0$
$p_1 = p_1 = p = 8\ bar$
$c_p = 1{,}004\ \dfrac{kJ}{kgK}$
$R = 0{,}2871\ \dfrac{kJ}{kgK}$
$d_1 = d_2 = d = 0{,}2\ m$
$\dot{V}_1 = 1000\ m^3/h$
$t_1 = -10\ °C$
$t_2 = 60\ °C$

Gesucht:
$\dot{Q}_{12}$

Aufgabe 4.67

In einer Brennkammer soll ein Gasstrom ($\dot{m} = 50\ \dfrac{kg}{s}$, ideales Gas, $R = 0{,}28\ \dfrac{kJ}{kgK}$) des Zustandes 1 ($t_1 = 200\ °C, c_1 = 120\ m/s, h_1 = 471 kJ/kg$) in den Zustand 2 ($t_2 = 800\ °C, c_2 = 100\ m/s, h_2 = 1130\ kJ/kg$) gebracht werden.

a) Berechnen Sie $\dot{Q}_{12}$ und q_{12}
b) Wie groß ist die Erhöhung der spezifischen inneren Energie des Gases?

Gegeben:

$\delta W_R = 0$

$\delta W_t = 0$

$dE_{pot} = 0$

$p_1 = p_1 = p = 8\ bar$

$c_p = 1{,}004 \dfrac{kJ}{kgK}$

$R = 0{,}28 \dfrac{kJ}{kgK}$

$d_1 = d_2 = d = 0{,}2\ m$

$\dot V_1 = 1000\ m^3/h$

$t_1 = -10\ °C$

$t_2 = 60\ °C$

Gesucht:

$\dot Q_{12}$

q_{12}

10.4 Aufgaben Kapitel 5 – Spezielle Zusatandsänderungen idealer Gase

Aufgabe 5.1

Geben Sie die Berechnungsformel für die Entropie s_1 im Zustand 1 (T_1, p_1) an, wenn für den Zustand 0 (T_0, p_0) die Entropie $s_0 = 0$ und $p_1 = p_1 = p = konst$ sein soll. Die spezifische Wärmekapazität ist $c_p = konst$.

Gegeben:

$s_0 = 0$

$p_0 = p_1 = p = konst$

Gesucht:

s_1

Aufgabe 5.2

In einem geschlossenen Behälter konstanten Volumens befindet sich $m\ kg$ Luft. Wie lautet die Berechnungsformel für die Entropieänderung der Luft, wenn durch Wärmezufuhr die Temperatur von T_1 auf T_2 steigt? (c_p und R bekannt).

Gegeben:

m

c_p

R

T_1

T_2

$v_1 = v_2 = v = konst$

Gesucht:

ΔS

Aufgabe 5.3

Durch ein Rohr mit konstantem Durchmesser strömt ein Gas (c_v und R bekannt), dessen Temperatur sich durch isobare Wärmezufuhr von T_1 auf T_2 erhöht. Wie lautet die Gleichung, mit der aus den gegebenen Daten die Änderung der spezifischen Entropie berechnet werden kann?

Gegeben:

c_v

R

T_1

T_2

$p_0 = p_1 = p = konst$

Gesucht:

Δs

Aufgabe 5.4

In einem adiabaten Behälter befinden sich $2\ kg$ eines Gases ($c_v = 0{,}84\ \frac{kJ}{kgK}$) der Temperatur $30\ °C$. Mit einem Rührwerk wird eine Reibungsarbeit von $10\ kJ$ zugeführt. Wie groß sind Δs und ΔS ?

Gegeben:

$m = 2\ kg$

$\delta q = 0$

$c_v = 0{,}84\ \frac{kJ}{kgK}$

$t_1 = 30\ °C$

$W_{R,12} = 10\ kJ$

$v_1 = v_2 = v = konst$

Gesucht:

Δs

ΔS

Aufgabe 5.5

Einer Gasmenge von $m = 5\ kg$ Wasserstoff ($R = 4{,}1243\ \frac{kJ}{kgK}, c_p = 14{,}21\ \frac{kJ}{kgK}$) wird (reibungsfrei) mit $p_1 = 2\ bar, t_1 = 50\ °C$ durch elektrische Beheizung eine Wärme $Q_{12} = 1\ kWh$ zugeführt. Der Prozess verläuft 1. isochor und 2. isobar.

a) Wie groß ist Δu für 1.?
b) Wie groß ist Δh für 2.?
c) Wie groß ist die Endtemperatur in beiden Fällen?
d) Wie groß ist der Enddruck in beiden Fällen?
e) Stellen Sie die Zustandsänderungen im T, s-Diagramm dar und kennzeichnen Sie die Flächen, die Δu bzw. Δh darstellen.

Gegeben:

$\delta w_R = 0$

$R = 4{,}1243\ \dfrac{kJ}{kgK}$

$c_p = 14{,}21\ \dfrac{kJ}{kgK}$

$m = 5\ kg$

$p_1 = 2\ bar$

$t_1 = 50\ °C$

$Q_{12} = 1\ kWh$

Gesucht:

Zu a) Δu
Zu b) Δh
Zu c) t_2 in beiden Fällen?
Zu d) p_2 in beiden Fällen?
Zu e) Zustandsänderungen im T, s-Diagramm, Flächen Δu und Δh kenneichnen.

Aufgabe 5.6

$1\ kg$ Luft von $5\ bar$ und $100\ °C$ leistet reibungsfrei bei konstantem Druck eine Arbeit $|W_{D,12}| = 28700\ Nm$.

a) Wie hoch steigt die Temperatur und wie groß war die Wärmezufuhr?
b) Wie groß ist w_t?
c) Stellen Sie $w_{D,12}$ und $w_{t,12}$ im p, v-Diagramm dar

Gegeben:

$\delta w_R = 0$

$R = 0{,}2871 \dfrac{kJ}{kgK}$

$c_p = 1{,}004 \dfrac{kJ}{kgK} = konst$

$m = 1\ kg$

$p_1 = 5\ bar$

$t_1 = 100\ °C$

$w_{D,12} = -28700\ Nm$

Gesucht:

Zu a) t_2, Q_{12}
Zu b) w_t
Zu c) $w_{D,12}$ und $w_{t,12}$ im p, v-Diagramm

Aufgabe 5.7

Einer Menge von $1\ kg$ verdichteter Luft von $p_1 = 20\ bar$ und $t_1 = 180\ °C$ wird die Wärme von $210\ kJ$ zugeführt, wobei 1. $v = konst$ und 2. $p = konst$ sein soll

a) Stellen Sie die Zustandsänderungen in einem p, v-Diagramm dar
b) Wie groß ist in beiden Fällen der Endzustand 2 (t_2, p_2)?
c) Wie groß ist für 1. und 2. die Volumenänderungsarbeit und die technische Arbeit bei $p_U = 1\ bar$?
d) Berechnen Sie die Änderung der Enthalpie und der inneren Energie.

Gegeben:

$\delta w_R = 0$

$R = 0{,}2871 \dfrac{kJ}{kgK}$

$c_p = 1{,}004 \dfrac{kJ}{kgK} = konst$

$m = 1\ kg$

$p_1 = 20\ bar$

$t_1 = 180\ °C$

$Q_{12} = 210\ kJ$

Gesucht:

Zu a) Zustandsänderungen im p, v-Diagramm
Zu b) t_2, p_2
Zu c) $w_{D,12}$ und $w_{t,12}$ jeweils bei isochorer und isobarer Zustandsänderung
Zu d) Δu und Δh jeweils bei isochorer und isobarer Zustandsänderung

Aufgabe 5.8
In einem Behälter befinden sich 0,07 m^3 Gas unter einem Druck von 3 bar.
a) Wie hoch steigt der Druck, wenn das Volumen auf 10 l verringert wird und die Temperatur konstant bleibt?
b) Wie groß ist die eingeschlossene Gasmasse, wenn die Temperatur des Gases $t = 25\,°C$ und die spezielle Gaskonstante $R = 0{,}26\,\frac{kJ}{kgK}$ beträgt?
c) Wie groß sind Volumenänderungsarbeit und abgeführte Wärme bei a)?
d) Stellen Sie w_D, w_t und $w_{D,nt}$ im p,v-Diagramm dar.

Gegeben:

$\delta w_R = 0$
$R = 0{,}26\,\dfrac{kJ}{kgK}$
$V = 0{,}07\,m^3\;p_1 = 20\,bar$
$t = 25\,°C$

Gesucht:

Zu a) p_2
Zu b) m
Zu c) $W_{D,12}, Q_{12}$
Zu d) $w_{D,12}, w_{t,12}$ und $w_{D,nt}$ im p,v-Diagramm

Aufgabe 5.9
Wasserstoff ($R = 4{,}1243\,\frac{kJ}{kgK}, c_v = 10{,}09\,\frac{kJ}{kgK}$) mit einem Anfangszustand von $p_1 = 19{,}5\,bar$ und $t_1 = 95\,°C$ wird adiabat und reibungsfrei auf $p_2 = 7{,}8\,bar$ entspannt.
a) Wie groß sind v_1, v_2, t_2?
b) Welche spezifische Volumenänderungsarbeit wurde von 1 nach 2 geleistet?
c) Vom gleichen Ausgangspunkt 1 werde außerdem isotherm entspannt und zwar soweit, dass die geleistete Arbeit gleich groß ist. Welche Zustandsgrößen hat der Endpunkt?

Gegeben:

$\delta w_R = 0$
$R = 4{,}1243\,\dfrac{kJ}{kgK}$
$c_v = 10{,}09\,\dfrac{kJ}{kgK}$
$p_1 = 19{,}5\,bar$
$p_2 = 7{,}8\,bar$

$t_1 = 300\,°C$

Gesucht:

Zu a) v_1, t_2, v_2 bei isentroper (adiabater und reibungsfreier) Zustandsänderung
Zu b) $w_{D,12}$ bei isentroper (adiabater und reibungsfreier) Zustandsänderung
Zu c) t_2, v_2 bei isothermer Zustandsänderung

Aufgabe 5.10

In einer Maschine wird ständig Luft ($R = 0{,}2871\,\frac{kJ}{kgK}, c_v = 0{,}718\,\frac{kJ}{kgK}$) vom Zustand 1 ($p_1 = 10\,bar, t_1 = 300\,°C$) auf $p_2 = 1\,bar$ entspannt.
Welche spezifische technische Arbeit wird gewonnen, wenn die Expansion
a) isentrop (adiabat und reibungsfrei)
b) adiabat (Polytropenfaktor $n = 1{,}35$)
verläuft?
c) Die Verhältnisse sollen im T, s-Diagramm skizziert werden

Gegeben:

$\delta q = 0$

$R = 0{,}2871\,\dfrac{kJ}{kgK}$

$c_v = 0{,}718\,\dfrac{kJ}{kgK}$

$p_1 = 10\,bar$

$p_2 = 1\,bar$

$t_1 = 300\,°C$

$n = 1{,}35$

Gesucht:

Zu a) $w_{t,12}$ Isentrope (adiabate und reibungsfreie) Zustandsänderung
Zu b) $w_{t,12}$ Polytrope Zustandsänderung

Aufgabe 5.11

In einem Zylinder von $20\,cm$ Durchmesser und $50\,cm$ Länge befindet sich Luft ($R = 0{,}2871\,\frac{kJ}{kgK}, c_v = 0{,}718\,\frac{kJ}{kgK}$) von $20\,°C$ bei einem Innendruck von $1\,bar$. Welche Volumenänderungsarbeit muss am System verrichtet werden, wenn der Kolben $20\,cm$ weit eindringen soll und ein Wärmeübertrag an die Umgebung nicht erfolgt? Wie hoch steigen Druck und Temperatur?

Gegeben:

$\delta w_R = 0$

$\delta q = 0$

$R = 0{,}2871 \dfrac{kJ}{kgK}$

$c_v = 0{,}718 \dfrac{kJ}{kgK}$

$p_1 = 10\ bar$

$t_1 = 20\ °C$

Gesucht:

$w_{D,12}$

t_2

p_2

Aufgabe 5.12

In einem Zylinder expandiert polytrop einmalig $0{,}5\ kg$ Luft ($R = 0{,}2871 \dfrac{kJ}{kgK}$, $c_v = 0{,}718 \dfrac{kJ}{kgK}$) vom Zustand $p_1 = 10\ bar, T_1 = 650\ K$ auf $p_2 = 1\ bar, T_2 = 300\ K$.

a) Wie groß ist der Polytropenexponent n?
b) Welche Wärme überträgt das Medium dabei an die Umgebung und welche Volumenänderungsarbeit gibt es an den Kolben ab?
c) Welche technische Arbeit kann an der Kolbenstange abgenommen werden? ($p_2 = 1\ bar$).

Gegeben:

$\delta w_R = 0$

$\delta q = 0$

$m = 0{,}5\ kg$

$R = 0{,}2871 \dfrac{kJ}{kgK}$

$c_v = 0{,}718 \dfrac{kJ}{kgK}$

$p_1 = 10\ bar$

$p_2 = 1\ bar$

$T_1 = 650\ K$

$T_2 = 300\ K$

Gesucht:

Zu a) n

Zu b) $W_{D,12}, Q_{12}$

Zu c) $W_{t,12}$

Aufgabe 5.13

a) Welches Volumen muss ein Luftpuffer ($p_1 = 1\ bar$) haben, der eine Energie von 600 kJ aus der Umgebung aufnehmen und dabei auf $\frac{1}{8}$ seines Ausgangsvolumens zusammengedrückt werden soll? Stoffwerte für Luft ($R = 0{,}2871\ \frac{kJ}{kgK}$, $c_v = 0{,}718\ \frac{kJ}{kgK}$).

b) Ist das erreichte Volumen immer noch groß genug, wenn man weiß, dass der Puffer zum Abbremsen einer fallenden Masse dient, die unmittelbar vor dem Aufschlag eine kinetische Energie 600 kJ hat? Wenn nicht, wie groß müsste sie sein? (Anmerkung: Vorgang erfolgt bei a) und b) sehr schnell sowie reibungsfrei).

Gegeben:

$\delta w_R = 0$

$\delta q = 0$

$R = 0{,}2871\ \dfrac{kJ}{kgK}$

$c_v = 0{,}718\ \dfrac{kJ}{kgK}$

$p_1 = 1\ bar$

$\dfrac{V_2}{V_1} = \dfrac{1}{8}$

Zu a) $W_{D,12} = 600\ kJ$

Zu b) $\Delta E_{kin} = 600\ kJ$

Gesucht:

Zu a) V_1 bei der Volumenänderungsarbeit $W_{D,12}$

Zu b) V_1 bei der zugeführten kinetischen Energie ΔE_{kin}

Aufgabe 5.14

In einem idealen Verdichter werden reibungsfrei 6000 kg/h Luft ($R = 0{,}2871\ \frac{kJ}{kgK}$, $c_v = 0{,}718\ \frac{kJ}{kgK}$) von $p_1 = 1\ bar$ und $t_1 = 25\ °C$ auf $p_2 = 8\ bar$ verdichtet. Die Verdichtung erfolgt 1. isotherm und 2. adiabat. Wie groß wird für beide Fälle

a) die Lufttemperatur nach der Verdichtung,
b) die abzuführende Wärme,
c) die Antriebsleistung?

Gegeben:

$\delta w_R = 0$

$m = 6000\ \dfrac{kg}{h}$

$R = 0{,}2871 \dfrac{kJ}{kgK}$

$c_v = 0{,}718 \dfrac{kJ}{kgK}$

$t_1 = 25\,°C$

$p_1 = 1\,bar$

$p_2 = 8\,bar$

Gesucht:

Zu a) t_2 bei 1. $T = konst$ und 2. $\delta q = 0$

Zu b) q_{12} bei 1. $T = konst$ und 2. $\delta q = 0$

Zu c) $\dot{W}_{t,12}$ bei 1. $T = konst$ und 2. $\delta q = 0$

Aufgabe 5.15

Ein Kompressor verdichtet ständig Luft ($R = 0{,}2871 \dfrac{kJ}{kgK}, c_v = 0{,}718 \dfrac{kJ}{kgK}$) vom Zustand $p_1 = 1\,bar, t_1 = 30\,°C$ auf $p_2 = 3\,bar$ und $t_2 = 150\,°C$ (adiabate Verdichtung $q_{12} = 0, w_{R,12} \neq 0$).

a) Berechnen Sie den Polytropenexponenten n.
b) Welche spezifische technische Arbeit muss die Maschine der Luft zuführen?
c) Berechnen Sie die spezifische irreversible Entropie und die spezifische Reibungsarbeit.
d) Wie groß wären Arbeit und Endtemperatur, wenn isentrop auf $3\,bar$ verdichtet werden soll?
e) Wie groß ist Δu in beiden Fällen (Fall 1: $q_{12} = 0, w_{R,12} = 0$, Fall 2: $q_{12} = 0, w_{R,12} \neq 0$)?
f) Darstellung des Prozesses im p,v- und T,s-Diagramm

Gegeben:

$R = 0{,}2871 \dfrac{kJ}{kgK}$

$c_v = 0{,}718 \dfrac{kJ}{kgK}$

$t_1 = 30\,°C$

$t_2 = 150\,°C$

$p_1 = 1\,bar$

$p_2 = 3\,bar$

Gesucht:

Zu a) n Polytroper Prozess

Zu b) $w_{t,12}$

Zu c) $s_{irr,12}, w_{R,12}$

Zu d) $T_2, w_{t,12}$ isentroper (adiabater und reibungsfreier) Prozess

Zu e) Δu isentroper (adiabater und reibungsfreier) Prozess und
Δu adiabater nicht reibungsfreier Prozess ($q_{12} = 0, w_{R,12} \neq 0$)

Zu f) Darstellung des Prozesses im p, v- und T, s-Diagramm

Aufgabe 5.16

Eine Turbine wird mit einem als ideal betrachteten Heißgas ($t_1 = 600\,°C, c_1 = 0\frac{m}{s}, p_1 = 20\,bar, c_p = 1{,}26\frac{kJ}{kgK}, R = 0{,}335\frac{kJ}{kgK}$) gespeist. Messungen ergeben eine Abgastemperatur von $t_2 = 200\,°C$, eine Abgasgeschwindigkeit c_2 von $100\frac{m}{s}$ und einen Turbinenenddruck von $p_1 = 1\,bar$.

a) Wie groß ist die geleistete spezifische technische Arbeit?
b) Wie groß wäre sie im reibungsfreien Falle bei gleichem p_2 und c_2?
c) Stellen Sie die beiden Prozesse im T, s-Diagramm dar.

Gegeben:

$R = 0{,}335\frac{kJ}{kgK}$

$c_p = 1{,}26\frac{kJ}{kgK}$

$t_1 = 600\,°C$

$t_2 = 200\,°C$

$p_1 = 20\,bar$

$p_2 = 1\,bar$

Zu a) $c_1 = 0\frac{m}{s}, c_2 = 100\frac{m}{s}$

Zu b) $ds = 0$

Gesucht:

Zu a) $w_{t,12}$ bei Änderung der kinetischen Energie

Zu b) $w_{t,12}$ bei isentroper Zustandsänderung

Zu c) Darstellung im T, s-Diagramm

Aufgabe 5.17

Es liege ein ideales Gas ($c_p = 1\frac{kJ}{kgK}, R = 0{,}25\frac{kJ}{kgK}, \varrho = 1{,}43\frac{kg}{m^3} = konst$) im Zustand 1 ($p_1 = 10\,bar, T_1 = 293\,K$) vor. Dieses System werde reibungsfrei einmal bei $v = konst$, zum anderen aber bei $\delta q = 0$ auf die Temperatur $T_2 = 393\,K$ gebracht (kontinuierlicher Prozess, quasistatisch).

a) Stellen Sie die Änderung der spezifischen inneren Energie für beide Zustandsänderungen qualitativ im T,s-Diagramm als Flächen dar. Was ist über Δu in beiden Fällen zu sagen?
b) Wie groß ist die jeweils dazu benötigte spezifische technische Arbeit bei $v =$ konst bzw. bei $\delta q = 0$?

Gegeben:

$\delta w_R = 0$

$R = 0{,}25 \dfrac{kJ}{kgK}$

$c_p = 1 \dfrac{kJ}{kgK}$

$\varrho = 1{,}43 \dfrac{kg}{m^3} = konst$

$T_1 = 293\ K$

$T_2 = 393\ K$

$p_1 = 10\ bar$

Gesucht:

Zu a) Δu

Zu b) $w_{t,12}$

10.5 Aufgaben Kapitel 6 – Zweiter Hauptsatz der Thermodynamik

Aufgabe 6.1

In einer Heizungsanlage wird Wasser ($\dot{m} = 1 \frac{kg}{s}$, $c_p = 4{,}182 \frac{kJ}{kgK}$) von 30 °C auf 75 °C durch kondensierenden Dampf ($t_D = 100\ °C = konst$) erwärmt. Man berechne die Entropieänderung des Wassers, des Dampfes und des Systems Wasser-Dampf pro Sekunde, wenn angenommen wird, dass zwischen diesem System und der Umgebung kein Wärmeübertrag stattfindet.

Gegeben:

$\delta w_R = 0$

$dp = 0$

$c_p = 4{,}182 \dfrac{kJ}{kgK}$

$\dot{m} = 1 kg/s$

$t_1 = 30\ °C$

$t_2 = 75\,°C$

$t_D = 100\,°C$

Gesucht:

$\Delta \dot{S}_{H_2O}$

$\Delta \dot{S}_D$

$\Delta \dot{S}$

Aufgabe 6.2

Durch eine ebene Wand mit den Oberflächentemperaturen $t_1 = 57\,°C$ und $t_2 = 27\,°C$ fließt ein Wärmestrom von $100\,W$. Berechnen Sie die irreversible Entropie pro Sekunde $\dot{S}_{irr,12}$.

Gegeben:

$\dot{Q}_{12} = 100\,W$

$t_1 = 57\,°C$

$t_2 = 27\,°C$

Gesucht:

$$\dot{S}_{irr,12} = \int_1^2 \delta \dot{S}_{irr}$$

Aufgabe 6.3

Aus einer Dampfleitung mit der Temperatur $t_D = 120\,°C$, die über die Rohrlänge näherungsweise konstant bleibt, geht durch mangelnde Isolation eine Wärme von $1000\,kJ$ an die Umgebung ($t_U = 20\,°C$) über. Wie groß ist $S_{irr,12}$ des Systems Dampf-Umgebung? Wie groß ist jeweils ΔS der Teilsysteme Dampf bzw. Umgebung?

Gegeben:

$\delta w_R = 0$

$Q_{12} = 10^3\,kJ$

$t_D = 120\,°C$

$t_U = 20\,°C$

Gesucht:

ΔS_D

ΔS_U

$S_{irr,12}$

Aufgabe 6.4

Ein Gussblock (Stahl, $c = 0{,}42 \frac{kJ}{kgK}$) mit einer Masse $m = 100\ kg$ und einer Temperatur $t_1 = 800\ °C$ wird mit Luft der Umgebungstemperatur $t_U = 20\ °C = konst$ gebracht, wo er sich auf t_U abkühlt. Wie groß sind die Entropieänderungen Δs und ΔS des Stahlblocks (Index s) sowie ΔS der Umgebung (Index U)?

Gegeben:

$\delta w_R = 0$

$m = 100\ kg$

$c = 0{,}42\ \dfrac{kJ}{kgK}$

$t_1 = 800\ °C$

$t_U = t_2 = 20\ °C$

$dp = 0$

Gesucht:

Δs_S

ΔS_S

ΔS_U

Aufgabe 6.5

$5\ kg$ Eis von $t_E = 0\ °C$ werden in eine Umgebung von $t_U = 20\ °C, p_U = 1\ bar = konst$ gebracht. Man wartet, bis das Eis geschmolzen ist (spezifische Schmelzwärme $q_S = 335\ kJ/kg$) und sich das Schmelzwasser im thermischen Gleichgewicht mit der Umgebung befindet *). Die spezifische Wärmekapazität von Wasser im Bereich $0\ °C - 20\ °C$ wird mit $c = 4{,}192\ \dfrac{kJ}{kgK} = konst$ angenommen.

a) Stellen Sie den Vorgang im T, s-Diagramm dar.
b) Wie groß ist die Entropieänderung des Eis-Wasser-Systems und für die Umgebung?
c) Tritt eine irreversible Entropie im Gesamtsystem Umgebung-Eis-Wasser auf? Wenn ja, wie groß ist sie?

*) Die spezifische Schmelzwärme bezeichnet die Energie, die benötigt wird, um einen Stoff von dem festen in den flüssigen Aggregatzustand zu überführen. Dabei werden Bindungskräfte zwischen Molekülen bzw. Atomen überwunden, ohne deren Temperatur zu erhöhen.

Gegeben:

$\delta w_R = 0$

$m = 5\ kg$

$c = 4{,}192\ \dfrac{kJ}{kgK}$

$q_S = 335\ kJ/kg$

$t_E = t_1 = 0\ °C$

$t_U = t_2 = 20\ °C$

$p_U = 1\ bar = konst$

Gesucht:

Zu a) T, s-Diagramm

Zu b) $\Delta S_{E-H_2O} = \Delta S_E + \Delta S_{H_2O}$ und ΔS_U

Zu c) $S_{irr,12}$

10.6 Aufgaben Kapitel 7 – Anwendung des ersten Hauptsatzes auf Kreisprozesse

Aufgabe 7.1

Es liegt ein reversibler, geschlossener Kreisprozess vor, bei dem dieser in vier Abschnitte unterteilt ist. In den einzelnen Abschnitten werden folgende Wärmen an einen Zylinder mit beweglichen Kolben zu- bzw. abgeführt:

$1 \to 2\quad Q_{12} = +21\ kJ$ $\qquad 3 \to 4\quad Q_{34} = -13\ kJ$

$2 \to 3\quad Q_{23} = -25\ kJ$ $\qquad 4 \to 1\quad Q_{41} = +30\ kJ$

a) Stellen Sie den Kreisprozess qualitativ im T,s-Diagramm dar
b) Ermitteln Sie die abgegebene Prozessarbeit (Nutzarbeit des Kreisprozesses).

Gegeben:

$\delta w_R = 0$

$Q_{12} = +21\ kJ$

$Q_{23} = -25\ kJ$

$Q_{34} = -13\ kJ$

$Q_{41} = +30\ kJ$

Gesucht:

Zu a) T, s-Diagramm

Zu b) W_K

Aufgabe 7.2

Für einen beliebigen Kreisprozess sind bekannt:

$|Q_{zu}| = 41\ kJ$ und $|Q_{ab}| = 27 kJ$

Wie groß ist die Prozessarbeit (Nutzarbeit des Kreisprozesses) im reibungsfreien Fall?

Gegeben:

$\delta w_R = 0$

$Q_{zu} = +41 \, kJ$

$Q_{ab} = -27 \, kJ$

Gesucht:

W_K

Aufgabe 7.3

Dem Arbeitsmedium eines reversiblen rechtsläufigen Kreisprozesses wird vom oberen Wärmebehälter eine Wärme von $100 \, kJ/s$ zugeführt. Die abgegebene Leistung des Prozesses (Nutzleistung des Kreisprozesses) beträgt $10 \, kW$. Wie groß ist der thermische Wirkungsgrad und welche Energiemenge wird pro Sekunde an den unteren Wärmebehälter abgeführt?

Gegeben:

$\delta w_R = 0$

$\dot{Q}_{zu} = 100 \, kJ/s$

$\dot{W}_K = -10 \, kW$

Gesucht:

η_{th}

$\dot{Q}_{ab}$

Aufgabe 7.4

Bei einem reversiblen linksläufigen Kreisprozess wird eine Wärme von $50 \, kJ/s$ aus dem zu kühlenden unteren Wärmebehälter dem Arbeitsmedium zugeführt.
Wie groß ist die pro Sekunde aufzubringende Arbeit des Kreisprozesses, wenn an die Umgebung als oberem Wärmebehälter eine Wärme von $70 \, kJ/s$ abgeführt wird?

Gegeben:

$\delta w_R = 0$

$\dot{Q}_{zu} = +50 \, kJ/s$

$\dot{Q}_{ab} = -70 \, kJ/s$

Gesucht:

$\dot{W}_K$

Aufgabe 7.5

Ein rechtsläufiger reversibler Carnot-Prozess gibt eine Arbeit von 50 kJ/kg Arbeitsmedium ab. Wie groß ist die spezifische Wärme, die dem Arbeitsmedium im oberen Behälter ($T_O = 800\ K$) zugeführt werden muss, wenn die Temperatur der Umgebung als unterer Wärmebehälter $T_U = 300\ K$ beträgt? Wie groß ist der thermische Wirkungsgrad?

Gegeben:

$\delta w_R = 0$

$T_O = 800\ K$

$T_U = 300\ K$

$w_K = -50\ kJ/kg$

Gesucht:

q_{zu}

η_{th}

Aufgabe 7.6

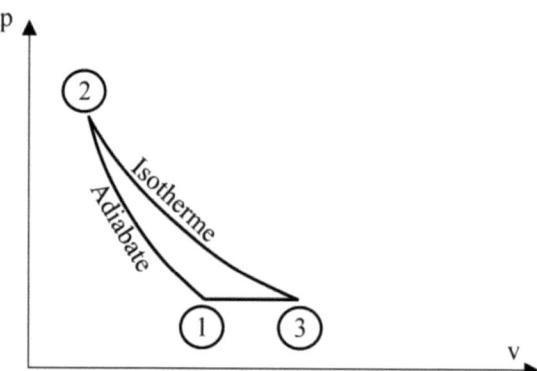

Abb. Repetitorium 7.6A: p, v-Diagramm zur Aufgabe 7.6

Der in der Skizze dargestellte reversible Kreisprozess soll berechnet werden. Der Anfangszustand der Luft ($c_v = 0{,}718\frac{kJ}{kgK}, R = 0{,}2871\frac{kJ}{kgK}$) beträgt $p_1 = 1{,}5\ bar, t_1 = 30\ °C$, die Endtemperatur der adiabaten Verdichtung $t_2 = 200\ °C$.

a) Stellen Sie den Prozess im T, s-Diagramm dar.
b) Bestimmen Sie die technische Arbeit des Kreisprozesses.
c) Wie groß ist der thermische Wirkungsgrad?

Gegeben:

$\delta w_R = 0$

$c_v = 0{,}718 \dfrac{kJ}{kgK}$

$R = 0{,}2871 \dfrac{kJ}{kgK}$

$p_1 = 1{,}5 \, bar$

$t_1 = 30 \, °C$

$t_2 = 200 \, °C$

Gesucht:

w_K

η_{th}

Aufgabe 7.7

Es liegt ein mit 1 kg Luft ($c_p = 1{,}004 \dfrac{kJ}{kgK}, c_v = 0{,}718 \dfrac{kJ}{kgK}$) gefüllter Zylinder im Gleichgewicht mit der Umgebung ($p_U = 1{,}5 \, bar, t_U = 27 \, °C$) vor. Zunächst wird isochor die Wärme $Q_{12} = 150 \, kJ$ zugeführt. Dann wird die Sperre gelöst und der Kolben bewegt sich schnell nach außen (adiabate Zustandsänderung), bis er sich wieder im mechanischen Gleichgewicht mit der Umgebung befindet. Die diesem Zustand entsprechende Temperatur ist $t_3 = 166 \, °C$. Nach einer ausreichenden Zeit gelangt das System durch Abkühlung wieder in seinen Ausgangszustand.

a) Stellen Sie den Prozess im p, v- und im T, s-Diagramm dar.
b) Welche Arbeit wurde insgesamt geleistet?
c) Wie groß sind Druck und Temperatur im Punkt 2?

Gegeben:

$\delta w_R = 0$

$m = 1 \, kg$

$c_v = 0{,}718 \dfrac{kJ}{kgK}$

$c_p = 1{,}004 \dfrac{kJ}{kgK}$

Weitere Daten:

Gegeben:	Gesucht:
1 $t_1 = 27 \, °C, p_1 = 1 \, bar$	
1 → 2 Isochore $Q_{12} = 150 \, kJ$	
2	t_2, p_2
2 → 3 Isentrope $Q_{23} = 0$	
3 $t_3 = 166 \, °C, p_3 = 1 \, bar$	
3 → 1 Isobare	Q_{31}
1 $t_1 = 27 \, °C, p_1 = 1 \, bar$	

w_K

Aufgabe 7.8

Eine Anlage arbeitet nach folgendem rechtsläufigen, reversiblen Kreisprozess mit Luft ($c_p = 1{,}004 \frac{kJ}{kgK}, R = 0{,}2871 \frac{kJ}{kgK}$) vom Umgebungszustand ($p_U = 1\ bar, t_U = 300\ °C$) als Arbeitsmedium, das trotz der auftretenden hohen Drücke und Temperaturen hier der Einfachheit halber als ideales Gas behandelt werden soll:

1 → 2   isentrope Verdichtung
2 → 3   isobare Wärmezufuhr von $500\ MJ/h$ bei $100\ bar$
3 → 4   isotherme Entspannung bei $1400\ K$
4 → 1   isobare Wärmeabfuhr

a) Stellen Sie den Prozess im p, v-Diagramm und T, s-Diagramm dar.
b) Wie groß ist der stündliche Massendurchsatz und welche Prozessleistung könnte eine derartige Anlage maximal abgeben?
c) Wie groß ist der thermische Wirkungsgrad?

Gegeben:

$\delta w_R = 0$

$R = 0{,}2871 \dfrac{kJ}{kgK}$

$c_p = 1{,}004 \dfrac{kJ}{kgK}$

Weitere Daten:

Gegeben:		Gesucht:
1	$T_1 = 300\ K, p_1 = 1\ bar$	
1 → 2 Isentrope	$Q_{12} = 0\ kJ$	
2	$p_2 = 100\ bar$	T_2
2 → 3 Isobare	$\dot{Q}_{23} = 5 \cdot 10^5\ kJ/h$	
3	$T_3 = 1400\ K, p_3 = 100\ bar$	
3 → 4 Isotherme		Q_{34}
4	$T_4 = 1400\ K, p_4 = 1\ bar$	
4 → 1 Isobare		Q_{41}
1	$T_1 = 300\ K, p_1 = 1\ bar$	
		$\dot{m}, \dot{W}_K$

Aufgabe 7.9

Eine Wärmekraftmaschine arbeitet mit Luft als Arbeitsmedium ($c_p = 1{,}004 \frac{kJ}{kgK}, R = 0{,}2871 \frac{kJ}{kgK}$), vom Ausgangszustand $p_1 = 1\ bar, t_1 = 27\ °C$ beginnend, nach folgendem reversiblen Prozess:

1 → 2   isotherme Verdichtung auf den Druck $p_2 = 10\ bar$
2 → 3   isochore Drucksteigerung unter Wärmezufuhr $q_{23} = 1\ MJ/kg$
3 → 4   isentrope Expansion auf den Druck p_1
4 → 1   isobare Wärmeabfuhr

a) Stellen Sie den Prozess im p,v-Diagramm und T,s-Diagramm dar.
b) Wie groß sind die abzuführenden Wärmen?
c) Wie groß ist der thermische Wirkungsgrad des Prozesses?
d) Wie groß ist die theoretische Prozessleistung $\dot{W}_K$ der Maschine, wenn der Massenstrom der Luft im Prozess $25\ \frac{kg}{h}$ beträgt?

Gegeben:
$\delta w_R = 0$
$\dot{m} = 25\ \dfrac{kg}{h}$
$R = 0{,}2871\ \dfrac{kJ}{kgK}$
$c_p = 1{,}004\ \dfrac{kJ}{kgK}$

Weitere Daten:

Gegeben: | Gesucht:
1    $t_1 = 27\ °C, p_1 = 1\ bar$
1 → 2 Isotherme q_{12}
2    $t_2 = 27\ °C, p_2 = 10\ bar$
2 → 3 Isochore $q_{23} = 10^3\ kJ/kg$
3 t_3, p_3
3 → 4 Isentrope $q_{34} = 0$
4    $p_4 = 1\ bar$ t_4
4 → 1 Isobare q_{41}
Gegeben: Gesucht:
1    $t_1 = 27\ °C, p_1 = 1\ bar$
                                                $\dot{W}_K$

Aufgabe 7.10
Ein reversibler Carnot-Prozess arbeitet mit Luft (ideales Gas) als Arbeitsmedium ($c_p = 1{,}004\ \frac{kJ}{kgK}, c_v = 0{,}718\ \frac{kJ}{kgK}$). Die Temperatur des oberen Wärmebehälters betrage $700\ K$, der maximale Druck in der Anlage sei $100\ bar$. Nach der Entspannung befindet sich das Arbeitsmedium im thermischen und mechanischen Gleichgewicht mit der Umgebung $p_U = 1\ bar, T_U = 300\ K$.

a) Wie groß ist die Prozessarbeit?

b) Welche Wärme wird vom oberen Wärmebehälter dem Arbeitsmedium zugeführt?
c) Wie groß ist der Carnot-Wirkungsgrad der Anlage?
d) Stellen Sie den Prozess qualitativ im T,s-Diagramm dar.

Gegeben:

$\delta w_R = 0$

$c_v = 0{,}718 \dfrac{kJ}{kgK}$

$c_p = 1{,}004 \dfrac{kJ}{kgK}$

$T_{max} = T_2 = 700\ K$

$T_{min} = T_U = 300\ K$

$p_2 = 100\ bar$

$p_U = p_4 = 1\ bar$

Aufgabe 7.11

Eine Wärmepumpe soll mit einem reversiblen Carnot-Prozess Wärme von $t_U = 20\ °C$ auf $t_O = 100\ °C$ bringen (Arbeitsmedium Luft: $R = 0{,}2871 \dfrac{kJ}{kgK}$). Welche spezifische Wärme wird bei t_U aufgenommen bzw. bei t_O abgegeben und wie groß ist die spezifische Prozessarbeit, wenn man davon ausgeht, dass isotherme Entspannung im Prozess bei $p = 4\ bar$ beginnt und bis zum Umgebungsdruck ($p_U = 1\ bar$) verläuft? (Darstellung im T,s-Diagramm).

Gegeben:

$\delta w_R = 0$

$R = 0{,}2871 \dfrac{kJ}{kgK}$

$T_{max} = T_O = T_3 = T_4 = 373\ K$

$T_{min} = T_U = T_1 = T_2 = 293\ K$

$p_1 = 4\ bar$

$p_U = p_2 = 1\ bar$

Gesucht:

q_{zu}

q_{ab}

w_K

Aufgabe 7.12

Mit $1\ kg$ Luft ($c_p = 1{,}004 \dfrac{kJ}{kgK}, R = 0{,}2871 \dfrac{kJ}{kgK}$) soll ein rechtsläufiger Carnot-Prozess durchgeführt werden. Der Anfangszustand $p_1 = p_{max} = 16\ bar$ mit einer Temperatur von 527 °C. Nach der isothermen Expansion soll ein Druck $p_2 = 8\ bar$ herrschen, der tiefste Druck des Prozesses beträgt $1,6\ bar$.

Folgende Teilaufgaben sind zu erledigen:
a) Darstellung des Kreisprozesses im T, s-Diagramm
b) Berechnung der thermischen Zustandsgrößen p, t, v für jeden Zustandspunkt
c) Berechnung der zu- und abgeführten spezifischen Wärmen
d) Berechnung der spezifischen Prozessarbeit
e) Berechnung des Carnot-Wirkungsgrades

Gegeben:

$\delta w_R = 0$

$R = 0{,}2871 \dfrac{kJ}{kgK}$

$c_p = 1{,}004 \dfrac{kJ}{kgK}$

$p_1 = p_{max} = 16\ bar$

$p_2 = 8\ bar$

$p_3 = 1{,}6\ bar$

$T_{max} = T_0 = T_1 = T_2 = 800\ K$

Gesucht:

Thermische Zustandsgrößen p, t, v für jeden Zustandspunkt

q_{zu}

q_{ab}

w_K

Aufgabe 7.13

Mit Hilfe eines Carnot-Prozesses sollen aus einem Wärmebehälter ($T_0 = 500\ K = konst$) stündlich 3000 kJ entnommen und zur Gewinnung von Arbeit genutzt werden, wenn die Umgebung die Temperatur $T_U = 273\ K$ besitzt. Als Arbeitsmedium soll Luft (ideales Gas, $c_p = 1{,}004 \dfrac{kJ}{kgK}, R = 0{,}2871 \dfrac{kJ}{kgK}$) dienen, der höchste Druck beträgt 10 bar, der niedrigste 1 bar.

a) Darstellung des Prozesses im T, s-Diagramm
b) Welche Luftmenge wird benötigt?
c) Welche Arbeit kann stündlich gewonnen werden?

Gegeben:

$\delta w_R = 0$

$R = 0{,}2871 \dfrac{kJ}{kgK}$

$c_p = 1{,}004 \dfrac{kJ}{kgK}$

$p_1 = 1\ bar$

$p_3 = p_{max} = 10\ bar$

$T_{min} = T_U = T_1 = T_2 = 273\ K$

$T_{max} = T_O = T_3 = T_4 = 500\ K$

$\dot{Q}_{34} = 3000 \dfrac{kJ}{h}$

Gesucht:

$\dot{m}$

$\dot{W}_K$

Aufgabe 7.14

Es steht ein Heizkörper mit 300 °C zur Verfügung, während als „Kühlkörper" die Umgebung mit $t_U = 20\ °C$ in Betracht kommt.

a) Welche Leistung gewinnt man aus 2,5 kg Luft (ideales Gas, $c_p = 1{,}004 \dfrac{kJ}{kgK}, R = 0{,}2871 \dfrac{kJ}{kgK}$), die in einem Carnot-Prozess zwischen den beiden genannten Temperaturen arbeitet, wenn die Anzahl der Wiederholungen des Prozesses pro Minute 50 beträgt? (Enddruck bei isothermer Expansion und Kompression jeweils 7 bar).

b) Wie ändert sich der thermische Wirkungsgrad, wenn im Winter $t_U = -20\ °C$ wird?

c) Darstellung im p, v- und T, s-Diagramm.

Gegeben:

$\delta w_R = 0$

$R = 0{,}2871 \dfrac{kJ}{kgK}$

$c_p = 1{,}004 \dfrac{kJ}{kgK}$

$p_2 = 7\ bar$

$p_4 = 7\ bar$

$T_{min} = T_U = T_1 = T_2 = 293\ K$ (Sommer)

$T_{min} = T_U = T_1 = T_2 = 253\ K$ (Winter)

$T_{max} = T_O = T_3 = T_4 = 573\ K$

$\Delta\tau = 60\ s/50$

Gesucht:

$\dot{W}_K$

η_C (Sommer bzw. Winter)

Aufgabe 7.15

a) Stellen Sie die spezifische Prozessarbeit eines rechtsläufigen Carnot-Prozesses in Abhängigkeit vom Verhältnis des maximalen zum minimalen Druck dar. Die Temperaturen des oberen und unteren Wärmebehälters sind bekannt, Arbeitsmedium ist Luft (ideales Gas, $c_p = 1{,}004 \frac{kJ}{kgK}$, $R = 0{,}2871 \frac{kJ}{kgK}$).

b) Stellen Sie den Prozess im T,s-Diagramm dar.

Gegeben:

$\delta w_R = 0$

$R = 0{,}2871 \frac{kJ}{kgK}$

$c_p = 1{,}004 \frac{kJ}{kgK}$

$T_{min} = T_U = T_1 = T_2$

$T_{max} = T_O = T_3 = T_4$

Gesucht:

$|w_K| = f(p_{max}, p_{min})$

Aufgabe 7.16

Eine Möglichkeit der Nutzung erneuerbarer Energien besteht in der Ausnutzung der Temperaturunterschiede in den verschiedenen Meerestiefen. Diese Temperaturunterschiede sind besonders in bestimmten tropischen Gegenden beträchtlich. Man kann dort mit einer Oberflächentemperatur von $t_O = 27\,°C$ rechnen, während in der Tiefe von einigen 100 Metern $t_U = 9\,°C$ beträgt. Man kann diese gewaltigen verschiedenen Wärmebehälter als Heiz- und Kühlkörper auffassen und als so genanntes „ozeanothermisches Gradient-Kraftwerk" verwerten.

a) Mit welchen Wirkungsgraden würde ein Carnot-Prozess zwischen diesen Temperaturen arbeiten? Um diesen Prozess überhaupt durchführen zu können, muss man die Wassermassen durch die Maschine pumpen, damit der Wärmeumsatz an das Arbeitsmedium stattfinden kann. Die technische Arbeit der Pumpe wird hier vernachlässigt.

b) Wie ändert sich gegenüber dem obigen Fall der Wirkungsgrad, wenn man annimmt, dass sich bei der Wärmeübertragung das Seewassers mit der tiefen Temperatur um $3\,K$ nach oben und das Seewasser mit der hohen Temperatur um $3\,K$ nach unten ändern und außerdem die Isothermen des Carnot-Prozesses um diesen Betrag verschoben werden?

c) Wieviel Seewasser mit der tiefen und hohen Temperatur ($c_p = 4{,}02 \frac{kJ}{kgK}$) müssen in diesem Falle durch die Anlage gepumpt werden, wenn eine Leistung von $100\,MW$ erreicht werden soll?

d) Stellen Sie den Prozess im T,s-Diagramm dar.

Gegeben:

$\delta w_R = 0$

$c_p = 4{,}02 \dfrac{kJ}{kgK}$

$T_{min} = T_U = 282\ K$ Fall a)

$T_{max} = T_O = 300\ K$ Fall a)

$T_{min} = T_{U'} = 285\ K$ Fall b)

$T_{max} = T_{O'} = 297\ K$ Fall b)

$\dot{W}_K = 100\ MW$

Gesucht:

η_C für Fall a) und Fall b)

$\dot{m}$

Aufgabe 7.17

Es ist ein rechtsläufiger Carnot-Prozess mit Luft (als ideales Gas zu betrachten) als Arbeitsmedium durchzurechnen, der eine Prozessarbeit von 15 kJ/kg liefern soll. Die Wärmezufuhr geschieht bei $t_3 = t_O = 1000\ °C$, Wärmeabfuhr bei $t_1 = t_U = 300\ °C$. Bei Beginn der isothermen Kompression ist $p_1 = 1\ bar$.

a) Wie groß sind Wirkungsgrad sowie zu- und abgeführte Wärme?
b) In Abweichung vom Idealprozess sollen im Realfall $t_O = 900\ °C$ und $t_U = 400\ °C$ sein.
c) Welcher Prozess ist besser? Warum?
d) Stellen Sie den Prozess im T, s-Diagramm dar.

Gegeben:

$\delta w_R = 0$

$t_{min} = t_U = t_1 = t_2 = 300\ °C$ Fall a)

$t_{max} = t_O = t_3 = t_4 = 1000\ °C$ Fall a)

$t_{min} = t_U = t_1 = t_2 = 400\ °C$ Fall b)

$t_{max} = t_O = t_3 = t_4 = 900\ °C$ Fall b)

$w_K = -15\ kJ/kg$

Gesucht:

η_C

q_{ab}

q_{zu}

Aufgabe 7.18

Eine Wärme $Q_{12} = 1000\ kJ$ geht von einem System A mit der konstanten Temperatur $t_1 = 600\ °C$ auf ein System B mit der Temperatur $t_2 = 300\ °C$ über, ohne dass bei diesem Vorgang Arbeit verrichtet wird.

a) Berechnen Sie die auftretende spezifische irreversible Entropie $s_{irr,12}$ des Gesamtsystems.
b) Weisen Sie mit zwei Carnot-Prozessen, bei denen die Umgebung ($t_U = 20\ °C$) jeweils als unterer Wärmebehälter verwendet wird, nach, dass die Wärme Q_{12} nach der Temperatursenkung weniger Arbeit leisten kann. Wie groß ist dieser Verlust?
c) Stellen Sie beide Carnot-Prozesse und den Verlust in einem T, s-Diagramm dar.
d) Berechnen Sie den Verlust an technischer Arbeitsfähigkeit mit Hilfe der irreversiblen Entropie des Prozesses $S_{irr,12}$

Gegeben:

$\delta w_R = 0$

$t_B = t_U = t_1 = t_2 = 300\ °C$

$t_A = t_O = t_3 = t_4 = 600\ °C$

$Q_{12} = 1000\ kJ$

$t_U = 20\ °C$ zu b)

Gesucht:

$S_{irr,12}$

B_{AB}

Aufgabe 7.19

Ein rechtsläufiger Kreisprozess, der aus zwei Isentropen und zwei Isobaren besteht, heißt Joule-Prozess. Als Arbeitsmedium soll Luft (ideales Gas, $c_p = 1,004\frac{kJ}{kgK}, R = 0,2871\frac{kJ}{kgK}$) verwendet werden, die beiden im Prozess auftretenden Drücke sind $1\ bar$ und $36\ bar$, die höchste Lufttemperatur beträgt $1600\ K$, die niedrigste $300\ K$.

a) Darstellung des Prozessverlaufs im p, v- und T, s-Diagramm
b) Berechnen Sie die übertragenen Wärmen, die geleistete Arbeit und den Wirkungsgrad.

Gegeben:

$\delta w_R = 0$

$c_p = 1,004\frac{kJ}{kgK}$

$R = 0,2871\frac{kJ}{kgK}$

$p_{min} = p_1 = p_4 = 1\ bar$

$p_{max} = p_2 = p_3 = 36\,bar$
$T_{min} = T_1$
$T_{max} = T_3$

Gesucht:
$q_{23}, q_{41}, |w_K|, \eta_{th}$

Aufgabe 7.20

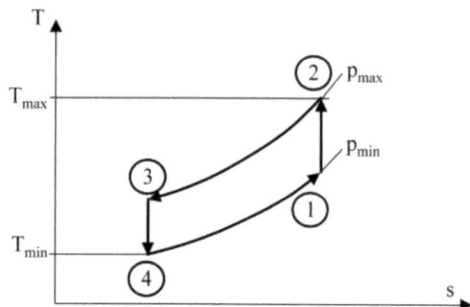

Abb. Repetitorium 7.20A: T,s-Diagramm zur Aufgabe 7.20

Eine so genannte Kaltgasmaschine arbeitet mit Luft (ideales Gas, $c_p = 1{,}004\,\frac{kJ}{kgK}$, $R = 0{,}2871\,\frac{kJ}{kgK}$) zwischen zwei Isobaren und zwei Isentropen (Joule Prozess) und muss stündlich 20 MW aus dem Kühlraum (unterer Wärmebehälter) abführen. Die Kühltemperatur beträgt $t_1 = -5\,°C$, die Umgebungstemperatur $t_3 = 25\,°C$, die im Prozess auftretenden Drücke 50 bar und 150 bar.

a) Stellen Sie den Prozess im p,v-Diagramm dar.
b) Berechnen Sie die stündlich umlaufende Luftmenge und die aufzuwendende technische Leistung.

Gegeben:
$\delta w_R = 0$
$\dot{Q}_{ab} = \dot{Q}_{41} = 20\,\frac{MW}{h}$
$c_p = 1{,}004\,\frac{kJ}{kgK}$
$R = 0{,}2871\,\frac{kJ}{kgK}$
$p_{min} = p_1 = p_4 = 1\,bar$
$p_{max} = p_2 = p_3 = 36\,bar$
$T_{min} = T_1$
$T_{max} = T_3$

Gesucht:
$\dot{W}_K, \dot{m}$

Aufgabe 7.21

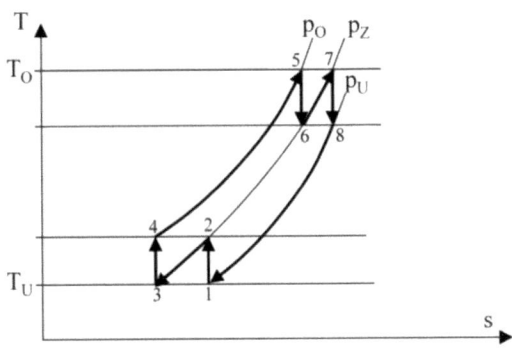

Abb. Repetitorium 7.21A: T, s-Diagramm zur Aufgabe 7.21

Ein geschlossener Gasturbinenprozess zwischen Isobaren und Isentropen (Joule-Prozess) arbeitet mit Luft (ideales Gas, $c_p = 1{,}004\,\frac{kJ}{kgK}, R = 0{,}2871\,\frac{kJ}{kgK}$) als Medium zwischen $T_U = 300$ K und $T_O = 923$ K sowie den Drücken $p_U = 1$ bar und $p_O = 16$ bar, wobei Verdichtung und Expansion zweistufig durchgeführt werden (Zwischendruck $p_z = \sqrt{p_o \cdot p_o}$).

a) Berechnen Sie die resultierende Arbeit des Prozesses, das Verhältnis von zu- und abgeführter Arbeit w_{zu}/w_{ab}, das Verhältnis von zu- und abgeführter Wärme q_{zu}/q_{ab} sowie den thermischen Wirkungsgrad.
b) Vergleichen Sie den thermischen Wirkungsgrad η_{th} mit dem Carnot-Wirkungsgrad η_C zwischen T_O und T_U.

Gegeben:
$\delta w_R = 0$
$T_U = T_1 = T_3 = 300\,K$
$T_O = T_5 = T_7 = 923\,K$
$p_U = 1$ bar
$p_O = 16$ bar
$p_z = \sqrt{p_o \cdot p_o}$
$c_p = 1{,}004\,\frac{kJ}{kgK}$
$R = 0{,}2871\,\frac{kJ}{kgK}$

Gesucht:

w_K

w_{zu}

w_{ab}

q_{zu}

q_{ab}

η_{th}

Aufgabe 7.22

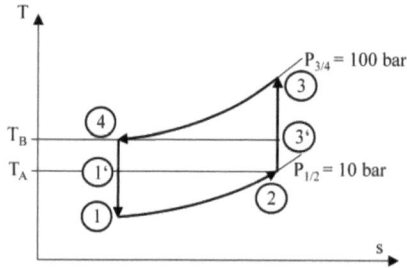

Abb. Repetitorium 7.22A: T,s-Diagramm zur Aufgabe 7.22

Mit Hilfe eines linksläufigen Kreisprozesses (1, 2, 3, 4-Joule-Prozess nebenstehender Skizze $p_1 = p_2 = 10\ bar, p_3 = p_4 = 100\ bar$) mit dem Arbeitsmedium Luft (ideales Gas, $c_p = 1{,}004 \frac{kJ}{kgK}, R = 0{,}2871 \frac{kJ}{kgK}$), sollen $42000 \frac{kJ}{h}$ dem Wärmebehälter B ($t_B = 80\ °C$) zugeführt (Wärmebehälter A abgeführt) werden, wenn der Wärmebehälter A mit $t_A = 30\ °C$ zur Verfügung steht. Wie groß ist die aufzuwendende Leistung $\dot{W}_K$ und der Wärmestrom $\dot{Q}_{zu} = \dot{Q}_{12}$ des Prozesses?

Gegeben:

$\delta w_R = 0$

$\dot{Q}_{ab} = \dot{Q}_{34} = -42000\ \frac{kJ}{h}$

$p_1 = p_2 = 10\ bar$

$p_3 = p_4 = 100\ bar$

$T_A = T_2 = 303\ K$

$T_B = T_4 = 353\ K$

$c_p = 1{,}004 \frac{kJ}{kgK}$

$R = 0{,}2871 \frac{kJ}{kgK}$

Gesucht:

$\dot{W}_K$

$\dot{Q}_{12} = \dot{Q}_{zu}$

Aufgabe 7.23

Ein rechtsläufiger Kreisprozess, der aus zwei Isobaren und zwei Isothermen besteht, heißt Ericson-Prozess. Ermitteln Sie für einen solchen Prozess den Zusammenhang zwischen der spezifischen Kreisarbeit (spezifische Nutzarbeit des Kreisprozesses) und dem Verhältnis der extremalen Drücke (p_{max}/p_{min}) sowie den thermischen Wirkungsgrad. (Arbeitsmedium: ideales Gas).

Gegeben:

$\delta w_R = 0$

$p_1 = p_4 = p_{min}$

$p_2 = p_3 = p_{max}$

$T_U = T_1 = T_2$

$T_O = T_3 = T_4$

Gesucht:

$w_K = f\left(\dfrac{p_{max}}{p_{min}}\right)$

Aufgabe 7.24

Zwei Wärmebehälter ($T_O = 1000\,K, T_U = 100\,K$) stehen zur Verfügung. Es soll eine Kreisarbeit (Nutzarbeit des Kreisprozesses) von $450\,kJ$ erzielt werden und zwar

a) mit einem Carnot-Prozess, dessen obere und untere Temperatur gleich der Temperatur der Wärmebehälter ist. Ist dieser Prozess umkehrbar?
b) mit einem Ericson-Prozess, bei dem im Innern des Systems keine Irreversibilitäten auftreten. Die obere und untere Isotherme des Prozesses seien gleich T_O und T_U. Sämtliche im Prozess benötigten Wärmen können nur mit den Wärmebehältern übertragen werden.

Man berechne für beide Prozesse Q_{zu}, Q_{ab} und den thermischen Wirkungsgrad η_{th}, wenn $5\,kg$ Luft als Arbeitsmedium (ideales Gas, $c_p = 1{,}004\,\dfrac{kJ}{kgK}$) verwendet werden.

Gegeben:

$\delta w_R = 0$

$m = 5\,kg$

$c_p = 1{,}004\,\dfrac{kJ}{kgK}$

$p_1 = p_4 = p_{min}$

$p_2 = p_3 = p_{max}$

$T_U = T_1 = T_2 = 100\,K$

$T_O = T_3 = T_4 = 1000\,K$

$W_K = -450 \, kJ$

Gesucht:

$Q_{zu}, Q_{ab}, \eta_{th}$ für Carnot-Prozess

$Q_{zu}, Q_{ab}, \eta_{th}$ für Ericson-Prozess

Aufgabe 7.25

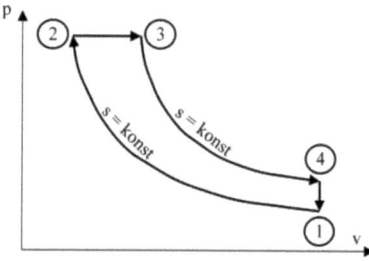

Abb. Repetitorium 7.25A: p, v-Diagramm zur Aufgabe 7.25

Es sei ein Verbrennungsmotor gegeben, der nach dem Gleichdruckprozess (Diesel-Prozess) arbeitet. Bei diesem Motor wird der Treibstoff eingespritzt und das Treibstoff-Luft-Gemisch so hoch verdichtet, bis es von selbst zündet.

a) Stellen Sie den Prozess im T, s-Diagramm dar.
b) Bis zu welchem Druck muss die beim Umgebungszustand ($p_1 = 1 \, bar, t_1 = 20 \, °C$) beginnende Kompression mindestens durchgeführt werden, damit Eigenzündung auftreten kann, wenn die Entzündungstemperatur bei 500 °C liegt?
c) Die adiabate Entspannung soll bei $v_3 = 0{,}2 \cdot v_4$ beginnen. Bei welcher Temperatur beginnt dann die Wärmeabfuhr?
d) Wie groß ist die Kreisarbeit (Nutzarbeit des Kreisprozesses)? Bei der Berechnung sind die Stoffwerte des Arbeitsmediums Luft (ideales Gas, $c_p = 1{,}004 \frac{kJ}{kgK}, R = 0{,}2871 \frac{kJ}{kgK}$) zu verwenden.

Gegeben:

$\delta w_R = 0$

$c_p = 1{,}004 \frac{kJ}{kgK}$

$R = 0{,}2871 \frac{kJ}{kgK}$

$p_1 = 1 \, bar$

$t_1 = 20 \, °C$

$\frac{v_3}{v_4} = 0{,}2$

Gesucht:

Zu a) T, s-Diagramm

Zu b) p_2

Zu c) T_4

Zu d) $|w_K|$

Aufgabe 7.26

Ein nach dem Selinger-Verfahren arbeitender Dieselmotor verdichtet Luft adiabat vom Atmosphärendruck ($p_1 = 1\ bar$) und einer Ausgangstemperatur von $t_1 = 27\ °C$ auf $p_2 = 38\ bar$. Der Enddruck der isothermen Wärmezufuhr beträgt 56 bar, dabei werden 65 g Gasöl (Heizwert $q_H = 43500\ \frac{kJ}{kg}$) je kg Luft eingespritzt. Berechnen Sie die Endtemperatur und die Änderung von spezifischer Enthalpie und spezifischer innerer Energie sowohl bei der adiabaten, reibungsfreien Verdichtung als auch bei der isochoren Wärmezufuhr. Bei der Berechnung sind die Stoffwerte des Arbeitsmediums Luft (ideales Gas, $c_p = 1{,}004\ \frac{kJ}{kgK}, R = 0{,}2871\ \frac{kJ}{kgK}$) zu verwenden.

Anmerkung: Die Aufgabenstellung beinhaltet eine Vereinfachung. Beim Selinger-Prozess findet die Wärmezufuhr durch Verbrennung des Kraftstoffes sowohl bei $v = konst$ als auch bei $p = konst$ statt. Hier wird die Zustandsänderung reduziert auf $p = konst$.

Gegeben:

$\delta w_R = 0$

$c_p = 1{,}004\ \dfrac{kJ}{kgK}$

$R = 0{,}2871\ \dfrac{kJ}{kgK}$

$p_1 = 1\ bar$

$p_2 = 38\ bar$

$p_3 = 56\ bar$

$t_1 = 27\ °C$

$q_H = 43500\ \dfrac{kJ}{kg}$

$\dfrac{m_{Öl}}{m_L} = \dfrac{65\ g}{1000\ g}$

Gesucht:

T_2 Endtemperatur bei der isentropen Verdichtung

$\Delta h, \Delta u$ bei der isentropen Verdichtung

T_3 Endtemperatur bei der isochoren Wärmezufuhr

$\Delta h, \Delta u$ bei der isochoren Wärmezufuhr

Aufgabe 7.27

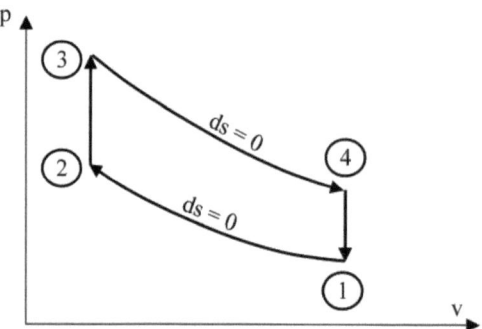

Abb. Repetitorium 7.27A: p, v-Diagramm zur Aufgabe 7.27

Nebenstehend angegebener Otto-Prozess soll mit Luft (ideales Gas, $c_p = 1{,}004 \frac{kJ}{kgK}$, $R = 0{,}2871 \frac{kJ}{kgK}$) arbeiten. Der Ausgangszustand der isentropen Kompression beträgt $p_1 = 1\ bar$, $t_1 = 27\ °C$, das Verhältnis der konstanten Volumen $\frac{v_1}{v_2} = 10$. Die bei der isochoren Druckerhöhung zugeführte Wärme q_{23} ist so groß, dass die Temperatur um $1000\ K$ ansteigt.

a) Stellen Sie den Prozess im T, s-Diagramm dar.
b) Berechnen Sie die Kreisarbeit des Prozesses.
c) Wie groß ist der thermische Wirkungsgrad?

Gegeben:
$\delta w_R = 0$
$c_p = 1{,}004 \dfrac{kJ}{kgK}$
$R = 0{,}2871 \dfrac{kJ}{kgK}$
$p_1 = 1\ bar$
$p_2 = 38\ bar$
$p_3 = 56\ bar$
$t_1 = 27\ °C$
$t_3 = t_2 + 1000\ K$

Gesucht:
w_K
η_{th}

10.7 Aufgaben Kapitel 8 – Anwendung des zweiten Hauptsatzes auf Energieumwandlungen

Aufgabe 8.1

In einem Zylinder befindet sich $1\ kg$ Luft ($R = 0{,}2871\frac{kJ}{kgK}, c_v = 0{,}718\frac{kJ}{kgK}$) von $10\ bar$ und $140\ °C$. Wie groß ist die maximal mögliche technische Arbeit (Exergie), die diesem System entnommen werden kann?

Gegeben:

$m = 1\ kg$

$p = 10\ bar$

$t = 140\ °C$

$R = 0{,}2871\ \frac{kJ}{kgK}$

$c_v = 0{,}718\ \frac{kJ}{kgK}$

Gesucht:

$E_{g,1}$

Aufgabe 8.2

Welche Leistung wäre theoretisch maximal zu gewinnen, d. h. welchen Wert hat der Exergiestrom der Wärme (Arbeitsfähigkeit des Wärmestroms), wenn man den Wärmeverlust $3{,}5\ kW$ einer Dampfleitung (Dampftemperatur $t_D = 150\ °C = konst$) ausnutzen könnte? (Umgebungszustand $t_U = 20\ °C$)

Gegeben:

$\dot{Q}_D = 3{,}5\ kW$

$t_D = 150\ °C$

$t_U = 20\ °C$

Gesucht:

$\dot{E}_Q$

Aufgabe 8.3

Ein mit Gas von $t = 200\ °C$ gefüllter Behälter gibt $350\ W$ an die Umgebung ($t_U = 20\ °C$) ab. Welche Leistung bleibt bei diesem Vorgang ungenutzt?

Gegeben:

$\dot Q_{1U} = 350\ W$

$t_1 = 200\ °C$

$t_U = 20\ °C$

Gesucht:

$\dot B_q$

Aufgabe 8.4

Einem Gasstrom wird bei einer isothermen Kompression $t = 77\ °C = konst$ eine Wärme von 2,1 $\frac{kJ}{kg}$ entzogen. Die Entropieänderung beträgt dabei $s_2 - s_1 = -5\ \frac{J}{kgK}$. Wie groß ist der Verlust an Arbeitsfähigkeit? (Umgebungstemperatur $t_U = 27\ °C$).

Gegeben:

$q_{12} = 2{,}1\ \frac{kJ}{kg}$

$t = 77\ °C = konst$

$t_U = 27\ °C$

$s_2 - s_1 = -5\ \frac{J}{kgK}$

Gesucht:

B_q

Aufgabe 8.5

Ein Heißwasserbereiter (Wasser: $\varrho = 1000\ \frac{kg}{m^3}$, $c_p = 4{,}187\ \frac{kJ}{kgK}$) von 10 l Inhalt und $t_1 = 80\ °C$ wird außer Betrieb gesetzt und kühlt sich isobar auf Umgebungstemperatur $t_U = 20\ °C$ ab.
  a) Wie groß sind die Entropieänderungen des Wassers, der Umgebung und des Gesamtsystems Wasser-Umgebung?
  b) Wie groß ist der Arbeitsfähigkeitsverlust?

Gegeben:

$p = konst$

$V = 10\ l$

$\varrho = 1000\ \frac{kg}{m^3}$

$c_p = 4{,}187\ \frac{kJ}{kgK}$

$t_1 = 80\ °C$

$t_U = 20\,°C$

Gesucht:

Zu a) $\Delta S_W, \Delta S_U, \Delta S_G$

Zu b) B_q

Aufgabe 8.6

Ein Gussblock (Stahl, $c = 0{,}42\,\frac{kJ}{kgK}$) mit einer Masse $m = 100\,kg$ und einer Temperatur $t_1 = 800\,°C$ wird mit Luft der Umgebungstemperatur $t_U = 20\,°C = konst$ gebracht, wo er sich auf t_U abkühlt.

a) Wie groß sind die Entropieänderungen Δs und ΔS des Stahlblocks (Index s) sowie ΔS der Umgebung (Index U)?

b) Wie groß ist die technische Arbeitsfähigkeit des Gussblocks vor und nach der Abkühlung?

Gegeben:

$\delta w_R = 0$

$m = 100\,kg$

$c = 0{,}42\,\dfrac{kJ}{kgK}$

$t_1 = 800\,°C$

$t_U = t_2 = 20\,°C$

$dp = 0$

Gesucht:

$\Delta s_S, \Delta S_S$

ΔS_U

ΔS_G

E_g, B_q

Aufgabe 8.7

Aus einer Dampfleitung mit der Temperatur $t_D = 120\,°C$, die über die Rohrlänge näherungsweise konstant bleibt, geht durch mangelnde Isolation eine Wärme von $1000\,kJ$ an die Umgebung ($t_U = 20\,°C$) über.

a) Wie groß ist $S_{irr,12}$ des Systems Dampf-Umgebung? Wie groß ist jeweils ΔS der Teilsysteme Dampf bzw. Umgebung?

b) Berechnen Sie den Verlust an technischer Arbeitsfähigkeit.

Gegeben:

$\delta w_R = 0$

$Q_{12} = 10^3 \, kJ$

$t_D = 120 \, °C$

$t_U = 20 \, °C$

Gesucht:

Zu a) $\Delta S_D, \Delta S_U, S_{irr,12}$

Zu b) B_q

Aufgabe 8.8

Welche Arbeitsfähigkeit hat Luft (ideales Gas: $c_v = 0{,}7169 \frac{kJ}{kgK}$, $R = 0{,}2871 \frac{kJ}{kgK}$) in einem Druckkessel ($V = 2 \, m^3$) bei $p_1 = 10 \, bar, t_1 = 100 \, °C$, die in dem System Druckkessel keine Geschwindigkeit besitzt und keine Höhendifferenzen überwindet? (Umgebungszustand $p_U = 1 \, bar, t_U = 20 \, °C$).

Gegeben:

$\delta w_R = 0$

$V = 2 \, m^3$

$c_v = 0{,}7169 \frac{kJ}{kgK}$

$R = 0{,}2871 \frac{kJ}{kgK}$

$p_1 = 10 \, bar$

$p_U = 1 \, bar$

$t_1 = 100 \, °C$

$t_U = 20 \, °C$

Gesucht:

$E_{g,1}$

Aufgabe 8.9

Ein Torpedo mit Gasantrieb wird mit komprimierter Luft (ideales Gas: $R = 0{,}2871 \frac{kJ}{kgK}$) angetrieben. Welche Arbeit könnte man günstigstenfalls aus dem Gasdruckbehälter ($V = 0{,}5 \, m^3$) mit $p_1 = 200 \, bar$ gewinnen, wenn der Umgebungszustand $p_U = 1 \, bar, t_U = 15 \, °C$, die Temperatur des Wassers und des Torpedos ebenfalls $15 \, °C$ betragen? Die in der Realität auftretende Abkühlung eines Gases bei der Expansion, die die Antriebe von reinen Drucklufttorpedos vereisen lassen kann, wird hier vernachlässigt. Es wird zur Vereinfachung der Rechnung eine isotherme Expansion vorausgesetzt.

Gegeben:
$\delta w_R = 0$
$V = 0.5\ m^3$
$R = 0.2871\ \dfrac{kJ}{kgK}$
$p_1 = 200\ bar$
$p_U = 1\ bar$
$t_1 = t_2 = t_U = 15\ °C = konst$

Gesucht:
$E_{g,1}$

Aufgabe 8.10

Ein ideales Gas H_2: $R = 4{,}1243\ \dfrac{kJ}{kgK}$, $c_v = 10{,}09\ \dfrac{kJ}{kgK}$ wird kontinuierlich vom Zustand 1 ($p_1 = 20\ bar, T_1 = 800\ K$) auf folgendem Weg reversibel in den Zustand 2 ($p_2 = 10\ bar, T_2 = 400\ K$) gebracht. Man geht isotherm bis zu einem Zustand 1* mit $s_{1*} = s_2$ und dann isentrop bis 2. (Umgebungszustand ist $p_U = 1\ bar, T_U = 300\ K$).
a) Wie groß ist bei diesem Prozess die Änderung der technischen Arbeitsfähigkeit?
b) Stellen Sie den Vorgang im T, s-Diagramm dar.

Gegeben:
$\delta w_R = 0$
$R = 4{,}1243\ \dfrac{kJ}{kgK}$
$c_v = 10{,}09\ \dfrac{kJ}{kgK}$
$p_1 = 20\ bar$
$p_2 = 10\ bar$
$p_U = 1\ bar$
$T_1 = 800\ K$
$T_2 = 400\ K$
$T_U = 300\ K$

Gesucht:
Δe_g

Aufgabe 8.11

Einem mit Luft $c_p = 1{,}004\,\frac{kJ}{kgK}, c_v = 0{,}718\,\frac{kJ}{kgK}$ gefüllten Zylinder (Zustand 1: $p_1 = 10\,bar, T_1 = 400\,K$) wird bei konstantem Volumen eine Wärme $q_{12} = 68{,}5\,\frac{kJ}{kg}$ zugeführt ($p_U = 1\,bar, t_U = 27\,°C$).

a) Stellen Sie q_{12} und $e_{q,12}$ im T, s-Diagramm dar
b) Wie groß ist die spezifische Arbeitsfähigkeit im Zustand 2, $e_{g,2}$, wenn man mit dem Zylinderinhalt eine einmalige Zustandsänderung durchführt?
c) Wie groß ist die Änderung der spezifischen Arbeitsfähigkeit Δe_q? Was kann man über die spezifische Arbeitsfähigkeit $e_{g,1}$ sagen?
d) Stellen Sie $e_{g,2}$ im p, v-Diagramm dar.

Gegeben:

$\delta w_R = 0$

$q_{12} = 68{,}5\,\frac{kJ}{kg}$

$c_p = 1{,}004\,\frac{kJ}{kgK}$

$c_v = 0{,}718\,\frac{kJ}{kgK}$

$p_1 = 10\,bar$

$p_U = 1\,bar$

$T_1 = 400\,K$

$T_U = 300\,K$

Gesucht:

$e_{g,2}$

Δe_q

$e_{g,1}$

Aufgabe 8.12

In einer Pressluftleitung ($p_1 = 6\,bar$) strömt Luft (ideales Gas, $R = 0{,}2871\,\frac{kJ}{kgK}$) mit der Geschwindigkeit $c_1 = 2\,\frac{m}{s}$. Die Lufttemperatur ist gleich der Umgebungstemperatur. Die Leitung ist an einer Stelle undicht und es strömen dort stündlich $0{,}5\,kg$ Luft aus. Wie groß ist der Verlust an Arbeitsfähigkeit beim Entweichen der Luft? (Umgebungszustand: $t_U = 20\,°C, p_U = 1\,bar$).

Gegeben:

$\delta w_R = 0$

$c_1 = 2 \dfrac{m}{s}$

$\dot{m} = 0{,}5 \dfrac{kg}{h}$

$R = 0{,}2871 \dfrac{kJ}{kgK}$

$p_1 = 6 \, bar$

$p_U = 1 \, bar$

$t_1 = 20 \, °C$

$t_U = 20 \, °C$

Gesucht:

Verlust an Arbeitsfähigkeit beim Entweichen der Luft entspricht der Arbeitsfähigkeit am Prozessanfang:

$\dot{E}_{g,1}$

Aufgabe 8.13

Aus einem offenen Gasturbinenprozess steht ein Abgasstrom (Abgase = ideales Gas, $c_p = 1{,}26 \dfrac{kJ}{kgK}$) mit $t_1 = 150 \, °C, p_1 = p_2 = p_U = 1 \, bar$ und $c_1 = 80 \dfrac{m}{s}$ zur Verfügung. Welche spezifische technische Arbeit kann aus dem Abgasstrom maximal gewonnen werden, wenn angenommen wird, dass $t_U = 20 \, °C$ beträgt?

Gegeben:

$\delta w_R = 0$

$c_p = 1{,}26 \dfrac{kJ}{kgK}$

$c_1 = 80 \dfrac{m}{s}$

$p_1 = 1 \, bar$

$p_2 = 1 \, bar$

$p_U = 1 \, bar$

$t_1 = 150 \, °C$

$t_U = 20 \, °C$

Gesucht:

$e_{g,1}$

Aufgabe 8.14

Ein Luftstrom ($c_p = 1{,}004 \dfrac{kJ}{kgK}, R = 0{,}2871 \dfrac{kJ}{kgK}$) liegt im Zustand 1 ($p_1 = 15 \, bar, T_1 = 700 \, K$) vor.

a) Wie groß ist die spezifische technische Arbeitsfähigkeit $e_{g,1}$ in diesem Punkt, wenn der Umgebungszustand mit $t_U = 27\,°C, p_U = 1\,bar$ gegeben ist?
b) Mit einem Luftstrom vom selben Zustand 1 wird folgende Zustandsänderung durchgeführt: Die Zustandsänderung wird isotherm bis zu einem Punkt 2 mit $s_2 = s_G$ und dann adiabat und reibungsfrei bis zum Umgebungszustand vorgenommen. Wie groß ist die dabei erreichte technische Arbeit w_t?
c) Wie erklären Sie sich den Unterschied zur technischen Arbeitsfähigkeit $e_{g,1}$? Wie hätten Sie diesen Unterschied auch noch berechnen können?

Gegeben:

$\delta w_R = 0$

$c_p = 1{,}004\,\dfrac{kJ}{kgK}$

$R = 0{,}2871\,\dfrac{kJ}{kgK}$

$p_1 = 15\,bar$

$T_1 = 700\,K$

$t_U = 27\,°C$

$p_U = 1\,bar$

Gesucht:

$e_{g,1}$

$w_{t,1G}$

Aufgabe 8.15

a) Welche technische Arbeitsfähigkeit besitzt ein Stein von $1\,kg$ Masse auf einem Turm von $100\,m$ Höhe gegenüber dem Erdboden?
b) Welche technische Arbeitsfähigkeit besitzt er in dem Moment, da er gerade auf der halben Höhe des Turmes vorbeifliegt? (Vorgang reibungsfrei).

Gegeben:

$\delta w_R = 0$

$m = 1\,kg$

Zu a) $c_1 = 0$

$c_G = 0$

$z_1 = 100\,m$

$z_G = 0\,m$

Zu b) $c_1 = 0$

$c_G = 0$

$z_2 = 50\,m$

$z_G = 0\,m$

Gesucht:

Zu a) $E_{g,1}$

Zu b) $E_{g,2}$

10.8 Aufgaben Kapitel 9 – Wärmeübertragung und Wärmedämmung

Aufgabe 9.1

Eine 2 m^2 große und 1 cm dicke Stahltür verschließt einen geheizten Raum. Auf der Innenseite beträgt die Temperatur $t_i = 10\,°C$, auf der Außenseite $t_a = -5\,°C$. Welche Wärme wird pro Stunde durch die Tür geleitet, wenn der Wärmeleitkoeffizient von Stahl $\lambda = 58\,\frac{W}{mK}$ beträgt?

Gegeben:

$A = 2\,m^2$

$\delta = 1\,cm$

$t_i = 10\,°C, T_i = 283\,K$

$t_a = -5\,°C, T_a = 268\,K$

$\lambda = 58\,\dfrac{W}{mK}$

Gesucht:

$\dot{Q}$

Aufgabe 9.2

Eine 5 m^2 große Tür eines Kühlraumes besteht aus 3 Schichten, einer 0,5 cm dicken Stahlschicht ($\lambda = 58\,\frac{W}{mK}$), einer 20 cm dicken Schicht aus Glaswolle ($\lambda = 0{,}04\,\frac{W}{mK}$) und erneut aus einer 0,5 cm dicken Stahlplatte. Wie groß ist die stündlich in den Kühlraum durch die Tür eindringende Wärme, wenn die Oberflächentemperatur auf der Innenseite $t_i = -30\,°C$, auf der Außenseite $t_a = 20\,°C$ beträgt?

Gegeben:

$A = 5\,m^2$

$\delta = 1\,cm$

$t_i = -30\,°C, T_i = 243\,K$

$t_a = 20\,°C, T_a = 293\,K$

$\lambda_1 = 58 \frac{W}{mK}$

$\lambda_2 = 0{,}04 \frac{W}{mK}$

$\lambda_3 = 58 \frac{W}{mK}$

Gesucht:

$\dot{Q}$

Aufgabe 9.3

Welche Wärme gibt ein Raum je m^2 Fensterfläche

a) durch ein einfach verglastes Fenster (Glasstärke $\delta_E = 6\ mm$)
b) durch ein modernes doppelt verglastes Fenster (jeweilige Glasstärke $\delta_D = 3\ mm$, Luftschicht $\delta_L = 5\ cm$)

nach außen ab?

Wie groß sind die Temperaturen auf der Glasoberfläche t_{W1}, t_{W2} in beiden Fällen a) und b)?

Folgende Werte sind bekannt: Raumtemperatur $t_{F1} = 18\ °C$, Außentemperatur $t_{F2} = -15\ °C$, Wärmeleitkoeffizient Glas $\lambda_G = 0{,}756 \frac{W}{mK}$, Wärmeleitkoeffizient Luftschicht $\lambda_L = 0{,}307 \frac{W}{mK}$, Wärmeübergangskoeffizient auf der Innen- und Außenseite jeweils $\alpha = 5{,}82 \frac{W}{m^2 K}$.

Gegeben:

$\delta_E = 6\ mm$

$\delta_D = 3\ mm$

$\delta_L = 5\ cm$

$t_{F1} = 18\ °C, T_{F1} = 291\ K$

$t_{F2} = -15\ °C, T_{F2} = 258\ K$

$\lambda_G = 0{,}756 \frac{W}{mK}$

$\lambda_L = 0{,}307 \frac{W}{mK}$

$\alpha_1 = \alpha_2 = \alpha = 5{,}82 \frac{W}{m^2 K}$

Gesucht:

$\dot{q}_E$

$\dot{q}_D$

t_{W1}, t_{W2} für a)

t_{W1}, t_{W2} für b)

Aufgabe 9.4

Die Wand eines Kühlraumes besteht aus folgenden Schichten:

0,3 cm Blech ($\lambda = 60 \frac{W}{mK}$),

25 cm Isoliermaterial ($\lambda = 0,04 \frac{W}{mK}$),

25 cm Ziegelwand ($\lambda = 0,7 \frac{W}{mK}$),

1 cm Putzschicht ($\lambda = 0,8 \frac{W}{mK}$).

Die Außentemperatur beträgt $t_{F1} = 20\,°C$ und die Temperatur im Kühlraum beträgt $t_{F2} = -10\,°C$, der Wärmeübergangskoeffizient innen $\alpha_1 = 6 \frac{W}{m^2 K}$ und außen $\alpha_2 = 3{,}5 \frac{W}{m^2 K}$.

a) Zeichnen Sie qualitativ den Temperaturverlauf durch die Wand.
b) Welche Wärme dringt stündlich je m² Wand in den Kühlraum ein?

Gegeben:

$\delta_B = 0{,}3\,cm$

$\delta_I = 25\,cm$

$\delta_Z = 25\,cm$

$\delta_P = 1\,cm$

$\lambda_B = 60 \frac{W}{mK}$

$\lambda_I = 0{,}04 \frac{W}{mK}$

$\lambda_Z = 0{,}7 \frac{W}{mK}$

$\lambda_P = 0{,}8 \frac{W}{mK}$

$t_{F1} = 20\,°C, T_{F1} = 293\,K$

$t_{F2} = -10\,°C, T_{F2} = 263\,K$

$\alpha_1 = 6 \frac{W}{m^2 K}$

$\alpha_2 = 3{,}5 \frac{W}{m^2 K}$

Gesucht:

$\dot{q}$

Aufgabe 9.5

In einem Behälter mit ebenen Wänden befindet sich Dampf mit einer Temperatur von 99,1 °C. Die Wände des Behälters bestehen aus Stahlblech von 3 mm Stärke und sind mit einer Isolierschicht von 25 cm versehen. Die Temperatur der umgebenden Luft beträgt 20 °C. Folgende Größen sind desweiteren gegeben:

$$\alpha_1 = 1{,}16 \cdot 10^4 \frac{W}{m^2 K}$$

$$\alpha_2 = 17{,}5 \frac{W}{m^2 K}$$

$$\lambda_{Stahl} = 52{,}4 \frac{W}{mK}$$

$$\lambda_{Isol.} = 0{,}14 \frac{W}{mK}$$

a) Wie groß ist die Wärmedurchgangszahl k?
b) Welche Wärme wird stündlich je m² Oberfläche an die Raumluft abgegeben?
c) Berechnen Sie die Grenztemperaturen der einzelnen Schichten und zeichnen Sie qualitativ den Temperturverlauf zwischen Dampf und Umgebungsluft.

Gegeben:

$\delta_B = 0{,}3\ cm$

$\delta_I = 25\ cm$

$\delta_Z = 25\ cm$

$\delta_P = 1\ cm$

$\lambda_B = 60 \frac{W}{mK}$

$\lambda_I = 0{,}04 \frac{W}{mK}$

$\lambda_Z = 0{,}7 \frac{W}{mK}$

$\lambda_P = 0{,}8 \frac{W}{mK}$

$t_{F1} = 20\ °C, T_{F1} = 293\ K$

$t_{F2} = -10\ °C, T_{F2} = 263\ K$

$\alpha_1 = 6 \frac{W}{m^2 K}$

$\alpha_2 = 3{,}5 \frac{W}{m^2 K}$

Gesucht:

$\dot{q}$

Aufgabe 9.6

a) Welche Oberflächentemperaturen stellen sich an der Wandung eines Dampfkessels ein, wenn auf der einen Seite die Dampftemperatur 223 °C und auf der anderen Seite des Kessels die Temperatur der Rauchgase 900 °C betragen? Die Kesselwand wird als eben betrachtet, die Dicke des Kesselbleches ($\lambda = 58\frac{W}{mK}$) ist 22 mm. Der Wärmeübergangskoeffizient beträgt auf der Dampfseite $\alpha_D = 9300\frac{W}{m^2K}$, auf der Rauchgasseite $\alpha_R = 35\frac{W}{m^2K}$.

b) Wie hoch steigen die Temperaturen, wenn sich die Wandung auf der Dampfseite mit einer Kesselsteinschicht ($\lambda = 1{,}1\frac{W}{mK}$) von 10 mm bedeckt?

Gegeben:

$\delta_B = 22\ mm$

$\delta_K = 10\ mm$

$\lambda_B = 58\dfrac{W}{mK}$

$\lambda_K = 1{,}1\dfrac{W}{mK}$

$t_D = 223\ °C$

$t_R = 900\ °C$

$\alpha_D = 9300\dfrac{W}{m^2K}$

$\alpha_R = 35\dfrac{W}{m^2K}$

Gesucht:

t_{W1}, t_{W2} für a)

t_{W1}, t_{W2} für b)

Aufgabe 9.7

In einem Kühlraum soll eine Temperatur von $-3\ °C$ gehalten werden. Die Wände bestehen aus 10 cm dicken Beton ($\lambda_B = 0{,}2\frac{W}{mK}$) und einer 14,5 cm dicken Isolierschicht ($\lambda_I = 0{,}05\frac{W}{mK}$) und haben eine Fläche von insgesamt 400 m^2. Die Wärmeübergangskoeffizienten betragen außen $\alpha_1 = 5{,}0\frac{W}{m^2K}$, innen $\alpha_2 = 2{,}5\frac{W}{m^2K}$.

a) Welche Wärme muss eine Kälteanlage stündlich mindestens aus dem Kühlraum abführen, damit bei einer Außentemperatur von $t_{F1} = 27\ °C$ im Kühlraum $t_{F2} = -3\ °C$ gehalten werden? Berechnen Sie auch den Wärmedurchgangskoeffizienten und die einzelnen Grenztemperaturen.
b) Die Kälteanlage arbeitet nach einem Carnot-Prozess, dessen unterer bzw. oberer Wärmebehälter der Kühlraum bzw. die Umgebung ist. Wie groß ist die zum Wärmetransport erforderliche Kreisprozessleistung?
c) Stellen Sie den Prozess im T, s-Diagramm dar.

Gegeben:

$\delta_B = 10\ cm$

$\delta_I = 14{,}5\ cm$

$\lambda_B = 0{,}2\dfrac{W}{mK}$

$\lambda_I = 0{,}05\dfrac{W}{mK}$

$t_{F1} = 27\ °C, T_{F1} = 300\ K$

$t_{F2} = -3\ °C, T_{F2} = 270\ K$

$\alpha_1 = 5\dfrac{W}{m^2K}$

$\alpha_2 = 2{,}5\dfrac{W}{m^2K}$

Gesucht:

$\dot{Q}_{ab}, k, t_i$ zu a)

$\dot{W}_K$ zu b)

Aufgabe 9.8

In einer $7\ m^2$ großen Wand ($\delta_W = 25\ cm, \lambda_W = 0{,}85\dfrac{W}{mK}$) befindet sich ein $3\ m^2$ großes Glasfenster($\delta_G = 0{,}5\ cm, \lambda_G = 0{,}95\dfrac{W}{mK}$). Die Wärmeübergangskoeffizienten betragen an der Innenseite $\alpha_{1W} = 40\dfrac{W}{m^2K}, \alpha_{1G} = 3{,}5\dfrac{W}{m^2K}$, an der Außenseite $\alpha_{2W} = 5\dfrac{W}{m^2K}, \alpha_{2G} = 4\dfrac{W}{m^2K}$. Wie groß ist der thermische Gesamtwiderstand der Wärmeübertragung?

Gegeben:

$A_W = 4\ m^2$

$A_G = 3\ m^2$

$\delta_W = 25\ cm$

$\delta_G = 0{,}5\ cm$

$\lambda_W = 0{,}85\dfrac{W}{mK}$

$\lambda_G = 0{,}95\dfrac{W}{mK}$

$\alpha_{1W} = 40\dfrac{W}{m^2K}$

$\alpha_{1G} = 3{,}5\dfrac{W}{m^2K}$

$\alpha_{2W} = 5\dfrac{W}{m^2K}$

$\alpha_{2G} = 4\dfrac{W}{m^2K}$

Gesucht:

R_T

Aufgabe 9.9

Welcher flächenbezogenen Energiestrom geht von einer ebenen Wand ausgesandten Strahlung aus, wenn das Emissionsverhältnis $\varepsilon = 0{,}6$ und die Wandtemperatur $800\,°C$ beträgt und der Strahlungskoeffizient des schwarzen Strahlers mit $C_s = 5{,}670\,\frac{W}{m^2 K^4}$ gegeben ist.

Gegeben:

$\varepsilon = 0{,}6$

$t = 800\,°C$

$C_s = 5{,}670\,\frac{W}{m^2 K^4}$

Gesucht:

$\dot{e}$

Aufgabe 9.10

Die $0{,}5\,m^2$ große Feuerungstür eines Ofens wird 5 Minuten geöffnet. Im Ofen herrscht eine Temperatur von $1300\,°C$. Welche Wärme wird durch die Öffnung abgestrahlt, wenn das Emissionsverhältnis $\varepsilon = 0{,}6$ beträgt und der Strahlungskoeffizient des schwarzen Strahlers mit $C_s = 5{,}670\,\frac{W}{m^2 K^4}$ gegeben ist?

Gegeben:

$A = 0{,}5\,m^2$

$\varepsilon = 0{,}6$

$t = 1300\,°C$

$C_s = 5{,}670\,\frac{W}{m^2 K^4}$

$\Delta\tau = 5\,min$

Gesucht:

Q

Aufgabe 9.11

Welche Wärme wird pro Sekunde zwischen zwei parallelen je $10\,m^2$ großen Wänden übertragen, wenn die Wandtemperatur $1100\,K$ und das Emissionsverhältnis $\varepsilon = 0{,}7$ bzw. $800\,K$ und $\varepsilon = 0{,}8$ betragen und der Strahlungskoeffizient des schwarzen Strahlers mit $C_s = 5{,}670\,\frac{W}{m^2 K^4}$ gegeben ist?

Gegeben:

$A = 10\ m^2$

$\varepsilon = 0{,}6$

$T_{W1} = 1100\ K$

$T_{W2} = 800\ K$

$\varepsilon_1 = 0{,}7$

$\varepsilon_2 = 0{,}8$

$C_s = 5{,}670\ \dfrac{W}{m^2 K^4}$

Gesucht:

$\dot{Q}_{12}$

Aufgabe 9.12

In einem Ofen befindet sich eine runde Kontrollöffnung (Durchmesser 10 cm). Die Innentemperatur des Ofens beträgt $t = 1300\ °C$.
a) Wie groß ist die durch die Öffnung abgestrahlte Wärme, wenn der Strahlungskoeffizient des schwarzen Strahlers mit $C_s = 5{,}670\ \dfrac{W}{m^2 K^4}$ gegeben ist?
b) Berechnen Sie die Fläche, die die gleichen Wärmeverluste durch Wärmedurchgang verursachen würde und dabei $\alpha_1 = 230\ \dfrac{W}{m^2 K}, \alpha_2 = 17\ \dfrac{W}{m^2 K}, \delta = 38\ cm$ und $\lambda = 0{,}87\ \dfrac{W}{mK}$ gegeben sind.

Gegeben:

$A = 10\ m^2$

$t = 1300\ °C$

$C_s = 5{,}670\ \dfrac{W}{m^2 K^4}$

Gesucht:

Q

Aufgabe 9.13

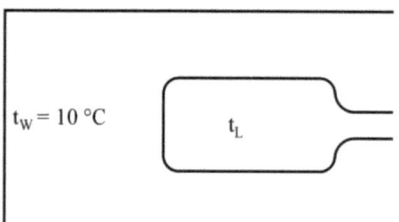

Abb. Repetitorium 9.13A: System zur Aufgabe 9.13

Ein gegen Strahlung ungeschütztes Thermometer hängt in der Mitte eines Zimmers und zeigt die Temperatur $t_{Th} = 18\,°C$ an. Die Wandtemperatur beträgt $t_W = 10\,°C$. Wie groß ist die tatsächliche Lufttemperatur t_L?

Gegeben ist die so genannte Strahlungsaustauschkonstante $C_{12} = \frac{C_s}{\frac{1}{\varepsilon_1} + \frac{1}{\varepsilon_2} - 1} = 4{,}99\,\frac{W}{m^2 K^4}$ sowie der Wärmeübergangskoeffizient bei Konvektion $\alpha = 3{,}19 \cdot \sqrt[4]{T_L - T_{Th}}$ in $\frac{W}{m^2 K}$.

Gegeben:
$T_{Th} = 291\,K$
$T_W = 283\,K$
$C_{12} = \frac{C_s}{\frac{1}{\varepsilon_1} + \frac{1}{\varepsilon_2} - 1} = 4{,}99\,\frac{W}{m^2 K^4}$
$\alpha = 3{,}19 \cdot \sqrt[4]{T_L - T_{Th}}$

Gesucht:
t_L

Aufgabe 9.14

In einem Raum befindet sich ein Heizkörper aus Gusseisen ($C_1 = \varepsilon_1 \cdot C_s = 4{,}65\,\frac{W}{m^2 K^4}$), der eine Oberfläche von $3{,}25\,m^2$ hat und eine Temperatur von $140\,°C$ aufweist. In dem Raum von $4{,}5\,m$ Länge, $5\,m$ Breite und $3{,}5\,m$ Höhe sind Wände, Decke und Fußboden mit Fliesen ($C_2 = \varepsilon_2 \cdot C_s = 2{,}79\,\frac{W}{m^2 K^4}$) ausgelegt, deren Temperatur $25\,°C$ beträgt. Wie groß ist der vom Heizkörper durch Strahlung übertragene Wärmestrom, wenn der Strahlungskoeffizient des schwarzen Strahlers mit $C_s = 5{,}670\,\frac{W}{m^2 K^4}$ gegeben ist?

Gegeben:
$A_1 = 3{,}25\,m^2$
$L = 4{,}5\,m$
$B = 5{,}0\,m$
$H = 3{,}5\,m$
$t_1 = 140\,°C$
$t_2 = 25\,°C$
$C_1 = \varepsilon_1 \cdot C_s = 4{,}65\,\frac{W}{m^2 K^4}$
$C_2 = \varepsilon_2 \cdot C_s = 2{,}79\,\frac{W}{m^2 K^4}$
$C_s = 5{,}670\,\frac{W}{m^2 K^4}$

Gesucht:

$\dot{Q}_H$

10.9 Lösungen Kapitel 2 – Grundbegriffe

Lösung 2.1

Zu a)

System ist geschlossen

Zu b)

System ist offen

Zu c)

System ist offen

Lösung 2.2

Tab. Repetitorium 2.2C: Molare Massen (Molmassen) M der in Tab. 2.3 aufgeführten Stoffe

Stoff	molaren Massen (Molmassen) M
a) Kohlendioxid	44,01 $kg/kmol$
b) Kohlenmonoxid	28,01 $kg/kmol$
c) Methan	16,04 $kg/kmol$
d) Propan	44,11 $kg/kmol$
e) Butan	58,14 $kg/kmol$
f) Wasserdampf	18,02 $kg/kmol$
g) Ammoniak	17,04 $kg/kmol$
h) Schwefeldioxid	64,06 $kg/kmol$

Lösung 2.3

1. System: geschlossenes System

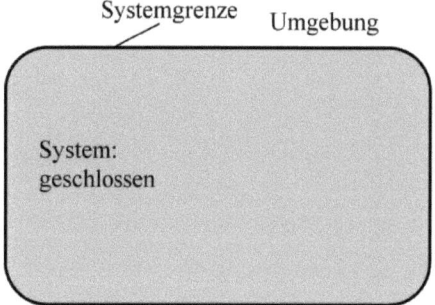

Abb. Repetitorium 2.3: System zur Aufgabe 2.3

1. Bezugssystem BZS ruht in Bezug zur Systemgrenze

2. Modellbildung
   Zu a) Berechnung des spezifischen Volumens v:

   Gl. (2.5) $\qquad v = \dfrac{1}{\varrho} = \dfrac{V}{m}$

   $$v = \frac{V}{m} = \frac{8\,m^3}{7\,kg} = 1{,}14\,m^3/kg$$

   Zu b) Berechnung der Dichte ϱ:

   Gl. (2.5) $\qquad \varrho = \dfrac{m}{V}$

   $$\varrho = \frac{m}{V} = \frac{7\,kg}{8\,m^3} = 0{,}875\,kg/m^3$$

   Zu c) Berechnung des molaren Volumens $\bar{v}$:
   Gl. (2.6) $\qquad \bar{v} = V/n$
   Gl. (2.7) $\qquad n = m/M$

   $$n = \frac{m}{M} = \frac{7\,kg}{14\,kg/kmol} = 0{,}5\,kmol$$

   $$\bar{v} = \frac{V}{n} = \frac{8\,m^3}{0{,}5\,kmol} = 16\,m^3/kmol$$

Lösung 2.4

1. System: geschlossenes System

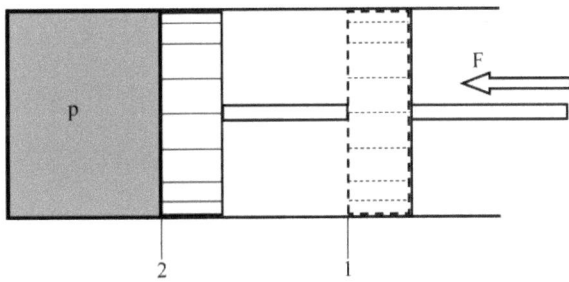

Abb. Repetitorium 2.4: System zur Aufgabe 2.4

2. Bezugssystem BZS ruht in Kolbenwand (ruht in Bezug zur Systemgrenze)

3. Modellbildung
   Umgebungsdruck wird vernachlässigt

   Berechnung des Druckes p:

   Gl. (2.7) $\qquad p = \dfrac{F}{A}\quad mit\ p \perp A$

   $$p = \frac{150\,N}{3\,cm^2} = \frac{150\,N}{3 \cdot 10^{-4}\,m^2} = 5 \cdot 10^5\,N/m^2$$

   $p = 5\,bar$

$$p = 5 \cdot 10^5 \, Pa$$

Lösung 2.5

1. System geschlossenes System

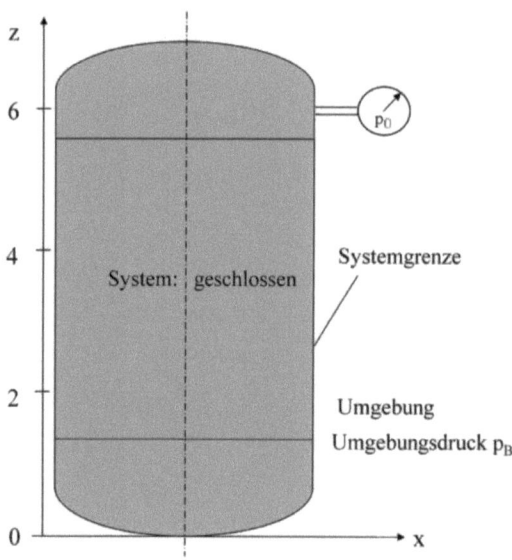

Abb. Repetitorium 2.5: System zur Aufgabe 2.5

2. Bezugssystem: BZS ruht in Bezug zur Systemgrenze

3. Modellbildung
   Luft: ideales Gas
   Zu a) Berechnung des absoluten Druckes an der Decke p_{Decke}:
   Gl. (2.8)
   $$p = p_B + p_{\ddot{U}}$$
   $$p = p_B + p_{\ddot{U}}$$
   $$p_{Decke} = p_B + p_{\ddot{U}}$$
   $$p_{Decke} = 10^5 \, Pa + 0{,}3 \cdot 10^5 \, Pa$$

   Zu b) Berechnung des absoluten Druckes am Boden p_{Boden}:
   (Der absolute Druck am Boden ist um die Last der Luftsäule $g \cdot z \cdot \varrho_l$ größer als an der Decke)
   Gl. (2.8)
   $$p_{Boden} = p_{Decke} + g \cdot z \cdot \varrho_l$$
   Dichte der Luft
   Gl. (2.5)
   $$\varrho_l = \frac{m}{V} = \frac{300 \, kg}{200 \, m^3} = 1{,}5 \, kg/m^3$$
   $$p_{Boden} = 1{,}3 \cdot 10^5 \, Pa + 9{,}81 \frac{m}{s^2} \cdot 6m \cdot 1{,}5 \, kg/m^3$$
   $$p_{Boden} = 1{,}3 \cdot 10^5 \, Pa + 88 \, Pa = 130088 \, Pa$$

$$p_{Boden} \approx 1{,}301 \cdot 10^5 \, Pa$$

Lösung 2.6

1. System: geschlossenes System

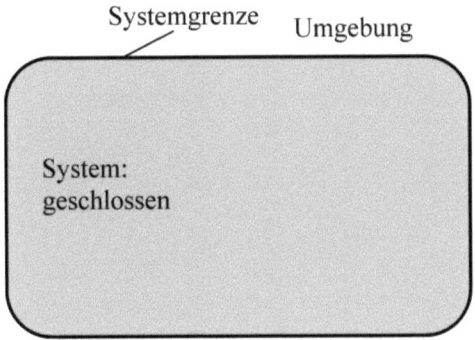

Abb. Repetitorium 2.6: System zur Aufgabe 2.6

2. Bezugssystem BZS ruht in Uhrwandung

3. Modellbildung
   Der Umgebungsdruck auf die Uhr ist der Druck der Last der Wassersäule

   Gl. (2.7) $\qquad p = \dfrac{F}{A}$ mit $p \perp A$

   Berechnung des Druckes p:
   An der Systemgrenze greift als Oberflächenkraft die nach unten gerichtete Massenkraft F an.

$$F = m \cdot g = V \cdot \varrho_{Wasser} \cdot g$$
$$p = \frac{F}{A} = \frac{V \cdot \rho_{Wasser} \cdot g}{A} = \frac{\Delta z \cdot A \cdot \varrho_{Wasser} \cdot g}{A}$$
$$\Delta z = 1000 \, mm$$
$$p = 1000 \, mm \, WS = g \cdot \Delta z \cdot \rho_{Wasser}$$
$$p = 9{,}81 \frac{m}{s^2} \cdot 1 \, m \cdot 1000 \, kg/m^3$$
$$p = 9810 \, \frac{kg}{ms^2} = 9810 \, \frac{kgm}{m^2 s^2}$$

$\qquad\qquad\qquad 1 \dfrac{kgm}{s^2} = 1 \, N \qquad$ T 2.4

$$p = 9810 \, \frac{N}{m^2}$$

$\qquad\qquad\qquad 1 \dfrac{N}{m^2} = 1 \, Pa \qquad$ T 2.4

$$p = 0{,}09810 \cdot 10^5 \, Pa$$

$\qquad\qquad\qquad 10^5 \, Pa = 1 \, bar \qquad$ T 2.4

$$p = 0{,}09810 \, bar$$

Lösung 2.7

1. System: geschlossenes System

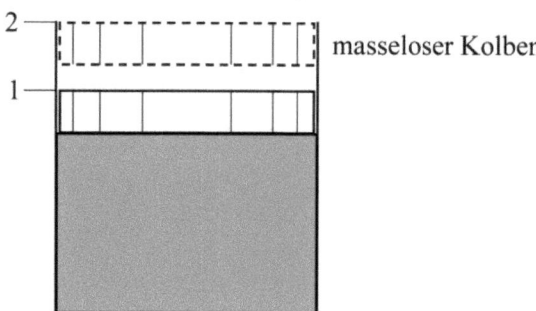

Abb. Repetitorium 2.7: System zur Aufgabe 2.7

2. Bezugssystem BZS ruht in Kolbenwandung

3. Modellbildung
   Luft: ideales Gas
   Berechnung der Dichte ϱ_2:
   Gl. (2.29)
   $$p_1 \cdot V_1 = p_2 \cdot V_2$$
   $$p_1 \cdot v_1 = p_2 \cdot v_2$$
   $$\frac{p_1}{p_1} = \frac{\varrho_1}{\varrho_2}$$
   $$\varrho_2 = \frac{p_2 \cdot \varrho_1}{p_1}$$
   $$\varrho_2 = \frac{0{,}789 \, bar \cdot 1{,}293 \, kg/m^3}{1 \, bar}$$
   $$\varrho_2 = 1{,}021 \frac{kg}{m^3}$$

Die Dichte nimmt proportional mit dem Druck ab.

Lösung 2.8

1. System: geschlossenes System

Abb. Repetitorium 2.8: System zur Aufgabe 2.8

2. Bezugssystem BZS ruht in Ballonhülle

3. Modellbildung

Helium: ideales Gas
Innendruck im Heliumballon stets gleich Umgebungsdruck
Berechnung der Volumenänderung ΔV:

Gl. (2.21)
$$p \cdot V = m \cdot R \cdot T$$
$$p_E \cdot V_E = m \cdot R \cdot T_E$$
$$p_H \cdot V_H = m \cdot R \cdot T_H$$
$$\Delta V = V_H - V_E = m \cdot R \cdot \left(\frac{T_H}{p_H} - \frac{T_E}{p_E}\right)$$

$$\Delta V = 50\ kg \cdot 2080\ \frac{Nm}{kg\ K} \cdot \left(\frac{243\ K}{0{,}796 \cdot 10^5\ \frac{N}{m^2}} - \frac{288\ K}{0{,}981 \cdot 10^5\ \frac{N}{m^2}}\right)$$

$$\Delta V = 12{,}17\ m^3$$

Lösung 2.9

1. System: geschlossenes System vor und nach dem Prozess

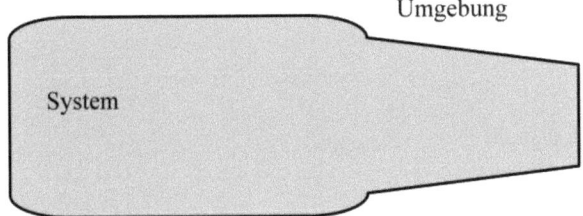

Abb. Repetitorium 2.9: System zur Aufgabe 2.9

2. Bezugssystem BZS ruht in Gasflaschenwand

3. Modellbildung
   Methan: ideales Gas
   Volumen der Flasche ist konst $V_1 = V_2$

   Berechnung der Methan-Restmenge m_2:
   Gl. (2.21)
   $$p \cdot V = m \cdot R \cdot T$$
   $$\frac{m_1 \cdot R \cdot T_1}{p_1} = \frac{m_2 \cdot R \cdot T_2}{p_2}$$
   $$m_2 = \frac{m_1 \cdot T_1 \cdot p_2}{T_2 \cdot p_1}$$
   $$m_2 = \frac{0{,}5\ kg \cdot 473\ K \cdot 1\ bar}{300\ K \cdot 10\ bar}$$
   $$m_2 = 0{,}079\ kg$$
   Anmerkung: Man kann natürlich auch erst V berechnen
   $$V = \frac{m_1 \cdot R \cdot T_1}{p_1} = 0{,}123\ m^3$$
   dann ergibt sich

$$m_2 = \frac{V \cdot p_2}{R \cdot T_2} = \frac{0{,}123 \, m^3 \cdot 1 \, bar}{0{,}5184 \, kJ/(kg \, K) \cdot 300 \, K} = 0{,}123 \, m^3$$

wie oben.

Lösung 2.10

1. System: geschlossenes System

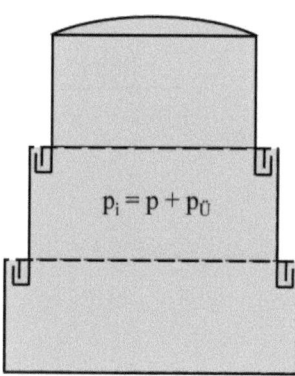

Abb. Repetitorium 2.10: System zur Aufgabe 2.10

2. Bezugssystem BZS ruht in Behälterwandung
3. Modellbildung
   ideales Gas
   Zu a) Berechnung der Gasmasse m in der Glocke:

Gl. (2.8)
$$p = p_B + p_{\ddot{U}}$$
$$p = 1 \, bar + 0{,}03 \, bar = 1{,}03 \, bar$$

Gl. (2.21)
$$p \cdot V = m \cdot R \cdot T$$
$$m = \frac{V \cdot p}{R \cdot T}$$
$$m = \frac{V \cdot p}{R \cdot T} = \frac{30000 \, m^3 \cdot 1{,}03 \cdot 10^5 \, N/m^2}{0{,}68 \cdot 10^3 \, \frac{Nm}{kg \, K} \cdot 293 \, K} = 15500 \, kg$$

Zu b) Berechnung der Masse der Glocke m_{Glocke}, wenn der Auftrieb des eingetauchten Glockenrandes vernachlässigt wird:
Die Masse der Glocke muss so groß sein, dass ihr Gewicht den Überdruck $p_{\ddot{U}}$ erzeugt.

Gl. (2.7)
$$p_{\ddot{U}} = \frac{F}{A}$$
$$p_{\ddot{U}} = \frac{m_{Glocke} \cdot g}{A}$$

mit
$$A = \frac{\pi d^2}{4}$$
$$p_{\ddot{U}} = \frac{m_{Glocke} \cdot g}{\frac{\pi d^2}{4}}$$

10 Repetitorium

$$m_{Glocke} = \frac{p_{ü} \cdot \pi d^2}{g}$$

$$m_{Glocke} = \frac{0{,}03 \cdot 10^5 \, N/m^2 \cdot 1256{,}6 \, m^2}{9{,}81 \, m/s^2}$$

$$m_{Glocke} = 377000 \, kg$$

Lösung 2.11

1. System: Strömungsvorgang, man betrachtet zweckmäßigerweise als System die Luftmenge/Stunde (zeitbezogene Größe) vor und nach dem Verdichtervorgang in einem geschlossenen System

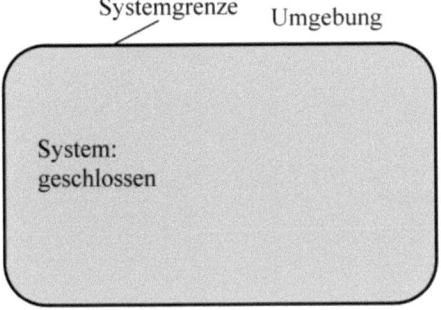

Abb. Repetitorium 2.11: System zur Aufgabe 2.11

2. Bezugssystem BZS ruht in den Wandungen des Kompressors

3. Modellbildung
   Luft: ideales Gas
   Berechnung der Temperatur der komprimierten Luft t_2:

   Gl. (2.28)
   $$\frac{p_1 \cdot \dot{V}_1}{T_1} = \frac{p_2 \cdot \dot{V}_2}{T_2}$$

   $$T_2 = \frac{T_1 \cdot p_2 \cdot \dot{V}_2}{p_1 \cdot \dot{V}_1}$$

   $$T_2 = \frac{290 \, K \cdot 9 \, bar \cdot 16 \, m^3/h}{1 \, bar \cdot 120 \, m^3/h}$$

   $$T_2 = 348 \, K$$
   $$t_2 = 75 \, °C$$

Lösung 2.12

1. System: Strömungsvorgang, man betrachtet zweckmäßigerweise als System die Gasmenge/Stunde (zeitbezogene Größe) vor und nach dem Strömungsvorgang in einem geschlossenen System

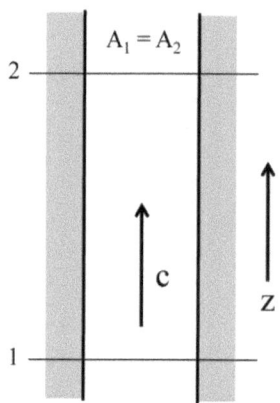

Abb. Repetitorium 2.12: System zur Aufgabe 2.12

2. Bezugssystem BZS ruht in Schornsteinwandung

3. Modellbildung
   ideales Gas
   über die Höhe soll $p = konst$ sein

   Berechnung des Volumenstroms an der Schornsteinmündung $\dot{V}_2$:

   Gl. (2.28)
   $$\frac{p_1 \cdot \dot{V}_1}{T_1} = \frac{p_2 \cdot \dot{V}_2}{T_2}$$

   und bei
   $$p_1 = p_2$$

   gilt
   $$\frac{\dot{V}_1}{T_1} = \frac{\dot{V}_2}{T_2}$$
   $$\dot{V}_2 = \frac{\dot{V}_1}{T_1} \cdot T_2$$
   $$\dot{V}_2 = \frac{5000 \, m^3/h}{543 \, K} \cdot 523 \, K$$
   $$\dot{V}_2 = \frac{4820 \, m^3}{h}$$

Lösung 2.13

1. System: Luftvolumen als geschlossenes System

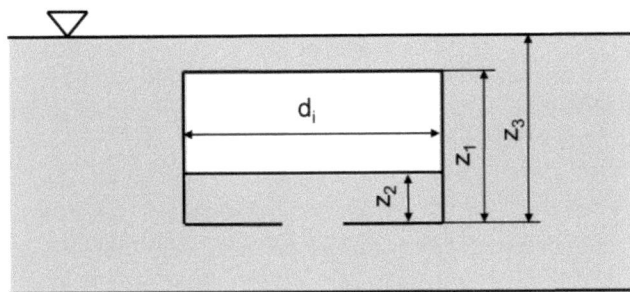

Abb. Repetitorium 2.13: System zur Aufgabe 2.13

2. Bezugssystem BZS ruht in Taucherglockenwandung

3. Modellbildung
   Luft: ideales Gas
   Luftgewicht vernachlässigbar
   Volumen der Taucherglocke beim Abtauchen konstant
   Luft in der Glocke nimmt die Temperatur t_W an

Berechnung der Tauchtiefe z_3:

Gl. (2.28)
$$\frac{p_1 \cdot V_1}{T_1} = \frac{p_2 \cdot V_2}{T_2}$$
$$\frac{p_L \cdot V_L}{T_L} = \frac{p_W \cdot V_W}{T_W}$$

Luftvolumen in der Glocke an der Oberfläche:
$$V_L = A \cdot z_1 - V_{MW}$$
Luftvolumen in der Glocke nach dem Absenken:
$$V_W = A \cdot (z_1 - z_2) - V_{MW}$$
Luftdruck in der abgesenkten Glocke:
$$p_W = \frac{p_L \cdot T_W \cdot V_L}{T_L \cdot V_W}$$
$$p_W = \frac{1\,bar \cdot 273\,K \cdot 56{,}5 \cdot 3{,}5\,m^3}{281\,K \cdot 41{,}5 \cdot 3{,}5\,m^3}$$
$$p_W = 1\,bar \cdot 0{,}962 \cdot 1{,}4$$
$$p_W = 1{,}34\,bar$$

Es muss ein Kräftegleichgewicht an der Wasseroberfläche in der abgesenkten Glocke herrschen. Der Luftdruck (Kraft pro Fläche) in der abgesenkten Glocke steht im Gleichgewicht mit den Kräften pro Fläche p_L und dem Gewicht der $(z_3 - z_2)$ hohen Wassersäule $\varrho_W \cdot g \cdot (z_3 - z_2)$:
$$p_W = p_L + \varrho_W \cdot g \cdot (z_3 - z_2)$$

Damit gilt
$$z_3 = z_2 + \frac{p_W - p_L}{\varrho_W \cdot g}$$

$$z_3 = 1{,}2\ m + \frac{0{,}34\ bar}{1000\ kg/m^3 \cdot 9{,}81 m/s^2}$$
$$z_3 = 1{,}2\ m + 3{,}47\ m$$
$$z_3 = 4{,}7\ m$$

Es könnte auch erst die Kräftebilanz aufgestellt werden, um dann den fehlenden Druck der Luft in der abgesenkten Glocke (p_W) zu berechnen

Lösung 2.14

1. System: Strömungsvorgang, man betrachtet zweckmäßigerweise als System die Gasmenge/Stunde (zeitbezogene Größe) vor und nach dem Strömungsvorgang in einem geschlossenen System

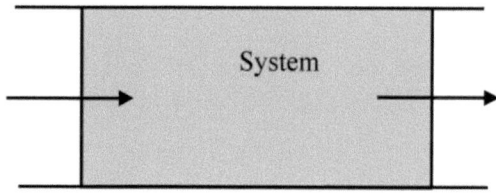

Abb. Repetitorium 2.14: System zur Aufgabe 2.14

2. Bezugssystem BZS ruht in Wandung

3. Modellbildung
   Ideales Gas
   $p = konst$
   Berechnung der Verminderung des spezifischen Volumens $v_1 - v_2$:
   Gl. (2.17)
   $$p \cdot v = R \cdot T$$
   $$v = \frac{R \cdot T}{p}$$
   Mit $p = konst$ und $R = konst$ folgt für die differentielle Änderung des spezifischen Volumens
   $$dv = \frac{R \cdot dT}{p}$$

Nach der Integration von
$$\int_{v_1}^{v_2} dv = \frac{R}{p} \cdot \int_{T_1}^{T_2} dT$$

folgt
$$v_1 - v_2 = \frac{R}{p} \cdot (T_1 - T_2)$$
$$v_1 - v_2 = \frac{0{,}34\ kJ/(kg\ K)}{1\ bar} \cdot (1473\ K - 950\ K)$$
$$v_1 - v_2 = 3{,}23\ m^3/kg$$

Lösung 2.15

1. System: geschlossenes System

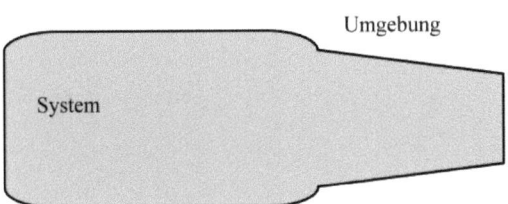

Abb. Repetitorium 2.15: System zur Aufgabe 2.15

2. Bezugssystem BZS ruht in Wandung der Flasche

3. Modellbildung
   Sauerstoff: ideales Gas

   Gl. (2.28)
   $$\frac{p_1 \cdot V_1}{T_1} = \frac{p_2 \cdot V_2}{T_2}$$
   $$V_2 = V_1 \cdot \frac{p_1 \cdot T_2}{p_2 \cdot T_1}$$
   $$V_2 = 1\,m^3 \cdot \frac{1\,bar \cdot 300\,K}{100\,bar \cdot 291\,K}$$
   $$V_2 = 0{,}0103\,m^3$$

10.10 Lösungen Kapitel 3 – Methoden der Thermodynamik

Lösung 3.1

Modellbildung

Zur Feststellung der Richtigkeit der genannten Beziehung werden ausgehend von

Gl. (2.17) $\qquad p \cdot v = R \cdot T$

zunächst die folgenden ersten partiellen Ableitungen gebildet.

Für
$$p(T, v) = \frac{R \cdot T}{v}$$

folgt
$$\left(\frac{\partial p}{\partial v}\right)_T = -\frac{R \cdot T}{v^2}$$

Für
$$v(T, p) = \frac{R \cdot T}{p}$$

folgt
$$\left(\frac{\partial v}{\partial T}\right)_p = \frac{R}{p}$$

Für
$$T(v,p) = \frac{p \cdot v}{R}$$
folgt
$$\left(\frac{\partial T}{\partial p}\right)_v = \frac{v}{R}$$
$$\left(\frac{\partial p}{\partial v}\right)_T \cdot \left(\frac{\partial v}{\partial T}\right)_p \cdot \left(\frac{\partial T}{\partial p}\right)_v = -1$$

Probe:
$$-\frac{R \cdot T}{v^2} \cdot \frac{R}{p} \cdot \frac{v}{R} = -\frac{R \cdot T}{v \cdot p}$$

Gl. (2.17)
$$p \cdot v = R \cdot T$$
$$-\frac{R \cdot T}{v \cdot p} = -1$$
$$\left(\frac{\partial p}{\partial v}\right)_T \cdot \left(\frac{\partial v}{\partial T}\right)_p \cdot \left(\frac{\partial T}{\partial p}\right)_v = -\frac{R \cdot T}{v \cdot p} = -1$$

Lösung 3.2

Modellbildung

Ausgehend von

Gl. (2.17) $\qquad p \cdot v = R \cdot T$

wird die folgende erste partielle Ableitung gebildet für
$$T(v,p) = \frac{p \cdot v}{R}$$

Damit folgt
$$\left(\frac{\partial T}{\partial p}\right)_v = \frac{v}{R}$$
$$\frac{\partial^2 T}{\partial v \cdot \partial p} = \frac{\partial}{\partial v}\left(\frac{\partial T}{\partial p}\right)$$
$$\frac{\partial}{\partial v}\left(\frac{\partial T}{\partial p}\right) = \frac{\partial}{\partial v}\left(\frac{v}{R}\right) = \frac{1}{R}$$

Für
$$T(v,p) = \frac{p \cdot v}{R}$$
folgt
$$\left(\frac{\partial T}{\partial v}\right)_p = \frac{p}{R}$$
$$\frac{\partial^2 T}{\partial p \cdot \partial v} = \frac{\partial}{\partial p}\left(\frac{\partial T}{\partial v}\right)$$

$$\frac{\partial}{\partial p}\left(\frac{\partial T}{\partial v}\right) = \frac{\partial}{\partial p}\left(\frac{p}{R}\right) = \frac{1}{R}$$

Damit gilt

$$\frac{\partial^2 T}{\partial p \cdot \partial v} = \frac{\partial^2 T}{\partial v \cdot \partial p} = \frac{1}{R} = 3{,}483 \frac{kgK}{kJ}$$

$$\frac{1}{R} = \frac{1}{0{,}2871 \frac{kJ}{kgK}}$$

$$R = 0{,}2871 \frac{kJ}{kgK} \qquad T\,2.7$$

Es handelt sich also offensichtlich um das ideale Gas Luft mit $R = 0{,}2871 \frac{kJ}{kgK}$.

10.11 Lösungen Kapitel 4 – Erster Hauptsatz der Thermodynamik

Lösung 4.1

1. System: geschlossenes System

Abb. Repetitorium 4.1: System zur Aufgabe 4.1

2. Bezugssystem BZS ruht in Wandung

3. Modellbildung
   Gl. (4.7)
   $$E_{12} = U_{g,2} - U_{g,1}$$
   $$E_{14} = U_{g,4} - U_{g,1}$$

   Zustand 1 zum Zustand 2:
   $$E_{12} = 6\,kJ$$

   Zustand 2 zum Zustand 3:
   $$E_{23} = 7\,kJ$$

   Zustand 3 zum Zustand 4:
   $$E_{34} = -15\,kJ$$

   Zustand 1 zum Zustand 4:

$$E_{14} = -2\,kJ$$
$$U_{g,4} = U_{g,1} + E_{12}$$
$$U_{g,4} = 3kJ - 2kJ$$
$$U_{g,4} = 1kJ$$

Lösung 4.2

1. System: geschlossenes System

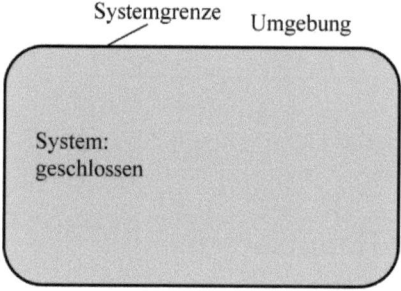

Abb. Repetitorium 4.2: System zur Aufgabe 4.2

2. Bezugssystem BZS ruht in Wandung

3. Modellbildung (ideales Gas: Sauerstoff)

   Zu a) Berechnung der Differenz der Gesamtenergie $U_{g4} - U_{g1}$:
   Gl. (4.7)
   $$E_{12} = U_{g,2} - U_{g,1}$$
   $$U_{g4} - U_{g1} = 0$$
   Zu b) Berechnung der resultierenden Energiezufuhr E_{14}:
   $$E_{14} = 0$$

Lösung 4.3

1. System: geschlossenes System

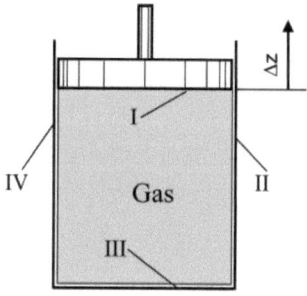

Abb. Repetitorium 4.3: System zur Aufgabe 4.3

2. Bezugssystem BZS: a) ruhendes BZS b) Schwerpunkt-BZS

3. Modellbildung (ideales Gas: Sauerstoff)

Tab. Repetitorium 4.3 Verschiedene Bezugssysteme

Arbeit	a) ruhendes Bezugssystem	b) Schwerpunktbezugssystem
$w_{DI,12}$	$-p \cdot \Delta z$	$-p \cdot \Delta z/2$
$w_{DII,12}$	0	0
$w_{DIII,12}$	0	$-p \cdot \Delta z/2$
$w_{DIV,12}$	0	0
$w_{D,12}$	$-p \cdot \Delta z$	$-p \cdot \Delta z$

Diese Arbeiten sind natürlich auf die jeweiligen zugehörigen Flächen bezogen

Lösung 4.4

1. System: geschlossenes System

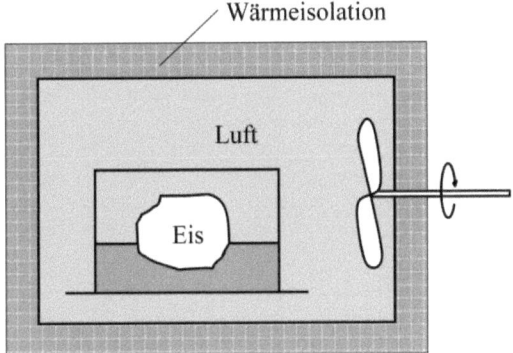

Abb. Repetitorium 4.4: System zur Aufgabe 4.4

2. Bezugssystem BZS ruht in Wandung des Gesamtsystems

3. Modellbildung
   Adiabates Gesamtsystem beinhaltet verschiedene Teilsysteme

Tab. Repetitorium 4.3b Vorzeichen der zu- bzw. abgeführte Prozessgrößen Q und W

System	Wärme Q	Arbeit W
A: adiabates Gesamtsystem	0	> 0
B: Luft im System A	< 0	> 0
C: Behälter mit Eis – Wasser – Mischung im System A	> 0	= 0

Lösung 4.5

1. System: geschlossenes System

2. Bezugssystem BZS ruht in Systemwandung

3. Modellbildung

Tab. Repetitorium 4.5B Verschiedene zu- bzw. abgeführte Prozessgrößen Q und W

System	a	b	c	d	e	f
Arbeit W	< 0	0	0	> 0	> 0	> 0
Wärme Q	0	< 0	> 0	0	> 0	0

Zu f) ($\varrho_E < \varrho_W$, beim Schmelzen wird also $\Delta \varrho > 0$ und $\Delta v < 0$ und nach dem 1. Hauptsatz gilt somit $\delta q + \delta w_R - p dv = du$ mit $\delta w_R > 0, -p dv > 0$ folgt $du > 0$, sonst gäbe es kein Schmelzen.

Lösung 4.6

1. System: geschlossenes System
   Umgebung

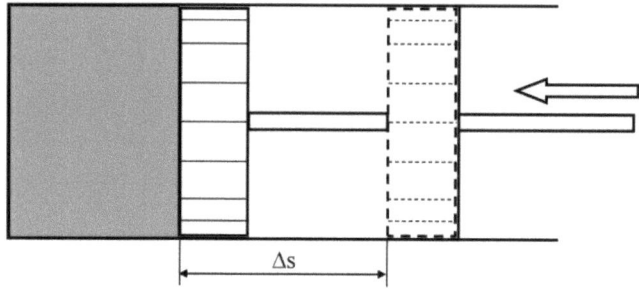

Abb. Repetitorium 4.6: System zur Aufgabe 4.6

2. Bezugssystem BZS ruht in Zylinderwandung

3. Modellbildung
   Luft: ideales Gas
   quasistatischer Vorgang

   Berechnung der verrichteten nichttechnischen Arbeit $W_{D,nt}$:
   Gl. (4.19)
   $$\delta W_{D,nt} = -p_U \cdot dV$$
   $$W_{D,nt} = -p_U \int_1^2 dV$$
   $$W_{D,nt} = -p_U \cdot (V_2 - V_1) = -p_U \cdot \Delta V$$
   $$W_{D,nt} = -p_U \cdot \Delta V$$
   $$p_U = 1 \, bar = 10^5 \, N/m^2$$
   $$\Delta V = A \cdot \Delta s = 0{,}06 \, m^3$$
   $$W_{D,nt} = -10^5 \, N/m^2 \cdot 0{,}06 \, m^3 = -4 \cdot 10^3 Nm$$

$$W_{D,nt} = -4\,kJ$$

Lösung 4.7

1. System: geschlossenes System

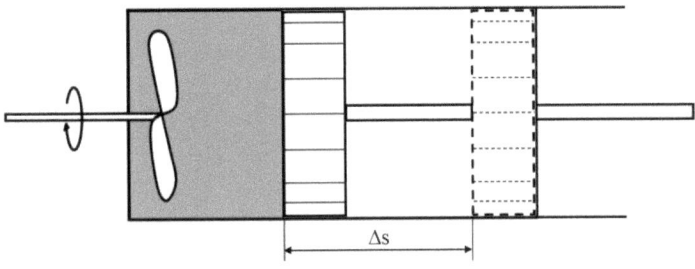

Abb. Repetitorium 4.7: System zur Aufgabe 4.7

2. Bezugssystem BZS ruht in Zylinderwandung

3. Modellbildung (adiabate Wände, isobarer Vorgang)
   adiabate Wände $\delta Q = 0$
   isobarer Vorgang $dp = 0$

   Berechnung der Änderung der Gesamtenergie ΔU_g:
   Gl. (4.11) $\qquad \delta W + \delta Q = dU_g$
   $$\delta Q = 0$$
   $$\int_1^2 \delta W = \int_1^2 dU_g$$
   $$\Delta U_g = W_{12}$$
   Es tritt sowohl Reibungsarbeit $W_{R,12}$ als auch Volumenänderungsarbeit $W_{D,12}$ auf:
   $$\Delta U_g = W_{R,12} + W_{D,12}$$
   Berechnung der Reibungsarbeit
   $$W_{R,12} = M \cdot \omega \cdot \Delta\tau$$
   $$W_{R,12} = 0{,}5\,Nm \cdot 50\,s^{-1} \cdot 60\,s$$
   $$W_{R,12} = 1500\,Nm$$
   Berechnung der Volumenänderungsarbeit
   $$W_{D,12} = -p_U \cdot \Delta V$$
   $$\Delta V = V_2 - V_1 = A \cdot \Delta s = 0{,}002\,m^3$$
   $$W_{D,12} = -10^5\,N/m^2 \cdot 0{,}002\,m^3$$
   $$W_{D,12} = -200\,Nm$$
   $$\Delta U_g = W_{R,12} + W_{D,12}$$
   $$\Delta U_g = 1500\,Nm - 200\,Nm$$
   $$\Delta U_g - 1300\,Nm$$

Lösung 4.8

1. System: geschlossenes System

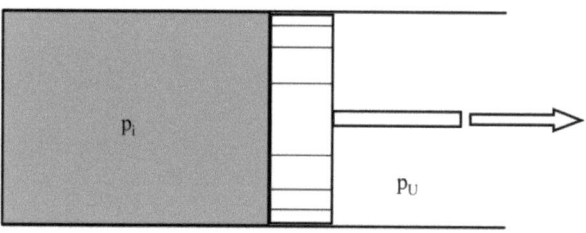

Abb. Repetitorium 4.8: System zur Aufgabe 4.8

2. Bezugssystem BZS ruht in Zylinderwandung

3. Modellbildung (isobare Zustandsänderung)
   quasistatischer Vorgang
   isobare Zustandsänderung $dp = 0$

   Berechnung von $W_{12}, W_{nt,12}, W_{t,12}$:

   Gl. (4.24) $\quad W_{O,12} = W_{D,12} = W_{t,12} + W_{nt,12}$
   Gl. (4.20) $\quad W_{nt,12} = -p_U \cdot (V_2 - V_1) = -p_U \cdot \Delta V$
   $\quad W_{nt,12} = -1 \cdot 10^5 N/m^2 \cdot 0{,}2\ m^3$
   $\quad W_{nt,12} = -20 \cdot 10^3 Nm$
   $\quad W_{nt,12} = -20\ kJ$

   Gl. (4.22) $\quad W_{t,12} = -\int_1^2 p \cdot dV + p_U \cdot (V_2 - V_1)$
   $\quad W_{t,12} = -p \cdot (V_2 - V_1) + p_U \cdot (V_2 - V_1)$
   $\quad W_{t,12} = -(p - p_U) \cdot \Delta V$
   $\quad W_{t,12} = -\dfrac{7 \cdot 10^5 N}{m^2} \cdot 0{,}2\ m^3$
   $\quad W_{t,12} = -140 \cdot 10^3 Nm$
   $\quad W_{t,12} = -140\ kJ$

   Volumenveränderungsarbeit:
   $\quad W_{D,12} = W_{t,12} + W_{nt,12}$
   $\quad W_{D,12} = -140\ kJ - 20\ kJ$
   $\quad W_{D,12} = -160\ kJ$

Lösung 4.9

1. System: geschlossenes System

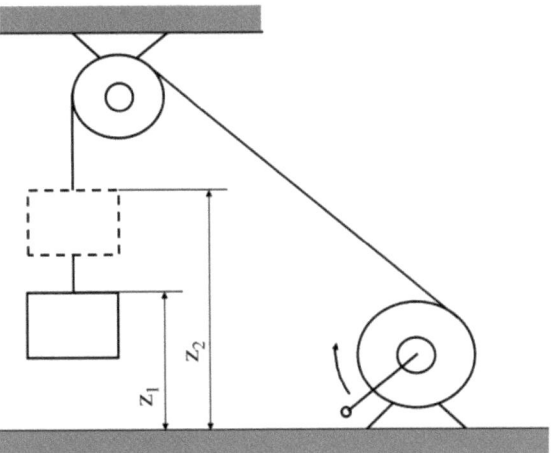

Abb. Repetitorium 4.9: System zur Aufgabe 4.9

2. Bezugssystem BZS ruht in Körpermasse

3. Modellbildung
An der Systemgrenze des Körpers greift als Oberflächenkraft die nach oben gerichtete Seilkraft $\vec{F}_s$ an, die der Massenkraft $\vec{F}_F$ das Gleichgewicht hält.

Berechnung der Arbeit der Oberflächenkräfte $W_{O,12}$:

Gl. (4.9) $\qquad \delta W_O = \sum_i \vec{F}_i \cdot d\vec{r}_i + \sum_j \vec{M}_j \cdot d\vec{\alpha}_j$

An der Systemgrenze greift als Oberflächenkraft eine ($i = 1$) nach oben gerichtete Seilkraft $\vec{F}_s$ an, die der Massenkraft $\vec{F}_F$ das Gleichgewicht hält (Arbeiten durch Drehmomente gibt es nicht, $\sum_j \vec{M}_j \cdot d\vec{\alpha}_j = 0$):

$$\vec{F}_s = \vec{F}_F = m \cdot g$$
$$\delta W_O = \vec{F}_s \cdot dz$$
$$W_{O,12} = \vec{F}_s \int_1^2 dz$$
$$W_{O,12} = \vec{F}_s \cdot (z_2 - z_1) = m \cdot g \cdot (z_2 - z_1)$$
$$W_{O,12} = 5\,kg \cdot 9{,}81\,m/s^2 \cdot (2{,}5\,m - 1{,}0\,m)$$
$$W_{O,12} = 73{,}7\,J$$

Lösung 4.10
1. System: geschlossenes System

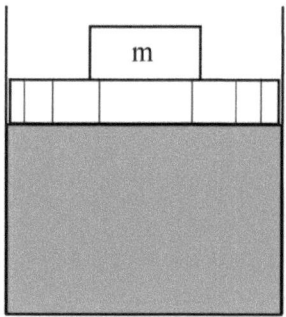

Abb. Repetitorium 4.10: System zur Aufgabe 4.10

2. Bezugssystem BZS ruht in Zylinderwandung

3. Modellbildung
   quasistatischer Vorgang

   Berechnung der technischen und nichttechnischen Arbeit $W_{t,12}$, $W_{nt,12}$:

   Gl. (4.9) $\quad\quad \delta W = \sum_i \vec{F}_i \cdot d\vec{r}_i + \sum_j \vec{M}_j \cdot d\vec{\alpha}_j$

   An der Systemgrenze greift als Oberflächenkraft die nach unten gerichtete Massenkraft $\vec{F}_F$ an.

   $$\vec{F}_F = m \cdot g$$

   Arbeiten durch Drehmomente gibt es nicht:

   $$\sum_j \vec{M}_j \cdot d\vec{\alpha}_j = 0$$

   $$\delta W = \delta W_t = \vec{F}_s \cdot dz$$
   $$W_{t,12} = \vec{F}_s \int_1^2 dz$$
   $$W_{t,12} = \vec{F}_s \cdot (z_2 - z_1) = m \cdot g \cdot \Delta z$$
   $$W_{t,12} = 5\,kg \cdot 9{,}81\,\frac{m}{s^2} \cdot 0{,}5\,m$$
   $$W_{t,12} = -24{,}5\,J$$

   Gl. (4.20) $\quad W_{nt,12} = -p_U \cdot (V_2 - V_1) = -p_U \cdot \Delta V$
   $$\Delta V = A \cdot \Delta z$$
   $$\Delta V = 0{,}02\,m^2 \cdot 0{,}5\,m$$
   $$\Delta V = 0{,}01\,m^3$$
   $$W_{nt,12} = -\frac{1 \cdot 10^5 N}{m^2} \cdot 0{,}01\,m^3$$
   $$W_{nt,12} = -10^3 Nm = -10^3 J$$
   $$W_{nt,12} = -1\,kJ$$

Lösung 4.11

1. System: a) geschlossenes System

10 Repetitorium

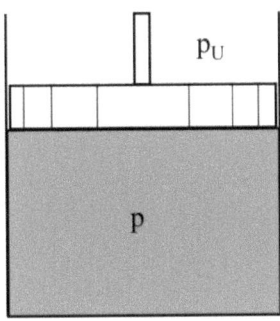

Abb. Repetitorium 4.11A: System zur Aufgabe 4.11

2. Bezugssystem BZS ruht in Zylinderwand

3. Modellbildung
   Zu a) einmalige Zustandsänderung

   $Gln.\,(4.16)$ und (4.24) $\quad \delta W_D = -p \int_1^2 dV = \delta W_{D,nt} + \delta W_{D,t}$

   $Gl.\,(4.19)$ $\quad\quad\quad\quad\quad \delta W_{D,nt} = -p_U \cdot dV$
   $Gl.\,(4.21)$ $\quad\quad\quad\quad\quad \delta W_{D,t} = -(p - p_U) \cdot dV$

   $\quad\quad\quad\quad\quad\quad\quad\quad W_{t,12} = -p \int_1^2 dV + p_U \cdot (V_2 - V_1)$

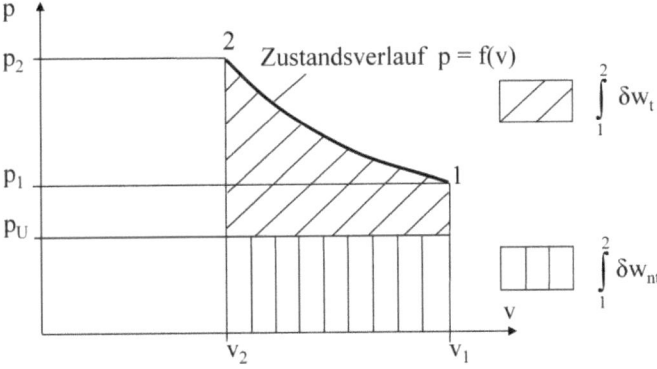

Abb. Repetitorium 4.11B: p,v-Diagramm zur Aufgabe 4.11 a)

Zu b) Strömungsvorgang
1. System: Strömungsvorgang (Volumenelemente $A_1 \cdot dx_1$ und $A_2 \cdot dx_2$ sind als geschlossene bewegte Systeme zu betrachten

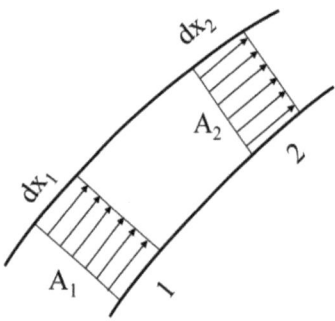

Abb. Repetitorium 4.11C: System zur Aufgabe 4.11 b)

$$\delta W_{D,nt} = p_1 \cdot A_1 \cdot dx_1 - p_2 \cdot A_2 \cdot dx_2$$
$$\delta W_{D,nt} = p_1 \cdot V_1 - p_2 \cdot V_2$$
$$\delta W_D = \delta W_{D,t} + \delta W_{D,nt}$$
$$\delta W_{D,t} = \delta W_D - (p_1 \cdot A \cdot dx_1 - p_2 \cdot A \cdot dx_2)$$

Da in diesem Fall keine Aussagen über die technische Einrichtung gemacht werden kann, ist auch keine weitere Konkretisierung des Ergebnisses möglich.

Lösung 4.12

Zu a)

1. System: offenes System, quasistatischer Vorgang

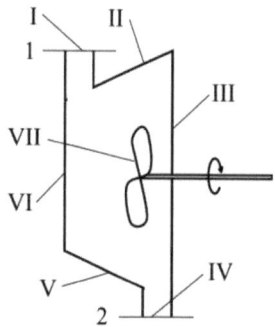

Abb. Repetitorium 4.12A: System zur Aufgabe 4.12

2. Bezugssystem BZS a) ruht in Wandung

3. Modellbildung

Feststellung, an welchen Wänden technische und nichttechnische Arbeiten auftreten:

Tab. Repetitorium 4.12 Systemgrenzen mit $W_{t,12} \neq 0, W_{nt,12} \neq 0$

System	I	II	III	IV	V	VI	VII
$W_{t,12}$							X
$W_{nt,12}$	X			X			

Zu b) Berechnung der nichttechnischen Leistung am System $\dot{W}_{nt,12}$:

1. System: geschlossenes System

2. Bezugssystem BZS: Strömungsvorgang (Volumenelemente V_1 und V_2 sind als geschlossene bewegte Systeme zu betrachten)

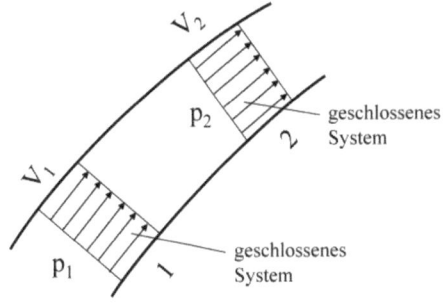

Abb. Repetitorium 4.12B: System zur Aufgabe 4.12

$$\delta W_{D,nt} = p_1 \cdot V_1 - p_2 \cdot V_2$$
$$\dot{W}_{nt,12} = p_1 \cdot \dot{V}_1 - p_2 \cdot \dot{V}_2$$
$$\dot{W}_{nt,12} = 10\ bar \cdot 0{,}5\ m^3/s - 1\ bar \cdot 3{,}0\ m^3/s$$
$$\dot{W}_{nt,12} = (5 - 3) \cdot 10^5 N/m^2 \cdot m^3/s$$
$$\dot{W}_{nt,12} = 2 \cdot 10^5 Nm/s$$

$1 Nm = 1 J$ \quad T 2.4

$$\dot{W}_{nt,12} = 2 \cdot 10^5 J/s$$

$1 J/s = 1 W$ \quad T 2.4

$$\dot{W}_{nt,12} = 200\ kW$$

Lösung 4.13

1. System: geschlossenes System

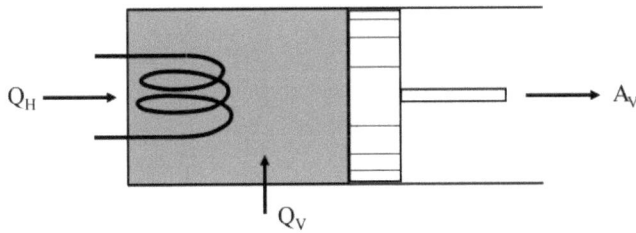

Abb. Repetitorium 4.13: System zur Aufgabe 4.13

2. Bezugssystem BZS ruht in Zylinderwandung

3. Modellbildung
   quasistatisches System
   reibungsfreie Zustandsänderung $\delta W_R = 0$

   Berechnung der Änderung der spezifischen inneren Energie Δu:
   Gl. (4.11) $\quad\quad\quad \delta W + \delta Q = dU_g$
   $$\int_1^2 \delta W + \int_1^2 \delta Q = \int_1^2 dU_g$$
   Bei Vernachlässigung der Reibungsarbeit $W_{R,12}$ gilt:
   $$\Delta U_g = W_{D,12} + Q_{12}$$
   $$Q_{12} = Q_{V,12} + Q_{H,12}$$
   $\quad\quad\quad\quad\quad\quad\quad\quad\quad 1\,kcal = 4{,}19\,kJ \quad\quad T\,2.4$
   $$Q_{12} = 5 \cdot 4{,}19\,kJ + 0{,}2\,kW \cdot 180\,s$$
   $\quad\quad\quad\quad\quad\quad\quad\quad\quad 1\,kWs = 1\,kJ \quad\quad T\,2.4$
   $$Q_{12} = 56{,}9\,kJ$$
   $$W_{D,12} = -1500\,kpm$$
   $\quad\quad\quad\quad\quad\quad\quad\quad\quad 1\,kpm = 9{,}81\,J \quad\quad T\,2.4$
   $$W_{D,12} = -1{,}5 \cdot 9{,}81\,kJ$$
   $$W_{D,12} = -14{,}7\,kJ$$
   $$\Delta U_g = W_{D,12} + Q_{12}$$
   $$\Delta U_g = -14{,}7\,kJ + 56{,}9\,kJ$$
   $$\Delta U_g = \Delta U = 42{,}2\,kJ$$
   $$\Delta u = \frac{\Delta U}{m} = \frac{42{,}2\,kJ}{0{,}5\,kg}$$
   $$\Delta u = 84{,}4\,kJ/kg$$

Lösung 4.14

1. System: geschlossenes System

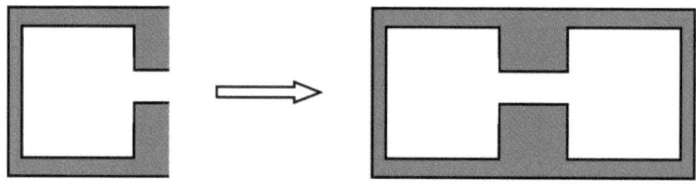

Abb. Repetitorium 4.14B: System zur Aufgabe 4.14

2. Bezugssystem BZS ruht in Wandung

3. Modellbildung
   quasistatischer Vorgang
   ideales Gas
   adiabates System

Zu a) Berechnung der Arbeit, die am System vollbracht wird, wenn man das Ventil bis zum Druckausgleich öffnet:

Gl. (4.24) $\qquad W_{12} = W_{D,12} = W_{t,12} + W_{nt,12}$

Da keine technische Einrichtung vorhanden ist, gilt:
$$W_{t,12} = 0$$
Für die Expansion in das Vakuum gilt:
$$W_{nt,12} = 0$$
Somit ist keine Arbeit der Oberflächenkräfte (Arbeit der Druckkräfte, Volumenänderungsarbeit) vorhanden bzw. die Arbeiten legen keinen Weg zurück:
$$W_{D,12} = 0$$
Zu b) Berechnung der Gesamtenergie ΔU_g:

Gl. (4.54) $\qquad \delta W_D + \delta W_R + \delta Q = dU_g = dU + dE_{pot} + dE_{kin}$
$\qquad\qquad W_{D,12} + W_{R,12} + Q_{12} = \Delta U_g = \Delta U + \Delta E_{pot} + \Delta E_{kin}$

$$\begin{aligned} Q_{12} &= 0 \text{ adiabat} \\ W_{12} &= 0 \text{ siehe a)} \\ \Delta E_{pot} &= 0 \text{ keine Höhenänderung} \\ \Delta E_{kin} &= 0 \text{ quasistatisch} \\ \Delta U_g &= \Delta U = 0 \end{aligned}$$

Zu c) Aussagen zu den thermischen Zustandsgrößen: p, v, T

Die Zustandsgrößen p und v haben sich im System auf jeden Fall verändert. Da $\Delta U = 0$ ist, bedeuet das, dass U für das ideale Gas eine reine Temperaturfunktion sein muss $U = U(T)$. Die Temperatur muss also auch wieder den Ausgangswert beider Behälter angenommen haben.

Lösung 4.15

1. System: geschlossenes System

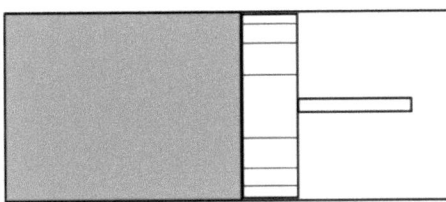

Abb. Repetitorium 4.15: System zur Aufgabe 4.15

2. Bezugssystem BZS ruht in Zylinderwandung

3. Modellbildung
   quasistatischer Vorgang
   Reibungsfreie Zustandsänderung

   Berechnung der technischen Arbeit an der Kolbenstange $W_{t,12}$:
   Gl. (4.54) $\qquad \delta W_D + \delta W_R + \delta Q = dU_g = dU + dE_{pot} + dE_{kin}$

$$\delta W_D = \delta W_t + \delta W_{nt}$$
$$dE_{pot} = 0 \text{ keine Höhenänderung}$$
$$dE_{kin} = 0 \text{ quasistatisch}$$
$$\delta W_R = 0 \text{ reibungsfrei}$$
$$\delta W_t + \delta W_{nt} + \delta Q = dU$$
$$W_{t,12} + W_{nt,12} + Q_{12} = \Delta U$$
$$W_{t,12} = \Delta U - W_{nt,12} - Q_{12}$$
$$W_{nt,12} = -p_U \cdot \Delta V = p_U \cdot A \cdot \Delta s$$
$$W_{nt,12} = \frac{10^2 kJ}{m^3} \cdot 0{,}07\, m^2 \cdot 0{,}5 m$$
$$W_{nt,12} = 3{,}5\, kJ$$
$$W_{t,12} = 21{,}3\, kJ - 3{,}5\, kJ - 14{,}4\, kJ$$
$$W_{t,12} = 3{,}4\, kJ$$

Die technische Arbeit $W_{t,12}$ wird dem System zugeführt (positives Vorzeichen), Kolben bewegt sich nach innen.

Lösung 4.16

1. Systeme: A und B sind jeweils geschlossene Systeme

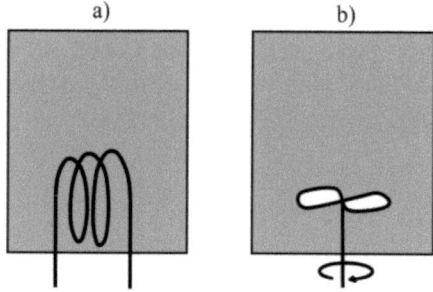

Abb. Repetitorium 4.16: System zur Aufgabe 4.16

2. Bezugssystem BZS ruht jeweils in Behälterwand

3. Modellbildung jeweils für A und B
   Behälterwandungen sind adiabat

   Zu a) Berechnung der vom Rührwerk verrichteten Arbeit W_{12}:
   $Gl.\,(4.11)$
   $$\delta W + \delta Q = dU_g$$
   $$\delta W = 0$$
   $$\delta Q = dU_g$$
   $$Q_{12} = U_{g2} - U_{g1}$$
   $$\delta Q = 0$$
   $$\delta W = dU_g$$
   $$W_{12} = U_{g2} - U_{g1}$$

Zu b) Berechnung der Erhöhung der Gesamtenergie jeweils in den Behältern A und B $U_{g2} - U_{g1}$:
Beide Systeme sollen die gleichen Änderungen des Zustandes erfahren:
$$Q_{12} = W_{12} = U_{g2} - U_{g1}$$
$$Q_{12} = W_{12} = 7{,}56 \text{ kcal}$$
$$1 kcal = 4{,}19 \, Nm \qquad T\ 2.4$$
$$U_{g2} - U_{g1} = 3{,}2 \cdot 10^4 \, Nm$$

Anmerkung:
Natürlich ist auch die kompliziertere Berechnung mit Hilfe der Angaben für das System B möglich:

Gl. (4.9)
$$\delta W = \sum_i \vec{F}_i \cdot d\vec{r}_i + \sum_j \vec{M}_j \cdot d\vec{\alpha}_j$$

Es gibt keine Arbeit der Einzelkräfte:
$$\sum_i \vec{F}_i \cdot d\vec{r}_i = 0$$

Damit gilt
$$\delta W = \sum_j \vec{M}_j \cdot d\vec{\alpha}_j$$

Es gibt hier nur die Rotation um 1 starre Achse (hier x-Achse), so dass für das Skalarprodukt der beiden Vektoren $\vec{M}_x$ und $d\vec{\alpha}_x$ gilt
$$\delta W = |\vec{M}_x| \cdot |d\vec{\alpha}_x| \cdot \cos[\sphericalangle(\vec{M}_x \, \& \, d\vec{\alpha}_x)]$$
Dabei bedeutet $\sphericalangle(\vec{M}_x \, \& \, d\vec{\alpha}_x)$ der von den Vektoren $\vec{M}_x$ & $d\vec{\alpha}_x$ eingeschlossene Winkel.
Mit
$$M_x = |\vec{M}_x| = M$$
und dem Betrag des Winkelgeschwindigkeitsvekors
$$\overrightarrow{|\omega|} = \frac{|d\vec{\alpha}_x|}{d\tau}$$
und
$$\overrightarrow{|\omega|} = \omega$$
$$|d\vec{\alpha}_x| = d\alpha$$
gilt
$$d\alpha = \omega \cdot d\tau$$
$$\int_1^2 d\alpha = \omega \cdot \int_1^2 d\tau$$

Nach Integration
$$\int_1^2 d\alpha = \omega \cdot \int_1^2 d\tau = \Delta\alpha = \omega \cdot \Delta\tau$$

folgt für das Produkt aus einem Drehmoment M mit dem dazugehörigen Drehwinkel $n \cdot \Delta\alpha$ über die Zeitspanne $\Delta\tau$ die Arbeit
$$W_{12} = M \cdot 2\pi \cdot n \cdot \Delta\tau$$
$$W_{12} = 0{,}00864 \text{ kpcm} \cdot 2\pi \cdot 1485 \, min^{-1} \cdot 40 \, min$$
$$W_{12} = 3222 \text{ kpm}$$
$$1 kpm = 9{,}81 \, Nm \qquad T\ 2.4$$

$$W_{12} = 3{,}2 \cdot 10^4 \, Nm$$

Die Erhöhung der Gesamtenergie ist gleich der zugeführten Energie in A bzw. B:
$$\Delta U_g = 7{,}56 \, kcal = 3{,}2 \cdot 10^4 \, Nm$$
$$\Delta U_g = 3222 \, kpm$$

Lösung 4.17

1. System: geschlossenes System

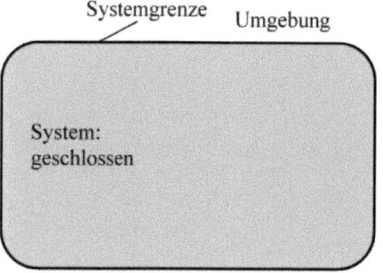

Abb. Repetitorium 4.17: System zur Aufgabe 4.17

2. Bezugssystem BZS ruht in Bezug zur Systemgrenze

3. Modellbildung
$dv = 0$
$\delta w_R = 0$

Beweis, dass eine Wärmezufuhr an ein System lediglich zur Änderung der inneren Energie führt:

Gl. (4.33) $\quad\quad\quad \delta w_D + \delta w_R + \delta q = du$
Gl. (4.16) $\quad\quad\quad\quad\quad\quad\quad \delta W_D = -pdV$
bzw.
$$\delta w_D = -pdv$$
$$\delta w_R = 0$$
$$-pdv = 0 \text{ da } v = konst$$
$$\delta q = du$$

Lösung 4.18

1. System: geschlossenes System

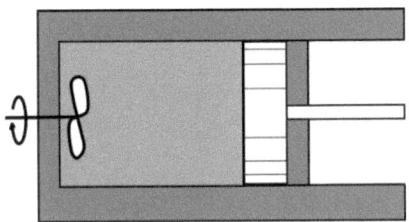

Abb. Repetitorium 4.18: System zur Aufgabe 4.18

2. Bezugssystem BZS ruht in Zylinderwandung

3. Modellbildung
adiabate Wände $\delta q = 0$
mechanisches Gleichgewicht $p = p_U = konst$
ideales Gas

Berechnung des Volumens nach Zustandsänderung V_2:

Gl. (4.49) $\quad\quad\quad \delta q + \delta w_t + \delta w_R = dh$

Gl. (4.48) $\quad\quad\quad w_{t,12} = \int_1^2 v \cdot dp$

bzw.

$$\delta w_t = v \cdot dp$$
$$v \cdot dp = 0 \text{ da } p = konst$$
$$-p dv = 0 \text{ da } v = konst$$
$$\delta q = 0$$
$$\delta w_R = dh$$

Gl. (4.77) $\quad\quad\quad c_p(T) = \left(\frac{\partial h}{\partial T}\right)_p = \frac{dh}{dT}$

$$dh = c_p \cdot dT$$
$$\delta w_R = c_p \cdot dT$$
$$w_{R,12} = c_p \cdot (T_2 - T_1)$$

Gl. (2.27) $\quad\quad\quad p_1 \cdot \frac{v_1}{T_1} = p_2 \cdot \frac{v_2}{T_2}$

und für $p_1 = p_2 = konst$
gilt schließlich

$$\frac{v_1}{T_1} = \frac{v_2}{T_2}$$
$$T_2 = T_1 \cdot \frac{v_2}{v_1}$$
$$w_{R,12} = c_p \cdot \left(T_1 \cdot \frac{v_2}{v_1} - T_1\right)$$
$$w_{R,12} = c_p \cdot T_1 \cdot \left(\frac{v_2}{v_1} - T_1\right)$$
$$\frac{v_2}{v_1} = \frac{w_{R,12}}{c_p \cdot T_1} + 1$$

$$v_2 = v_1 \cdot \left(\frac{w_{R,12}}{c_p \cdot T_1} + 1\right)$$

$$V_2 = m \cdot v_1 \cdot \left(\frac{w_{R,12}}{c_p \cdot T_1} + 1\right)$$

Lösung 4.19

1. System: geschlossenes System

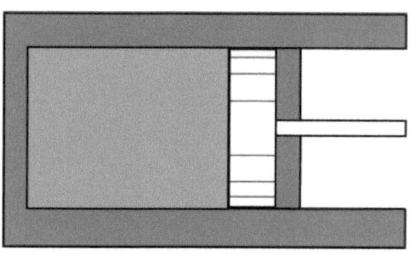

Abb. Repetitorium 4.19: System zur Aufgabe 4.19

2. Bezugssystem BZS ruht in Zylinderwandung

3. Modellbildung
   adiabate Wände $\delta Q = 0$
   quasistatischer Vorgang

   Berechnung der Änderung der inneren Energie Δu:
   Gl. (4.54)
   $$\delta W_D + \delta W_R + \delta Q = dU_g = dU + dE_{pot} + dE_{kin}$$
   $$\delta Q = 0$$
   $$dE_{pot} = 0 \text{ keine Höhenänderung}$$
   $$dE_{kin} = 0 \text{ quasistatisch}$$
   Gl. (4.16) $\qquad \delta W_D = -pdV$
   bzw.
   $$\delta w_D = -pdv$$

   $$-pdv + \delta w_R = du$$

   Da $W_{12} > |\int_1^2 p \cdot dv|$ ist, muss Reibungsarbeit $\int_1^2 \delta w_R$ aufgetreten sein. Somit beträgt die Änderung der (spezifischen) inneren Energie des Systems:
   $$\Delta u = u_2 - u_2 = w_{R,12} + \int_1^2 p \cdot dv = w_{12}$$

Lösung 4.20

1. System: geschlossenes System

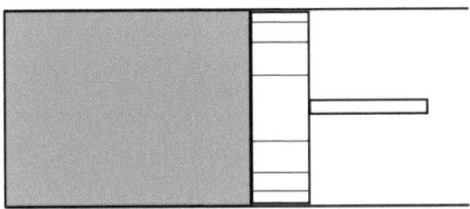

Abb. Repetitorium 4.20: System zur Aufgabe 4.20

2. Bezugssystem BZS ruht in Zylinderwandung

3. Modellbildung
   ideales Gas
   isochore Zustandsänderung $dv = 0$
   reibungsfreie Zustandsänderung $\delta w_R = 0$
   Zu a) Berechnung der Änderung der spezifischen inneren Energie Δu:

Gl. (4.35)
$$u_2 - u_1 = -\int_1^2 p \cdot dv + w_{R,12} + q_{12}$$
$$w_{R,12} = 0$$
$$-\int_1^2 p \cdot dv = 0$$
$$\Delta u = u_2 - u_1 = q_{12}$$
$$\Delta u = 72 \ kJ/kg$$

Zu b) Berechnung der Änderung der spezifischen Enthalpie Δh:

Gl. (4.49)
$$\delta q + \delta w_t + \delta w_R = dh$$
$$w_{R,12} = 0$$
$$\delta w_t = v dp$$
$$\Delta h = q_{12} + v(p_2 - p_1)$$

Berechnung von v:

Gl. (2.21)
$$p \cdot V = m \cdot R \cdot T$$
$$p \cdot v = R \cdot T$$
$$v = v_1 = v_2 = \frac{R \cdot T_1}{p_1}$$
$$v = \frac{0{,}287 \frac{kJ}{kgK} \cdot 300K}{10^2 kJ/m^3} = 0{,}861 \ m^3/kg$$

Gl. (2.27)
$$\frac{p_1 \cdot v_1}{T_1} = \frac{p_2 \cdot v_2}{T_2}$$
$$v = v_1 = v_2$$
$$p_2 = \frac{T_2 \cdot p_1}{T_1}$$
$$p_2 = \frac{400 \ K \cdot 1 \ bar}{300 \ K} = 1{,}33 \ bar$$
$$\Delta h = 72 kJ/kg + 0{,}861 \ m^3/kg \cdot 0{,}33 \cdot 10^2 kJ/m^3$$

$$\Delta h = 100{,}4 \; kJ/kg$$

Die Berechnung der Enthalpiedifferenz Δh ist auch wie folgt möglich.
Gl. (4.31)
$$dh = du + d(p \cdot v)$$
Nach Integration folgt
$$\int_1^2 dh = \Delta u + \Delta(p \cdot v)$$
$$h_2 - h_1 = \Delta h = \Delta u + \Delta(p \cdot v)$$
$$\Delta h = \Delta u + \Delta(R \cdot T)$$
$$\Delta h = \Delta u + R \cdot \Delta T$$
$$\Delta h = 72 \frac{kJ}{kg} + 0{,}287 \frac{kJ}{kgK} \cdot 100 \; K$$
$$\Delta h = 100{,}7 \; kJ/kg$$

Lösung 4.21

1. System: geschlossenes System

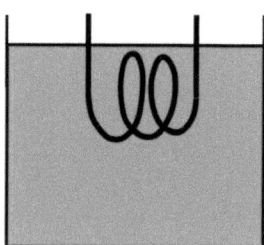

Abb. Repetitorium 4.21: System zur Aufgabe 4.21

2. Bezugssystem BZS ruht in Behälterwand

3. Modellbildung
   quasistatische Zustandsänderung
   reibungsfreie Zustandsänderung $\delta w_R = 0$
   isobarer Vorgang $dp = 0$

Berechnung der Zeit $\Delta \tau$ zur Wassererwärmung:
Gl. (4.49)
$$\delta q + \delta w_t + \delta w_R = dh$$
$$\delta Q + V \cdot dp + \delta W_R = dH$$
$$\delta W_R = 0$$
$$V \cdot dp = 0$$
$$\delta Q = dH$$

Für $p = konst$ gilt
$$dH = m \cdot c_p \cdot dT$$

Mit
$$\dot{Q}_{12} = \frac{\delta Q}{d\tau}$$

gilt

$$\delta Q = \dot{Q}_{12} \cdot d\tau$$
$$\dot{Q}_{12} \int_1^2 d\tau = m \cdot c_p \int_1^2 dT$$
$$\dot{Q}_{12} \cdot \Delta\tau = m \cdot c_p \cdot \Delta T$$
$$\Delta\tau = \frac{m \cdot c_p \cdot \Delta T}{\dot{Q}_{12}}$$
$$\Delta\tau = \frac{2\ kg \cdot 4{,}23\frac{kJ}{kg\ K} \cdot 90\ K}{0{,}5\frac{kJ}{s}}$$
$$\Delta\tau = 1522{,}8\ s$$
$$\Delta\tau = 25{,}36\ min$$

Lösung 4.22

1. System: geschlossenes, druckhomogenes System (Rauchgasteilchen)

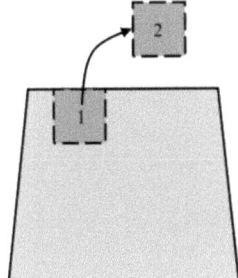

Abb. Repetitorium 4.22: System zur Aufgabe 4.22

2. Bezugssystem BZS bewegt sich mit dem Rauchgasteilchen, damit $de_{kin} = 0$

3. Modellbildung (Rauchgas = ideales Gas, Abkühlung isobarer Vorgang $dp = 0$)
   Abkühlung: isobarer Vorgang $dp = 0$
   Rauchgas: ideales Gas

   Berechnung der Änderung der spezifischen inneren Energie Δu von Rauchgas bei Abkühlung auf Umgebungstemperatur:
   Beide Formulierungen des 1. Hauptsatzes können verwendet werden

   Gl. (4.49) $\qquad \delta q + \delta w_t + \delta w_R = dh$
   $\qquad\qquad\quad \delta q + v \cdot dp + \delta w_R = dh$
   Gl. (4.33) $\qquad \delta q + \delta w_D + \delta w_R = du$
   $\qquad\qquad\quad \delta q - p \cdot dv + \delta w_R = du$
   Gl. (4.31) $\qquad h = u + p \cdot v$
   Gl. (4.32) $\qquad dh = du + d(p \cdot v)$
   $\qquad\qquad\quad dh = du + p \cdot dv + v \cdot dp$
   $\qquad\qquad\quad v \cdot dp = 0$

Gl. (4.77)
$$du = dh - p \cdot dv$$
$$c_p = \left(\frac{\partial h}{\partial T}\right)_p = \frac{dh}{dT}$$
$$dh = c_p \cdot dT$$
$$du = c_p \cdot dT - p \cdot dv$$
$$\int_1^2 du = c_p \cdot \int_1^2 dT - p \int_1^2 dv$$
$$\Delta u = c_p \cdot \Delta T - p \cdot \Delta v$$

Für $p = p_U$, $\Delta v = v_2 - v_1$ und $\Delta T = T_U - T$ gilt
$$\Delta u = c_p \cdot (T_U - T) - p_U \cdot (v_2 - v_1)$$

Mit
Gl. (2.17)
Gilt auch
$$p \cdot v = R \cdot T$$

$$p_U \cdot v_1 = R \cdot T$$
$$p_U \cdot v_2 = R \cdot T_U$$
$$v_2 - v_1 = \frac{R}{p_U} \cdot (T_U - T)$$
$$\Delta u = c_p \cdot (T_U - T) - R \cdot (T_U - T)$$
$$\Delta u = c_v \cdot (T_U - T)$$

Lösung 4.23

1. System: geschlossenes, quasistatisches, druckhomogenes System

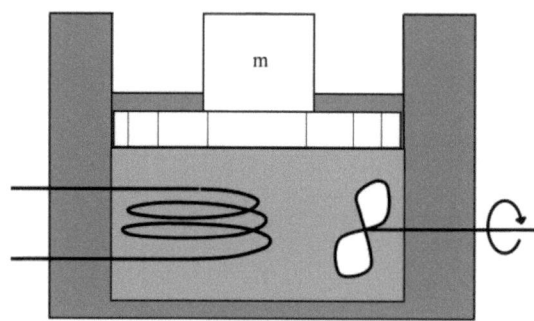

Abb. Repetitorium 4.23: System zur Aufgabe 4.23

2. Bezugssystem BZS ruht in Zylinderwandung

3. Modellbildung
reibungsfreie Kolbenbewegung $\delta w_R = 0$
druckhomogene Zustandsänderung $dp = 0$

Berechnung der Rührwerksleistung $\dot{W}_{R,12}$:
Gl. (4.49) $\qquad \delta q + \delta w_t + \delta w_R = dh$

10 Repetitorium

$$\delta q + v \cdot dp + \delta w_R = dh$$
$$v \cdot dp = 0$$
$$\delta w_R = dh - \delta q$$

Gl. (4.77)
$$c_p = \left(\frac{\partial h}{\partial T}\right)_p = \frac{dh}{dT}$$
$$dh = c_p \cdot dT$$
$$\delta w_R = c_p \cdot dT - \delta q$$
$$\int_1^2 \delta w_R = c_p \cdot \int_1^2 dT - \int_1^2 \delta q$$
$$w_{R,12} = c_p \cdot \Delta T - q_{12}$$
$$W_{R,12} = m_L \cdot c_p \cdot \Delta T - Q_{12}$$
$$\dot{W}_{R,12} = \frac{m_L \cdot c_p \cdot \Delta T - Q_{12}}{\Delta \tau}$$
$$\dot{W}_{R,12} = \frac{0{,}5\,kg \cdot 1{,}004\frac{kJ}{kg\,K} \cdot 40K - 8\,kJ}{300\,s}$$
$$\dot{W}_{R,12} = 0{,}04\,kW$$

Lösung 4.24

1. System: geschlossenes, quasistatisches, druckhomogenes System

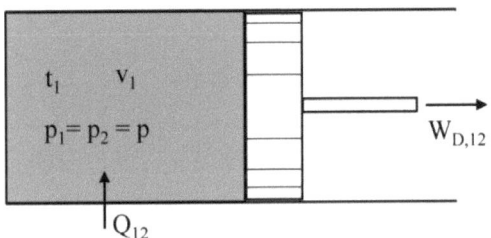

Abb. Repetitorium 4.24: System zur Aufgabe 4.24

2. Bezugssystem BZS ruht in Zylinderwandung

3. Modellbildung (quasistatischer Vorgang, , r
   quasistatischer Vorgang
   Luft: ideales Gas
   reibungsfreie Zustandsänderung

   a) Berechnung der Temperatur t_2
   Gl. (4.33)
   $$\delta q + \delta w_D + \delta w_R = du$$
   $$\delta q - p \cdot dv + \delta w_R = du$$
   $$\delta w_D = -p \cdot dv$$
   $$\delta W_D = -p \cdot dV$$
   $$\int_1^2 \delta W_D = -p \cdot \int_1^2 dV$$

$$W_{D,12} = -p \cdot (V_2 - V_1)$$
$$V_2 = -\frac{W_{D,12}}{p} + V_1$$
$$V_2 = -\frac{-23{,}5 \, kJ}{3 \, bar} + 0{,}5 \, m^3$$

$1 \, bar = 10^5 N/m^2$ T 2.4
$1 J = 1 Nm$ T 2.4

$$V_2 = \frac{-23{,}5 \cdot 10^3 \, Nm}{3 \cdot 10^5 N/m^2} + 0{,}5 \, m^3$$
$$V_2 = 0{,}578 \, m^3$$

Gl. (2.28)
$$p \cdot V = m \cdot R \cdot T$$
$$p_1 \cdot V_1 = m \cdot R \cdot T_1$$
$$p_2 \cdot V_2 = m \cdot R \cdot T_2$$

Für

gilt
$$p_1 = p_2 = p = konst$$

$$T_2 = T_2 \cdot \frac{V_2}{V_1}$$
$$T_2 = 293 \, K \cdot \frac{0{,}578 \, m^3}{0{,}5 \, m^3}$$
$$T_2 = 338{,}7 \, K$$
$$t_2 = 65{,}5 \, °C$$

b) Berechnung der zugeführten Wärme Q_{12}:

Gl. (4.49)
$$\delta q + \delta w_t + \delta w_R = dh$$
$$\delta Q + v \cdot dp + \delta W_R = dH$$
$$\delta W_R = 0$$
$$v \cdot dp = 0$$
$$\delta Q = dH$$

Gl. (4.77)
$$c_p = \left(\frac{\partial h}{\partial T}\right)_p = \frac{dh}{dT}$$

$$dh = c_p \cdot dT$$
$$\delta Q = m \cdot c_p \cdot dT$$
$$Q_{12} = m \cdot c_p \cdot (T_2 - T_1)$$

Gl. (2.28)
$$p \cdot V = m \cdot R \cdot T$$
$$p_1 \cdot V_1 = m \cdot R \cdot T_1$$
$$m = \frac{p_1 \cdot V_1}{R \cdot T_1}$$
$$Q_{12} = \frac{p_1 \cdot V_1}{R \cdot T_1} \cdot c_p \cdot (T_2 - T_1)$$

$1 \, bar = 10^2 kJ/m^3$ T 2.4

$$Q_{12} = \frac{3 \cdot 10^2 kJ/m^3 \cdot 0{,}5 \, m^3}{0{,}287 \frac{kJ}{Kg \, K} \cdot 293 \, K} \cdot 1{,}004 \, kJ \cdot 45{,}7 \, K$$

$$Q_{12} = 81{,}8 \, kJ$$

Lösung 4.25

1. System: geschlossenes, quasistatisches, volumenkonstantes System

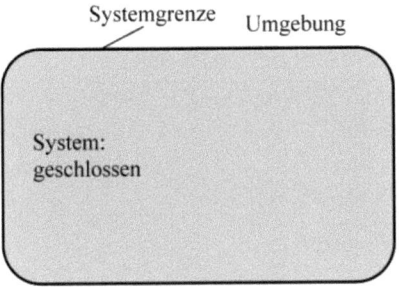

Abb. Repetitorium 4.25: System zur Aufgabe 4.25

2. Bezugssystem BZS ruht in Wandung

3. Modellbildung
   quasistatischer Vorgang
   ideales Gas
   $dv = 0$

   Berechnung von Druck p_2 und Temperatur t_2:
   Gl. (4.33) $\quad\quad\quad \delta q + \delta w_D + \delta w_R = du$

Die linke Seite der Gl. (4.33) beinhaltet als Prozessgrößen der Energiezufuhren an das System. In der Schreibweise der extensiven Größen folgt daraus
$$\delta Q + \delta W_D + \delta W_R = dU$$
Da in der Aufgabe keine Aussage über die Form der Energiezufuhr gemacht wird, kann die gesamte linke Seite wie folgt zusammengefasst werden.
$$\delta E_{zu} = \delta Q + \delta W_D + \delta W_R$$
Damit entsteht folgende Energiebilanz:
$$\delta E_{zu} = dU$$

Gl. (4.76) $\quad\quad\quad c_v = \left(\dfrac{\partial u}{\partial T}\right)_v = \dfrac{du}{dT}$

$$du = c_v \cdot dT$$
$$dU = m \cdot c_v \cdot dT$$
$$\delta E_{zu} = m \cdot c_v \cdot dT$$
$$\int_1^2 \delta E_{zu} = m \cdot c_v \cdot \int_1^2 dT$$
$$E_{zu,12} = m \cdot c_v \cdot (T_2 - T_1)$$

Gl. (2.28) $\quad\quad\quad p \cdot V = m \cdot R \cdot T$
$$p_1 \cdot V_1 = m \cdot R \cdot T_1$$
$$m = \dfrac{p_1 \cdot V_1}{R \cdot T_1}$$

$$m = \frac{3\,bar \cdot 20\,l}{0{,}2968\,\frac{kJ}{kg\,K} \cdot 291K}$$

$1\,bar = 10^5 N/m^2$ \hfill T 2.4

$1\,J = 1\,Nm$ \hfill T 2.4

$$m = \frac{3 \cdot 10^5 N/m^2 \cdot 0{,}02\,m^3}{0{,}2968 \cdot 10^3 Nm/(kg\,K) \cdot 291K}$$

$$m = 0{,}069\,kg$$

Endtemperatur-Berechnung

$$E_{zu,12} = m \cdot c_v \cdot (T_2 - T_1)$$
$$T_2 = \frac{E_{zu,12}}{m \cdot c_v} + T_1$$
$$T_2 = \frac{5\,kJ}{0{,}069\,kg \cdot 0{,}743\,kJ/(kg\,K)} + 291\,K$$
$$T_2 = 365{,}5\,K$$
$$t_2 = 113{,}5\,K$$

Enddruck-Berechnung

Gl. (2.28)

$$p \cdot V = m \cdot R \cdot T$$
$$p_1 \cdot V_1 = m \cdot R \cdot T_1$$
$$p_2 \cdot V_2 = m \cdot R \cdot T_2$$
$$V_1 = V_2 = V = konst$$
$$p_2 = p_1 \cdot \frac{T_2}{T_1}$$
$$p_2 = 3\,bar \cdot \frac{386{,}5\,K}{291\,K}$$
$$p_2 = 3{,}97\,bar$$

Lösung 4.26

1. System: geschlossenes, druckhomogenes System

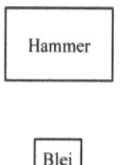

Abb. Repetitorium 4.26: System zur Aufgabe 4.26

2. Bezugssystem BZS ruht in Bleiwandung

3. Modellbildung
   Blei im thermischen Gleichgewicht mit der Umgebung $\delta Q = 0$
   $dp = 0$
   quasistatisch $dE_{kin} = 0$

Berechnung der Bleimasse m_{Blei}, deren Temperatur bis zur Schmelztemperatur erhöht werden soll:

Gl. (4.63)
$$\delta W_t + \delta W_R + \delta Q = dH_g = dH + dE_{pot} + dE_{kin}$$
$$dH = 0$$
$$\delta Q = 0 \text{ Blei und Umgebung im thermischen Gleichgewicht}$$
$$dp = 0$$
$$dE_{kin} = 0 \text{ quasistatisch}$$

Gl. (4.47)
$$W_{t,12} = \int_1^2 V \cdot dp$$
$$\delta W_t = V \cdot dp = 0$$
$$\delta W_R = dE_{pot}$$
$$\int_1^2 \delta W_R = m_{Hammer} \cdot g \int_1^2 dz$$
$$W_{R,12} = m_{Hammer} \cdot g \cdot \Delta z$$
$$W_{R,12} = 200 \, kg \cdot 9{,}81 \frac{m}{s^2} \cdot 2m$$
$$W_{R,12} = 3924 \frac{kg \, m^2}{s^2}$$
$$1 N = 1 \frac{kg \, m}{s^2} \quad\quad T\, 2.4$$
$$1 J = 1 \, Nm \quad\quad T\, 2.4$$
$$W_{R,12} = 3{,}9 \, kJ$$

Bleimasse-Berechnung

Gl. (4.77)
$$c_p = \left(\frac{\partial h}{\partial T}\right)_p = \frac{dh}{dT}$$
$$dh = c_p \cdot dT = c \cdot dT$$
$$dH = m_{Blei} \cdot c \cdot dT$$
$$W_{R,12} = m_{Blei} \cdot c \cdot (T_2 - T_1)$$
$$m_{Blei} = \frac{W_{R,12}}{c \cdot (T_2 - T_1)}$$
$$m_{Blei} = \frac{3{,}9 \, kJ}{0{,}13 \, kJ \cdot (600 \, K - 300 \, K)}$$
$$m_{Blei} = 0{,}1 \, kg$$

Lösung 4.27

1. System: geschlossenes, quasistatisches, druckhomogenes System

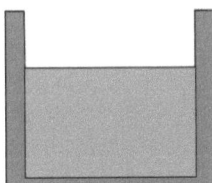

Abb. Repetitorium 4.27: System zur Aufgabe 4.27

2. Bezugssystem BZS ruht in Bezug zur Systemgrenze

3. Modellbildung
isobarer Vorgang $dp = 0$
reibungsfreie Zustandsänderung $\delta w_R = 0$
Zu a) Berechnung der erforderlichen Wärme zum Erhitzen von 1 t Messing:
Gl. (4.49)
$$\delta q + \delta w_t + \delta w_R = dh$$
$$\delta q + v \cdot dp + \delta w_R = dh$$
$$\delta Q + V \cdot dp + \delta w_R = dH$$
$$p = konst$$
$$V \cdot dp = 0$$
$$\delta Q = dH$$

Gl. (4.77)
$$c_p = \left(\frac{\partial h}{\partial T}\right)_p = \frac{dh}{dT}$$
$$dh = c_p \cdot dT$$
$$dH = m \cdot c_p \cdot dT$$

$$\delta Q = m \cdot c_p \cdot dT$$
$$\int_1^2 \delta Q = m \cdot c_p \cdot \int_1^2 dT$$
$$Q_{E,12} = m \cdot c_p \cdot \Delta T$$
$$Q_{E,12} = 10^3 kg \cdot 0{,}38 \, kJ/(kg \, K) \cdot 880 \, K$$
$$Q_{E,12} = 3{,}34 \cdot 10^5 kJ$$

Zu b) Berechnung der erforderlichen Wärme zum Schmelzen von 1 t Messing
$$Q_{S,12} = m \cdot q_s$$
$$Q_{S,12} = 10^3 kg \cdot 146{,}5 \, kJ/kg$$
$$Q_{S,12} = 1{,}47 \cdot 10^5 kJ$$

Berechnung der Gesamtwärmezufuhr aus a) und b):
$$Q_{12} = Q_{E,12} + Q_{S,12}$$
$$Q_{12} = 3{,}34 \cdot 10^5 kJ + 1{,}47 \cdot 10^5 kJ$$
$$Q_{12} = 4{,}81 \cdot 10^5 kJ$$

Zu c) Berechnung der an die Umgebung abgegebenen Wärme $Q_{Umgebung,12}$:
$$Q_{Umgebung,12} = E_{zu} - Q_{12}$$
$$Q_{Umgebung,12} = 153 \, kWh - 4{,}81 \cdot 10^5 kJ$$
$$Q_{Umgebung,12} = 5{,}51 \cdot 10^5 kJ - 4{,}81 \cdot 10^5 kJ$$
$$Q_{Umgebung,12} = 7 \cdot 10^4 kJ$$

Lösung 4.28

1. System: geschlossenes, quasistatisches System

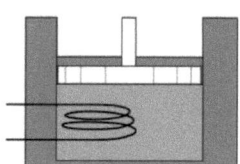

Abb. Repetitorium 4.28: System zur Aufgabe 4.28

2. Bezugssystem BZS ruht in Zylinderwandung

3. Modellbildung (, , ,)
   adiabater Behälter $\delta q = 0$
   verlustlose Umwandlung der mechanischen in elektrische Energie
   Kolbenbewegung reibungsfrei $\delta w_R = 0$
   $dp = 0$

   Berechnung des zu erwärmenden Wassermengenstroms $\dot{m}$:

   Gl. (4.49)
   $$\delta q + \delta w_t + \delta w_R = dh$$
   $$\delta q + v \cdot dp + \delta w_R = dh$$
   $$\delta Q + V \cdot dp + \delta w_R = dH$$
   $$p = konst$$
   $$V \cdot dp = 0$$
   $$\delta Q = dH$$

   Gl. (4.77)
   $$c_p = \left(\frac{\partial h}{\partial T}\right)_p = \frac{dh}{dT}$$
   $$dh = c_p \cdot dT$$
   $$dH = m \cdot c_p \cdot dT$$
   $$\delta Q = m \cdot c_p \cdot dT$$

   Gl. (4.49)
   $$\delta q + \delta w_t + \delta w_R = dh$$
   $$\delta q + v \cdot dp + \delta w_R = dh$$
   $$\delta Q + V \cdot dp + \delta w_R = dH$$
   $$p = konst$$
   $$V \cdot dp = 0$$
   $$\delta Q = dH$$

   Gl. (4.77)
   $$c_p = \left(\frac{\partial h}{\partial T}\right)_p = \frac{dh}{dT}$$
   $$dh = c_p \cdot dT$$
   $$dH = m \cdot c_p \cdot dT$$
   $$\delta Q = m \cdot c_p \cdot dT$$

   $$\dot{m} = \frac{\dot{Q}}{c_p \cdot \Delta T}$$

   $$\dot{m} = \frac{136\ PS}{4{,}23\ \frac{kJ}{kg\ K} \cdot 50\ K}$$

   $1 PS = 0{,}736\ kW$ T 2.4

   $$\dot{m} = \frac{136 \cdot 0{,}736\ kJ/s}{4{,}23\ \frac{kJ}{kg\ K} \cdot 50\ K}$$

   $$\dot{m} = 1700\ kg/h$$

Lösung 4.29

Modellbildung

Zu a) Differenz zwischen innerer Energie U und Enthalpie H bei Luft:

Gl. (4.31)
$$h = u + p \cdot v$$
$$H = U + m \cdot p \cdot v$$
$$H - U = m \cdot p \cdot v$$
$$H - U = \frac{m \cdot p}{\varrho}$$
$$H - U = \frac{m_{Luft} \cdot p}{\varrho_{Luft}}$$
$$H - U = \frac{5\ kg \cdot 735{,}6\ Torr}{1{,}293\ kg/m^3}$$
$760\ Torr = 1{,}013 \cdot 10^5 Pa$ \qquad T 2.4
$$H - U = 379{,}2\ kJ$$

Zu b) Differenz zwischen innerer Energie U und Enthalpie H bei Stahl:
$$H - U = \frac{m_{Stahl} \cdot 735{,}6\ Torr}{\rho_{Stahl}}$$
$760\ Torr = 1{,}013 \cdot 10^5 Pa$ \qquad T 2.4
$$H - U = \frac{5\ kg \cdot 735{,}6\ Torr}{7850\ kg/m^3}$$
$$H - U = 0{,}0642\ kJ$$

Lösung 4.30

1. System: geschlossenes, homogenes System

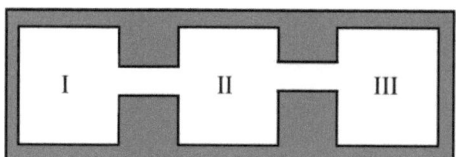

Abb. Repetitorium 4.30B: System zur Aufgabe 4.30

2. Bezugssystem BZS ruht in Wandung

3. Modellbildung
   ideales Gas
   quasistatischer Vorgang
   Berechnung der Enthalpie H der Luft in den einzelnen Behälterteilen
   Gl. (2.28) \qquad $p \cdot V = m \cdot R \cdot T$
   $$V = \frac{m \cdot R \cdot T}{p}$$
   $$V = \frac{3\ kg \cdot 0{,}287\ \frac{kJ}{kg\ K} \cdot 293\ K}{3\ bar}$$
   $1\ bar = 10^2 kJ/m^3$ \qquad T 2.4
   $$V = \frac{3\ kg \cdot 0{,}287\ \frac{kJ}{kg\ K} \cdot 293\ K}{3 \cdot 10^2 kJ/m^3}$$
   $$V = 0{,}84\ m^3$$

Enthalpiefunktion:
Gl. (4.31)
$$h = u + p \cdot v$$
$$H = u \cdot m + p \cdot V$$
$$H = 16 \frac{kJ}{kg} \cdot 3 kg + 3 \cdot 10^2 kJ/m^3 \cdot 0{,}84\, m^3$$
$$H = 48 \frac{kJ}{kg} + 252 \frac{kJ}{kg}$$
$$H = 300 \frac{kJ}{kg}$$

Enthalpie: extensive Zustandsgröße ($Z = \sum_i Z_i$):
$$H_I = \frac{H}{2} = 150\, kJ$$
$$H_{II} = \frac{H}{3} = 100\, kJ$$
$$H_{III} = \frac{H}{6} = 50\, J$$

Lösung 4.31

1. System: geschlossenes System

Abb. Repetitorium 4.31: System zur Aufgabe 4.31

2. Bezugssystem BZS ist ortsfest, um die Geschwindigkeit beobachten zu können

3. Modellbildung
keine Änderung der inneren Energie $du = 0$

Berechnung der Änderung der spezifischen Gesamtenergie Δu_g:

Gl. (4.54)
$$\delta W_D + \delta W_R + \delta Q = dU_g = dU + dE_{pot} + dE_{kin}$$
$$\delta w_D + \delta w_R + \delta q = du_g = du + de_{pot} + de_{kin}$$
$$\delta w_D + \delta w_R + \delta q = du = 0$$
$$de_{pot} = 0 \text{ keine Höhenänderung}$$
$$0 = du_g + de_{kin}$$
$$du_g = de_{kin}$$
$$\int_1^2 du_g = \int_1^2 de_{kin}$$
$$\Delta u_g = \Delta e_{kin}$$

Berechnung der Änderung der kinetischen Energie über die am System wirkenden Kräfte

$$\vec{F}_i = \sum_i m \frac{d\vec{c}_i}{d\tau}$$

oder als resultierende eindimensionale Kraft

$$F = m\frac{dc}{d\tau} = m\frac{dc}{dx\frac{d\tau}{dx}} = m\frac{dc}{dx\frac{1}{c}}$$

$$F = m\frac{c \cdot dc}{dx} = m\frac{d\left(\frac{c^2}{2}\right)}{dx}$$

$$dE_{kin} = F \cdot dx = m \cdot d\left(\frac{c^2}{2}\right)$$

$$\int_1^2 dE_{kin} = \int_1^2 m \cdot d\left(\frac{c^2}{2}\right)$$

$$\Delta E_{kin} = \frac{m}{2}(c_2^2 - c_1^2)$$

$$\Delta e_{kin} = \frac{1}{2}(c_2^2 - c_1^2)$$

$$\Delta u_g = \frac{1}{2}(c_2^2 - c_1^2)$$

$$\Delta u_g = \frac{0^2 m^2/s^2 - 40^2 m^2/s^2}{2}$$

$$\Delta u_g = -800 \ m^2/s^2$$

$$1 J = \frac{kg m^2}{s^2} \qquad T\ 2.4$$

$$\Delta u_g = -800 \ J/kg$$
$$\Delta u_g = -0{,}8 \ kJ/kg$$

Lösung 4.32

1. System: geschlossenes, druckhomogenes System

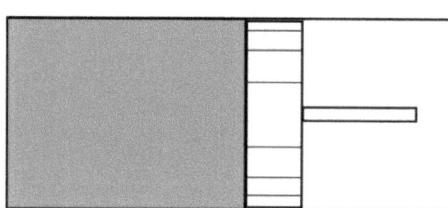

Abb. Repetitorium 4.32: System zur Aufgabe 4.32

2. Bezugssystem BZS ruht in Zylinderwandung

3. Modellbildung
   kein ideales Gas
   isobare Zustandsänderung $dp = 0$

Berechnung der Werte $\left(\frac{\Delta u}{\Delta T}\right)_p$ und $\left(\frac{\Delta u}{\Delta T}\right)_v$:

Enthalpiefunktion:

Gl. (4.31)
$$h = u + p \cdot v$$
$$u = h - p \cdot v$$
$$(du)_p = (dh)_p - d(p \cdot v)$$
$$(du)_p = (dh)_p - p \cdot dv - v \cdot dp$$
$$p = konst$$
$$(du)_p = (dh)_p - p \cdot dv$$
$$\left(\frac{du}{dT}\right)_p = \left(\frac{dh}{dT}\right)_p - p \cdot \frac{dv}{dT}$$
$$\left(\frac{\Delta u}{\Delta T}\right)_p = c_p - p \cdot \frac{\Delta v}{\Delta T}$$
$$\left(\frac{\Delta u}{\Delta T}\right)_p = 2{,}514 \, kJ/kg - 50 \cdot 10^5 Pa \frac{0{,}02 \, m^3/kg}{170 \, K}$$

$$1 J = \frac{kg m^2}{s^2} \quad T\,2.4$$
$$1 J = 1 Nm \quad T\,2.4$$
$$1 \, bar = 10^2 \frac{kJ}{m^3} \quad T\,2.4$$

$$\left(\frac{\Delta u}{\Delta T}\right)_p = 1{,}936 \frac{kJ}{kg\,K}$$

Gegeben war
$$c_v = 1{,}802 \frac{kJ}{kg\,K}$$

d. h.
$$\left(\frac{\Delta u}{\Delta T}\right)_v = 1{,}802 \frac{kJ}{kg\,K}$$
$$\left(\frac{\Delta u}{\Delta T}\right)_p - \left(\frac{\Delta u}{\Delta T}\right)_v = 1{,}936 \frac{kJ}{kg\,K} - 1{,}802 \frac{kJ}{kg\,K} = 0{,}134 \frac{kJ}{kg\,K}$$

Der Anstieg $\left(\frac{\Delta u}{\Delta T}\right)_p$ ist also größer als $\left(\frac{\Delta u}{\Delta T}\right)_v$, d. h. bei zwei Zustandsänderungen mit gleicher Temperaturänderung ΔT ist die Erhöhung der inneren Energie bei $p = konst$ größer als bei $v = konst$.

Lösung 4.33

1. System: geschlossenes System

Abb. Repetitorium 4.33: System zur Aufgabe 4.33

2. Bezugssystem BZS ist ortsfest, sonst kann Geschwindigkeitsänderung nicht beobachtet werden

3. Modellbildung
   keine Änderung der inneren Energie $dU = 0$

   Berechnung der Änderung der Gesamtenergie ΔU_g:
   Gl. (4.54)
   $$\delta W_D + \delta W_R + \delta Q = dU_g = dU + dE_{pot} + dE_{kin}$$
   $$\delta W_D + \delta W_R + \delta Q = dU = 0$$
   $$dE_{pot} = 0 \text{ keine Höhenänderung}$$
   $$dU_g = dE_{kin}$$
   $$dU_g = dE_{kin}$$
   $$\int_1^2 dU_g = \int_1^2 dE_{kin}$$
   $$U_{g,2} - U_{g,1} = \Delta U_g = \Delta E_{kin}$$

   Berechnung der Änderung der kinetischen Energie über die am System wirkenden Kräfte
   $$\vec{F}_i = \sum_i m \frac{d\vec{c}_i}{d\tau}$$

   oder als resultierende eindimensionale Kraft
   $$F = m\frac{dc}{d\tau} = m\frac{dc}{dx\frac{d\tau}{dx}} = m\frac{dc}{dx\frac{1}{c}}$$

   $$F = m\frac{c \cdot dc}{dx} = m\frac{d\left(\frac{c^2}{2}\right)}{dx}$$

   $$dE_{kin} = F \cdot dx = m \cdot d\left(\frac{c^2}{2}\right)$$

   $$\int_1^2 dE_{kin} = \int_1^2 m \cdot d\left(\frac{c^2}{2}\right)$$

   $$\Delta E_{kin} = \frac{m}{2}(c_2^2 - c_1^2)$$

   $$\Delta U_g = \frac{m}{2}(c_2^2 - c_1^2)$$

   $$\Delta U_g = \frac{10\,kg}{2}\left(50^2\frac{m^2}{s^2} - 0^2\frac{m^2}{s^2}\right)$$

   $$1J = \frac{kg\,m^2}{s^2} \qquad T\,2.4$$

   $$\Delta U_g = 12500\,J$$
   $$\Delta U_g = 12{,}5\,kJ/kg$$

Lösung 4.34

1. System: geschlossenes System

Abb. Repetitorium 4.34: System zur Aufgabe 4.34

2. Bezugssystem BZS ist ortsfest, um Geschwindigkeitsänderung beobachten zu können

3. Modellbildung
Keine Höhenänderung $de_{pot} = 0$

Berechnung der Änderung der Gesamtenergie Δu_g:
Gl. (4.54)
$$\delta W_D + \delta W_R + \delta Q = dU_g = dU + dE_{pot} + dE_{kin}$$
$$\delta w_D + \delta w_R + \delta q = du_g = du + de_{pot} + de_{kin}$$
$$de_{pot} = 0 \text{ keine Höhenänderung}$$
$$du_g = du + de_{kin}$$
$$\int_1^2 du_g = \int_1^2 du + \int_1^2 de_{kin}$$
$$u_{g,2} - u_{g,1} = \Delta u_g = \Delta u + \Delta e_{kin}$$

Berechnung der Änderung der kinetischen Energie über die am System wirkenden Kräfte

$$\vec{F}_i = \sum_i m \frac{d\vec{c}_i}{d\tau}$$

oder als resultierende eindimensionale Kraft

$$F = m \frac{dc}{d\tau} = m \frac{dc}{dx \frac{d\tau}{dx}} = m \frac{dc}{dx \frac{1}{c}}$$

$$F = m \frac{c \cdot dc}{dx} = m \frac{d\left(\frac{c^2}{2}\right)}{dx}$$

$$dE_{kin} = F \cdot dx = m \cdot d\left(\frac{c^2}{2}\right)$$

$$\int_1^2 dE_{kin} = \int_1^2 m \cdot d\left(\frac{c^2}{2}\right)$$

$$\Delta E_{kin} = \frac{m}{2}(c_2^2 - c_1^2)$$

$$\Delta e_{kin} = \frac{1}{2}(c_2^2 - c_1^2)$$

$$\Delta u_g = \Delta u + \frac{1}{2}(c_2^2 - c_1^2)$$

$$\Delta u_g = -2\,\frac{kJ}{kg} + \frac{20^2 m^2/s^2 - 0^2 m^2/s^2}{2}$$

$$1J = \frac{kg\,m^2}{s^2} \qquad T\,2.4$$

$$\Delta u_g = -2\,\frac{kJ}{kg} + 200\,\frac{kJ}{kg}$$

$$\Delta u_g = -1{,}8\ kJ/kg$$

Lösung 4.35

1. System: geschlossenes System (Strömungsteilchen)

Abb. Repetitorium 4.35: System zur Aufgabe 4.35

2. Bezugssystem BZS ruht in Rohrwandung

3. Modellbildung
   isobare Zustandsänderung $dp = 0$

   Berechnung der Gesamtenthalpie $h_{g,2}$:

   Gl. (4.63) $\quad \delta W_t + \delta W_R + \delta Q = dH_g = dH + dE_{pot} + dE_{kin}$

   $$dH_g = dH + dE_{pot} + dE_{kin}$$
   $$dh_g = dh + de_{pot} + de_{kin}$$
   $$dp = 0$$
   $$de_{pot} = 0 \text{ keine Höhenunterschiede}$$
   $$dh_g = dh + de_{kin}$$

   Gl. (4.77) $\quad c_p = \left(\frac{\partial h}{\partial T}\right)_p = \frac{dh}{dT}$

   $$dh = c_p \cdot dT$$
   $$dh_g = c_p \cdot dT + de_{kin}$$
   $$\int_1^2 dh_g = c_p \int_1^2 dT + \int_1^2 de_{kin}$$
   $$\Delta h_g = c_p \cdot \Delta T + \Delta e_{kin}$$
   $$h_{g,2} - h_{g,1} = c_p \cdot \Delta T + \Delta e_{kin}$$

Berechnung der Änderung der kinetischen Energie über die am System wirkenden Kräfte

$$\vec{F}_i = \sum_i m \frac{d\vec{c}_i}{d\tau}$$

oder als resultierende eindimensionale Kraft

$$F = m\frac{dc}{d\tau} = m\frac{dc}{dx\frac{d\tau}{dx}} = m\frac{dc}{dx\frac{1}{c}}$$

$$F = m\frac{c \cdot dc}{dx} = m\frac{d\left(\frac{c^2}{2}\right)}{dx}$$

$$dE_{kin} = F \cdot dx = m \cdot d\left(\frac{c^2}{2}\right)$$

$$\int_1^2 dE_{kin} = \int_1^2 m \cdot d\left(\frac{c^2}{2}\right)$$

$$\Delta E_{kin} = \frac{m}{2}(c_2^2 - c_1^2)$$

$$\Delta e_{kin} = \frac{1}{2}(c_2^2 - c_1^2)$$

$$h_{g,1} = 0$$

$$h_{g,2} = c_p \cdot \Delta T + \frac{1}{2}c^2$$

$$h_{g,2} = 4{,}23 \text{ kJ/kg} \cdot 80 \text{ K} + \frac{1}{2} \cdot \frac{20^2 m^2}{s^2}$$

$$1\frac{kg\, m^2}{s^2} = 1 J \qquad \text{T 2.4}$$

$$h_{g,2} = 338{,}4\frac{kJ}{kg} + 0{,}2\frac{kJ}{kg}$$

$$h_{g,2} = 338{,}6\frac{kJ}{kg}$$

Lösung 4.36

1. System: geschlossenes System

Abb. Repetitorium 4.36: System zur Aufgabe 4.36

2. Bezugssystem BZS ruht in Ballonhülle

3. Modellbildung
   Argon = ideales Gas

Berechnung der Änderung der Gesamtenergie des Ballons ΔU_g:

Gl. (4.54) $\qquad \delta W_D + \delta W_R + \delta Q = dU_g = dU + dE_{pot} + dE_{kin}$

$$dE_{pot} = 0 \text{ keine Höhenänderung}$$

$$dU_g = dU + dE_{kin}$$

Gl. (4.76) $\qquad c_v = \left(\frac{\partial u}{\partial T}\right)_v = \frac{du}{dT}$

$$du = c_v \cdot dT$$

$$dU = m \cdot c_v \cdot dT$$

$$dU_g = dU + dE_{kin}$$

$$dU_g = m \cdot c_v \cdot dT + dE_{kin}$$

$$\int_1^2 dU_g = m \cdot c_v \cdot \int_1^2 dT + \int_1^2 dE_{kin}$$

$$\Delta U_g = m \cdot c_v \cdot (T_2 - T_1) + \Delta E_{kin}$$

Berechnung der Änderung der kinetischen Energie über die am System wirkenden Kräfte

$$\vec{F}_i = \sum_i m \frac{d\vec{c}_i}{d\tau}$$

oder als resultierende eindimensionale Kraft

$$F = m\frac{dc}{d\tau} = m\frac{dc}{dx\frac{d\tau}{dx}} = m\frac{dc}{dx\frac{1}{c}}$$

$$F = m\frac{c \cdot dc}{dx} = m\frac{d\left(\frac{c^2}{2}\right)}{dx}$$

$$dE_{kin} = F \cdot dx = m \cdot d\left(\frac{c^2}{2}\right)$$

$$\int_1^2 dE_{kin} = \int_1^2 m \cdot d\left(\frac{c^2}{2}\right)$$

$$\Delta E_{kin} = \frac{m}{2}(c_2^2 - c_1^2)$$

$$\Delta U_g = m \cdot c_v \cdot (T_2 - T_1) + \frac{m}{2}(c_2^2 - c_1^2)$$

$$\Delta U_g = 6\,kg \cdot 0{,}316\,\frac{kJ}{kg\,K} \cdot (-1\,K)$$

$$+3\,kg \cdot (0{,}25 - 4)\frac{m^2}{s^2}$$

$$1\,J = \frac{kg\,m^2}{s^2} \quad T\,2.4$$

$$\Delta U_g = -1{,}896\,kJ - 11{,}25 \cdot 10^{-3}\,kJ$$

$$\Delta U_g = -1{,}907\,kJ$$

Lösung 4.37

1. System: geschlossenes System

Abb. Repetitorium 4.37: System zur Aufgabe 4.37

2. Bezugssystem BZS ist ortsfest

3. Modellbildung
   Körper ist inkompressibel $dV = 0$, $\delta W_D = 0$
   reibungsfreier Vorgang $\delta W_R = 0$
   adiabater Vorgang $\delta Q = 0$
   keine Änderung der Umfangsgeschwindigkeit $d\vec{u}_i = 0$
   $c_1 = 0$
   Berechnung von ΔU, ΔU_g sowie der kinetischen Energie E_{kin} im Endzustand:

   Gl. (4.54) $\quad \delta W_D + \delta W_R + \delta Q = dU_g = dU + dE_{pot} + dE_{kin}$

   $$dU_g = dU + dE_{pot} + dE_{kin}$$

   Gl. (4.76) $\quad c_v = \left(\frac{\partial u}{\partial T}\right)_v = \frac{du}{dT}$

   $$du = c_v \cdot dT$$
   $$dU = m \cdot c_v \cdot dT$$
   $$dT = 0$$
   $$dU = 0$$

   keine Änderung der inneren Energie bei diesem Vorgang
   $$\Delta U = 0$$

   Gesamtenergie
   $$dU_g = dE_{pot}$$
   $$dU_g = m \cdot g \cdot \Delta z$$
   $$\Delta U_g = 1\,kg \cdot 9{,}81\,m/s^2 \cdot 50\,m$$

$$1 J = \frac{kg m^2}{s^2} \quad T\ 2.4$$

$$\Delta U_g = 490{,}5\ J$$

Kinetische Energie ΔE_{kin} im Endzustand

$$\Delta U_g = \Delta E_{kin}$$

Berechnung der Änderung der kinetischen Energie über die am System wirkenden Kräfte

$$\vec{F}_i = \sum_i m \frac{d\vec{c}_i}{d\tau}$$

oder als resultierende eindimensionale Kraft

$$F = m \frac{dc}{d\tau} = m \frac{dc}{dx \frac{d\tau}{dx}} = m \frac{dc}{dx \frac{1}{c}}$$

$$F = m \frac{c \cdot dc}{dx} = m \frac{d\left(\frac{c^2}{2}\right)}{dx}$$

$$dE_{kin} = F \cdot dx = m \cdot d\left(\frac{c^2}{2}\right)$$

$$\int_1^2 dE_{kin} = \int_1^2 m \cdot d\left(\frac{c^2}{2}\right)$$

$$\Delta E_{kin} = \frac{m}{2}(c_2^2 - c_1^2)$$

$$c_1 = 0\ m/s$$

$$c_2 = \sqrt{2 \cdot g \cdot z_2}$$

$$1 J = \frac{kg m^2}{s^2} \quad T\ 2.4$$

Es gilt aber auch

$$\Delta E_{kin} = \frac{m}{2} \cdot (2 \cdot g \cdot z_2 - 0)$$

$$\Delta E_{kin} = \frac{1\ kg}{2} \cdot 2 \cdot 9{,}81\ m/s^2 \cdot 50\ m$$

$$\Delta E_{kin} = 490{,}5\ J$$

Lösung 4.38

1. System: offenes raumfestes System

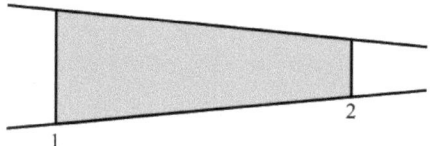

Abb. Repetitorium 4.38: System zur Aufgabe 4.38

2. Bezugssystem BZS ruht in Rohrwandung

3. Modellbildung
   stationäre Strömung
   Wasser ist inkompressibel $\varrho = konst$
   Massenerhaltungssatz für die eindimensionale stationäre Strömung

   Berechnung der Geschwindigkeit c_2 im Querschnitt 2:
   Gl. (4.68)
   $$\varrho_1 \cdot A_1 \cdot c_1 = \varrho_2 \cdot A_2 \cdot c_2 = konst$$
   $$\dot{m}_1 = \dot{m}_2 = konst$$
   $$c_2 = c_1 \cdot \frac{A_1}{A_2}$$
   $$A_1 = \frac{d_1^2 \pi}{4}$$
   $$A_2 = \frac{d_2^2 \pi}{4}$$
   $$c_2 = c_1 \cdot \frac{d_1^2}{d_2^2}$$
   $$c_2 = 2\frac{m}{s} \cdot \frac{0{,}10\ m}{0{,}25\ m}$$
   $$c_2 = 8\frac{m}{s}$$

Lösung 4.39

1. System: geschlossenes System

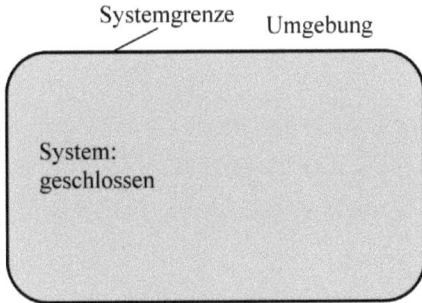

Abb. Repetitorium 4.39: System zur Aufgabe 4.39

2. Bezugssystem BZS: a) ruhendes und b) rotierendes Bezugssystem

3. Modellbildung
   keine Änderung der inneren Energie $dU = 0$
   reibungsfreier Vorgang $\delta W_R = 0$

Körper ist inkompressibel $dV = 0$, $\delta W_D = 0$
Anfangsgeschwindigkeit $c_1 = 0$, $E_{kin,1} = 0$
adiabater Vorgang $\delta Q = 0$

Berechnung ΔE_{kin} für ruhendes Bezugssystem $\Delta E_{kin} = \Delta E_{kin,Fall}$ und
Berechnung für rotierendes Bezugssystem $\Delta E_{kin} = \Delta E_{kin,Fall} + \Delta E_{kin,Rotl}$:

Gl. (4.54) $\quad \delta W_D + \delta W_R + \delta Q = dU_g = dU + dE_{pot} + dE_{kin}$
$$dU_g = dU + dE_{pot} + dE_{kin}$$

Gl. (4.76) $\quad\quad\quad c_v = \left(\frac{\partial u}{\partial T}\right)_v = \frac{du}{dT}$

$$du = c_v \cdot dT$$
$$dU = m \cdot c_v \cdot dT$$
$$dT = 0$$
$$dU = 0$$

Keine Änderung der inneren Energie bei diesem Vorgang
$$\Delta U = 0$$

Beginn des Vorganges
$$dE_{kin} = 0$$

Gesamtenergie
$$dU_g = dE_{pot}$$
$$dU_g = m \cdot g \cdot \Delta z$$
$$\Delta U_g = 1 \, kg \cdot 9{,}8101 \frac{m^2}{s} \cdot 300 \, m$$

$$1 J = \frac{kgm^2}{s^2} \quad\quad T\,2.4$$

$$\Delta U_g = 2943{,}03 \, J$$

Beim Auftreffen auf die Erdoberfläche beträgt die Gesamtenergie
$$\Delta U_g = \Delta E_{kin} = E_{kin,2} - E_{kin,1} = 2943{,}03 \, J$$

Die Änderung der kinetischen Energie ΔE_{kin} beträgt bei zusätzlicher Berücksichtigung der Rotation um die Erdachse
$$\Delta E_{kin} = \Delta E_{kin,Rot} + \Delta E_{kin,Fall}$$

Berechnung der Änderung der kinetischen Energie $\Delta E_{kin,Rot}$ über die am System wirkenden Drehmomente
$$\vec{M}_i = \sum_i m \frac{d\vec{u}_i}{d\tau}$$

mit den differentiellen Drehgeschwindigkeiten $d\vec{u}_i = \omega \cdot d\vec{r}_i$ oder als resultierendes eindimensionales Drehmoment

$$M = m\frac{du}{d\tau} = m\frac{du}{d\alpha\frac{d\tau}{d\alpha}} = m\frac{du}{d\alpha\frac{1}{u}}$$

$$M = m\frac{u \cdot du}{d\alpha} = m\frac{d\left(\frac{u^2}{2}\right)}{d\alpha}$$

$$dE_{kin,Rot} = M \cdot d\alpha = m \cdot d\left(\frac{u^2}{2}\right)$$

$$\int_1^2 dE_{kin,Rot} = \int_1^2 m \cdot d\left(\frac{u^2}{2}\right)$$

$$\Delta E_{kin,Rot} = \frac{m}{2}(u_2^2 - u_1^2)$$

Die Drehgeschwindigkeiten des Rotationsanteils der kinetischen Energie betragen

$$u_1 = \omega \cdot r_1$$
$$u_2 = \omega \cdot r_1$$

Dabei ist ω die Winkelgeschwindigkeit

$$\omega = 2 \cdot \pi \cdot f$$

Mit der Anzahl der Umläufe pro Sekunde (Frequenz f)

$$f = \frac{1}{24 \cdot 3600} s^{-1}$$

folgt

$$\Delta E_{kin,Rot} = \frac{m}{2}\omega^2(r_2^2 - r_1^2)$$

$$\Delta E_{kin,Rot} = \frac{m}{2}\omega^2(r_2 - r_1) \cdot (r_2 + r_1)$$

$$r_2 - r_1 = 300\ m$$
$$r_2 + r_1 = 6378550\ m$$

$$\Delta E_{kin,Rot} = \frac{1\ kg}{2} 4 \cdot \pi^2 \cdot \frac{1}{24 \cdot 3600} s^{-1} \cdot (300\ m \cdot 12756800\ m)$$

$$\Delta E_{kin,Rot} = 10{,}12\ J$$

Rotierendes Bezugssystem

$$\Delta E_{kin} = \Delta U_g = \Delta E_{kin,Fall} + \Delta E_{kin,Rot} = 2943{,}03\ J$$

Ruhendes Bezugssystem

$$\Delta E_{kin,Fall} = \Delta U_g - \Delta E_{kin,Rot}$$
$$\Delta E_{kin,Fall} = 2943{,}03\ J - 10{,}12\ J$$
$$\Delta E_{kin,Fall} = 2932{,}91\ J$$

Der Energieanteil durch Erdrotation liegt damit lediglich bei 0,3 % der Gesamtenergie des Systems.
Berechnung der Geschwindigkeit bei Aufprall (ruhendes Bezugssystem)
Berechnung der Änderung der kinetischen Energie $\Delta E_{kin,Fall}$ über die am System wirkenden Kräfte

$$\vec{F}_i = \sum_i m \frac{d\vec{c}_i}{d\tau}$$

oder als resultierende eindimensionale Kraft

$$F = m\frac{dc}{d\tau} = m\frac{dc}{dx\frac{d\tau}{dx}} = m\frac{dc}{dx\frac{1}{c}}$$

$$F = m\frac{c \cdot dc}{dx} = m\frac{d\left(\frac{c^2}{2}\right)}{dx}$$

$$dE_{kin,Fall} = F \cdot dx = m \cdot d\left(\frac{c^2}{2}\right)$$

$$\int_1^2 dE_{kin,Fall} = \int_1^2 m \cdot d\left(\frac{c^2}{2}\right)$$

$$\Delta E_{kin,Fall} = \frac{m}{2}(c_2^2 - c_1^2)$$

Berechnung der Geschwindigkeit des Körpers beim Aufprall (ruhendes Bezugssystem):

$$c_1 = 0\,\frac{m}{s}$$

$$c_2 = \sqrt{\frac{2 \cdot \Delta E_{kin,Fall}}{m}}$$

$$c_2 = \sqrt{\frac{2 \cdot 2{,}933 \cdot 10^3\,J}{1\,kg}}$$

$$1\,J = \frac{kg\,m^2}{s^2} \qquad T\,2.4$$

$$c_2 = \sqrt{\frac{2 \cdot 2{,}933 \cdot 10^3\,\frac{kg\,m^2}{s^2}}{1\,kg}}$$

$$c_2 = 76{,}6\,\frac{m}{s}$$

Lösung 4.40

1. System: offenes raumfestes System

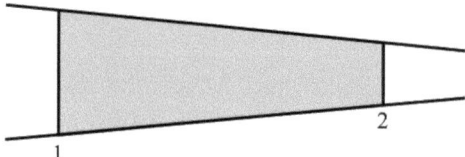

Abb. Repetitorium 4.40: System zur Aufgabe 4.40

2. Bezugssystem BZS ruht in Rohrwandung

3. Modellbildung
   stationäre Strömung

   Berechnung der Dichte im Querschnitt 2, ϱ_2:
   Massenerhaltungssatz für die eindimensionale stationäre Strömung
   Gl. (4.68)
   $$\varrho_1 \cdot A_1 \cdot c_1 = \varrho_2 \cdot A_2 \cdot c_2 = konst$$
   $$\dot{m}_1 = \dot{m}_2 = konst$$
   $$\varrho_2 = \varrho_1 \cdot \frac{c_1 \cdot A_1}{c_2 \cdot A_2}$$
   $$\varrho_2 = 1{,}6 \, \frac{kg}{m^3} \cdot \frac{5 \, m/s \cdot 100 \, cm^2}{40 \, m/s \cdot 25 \, cm^2}$$
   $$\varrho_2 = 0{,}8 \, \frac{kg}{m^3}$$

Lösung 4.41

1. System: offenes, raumfestes System

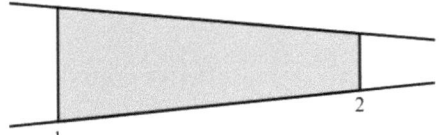

Abb. Repetitorium 4.41: System zur Aufgabe 4.41

2. Bezugssystem BZS ruht in Rohrwandung

3. Modellbildung
   eindimensionale Strömung
   jeder Querschnitt senkrecht zur Strömung wird als homogen betrachtet
   stationäre Strömung
   inkompressible Flüssigkeit $\varrho = konst$

   Berechnung der Geschwindigkeit im Ein- und Austritt c_1 und c_2:
   Massenerhaltungssatz für die eindimensionale stationäre Strömung
   Gl. (4.68)
   $$\varrho_1 \cdot A_1 \cdot c_1 = \varrho_2 \cdot A_2 \cdot c_2 = konst$$
   $$\dot{m}_1 = \dot{m}_2 = \dot{m} = konst$$
   $$\varrho_2 = \varrho_1 = \varrho = konst$$

$$c_1 = \frac{\dot{m}}{\varrho \cdot A_1}$$

$$A_1 = \frac{d_1^2 \pi}{4}$$

$$c_1 = \frac{4 \cdot \dot{m}}{\varrho \cdot d_1^2 \cdot \pi}$$

$$c_1 = \frac{4 \cdot 600 \; kg/min}{0{,}9 \; kg/dm^3 \cdot 8^2 cm^2}$$

$$c_1 = 2{,}21 \frac{m}{s}$$

$$c_2 = c_1 \frac{d_1^2}{d_2^2}$$

$$c_2 = 2{,}21 \frac{m}{s} \cdot \frac{64 \; m^2/s^2}{36 \; m^2/s^2}$$

$$c_2 = 3{,}93 \frac{m}{s}$$

Berechnung selbstverständlich auch über

$$c_2 = \frac{4 \cdot \dot{m}}{\varrho \cdot d_2^2 \cdot \pi}$$

möglich.

Lösung 4.42

1. System: offenes, raumfestes System

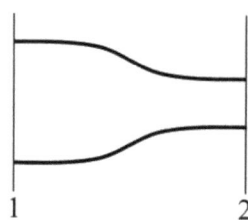

Abb. Repetitorium 4.42: System zur Aufgabe 4.42

2. Bezugssystem BZS ruht in Ventilwandung

3. Modellbildung
   stationäre Strömung
   eindimensionale Strömung in den Querschnitten 1 und 2
   Luft = ideales Gas
   $T_1 = T_2$ dazwischen wird sich die Temperatur ändern
   keine Geschwindigkeisänderung $c_1 = c_2$

Berechnung des Austrittsquerschnittes A_2:

Massenerhaltungssatz für die eindimensionale stationäre Strömung

Gl. (4.68)
$$\varrho_1 \cdot A_1 \cdot c_1 = \varrho_2 \cdot A_2 \cdot c_2 = konst$$
$$\dot{m}_1 = \dot{m}_2 = \dot{m} = konst$$
$$\varrho_1 \cdot \dot{V}_1 = \varrho_2 \cdot \dot{V}_1$$

Gl. (2.21)
$$p \cdot V = m \cdot R \cdot T$$
$$p \cdot \dot{V} = \dot{m} \cdot R \cdot T$$
$$\dot{V} = \frac{\dot{m} \cdot R \cdot T}{p}$$
$$\dot{V}_1 = \frac{\dot{m}_1 \cdot R \cdot T_1}{p}$$
$$\dot{V}_1 = \frac{18000 \frac{kg}{h} \cdot 0{,}287 kJ \cdot 293\ K}{7 \cdot 10^2 kJ/m^3}$$
$$\dot{V}_1 = 0{,}6 \frac{m^3}{s}$$
$$\dot{V}_2 = \dot{V}_2 \cdot \frac{p_1}{p_2}$$
$$\dot{V}_2 = 0{,}6 \frac{m^3}{s} \cdot \frac{7\ bar}{2\ bar}$$
$$\dot{V}_2 = 2{,}1 \frac{m^3}{s}$$
$$A_1 = \frac{\dot{V}_1}{c_1} = \frac{0{,}6\ m^3/s}{20\ m/s}$$
$$A_1 = 0{,}03\ m^2$$
$$A_2 = \frac{\dot{V}_2}{c_2} = \frac{2{,}1\ m^3/s}{20\ m/s}$$
$$A_2 = 0{,}105\ m^2$$

Lösung 4.43

1. System: Punktmasseteilchen als geschlossenes System, wird in den Zuständen 1 und 2 betrachtet. Die Punktmasse lässt somit keine ungeordnete Bewegung der Teilchen zu. Keine Zufuhr von Wärme und keine Änderung der inneren Energie.

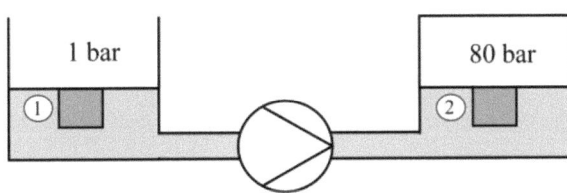

Abb. Repetitorium 4.43: System zur Aufgabe 4.43

2. Bezugssystem BZS (Beobachter) bewegt sich mit dem als Punktmasse betrachteten Teilchen vom Querschnitt 1 zu Querschnitt 2

3. Modellbildung
stationäre eindimensionale Strömung
ideale Pumpe $\delta W_R = 0$
Wasser ist inkompressibel $dv = 0$
quasistatischer Vorgang $d\frac{c^2}{2} = 0$
keine Änderung der Umfangsgeschwindigkeit $d\frac{\bar{u}^2}{2} = 0$
keine Höhendifferenz $dz = 0$

Berechnung der spezifischen technischen Arbeit und der Leistung der Pumpe $w_{t,12}$ und $\dot{W}_{t,12}$:

Vom Standpunkt eines zur Systemgrenze bewegten BZS gilt

Gl. (4.63)
$$\delta W_t + \delta W_R + \delta Q = dH_g = dH + dE_{pot} + dE_{kin}$$
$$\delta w_t + \delta w_R + \delta q = dh_g = dh + de_{pot} + de_{kin}$$

Vom Standpunkt eines im System Punktmasse postierten Beobachters (ruhendes BZS) gilt

Gl. (4.37)
$$-\int_1^2 p \cdot dV + W_{R,12} + Q_{12} = U_2 - U_1$$
$$-p \cdot dv + \delta w_R + \delta q = du$$

Gl. (4.37) für den reibungsfreie Prozess in der Form
$$\delta q = du + p \cdot dv$$

in die differentielle Form der Gl. (4.63) für den reibungsfreien Prozess eingesetzt, ergibt
$$\delta w_t = dh + de_{pot} + de_{kin} - \delta q$$
$$\delta w_t = dh + de_{pot} + de_{kin} - (du + p \cdot dv)$$
$$\delta w_t = dh - du - p \cdot dv) + de_{pot} + de_{kin}$$

Mit

Gl. (4.32)
$$dh = du + d(p \cdot v) = du + p \cdot dv + v \cdot dp$$

gilt
$$dh - du = d(p \cdot v) = du + p \cdot dv + v \cdot dp$$
$$\delta w_t = v \cdot dp + de_{pot} + de_{kin}$$

Mit
$$de_{pot} = 0$$
$$de_{kin} = 0$$

gilt

$$w_{t,12} = v \cdot (p_2 - p_1)$$
$$w_{t,12} = 10^{-3}\ m^3/kg \cdot (80\ bar - 1\ bar)$$

$$1\ bar = 10^5 \frac{N}{m^2} \qquad T\ 2.4$$

$$1 J = \frac{kg m^2}{s^2} \qquad T\ 2.4$$

$$w_{t,12} = 7{,}9 \frac{kJ}{kg}$$

Leistung

$$\dot{W}_{t,12} = \dot{m} \cdot w_{t,12}$$
$$\dot{W}_{t,12} = 10^3 kg/h \cdot 7{,}9\ kJ/kg$$
$$\dot{W}_{t,12} = 7{,}9 \cdot 10^3 kJ/kg$$

Lösung 4.44

1. System: Bewegtes Punktmasseteilchen als geschlossenes System

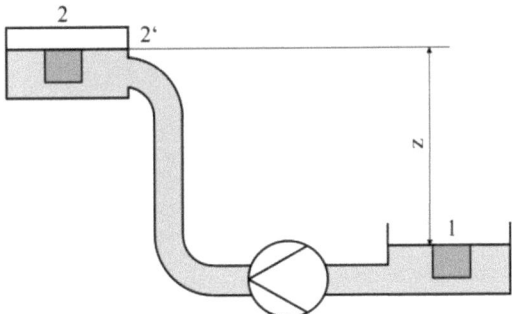

Abb. Repetitorium 4.44B: System zur Aufgabe 4.44

2. Bezugssystem BZS ruht in Rohrwandung

3. Modellbildung
Die Betrachtung der Zustände 1 und 2 ist eine Vereinfachung, da im Punkt 2 durch Reibung die Geschwindigkeit von 2' ($c_2 = 2 m/s$) bereits teilweise abgebaut ist. Wird jedoch die Punktmasse zwischen 1 und 2' betrachtet, so wäre der Druck in 2' noch nicht auf den endgültigen Wert $p_{\ddot{u}} = 2\ bar$. Dieser Druckunterschied durch die Höhendifferenz ist aber zu vernachlässigen. Die Berechnung müsste also genau genommen für 1 nach 2' und 2' nach 2 erfolgen, wobei aber nur im ersten Teilbereich Reibungsfreiheit vorausgesetzt werden könnte.
Stationäre eindimensionale Strömung $\delta W_R = 0$
Wasser ist inkompressibel $dv = 0$
$c_1 = 0$
keine Änderung der Umfangsgeschwindigkeit $d\frac{\bar{u}^2}{2} = 0$

Berechnung der spezifischen technischen Arbeit der Pumpe $w_{t,12}$:

Vom Standpunkt eines in der Rohrwandung postierten Beobachters (bewegtes BZS in Bezug zur Punktmasse) gilt

Gl. (4.63)
$$\delta W_t + \delta W_R + \delta Q = dH_g = dH + dE_{pot} + dE_{kin}$$
$$\delta w_t + \delta w_R + \delta q = dh_g = dh + de_{pot} + de_{kin}$$

Vom Standpunkt eines im System Punktmasse postierten Beobachters (ruhendes BZS) gilt

Gl. (4.37)
$$-\int_1^2 p \cdot dV + W_{R,12} + Q_{12} = U_2 - U_1$$
$$-p \cdot dv + \delta w_R + \delta q = du$$

Gl. (4.37) für den reibungsfreie Prozess in der Form
$$\delta q = du + p \cdot dv$$

in die differentielle Form der Gl. (4.63) für den reibungsfreien Prozess eingesetzt, ergibt

$$\delta w_t = dh + de_{pot} + de_{kin} - \delta q$$
$$\delta w_t = dh + de_{pot} + de_{kin} - (du + p \cdot dv)$$
$$\delta w_t = dh - du - p \cdot dv) + de_{pot} + de_{kin}$$

Mit

Gl. (4.32) $\qquad dh = du + d(p \cdot v) = du + p \cdot dv + v \cdot dp$

gilt

$$dh - du = d(p \cdot v) = du + p \cdot dv + v \cdot dp$$
$$\delta w_t = v \cdot dp + de_{pot} + de_{kin}$$

Spezifische technische Arbeit

$$\Delta e_{pot} = \int_1^2 de_{pot}$$

$$\Delta e_{kin} = \int_1^2 de_{kin}$$

$$w_{t,12} = v \cdot (p_2 - p_1) + \Delta e_{pot} + \Delta e_{kin}$$
$$w_{t,12} = v \cdot (p_2 - p_1) + g \cdot (z_2 - z_1) + \Delta e_{kin}$$

Berechnung der Änderung der kinetischen Energie über die am System wirkenden Kräfte

$$\vec{F}_i = \sum_i m \frac{d\vec{c}_i}{d\tau}$$

oder als resultierende eindimensionale Kraft

$$F = m \frac{dc}{d\tau} = m \frac{dc}{dx \frac{d\tau}{dx}} = m \frac{dc}{dx \frac{1}{c}}$$

$$F = m\frac{c \cdot dc}{dx} = m\frac{d\left(\frac{c^2}{2}\right)}{dx}$$

$$dE_{kin} = F \cdot dx = m \cdot d\left(\frac{c^2}{2}\right)$$

$$\int_1^2 dE_{kin} = \int_1^2 m \cdot d\left(\frac{c^2}{2}\right)$$

$$\Delta E_{kin} = \frac{m}{2}(c_2^2 - c_1^2)$$

$$\Delta e_{kin} = \frac{1}{2}(c_2^2 - c_1^2)$$

$$w_{t,12} = v \cdot (p_2 - p_1) + g \cdot (z_2 - z_1) + \frac{1}{2} \cdot (c_2^2 - c_1^2)$$

$$z_1 = 0 \, m$$

$$c_1 = 0 \, \frac{m}{s}$$

$$v = \frac{1}{\varrho}$$

$$w_{t,12} = \frac{1}{\varrho} \cdot (p_2 - p_1) + \left[g \cdot z_2 + \frac{1}{2}c_2^2\right]$$

$$w_{t,12} = \frac{10^{-3} m^3}{kg} \cdot (2-1) bar$$

$$+ \left[9{,}81 \frac{m}{s^2} \cdot 10 \, m + \frac{1}{2} 4 \frac{m^2}{s^2}\right]$$

$$1 \, bar = 10^5 \frac{kg}{m s^2} \qquad T \, 2.4$$

$$w_{t,12} = \left[100 \frac{m^2}{s^2} + 98{,}1 \frac{m^2}{s^2} + 2 \frac{m^2}{s^2}\right]$$

$$w_{t,12} = 200{,}1 \frac{J}{kg}$$

Lösung 4.45

1. System: geschlossenes System (Punktmasse), das sich von 1 nach 2 bewegt

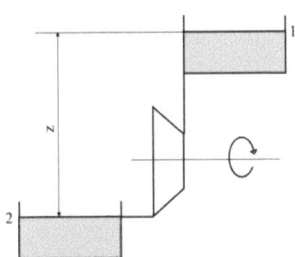

Abb. Repetitorium 4.45: System zur Aufgabe 4.45

2. Bezugssystem BZS ruht in Bezug zur Behälterwandung

3. Modellbildung
   stationäre, eindimensionale Strömung
   Wasser ist inkompressibel $dv = 0$
   ideale Turbine $\delta W_R = 0$
   keine Anfangsgeschwindigkeit $c_1 = 0$
   keine Änderung der Umfangsgeschwindigkeit $d\frac{\bar{u}^2}{2} = 0$

Berechnung des Wasserstromes $\dot{m}$:
Gl. (4.63)
$$\delta W_t + \delta W_R + \delta Q = dH_g = dH + dE_{pot} + dE_{kin}$$
$$\delta w_t + \delta w_R + \delta q = dh_g = dh + de_{pot} + de_{kin}$$
$$\delta w_R = 0$$
$$\delta q = 0$$
$$dh = 0$$
$$\delta w_t = de_{pot} + de_{kin}$$

Spezifische technische Arbeit
$$w_{t,12} = \int_1^2 de_{pot} + \int_1^2 de_{kin}$$
$$w_{t,12} = \Delta e_{pot} + \Delta e_{kin}$$
$$\Delta e_{pot} = g \cdot z_2$$

Berechnung der Änderung der kinetischen Energie über die am System wirkenden Kräfte
$$\vec{F}_i = \sum_i m \frac{d\vec{c}_i}{d\tau}$$

oder als resultierende eindimensionale Kraft
$$F = m\frac{dc}{d\tau} = m\frac{dc}{dx\frac{d\tau}{dx}} = m\frac{dc}{dx\frac{1}{c}}$$

$$F = m\frac{c \cdot dc}{dx} = m\frac{d\left(\frac{c^2}{2}\right)}{dx}$$

$$dE_{kin} = F \cdot dx = m \cdot d\left(\frac{c^2}{2}\right)$$

$$\int_1^2 dE_{kin} = \int_1^2 m \cdot d\left(\frac{c^2}{2}\right)$$

$$\Delta E_{kin} = \frac{m}{2}(c_2^2 - c_1^2)$$

$$\Delta e_{kin} = \frac{1}{2}(c_2^2 - c_1^2)$$

$$w_{t,12} = g \cdot (z_2 - z_1) + \frac{1}{2} \cdot (c_2^2 - c_1^2)$$

$$z_1 = 0\,m$$

$$c_1 = 0\frac{m}{s}$$

$$w_{t,12} = g \cdot z_2 + \frac{1}{2} \cdot c_2^2$$

$$w_{t,12} = 9{,}81\frac{m}{s^2} \cdot (-50\,m) + 25\frac{m^2}{s^2}$$

$$1 J = \frac{m^2 kg}{s^2} \qquad T\,2.4$$

$$w_{t,12} = -478\frac{J}{kg}$$

$$\dot{W}_{t,12} = \dot{m} \cdot w_{t,12}$$

$$\dot{m} = \frac{\dot{W}_{t,12}}{w_{t,12}}$$

$$\dot{m} = \frac{1\,MW}{-478\,J/kg}$$

$$\dot{m} = 2{,}9 \cdot 10^3 \frac{kg}{s}$$

$$\dot{m} = 7{,}53 \cdot 10^6 \frac{kg}{h}$$

Lösung 4.46

1. System: Wasserteilchen (Punktmasse) als geschlossenes System

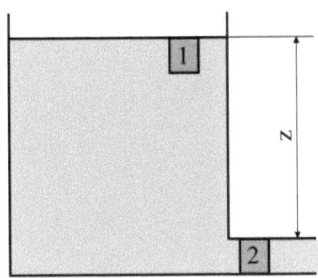

Abb. Repetitorium 4.46B: System zur Aufgabe 4.46

2. Bezugssystem BZS ruht in Behälterwandung

3. Modellbildung
   stationäre, eindimensionale Strömung

Wandreibungskräfte verrichten infolge Haftbedingung keine Arbeit $\delta W_R = 0$
$p_1 = p_2 = p_U$
keine Anfangsgeschwindigkeit $c_1 = 0$

Zu a) Berechnung der Ausströmgeschwindigkeit c_2:
Gl. (4.63) $\delta W_t + \delta W_R + \delta Q = dH_g = dH + dE_{pot} + dE_{kin}$
$$\delta w_t + \delta w_R + \delta q = dh_g = dh + de_{pot} + de_{kin}$$
$$\delta w_t = 0$$
$$\delta w_R = 0$$
$$\delta q = 0$$
$$dh = 0$$
$$0 = de_{pot} + de_{kin}$$
$$0 = \Delta e_{pot} + \Delta e_{kin}$$
$$\Delta e_{kin} = -\Delta e_{pot}$$
$$\Delta e_{pot} = g \cdot (z_2 - z_1)$$

Berechnung der Änderung der kinetischen Energie über die am System wirkenden Kräfte

$$\vec{F}_i = \sum_i m \frac{d\vec{c}_i}{d\tau}$$

oder als resultierende eindimensionale Kraft

$$F = m \frac{dc}{d\tau} = m \frac{dc}{dx \frac{d\tau}{dx}} = m \frac{dc}{dx \frac{1}{c}}$$

$$F = m \frac{c \cdot dc}{dx} = m \frac{d\left(\frac{c^2}{2}\right)}{dx}$$

$$dE_{kin} = F \cdot dx = m \cdot d\left(\frac{c^2}{2}\right)$$

$$\int_1^2 dE_{kin} = \int_1^2 m \cdot d\left(\frac{c^2}{2}\right)$$

$$\Delta E_{kin} = \frac{m}{2}(c_2^2 - c_1^2)$$

$$\Delta e_{kin} = \frac{1}{2}(c_2^2 - c_1^2)$$

$$\frac{1}{2} \cdot (c_2^2 - c_1^2) = -g \cdot (z_2 - z_1)$$

$$\frac{1}{2} \cdot c_2^2 = -g \cdot (-z_1)$$

$$c_1 = 0$$

$$z_2 = 0$$
$$c_2^2 = 2 \cdot g \cdot z_1$$
$$c_2 = \sqrt{2 \cdot g \cdot z_1}$$

Ausströmgeschwindigkeit für Höhe $z_1 = 2\,m$ theoretisch nach a)

$$c_2 = \sqrt{2 \cdot g \cdot z_1} = \sqrt{2 \cdot 9{,}81\frac{m}{s^2} \cdot 2\,m}$$
$$c_2 = 6{,}26\frac{m}{s}$$

Zu b) Untersuchung der Verhältnisse bei gemessener Geschwindigkeit $c_2 = 5\,m/s$:

Die in b) angegebene geringere gemessene Geschwindigkeit von $c_2 = 5\,m/s$ ist auf Reibung zurückzuführen. Die Reibungsarbeit berechnet sich mit Hilfe

Gl. (4.63) $\delta W_t + \delta W_R + \delta Q = dH_g = dH + dE_{pot} + dE_{kin}$
$$\delta w_t + \delta w_R + \delta q = dh_g = dh + de_{pot} + de_{kin}$$
$$\delta w_t = 0$$
$$\delta q = 0$$
$$dh = 0$$
$$\delta w_R = de_{pot} + de_{kin}$$
$$\delta w_R = de_{pot} + de_{kin}$$
$$w_{R,12} = \int_1^2 de_{pot} + \int_1^2 de_{kin}$$
$$w_{R,12} = \Delta e_{pot} + \Delta e_{pot}$$
$$\Delta e_{pot} = g \cdot (z_2 - z_1)$$

Berechnung der Änderung der kinetischen Energie über die am System wirkenden Kräfte

$$\vec{F}_i = \sum_i m \frac{d\vec{c}_i}{d\tau}$$

oder als resultierende eindimensionale Kraft

$$F = m\frac{dc}{d\tau} = m\frac{dc}{dx\frac{d\tau}{dx}} = m\frac{dc}{dx\frac{1}{c}}$$

$$F = m\frac{c \cdot dc}{dx} = m\frac{d\left(\frac{c^2}{2}\right)}{dx}$$

$$dE_{kin} = F \cdot dx = m \cdot d\left(\frac{c^2}{2}\right)$$

$$\int_1^2 dE_{kin} = \int_1^2 m \cdot d\left(\frac{c^2}{2}\right)$$

$$\Delta E_{kin} = \frac{m}{2}(c_2^2 - c_1^2)$$

$$\Delta e_{kin} = \frac{1}{2}(c_2^2 - c_1^2)$$

$$w_{R,12} = g \cdot (z_2 - z_1) + \frac{1}{2} \cdot (c_2^2 - c_1^2)$$

$$w_{R,12} = -19{,}62 \frac{m^2}{s^2} + 12{,}5 \frac{m^2}{s^2}$$

Die Reibungskräfte wirken der Bewegung entgegen (scheinbar „negative" Reibungsarbeit, die es nicht gibt), deshalb hier der Betrag der Reibungsarbeit.

$$1 J = 1 \frac{m^2 kg}{s^2} \qquad T\ 2.4$$

$$|w_{R,12}| = 7{,}12 \frac{J}{kg}$$

Lösung 4.47

1. System: geschlossenes System (Punktmasse)

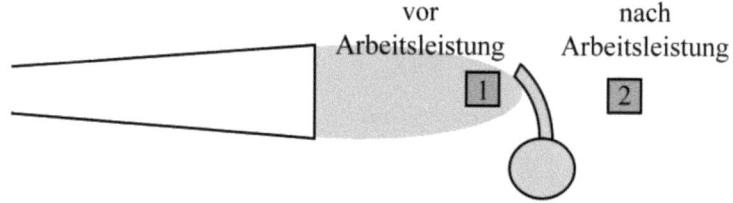

Abb. Repetitorium 4.47B: System zur Aufgabe 4.47

2. Bezugssystem BZS ortsfest

3. Modellbildung
   Geschwindigkeit soll nach Arbeitsleistung vollkommen abgebaut sein $c_2 = 0$
   reibungsfreier Vorgang $\delta W_R = 0$
   stationäre, eindimensionale Strömung
   keine Höhendifferenzen $de_{pot} = 0$
   $p_1 = p_2 = p_U$

Berechnung der Schaufelradleistung $\dot{W}_{t,12}$:
Gl. (4.63) $\quad \delta W_t + \delta W_R + \delta Q = dH_g = dH + dE_{pot} + dE_{kin}$
$$\delta w_t + \delta w_R + \delta q = dh_g = dh + de_{pot} + de_{kin}$$
$$\delta w_R = 0$$
$$\delta q = 0$$
$$dh = 0$$
$$de_{pot} = 0$$
$$\delta w_t = de_{kin}$$

$$w_{t,12} = \int_1^2 de_{kin} = \Delta e_{kin}$$

Berechnung der Änderung der kinetischen Energie über die am System wirkenden Kräfte

$$\vec{F_i} = \sum_i m \frac{d\vec{c_i}}{d\tau}$$

oder als resultierende eindimensionale Kraft

$$F = m\frac{dc}{d\tau} = m\frac{dc}{dx\frac{d\tau}{dx}} = m\frac{dc}{dx\frac{1}{c}}$$

$$F = m\frac{c \cdot dc}{dx} = m\frac{d\left(\frac{c^2}{2}\right)}{dx}$$

$$dE_{kin} = F \cdot dx = m \cdot d\left(\frac{c^2}{2}\right)$$

$$\int_1^2 dE_{kin} = \int_1^2 m \cdot d\left(\frac{c^2}{2}\right)$$

$$\Delta E_{kin} = \frac{m}{2}(c_2^2 - c_1^2)$$

$$\Delta e_{kin} = \frac{1}{2}(c_2^2 - c_1^2)$$

$$w_{t,12} = \frac{1}{2} \cdot (c_2^2 - c_1^2)$$

$$\dot{W}_{t,12} = \frac{\dot{m}}{2} \cdot (c_2^2 - c_1^2)$$

$$c_2^2 = 0$$

$$\dot{W}_{t,12} = \frac{\dot{m}}{2} \cdot (-c_1^2)$$

$$\dot{W}_{t,12} = 0{,}5\frac{kg}{s} \cdot \left(-25\frac{m^2}{s^2}\right)$$

$$\dot{W}_{t,12} = -1250\frac{J}{s} = -1250\ W$$

$$\dot{W}_{t,12} = -1250\frac{J}{s} = -1{,}25\ kW$$

Lösung 4.48
1. System: Wasserteilchen (Punktmasse), geschlossenes System

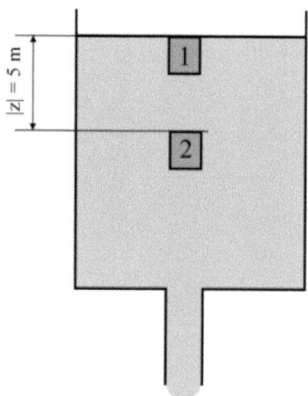

Abb. Repetitorium 4.48B: System zur Aufgabe 4.48

2. Bezugssystem BZS ruht in der Behälterwand

3. Modellbildung
$z_1 = 0\ m, z_2 = -5\ m$

stationäre, eindimensionale Strömung

reibungsfreier Ausflussvorgang

Wasser ist inkompressibel $dv = 0$

keine Änderung der Umfangsgeschwindigkeit $d\frac{\bar{u}^2}{2} = 0$

Geschwindigkeit $c_1 = 0$

Zu a) Berechnung des Druckes p_2:

Vom Standpunkt eines zur Systemgrenze bewegten BZS gilt

Gl. (4.63) $\qquad \delta W_t + \delta W_R + \delta Q = dH_g = dH + dE_{pot} + dE_{kin}$
$\qquad\qquad \delta w_t + \delta w_R + \delta q = dh_g = dh + de_{pot} + de_{kin}$

Vom Standpunkt eines im System Punktmasse postierten Beobachters (ruhendes BZS) gilt

Gl. (4.37) $\qquad -\int_1^2 p \cdot dV + W_{R,12} + Q_{12} = U_2 - U_1$

$\qquad\qquad -p \cdot dv + \delta w_R + \delta q = du$

Gl. (4.37) für den reibungsfreie Prozess in der Form

$$\delta q = du + p \cdot dv$$

in die differentielle Form der Gl. (4.63) für den reibungsfreien Prozess eingesetzt, ergibt

$$\delta w_t = dh + de_{pot} + de_{kin} - \delta q$$

10 Repetitorium

$$\delta w_t = dh + de_{pot} + de_{kin} - (du + p \cdot dv)$$
$$\delta w_t = dh - du - p \cdot dv) + de_{pot} + de_{kin}$$

Mit Gl. (4.32) gilt

$$dh = du + d(p \cdot v) = du + p \cdot dv + v \cdot dp$$

$$dh - du = d(p \cdot v) = du + p \cdot dv + v \cdot dp$$
$$\delta w_t = v \cdot dp + de_{pot} + de_{kin}$$

$$\Delta e_{pot} = \int_1^2 de_{pot}$$

$$\Delta e_{kin} = \int_1^2 de_{kin}$$

Bei dem reinen Strömungsprozess ist die am oder vom System verrichtete technische Arbeit definitionsgemäß gleich Null

$$\delta w_t = 0$$
$$0 = v \cdot (p_2 - p_1) + \Delta e_{pot} + \Delta e_{kin}$$
$$0 = v \cdot (p_2 - p_1) + g \cdot (z_2 - z_1) + \Delta e_{kin}$$
$$v \cdot (p_2 - p_1) = -g \cdot (z_2 - z_1) - \Delta e_{kin}$$

Berechnung der Änderung der kinetischen Energie über die am System wirkenden Kräfte

$$\vec{F}_i = \sum_i m \frac{d\vec{c}_i}{d\tau}$$

oder als resultierende eindimensionale Kraft

$$F = m\frac{dc}{d\tau} = m\frac{dc}{dx\frac{d\tau}{dx}} = m\frac{dc}{dx\frac{1}{c}}$$

$$F = m\frac{c \cdot dc}{dx} = m\frac{d\left(\frac{c^2}{2}\right)}{dx}$$

$$dE_{kin} = F \cdot dx = m \cdot d\left(\frac{c^2}{2}\right)$$

$$\int_1^2 dE_{kin} = \int_1^2 m \cdot d\left(\frac{c^2}{2}\right)$$

$$\Delta E_{kin} = \frac{m}{2}(c_2^2 - c_1^2)$$

$$\Delta e_{kin} = \frac{1}{2}(c_2^2 - c_1^2)$$

$$\Delta e_{pot} = g \cdot (z_2 - z_1)$$

$$v \cdot (p_2 - p_1) = -\Delta e_{pot} - \Delta e_{kin}$$

$$v \cdot (p_1 - p_2) = g \cdot (z_2 - z_1) + \frac{1}{2}(c_2^2 - c_1^2)$$

$$c_1 = 0 \frac{m}{s}$$

$$c_2 = 3 \frac{m}{s}$$

$$z_1 = 0 \, m$$

$$z_2 = -5 \, m$$

$$p_2 = -\varrho \cdot \left[g \cdot (-z_2) - \frac{1}{2} c_2^2 \right] + p_1$$

$$p_2 = \varrho \cdot g \cdot z_2 - \frac{\varrho}{2} c_2^2 + p_1$$

$$p_2 = 10^3 \frac{kg}{m^3} \cdot 9{,}81 \frac{m}{s^2} \cdot 5 \, m - \frac{10^3}{2} \frac{kg}{m^3} \cdot 9 \frac{m^2}{s^2} + 1 \, bar$$

$$p_2 = 49050 \frac{kg}{ms^2} - 4500 \frac{kg}{ms^2} + 1 \, bar$$

$$p_2 = 1{,}45 \, bar$$

Zu b) Berechnung der Druckveränderung bei geschlossenem und weiter geöffnetem Boden:

1. Boden geschlossen bedeutet: $c_2 = 0 \, m/s$, d.h. die Druckdifferenz wird allein durch die Höhe der Wassersäule bewirkt.

$$v \cdot (p_1 - p_2) = g \cdot (z_2 - z_1) + \frac{1}{2}(c_2^2 - c_1^2)$$

$$c_1 = c_2 = 0$$

$$v \cdot (p_1 - p_2) = g \cdot (z_2 - z_1)$$

$$p_2 = -\varrho \cdot g \cdot z_1 + p_1$$

$$p_2 = -10^3 \frac{kg}{m^3} \cdot 9{,}81 \frac{m}{s^2} \cdot (-5 \, m) + 1 \, bar$$

$$p_2 = 49050 \frac{kg}{ms^2} + 1 \, bar$$

$$p_2 = 1{,}49 \, bar$$

2. Boden weiter geöffnet bedeutet: $c_2 > 3 \, m/s$. Je größer die Öffnung, umso mehr sinkt der Druck p_2 ab. Für den Behälter ohne Boden ist $p_2 = p_1$.

Lösung 4.49

1. System: geschlossenes System (Punktmasse)

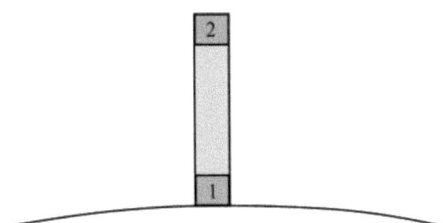

Abb. Repetitorium 4.49: System zur Aufgabe 4.49

2. Bezugssystem BZS ruht in Bezug zur Systemgrenze

3. Modellbildung
   eindimensionale, stationäre Strömung
   reibungsfreier Vorgang
   Geschwindigkeitsänderung dc durch die Pumpe ist vernachlässigbar
   Vom Standpunkt eines zur Systemgrenze bewegten BZS gilt

   Gl. (4.63) $\qquad \delta W_t + \delta W_R + \delta Q = dH_g = dH + dE_{pot} + dE_{kin}$

   $\qquad\qquad\qquad \delta w_t + \delta w_R + \delta q = dh_g = dh + de_{pot} + de_{kin}$

   Vom Standpunkt eines im System Punktmasse postierten Beobachters (ruhendes BZS) gilt

   Gl. (4.37) $\qquad -\int_1^2 p \cdot dV + W_{R,12} + Q_{12} = U_2 - U_1$

   $\qquad\qquad\qquad -p \cdot dv + \delta w_R + \delta q = du$

   Gl. (4.37) für den reibungsfreie Prozess in der Form

   $\qquad\qquad\qquad \delta q = du + p \cdot dv$

   in die differentielle Form der Gl. (4.63) für den reibungsfreien Prozess eingesetzt, ergibt

   $\qquad\qquad\qquad \delta w_t = dh + de_{pot} + de_{kin} - \delta q$
   $\qquad\qquad\qquad \delta w_t = dh + de_{pot} + de_{kin} - (du + p \cdot dv)$
   $\qquad\qquad\qquad \delta w_t = dh - du - p \cdot dv) + de_{pot} + de_{kin}$

   Mit
   Gl. (4.32) $\qquad dh = du + d(p \cdot v) = du + p \cdot dv + v \cdot dp$
   gilt

   $\qquad\qquad\qquad dh - du = d(p \cdot v) = du + p \cdot dv + v \cdot dp$
   $\qquad\qquad\qquad \delta w_t = v \cdot dp + de_{pot} + de_{kin}$
   $\qquad\qquad\qquad \int_1^2 v \cdot dp - v \cdot (p_2 - p_1)$

$$\Delta e_{pot} = \int_1^2 de_{pot}$$

$$\Delta e_{kin} = \int_1^2 de_{kin}$$

$$w_{t,12} = v \cdot (p_2 - p_1) + \Delta e_{pot} + \Delta e_{kin}$$

Einfluss der Luftdruckdifferenz

$$p_2 - p_1 = \varrho \cdot g \cdot (r_2 - r_1)$$

$$p_2 - p_1 = 1{,}29 \, \frac{kg}{m^3} \cdot 9{,}81 \, \frac{m}{s^2} \cdot 300 \, m$$

$$p_2 - p_1 = 3796{,}5 \, \frac{kg}{ms^2}$$

$$v \cdot (p_2 - p_1) = \frac{p_2 - p_1}{\varrho} = \frac{3796{,}5 \, \frac{kg}{ms^2}}{10^3 \, \frac{kg}{m^3}} = 3{,}8 \, \frac{m^2}{s^2}$$

$$1 J = 1 \frac{m^2 kg}{s^2} \qquad T\ 2.4$$

$$v \cdot (p_2 - p_1) = 3{,}8 \, \frac{J}{kg}$$

Berechnung der Änderung der potentiellen Energie Δe_{pot} ohne Erdrotationseinfluss und ohne Beachtung der Luftdruckdifferenz:

$$\Delta e_{pot} = g \cdot (r_2 - r_1)$$

$$\Delta e_{pot} = 9{,}81 \, \frac{m}{s^2} \cdot 300 \, m$$

$$\Delta e_{pot} = 2943 \, \frac{m^2}{s^2}$$

$$\Delta e_{pot} = 2943 \, J$$

Berechnung von $\Delta e_{kin,Rot}$ (Erdrotationseinfluss):

Berechnung der Änderung der kinetischen Energie $\Delta E_{kin,Rot}$ über die am System wirkenden Drehmomente

$$\vec{M}_i = \sum_i m \frac{d\vec{u}_i}{d\tau}$$

mit den differentiellen Drehgeschwindigkeiten $d\vec{u}_i = \omega \cdot d\vec{r}_i$ oder als resultierendes eindimensionales Drehmoment

$$M = m \frac{du}{d\tau} = m \frac{du}{d\alpha \frac{d\tau}{d\alpha}} = m \frac{du}{d\alpha \frac{1}{u}}$$

$$M = m \frac{u \cdot du}{d\alpha} = m \frac{d\left(\frac{u^2}{2}\right)}{d\alpha}$$

10 Repetitorium

$$dE_{kin,Rot} = M \cdot d\alpha = m \cdot d\left(\frac{u^2}{2}\right)$$

$$\int_1^2 dE_{kin,Rot} = \int_1^2 m \cdot d\left(\frac{u^2}{2}\right)$$

$$\Delta E_{kin,Rot} = \frac{m}{2}(u_2^2 - u_1^2)$$

Die Drehgeschwindigkeiten des Rotationsanteils der kinetischen Energie betragen

$$u_1 = \omega \cdot r_1$$
$$u_2 = \omega \cdot r_1$$

Dabei ist ω die Winkelgeschwindigkeit

$$\omega = 2 \cdot \pi \cdot f$$

Mit der Anzahl der Umläufe pro Sekunde (Frequenz f)

$$f = \frac{1}{24 \cdot 3600} s^{-1}$$

folgt

$$\Delta E_{kin,Rot} = \frac{m}{2}\omega^2(r_2^2 - r_1^2)$$

$$\Delta E_{kin,Rot} = \frac{m}{2}\omega^2(r_2 - r_1) \cdot (r_2 + r_1)$$

$$\Delta e_{kin,Rot} = \frac{1}{2}\omega^2(r_2 - r_1) \cdot (r_2 + r_1)$$

$$r_2 - r_1 = 300 \, m$$

$$r_2 + r_1 = 12756800 \, m$$

$$\Delta e_{kin,Rot} = 2 \cdot \pi^2 \cdot \frac{1}{24 \cdot 3600} s^{-2} \cdot (300 \, m \cdot 12756{,}8 \, km)$$

$$\Delta e_{kin,Rot} = 10{,}12 \, J/kg$$

Berechnung der technischen Arbeit $w_{t,12}$ mit Erdrotationseinfluss und mit Beachtung der Luftdruckdifferenz:

$$w_{t,12} = v \cdot (p_2 - p_1) + \Delta e_{pot} + \Delta e_{kin,Rot}$$

$$w_{t,12} = 3{,}8\frac{J}{kg} + 2943\frac{J}{kg} + 10{,}12\frac{J}{kg}$$

$$w_{t,12} = 2960\frac{J}{kg}$$

Das Verhältnis der spezifischen kinetischen Energie durch Erdrotation zur spezifischen technischen Arbeit beträgt damit

$$\frac{\Delta e_{kin,Rot}}{w_{t,12}} = \frac{10{,}12\frac{J}{kg}}{2960\frac{J}{kg}} = 0{,}003$$

Der Einfluss der Erdrotation auf die technische Arbeit beträgt damit lediglich 0,3 %.

Lösung 4.50

System: offen zwischen den Querschnitten 1 und 2

Abb. Repetitorium 4.50B: System zur Aufgabe 4.50

1. Bezugssystem BZS ruht in Rohrwandung

2. Modellbildung
   Flüssigkeit ist inkompressibel $\varrho = konst$

   Stationäre Strömung, d. h. keine Massenänderung im System, rausströmende Masse gleich reinströmende Masse

   Berechnung der Geschwindigkeit im Querschnitt 2, c_2:
   Massenerhaltungssatz für die eindimensionale stationäre Strömung
   Gl. (4.68)
   $$\varrho_1 \cdot A_1 \cdot c_1 = \varrho_2 \cdot A_2 \cdot c_2 = konst$$
   $$\dot{m}_1 = \dot{m}_2 = \dot{m} = konst$$
   $$\varrho_1 = \varrho_2 = \varrho = konst$$
   $$A_1 \cdot c_1 = A_2 \cdot c_2$$
   $$c_2 = c_1 \cdot \frac{A_1}{A_2}$$
   $$A_1 = \frac{d_1^2 \pi}{4}$$
   $$A_2 = \frac{d_2^2 \pi}{4}$$
   $$c_2 = c_1 \cdot \frac{d_1^2}{d_2^2}$$
   $$c_2 = 0{,}2 \frac{m}{s} \cdot \frac{0{,}10\ m}{0{,}25\ m}$$
   $$c_2 = 0{,}8 \frac{m}{s}$$

Berechnung des Druckes im Querschnitt 2, p_2:
1. System: Systemwechsel! geschlossenes System (Punktmasse)

2. Bezugssystem BZS ruht in Rohrwandung

3. Modellbildung

Flüssigkeit ist inkompressibel $\varrho = konst$

$\delta w_R = 0$

keine Feldkräfte und keine Höhendifferenz ($g \cdot dz = 0$)

$\delta w_t = 0$ (keine technische Einrichtung)

Druck im Querschnitt 2, p_2

Vom Standpunkt eines zur Systemgrenze bewegten BZS gilt

Gl. (4.63) $\quad \delta W_t + \delta W_R + \delta Q = dH_g = dH + dE_{pot} + dE_{kin}$

$\quad\quad\quad\quad\quad \delta w_t + \delta w_R + \delta q = dh_g = dh + de_{pot} + de_{kin}$

Vom Standpunkt eines im System Punktmasse postierten Beobachters (ruhendes BZS) gilt

Gl. (4.37) $\quad -\int_1^2 p \cdot dV + W_{R,12} + Q_{12} = U_2 - U_1$

$\quad\quad\quad\quad\quad -p \cdot dv + \delta w_R + \delta q = du$

Gl. (4.37) für den reibungsfreie Prozess in der Form

$$\delta q = du + p \cdot dv$$

in die differentielle Form der Gl. (4.63) für den reibungsfreien Prozess eingesetzt, ergibt

$$\delta w_t = dh + de_{pot} + de_{kin} - \delta q$$
$$\delta w_t = dh + de_{pot} + de_{kin} - (du + p \cdot dv)$$
$$\delta w_t = dh - du - p \cdot dv) + de_{pot} + de_{kin}$$

Mit

Gl. (4.32) $\quad\quad\quad\quad dh = du + d(p \cdot v) = du + p \cdot dv + v \cdot dp$

gilt

$$dh - du = d(p \cdot v) = du + p \cdot dv + v \cdot dp$$
$$\delta w_t = v \cdot dp + de_{pot} + de_{kin}$$
$$de_{pot} = 0$$

Bei dem reinen Strömungsprozess ist die am oder vom System verrichtete technische Arbeit definitionsgemäß gleich Null

$$\delta w_t = 0$$
$$\int_1^2 v \cdot dp = v \cdot (p_2 - p_1)$$
$$\Delta e_{kin} = \int_1^2 de_{kin}$$
$$0 = v \cdot (p_2 - p_1) + \Delta e_{kin}$$

Berechnung der Änderung der kinetischen Energie über die am System wirkenden Kräfte

$$\vec{F}_i = \sum_i m \frac{d\vec{c}_i}{d\tau}$$

oder als resultierende eindimensionale Kraft

$$F = m\frac{dc}{d\tau} = m\frac{dc}{dx\frac{d\tau}{dx}} = m\frac{dc}{dx\frac{1}{c}}$$

$$F = m\frac{c \cdot dc}{dx} = m\frac{d\left(\frac{c^2}{2}\right)}{dx}$$

$$dE_{kin} = F \cdot dx = m \cdot d\left(\frac{c^2}{2}\right)$$

$$\int_1^2 dE_{kin} = \int_1^2 m \cdot d\left(\frac{c^2}{2}\right)$$

$$\Delta E_{kin} = \frac{m}{2}(c_2^2 - c_1^2)$$

$$\Delta e_{kin} = \frac{1}{2}(c_2^2 - c_1^2)$$

$$-v \cdot (p_2 - p_1) = \Delta e_{kin}$$

$$-v \cdot (p_2 - p_1) = \frac{1}{2}(c_2^2 - c_1^2)$$

$$c_1 = 0{,}2\frac{m}{s}$$

$$c_2 = 0{,}8\frac{m}{s}$$

$$v = \frac{1}{\varrho}$$

$$p_2 = -\frac{\varrho}{2}(c_2^2 - c_1^2) + p_1$$

$$p_2 = -10^3\frac{kg}{m^3} \cdot \left(0{,}64\frac{m^2}{s^2} - 0{,}04\frac{m^2}{s^2}\right) + 0{,}95\ bar$$

$$p_2 = -600\frac{kg}{ms^2} + 0{,}95\ bar$$

$$1\frac{kg}{ms^2} = 1\frac{N}{m^2} = 10^{-5} bar \qquad T\ 2.4$$

$$p_2 = -0{,}006\ bar + 0{,}95\ bar$$

$$p_2 = 0{,}94\ bar$$

Lösung 4.51

1. System: geschlossenes System (Punktmasse)

10 Repetitorium

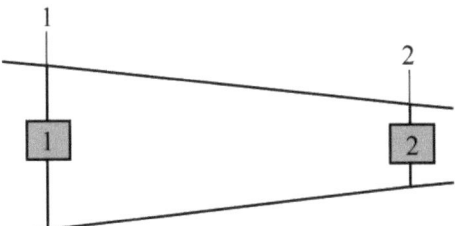

Abb. Repetitorium 4.51: System zur Aufgabe 4.51

2. Bezugssystem BZS ruht in Bezug zur Rohrwandung

3. Modellbildung
   Flüssigkeit ist inkompressibel $\varrho = konst$
   Stationäre Strömung
   $\delta w_R = 0$
   Keine Feldkräfte und keine Höhendifferenz ($g \cdot dz = 0$)
   $\delta w_t = 0$ (keine technische Einrichtung)
   Massenerhaltungssatz für die eindimensionale stationäre Strömung

   Zu a) Berechnung der Geschwindigkeit in beiden Querschnitten
   Gl. (4.68)
   $$\varrho_1 \cdot A_1 \cdot c_1 = \varrho_2 \cdot A_2 \cdot c_2 = konst$$
   $$\dot{m}_1 = \dot{m}_2 = \dot{m} = konst$$
   $$\varrho_1 = \varrho_2 = \varrho = konst$$
   $$c_1 = \frac{\dot{m}}{\varrho \cdot A_1}$$
   $$A_1 = \frac{d_1^2 \cdot \pi}{4}$$
   $$c_1 = \frac{4 \cdot \dot{m}}{\varrho \cdot d_1^2 \cdot \pi}$$
   $$c_1 = \frac{4 \cdot 36 \cdot 10^3 kg/h}{0{,}9 \cdot 10^3 \frac{kg}{m^3} \cdot 0{,}64 m^2 \cdot \pi}$$
   $$c_1 = 2{,}21 \frac{m}{s}$$
   $$c_2 = \frac{\dot{m}}{\varrho \cdot A_2}$$
   $$A_2 = \frac{d_2^2 \cdot \pi}{4}$$
   $$c_2 = \frac{4 \cdot \dot{m}}{\varrho \cdot d_2^2 \cdot \pi}$$

$$c_1 = \frac{4 \cdot 36 \cdot 10^3 kg/h}{\frac{0{,}9 \cdot 10^3 kg}{m^3} \cdot 0{,}36 m^2 \cdot \pi}$$

$$c_2 = 3{,}93 \frac{m}{s}$$

Zu b) Berechnung der Druckänderung in der Strömung Δp:

Vom Standpunkt eines zur Systemgrenze bewegten BZS gilt

Gl. (4.63) $\quad\quad \delta W_t + \delta W_R + \delta Q = dH_g = dH + dE_{pot} + dE_{kin}$

$$\delta w_t + \delta w_R + \delta q = dh_g = dh + de_{pot} + de_{kin}$$

Vom Standpunkt eines im System Punktmasse postierten Beobachters (ruhendes BZS) gilt

Gl. (4.37) $\quad\quad -\int_1^2 p \cdot dV + W_{R,12} + Q_{12} = U_2 - U_1$

$$-p \cdot dv + \delta w_R + \delta q = du$$

Gl. (4.37) für den reibungsfreie Prozess in der Form

$$\delta q = du + p \cdot dv$$

in die differentielle Form der Gl. (4.63) für den reibungsfreien Prozess eingesetzt, ergibt

$$\delta w_t = dh + de_{pot} + de_{kin} - \delta q$$
$$\delta w_t = dh + de_{pot} + de_{kin} - (du + p \cdot dv)$$
$$\delta w_t = dh - du - p \cdot dv) + de_{pot} + de_{kin}$$

Mit

Gl. (4.32) $\quad\quad dh = du + d(p \cdot v) = du + p \cdot dv + v \cdot dp$

gilt

$$dh - du = d(p \cdot v) = du + p \cdot dv + v \cdot dp$$
$$\delta w_t = v \cdot dp + de_{pot} + de_{kin}$$
$$de_{pot} = 0$$

Bei dem reinen Strömungsprozess ist die am oder vom System verrichtete technische Arbeit definitionsgemäß gleich Null

$$\delta w_t = 0$$

$$\int_1^2 v \cdot dp = v \cdot \Delta p$$

$$\Delta e_{kin} = \int_1^2 de_{kin}$$

$$0 = v \cdot \Delta p + \Delta e_{kin}$$

Berechnung der Änderung der kinetischen Energie über die am System wirkenden Kräfte

$$\vec{F}_i = \sum_i m \frac{d\vec{c}_i}{d\tau}$$

oder als resultierende eindimensionale Kraft

$$F = m\frac{dc}{d\tau} = m\frac{dc}{dx\frac{d\tau}{dx}} = m\frac{dc}{dx\frac{1}{c}}$$

$$F = m\frac{c \cdot dc}{dx} = m\frac{d\left(\frac{c^2}{2}\right)}{dx}$$

$$dE_{kin} = F \cdot dx = m \cdot d\left(\frac{c^2}{2}\right)$$

$$\int_1^2 dE_{kin} = \int_1^2 m \cdot d\left(\frac{c^2}{2}\right)$$

$$\Delta E_{kin} = \frac{m}{2}(c_2^2 - c_1^2)$$

$$\Delta e_{kin} = \frac{1}{2}(c_2^2 - c_1^2)$$

$$-v \cdot \Delta p = \Delta e_{kin}$$

$$-v \cdot \Delta p = \frac{1}{2}(c_2^2 - c_1^2)$$

$$c_1 = 2{,}21\,\frac{m}{s}$$

$$c_2 = 3{,}93\,\frac{m}{s}$$

$$v = \frac{1}{\varrho}$$

$$\Delta p = \frac{\varrho}{2}(c_1^2 - c_2^2)$$

$$\Delta p = \frac{0{,}9 \cdot 10^3}{2}\frac{kg}{m^3} \cdot \left(4{,}88\,\frac{m^2}{s^2} - 15{,}44\,\frac{m^2}{s^2}\right)$$

$$\Delta p = -4752\,\frac{kg}{ms^2}$$

$$1\,\frac{kg}{ms^2} = 1\,\frac{N}{m^2} = 10^{-5}\,bar \qquad T\ 2.4$$

$$\Delta p = -0{,}048\,bar$$

Lösung 4.52
1. System: geschlossenes System (Punktmasse)

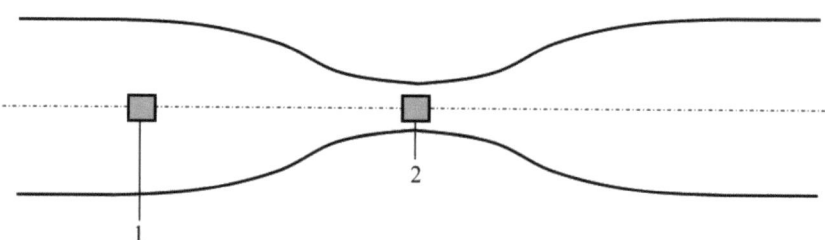

Abb. Repetitorium 4.52C: System zur Aufgabe 4.52

2. Bezugssystem BZS ruht in Bezug zur Rohrwandung

3. Modellbildung
stationäre, eindimensionale Strömung
Wasser ist inkompressibel $\varrho = konst$
reibungsfreier Vorgang $\delta w_R = 0$
trotz Verengung keine Höhendifferenz annehmbar ($dz = 0$)
$\delta w_t = 0$ (keine technische Einrichtung)
keine Änderung der Umfangsgeschwindigkeit $d\frac{\bar{u}^2}{2} = 0$

Zu a) Funktioneller Zusammenhang $F = f(p_i)$ und $p_i = f(\Delta z_i)$:
Gl. (4.63) $\qquad \delta W_t + \delta W_R + \delta Q = dH_g = dH + dE_{pot} + dE_{kin}$
$$\delta w_t + \delta w_R + \delta q = dh_g = dh + de_{pot} + de_{kin}$$
$$\delta w_R = 0$$
$$\delta q = 0$$
$$dh = 0$$
$$\delta w_t = de_{pot}$$
$$\int_1^2 \delta w_t = \int_1^2 de_{pot}$$
$$w_{t,12} = \Delta e_{pot}$$

Berechnung der Änderung der potentiellen Energie Δe_{pot}
$$\Delta e_{pot} = g \cdot (z_2 - z_1)$$

Technische Arbeit zur Berechnung der wirkenden Kräfte
Gl. (4.9) $\qquad \delta w_t = \sum_i \vec{F}_i \cdot d\vec{r}_i$

oder als resultierende Arbeit
$$\delta w_t = F \cdot dr$$
mit den in Gleichgewicht stehenden Kräften

10 Repetitorium

$$F = p \cdot A = \varrho \cdot g \cdot (z_2 - z_1) \cdot A$$
$$F = f(p_i) = p_i \cdot A = \varrho_{H_2O} \cdot g \cdot \Delta z_i \cdot A$$
$$p_i = f(\Delta z_i) = \varrho_{H_2O} \cdot g \cdot \Delta z_i$$

Zu b) Erklärung für das Absinken der Wassersäule über dem verengten Querschnitt:

Vom Standpunkt eines zur Systemgrenze bewegten BZS gilt

Gl. (4.63)
$$\delta W_t + \delta W_R + \delta Q = dH_g = dH + dE_{pot} + dE_{kin}$$
$$\delta w_t + \delta w_R + \delta q = dh_g = dh + de_{pot} + de_{kin}$$

Vom Standpunkt eines im System Punktmasse postierten Beobachters (ruhendes BZS) gilt mit Gl. (4.37)

$$-\int_1^2 p \cdot dV + W_{R,12} + Q_{12} = U_2 - U_1$$

Gl. (4.37) $\quad -p \cdot dv + \delta w_R + \delta q = du$

für den reibungsfreien Prozess in der Form

$$\delta q = du + p \cdot dv$$

in die differentielle Form der Gl. (4.63) für den reibungsfreien Prozess eingesetzt, ergibt

$$\delta w_t = dh + de_{pot} + de_{kin} - \delta q$$
$$\delta w_t = dh + de_{pot} + de_{kin} - (du + p \cdot dv)$$
$$\delta w_t = dh - du - p \cdot dv + de_{pot} + de_{kin}$$

Mit

Gl. (4.32) $\quad dh = du + d(p \cdot v) = du + p \cdot dv + v \cdot dp$

gilt

$$dh - du = d(p \cdot v) = du + p \cdot dv + v \cdot dp$$
$$\delta w_t = v \cdot dp + de_{pot} + de_{kin}$$
$$de_{pot} = 0$$

Bei dem reinen Strömungsprozess ist die am oder vom System verrichtete technische Arbeit definitionsgemäß gleich Null

$$\delta w_t = 0$$
$$\int_1^2 v \cdot dp = v \cdot (p_2 - p_1)$$
$$\Delta e_{kin} = \int_1^2 de_{kin}$$
$$0 = v \cdot (p_2 - p_1) + \Delta e_{kin}$$

Berechnung der Änderung der kinetischen Energie über die am System wirkenden Kräfte

$$\vec{F}_i = \sum_i m \frac{d\vec{c}_i}{d\tau}$$

oder als resultierende eindimensionale Kraft

$$F = m\frac{dc}{d\tau} = m\frac{dc}{dx\frac{d\tau}{dx}} = m\frac{dc}{dx\frac{1}{c}}$$

$$F = m\frac{c \cdot dc}{dx} = m\frac{d\left(\frac{c^2}{2}\right)}{dx}$$

$$dE_{kin} = F \cdot dx = m \cdot d\left(\frac{c^2}{2}\right)$$

$$\int_1^2 dE_{kin} = \int_1^2 m \cdot d\left(\frac{c^2}{2}\right)$$

$$\Delta E_{kin} = \frac{m}{2}(c_2^2 - c_1^2)$$

$$\Delta e_{kin} = \frac{1}{2}(c_2^2 - c_1^2)$$

$$-v \cdot (p_2 - p_1) = \Delta e_{kin}$$

$$-v \cdot (p_2 - p_1) = \frac{1}{2}(c_2^2 - c_1^2)$$

$$v \cdot (p_1 - p_2) = \frac{1}{2}(c_2^2 - c_1^2)$$

Das Absinken der Wassersäule ist durch den Druckabfall $p_2 < p_1$ erklärbar:
Mit $(c_2^2 - c_1^2) > 0$, d. h. $c_2 > c_1$ folgt $(p_1 - p_2) < 0$, d. h. $p_2 < p_1$.
Die Druckabsenkung kann so groß werden, dass ein Verdampfen des Wassers auftritt.

Das Absinken der Wassersäule ist auch durch die Querschnittsverengung $d_2 < d_1$ erklärbar:

Gl. (4.68)
$$\varrho_1 \cdot A_1 \cdot c_1 = \varrho_2 \cdot A_2 \cdot c_2 = konst$$

$$\dot{m}_1 = \dot{m}_2 = \dot{m} = konst$$

$$\varrho_1 = \varrho_2 = \varrho = konst$$

$$c_1 = \frac{\dot{m}}{\varrho \cdot A_1}$$

$$A_1 = \frac{d_1^2 \cdot \pi}{4}$$

$$c_2 = \frac{\dot{m}}{\varrho \cdot A_2}$$

$$A_2 = \frac{d_2^2 \cdot \pi}{4}$$

$$c_2 = \frac{4 \cdot \dot{m}}{\varrho \cdot d_2^2 \cdot \pi}$$

$$c_2 = c_1 \frac{d_1^2}{d_2^2}$$

Da $d_1 > d_2$ folgt $c_1 < c_2$.

Zu c) Berechnung der Entfernung Δz_3 zur möglichen Absaugung von Quecksilber aus dem unteren Behälter:

$$c_2 = c_1 \frac{d_1^2}{d_2^2}$$

$$c_2 = 0{,}1 \frac{m}{s} \cdot \frac{10 \cdot d_2^2}{d_2^2} = 10 \frac{m}{s}$$

$$v \cdot (p_1 - p_2) = \frac{1}{2}(c_2^2 - c_1^2)$$

$$p_2 - p_1 = -\frac{\varrho}{2}(c_2^2 - c_1^2)$$

$$p_2 - p_1 = -\frac{10^3 kg/m^3}{2}(100 - 0{,}01)\frac{m^2}{s^2}$$

$$1 \frac{kg}{ms^2} = 1 \frac{N}{m^2} = 10^{-5} bar \qquad T\ 2.4$$

$$p_2 - p_1 = -0{,}5\ bar$$

$$p_2 = 0{,}5\ bar$$

Kräftegleichgewicht zur Berechnung von Δz_3

$$p_U - p_2 = \varrho \cdot g \cdot \Delta z_3$$

$$\Delta z_3 = \frac{p_U - p_2}{\varrho \cdot g}$$

$$\Delta z_3 = \frac{0{,}5 \cdot 10^5 \frac{kg}{ms^2}}{13{,}5 \cdot 10^3 \frac{kg}{m^3} \cdot 9{,}81 \frac{m}{s^2}}$$

$$\Delta z_3 = 0{,}378\ m$$

Lösung 4.53

1. System: geschlossenes System (Punktmasse)

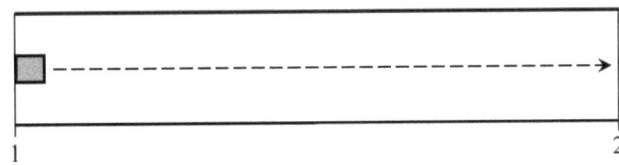

Abb. Repetitorium 4.53: System zur Aufgabe 4.53

2. Bezugssystem BZS ruht in der Rohrwand

3. Modellbildung
   Eindimensionale, stationäre Strömung
   $\delta w_R = 0$
   Keine Feldkräfte und keine Höhendifferenz ($g \cdot dz = 0$)
   $\delta w_t = 0$ (keine technische Einrichtung)

   Berechnung des Austrittsdrucks p_2:
   Vom Standpunkt eines zur Systemgrenze bewegten BZS gilt
   Gl. (4.63)
   $$\delta W_t + \delta W_R + \delta Q = dH_g = dH + dE_{pot} + dE_{kin}$$
   $$\delta w_t + \delta w_R + \delta q = dh_g = dh + de_{pot} + de_{kin}$$
   Vom Standpunkt eines im System Punktmasse postierten Beobachters (ruhendes BZS) gilt mit Gl. (4.37)
   $$-\int_1^2 p \cdot dV + W_{R,12} + Q_{12} = U_2 - U_1$$
   Gl. (4.37) $-p \cdot dv + \delta w_R + \delta q = du$
   für den reibungsfreien Prozess in der Form
   $$\delta q = du + p \cdot dv$$
   in die differentielle Form der Gl. (4.63) für den reibungsfreien Prozess eingesetzt, ergibt
   $$\delta w_t = dh + de_{pot} + de_{kin} - \delta q$$
   $$\delta w_t = dh + de_{pot} + de_{kin} - (du + p \cdot dv)$$
   $$\delta w_t = dh - du - p \cdot dv) + de_{pot} + de_{kin}$$
   Mit
   Gl. (4.32) $dh = du + d(p \cdot v) = du + p \cdot dv + v \cdot dp$
   gilt
   $$dh - du = d(p \cdot v) = du + p \cdot dv + v \cdot dp$$
   $$\delta w_t = v \cdot dp + de_{pot} + de_{kin}$$
   $$de_{pot} = 0$$
   Bei dem reinen Strömungsprozess ist die am oder vom System verrichtete technische Arbeit definitionsgemäß gleich Null
   $$\delta w_t = 0$$
   $$0 = v \cdot dp + de_{kin}$$
   $$-\int_1^2 v \cdot dp = \Delta e_{kin}$$
   Berechnung der Änderung der kinetischen Energie über die am System wirkenden Kräfte
   $$\vec{F}_i = \sum_i m \frac{d\vec{c}_i}{d\tau}$$

oder als resultierende eindimensionale Kraft

$$F = m\frac{dc}{d\tau} = m\frac{dc}{dx\frac{d\tau}{dx}} = m\frac{dc}{dx\frac{1}{c}}$$

$$F = m\frac{c \cdot dc}{dx} = m\frac{d\left(\frac{c^2}{2}\right)}{dx}$$

$$dE_{kin} = F \cdot dx = m \cdot d\left(\frac{c^2}{2}\right)$$

$$\int_1^2 dE_{kin} = \int_1^2 m \cdot d\left(\frac{c^2}{2}\right)$$

$$\Delta E_{kin} = \frac{m}{2}(c_2^2 - c_1^2)$$

$$\Delta e_{kin} = \frac{1}{2}(c_2^2 - c_1^2)$$

$$-\int_1^2 v \cdot dp = \Delta e_{kin}$$

$$-\int_1^2 v \cdot dp = \frac{1}{2}(c_2^2 - c_1^2)$$

Die Integration der linken Seite ist nicht ohne weiteres durchführbar, da das spezifische Volumen innerhalb des Integrationsbereiches veränderlich ist ($v_1 \neq v_2 \neq v \neq konst$).

Es gilt jedoch mit

Gl. (4.68)
$$\varrho_1 \cdot A_1 \cdot c_1 = \varrho_2 \cdot A_2 \cdot c_2 = konst$$
$$A_1 = A_2$$

$$\varrho_1 \cdot c_1 = \varrho_2 \cdot c_2 = \varrho \cdot c = 150\frac{kg}{sm^2} = konst$$

$$-v \cdot dp = \frac{d\left(\frac{c^2}{2}\right)}{dc}dc = c \cdot dc$$

$$dp = -\varrho \cdot c \cdot dc$$

$$\varrho \cdot c = konst$$

$$\int_1^2 dp = -\varrho \cdot c \int_1^2 dc$$

$$p_2 - p_1 = -\varrho \cdot c \cdot (c_2 - c_1)$$

$$p_2 = \varrho \cdot c \cdot (c_1 - c_2) + p_1$$

$$p_2 = 150\frac{kg}{sm^2} \cdot \left(60\frac{m}{s} - 50\frac{m}{s}\right) + 3\,bar$$

$$p_2 = 1500\frac{kg}{ms} + 3\,bar$$

$$1\frac{kg}{ms^2} = 1\frac{N}{m^2} = 10^{-5} bar \qquad T\,2.4$$

$$p_2 = 3{,}015\ bar$$

Lösung 4.54

1. System: Der Verdichtungsvorgang kann als Strömungsvorgang betrachtet werden, indem sich ein differentielles System (Punktmasse) von 1 nach 2 verschiebt. Der Strömungsvorgang muss insgesamt stationär sein.

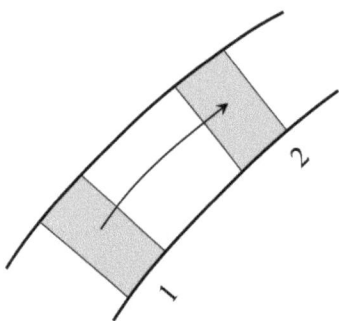

Abb. Repetitorium 4.54A: System zur Aufgabe 4.54

2. Bezugssystem BZS ruht in Kanalwandung

3. Modellbildung
   Luft: ideales Gas

   $dc = 0$

   Reibungsfreier Vorgang $\delta w_R = 0$

   Keine Feldkräfte und keine Höhendifferenz ($g \cdot dz = 0$)

   Berechnung des Wasservolumenstroms $\dot{V}_{H_2O}$:

   Gl. (4.63) $\qquad \delta W_t + \delta W_R + \delta Q = dH_g = dH + dE_{pot} + dE_{kin}$

   $\qquad\qquad\qquad \delta w_t + \delta w_R + \delta q = dh_g = dh + de_{pot} + de_{kin}$

   $\qquad\qquad\qquad dh_g = 0$

   $\qquad\qquad\qquad \delta w_R = 0$

   $\qquad\qquad\qquad de_{pot} = 0$

   $\qquad\qquad\qquad de_{kin} = 0$

   $\qquad\qquad\qquad \delta w_t + \delta q = 0$

   $\qquad\qquad\qquad \delta q = -\delta w_t$

   $\qquad\qquad\qquad q_{12} = -w_{t,12}$

   Gl. (5.43) $\qquad\qquad w_{t,12} = R \cdot T \cdot \ln\left(\frac{p_2}{p_1}\right)$

$$q_{12} = -R \cdot T \cdot \ln\left(\frac{p_2}{p_1}\right)$$

$$q_{12} = -0{,}287 \frac{kJ}{kg\,K} \cdot 300\,K \cdot 5{,}011$$

$$q_{12} = -433 \frac{kJ}{kg}$$

$$\dot{Q}_{12} = \dot{m}_{Luft} \cdot q_{12}$$

$$\dot{Q}_{12} = 10^3 \frac{kg}{h} \cdot \left(-433 \frac{kJ}{kg}\right)$$

$$\dot{Q}_{12} = -433 \cdot 10^3 \frac{kJ}{h}$$

Berechnung des Volumenstroms des Kühlwassers

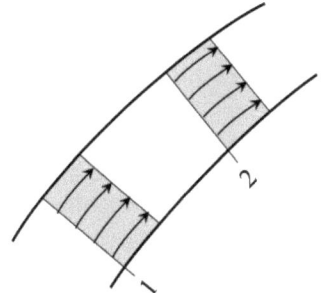

Abb. Repetitorium 4.54B: System zur Aufgabe 4.54

Gl. (4.49) $\quad \delta q + \delta w_t + \delta w_R = dh$

$$\delta w_t = 0$$
$$\delta w_R = 0$$
$$\delta q = dh$$

Bei der Annahme von annähernd konstantem Druck gilt

Gl. (4.77) $\quad c_p(T) = \left(\dfrac{\partial h}{\partial T}\right)_p = \dfrac{dh}{dT}$

$$dh = c_p \cdot dT$$

Für Flüssigkeiten gilt

Gl. (4.94) $\quad c_p(T) \approx c_v(T) = c(T)$

$$dh = c \cdot dT$$
$$\delta q = c \cdot dT$$
$$\int_1^2 \delta q = c \int_1^2 dT$$
$$q_{12} = c \cdot (T_2 - T_1)$$
$$\dot{Q}_{12} = \dot{m}_{H_2O} \cdot c \cdot (T_2 - T_1)$$

$$\dot{m}_{H_2O} = \frac{\dot{Q}_{12}}{c \cdot (T_2 - T_1)}$$

$$\dot{m}_{H_2O} = \frac{-433 \cdot 10^3 \frac{kJ}{h}}{4{,}178 \frac{kJ}{kg\,K} \cdot 0{,}3\,K}$$

$$\dot{m}_{H_2O} = 345 \cdot 10^3 \frac{kg}{h}$$

$$\dot{V}_{H_2O} = \frac{\dot{m}_{H_2O}}{\varrho}$$

$$\dot{V}_{H_2O} = \frac{345 \cdot 10^3 \frac{kg}{h}}{10^3 \frac{kg}{m^3}}$$

$$\dot{V}_{H_2O} = 345 \frac{m^3}{h}$$

Lösung 4.55

1. System: Strömungsvorgang eines geschlossenen, endlichen, inhomogenen Systems zum Zeitpunkt ① am Eintritt 1 und differential verschoben zum Zeitpunkt ② am Austritt 2. Zustand der Strömung am Ein- und Austritt jeweils stationär

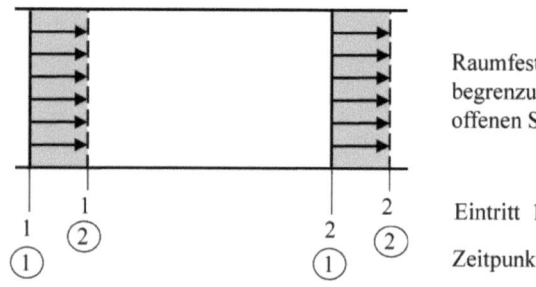

Abb. Repetitorium 4.55: System zur Aufgabe 4.55

2. Bezugssystem BZS ruht in Kanalwandung

3. Modellbildung
   Reibungsfreier Vorgang $\delta w_R = 0$
   Keine Feldkräfte und keine Höhendifferenz ($g \cdot dz = 0$)

   Berechnung der Leistung der gekühlten Turbine $\dot{W}_{t,12}$:
   Gl. (4.63) $\qquad \delta W_t + \delta W_R + \delta Q = dH_g = dH + dE_{pot} + dE_{kin}$
   $$\delta W_R = 0$$
   $$dE_{pot} = 0$$

10 Repetitorium

$$\dot{W}_{t,12} + \dot{Q}_{12} = \dot{H}_2 - \dot{H}_1 + \Delta \dot{E}_{kin}$$

$$\dot{W}_{t,12} = \dot{m} \cdot (h_2 - h_1) + \Delta \dot{E}_{kin} - \dot{Q}_{12}$$

Berechnung der Änderung des kinetischen Energiestromes $\Delta \dot{E}_{kin}$ über die am System wirkenden Kräfte

$$\vec{F}_i = \sum_i m \frac{d\vec{c}_i}{d\tau}$$

oder als resultierende eindimensionale Kraft

$$F = m\frac{dc}{d\tau} = m\frac{dc}{dx\frac{d\tau}{dx}} = m\frac{dc}{dx\frac{1}{c}}$$

$$F = m\frac{c \cdot dc}{dx} = m\frac{d\left(\frac{c^2}{2}\right)}{dx}$$

$$dE_{kin} = F \cdot dx = m \cdot d\left(\frac{c^2}{2}\right)$$

$$\int_1^2 dE_{kin} = \int_1^2 m \cdot d\left(\frac{c^2}{2}\right)$$

$$\Delta E_{kin} = \frac{m}{2}(c_2^2 - c_1^2)$$

Änderung des kinetischen Energiestroms

$$\Delta \dot{E}_{kin} = \frac{\dot{m}}{2}(c_2^2 - c_1^2)$$

$$\dot{W}_{t,12} = \dot{m} \cdot (h_2 - h_1) + \Delta \dot{E}_{kin} - \dot{Q}_{12}$$

$$\dot{W}_{t,12} = \dot{m} \cdot (h_2 - h_1) + \frac{\dot{m}}{2}(c_2^2 - c_1^2) - \dot{Q}_{12}$$

$$\dot{W}_{t,12} = \dot{m} \cdot \left[(h_2 - h_1) + \frac{1}{2}(c_2^2 - c_1^2) - q_{12}\right]$$

$$1J = 1\,\frac{kgm^2}{s^2} \qquad T\,2.4$$

$$\dot{W}_{t,12} = 80\,\frac{kg}{s} \cdot \left[-600\,\frac{kJ}{kg} + 3{,}75\,\frac{kJ}{kg} - (-50)\,\frac{kJ}{kg}\right]$$

$$\dot{W}_{t,12} = 80\,\frac{kg}{s} \cdot \left(-566{,}25\,\frac{kJ}{kg}\right)$$

$$\dot{W}_{t,12} = -43{,}7 \cdot 10^3\,kW$$

Lösung 4.56

1. System: Strömungsvorgang eines geschlossenen, endlichen, inhomogenen Systems zum Zeitpunkt ① am Eintritt 1 und differential verschoben zum Zeitpunkt ② am Austritt 2. Zustand der Strömung am Ein- und Austritt jeweils stationär

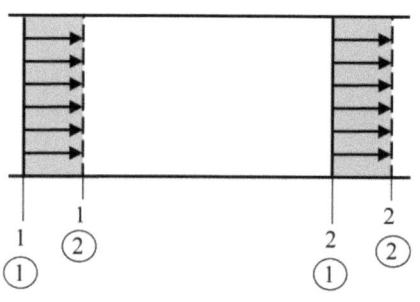

Abb. Repetitorium 4.56: System zur Aufgabe 4.56

2. Bezugssystem BZS ruht in Kanalwandung

3. Modellbildung
In Folge der Haftbedingung eine Reibungsarbeit an der Kanalwandung $\delta w_R = 0$
Keine Feldkräfte und keine Höhendifferenz ($g \cdot dz = 0$)

Berechnung der Leistung des wassergekühlten Verdichters $\dot{W}_{t,12}$:
Gl. (4.63)
$$\delta W_t + \delta W_R + \delta Q = dH_g = dH + dE_{pot} + dE_{kin}$$
$$\delta W_R = 0$$
$$dE_{pot} = 0$$
$$\dot{W}_{t,12} + \dot{Q}_{12} = \dot{H}_2 - \dot{H}_1 + \Delta \dot{E}_{kin}$$
$$\dot{W}_{t,12} = \dot{m} \cdot (h_2 - h_1) + \Delta \dot{E}_{kin} - \dot{Q}_{12}$$

Berechnung der Änderung des kinetischen Energiestromes $\Delta \dot{E}_{kin}$ über die am System wirkenden Kräfte

$$\vec{F}_i = \sum_i m \frac{d\vec{c}_i}{d\tau}$$

oder als resultierende eindimensionale Kraft

$$F = m \frac{dc}{d\tau} = m \frac{dc}{dx \frac{d\tau}{dx}} = m \frac{dc}{dx \frac{1}{c}}$$

$$F = m \frac{c \cdot dc}{dx} = m \frac{d\left(\frac{c^2}{2}\right)}{dx}$$

$$dE_{kin} = F \cdot dx = m \cdot d\left(\frac{c^2}{2}\right)$$

$$\int_1^2 dE_{kin} = \int_1^2 m \cdot d\left(\frac{c^2}{2}\right)$$

$$\Delta E_{kin} = \frac{m}{2}(c_2^2 - c_1^2)$$

Änderung des kinetischen Energiestroms

$$\Delta \dot{E}_{kin} = \frac{\dot{m}}{2}(c_2^2 - c_1^2)$$
$$\dot{W}_{t,12} = \dot{m} \cdot (h_2 - h_1) + \Delta \dot{E}_{kin} - \dot{Q}_{12}$$
$$\dot{W}_{t,12} = \dot{m} \cdot (h_2 - h_1) + \frac{\dot{m}}{2}(c_2^2 - c_1^2) - \dot{Q}_{12}$$
$$\dot{W}_{t,12} = \dot{m} \cdot \left[(h_2 - h_1) + \frac{1}{2}(c_2^2 - c_1^2) - q_{12}\right]$$

$$1J = 1\frac{kg m^2}{s^2} \qquad T\ 2.4$$

$$\dot{W}_{t,12} = 4\frac{kg}{s} \cdot \left[100\frac{kJ}{kg} - 0{,}6\frac{kJ}{kg} - (-10)\frac{kJ}{kg}\right]$$
$$\dot{W}_{t,12} = 4\frac{kg}{s} \cdot \left(109{,}4\frac{kJ}{kg}\right)$$
$$\dot{W}_{t,12} = 437{,}6\ kW$$

Lösung 4.57
1. System: offenes endliches System zwischen den Querschnitten 1 und 2

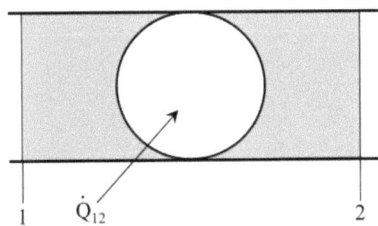

Abb. Repetitorium 4.57: System zur Aufgabe 4.57

2. Bezugssystem BZS ruht in Bezug zur Wandung

3. Modellbildung
   Strömung stationär nur in den Querschnitten 1 und 2
   Reibungsfreier Vorgang $\delta W_R = 0$
   Keine Feldkräfte und keine Höhendifferenz ($g \cdot dz = 0$)

Berechnung der zuzuführenden Wärme $\dot{Q}_{12}$:
Gl. (4.63) $\qquad \delta W_t + \delta W_R + \delta Q = dH_g = dH + dE_{pot} + dE_{kin}$
$$\delta W_R = 0$$
$$dE_{pot} = 0$$
$$\dot{W}_{t,12} + \dot{Q}_{12} = \dot{H}_2 - \dot{H}_1 + \Delta \dot{E}_{kin}$$

$$\dot{Q}_{12} = \dot{m} \cdot (h_2 - h_1) + \Delta \dot{E}_{kin} - \dot{W}_{t,12}$$

Berechnung der Änderung des kinetischen Energiestromes $\Delta \dot{E}_{kin}$ über die am System wirkenden Kräfte

$$\vec{F}_i = \sum_i m \frac{d\vec{c}_i}{d\tau}$$

oder als resultierende eindimensionale Kraft

$$F = m \frac{dc}{d\tau} = m \frac{dc}{dx \frac{d\tau}{dx}} = m \frac{dc}{dx \frac{1}{c}}$$

$$F = m \frac{c \cdot dc}{dx} = m \frac{d\left(\frac{c^2}{2}\right)}{dx}$$

$$dE_{kin} = F \cdot dx = m \cdot d\left(\frac{c^2}{2}\right)$$

$$\int_1^2 dE_{kin} = \int_1^2 m \cdot d\left(\frac{c^2}{2}\right)$$

$$\Delta E_{kin} = \frac{m}{2}(c_2^2 - c_1^2)$$

Änderung des kinetischen Energiestroms

$$\Delta \dot{E}_{kin} = \frac{\dot{m}}{2}(c_2^2 - c_1^2)$$

$$\dot{Q}_{12} = \dot{m} \cdot (h_2 - h_1) + \Delta \dot{E}_{kin} - \dot{W}_{t,12}$$
$$\dot{Q}_{12} = \dot{m} \cdot (h_2 - h_1) + \frac{\dot{m}}{2}(c_2^2 - c_1^2) - \dot{W}_{t,12}$$
$$\dot{Q}_{12} = \dot{m} \cdot \left[(h_2 - h_1) + \frac{1}{2}(c_2^2 - c_1^2)\right] - \dot{W}_{t,12}$$

$$1J = 1 \frac{kg m^2}{s^2} \qquad T\ 2.4$$

$$\dot{Q}_{12} = 25 \frac{kg}{s} \cdot \left[200 \frac{kJ}{kg} + 300 \frac{m^2}{s^2}\right] - 8 \frac{kJ}{s}$$

$$\dot{Q}_{12} = 25 \frac{kg}{s} \cdot 200{,}3 \frac{kJ}{kg} - 8 \frac{kJ}{s}$$

$$\dot{Q}_{12} = 5 \cdot 10^3 \frac{kJ}{s}$$

Lösung 4.58

1. System: offenes endliches System zwischen den Querschnitten 1 und 2

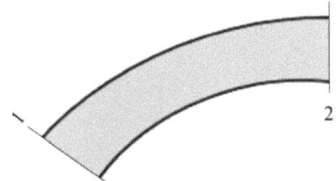

Abb. Repetitorium 4.58: System zur Aufgabe 4.58

2. Bezugssystem BZS ruht in Bezug zur Wandung

3. Modellbildung
Strömung stationär in den Querschnitten 1 und 2
reibungsfreier Vorgang $\delta W_R = 0$
keine Feldkräfte und keine Höhendifferenz ($g \cdot dz = 0$)
keine technische Einrichtung $\delta W_t = 0$

Begründung des Zusammenhanges $c_p \cdot T_1 + c_1^2/2 = c_p \cdot T_2 + c_2^2/2$:
Gl. (4.63)
$$\delta W_t + \delta W_R + \delta Q = dH_g = dH + dE_{pot} + dE_{kin}$$
$$dH_g = 0$$
$$dE_{pot} = 0$$
$$-dH = dE_{kin}$$
$$-dh = de_{kin}$$
$$-\int_1^2 dh = \int_1^2 de_{kin}$$
$$h_1 - h_2 = \Delta e_{kin}$$

Berechnung der Änderung der kinetischen Energie Δe_{kin} über die am System wirkenden Kräfte

$$\vec{F}_i = \sum_i m \frac{d\vec{c}_i}{d\tau}$$

oder als resultierende eindimensionale Kraft

$$F = m\frac{dc}{d\tau} = m\frac{dc}{dx\frac{d\tau}{dx}} = m\frac{dc}{dx\frac{1}{c}}$$

$$F = m\frac{c \cdot dc}{dx} = m\frac{d\left(\frac{c^2}{2}\right)}{dx}$$

$$dE_{kin} = F \cdot dx = m \cdot d\left(\frac{c^2}{2}\right)$$

$$\int_1^2 dE_{kin} = \int_1^2 m \cdot d\left(\frac{c^2}{2}\right)$$

$$\Delta E_{kin} = \frac{m}{2}(c_2^2 - c_1^2)$$

$$\Delta e_{kin} = \frac{1}{2}(c_2^2 - c_1^2)$$

$$h_1 - h_2 = \Delta e_{kin}$$

$$h_1 - h_2 = \frac{1}{2}(c_2^2 - c_1^2)$$

Gl. (4.77)
$$c_p(T) = \left(\frac{\partial h}{\partial T}\right)_p = \frac{dh}{dT}$$

$$dh = c_p \cdot dT$$

$$\int_1^2 dh = \int_1^2 c_p \cdot dT$$

$$h_1 - h_2 = c_p \cdot (T_1 - T_2)$$

$$c_p \cdot (T_1 - T_2) = \frac{1}{2}(c_2^2 - c_1^2)$$

Damit wurde der vorgegebene Zusammenhang $c_p \cdot T_1 + c_1^2/2 = c_p \cdot T_2 + c_2^2/2$ bestätigt.

Die gemessenen Temperaturen und Geschwindigkeiten in den Zuständen 1 und 2 müssen sich nach dieser abgeleiteten Beziehung verhalten.

Lösung 4.59

1. System: geschlossenes, endliches System

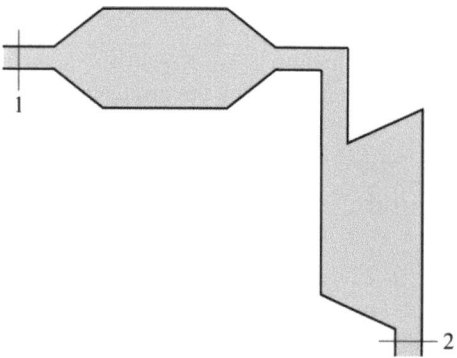

Abb. Repetitorium 4.59B: System zur Aufgabe 4.59

2. Bezugssystem BZS ruht in Bezug zur Systemgrenze

3. Modellbildung
   Strömung stationär in den Querschnitten 1 und 2

reibungsfreier Vorgang $\delta W_R = 0$
keine Feldkräfte und keine Höhendifferenz ($g \cdot dz = 0$)
adiabate Wände (Brennkammer, Rohrleitung, Turbine)
ideales Gas

Berechnung der von der Gasturbine abgegebenen Leistung $\dot{W}_{t,12}$:

Gl. (4.63)
$$\delta W_t + \delta W_R + \delta Q = dH_g = dH + dE_{pot} + dE_{kin}$$
$$\delta W_R = 0$$
$$dE_{pot} = 0$$
$$\dot{W}_{t,12} + \dot{Q}_{12} = \dot{H}_2 - \dot{H}_1 + \Delta \dot{E}_{kin}$$
$$\dot{W}_{t,12} = \dot{m} \cdot (h_2 - h_1) + \Delta \dot{E}_{kin} - \dot{Q}_{12}$$

Berechnung der Änderung des kinetischen Energiestromes $\Delta \dot{E}_{kin}$ über die am System wirkenden Kräfte

$$\vec{F}_i = \sum_i m \frac{d\vec{c}_i}{d\tau}$$

oder als resultierende eindimensionale Kraft

$$F = m \frac{dc}{d\tau} = m \frac{dc}{dx \frac{d\tau}{dx}} = m \frac{dc}{dx} \frac{1}{\frac{1}{c}}$$

$$F = m \frac{c \cdot dc}{dx} = m \frac{d\left(\frac{c^2}{2}\right)}{dx}$$

$$dE_{kin} = F \cdot dx = m \cdot d\left(\frac{c^2}{2}\right)$$

$$\int_1^2 dE_{kin} = \int_1^2 m \cdot d\left(\frac{c^2}{2}\right)$$

$$\Delta E_{kin} = \frac{m}{2}(c_2^2 - c_1^2)$$

Änderung des kinetischen Energiestroms

$$\Delta \dot{E}_{kin} = \frac{\dot{m}}{2}(c_2^2 - c_1^2)$$

$$\dot{W}_{t,12} = \dot{m} \cdot (h_2 - h_1) + \Delta \dot{E}_{kin} - \dot{Q}_{12}$$

$$\dot{W}_{t,12} = \dot{m} \cdot (h_2 - h_1) + \frac{\dot{m}}{2}(c_2^2 - c_1^2) - \dot{Q}_{12}$$

$$\dot{W}_{t,12} = \dot{m} \cdot \left[(h_2 - h_1) + \frac{1}{2}(c_2^2 - c_1^2)\right] - \dot{Q}_{12}$$

Gl. (4.77)
$$c_p(T) = \left(\frac{\partial h}{\partial T}\right)_p = \frac{dh}{dT}$$
$$dh = c_p \cdot dT$$

$$\int_1^2 dh = \int_1^2 c_p \cdot dT$$

$$h_1 - h_2 = c_p \cdot (T_1 - T_2)$$

$$\dot{W}_{t,12} = \dot{m} \cdot \left[c_p \cdot (T_1 - T_2) + \frac{1}{2}(c_2^2 - c_1^2) \right] - \dot{Q}_{12}$$

$$\dot{W}_{t,12} = 20 \frac{kg}{s} \cdot \left[1{,}1 \frac{kJ}{kgK} \cdot 200\,K + 455 \frac{m^2}{s^2} \right] - 10^4 \frac{kJ}{s}$$

$$1J = 1\frac{kg m^2}{s^2} \qquad T\,2.4$$

$$\dot{W}_{t,12} = 20 \frac{kg}{s} \cdot 224 \frac{kJ}{kg} - 10^4 \frac{kJ}{s}$$

$$\dot{W}_{t,12} = 4491 \frac{kJ}{s} - 10000 \frac{kJ}{s}$$

$$\dot{W}_{t,12} = -5509 \frac{kJ}{s}$$

Lösung 4.60

1. System: offenes endliches System, stationäre Strömung in den Querschnitten 1 u. 2

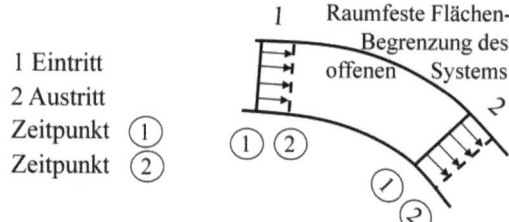

1 Eintritt
2 Austritt
Zeitpunkt ①
Zeitpunkt ②

Abb. Repetitorium 4.60B: System zur Aufgabe 4.60

2. Bezugssystem BZS ruht in Bezug zur Kanalwand

3. Modellbildung
   Druckhomogener Prozess $p = konst$
   Adiabate Turbinenwände
   keine Änderung der Umfangsgeschwindigkeit $d\frac{\bar{u}^2}{2} = 0$

Berechnung der von der Turbine abgegebenen Leistung $\dot{W}_{t,12}$:
Gl. (4.63) $\qquad \delta W_t + \delta W_R + \delta Q = dH_g = dH + dE_{pot} + dE_{kin}$

$$\delta W_R = 0$$
$$\delta Q = 0$$
$$\delta W_t = dH + dE_{pot} + dE_{kin}$$

$$\dot{W}_{t,12} = \dot{H}_2 - \dot{H}_1 + \Delta\dot{E}_{pot} + \Delta\dot{E}_{kin}$$
$$\dot{W}_{t,12} = \dot{m} \cdot (h_2 - h_1) + \Delta\dot{E}_{pot} + \Delta\dot{E}_{kin}$$
$$\Delta\dot{E}_{pot} = \dot{m} \cdot g \cdot (z_2 - z_1)$$
$$\dot{W}_{t,12} = \dot{m} \cdot (h_2 - h_1) + \dot{m} \cdot g \cdot (z_2 - z_1) + \Delta\dot{E}_{kin}$$

Berechnung der Änderung des kinetischen Energiestromes $\Delta\dot{E}_{kin}$ über die am System wirkenden Kräfte

$$\vec{F}_i = \sum_i m \frac{d\vec{c}_i}{d\tau}$$

oder als resultierende eindimensionale Kraft

$$F = m \frac{dc}{d\tau} = m \frac{dc}{dx \frac{d\tau}{dx}} = m \frac{dc}{dx \frac{1}{c}}$$

$$F = m \frac{c \cdot dc}{dx} = m \frac{d\left(\frac{c^2}{2}\right)}{dx}$$

$$dE_{kin} = F \cdot dx = m \cdot d\left(\frac{c^2}{2}\right)$$

$$\int_1^2 dE_{kin} = \int_1^2 m \cdot d\left(\frac{c^2}{2}\right)$$

$$\Delta E_{kin} = \frac{m}{2}(c_2^2 - c_1^2)$$

Änderung des kinetischen Energiestroms

$$\Delta\dot{E}_{kin} = \frac{\dot{m}}{2}(c_2^2 - c_1^2)$$
$$\dot{W}_{t,12} = \dot{m} \cdot (h_2 - h_1) + \dot{m} \cdot g \cdot (z_2 - z_1) + \Delta\dot{E}_{kin}$$
$$\dot{W}_{t,12} = \dot{m} \cdot (h_2 - h_1) + \dot{m} \cdot g \cdot (z_2 - z_1)$$
$$+ \frac{\dot{m}}{2}(c_2^2 - c_1^2)$$
$$\dot{W}_{t,12} = \dot{m} \cdot \left[(h_2 - h_1) + g \cdot (z_2 - z_1) + \frac{1}{2}(c_2^2 - c_1^2)\right]$$

Gl. (4.77)
$$c_p(T) = \left(\frac{\partial h}{\partial T}\right)_p = \frac{dh}{dT}$$
$$dh = c_p \cdot dT$$
$$\int_1^2 dh = \int_1^2 c_p \cdot dT$$
$$h_1 - h_2 = c_p \cdot (T_1 - T_2)$$
$$\dot{W}_{t,12} = \dot{m} \cdot (h_2 - h_1) + \dot{m} \cdot g \cdot (z_2 - z_1)$$
$$+ \frac{\dot{m}}{2}(c_2^2 - c_1^2)$$

$$\dot{W}_{t,12} = \dot{m} \cdot c_p \cdot (T_1 - T_2) + \dot{m} \cdot g \cdot (z_2 - z_1)$$
$$+ \frac{\dot{m}}{2}(c_2^2 - c_1^2)$$
$$\dot{W}_{t,12} = 10^4 \frac{kg}{s} \cdot 4{,}182 \frac{kJ}{kgK} \cdot 0{,}1\, K$$
$$- 10^4 \frac{kg}{s} \cdot 9{,}81 \frac{m}{s^2} \cdot (-100\, m)$$
$$+ 10^4 \frac{kg}{s} \cdot 0{,}008 \frac{kJ}{kg}$$

$1J = 1\,\dfrac{kg m^2}{s^2}$ \hfill T 2.4

$$\dot{W}_{t,12} = 10^4 \frac{kg}{s} \cdot \left[0{,}426 \frac{kJ}{kg} - 0{,}981 \frac{kJ}{kg}\right]$$
$$\dot{W}_{t,12} = -5{,}5 \cdot 10^3 \frac{kJ}{s}$$

Lösung 4.61

1. System: a) System Bremsbacke: homogenes, geschlossenes System im Anfangs- und Endzustand b) System Kühlwasser: geschlossenes, endliches System (kontinuierliche Strömung)

Abb. Repetitorium 4.61B: System zur Aufgabe 4.61

2. Bezugssystem BZS ruht in Wandung

3. Modellbildung
   a) Aufgenommene Energie wird vollständig abgegeben. Vorgang bei $dT = 0$, Ausdehnung des Körpers wird vernachlässigt.
   b) Geschlossenes, endliches System (kontinuierliche Strömung)

Berechnung des Wassermassenstromes $\dot{m}$:

Gl. (4.63) $\quad \delta W_t + \delta W_R + \delta Q = dH_g = dH + dE_{pot} + dE_{kin}$
$$\delta W_R = 0$$
$$\delta W_t = 0$$
$$dE_{pot} = 0$$
$$dE_{kin} = 0$$

10 Repetitorium

$$\delta Q = dH$$
$$\dot{Q}_{12} = \dot{H}_2 - \dot{H}_1$$
$$\dot{Q}_{12} = \dot{m} \cdot (h_2 - h_1)$$

Gl. (4.77) $\quad c_p(T) = \left(\dfrac{\partial h}{\partial T}\right)_p = \dfrac{dh}{dT}$

$$dh = c_p \cdot dT$$
$$\int_1^2 dh = \int_1^2 c_p \cdot dT$$
$$h_1 - h_2 = c_p \cdot (T_1 - T_2)$$
$$\dot{Q}_{12} = \dot{m} \cdot (h_2 - h_1)$$
$$\dot{Q}_{12} = \dot{m} \cdot c_p \cdot (T_1 - T_2)$$
$$\dot{m} = \dfrac{\dot{Q}_{12}}{c_p \cdot (T_1 - T_2)}$$
$$\dot{m} = \dfrac{30{,}87\,\dfrac{kJ}{s}}{4{,}182\,\dfrac{kJ}{kgK} \cdot 40\,K}$$
$$\dot{m} = 0{,}185\,\dfrac{kg}{s}$$

Lösung 4.62

1. System: geschlossenes, endliches System (Punktmasse)

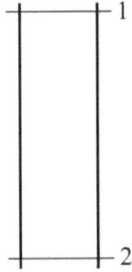

Abb. Repetitorium 4.62: System zur Aufgabe 4.62

2. Bezugssystem BZS ruht in der Wandung

3. Modellbildung
Strömung stationär in den Querschnitten 1 und 2
keine Arbeitsleistung $\delta W_t = 0$
keine Änderung der Umfangsgeschwindigkeit $d\dfrac{\vec{u}^2}{2} = 0$

Berechnung des an die Umgebung abgegebenen Wärmestroms $\dot{Q}_{12}$:

Gl. (4.63)
$$\delta W_t + \delta W_R + \delta Q = dH_g = dH + dE_{pot} + dE_{kin}$$
$$\delta W_R = 0$$
$$\delta W_t = 0$$
$$\delta Q = dH + dE_{pot} + dE_{kin}$$
$$\dot{Q}_{12} = \dot{H}_2 - \dot{H}_1 + \Delta\dot{E}_{pot} + \Delta\dot{E}_{kin}$$
$$\dot{Q}_{12} = \dot{m} \cdot (h_2 - h_1) + \Delta\dot{E}_{pot} + \Delta\dot{E}_{kin}$$
$$\Delta\dot{E}_{pot} = \dot{m} \cdot g \cdot (z_2 - z_1)$$
$$\dot{Q}_{12} = \dot{m} \cdot (h_2 - h_1) + \dot{m} \cdot g \cdot (z_2 - z_1) + \Delta\dot{E}_{kin}$$

Berechnung der Änderung des kinetischen Energiestromes $\Delta\dot{E}_{kin}$ über die am System wirkenden Kräfte

$$\vec{F}_i = \sum_i m \frac{d\vec{c}_i}{d\tau}$$

oder als resultierende eindimensionale Kraft

$$F = m\frac{dc}{d\tau} = m\frac{dc}{dx\frac{d\tau}{dx}} = m\frac{dc}{dx\frac{1}{c}}$$

$$F = m\frac{c \cdot dc}{dx} = m\frac{d\left(\frac{c^2}{2}\right)}{dx}$$

$$dE_{kin} = F \cdot dx = m \cdot d\left(\frac{c^2}{2}\right)$$

$$\int_1^2 dE_{kin} = \int_1^2 m \cdot d\left(\frac{c^2}{2}\right)$$

$$\Delta E_{kin} = \frac{m}{2}(c_2^2 - c_1^2)$$

Änderung des kinetischen Energiestroms

$$\Delta\dot{E}_{kin} = \frac{\dot{m}}{2}(c_2^2 - c_1^2)$$

$$\dot{Q}_{12} = \dot{m} \cdot (h_2 - h_1) + \dot{m} \cdot g \cdot (z_2 - z_1) + \Delta\dot{E}_{kin}$$

$$\dot{Q}_{12} = \dot{m} \cdot (h_2 - h_1) + \dot{m} \cdot g \cdot (z_2 - z_1)$$
$$+ \frac{\dot{m}}{2}(c_2^2 - c_1^2)$$

$$\dot{Q}_{12} = \dot{m} \cdot \left[(h_2 - h_1) + g \cdot (z_2 - z_1) + \frac{1}{2}(c_2^2 - c_1^2)\right]$$

$$\dot{Q}_{12} = \dot{m} \cdot (h_2 - h_1) + \dot{m} \cdot g \cdot (z_2 - z_1)$$
$$+ \frac{\dot{m}}{2}(c_2^2 - c_1^2)$$

$$\dot{m} = 36 \, m^3/h$$

Gl. (2.5)
$$v = \frac{1}{\varrho} = \frac{V}{m}$$
$$v = \frac{\dot{V}}{\dot{m}}$$
$$\dot{m} = \frac{\dot{V}}{v} = \varrho \cdot \dot{V} = 10^3 \frac{kg}{m^3} \cdot 36\, m^3/h = 10 \frac{kg}{s}$$
$$\dot{Q}_{12} = 10 \frac{kg}{s} \cdot \left(-270 \frac{kJ}{kg}\right)$$
$$+ 10 \frac{kg}{s} \cdot \left(9{,}81 \frac{m}{s^2} \cdot (-10\, m)\right)$$
$$+ 10 \frac{kg}{s} \cdot 112 \frac{m^2}{s^2}$$

$$1J = 1 \frac{kg\, m^2}{s^2} \qquad T\ 2.4$$

$$\dot{Q}_{12} = 10 \frac{kg}{s} \cdot \left[-270 \frac{kJ}{kg} - 0{,}098 \frac{kJ}{kg} + 0{,}112 \frac{kJ}{kg}\right]$$
$$\dot{Q}_{12} = -2{,}7 \cdot 10^3 \frac{kJ}{s}$$

Lösung 4.63
1. System: endliches, geschlossenes System (Punktmasse)

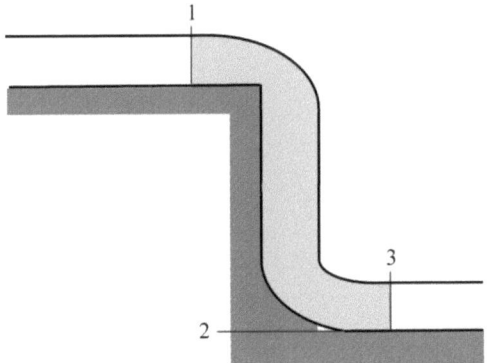

Abb. Repetitorium 4.63: System zur Aufgabe 4.63

2. Bezugssystem BZS ruht in angrenzender Wandung

3. Modellbildung
   Keine Geschwindigkeitsänderung $c_1 = c_2$
   Keine Arbeitsleistung $\delta W_t = 0$
   Reibungsfreier Prozess $\delta W_R = 0$

Adiabater Prozess $\delta Q = 0$

Berechnung der Temperaturerhöhung ΔT des Wassers:
Von 2 nach 3 bleibt die innere Energie zwar nicht konstant, die Änderung ist jedoch vernachlässigbar klein, so dass nur der Prozess von 1 nach 2 betrachtet werden muss.

Gl. (4.63)
$$\delta W_t + \delta W_R + \delta Q = dH_g = dH + dE_{pot} + dE_{kin}$$
$$dH_g = 0$$
$$0 = dH + dE_{pot}$$
$$0 = H_2 - H_1 + \Delta E_{pot}$$
$$0 = m \cdot (h_2 - h_1) + \Delta E_{pot}$$
$$\Delta E_{pot} = m \cdot g \cdot (z_2 - z_1)$$
$$0 = m \cdot (h_2 - h_1) + m \cdot g \cdot (z_2 - z_1)$$
$$h_1 - h_2 = g \cdot (z_2 - z_1)$$

Gl. (4.77)
$$c_p(T) = \left(\frac{\partial h}{\partial T}\right)_p = \frac{dh}{dT}$$

Gl. (4.94)
$$c_p(T) \approx c_v(T) = c(T)$$
$$dh = du = c \cdot dT$$
$$\int_1^2 dh = \int_1^2 du = \int_1^2 c \cdot dT$$
$$h_1 - h_2 = u_1 - u_2 = c \cdot (T_1 - T_2)$$
$$c \cdot (T_1 - T_2) = g \cdot (z_2 - z_1)$$
$$T_1 - T_2 = \frac{g \cdot (z_2 - z_1)}{c}$$
$$T_1 - T_2 = \frac{9{,}81 \frac{m}{s^2} \cdot (-10\ m)}{4{,}182 \frac{kJ}{kgK}}$$

$$1J = 1\ \frac{kgm^2}{s^2} \qquad T\ 2.4$$

$$T_1 - T_2 = -0{,}02\ K$$
$$T_2 = T_1 + 0{,}02\ K$$
$$\Delta T = 0{,}02\ K$$

Lösung 4.64
1. System: endliches, geschlossenes System (Punktmasse)

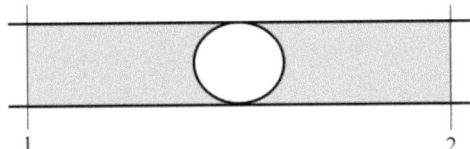

Abb. Repetitorium 4.64: System zur Aufgabe 4.64

2. Bezugssystem BZS ruht in Bezug zur Rohrwandung

3. Modellbildung
Strömung stationär in den Querschnitten 1 und 2
keine Feldkräfte und keine Höhendifferenz ($g \cdot dz = 0$)
keine Druckänderung $dp = 0$

Berechnung des Wärmestroms $\dot{Q}_{12}$ an die Umgebung:
Gl. (4.63)
$$\delta W_t + \delta W_R + \delta Q = dH_g = dH + dE_{pot} + dE_{kin}$$
$$\delta W_R = 0$$
$$dE_{pot} = 0$$
$$\delta W_t + \delta Q = dH + dE_{kin}$$
$$\dot{Q}_{12} = \dot{H}_2 - \dot{H}_1 + \Delta\dot{E}_{kin} - \dot{W}_{t,12}$$
$$\dot{Q}_{12} = \dot{m} \cdot (h_2 - h_1) + \Delta\dot{E}_{kin} - \dot{W}_{t,12}$$
$$\Delta\dot{E}_{pot} = \dot{m} \cdot g \cdot (z_2 - z_1)$$
$$\dot{Q}_{12} = \dot{m} \cdot (h_2 - h_1) + \Delta\dot{E}_{kin} - \dot{W}_{t,12}$$

Berechnung der Änderung des kinetischen Energiestromes $\Delta\dot{E}_{kin}$ über die am System wirkenden Kräfte

$$\vec{F}_i = \sum_i m \frac{d\vec{c}_i}{d\tau}$$

oder als resultierende eindimensionale Kraft

$$F = m\frac{dc}{d\tau} = m\frac{dc}{dx\frac{d\tau}{dx}} = m\frac{dc}{dx\frac{1}{c}}$$

$$F = m\frac{c \cdot dc}{dx} = m\frac{d\left(\frac{c^2}{2}\right)}{dx}$$

$$dE_{kin} = F \cdot dx = m \cdot d\left(\frac{c^2}{2}\right)$$

$$\int_1^2 dE_{kin} = \int_1^2 m \cdot d\left(\frac{c^2}{2}\right)$$

$$\Delta E_{kin} = \frac{m}{2}(c_2^2 - c_1^2)$$

Änderung des kinetischen Energiestroms

$$\Delta \dot{E}_{kin} = \frac{\dot{m}}{2}(c_2^2 - c_1^2)$$

$$\dot{Q}_{12} = \dot{m} \cdot (h_2 - h_1) + \Delta \dot{E}_{kin} - \dot{W}_{t,12}$$

$$\dot{Q}_{12} = \dot{m} \cdot (h_2 - h_1) + \frac{\dot{m}}{2}(c_2^2 - c_1^2) - \dot{W}_{t,12}$$

$$\dot{Q}_{12} = \dot{m} \cdot \left[(h_2 - h_1) + \frac{1}{2}(c_2^2 - c_1^2)\right] - \dot{W}_{t,12}$$

Gl. (4.77) $\quad c_p(T) = \left(\frac{\partial h}{\partial T}\right)_p = \frac{dh}{dT}$

Gl. (4.94) $\quad c_p(T) \approx c_v(T) = c(T)$

$$dh = c \cdot dT$$

$$\int_1^2 dh = \int_1^2 c \cdot dT$$

$$h_1 - h_2 = c \cdot (T_1 - T_2)$$

$$\dot{Q}_{12} = \dot{m} \cdot \left[c \cdot (T_1 - T_2) + \frac{1}{2}(c_2^2 - c_1^2)\right] - \dot{W}_{t,12}$$

$$\dot{Q}_{12} = \dot{m} \cdot c \cdot (T_1 - T_2) + \frac{\dot{m}}{2}(c_2^2 - c_1^2) - \dot{W}_{t,12}$$

$$\dot{V} = 1{,}2 \; m^3/min$$

Gl. (2.5) $\quad v = \frac{1}{\varrho} = \frac{V}{m}$

$$v = \frac{\dot{V}}{\dot{m}}$$

$$\dot{m} = \frac{\dot{V}}{v} = \varrho \cdot \dot{V} = 10^3 \frac{kg}{m^3} \cdot 1{,}2 \; m^3/min = 20 \frac{kg}{s}$$

$$\dot{Q}_{12} = \dot{m} \cdot \left[c \cdot (T_1 - T_2) + \frac{1}{2}(c_2^2 - c_1^2)\right] - \dot{W}_{t,12}$$

$$\dot{Q}_{12} = 20 \frac{kg}{s} \cdot \left(4{,}182 \frac{kJ}{kgK} \cdot (-15 \; K)\right)$$

$$+ 20 \frac{kg}{s} \cdot \left(12 \frac{m^2}{s^2}\right) - 1 \frac{kJ}{s}$$

$\qquad\qquad\qquad\qquad\qquad 1J = 1 \frac{kg m^2}{s^2}$ $\qquad$ T 2.4

$$\dot{Q}_{12} = 20 \frac{kg}{s} \cdot \left[-63{,}45 \frac{kJ}{kg} \; 0{,}012 \frac{kJ}{kg}\right] - 1 \frac{kJ}{s}$$

$$\dot{Q}_{12} = -1{,}269 \cdot 10^3 \frac{kJ}{s} - 1 \frac{kJ}{s}$$

$$\dot{Q}_{12} = -1270\,\frac{kJ}{s}$$

Lösung 4.65

1. System: endliches, geschlossenes System (Punktmasse)

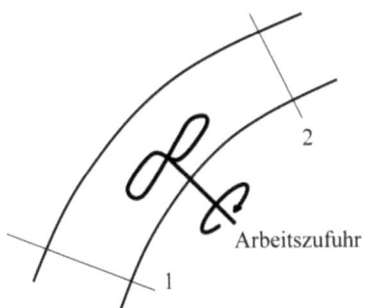

Abb. Repetitorium 4.65B: System zur Aufgabe 4.65

2. Bezugssystem BZS ruht in Bezug zur Systemgrenze

3. Modellbildung
Stationäre Strömung in den Querschnitten 1 und 2

keine Änderung der Umfangsgeschwindigkeit $d\,\frac{\bar{u}^2}{2} = 0$

keine Druckänderung $dp = 0$

Berechnung des Wärmestroms $\dot{Q}_{12}$:
Gl. (4.63) $\quad \delta W_t + \delta W_R + \delta Q = dH_g = dH + dE_{pot} + dE_{kin}$
$$\delta W_R = 0$$
$$\delta W_t + \delta Q = dH + dE_{pot} + dE_{kin}$$
$$\dot{Q}_{12} = \dot{H}_2 - \dot{H}_1 + \Delta\dot{E}_{pot} + \Delta\dot{E}_{kin} - \dot{W}_{t,12}$$
$$\dot{Q}_{12} = \dot{m}\cdot(h_2 - h_1) + \Delta\dot{E}_{pot} + \Delta\dot{E}_{kin} - \dot{W}_{t,12}$$
$$\Delta\dot{E}_{pot} = \dot{m}\cdot g\cdot(z_2 - z_1)$$
$$\dot{Q}_{12} = \dot{m}\cdot[(h_2 - h_1) + g\cdot(z_2 - z_1)] + \Delta\dot{E}_{kin} - \dot{W}_{t,12}$$

Berechnung der Änderung des kinetischen Energiestromes $\Delta\dot{E}_{kin}$ über die am System wirkenden Kräfte

$$\vec{F}_i = \sum_i m\,\frac{d\vec{c}_i}{d\tau}$$

oder als resultierende eindimensionale Kraft

$$F = m\,\frac{dc}{d\tau} = m\,\frac{dc}{dx\,\frac{d\tau}{dx}} = m\,\frac{dc}{dx\,\frac{1}{c}}$$

$$F = m \frac{c \cdot dc}{dx} = m \frac{d\left(\frac{c^2}{2}\right)}{dx}$$

$$dE_{kin} = F \cdot dx = m \cdot d\left(\frac{c^2}{2}\right)$$

$$\int_1^2 dE_{kin} = \int_1^2 m \cdot d\left(\frac{c^2}{2}\right)$$

$$\Delta E_{kin} = \frac{m}{2}(c_2^2 - c_1^2)$$

Änderung des kinetischen Energiestroms

$$\Delta \dot{E}_{kin} = \frac{\dot{m}}{2}(c_2^2 - c_1^2)$$

$$\dot{Q}_{12} = \dot{m} \cdot [(h_2 - h_1) + g \cdot (z_2 - z_1)] + \Delta \dot{E}_{kin} - \dot{W}_{t,12}$$

$$\dot{Q}_{12} = \dot{m} \cdot (h_2 - h_1) + \dot{m} \cdot g \cdot (z_2 - z_1)$$

$$+ \frac{\dot{m}}{2}(c_2^2 - c_1^2) - \dot{W}_{t,12}$$

Gl. (4.77) $c_p(T) = \left(\frac{\partial h}{\partial T}\right)_p = \frac{dh}{dT}$

Gl. (4.94) $c_p(T) \approx c_v(T) = c(T)$

$$dh = c \cdot dT$$

$$\int_1^2 dh = \int_1^2 c \cdot dT$$

$$h_1 - h_2 = c \cdot (T_1 - T_2)$$

$$\dot{Q}_{12} = \dot{m} \cdot c \cdot (T_1 - T_2) + \dot{m} \cdot g \cdot (z_2 - z_1)$$

$$+ \frac{\dot{m}}{2}(c_2^2 - c_1^2) - \dot{W}_{t,12}$$

Gl. (2.5) $v = \frac{1}{\varrho} = \frac{V}{m}$

$$v = \frac{\dot{V}}{\dot{m}}$$

$$\dot{m} = \frac{\dot{V}}{v} = \varrho \cdot \dot{V} = 10^3 \frac{kg}{m^3} \cdot 18 \, m^3/h = 5 \frac{kg}{s}$$

$$\dot{Q}_{12} = \dot{m} \cdot c \cdot (T_1 - T_2) + \dot{m} \cdot g \cdot (z_2 - z_1)$$

$$+ \frac{\dot{m}}{2}(c_2^2 - c_1^2) - \dot{W}_{t,12}$$

$$\dot{Q}_{12} = 5 \frac{kg}{s} \cdot \left(4{,}182 \frac{kJ}{kgK} \cdot (-10 \, K)\right)$$

$$+5\frac{kg}{s} \cdot 9{,}81\frac{m}{s^2} \cdot 10\,m$$

$$+5\frac{kg}{s} \cdot \left(\frac{25}{2} - \frac{9}{2}\right)\frac{m^2}{s^2} - 1\frac{kJ}{s}$$

$$1J = 1\frac{kg\,m^2}{s^2} \qquad\qquad T\,2.4$$

$$\dot{Q}_{12} = 5\frac{kg}{s} \cdot \left[-41{,}82\frac{kJ}{kg} + 0{,}008\frac{kJ}{kg} + 0{,}098\frac{kJ}{kg}\right]$$

$$-1{,}5\frac{kJ}{s}$$

$$\dot{Q}_{12} = -208{,}6\frac{kJ}{s} - 1\frac{kJ}{s}$$

$$\dot{Q}_{12} = -209{,}6\frac{kJ}{s}$$

$$\dot{Q}_{12} = -12574\frac{kJ}{min}$$

Lösung 4.66

1. System: offen zwischen den Querschnitten 1 und 2

2. Bezugssystem BZS ruht in Bezug zu den Wandungen

3. Modellbildung
   Stationäre Strömung in den Querschnitten 1 und 2
   Luft: ideales Gas
   keine technische Einrichtung $\delta W_t = 0$
   keine Druckänderung $dp = 0$
   keine Feldkräfte und keine Höhendifferenz ($g \cdot dz = 0$)

Zu a) Berechnung des Massenstroms $\dot{m}$:

Gl. (2.5)
$$v = \frac{1}{\varrho} = \frac{V}{m}$$

$$v = \frac{\dot{V}}{\dot{m}}$$

$$\dot{m} = \frac{\dot{V}}{v}$$

Gl. (2.17)
$$p \cdot v = R \cdot T$$
$$p_1 \cdot v_1 = R \cdot T_1$$

$$1\,bar = 10^2\frac{kJ}{m^2} \qquad T\,2.4$$

$$v_1 = \frac{R \cdot T_1}{p_1} = \frac{0{,}2871 \frac{kJ}{kgK} \cdot 263\ K}{8 \cdot 10^2 \frac{kJ}{m^2}}$$

$$v_1 = 0{,}095 \frac{m^3}{kg}$$

$$\dot{m} = \frac{\dot{V}}{v_1} = \frac{1000\ m^3/h}{0{,}095 \frac{m^3}{kg}}$$

$$\dot{m} = 10560 \frac{kg}{h} = 2{,}93 \frac{kg}{s}$$

Zu b) Berechnung der Ein- und Austrittsgeschwindigkeit c_1 und c_2:

Gl. (4.68)
$$\varrho_1 \cdot A_1 \cdot c_1 = \varrho_2 \cdot A_2 \cdot c_2 = \dot{m}_1 = \dot{m}_2 = \dot{m} = konst$$

$$A_1 = A_1 = A = \frac{d^2 \cdot \pi}{4}$$

$$A = \frac{0{,}04\ m^2 \cdot \pi}{4} = 0{,}0314\ m^2$$

$$c_1 = \frac{\dot{m}}{\varrho_1 \cdot A_1} = \frac{v_1 \cdot \dot{m}}{A_1} = \frac{\dot{V}_1}{A_1} = \frac{\dot{V}_1}{A} = \frac{1000\ m^3/h}{0{,}0314\ m^2}$$

$$c_1 = 8{,}85 \frac{m}{s}$$

Gl. (2.17)
$$p \cdot v = R \cdot T$$
$$p_2 \cdot v_2 = R \cdot T_2$$
$$p_2 \cdot V_2 = \dot{m} \cdot R \cdot T_2$$

$$1\ bar = 10^2 \frac{kJ}{m^2} \qquad T\ 2.4$$

$$V_2 = \frac{\dot{m} \cdot R \cdot T_2}{p_2} = \frac{2{,}93 \frac{kg}{s} \cdot 0{,}2871 \frac{kJ}{kgK} \cdot 333\ K}{8 \cdot 10^2 \frac{kJ}{m^2}}$$

$$V_1 = 1265 \frac{m^3}{h}$$

$$c_2 = \frac{\dot{m}}{\varrho_2 \cdot A_2} = \frac{v_2 \cdot \dot{m}}{A_2} = \frac{v_2 \cdot \dot{m}}{A} = \frac{\dot{V}_2}{A}$$

$$c_2 = \frac{1265 \frac{m^3}{h}}{0{,}0314\ m^2}$$

$$c_2 = 11{,}2 \frac{m}{s}$$

Zu c) Berechnung des Wärmestroms $\dot{Q}_{12}$:

Gl. (4.63)
$$\delta W_t + \delta W_R + \delta Q = dH_g = dH + dE_{pot} + dE_{kin}$$
$$\delta W_R = 0$$

$$\delta W_t = 0$$
$$dE_{pot} = 0$$
$$\delta Q = dH + dE_{kin}$$
$$\dot{Q}_{12} = \dot{H}_2 - \dot{H}_1 + \Delta \dot{E}_{kin}$$
$$\dot{Q}_{12} = \dot{m} \cdot (h_2 - h_1) + \Delta \dot{E}_{kin}$$

Berechnung der Änderung des kinetischen Energiestromes $\Delta \dot{E}_{kin}$ über die am System wirkenden Kräfte

$$\vec{F}_i = \sum_i m \frac{d\vec{c}_i}{d\tau}$$

oder als resultierende eindimensionale Kraft

$$F = m\frac{dc}{d\tau} = m\frac{dc}{dx\frac{d\tau}{dx}} = m\frac{dc}{dx\frac{1}{c}}$$

$$F = m\frac{c \cdot dc}{dx} = m\frac{d\left(\frac{c^2}{2}\right)}{dx}$$

$$dE_{kin} = F \cdot dx = m \cdot d\left(\frac{c^2}{2}\right)$$

$$\int_1^2 dE_{kin} = \int_1^2 m \cdot d\left(\frac{c^2}{2}\right)$$

$$\Delta E_{kin} = \frac{m}{2}(c_2^2 - c_1^2)$$

Änderung des kinetischen Energiestroms

$$\Delta \dot{E}_{kin} = \frac{\dot{m}}{2}(c_2^2 - c_1^2)$$

$$\dot{Q}_{12} = \dot{m} \cdot (h_2 - h_1) + \frac{\dot{m}}{2}(c_2^2 - c_1^2)$$

Gl. (4.77)
$$c_p(T) = \left(\frac{\partial h}{\partial T}\right)_p = \frac{dh}{dT}$$

$$dh = c_p \cdot dT$$

$$\int_1^2 dh = \int_1^2 c_p \cdot dT$$

$$h_1 - h_2 = c_p \cdot (T_1 - T_2)$$

$$\dot{Q}_{12} = \dot{m} \cdot c_p \cdot (T_1 - T_2) + \frac{\dot{m}}{2}(c_2^2 - c_1^2)$$

$$\dot{Q}_{12} = \dot{m} \cdot \left[c_p \cdot (T_1 - T_2) + \frac{c_2^2 - c_1^2}{2}\right]$$

$$\dot{Q}_{12} = 2{,}93 \, \frac{kg}{s} \cdot \left[1{,}004 \, \frac{kJ}{kgK} \cdot 70 \, K + \frac{11{,}2^2 - 8{,}85^2}{2} \, \frac{m^2}{s^2}\right]$$

$$\dot{Q}_{12} = 2{,}93 \frac{kg}{s} \cdot \left[70{,}21 \frac{kJ}{kg} + 0{,}02 \frac{kJ}{kg} \right]$$

$$\dot{Q}_{12} = 205{,}5 \frac{kJ}{s}$$

Zu d) Berechnung der Änderung der inneren Energie Δu:

Gl. (4.76)
$$c_v(T) = \left(\frac{\partial u}{\partial T}\right)_p = \frac{du}{dT}$$

$$du = c_v \cdot dT$$

$$\int_1^2 du = \int_1^2 c_v \cdot dT$$

$$u_2 - u_1 = c_v \cdot (T_2 - T_1)$$

$$c_v = c_p - R = 1{,}004 \frac{kJ}{kgK} - 0{,}2871 \frac{kJ}{kgK} = 0{,}718 \frac{kJ}{kgK}$$

$$u_2 - u_1 = 0{,}718 \frac{kJ}{kgK} \cdot 70\ K$$

$$\Delta u = 50{,}26 \frac{kJ}{kg}$$

Lösung 4.67

1. System: geschlossenes, endliches System

Abb. Repetitorium 4.67: System zur Aufgabe 4.67

2. Bezugssystem BZS ruht in Wandung

3. Modellbildung
   Stationäre Strömung in den Querschnitten 1 und 2
   Luft: ideales Gas
   keine technische Einrichtung $\delta W_t = 0$
   keine Feldkräfte und keine Höhendifferenz ($g \cdot dz = 0$)

Zu a) Berechnung des Wärmestroms $\dot{Q}_{12}$ und der spezifischen Wärme q_{12}

Gl. (4.63)
$$\delta W_t + \delta W_R + \delta Q = dH_g = dH + dE_{pot} + dE_{kin}$$

$$\delta W_R = 0$$

$$\delta W_t = 0$$

$$dE_{pot} = 0$$
$$\delta Q = dH + dE_{kin}$$
$$\dot{Q}_{12} = \dot{H}_2 - \dot{H}_1 + \Delta\dot{E}_{kin}$$
$$\dot{Q}_{12} = \dot{m} \cdot (h_2 - h_1) + \Delta\dot{E}_{kin}$$

Berechnung der Änderung des kinetischen Energiestromes $\Delta\dot{E}_{kin}$ über die am System wirkenden Kräfte

$$\vec{F}_i = \sum_i m \frac{d\vec{c}_i}{d\tau}$$

oder als resultierende eindimensionale Kraft

$$F = m\frac{dc}{d\tau} = m\frac{dc}{dx\frac{d\tau}{dx}} = m\frac{dc}{dx\frac{1}{c}}$$

$$F = m\frac{c \cdot dc}{dx} = m\frac{d\left(\frac{c^2}{2}\right)}{dx}$$

$$dE_{kin} = F \cdot dx = m \cdot d\left(\frac{c^2}{2}\right)$$

$$\int_1^2 dE_{kin} = \int_1^2 m \cdot d\left(\frac{c^2}{2}\right)$$

$$\Delta E_{kin} = \frac{m}{2}(c_2^2 - c_1^2)$$

Änderung des kinetischen Energiestroms

$$\Delta\dot{E}_{kin} = \frac{\dot{m}}{2}(c_2^2 - c_1^2)$$

$$\dot{Q}_{12} = \dot{m} \cdot (h_2 - h_1) + \frac{\dot{m}}{2}(c_2^2 - c_1^2)$$

$$\dot{Q}_{12} = \dot{m} \cdot \left[(h_2 - h_1) + \frac{c_2^2 - c_1^2}{2}\right]$$

$$\dot{Q}_{12} = 50\frac{kg}{s} \cdot \left[659\frac{kJ}{kg} - 4400\frac{m^2}{s^2}\right]$$

$$1\frac{m^2}{s^2} = 1\frac{J}{kg} \qquad T\ 2.4$$

$$\dot{Q}_{12} = 2{,}93\frac{kg}{s} \cdot \left[654{,}6\frac{kJ}{kg}\right]$$

$$\dot{Q}_{12} = 32730\frac{kJ}{s}$$

$$q_{12} = \frac{\dot{Q}_{12}}{\dot{m}} = \frac{32730\frac{kJ}{s}}{2{,}93\frac{kg}{s}} = 654{,}6\frac{kJ}{kg}$$

Zu b) Berechnung der Änderung der spezifischen inneren Energie Δu

$Gl.(4.32)$ $\quad dh = du + d(p \cdot v)$
$Gl.(2.17)$ $\quad p \cdot v = R \cdot T$
$$dh = du + d(R \cdot T)$$
$$\int_1^2 du = \int_1^2 dh - R \int_1^2 dT$$
$$\Delta u = \Delta h + R \cdot \Delta T$$
$$\Delta u = 65 \frac{kJ}{kg} + 0{,}28 \frac{kJ}{kgK} \cdot 600\,K$$
$$\Delta u = 491 \frac{kJ}{kg}$$

10.12 Lösungen Kapitel 5 – Spezielle Zusatndsänderungen idealer Gase

Lösung 5.1

1. System: geschlossenes, homogenes, quasistatisches System

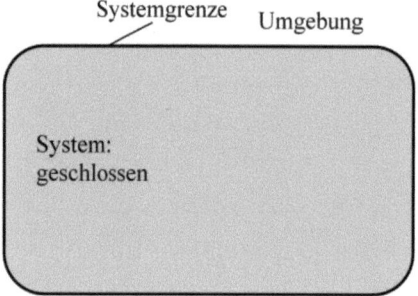

Abb. Repetitorium 5.1: System zur Aufgabe 5.1

2. Bezugssystem BZS ruht in der Wandung

3. Modellbildung
$dp = 0$

Ermittlung der Berechnungsformel für die Entropie s_1 im Zustand 1:

$Gl.(5.8)$ $\quad s_2 - s_1 = c_p\, ln\left(\frac{T_2}{T_1}\right) - R\, ln\left(\frac{p_2}{p_1}\right)$

Für die Zustandsänderung von 0 nach 1 folgt

$$s_1 - s_0 = c_p\, ln\left(\frac{T_1}{T_0}\right) - R\, ln\left(\frac{p_1}{p_0}\right)$$
$$p_0 = p_1 = p = konst$$

$$s_1 - s_0 = c_p \, ln\left(\frac{T_1}{T_0}\right)$$
$$s_0 = 0$$
$$s_1 = c_p \, ln\left(\frac{T_1}{T_0}\right)$$

Lösung 5.2

1. System: geschlossenes, homogenes, quasistatisches System

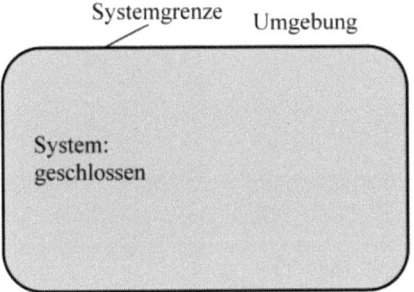

Abb. Repetitorium 5.2: System zur Aufgabe 5.2

2. Bezugssystem BZS ruht in Bezug zur Systemgrenze

3. Modellbildung
   Luft: ideales Gas

   konstantes Volumen $dv = 0$

   Ermittlung der Berechnungsformel für die Entropieänderung der Luft ΔS:

   Gl. (5.9)
   $$s_2 - s_1 = c_v \, ln\left(\frac{T_2}{T_1}\right) + R \, ln\left(\frac{v_2}{v_1}\right)$$
   $$v_1 = v_2 = v = konst$$
   $$s_2 - s_1 = c_v \, ln\left(\frac{T_2}{T_1}\right)$$
   $$\Delta S = m \cdot (s_2 - s_1) = m \cdot c_p \cdot ln\left(\frac{T_2}{T_1}\right)$$
   $$c_v = c_p - R$$
   $$\Delta S = m \cdot (s_2 - s_1) = m \cdot (c_p - R) \cdot ln\left(\frac{T_2}{T_1}\right)$$

Lösung 5.3

1. System: geschlossenes, homogenes, quasistatisches System
   Damit die Homogenität des Systems erfüllt ist, wird ein differentiell kleines System (Punktmasse) betrachtet, dass sich von 1 nach 2 bewegt

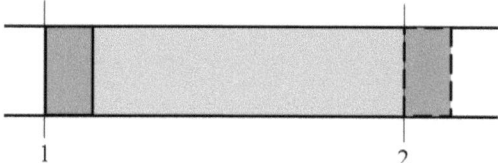

Abb. Repetitorium 5.3: System zur Aufgabe 5.3

2. Bezugssystem BZS ruht in Wandung

3. Modellbildung
   Ideales Gas
   keine Druckänderung $dp = 0$

Ermittlung der Gleichung zur Berechnung der Änderung der spezifischen Entropie Δs:

Gl. (5.8)
$$s_2 - s_1 = c_p \ln\left(\frac{T_2}{T_1}\right) - R \ln\left(\frac{p_2}{p_1}\right)$$

$$p_1 = p_2 = p = konst$$

$$\Delta s = s_2 - s_1 = c_p \ln\left(\frac{T_2}{T_1}\right)$$

$$c_p = c_v + R$$

$$\Delta s = s_2 - s_1 = (c_v + R) \cdot \ln\left(\frac{T_2}{T_1}\right)$$

Lösung 5.4

1. System: homogenes, quasistatisches, geschlossenes System

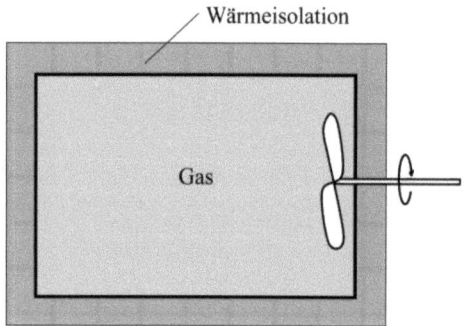

Abb. Repetitorium 5.4: System zur Aufgabe 5.4

2. Bezugssystem BZS ruht in Bezug zur Systemgrenze

3. Modellbildung
   Ideales Gas

   Wärmeisoliertes System $\delta q = 0$

   Volumenkonstantes System $dv = 0$

   Berechnung der Änderung der Entropie Δs und ΔS:

   Gl. (5.6) $\quad ds = \dfrac{du + pdv}{T} = \dfrac{c_v \cdot dT + pdv}{T}$

   Gl. (4.33) $\quad \delta w_t + \delta w_R + \delta q = du$

   $$p_1 = p_2 = p = konst$$

   $$\delta w_t = -pdv = 0$$

   $$\delta q = 0$$

   $$\delta w_R = du$$

   $$ds = \frac{du}{T} = \frac{c_v \cdot dT}{T} = \frac{\delta w_R}{T}$$

   $$du = c_v \cdot dT$$

   $$\int_1^2 du = c_v \cdot \int_1^2 dT = \int_1^2 \delta w_R = w_{R,12}$$

   $$\Delta u = c_v \cdot \Delta T = w_{R,12}$$

   $$\Delta T = \frac{w_{R,12}}{c_v} = \frac{W_{R,12}}{m \cdot c_v}$$

   $$\Delta T = \frac{10\ kJ}{2\ kg \cdot 0{,}84\ \frac{kJ}{kgK}}$$

   $$\Delta T = 6\ K$$

   $$t_1 = 30\ °C$$

   $$T_1 = 303\ K$$

   $$T_2 = 309\ K$$

   $$\Delta s = s_2 - s_1 = c_v \cdot ln\left(\frac{T_2}{T_1}\right)$$

   $$\Delta s = s_2 - s_1 = 0{,}84\ \frac{kJ}{kgK} \cdot ln\left(\frac{309}{303}\right)$$

   $$\Delta s = 0{,}0165\ \frac{kJ}{kgK}$$

   $$\Delta S = m \cdot \Delta s$$

$$\Delta S = 2\ kg \cdot 0{,}0165\ \frac{kJ}{kgK} = 0{,}033\ \frac{kJ}{K}$$

Lösung 5.5

1. System (1): isochores, quasistatisches, geschlossenes System
   System (2): druckhomogenes, quasistatisches, geschlossenes System

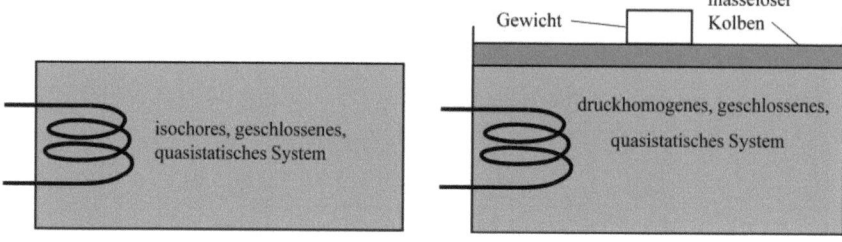

Abb. Repetitorium 5.5A: System zur Aufgabe 5.5 (1)   (2)

2. Bezugssystem BZS ruht in Behälterwandung

3. Modellbildung
   reibungsfreier Prozess $W_{R,12} = 0$

   ideales Gas

   Zu a) Berechnung der Änderung der spezifischen inneren Energie Δu bei isochorer Zustandsänderung (1):

   Gl. (4.37) $\qquad -\int_1^2 p dV + W_{R,12} + Q_{12} = U_2 - U_1$

   $$W_{R,12} = 0$$
   $$V_1 = V_2 = V = konst$$
   $$U_2 - U_1 = \Delta U = Q_{12}$$
   $$\Delta u = \frac{Q_{12}}{m}$$
   $$\Delta u = \frac{1\ kWh}{2\ kg}$$
   $$\Delta u = 7200\ \frac{kJ}{kg}$$

   Zu b) Berechnung der Änderung der spezifischen Enthalpie Δh bei isobarer Zustandsänderung (2):

   Gl. (4.51) $\qquad Q_{12} + \int_1^2 V dp + W_{R,12} = H_2 - H_1$

   $$W_{R,12} = 0$$
   $$p_1 = p_2 = p = konst$$

$$H_2 - H_1 = \Delta H = Q_{12}$$

$$\Delta h = \frac{Q_{12}}{m}$$

$$\Delta h = \frac{1\ kWh}{2\ kg}$$

$$\Delta h = 7200\ \frac{kJ}{kg}$$

Zu c) Berechnung der Temperatur t_2 bei isochorer Zustandsänderung (1):

Gl. (4.37)
$$-\int_1^2 pdV + W_{R,12} + Q_{12} = U_2 - U_1$$

$$W_{R,12} = 0$$

$$V_1 = V_2 = V = konst$$

$$U_2 - U_1 = \Delta U = Q_{12}$$

$$\Delta u = q_{12}$$

Gl. (4.76)
$$c_v(T) = \left(\frac{\partial u}{\partial T}\right)_p = \frac{du}{dT}$$

$$du = c_v \cdot dT$$

$$\int_1^2 du = \int_1^2 c_v \cdot dT$$

$$u_2 - u_1 = c_v \cdot (T_2 - T_1)$$

$$u_2 - u_1 = \Delta u = c_v \cdot (T_2 - T_1)$$

Gl. (4.85)
$$c_p(T) = c_v(T) + R$$

$$c_v = c_p - R$$

$$c_v = 14{,}21\ \frac{kJ}{kgK} - 4{,}1243\ \frac{kJ}{kgK}$$

$$c_v = 10{,}09\ \frac{kJ}{kgK}$$

$$\Delta u = c_v \cdot (T_2 - T_1)$$

$$T_2 = \frac{\Delta u}{c_v} + T_1$$

$$T_2 = \frac{7200\ \frac{kJ}{kg}}{10{,}09\ \frac{kJ}{kgK}} + 323$$

$$T_2 = 1036\ K$$

$$t_2 = 764\ °C$$

Zu c) Berechnung der Temperatur t_2 bei isobarer Zustandsänderung (2):

Gl. (4.51) $\quad Q_{12} + \int_1^2 V\,dp + W_{R,12} = H_2 - H_1$

$$W_{R,12} = 0$$
$$p_1 = p_2 = p = konst$$
$$H_2 - H_1 = \Delta H = Q_{12}$$
$$\Delta h = q_{12}$$

Gl. (4.77) $\quad c_p(T) = \left(\dfrac{\partial h}{\partial T}\right)_p = \dfrac{dh}{dT}$

$$dh = c_p \cdot dT$$
$$\int_1^2 dh = \int_1^2 c_p \cdot dT$$
$$h_2 - h_1 = c_p \cdot (T_2 - T_1)$$
$$h_2 - h_1 = q_{12}$$
$$\Delta h = c_p \cdot (T_2 - T_1)$$
$$T_2 = \dfrac{\Delta h}{c_p} + T_1$$
$$T_2 = \dfrac{7200\,\dfrac{kJ}{kg}}{14{,}21\,\dfrac{kJ}{kgK}} + 323\,K$$
$$T_2 = 830\,K$$
$$t_2 = 557\,°C$$

Zu d) Berechnung des Druckes p_2 bei isochorer Zustandsänderung (1):

Gl. (2.17) $\quad p \cdot v = R \cdot T$

$$p_1 \cdot v_1 = R \cdot T_1$$
$$p_2 \cdot v_2 = R \cdot T_2$$
$$v_1 = v_2 = v = konst$$
$$p_2 = p_1 \dfrac{T_2}{T_1}$$
$$p_2 = 2\,bar\,\dfrac{1036\,K}{323\,K}$$
$$p_2 = 6{,}4\,bar$$

Zu d) Berechnung des Druckes p_2 bei isobarer Zustandsänderung (2):

$$p_1 = p_2 = p = konst$$
$$p_2 = p_1 = 2\,bar$$

Zu e) Darstellung des T, s-Diagramms mit den Δu- und Δh-Flächen:

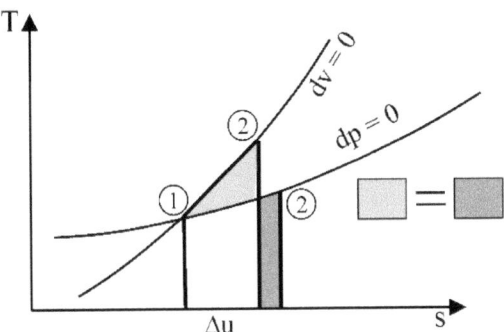

Abb. Repetitorium 5.5B: System zur Aufgabe 5.5

Da die Δu- und Δh-Flächen (jeweils die Fläche unter der Zustandslinie $dv = 0$ bzw. $dp = 0$) gleich groß sind, $\Delta u = \Delta h = 7200 \frac{kJ}{kg}$, müssen die unterschiedlich grau gekennzeichneten Flächen ebenfalls gleich groß sein.

Lösung 5.6
1. System: geschlossenes, quasistatisches, druckhomogenes System

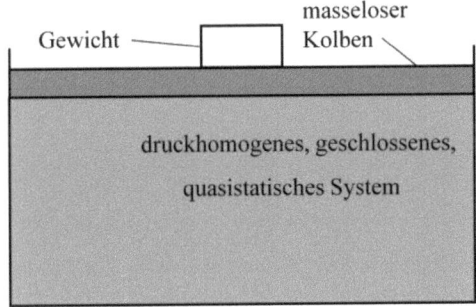

Abb. Repetitorium 5.6A: System zur Aufgabe 5.6

2. Bezugssystem BZS ruht in Bezug zur Systemgrenze

3. Modellbildung
   isobare Zustandsänderung $dp = 0$
   ideales Gas
   reibungsfreier Vorgang $\delta w_R = 0$
   Zu a) Berechnung der Endtemperatur t_2 bzw. Wärmezufuhr Q_{12}
   Gl. (5.67) $w_{D,12} = -R \cdot (T_2 - T_1)$
                    $W_{D,12} = -m \cdot R \cdot (T_2 - T_1)$

$$T_2 = -\frac{W_{D,12}}{m \cdot R} + T_1$$

$1\,Nm = 1\,J$ T 2.4

$$T_2 = -\frac{-28{,}7\,kJ}{1\,kg \cdot 0{,}2871\,\frac{kJ}{kgK}} + 373\,K$$

$$T_2 = 100\,K + 373\,K$$
$$T_2 = 473\,K$$
$$t_2 = 200\,°C$$

Gl. (5.70) $q_{12} = c_{pm}\Big|_{T_1}^{T_2}(T_2 - T_1)$

$$c_{pm} = c_p = 1{,}004\,\frac{kJ}{kgK} = konst$$

$$q_{12} = c_p \cdot (T_2 - T_1)$$

$$q_{12} = 1{,}004\,\frac{kJ}{kgK} \cdot (473\,K - 373\,K)$$

$$q_{12} = 100{,}4\,\frac{kJ}{kg}$$

$$Q_{12} = q_{12} \cdot m$$

$$Q_{12} = 100{,}4\,\frac{kJ}{kg} \cdot 1\,kg$$

$$Q_{12} = 100{,}4\,kJ$$

Zu b) Berechnung der spezifischen, technischen Arbeit $w_{t,12}$:

Gl. (5.63) $w_{t,12} = \int_1^2 v\,dp$

$$dp = 0$$
$$w_{t,12} = 0$$

Zu c) $w_{D,12}$ und $w_{t,12}$ im p,v-Diagramm:

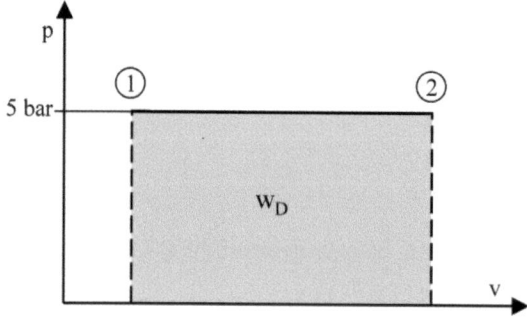

Abb. Repetitorium 5.6B: p,v-Diagramm zur Aufgabe 5.6

Lösung 5.7

1. System: geschlossenes, quasistatisches, druckhomogenes System

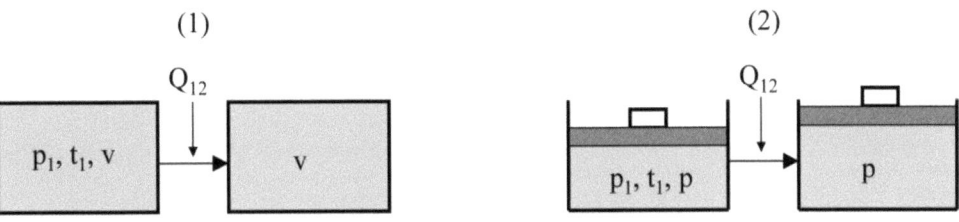

Abb. Repetitorium 5.7A: System zur Aufgabe 5.7

2. Bezugssystem BZS ruht in Wandungen

3. Modellbildung
   Luft: ideales Gas
   reibungsfreie Zustandsänderungen $\delta w_R = 0$

Zu a) Darstellung der Zustandsänderungen im p, v-Diagramm:

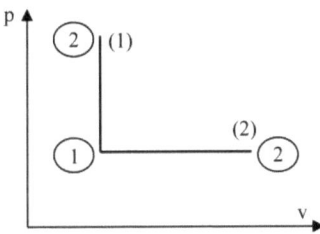

Abb. Repetitorium 5.7B: p, v-Diagramm zur Aufgabe 5.7

Zu b) Berechnung von T_2, p_2 bei isochorer Zustandsänderung (1):

Gl. (5.53) $\delta q = du = c_v(T) \cdot dT$

$c_p = konst$

$c_v = c_p - R = konst$

$c_v = 1{,}004\,\dfrac{kJ}{kgK} - 0{,}2871\,\dfrac{kJ}{kgK} = 0{,}7169\,\dfrac{kJ}{kgK}$

$q_{12} = c_v \cdot \displaystyle\int_1^2 dT$

$q_{12} = c_v \cdot (T_2 - T_1)$

$Q_{12} = m \cdot c_v \cdot (T_2 - T_1)$

$T_2 = \dfrac{Q_{12}}{m \cdot c_v} + T_1$

$$T_2 = \frac{210\ kJ}{1\ kg \cdot 0{,}7169\ \frac{kJ}{kgK}} + 453\ K$$

$$T_2 = 293\ K + 453\ K$$

$$T_2 = 746\ K$$

Gl. (2.31) $\quad \dfrac{p_1}{T_1} = \dfrac{p_2}{T_2}$

$$p_2 = p_1 \frac{T_2}{T_1}$$

$$p_2 = 20\ bar\ \frac{746\ K}{453\ K}$$

$$p_2 = 33\ bar$$

Zu b) Berechnung von T_2, p_2 bei isobarer Zustandsänderung (2):

Gl. (5.70) $\quad q_{12} = c_{pm} \Big|_{T_1}^{T_2} (T_2 - T_1)$

$$c_{pm} = c_p = 1{,}004\ \frac{kJ}{kgK} = konst$$

$$q_{12} = c_p \cdot (T_2 - T_1)$$

$$Q_{12} = m \cdot c_p \cdot (T_2 - T_1)$$

$$T_2 = \frac{Q_{12}}{m \cdot c_p} + T_1$$

$$T_2 = \frac{210\ kJ}{1\ kg \cdot 1{,}004\ \frac{kJ}{kgK}} + 453\ K$$

$$T_2 = 663\ K$$

$$t_2 = 390\ °C$$

$$p_2 = p_1 (\text{isobare Zustandsänderung})$$

$$p_2 = 20\ bar$$

Zu c) Berechnung der spezifischen Volumenänderungsarbeit $w_{D,12}$ und spezifischen technischen Arbeit $w_{t,12}$ jeweils bei isochorer Zustandsänderung (1):

Gl. (5.51) $\quad \delta w_D = -p\,dv = 0$

Gl. (4.18) $\quad w_{D,12} = -\int_1^2 p\,dv = 0$

Gl. (4.20) $\quad W_{D,nt} = -p_U \cdot (V_2 - V_1)$

$$w_{D,nt} = -p_U \cdot (v_2 - v_1)$$

$$v_1 = v_2 = v = konst$$

$$w_{D,nt} = 0$$

Gl. (4.24) $\quad w_{D,12} = w_{D,nt} + w_{D,t}$

$$w_{D,t} = w_{t,12} = w_{D,12} - w_{D,nt}$$

$$w_{t,12} = 0 - 0 = 0$$

Zu c) Berechnung der spezifischen Volumenänderungsarbeit $w_{D,12}$ und spezifischen technischen Arbeit $w_{t,12}$ jeweils bei isobarer Zustandsänderung (2):

Gl. (5.67) $w_{D,12} = -R \cdot (T_2 - T_1)$

$$w_{D,12} = -0{,}2871 \frac{kJ}{kgK} \cdot (663\,K - 453\,K)$$

$$w_{D,12} = -60{,}3\,J$$

Gl. (5.63) $w_{t,12} = \int_1^2 v\,dp$

$$dp = 0$$

$$w_{t,12} = 0$$

Zu d) Berechnung der spezifischen inneren Energie Δu bei isochorer Zustandsänderung (1):

Gl. (4.50) $u_2 - u_1 = -\int_1^2 p\,dv + w_{R,12} + q_{,12}$

$$dv = 0$$

$$w_{R,12} = 0$$

$$q_{,12} = u_2 - u_1$$

Gl. (5.76) $q_{12} = c_{vm}\Big|_{T_1}^{T_2} (T_2 - T_1)$

$$c_{pm} = c_p = 1{,}004 \frac{kJ}{kgK} = konst$$

Gl. (4.85) $c_p(T) = c_v(T) + R$

$$c_v = c_p - R$$

$$c_v = 1{,}004 \frac{kJ}{kgK} - 0{,}2871 \frac{kJ}{kgK}$$

$$c_v = 0{,}7169 \frac{kJ}{kgK}$$

$$q_{12} = c_v \cdot (T_2 - T_1)$$

$$q_{,12} = u_2 - u_1 = \Delta u$$

$$\Delta u = c_v \cdot (T_2 - T_1)$$

$$\Delta u = 0{,}7169 \frac{kJ}{kgK} \cdot (746\,K - 453\,K)$$

$$\Delta u = 210 \frac{kJ}{kg}$$

Zu d) Berechnung der Änderung der spezifischen inneren Energie bei isobarer Zustandsänderung (2):

$$\Delta u = c_v \cdot (T_2 - T_1)$$

$$\Delta u = 0{,}7169 \frac{kJ}{kgK} \cdot (663\ K - 453\ K)$$

$$\Delta u = 150{,}5 \frac{kJ}{kg}$$

Zu d) Berechnung der spezifischen Enthalpie Δh bei isochorer Zustandsänderung (1):

Gl. (4.35) $h_2 - h_1 = q_{,12} + \int_1^2 v\, dp + w_{R,12}$

$$dp = 0$$
$$w_{R,12} = 0$$
$$q_{,12} = h_2 - h_1$$

Gl. (5.76) $q_{12} = c_{pm}\Big|_{T_1}^{T_2}(T_2 - T_1)$

$$c_{pm} = c_p = 1{,}004 \frac{kJ}{kgK} = konst$$
$$q_{12} = c_p \cdot (T_2 - T_1)$$
$$q_{,12} = h_2 - h_1 = \Delta h$$
$$\Delta h = c_p \cdot (T_2 - T_1)$$
$$\Delta h = 1{,}004 \frac{kJ}{kgK} \cdot (746\ K - 453\ K)$$
$$\Delta h = 294{,}2 \frac{kJ}{kg}$$

Zu d) Berechnung der Änderung der spezifischen Enthalpie bei isobarer Zustandsänderung (2):

$$\Delta h = 1{,}004 \frac{kJ}{kgK} \cdot (663\ K - 453\ K)$$
$$\Delta h = 210{,}8 \frac{kJ}{kg}$$

Lösung 5.8

1. System: geschlossenes, quasistatisches, druckhomogenes System

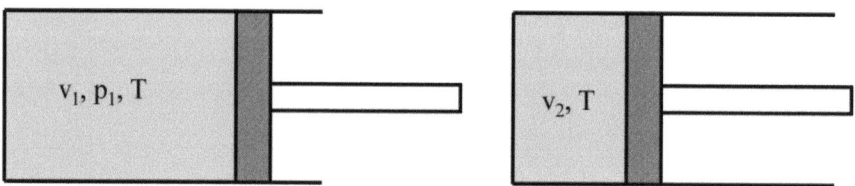

Abb. Repetitorium 5.8A: System zur Aufgabe 5.8

2. Bezugssystem BZS ruht in Wandung

3. Modellbildung
   isotherme Zustandsänderung $dT = 0$
   reibungsfreier Vorgang $\delta w_R = 0$
   ideales Gas

   Zu a) Berechnung des Druckes p_2:

   Gl. (2.28)
   $$p_1 \cdot V_1 = p_2 \cdot V_2$$
   $$p_2 = p_1 \frac{V_1}{V_2}$$
   $$p_2 = 3 \, bar \, \frac{0{,}07 \, m^3}{0{,}01 \, m^3}$$
   $$p_2 = 21 \, bar$$

   Zu b) Berechnung der Masse m:

   Gl. (2.21)
   $$p \cdot V = m \cdot R \cdot T$$
   $$m = \frac{p \cdot V}{R \cdot T}$$
   $$m = \frac{3 \, bar \cdot 0{,}07 \, m^3}{0{,}26 \, \frac{kJ}{kgK} \cdot 298 \, K}$$

   $1 \, bar = 10^2 \, \frac{kJ}{m^3}$ T 2.4

   $$m = \frac{3 \cdot 10^2 \, \frac{kJ}{m^3} \cdot 0{,}07 \, m^3}{0{,}26 \, \frac{kJ}{kgK} \cdot 298 \, K}$$
   $$m = 0{,}271 \, kg$$

   Zu c) Berechnung der Volumenänderungsarbeit $W_{D,12}$ und übertragenen Wärme Q_{12}:

   Gl. (5.40)
   $$w_{D,12} = -R \cdot T \cdot \ln\left(\frac{p_1}{p_2}\right)$$
   $$W_{D,12} = -m \cdot R \cdot T \cdot \ln\left(\frac{p_1}{p_2}\right)$$
   $$W_{D,12} = -0{,}271 \, kg \cdot 0{,}26 \, \frac{kJ}{kgK} \cdot 298 \, K \cdot \ln\left(\frac{21 \, bar}{3 \, bar}\right)$$
   $$W_{D,12} = 40{,}8 \, kJ$$

   Gl. (4.38)
   $$U_2 - U_1 = W_{D,12} + W_{R,12} + Q_{12}$$
   $$W_{R,12} = 0$$
   $$T_1 = T_2 = T = konst$$

$$U_1(T) - U_2(T) = 0$$

$$Q_{12} = -W_{D,12} = -40{,}8 \, kJ$$

Zu d) Darstellung des Prozesses im p, v-Diagramm, Abb. 5.8B:

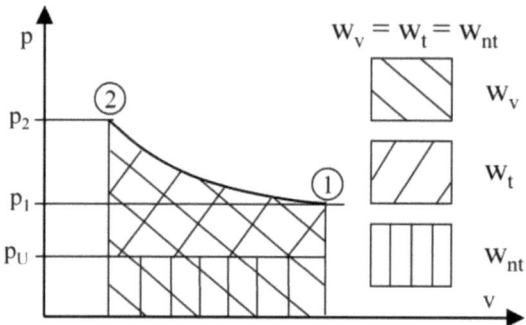

Abb. Repetitorium 5.8B: p, v-Diagramm zur Aufgabe 5.8

Lösung 5.9

1. System: geschlossenes, quasistatisches, druckhomogenes System

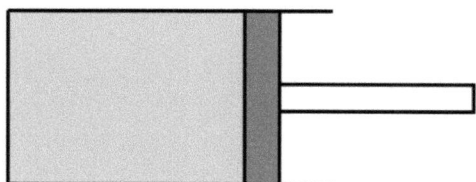

Abb. Repetitorium 5.9: System zur Aufgabe 5.9

2. Bezugssystem BZS ruht in Wandung

3. Modellbildung
   Reibungsfreier und adiabater Vorgang $ds = 0$
   Wasserstoff: ideales Gas
   keine Feldkräfte und keine Höhendifferenz ($g \cdot dz = 0$)
   Zu a) Berechnung der Zustandsgrößen v_1, t_2, v_2:
   Gl. (2.17) $\qquad p \cdot v = R \cdot T$
   $$v_2 = \frac{R \cdot T_1}{p_1}$$

$$v_2 = \frac{4{,}1243 \frac{kJ}{kgK} \cdot 368\,K}{19{,}5 \cdot 10^2 \frac{kJ}{m^3}}$$

$$1\,bar = 10^2 \frac{kJ}{m^3} \quad T\,2.4$$

$$v_2 = 0{,}78 \frac{m^3}{kg}$$

Gl. (5.17) $\quad \dfrac{T_2}{T_1} = \left(\dfrac{p_2}{p_1}\right)^{\frac{\kappa-1}{\kappa}}$

Gl. (5.18) $\quad \dfrac{R}{c_v} = \dfrac{c_p - c_v}{c_v} = \kappa - 1$

$$\kappa - 1 = \frac{R}{c_v} = \frac{4{,}1243 \frac{kJ}{kgK}}{10{,}09 \frac{kJ}{kgK}} = 0{,}4088$$

$$\kappa = \frac{R}{c_v} + 1 = 1{,}409$$

$$\frac{T_2}{T_1} = \left(\frac{p_2}{p_1}\right)^{\frac{\kappa-1}{\kappa}}$$

$$T_2 = T_1 \cdot \left(\frac{p_2}{p_1}\right)^{\frac{\kappa-1}{\kappa}}$$

$$T_2 = 368\,K \cdot \left(\frac{7{,}8\,bar}{19{,}5\,bar}\right)^{\frac{0{,}4088}{1{,}409}}$$

$$T_2 = 282\,K$$

$$t_2 = 9\,°C$$

Gl. (2.17) $\quad p \cdot v = R \cdot T$

$$p_2 \cdot v_2 = R \cdot T_2$$

$$v_2 = \frac{R \cdot T_2}{p_2}$$

$$1\,bar = 10^2 \frac{kJ}{m^3} \quad T\,2.4$$

$$v_2 = \frac{4{,}1243 \frac{kJ}{kgK} \cdot 282\,K}{7{,}8 \cdot 10^2 \frac{kJ}{m^3}}$$

$$v_2 = 1{,}49 \frac{m^3}{kg}$$

Zu b) Berechnung der spezifischen Volumenänderungsarbeit $w_{D,12}$:

Gl. (5.25) $\quad w_{D,12} = \dfrac{R \cdot T_1}{\kappa - 1} \cdot \left(\dfrac{T_2}{T_1} - 1\right)$

$$w_{D,12} = \frac{4{,}1243 \frac{kJ}{kgK} \cdot 368\,K}{0{,}4088} \cdot \left(\frac{282\,K}{368\,K} - 1\right)$$

$$w_{D,12} = -827{,}9 \frac{kJ}{kg}$$

Zu c) Berechnung von t_2, v_2 bei isothermer Zustandsänderung:

Gl. (5.41) $\qquad w_{D,12} = -p_1 \cdot v_1 \cdot \ln\left(\frac{p_1}{p_2}\right)$

Gl. (2.17) $\qquad p \cdot v = R \cdot T$

$$p_1 \cdot v_1 = R \cdot T_1$$

$$w_{D,12} = -T_1 \cdot R \cdot \ln\left(\frac{p_1}{p_2}\right)$$

$$\ln\left(\frac{p_1}{p_2}\right) = -\frac{w_{D,12}}{T_1 \cdot R}$$

$$\frac{p_2}{p_1} = e^{\frac{w_{D,12}}{T_1 \cdot R}}$$

$$\frac{w_{D,12}}{T_1 \cdot R} = \frac{-827{,}9 \frac{kJ}{kg}}{368\,K \cdot 4{,}1243 \frac{kJ}{kgK}} = -0{,}545$$

$$\frac{p_2}{p_1} = e^{-0{,}545}$$

$$p_2 = p_1 \cdot e^{-0{,}545}$$

$$p_2 = 19{,}5\,bar \cdot 0{,}5798$$

$$p_2 = 11{,}3\,bar$$

Gl. (2.17) $\qquad p \cdot v = R \cdot T$

$$p_2 \cdot v_2 = R \cdot T_2$$

$$v_2 = \frac{R \cdot T_2}{p_2}$$

$\qquad\qquad\qquad\qquad\qquad\qquad 1\,bar = 10^2 \frac{kJ}{m^3} \qquad T\,2.4$

$$v_2 = \frac{4{,}1243 \frac{kJ}{kgK} \cdot 282\,K}{11{,}3 \cdot 10^2 \frac{kJ}{m^3}}$$

$$v_2 = 1{,}03 \frac{m^3}{kg}$$

Lösung 5.10

1. System: geschlossen, differentiell kleines System (Punktmasse)

10 Repetitorium

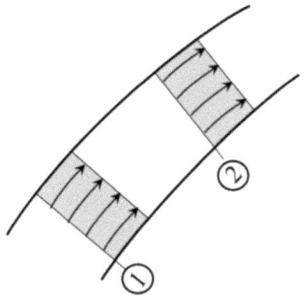

Abb. Repetitorium 5.10A: System zur Aufgabe 5.10

2. Bezugssystem BZS ruht in Wandung

3. Modellbildung
   stationäre Strömung in den Querschnitten 1 und 2
   reibungsfreier und adiabater Vorgang $\delta w_R = 0, \delta q = 0$, also $ds = 0$
   keine Änderung der kinetischen Energie $de_{kin} = 0$
   ideales Gas
   Zu a) Berechnung der spezifischen technischen Arbeit $w_{t,12}$:
   Isentrope (adiabate und reibungsfreie) Zustandsänderung

Gl. (5.17)
$$\frac{T_2}{T_1} = \left(\frac{p_2}{p_1}\right)^{\frac{\kappa-1}{\kappa}}$$

Gl. (5.18)
$$\frac{R}{c_v} = \frac{c_p - c_v}{c_v} = \kappa - 1$$

$$\kappa - 1 = \frac{R}{c_v} = \frac{0{,}2871 \frac{kJ}{kgK}}{0{,}718 \frac{kJ}{kgK}} = 0{,}4$$

$$\kappa = \frac{R}{c_v} + 1 = 1{,}4$$

$$\frac{T_2}{T_1} = \left(\frac{p_2}{p_1}\right)^{\frac{\kappa-1}{\kappa}}$$

$$T_2 = T_1 \cdot \left(\frac{p_2}{p_1}\right)^{\frac{\kappa-1}{\kappa}}$$

$$T_2 = 573\,K \cdot \left(\frac{1\,bar}{10\,bar}\right)^{\frac{0{,}4}{1{,}4}}$$

$$T_2 = 297\,K$$

$$t_2 = 24\,°C$$

Gl. (5.30)
$$w_{t,12} = c_p \cdot (T_2 - T_1)$$

Gl. (4.86)
$$c_p - c_v = R$$
$$c_p = R + c_v$$
$$w_{t,12} = (R + c_v) \cdot (T_2 - T_1)$$
$$w_{t,12} = 1{,}004 \frac{kJ}{kgK}(297\,K - 573\,K)$$
$$w_{t,12} = -277{,}1 \frac{kJ}{kg}$$

Zu b) Berechnung der spezifischen technischen Arbeit $w_{t,12}$:
Polytrope Zustandsänderung

Gl. (5.83)
$$\frac{T_2}{T_1} = \left(\frac{p_2}{p_1}\right)^{\frac{n-1}{n}}$$
$$T_2 = T_1 \cdot \left(\frac{p_2}{p_1}\right)^{\frac{n-1}{n}}$$
$$T_2 = 573\,K \cdot \left(\frac{1\,bar}{10\,bar}\right)^{0{,}26}$$
$$T_2 = 315\,K$$
$$t_2 = 42\,°C$$

Gl. (5.30) $w_{t,12} = c_p \cdot (T_2 - T_1)$
Gl. (4.86) $c_p - c_v = R$
$$c_p = R + c_v$$
$$w_{t,12} = (R + c_v) \cdot (T_2 - T_1)$$
$$w_{t,12} = 1{,}004 \frac{kJ}{kgK}(315\,K - 573\,K)$$
$$w_{t,12} = -259 \frac{kJ}{kg}$$

Zu c) Darstellung des Prozesses im T,s-Diagramm, Abb. 5.10B:

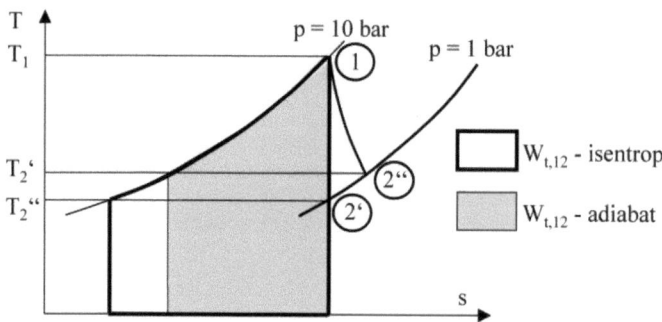

Abb. Repetitorium 5.10B: T,s-Diagramm zur Aufgabe 5.10

Lösung 5.11

1. System: geschlossenes System

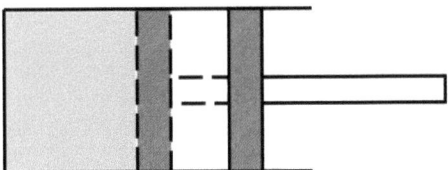

Abb. Repetitorium 5.11: System zur Aufgabe 5.11

2. Bezugssystem BZS ruht in der Zylinderwand

3. Modellbildung
   quasistatischer Vorgang
   reibungsfreier und adiabater Vorgang $\delta w_R = 0, \delta q = 0$, also isentroper Vorgang $ds = 0$
   Luft: ideales Gas

Berechnung von t_2 und p_2:

Gl. (5.19)
$$\frac{T_2}{T_1} = \left(\frac{v_1}{v_2}\right)^{\kappa-1}$$

$$T_2 = T_1 \left(\frac{v_1}{v_2}\right)^{\kappa-1}$$

Gl. (5.18)
$$\frac{R}{c_v} = \frac{c_p - c_v}{c_v} = \kappa - 1$$

$$\kappa - 1 = \frac{R}{c_v} = \frac{0{,}2871 \frac{kJ}{kgK}}{0{,}718 \frac{kJ}{kgK}} = 0{,}4$$

$$T_2 = T_1 \left(\frac{V_1}{V_2}\right)^{\kappa-1}$$

$$V_1 = A \cdot l_1 = 0{,}0157 \, m^3$$
$$V_2 = A \cdot l_2 = 0{,}0094 \, m^3$$

$$T_2 = 293 \, K \left(\frac{0{,}094}{0{,}0157}\right)^{0{,}4}$$

$$T_2 = 360 \, K$$
$$t_2 = 87 \, °C$$

Gl. (5.24)
$$w_{D,12} = u_2 - u_1 = c_v \cdot (T_2 - T_1)$$

$$w_{D,12} = 0{,}718 \frac{kJ}{kgK} \cdot (360 \, K - 293 \, K)$$

Gl. (2.21)

$$w_{D,12} = 48{,}1 \frac{kJ}{kg}$$

$$p \cdot V = m \cdot R \cdot T$$

$$m = \frac{p \cdot V}{R \cdot T}$$

$$m = \frac{p_1 \cdot V_1}{R \cdot T_1}$$

$$1\,bar = 10^2 \frac{kJ}{m^3} \quad T\,2.4$$

$$m = \frac{10^2 \frac{kJ}{m^3} \cdot 0{,}0157\,m^3}{0{,}2871 \frac{kJ}{kgK} \cdot 293\,K}$$

$$m = 0{,}0187\,kg$$

$$W_{D,12} = m \cdot w_{D,12} = 48{,}1 \frac{kJ}{kg}$$

$$W_{D,12} = 0{,}0187\,kg \cdot 48{,}1 \frac{kJ}{kg}$$

$$W_{D,12} = 0{,}899\,kJ$$

Gl. (2.21)

$$p \cdot V = m \cdot R \cdot T$$

$$m = \frac{p \cdot V}{R \cdot T}$$

$$p_2 = \frac{m \cdot R \cdot T_2}{V_2}$$

$$p_2 = \frac{0{,}0187\,kg \cdot 0{,}2871 \frac{kJ}{kgK} \cdot 360\,K}{0{,}0094\,m^3}$$

$$p_2 = 2{,}06\,bar$$

Lösung 5.12

1. System: geschlossenes, quasistatisches System

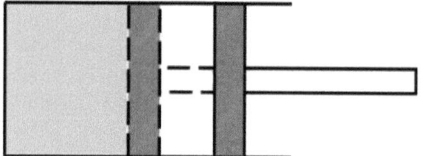

Abb. Repetitorium 5.12A: System zur Aufgabe 5.12

2. Bezugssystem BZS ruht in Wandung

3. Modellbildung

keine Zufuhr von Reibungsarbeit $\delta w_R = 0$
keine Feldkräfte und keine Höhendifferenz ($g \cdot dz = 0$)
Luft: ideales Gas
Die Richtung der Zustandsänderung von ① nach ② wird durch den Polytropen-exponenten n beschrieben.

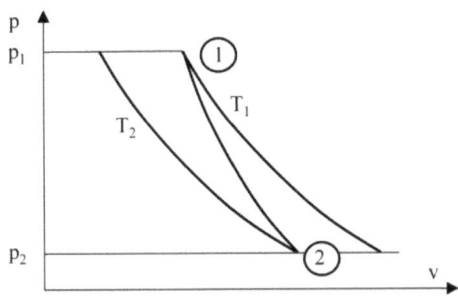

Abb. Repetitorium 5.12B: p, v Diagramm zur Aufgabe 5.12

Zu a) Berechnung des Polytropenexponenten n:

Gl. (5.83)
$$\frac{T_2}{T_1} = \left(\frac{p_2}{p_1}\right)^{\frac{n-1}{n}}$$

$$\frac{n-1}{n} \ln\left(\frac{p_2}{p_1}\right) = \ln\left(\frac{T_2}{T_1}\right)$$

$$\frac{n-1}{n} = \frac{\ln\left(\frac{T_2}{T_1}\right)}{\ln\left(\frac{p_2}{p_1}\right)}$$

$$n = \frac{\ln\left(\frac{T_2}{T_1}\right)}{\ln\left(\frac{p_2}{p_1}\right)} \cdot n + 1$$

$$n - \frac{\ln\left(\frac{T_2}{T_1}\right)}{\ln\left(\frac{p_2}{p_1}\right)} \cdot n = 1$$

$$n \cdot \left[1 - \frac{\ln\left(\frac{T_2}{T_1}\right)}{\ln\left(\frac{p_2}{p_1}\right)}\right] = 1$$

$$n = \frac{1}{1 - \frac{\ln\left(\frac{T_2}{T_1}\right)}{\ln\left(\frac{p_2}{p_1}\right)}}$$

$$n = \frac{1}{1 - \frac{ln(0{,}462)}{ln(10)}}$$

$$n = 1{,}5$$

Zu b) Berechnung der abgegebenen Volumenänderungsarbeit bzw. der an die Umgebung abgegebenen Wärme $W_{D,12}, Q_{12}$:

Gl. (5.84)
$$w_{D,12} = \frac{R \cdot T_1}{n-1} \cdot \left(\frac{T_2}{T_1} - 1\right)$$

$$w_{D,12} = \frac{R}{n-1} \cdot (T_2 - T_1)$$

$$w_{D,12} = \frac{0{,}2871 \frac{kJ}{kgK}}{1{,}5 - 1} \cdot (300\,K - 650\,K)$$

$$w_{D,12} = -201 \frac{kJ}{kg}$$

$$W_{D,12} = m \cdot w_{D,12}$$

$$W_{D,12} = -0{,}5\,kg \cdot 201 \frac{kJ}{kg} = -100{,}5\,kJ$$

Gl. (4.37)
$$-\int_1^2 p\,dV + W_{R,12} + Q_{12} = U_2 - U_1$$

$$W_{D,12} + W_{R,12} + Q_{12} = \Delta U$$

$$W_{R,12} = 0$$

$$W_{D,12} + Q_{12} = \Delta U$$

$$m \cdot \Delta u = m \cdot q_{12} + W_{D,12}$$

$$m \cdot \int_1^2 du = m \cdot \int_1^2 \delta q + W_{D,12}$$

Gl. (4.76)
$$c_v(T) = \left(\frac{\partial u}{\partial T}\right)_p = \frac{du}{dT}$$

$$du = c_v \cdot dT$$

$$\int_1^2 du = \int_1^2 c_v \cdot dT$$

$$\Delta U = m \cdot c_v \cdot (T_2 - T_1)$$

$$\Delta U = W_{D,12} + Q_{12} = m \cdot c_v \cdot (T_2 - T_1)$$

$$Q_{12} = m \cdot c_v \cdot (T_2 - T_1) - W_{D,12}$$

$$Q_{12} = 0{,}5\,kg \cdot 0{,}718 \frac{kJ}{kgK} \cdot (-350\,K) + 201 \frac{kJ}{kg}$$

$$Q_{12} = -25{,}2 \frac{kJ}{kg}$$

Zu c) Berechnung der technischen Arbeit $W_{t,12}$:

Die gesamte Arbeit des Gases kann natürlich nicht als technische Arbeit an der Kolbenstange abgenommen werden, denn es gilt folgende Beziehung.

Gl. (4.24) $\quad W_{D,12} = W_{D,nt} + W_{D,t}$

Gl. (4.20) $\quad W_{D,nt} = -p_U \cdot (V_2 - V_1)$

$\quad W_{D,t} = W_{t,12} = W_{D,12} + p_U \cdot (V_2 - V_1)$

Gl. (2.21) $\quad p \cdot V = m \cdot R \cdot T$

$$m = \frac{p \cdot V}{R \cdot T}$$

$$V_1 = \frac{m \cdot R \cdot T_1}{p_1}$$

$\qquad 1\,bar = 10^2 \frac{kJ}{m^3} \qquad T\,2.4$

$$V_1 = \frac{0{,}5\,kg \cdot 0{,}2871\,\frac{kJ}{kgK} \cdot 650\,K}{10 \cdot 10^2 \frac{kJ}{m^3}} = 0{,}093\,m^3$$

$$V_2 = \frac{m \cdot R \cdot T_2}{p_2}$$

$$V_2 = \frac{0{,}5\,kg \cdot 0{,}2871\,\frac{kJ}{kgK} \cdot 300\,K}{1 \cdot 10^2 \frac{kJ}{m^3}} = 0{,}431\,m^3$$

$$W_{t,12} = W_{D,12} + p_U \cdot (V_2 - V_1)$$

$$W_{t,12} = -100{,}5\,kJ + 1 \cdot 10^2 \frac{kJ}{m^3} \cdot 0{,}338\,m^3$$

$$W_{t,12} = -66{,}7\,kJ$$

Würden zusätzlich noch Reibungskräfte zwischen Kolben und Zylinderwand auftreten, wäre die abnehmbare technische Arbeit noch geringer.

Lösung 5.13

1. System: geschlossenes System

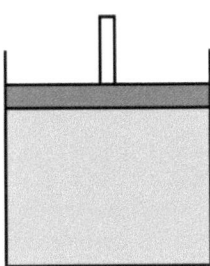

Abb. Repetitorium 5.13A: System zur Aufgabe 5.13

2. Bezugssystem BZS ruht in Zylinderwandung

3. Modellbildung
   Isentrope Zustandsänderung $\delta w_R = 0, \delta q = 0$
   Luft: ideales Gas
   Zu a) Berechnung des Ausgangsvolumens V_1 bei der Volumenänderungsarbeit $W_{D,12}$:

Gl. (4.37)
$$-\int_1^2 pdV + W_{R,12} + Q_{12} = U_2 - U_1$$
$$W_{D,12} + W_{R,12} + Q_{12} = \Delta U$$
$$W_{R,12} = 0$$
$$Q_{12} = 0$$
$$W_{D,12} = \Delta U$$
$$m \cdot \Delta u = W_{D,12}$$
$$m \cdot \int_1^2 du = W_{D,12}$$

Gl. (4.76)
$$c_v(T) = \left(\frac{\partial u}{\partial T}\right)_p = \frac{du}{dT}$$
$$du = c_v \cdot dT$$
$$\int_1^2 du = \int_1^2 c_v \cdot dT$$
$$\Delta U = m \cdot c_v \cdot (T_2 - T_1)$$
$$\Delta U = W_{D,12} = m \cdot c_v \cdot (T_2 - T_1)$$
$$W_{D,12} = m \cdot c_v \cdot (T_2 - T_1)$$
$$W_{D12} = m \cdot c_v \cdot T_1 \cdot \left(\frac{T_2}{T_1} - 1\right)$$

Gl. (2.21)
$$p \cdot V = m \cdot R \cdot T$$
$$m = \frac{p \cdot V}{R \cdot T}$$
$$T_1 = \frac{p_1 \cdot V_1}{m \cdot R}$$
$$W_{D12} = m \cdot c_v \cdot \frac{p_1 \cdot V_1}{m \cdot R} \cdot \left(\frac{T_2}{T_1} - 1\right)$$
$$W_{D12} = c_v \cdot \frac{p_1 \cdot V_1}{R} \cdot \left(\frac{T_2}{T_1} - 1\right)$$

Gl. (5.19)
$$\frac{T_2}{T_1} = \left(\frac{v_1}{v_2}\right)^{\kappa-1}$$
$$\frac{T_2}{T_1} = \left(\frac{V_1}{V_2}\right)^{\kappa-1}$$
$$W_{D12} = c_v \cdot \frac{p_1 \cdot V_1}{R} \cdot \left[\left(\frac{V_1}{V_2}\right)^{\kappa-1} - 1\right]$$

10 Repetitorium

$$V_1 = \frac{W_{D12} \cdot R}{c_v \cdot p_1 \cdot \left[\left(\frac{V_1}{V_2}\right)^{\kappa-1} - 1\right]}$$

Gl. (4.85) $\quad c_p = c_v + R$

Gl. (5.15) $\quad \kappa = \frac{c_p}{c_v}$

$$\kappa = \frac{c_v + R}{c_v}$$

$$\kappa = \frac{0{,}718\,\frac{kJ}{kgK} + 0{,}2871\,\frac{kJ}{kgK}}{0{,}718\,\frac{kJ}{kgK}} = 1{,}4$$

$$\frac{V_2}{V_1} = \frac{1}{8}$$

$$\frac{V_1}{V_2} = 8$$

$\qquad\qquad\qquad\qquad\qquad 1\,bar = 10^2\,\frac{kJ}{m^3} \qquad T\,2.4$

$$V_1 = \frac{600\,kJ \cdot 0{,}2871\,\frac{kJ}{kgK}}{0{,}718\,\frac{kJ}{kgK} \cdot 10^2\,\frac{kJ}{m^3} \cdot [8^{0{,}4} - 1]}$$

$$V_1 = 1{,}85\,m^3$$

Zu b) Berechnung des Ausgangsvolumens V_1 bei der kinetischen Energie ΔE_{kin}:

Modellbildung

Die Art der zugeführten Energie hat sich geändert. Die fallende Masse, deren kinetische Energie im Moment des Aufpralls auch 600 kJ beträgt, führt dem System Luftpuffer eine technische Arbeit zu. Auf die Aufschlagfläche (hier der Kolben) wirkt außerdem noch der Luftdruck, so dass beim Verschieben des Kolbens zusätzlich eine nichttechnische Arbeit von der Umgebung geleistet wird.

Gl. (4.24) $\quad W_{D,12} = W_{D,nt} + W_{D,t}$

$\qquad\qquad W_{D,12} = W_{D,nt} + W_{D,t}$

$\qquad\qquad W_{D,t} = W_{t,12}$

Gl. (4.20) $\quad W_{D,nt} = -p_U \cdot (V_2 - V_1)$

$\qquad\qquad W_{D,12} = W_{t,12} - p_U \cdot (V_2 - V_1)$

$\qquad\qquad \frac{V_2}{V_1} = \frac{1}{8}$

$\qquad\qquad V_2 = \frac{1}{8}V_1$

$\qquad\qquad\qquad\qquad\qquad 1\,bar = 10^2\,\frac{kJ}{m^3} \qquad T\,2.4$

$$W_{D,12} = 600\ kJ + 10^2 \frac{kJ}{m^3} \cdot \frac{7}{8} m^3$$
$$W_{D,12} = 600\ kJ + 211\ kJ$$
$$W_{D,12} = 821\ kJ$$

Gl. (4.37)
$$-\int_1^2 pdV + W_{R,12} + Q_{12} = U_2 - U_1$$
$$W_{D,12} + W_{R,12} + Q_{12} = \Delta U$$
$$W_{R,12} = 0$$
$$Q_{12} = 0$$
$$W_{D,12} = \Delta U$$
$$m \cdot \Delta u = W_{D,12}$$
$$m \cdot \int_1^2 du = W_{D,12}$$

Gl. (4.76)
$$c_v(T) = \left(\frac{\partial u}{\partial T}\right)_p = \frac{du}{dT}$$
$$du = c_v \cdot dT$$
$$\int_1^2 du = \int_1^2 c_v \cdot dT$$
$$\Delta U = m \cdot c_v \cdot (T_2 - T_1)$$
$$\Delta U = W_{D,12} = m \cdot c_v \cdot (T_2 - T_1)$$
$$W_{D,12} = m \cdot c_v \cdot (T_2 - T_1)$$
$$w_{D12} = m \cdot c_v \cdot T_1 \cdot \left(\frac{T_2}{T_1} - 1\right)$$

Gl. (2.21)
$$p \cdot V = m \cdot R \cdot T$$
$$m = \frac{p \cdot V}{R \cdot T}$$
$$T_1 = \frac{p_1 \cdot V_1}{m \cdot R}$$
$$w_{D12} = m \cdot c_v \cdot \frac{p_1 \cdot V_1}{m \cdot R} \cdot \left(\frac{T_2}{T_1} - 1\right)$$
$$w_{D12} = c_v \cdot \frac{p_1 \cdot V_1}{R} \cdot \left(\frac{T_2}{T_1} - 1\right)$$

Gl. (5.19)
$$\frac{T_2}{T_1} = \left(\frac{v_1}{v_2}\right)^{\kappa-1}$$
$$\frac{T_2}{T_1} = \left(\frac{V_1}{V_2}\right)^{\kappa-1}$$
$$w_{D12} = c_v \cdot \frac{p_1 \cdot V_1}{R} \cdot \left[\left(\frac{V_1}{V_2}\right)^{\kappa-1} - 1\right]$$

$$V_1 = \frac{w_{D12} \cdot R}{c_v \cdot p_1 \cdot \left[\left(\frac{V_1}{V_2}\right)^{\kappa-1} - 1\right]}$$

Gl. (4.85) $\quad c_p = c_v + R$

Gl. (5.15) $\quad \kappa = \dfrac{c_p}{c_v}$

$$\kappa = \frac{c_v + R}{c_v}$$

$$\kappa = \frac{0{,}718 \frac{kJ}{kgK} + 0{,}2871 \frac{kJ}{kgK}}{0{,}718 \frac{kJ}{kgK}} = 1{,}4$$

$$\frac{V_2}{V_1} = \frac{1}{8}$$

$$\frac{V_1}{V_2} = 8$$

$$1\,bar = 10^2 \frac{kJ}{m^3} \qquad T\,2.4$$

$$V_1 = \frac{w_{D12} \cdot R}{c_v \cdot p_1 \cdot \left[\left(\frac{V_1}{V_2}\right)^{\kappa-1} - 1\right]}$$

$$V_1 = \frac{821\,kJ \cdot 0{,}2871 \frac{kJ}{kgK}}{0{,}718 \frac{kJ}{kgK} \cdot 10^2 \frac{kJ}{m^3} \cdot [8^{0{,}4} - 1]}$$

$$V_1 = 2{,}53\,m^3$$

Das erreichte Volumen ist also immer noch groß genug.

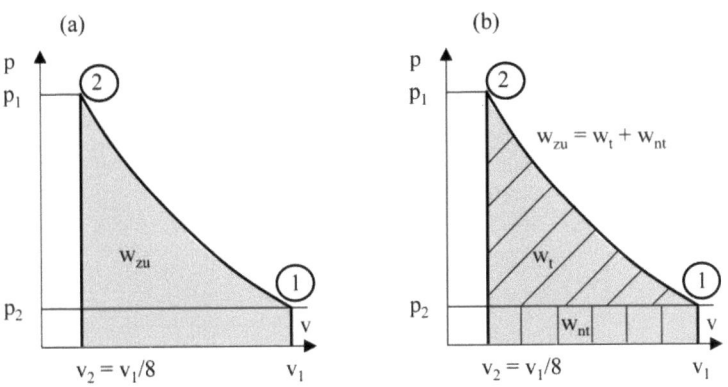

Abb. Repetitorium 5.13B: p, v-Diagramme zur Aufgabe 5.13

Die gesamte Fläche unter der Zustandslinie ①-② ist die Energiezufuhr $W_{D,12}$ (linkes Diagramm), die in die Flächen der nichttechnische und technische Arbeit $W_{D,nt} + W_{D,t}$ (rechtes Diagramm) aufgeteilt werden kann.

Lösung 5.14

1. System: geschlossenes, differentiell kleines System, das sich während des Vorganges von ① nach ② bewegt.

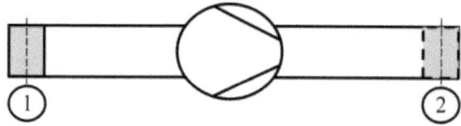

Abb. Repetitorium 5.14: System zur Aufgabe 5.14

2. Bezugssystem BZS ruht in der Wandung des Verdichters

3. Modellbildung
   stationäre Strömung
   Luft: ideales Gas
   keine Geschwindigkeitsänderung $dc = 0$
   reibungsfreier Vorgang $\delta w_R = 0$
   Feldkräfte und Höhendifferenz vernachlässigbar ($g \cdot dz = 0$)
   Zu a) Berechnung der Temperatur T_2, isothermer Prozess (1):
   $$T_2 = T_1 = 298\ K$$
   $$t_2 = t_1 = 25\ °C$$
   Zu a) Berechnung der Temperatur T_2, isentroper (adiabater und reibungsfreier) Prozess (1)

Gl. (5.17) $\quad\quad \dfrac{T_2}{T_1} = \left(\dfrac{p_2}{p_1}\right)^{\frac{\kappa-1}{\kappa}}$

Gl. (4.85) $\quad\quad c_p = c_v + R$

Gl. (5.15) $\quad\quad \kappa = \dfrac{c_p}{c_v}$

$\quad\quad\quad\quad\quad \kappa = \dfrac{c_v + R}{c_v}$

$\quad\quad\quad\quad\quad \kappa = \dfrac{0{,}718\,\frac{kJ}{kgK} + 0{,}2871\,\frac{kJ}{kgK}}{0{,}718\,\frac{kJ}{kgK}} = 1{,}4$

$\quad\quad\quad\quad\quad T_2 = T_1 \cdot \left(\dfrac{p_2}{p_1}\right)^{\frac{\kappa-1}{\kappa}}$

$$T_2 = 298\,K \cdot \left(\frac{8\,bar}{1\,bar}\right)^{\frac{0,4}{1,4}}$$

$$T_2 = 540\,K$$

$$t_2 = 267\,°C$$

Zu b) Berechnung der spezifischen Wärme q_{12}, isothermer Prozess (1)

Gl. (5.46) $\qquad q_{12} = -w_{t,12}$

Gl. (5.46) $\qquad w_{t,12} = R \cdot T \cdot \ln\left(\frac{p_2}{p_1}\right)$

$$T = T_1 = T_1$$

$$q_{12} = -R \cdot T \cdot \ln\left(\frac{p_2}{p_1}\right)$$

$$q_{12} = -0{,}2871\,\frac{kJ}{kgK} \cdot 298\,K \cdot \ln\left(\frac{8\,bar}{1\,bar}\right)$$

$$q_{12} = -178\,\frac{kJ}{kg}$$

Zu b) Berechnung der spezifischen Wärme q_{12}, isentroper (adiabater und reibungsfreier) Prozess (2)

$$\delta q = 0$$

$$q_{12} = 0$$

Zu c) Berechnung der technischen Leistung $\dot{W}_{t,12}$, isothermer Prozess (1)

Gl. (5.46) $\qquad q_{12} = -w_{t,12}$

$$w_{t,12} = -q_{12}$$

$$w_{t,12} = 178\,\frac{kJ}{kg}$$

$$\dot{W}_{t,12} = \dot{m} \cdot w_{t,12}$$

$$\dot{W}_{t,12} = 6000\,\frac{kg}{h} \cdot 178\,\frac{kJ}{kg}$$

$$\dot{W}_{t,12} = 297\,kW$$

Zu c) Berechnung der technischen Leistung $\dot{W}_{t,12}$, isentroper (adiabater und reibungsfreier) Prozess (2)

Gl. (4.51) $\qquad Q_{12} + \int_1^2 V\,dp + W_{R,12} = H_2 - H_1$

Gl. (4.47) $\qquad W_{D,12} = \int_1^2 V\,dp$

$$W_{t,12} + W_{R,12} + Q_{12} = \Delta H$$

$$W_{R,12} = 0$$

$$Q_{12} = 0$$

$$W_{t,12} = \Delta H$$

$$m \cdot \Delta h = W_{t,12}$$

$$m \cdot \int_1^2 dh = W_{t,12}$$

Gl. (4.77)
$$c_p(T) = \left(\frac{\partial h}{\partial T}\right)_p = \frac{dh}{dT}$$

$$dh = c_p \cdot dT$$

$$\int_1^2 dh = \int_1^2 c_p \cdot dT$$

$$\Delta H = m \cdot c_p \cdot (T_2 - T_1)$$

$$\Delta H = W_{t,12} = m \cdot c_p \cdot (T_2 - T_1)$$

$$W_{t,12} = m \cdot c_p \cdot (T_2 - T_1)$$

Gl. (4.85)
$$c_p = c_v + R$$

$$W_{t,12} = m \cdot (c_v + R) \cdot (T_2 - T_1)$$

$$W_{t,12} = 6000\,\frac{kg}{h} \cdot 1{,}004\,\frac{kJ}{kgK} \cdot (540\,K - 298\,K)$$

$$W_{t,12} = 403\,kW$$

Lösung 5.15

1. System: geschlossenes, differentiell kleines System, das sich während des Vorganges von ① nach ② bewegt.

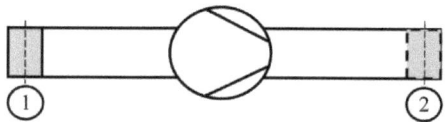

Abb. Repetitorium 5.15A: System zur Aufgabe 5.15

2. Bezugssystem BZS ruht in der Wandung

3. Modellbildung
stationärer Strömungsprozess
Luft: ideales Gas
adiabate Verdichtung $\delta q = 0$
$c_2 = c_1$
Feldkräfte und Höhendifferenz vernachlässigbar ($g \cdot dz = 0$)
Zu a) Polytroper Prozess: Berechnung des Polytropenexponenten n:

Gl. (5.83)
$$\frac{T_2}{T_1} = \left(\frac{p_2}{p_1}\right)^{\frac{n-1}{n}}$$

$$\frac{n-1}{n} \ln\left(\frac{p_2}{p_1}\right) = \ln\left(\frac{T_2}{T_1}\right)$$

$$\frac{n-1}{n} = \frac{\ln\left(\frac{T_2}{T_1}\right)}{\ln\left(\frac{p_2}{p_1}\right)}$$

$$n = \frac{\ln\left(\frac{T_2}{T_1}\right)}{\ln\left(\frac{p_2}{p_1}\right)} \cdot n + 1$$

$$n - \frac{\ln\left(\frac{T_2}{T_1}\right)}{\ln\left(\frac{p_2}{p_1}\right)} \cdot n = 1$$

$$n \cdot \left[1 - \frac{\ln\left(\frac{T_2}{T_1}\right)}{\ln\left(\frac{p_2}{p_1}\right)}\right] = 1$$

$$n = \frac{1}{1 - \frac{\ln\left(\frac{T_2}{T_1}\right)}{\ln\left(\frac{p_2}{p_1}\right)}}$$

$$n = \frac{1}{1 - \frac{\ln\left(\frac{423\ K}{303\ K}\right)}{\ln\left(\frac{3\ bar}{1\ bar}\right)}}$$

$$n = \frac{1}{1 - \frac{0{,}3336}{1{,}0986}}$$

$$n = 1{,}44$$

Zu b) Berechnung der spezifischen technischen Arbeit $w_{t,12}$:

Gl. (4.51) $\quad Q_{12} + \int_1^2 V dp + W_{R,12} = H_2 - H_1$

Gl. (4.47) $\quad W_{D,12} = \int_1^2 V dp$

$$W_{t,12} + W_{R,12} + Q_{12} = \Delta H$$
$$W_{R,12} = 0$$
$$Q_{12} = 0$$
$$W_{t,12} = \Delta H$$
$$\Delta h = w_{t,12}$$
$$\int_1^2 dh = w_{t,12}$$

Gl. (4.77)
$$c_p(T) = \left(\frac{\partial h}{\partial T}\right)_p = \frac{dh}{dT}$$
$$dh = c_p \cdot dT$$
$$\int_1^2 dh = \int_1^2 c_p \cdot dT$$
$$\Delta h = c_p \cdot (T_2 - T_1)$$
$$\Delta h = w_{t,12} = c_p \cdot (T_2 - T_1)$$
$$w_{t,12} = c_p \cdot (T_2 - T_1)$$

Gl. (4.85)
$$c_p = c_v + R$$
$$w_{t,12} = (c_v + R) \cdot (T_2 - T_1)$$
$$w_{t,12} = 1{,}004 \frac{kJ}{kgK} \cdot (423\,K - 303\,K)$$
$$w_{t,12} = 120{,}4 \frac{kJ}{kg}$$

Zu c) Berechnung der spezifischen irreversiblen Entropie $s_{irr,12}$:

Modellbildung

geschlossenes, homogenes, quasistatisches System

adiabate Zustandsänderung $\delta q = 0$

Gl. (6.17)
$$\delta S_{irr} = \frac{\delta W_R}{T} = dS - \frac{\delta Q}{T}$$
$$\delta s_{irr} = \frac{\delta w_R}{T} = ds - \frac{\delta q}{T}$$
$$\delta q = 0$$
$$\int_1^2 \delta s_{irr} = \int_1^2 ds$$
$$s_{irr,12} = s_2 - s_1$$

Spezifische Entropie einer polytropen Zustandsänderung:

Gl. (5.95)
$$s_2 - s_1 = c_n \cdot ln\left(\frac{T_2}{T_1}\right)$$

Gl. (5.95)
$$c_n = c_v \frac{n - \kappa}{n - 1}$$

Gl. (5.15)
$$\kappa = \frac{c_p}{c_v}$$
$$\kappa = \frac{c_v + R}{c_v}$$
$$\kappa = \frac{0{,}718 \frac{kJ}{kgK} + 0{,}2871 \frac{kJ}{kgK}}{0{,}718 \frac{kJ}{kgK}} = 1{,}4$$

$$c_n = 0{,}718 \frac{kJ}{kgK} \frac{1{,}44 - 1{,}4}{1{,}44 - 1} = 0{,}0653 \frac{kJ}{kgK}$$

$$s_{irr,12} = s_2 - s_1 = c_n \cdot ln\left(\frac{T_2}{T_1}\right)$$

$$s_{irr,12} = 0{,}0653 \frac{kJ}{kgK} \cdot ln\left(\frac{423\ K}{303\ K}\right)$$

$$s_{irr,12} = 0{,}0653 \frac{kJ}{kgK} \cdot 0{,}3336$$

$$s_{irr,12} = 0{,}0218 \frac{kJ}{kgK}$$

Zu c) Berechnung der spezifischen Arbeit der Reibungskräfte $w_{R,12}$:

Gl. (4.37)
$$-\int_1^2 pdV + W_{R,12} + Q_{12} = U_2 - U_1$$

$$w_{D,12} + w_{R,12} + q_{12} = \Delta u$$

$$q_{12} = 0$$

$$w_{D,12} + w_{R,12} = \Delta u$$

$$\int_1^2 du = w_{D,12}$$

Gl. (4.76)
$$c_v(T) = \left(\frac{\partial u}{\partial T}\right)_p = \frac{du}{dT}$$

$$du = c_v \cdot dT$$

$$\int_1^2 du = \int_1^2 c_v \cdot dT$$

$$\Delta u = c_v \cdot (T_2 - T_1)$$

$$w_{D,12} + w_{R,12} = c_v \cdot (T_2 - T_1)$$

$$w_{R,12} = -w_{D,12} + c_v \cdot (T_2 - T_1)$$

Gl. (5.24)
$$w_{D12} = \frac{R \cdot T_1}{n-1} \cdot \left(\frac{T_2}{T_1} - 1\right)$$

$$w_{R,12} = -\frac{R \cdot T_1}{n-1} \cdot \left(\frac{T_2}{T_1} - 1\right) + c_v \cdot (T_2 - T_1)$$

$$w_{R,12} = -\frac{R \cdot T_1}{n-1} \cdot \left(\frac{T_2}{T_1} - 1\right) + c_v \cdot T_1 \cdot \left(\frac{T_2}{T_1} - 1\right)$$

$$w_{R,12} = \left(c_v - \frac{R}{n-1}\right) \cdot T_1 \cdot \left(\frac{T_2}{T_1} - 1\right)$$

$$w_{R,12} = \left(c_v - \frac{R}{n-1}\right) \cdot (T_2 - T_1)$$

$$w_{R,12} = \left(0{,}718 \frac{kJ}{kgK} - \frac{0{,}2871 \frac{kJ}{kgK}}{1{,}44 - 1}\right) \cdot 120\ K$$

$$w_{R,12} = 7{,}86 \frac{kJ}{kg}$$

Zu d) Berechnung der Endtemperatur T_2 bei einem isentropen (adiabaten und reibungsfreien) Prozess:

Gl. (5.17)
$$\frac{T_{2\prime}}{T_1} = \left(\frac{p_2}{p_1}\right)^{\frac{\kappa-1}{\kappa}}$$

$$T_{2\prime} = T_1 \cdot \left(\frac{p_2}{p_1}\right)^{\frac{\kappa-1}{\kappa}}$$

$$T_{2\prime} = 303\,K \cdot \left(\frac{3\,bar}{1\,bar}\right)^{\frac{0,4}{1,4}}$$

$$T_{2\prime} = 415\,K$$

Zu d) Berechnung der spezifischen technischen Arbeit $w_{t,12}$ bei einem isentropen (adiabaten und reibungsfreien) Prozess:

Gl. (4.51) $\quad Q_{12} + \int_1^2 V dp + W_{R,12} = H_2 - H_1$

Gl. (4.47)
$$W_{t,12} = \int_1^2 V dp$$

$$W_{t,12} + W_{R,12} + Q_{12} = \Delta H$$
$$W_{R,12} = 0$$
$$Q_{12} = 0$$
$$W_{t,12} = \Delta H$$
$$\Delta H = W_{t,12}$$
$$\int_1^2 dh = w_{t,12}$$

Gl. (4.77)
$$c_p(T) = \left(\frac{\partial h}{\partial T}\right)_p = \frac{dh}{dT}$$

$$dh = c_p \cdot dT$$
$$\int_1^2 dh = \int_1^2 c_p \cdot dT$$
$$\Delta h = c_p \cdot (T_{2\prime} - T_1)$$
$$w_{t,12} = c_p \cdot (T_{2\prime} - T_1)$$

Gl. (4.85)
$$c_p = c_v + R$$
$$w_{t,12} = (c_v + R) \cdot (T_{2\prime} - T_1)$$
$$w_{t,12} = 1{,}004 \frac{kJ}{kgK} \cdot (415\,K - 303\,K)$$
$$w_{t,12} = 112{,}3 \frac{kJ}{kg}$$

Zu e) Berechnung der Änderung der spezifischen inneren Energie Δu bei einem isentropen (adiabaten und reibungsfreien) Prozess:

Gl. (4.37)
$$-\int_1^2 pdV + W_{R,12} + Q_{12} = U_2 - U_1$$

$$w_{D,12} + w_{R,12} + q_{12} = \Delta u$$

$$q_{12} = 0$$

$$w_{R,12} = 0$$

$$w_{D,12} = \Delta u$$

$$\int_1^2 du = w_{D,12}$$

Gl. (4.76)
$$c_v(T) = \left(\frac{\partial u}{\partial T}\right)_p = \frac{du}{dT}$$

$$du = c_v \cdot dT$$

$$\int_1^2 du = \int_1^2 c_v \cdot dT$$

$$\Delta u = c_v \cdot (T_{2'} - T_1)$$

$$\Delta u = 0{,}718 \frac{kJ}{kgK} \cdot (415\,K - 303\,K)$$

$$\Delta u = 80{,}42 \frac{kJ}{kg}$$

Zu e) Berechnung der spezifischen inneren Energie Δu bei einem adiabaten nicht reibungsfreien Prozess ($q_{12} = 0, w_{R,12} \neq 0$):

$$\Delta u = c_v \cdot (T_2 - T_1)$$

$$\Delta u = 0{,}718 \frac{kJ}{kgK} \cdot (423\,K - 303\,K)$$

$$\Delta u = 86{,}16 \frac{kJ}{kg}$$

Zu f) Darstellung des Prozesses im p,v- und T,s-Diagramm, Abb. 5.15B:

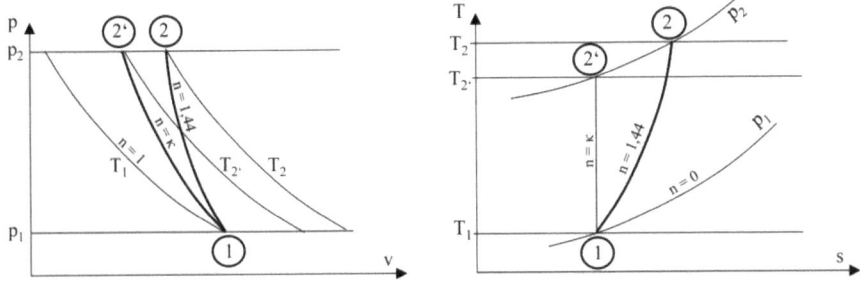

Abb. Repetitorium 5.15B: p,v-Diagramm und T,s-Diagramm zur Aufgabe 5.15

Lösung 5.16

1. System: geschlossenes, differentiell kleines System, das sich während des Vorganges von ① nach ② bewegt.

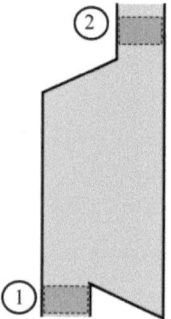

Abb. Repetitorium 5.16A: System zur Aufgabe 5.16

2. Bezugssystem BZS ruht in Wandung

3. Modellbildung
   stationärer Strömungsprozess
   Heißgas: ideales Gas
   Vorgang in der Turbine verläuft adiabat $\delta q = 0$
   Feldkräfte und Höhendifferenz vernachlässigbar ($g \cdot dz = 0$)

Zu a) Berechnung der spezifischen technischen Arbeit $w_{t,12}$ bei Änderung der kinetischen Energie:

Gl. (4.65) $\quad w_{t,12} + w_{R,12} + q_{12} = h_2 - h_1 + \frac{1}{2}(c_2^2 - c_1^2) + g(z_2 - z_1)$

$$w_{R,12} = 0$$
$$q_{12} = 0$$
$$g(z_2 - z_1) = 0$$

Gl. (4.77) $\quad c_p(T) = \left(\frac{\partial h}{\partial T}\right)_p = \frac{dh}{dT}$

$$dh = c_p \cdot dT$$

$$\int_1^2 dh = \int_1^2 c_p \cdot dT$$

$$\Delta h = h_2 - h_1 = c_p \cdot (T_2 - T_1)$$

$$w_{t,12} = c_p \cdot (T_2 - T_1) + \frac{1}{2}(c_2^2 - c_1^2)$$

$$w_{t,12} = 1{,}26 \frac{kJ}{kgK} \cdot (473\ K - 873\ K) + \frac{1}{2} 100^2 \frac{m^2}{s^2}$$

$$1\frac{m^2}{s^2} = 1\frac{J}{kg} \quad \text{T 2.4}$$

$$w_{t,12} = -504\frac{kJ}{kg} + 5\frac{kJ}{kg}$$

$$w_{t,12} = -499\frac{kJ}{kg}$$

Zu b) Berechnung der spezifischen technischen Arbeit $w_{t,12}$ bei isentroper Zustandsänderung:

Gl. (5.17)
$$\frac{T_2}{T_1} = \left(\frac{p_2}{p_1}\right)^{\frac{\kappa-1}{\kappa}}$$

$$T_2 = T_1 \cdot \left(\frac{p_2}{p_1}\right)^{\frac{\kappa-1}{\kappa}}$$

Gl. (5.16)
$$\frac{R}{c_p} = 1 - \frac{1}{\kappa}$$

$$\kappa = \frac{c_p}{c_p - R}$$

$$\kappa = \frac{1{,}26\frac{kJ}{kgK}}{1{,}26\frac{kJ}{kgK} - 0{,}335\frac{kJ}{kgK}} = 1{,}362$$

$$T_2 = 873\,K \cdot \left(\frac{1\,bar}{20\,bar}\right)^{0{,}266}$$

$$T_2 = 393\,K$$

$$t_2 = 120\,°C$$

Gl. (4.65) $\quad w_{t,12} + w_{R,12} + q_{12} = h_2 - h_1 + \frac{1}{2}(c_2^2 - c_1^2) + g(z_2 - z_1)$

$$w_{R,12} = 0$$
$$q_{12} = 0$$
$$g(z_2 - z_1) = 0$$

Gl. (4.77)
$$c_p(T) = \left(\frac{\partial h}{\partial T}\right)_p = \frac{dh}{dT}$$

$$dh = c_p \cdot dT$$

$$\int_1^2 dh = \int_1^2 c_p \cdot dT$$

$$\Delta h = h_2 - h_1 = c_p \cdot (T_2 - T_1)$$

$$w_{t,12} = c_p \cdot (T_2 - T_1) + \frac{1}{2}(c_2^2 - c_1^2)$$

$$w_{t,12} = 1{,}26\frac{kJ}{kgK} \cdot (393\,K - 873\,K) + \frac{1}{2}100^2\frac{m^2}{s^2}$$

$$w_{t,12} = -605\frac{kJ}{kg} + 5\frac{kJ}{kg}$$

$$w_{t,12} = -600\frac{kJ}{kg}$$

$$1\frac{m^2}{s^2} = 1\frac{J}{kg} \quad T\,2.4$$

Zu c) Darstellung des Prozesses im T,s-Diagramm

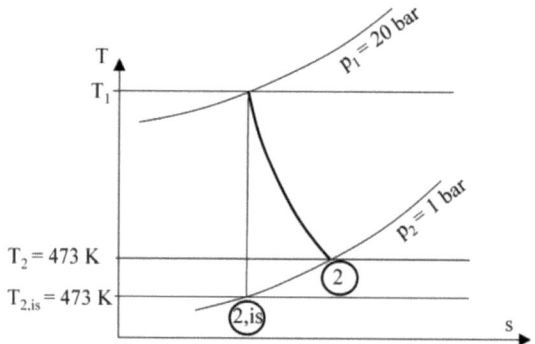

Abb. Repetitorium 5.16B: T,s-Diagramm zur Aufgabe 5.16

Lösung 5.17

1. System: geschlossenes, differentiell kleines System, das sich während des Vorganges von ① nach ② bewegt.

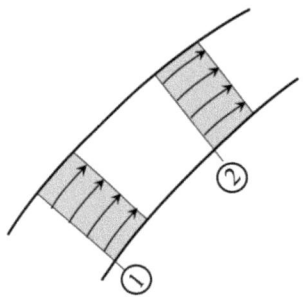

Abb. Repetitorium 5.17A: System zur Aufgabe 5.17

2. Bezugssystem BZS ruht in Kanalwandung

3. Modellbildung
   ideales Gas

   innere Energie hängt nur von der Temperatur ab, d. h. Linie $T = konst$ und $u = konst$ fallen zusammen reibungsfreie Zustandsänderung $\delta w_R = 0$

keine Änderung der kinetischen und potentiellen Energien $\Delta e_{kin} = 0$ und $\Delta e_{pot} = 0$

Zu a) Berechnung der spezifischen inneren Energie Δu

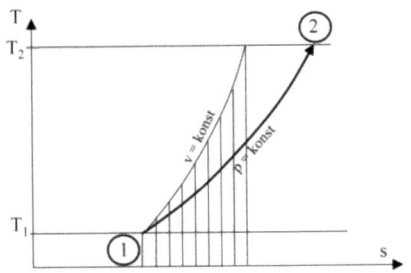
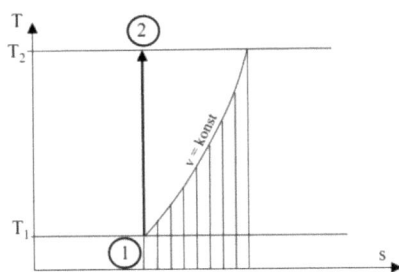

Abb. Repetitorium 5.17B: p, v-Diagramm und T, s-Diagramm zur Aufgabe 5.17

Gl. (4.33) $\qquad \delta q + \delta w_R - p dv = du$

$$\delta q + \delta w_R = du + p \cdot dv$$

Gl. (6.16) $\qquad dS = \dfrac{dU + p \cdot dV}{T} = \dfrac{\delta Q + \delta W_R}{T}$

Gl. (6.16) $\qquad ds = \dfrac{du + p \cdot dv}{T} = \dfrac{\delta q + \delta w_R}{T}$

$$T \cdot ds = du + p \cdot dv$$

Unter einer Linie $v = konst$ ist $\Delta u = T \cdot \Delta s$ als Fläche darstellbar.

Da beide Prozesse (auch der Prozess bei $\delta q = 0$) bei gleicher Temperatur ablaufen und $u = u(T)$ gilt, ist auch die Änderung der spezifischen inneren Energie in beiden Fällen gleich.

Zu b) Berechnung der spezifischen technischen Arbeit $w_{t,12}$ bei isochorer Zustandsänderung:

Vom Standpunkt eines im System Punktmasse postierten Beobachters (ruhendes BZS) gilt

Gl. (4.37) $\qquad U_2 - U_1 = -\displaystyle\int_1^2 p \cdot dV + W_{R,12} + Q_{12}$

$$-p \cdot dv + \delta w_R + \delta q = du$$

Gl. (4.37) für den reibungsfreie Prozess in der Form

$$\delta q = du + p \cdot dv$$

in die differentielle Form der Gl. (4.49) für den reibungsfreien Prozess eingesetzt, ergibt

$$\delta w_t = dh - \delta q$$
$$\delta w_t = dh - (du + p \cdot dv)$$
$$\delta w_t = dh - du - p \cdot dv)$$

Mit
Gl. (4.32) $$dh = du + d(p \cdot v) = du + p \cdot dv + v \cdot dp$$
gilt

$$dh - du = d(p \cdot v) = du + p \cdot dv + v \cdot dp$$
$$\delta w_t = v \cdot dp$$
$$\int_1^2 \delta w_t = \int_1^2 v \cdot dp$$
$$w_{t,12} = v \cdot (p_2 - p_1)$$

Gl. (2.5) $$v = \frac{1}{\varrho}$$

$$w_{t,12} = \frac{p_2 - p_1}{\varrho}$$

Für eine isochore Zustandsänderung gilt:

Gl. (2.31) $$\frac{p_1}{T_1} = \frac{p_2}{T_2}$$

$$p_2 = T_2 \cdot \frac{p_1}{T_1}$$
$$p_2 = 393\,K \frac{10\,bar}{293\,K}$$
$$p_2 = 13{,}4\,bar$$
$$w_{t,12} = \frac{13{,}4\,bar - 10\,bar}{1{,}43\frac{kg}{m^3}}$$

$$1\,bar = 10^2\,\frac{kJ}{m^3} \quad T\,2.4$$

$$w_{t,12} = \frac{3{,}4 \cdot 10^2 \frac{kJ}{m^3}}{1{,}43 \frac{kg}{m^3}}$$

$$w_{t,12} = 237{,}8\,\frac{kJ}{kg}$$

Zu b) Berechnung der spezifischen technischen Arbeit $w_{t,12}$ bei isentroper (adiabater und reibungsfreier) Zustandsänderung:

Gl. (5.33) $$w_{t12} = \kappa \cdot \frac{R \cdot T_1}{\kappa - 1} \cdot \left(\frac{T_2}{T_1} - 1\right)$$

Gl. (5.16) $$\frac{R}{c_p} = 1 - \frac{1}{\kappa}$$

$$w_{t12} = c_p \cdot (T_2 - T_1)$$
$$w_{t12} = 1\frac{kJ}{kgK} \cdot (393\,K - 293\,K)$$

$$w_{t12} = 100 \frac{kJ}{kg}$$

10.13 Lösungen Kapitel 6 – Zweiter Hauptsatz der Thermodynamik

Lösung 6.1

1. System: geschlossenes System Wasser – Dampf. Innerhalb dieses Systems werden die beiden homogenen, geschlossenen, quasistatischen Teilsysteme Dampf D und Wasser H_2O betrachtet.

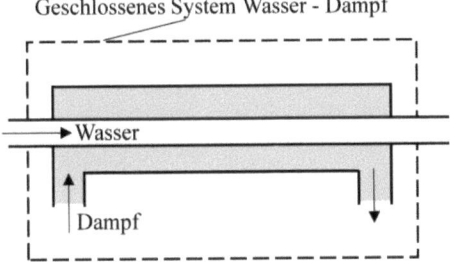

Abb. Repetitorium 6.1: System zur Aufgabe 6.1

2. Bezugssystem BZS ruht in Wandung

3. Modellbildung
   reibungsfreier Vorgang $\delta W_R = 0$
   $T_D = konst$
   $dp = 0$

   Berechnung der Entropieänderung bzw. Entropiestromänderung des Wassers $\Delta \dot{S}_{H_2O}$:

   Gl. (5.4) $\qquad ds = \dfrac{dh - vdp}{T} = \dfrac{c_p \cdot dT - vdp}{T} = c_p \cdot \dfrac{dT}{T} - R \cdot \dfrac{dp}{p}$

   $$ds_{H_2O} = \frac{dh - vdp}{T} = \frac{c_p \cdot dT - vdp}{T} = c_p \cdot \frac{dT}{T} - R \cdot \frac{dp}{p}$$

   $$p_1 = p_2 = p = konst$$

   $$\int_1^2 ds_{H_2O} = c_p \cdot \int_1^2 \frac{dT}{T}$$

   $$\Delta s_{H_2O} = s_2 - s_1 = c_p \cdot \ln\left(\frac{T_2}{T_1}\right)$$

$$\Delta \dot{S}_{H_2O} = \dot{m} \cdot \Delta s_{H_2O} = \dot{m} \cdot c_p \cdot ln\left(\frac{T_2}{T_1}\right)$$

$$\Delta \dot{S}_{H_2O} = 1\frac{kg}{s} \cdot 4{,}182\frac{kJ}{kgK} \cdot ln\left(\frac{348}{303}\right)$$

$$\Delta \dot{S}_{H_2O} = 0{,}579\frac{kJ}{s \cdot K}$$

Berechnung der Entropieänderung bzw. Entropiestromänderung des Dampfes $\Delta \dot{S}_D$:

Gl. (6.16) $\quad dS = \dfrac{\delta Q + \delta W_R}{T}$

$$dS_D = \frac{\delta Q + \delta W_R}{T_D}$$

$$\delta W_R = 0$$

$$d\dot{S}_D = \frac{\delta \dot{Q}}{T_D}$$

$$\int_1^2 d\dot{S}_D = \frac{1}{T_D} \cdot \int_1^2 \delta \dot{Q}$$

$$\Delta \dot{S}_D = \frac{\dot{Q}_{12}}{T_D}$$

Der vom Dampf abgegebene Wärmestrom $\dot{Q}_{12}$ wird vom Wasser aufgenommen:

Gl. (4.49) $\quad dh = \delta q + \delta w_t + \delta w_R$

$$\delta w_R = 0$$

$$\delta w_t = 0$$

Gl. (4.77) $\quad c_p(T) = \left(\dfrac{\partial h}{\partial T}\right)_p = \dfrac{dh}{dT}$

$$dh = c_p \cdot dT$$

Für Flüssigkeiten gilt

Gl. (4.94) $\quad c_p(T) \approx c_v(T) = c(T)$

$$\int_1^2 dh = \int_1^2 c \cdot dT$$

$$h_1 - h_2 = c \cdot (T_1 - T_2)$$

$$\dot{Q}_{12} = \dot{m} \cdot c \cdot (T_1 - T_2)$$

$$\dot{Q}_{12} = 1\frac{kg}{s} \cdot 4{,}182\frac{kJ}{kgK} \cdot 45\,K$$

$$\dot{Q}_{12} = 188{,}2\frac{kJ}{s}$$

$$\Delta \dot{S}_D = \frac{\dot{Q}_{12}}{T_D}$$

$$\Delta \dot{S}_D = \frac{-188{,}2\frac{kJ}{s}}{373\,K}$$

(Wärme wird vom System Dampf abgegeben, deshalb negatives Vorzeichen für $\dot{Q}_{12}$)

$$\Delta \dot{S}_D = -0{,}505 \frac{kJ}{s \cdot K}$$

Berechnung der Entropiestromänderung des Gesamtsystems Wasser – Dampf $\Delta \dot{S}$:

$$\Delta \dot{S} = \Delta \dot{S}_{H_2O} + \Delta \dot{S}_D$$

$$\Delta \dot{S} = 0{,}579 \frac{kJ}{s \cdot K} - 0{,}505 \frac{kJ}{s \cdot K}$$

$$\Delta \dot{S} = 0{,}074 \frac{kJ}{s \cdot K}$$

Lösung 6.2

1. System: geschlossenes System Wand

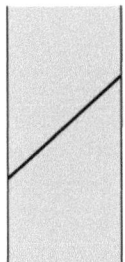

Abb. Repetitorium 6.2: System zur Aufgabe 6.2

2. Bezugssystem BZS ruht in Wandung

3. Modellbildung
   Vorgang wird als Wärmeleitung betrachtet (linearer Temperaturabfall)
   $dp = 0$

   Berechnung des irreversiblen Entropiestroms $\dot{S}_{irr,12}$:

   Gl. (6.22)
   $$\delta S_{irr} = |\delta Q| \frac{T_1 - T_2}{T_1 \cdot T_2}$$

   $$\int_1^2 \delta S_{irr} = \frac{T_1 - T_2}{T_1 \cdot T_2} \cdot \int_1^2 |\delta Q|$$

   $$S_{irr,12} = |Q_{12}| \cdot \frac{T_1 - T_2}{T_1 \cdot T_2}$$

   $$\dot{S}_{irr,12} = |\dot{Q}_{12}| \cdot \frac{T_1 - T_2}{T_1 \cdot T_2}$$

   $$\dot{S}_{irr,12} = 100 \, W \cdot \frac{330 \, K - 300 \, K}{330 \, K \cdot 300 \, K}$$

$$\dot{S}_{irr,12} = 0{,}03 \, \frac{W}{K}$$

Lösung 6.3

1. System: geschlossenes, inhomogenes Gesamtsystem Dampf – Umgebung
   Innerhalb dieses Systems werden die beiden homogenen, geschlossenen, quasistatischen Teilsysteme Dampf D und Umgebung U betrachtet.

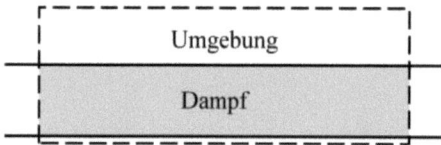

Abb. Repetitorium 6.3: System zur Aufgabe 6.3

2. Bezugssystem BZS ruht in Wandung

3. Modellbildung
   Reibungsfreier Vorgang für alle Systeme $\delta W_R = 0$
   Temperatur der Umgebung $T_U = 293 \, K = konst$
   Temperatur des Dampfes $T_D = 393 \, K = konst$
   Wärmeübertragung findet zwischen den beiden Teilsystemen statt. Die Irreversibilität tritt an der Grenze beider Teilsysteme auf. Für die beiden Teilsysteme gibt es nur Änderungen der Zustandsgröße (des Zeitpunktes) ΔS, aber keine Prozessgröße (des Zeitbereiches) $\delta S_{irr} = \delta W_R/T$, da $\delta W_R = 0$ ist und innerhalb des Systems auch keine endlichen Temperaturdifferenzen vorhanden sind

   Berechnung der Entropieänderung des Dampfes ΔS_D:

   $Gl.\,(6.16)$
   $$dS = \frac{\delta Q + \delta W_R}{T}$$
   $$dS_D = \frac{\delta Q + \delta W_R}{T_D}$$
   $$\delta W_R = 0$$
   $$dS_D = \frac{\delta Q}{T_D}$$
   $$\int_1^2 dS_D = \frac{1}{T_D} \cdot \int_1^2 \delta Q$$
   $$\Delta S_D = \frac{Q_{12}}{T_D}$$
   $$\Delta S_D = \frac{-10^3 \, \frac{kJ}{kg}}{393}$$

$$\Delta S_D = -2{,}54 \frac{kJ}{K}$$

Der vom Dampf abgegebene Wärmestrom Q_{12} wird von der Umgebung aufgenommen:

Berechnung der Entropieänderung der Umgebung ΔS_U:

Gl. (6.16)
$$dS = \frac{\delta Q + \delta W_R}{T}$$

$$dS_U = \frac{\delta Q + \delta W_R}{T_U}$$

$$\delta W_R = 0$$

$$dS_U = \frac{\delta Q}{T_U}$$

$$\int_1^2 dS_U = \frac{1}{T_U} \cdot \int_1^2 \delta Q$$

$$\Delta S_U = \frac{Q_{12}}{T_U}$$

$$\Delta S_U = \frac{Q_{12}}{T_U}$$

$$\Delta S_U = \frac{10^3 kJ}{293\ K}$$

$$\Delta S_U = 3{,}41 \frac{kJ}{K}$$

Berechnung der Entropieänderung des Systems Dampf-Umgebung ΔS:

Gl. (6.28)
$$dS = \sum_i dS_i$$

$$\Delta S = \Delta S_D + \Delta S_U$$

$$\Delta S = -2{,}54 \frac{kJ}{K} + 3{,}41 \frac{kJ}{K}$$

$$\Delta S = 0{,}87 \frac{kJ}{K}$$

Berechnung der irreversiblen Entropie $S_{irr,12}$ des Systems Dampf-Umgebung:

Gl. (6.22)
$$\delta S_{irr} = |\delta Q| \frac{T_1 - T_2}{T_1 \cdot T_2}$$

$$\int_1^2 \delta S_{irr} = \frac{T_1 - T_2}{T_1 \cdot T_2} \cdot \int_1^2 |\delta Q|$$

$$S_{irr,12} = |Q_{12}| \cdot \frac{T_1 - T_2}{T_1 \cdot T_2}$$

$$S_{irr,12} = |Q_{12}| \cdot \frac{T_D - T_U}{T_D \cdot T_U}$$

$$S_{irr,12} = 10^3 kJ \cdot \frac{393\ K - 293\ K}{393\ K \cdot 293\ K}$$

$$S_{irr,12} = 0{,}87 \frac{kJ}{K}$$

Es gilt demnach auch für das Gesamtsystem

$$S_{irr,12} = \Delta S = \sum_i \Delta S_i$$

mit

$$\Delta S_U = 3{,}41 \frac{kJ}{K}$$

$$\Delta S_D = -2{,}54 \frac{kJ}{K}$$

$$S_{irr,12} = \Delta S_U + \Delta S_D = 0{,}87 \frac{kJ}{K}$$

Ergebnis $S_{irr,12} > 0$ in Übereinstimmung mit dem 2. Hauptsatz

Lösung 6.4

1. System: geschlossenes, quasistatisches System

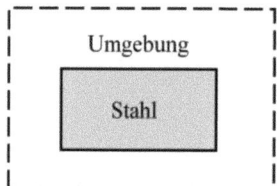

Abb. Repetitorium 6.4: System zur Aufgabe 6.4

2. Bezugssystem BZS ruht im Gesamtsystem

3. Modellbildung
   reibungsfreier Vorgang für alle Systeme $\delta W_R = 0$
   isobare Zustandsänderung $dp = 0$
   $T = T_U = konst$ (Umgebung unendlich groß)

   Berechnung der Entropieänderung des Stahlblocks ΔS_S:

   Gl. (5.4) $\quad ds = \dfrac{dh - vdp}{T} = \dfrac{c_p \cdot dT - vdp}{T} = c_p \cdot \dfrac{dT}{T} - R \cdot \dfrac{dp}{p}$

   $$p_1 = p_2 = p = konst$$

   Für die Zustandsänderung von 1 nach $G = 2$ (G Gleichgewichtszustand) gilt:

   $$\int_1^{G=2} ds_S = c_p \cdot \int_1^{G=2} \frac{dT}{T}$$

   Gl. (4.94) $\quad c_p(T) \approx c_v(T) = c(T)$

$$\Delta s_S = c \cdot ln\left(\frac{T_2}{T_1}\right)$$

$$\Delta s_S = 0{,}42 \frac{kJ}{kgK} \cdot ln\left(\frac{293\ K}{1073\ K}\right)$$

$$\Delta s_S = -0{,}545 \frac{kJ}{kgK}$$

$$\Delta S_S = m \cdot \Delta s_S$$

$$\Delta S_S = -100\ kg \cdot 0{,}545 \frac{kJ}{kgK}$$

$$\Delta S_S = -54{,}5 \frac{kJ}{K}$$

Die vom Stahlblock abgegebene Wärme Q_{12} wird von der Umgebung aufgenommen. Berechnung der Entropieänderung der Umgebung ΔS_U:

Gl. (6.16)
$$dS = \frac{\delta Q + \delta W_R}{T}$$

$$dS_U = \frac{\delta Q + \delta W_R}{T_U}$$

$$\delta W_R = 0$$

$$dS_U = \frac{\delta Q}{T_U}$$

Für die Zustandsänderung von 1 nach $G = 2$ (G Gleichgewichtszustand) gilt:

$$\int_1^{G=2} dS_U = \frac{1}{T_U} \cdot \int_1^{G=2} \delta Q$$

$$\Delta S_U = \frac{Q_{12}}{T_U}$$

Gl. (4.49)
$$dh = \delta q + \delta w_t + \delta w_R$$

$$\delta w_t = 0$$

$$\delta w_R = 0$$

$$dh = \delta q$$

Gl. (4.77)
$$c_p(T) = \left(\frac{\partial h}{\partial T}\right)_p = \frac{dh}{dT}$$

$$dh = c_p \cdot dT$$

$$\int_1^2 dh = \int_1^2 c_p \cdot dT$$

$$h_2 - h_1 = c_p \cdot (T_2 - T_1)$$

$$h_2 - h_1 = q_{12}$$

$$q_{12} = c_p \cdot (T_2 - T_1)$$

Gl. (4.94)
$$c_p(T) \approx c_v(T) = c(T)$$

$$Q_{12} = m \cdot c \cdot (T_2 - T_1)$$

$$\Delta S_U = \frac{Q_{12}}{T_U}$$

$$\Delta S_U = \frac{m \cdot c \cdot (T_2 - T_1)}{T_U}$$

$$\Delta S_U = \frac{10^2 kg \cdot 0{,}42 \frac{kJ}{kgK} \cdot (1073 - 293)}{293\ K}$$

$$\Delta S_U = 111{,}8 \frac{kJ}{K}$$

Lösung 6.5

1. System: geschlossen, quasistatisch

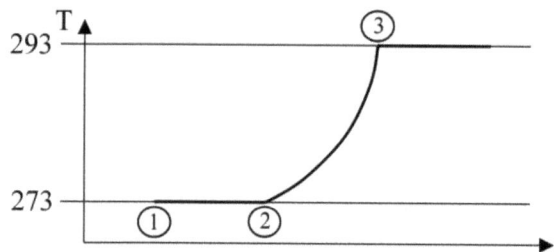

Abb. Repetitorium 6.5A: T, s-Diagramm zur Aufgabe 6.5

2. Bezugssystem BZS ruht in Wandung

3. Modellbildung
   reibungsfreier Vorgang für alle Systeme $\delta W_R = 0$
   isobare Zustandsänderung $dp = 0$
   $T = T_E = konst$ beim Schmelzvorgang
   Zu a): Darstellung des Prozesses im T, s-Diagramm, Abb. 6.5A

Zu b):

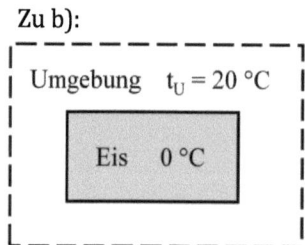

Abb. Repetitorium 6.5B: System zur Aufgabe 6.5

Berechnung der Entropieänderung beim Schmelzen des Eises ΔS_E (Vorgang ① nach ②):

Gl. (6.16) $$dS = \frac{\delta Q + \delta W_R}{T}$$

$$ds = \frac{\delta q + \delta w_R}{T}$$

$$ds_E = \frac{\delta q_S + \delta w_R}{T_E}$$

$$\delta w_R = 0$$

$$ds_E = \frac{\delta q_S}{T_E}$$

$$\int_1^2 ds_E = \frac{1}{T_E} \cdot \int_1^2 \delta q_S$$

$$\Delta s_E = \frac{q_S}{T_E}$$

$$\Delta s_E = \frac{335 \, kJ/kg}{273 K}$$

$$\Delta s_E = 1{,}22 \frac{kJ}{kgK}$$

$$\Delta S_E = m \cdot \Delta s_E$$

$$\Delta S_E = 5 \, kg \cdot 1{,}22 \frac{kJ}{kgK}$$

$$\Delta S_E = 6{,}1 \frac{kJ}{K}$$

Berechnung der Entropieänderung beim Erwärmen des Wassers ΔS_{H_2O} (Vorgang ② nach ③):

Gl. (5.4)
$$ds = \frac{dh - vdp}{T} = \frac{c_p \cdot dT - vdp}{T} = c_p \cdot \frac{dT}{T} - R \cdot \frac{dp}{p}$$

$$p_1 = p_2 = p = konst$$

$$\int_1^2 ds_U = c_p \cdot \int_1^2 \frac{dT}{T}$$

Gl. (4.94)
$$c_p(T) \approx c_v(T) = c(T)$$

$$\Delta s_{H_2O} = c \cdot \ln\left(\frac{T_2}{T_1}\right)$$

$$\Delta s_{H_2O} = 4{,}192 \frac{kJ}{kgK} \cdot \ln\left(\frac{293 \, K}{273 \, K}\right)$$

$$\Delta s_{H_2O} = 0{,}2964 \frac{kJ}{kgK}$$

$$\Delta S_{H_2O} = m \cdot \Delta s_S$$

$$\Delta S_{H_2O} = 5 \, kg \cdot 0{,}2964 \frac{kJ}{kgK}$$

$$\Delta S_{H_2O} = 1{,}482 \frac{kJ}{K}$$

Berechnung der Entropieänderung des Gesamtsystems Eis-Wasser beim Erwärmen ΔS_{E-H_2O}:

Gl. (6.28) $$dS = \sum_i dS_i$$

$$\Delta S_{E-H_2O} = \Delta S_{H_2O} + \Delta S_E$$

$$\Delta S_{E-H_2O} = 1{,}482 \frac{kJ}{K} + 6{,}1 \frac{kJ}{K}$$

$$\Delta S_{E-H_2O} = 7{,}582 \frac{kJ}{K}$$

Berechnung der Entropieänderung der Umgebung ΔS_U:

Gl. (6.16) $$dS = \frac{\delta Q + \delta W_R}{T}$$

$$dS_U = \frac{\delta Q + \delta W_R}{T_U}$$

$$\delta W_R = 0$$

$$dS_U = \frac{\delta Q}{T_U}$$

$$\int_1^2 dS_U = \frac{1}{T_U} \cdot \int_1^2 \delta Q$$

$$\Delta S_U = \frac{Q_{12}}{T_U}$$

Gl. (4.49) $$dh = \delta q + \delta w_t + \delta w_R$$

$$\delta w_t = 0$$

$$\delta w_R = 0$$

$$dh = \delta q$$

Gl. (4.77) $$c_p(T) = \left(\frac{\partial h}{\partial T}\right)_p = \frac{dh}{dT}$$

$$dh = c_p \cdot dT$$

$$\int_1^2 dh = \int_1^2 c_p \cdot dT$$

$$h_2 - h_1 = c_p \cdot (T_2 - T_1)$$

$$h_2 - h_1 = q_{12}$$

Gl. (4.94) $$c_p(T) \approx c_v(T) = c(T)$$

$$q_{12} = c_p \cdot (T_2 - T_1) + q_S$$

$$Q_{12} = m \cdot [c_p \cdot (T_2 - T_1) + q_S]$$

Die dem Eis-Wasser-System zuzuführende Wärme Q_{12} muss von der Umgebung abgegeben werden (negatives Vorzeichen für Q_{12} für die Berechnung von ΔS_U:

$$\Delta S_U = \frac{-Q_{12}}{T_U}$$

$$\Delta S_U = \frac{-m \cdot [c_p \cdot (T_2 - T_1) + q_S]}{T_U}$$

$$\Delta S_U = \frac{-5kg \cdot \left[4{,}192 \frac{kJ}{kgK} \cdot (293 - 273)K + 335 \frac{kJ}{kg}\right]}{293\ K}$$

$$\Delta S_U = \frac{(-419{,}2 - 1675)kJ}{293\ K}$$

$$\Delta S_U = -7{,}15 \frac{kJ}{K}$$

Zu c): Tritt eine irreversible Entropie des Gesamtsystems Umgebung-Eis-Wasser auf? Ja, wie folgende Berechnung zeigt:

Berechnung der irreversiblen Entropie des Gesamtsystems Umgebung-Eis-Wasser $S_{irr,12}$:

Gl. (6.19) $\qquad \delta S_{irr} = \sum_i dS_i - \sum_{F_i} \frac{\delta Q}{T}$

Entropieänderung des geschlossenen Gesamtsystems. Über die Oberflächen des Gesamtsystems findet keine Wärmeübertragung statt ($\sum_{F_i} \frac{\delta Q}{T} = 0$).

$$\delta S_{irr} = \sum_i dS_i$$

$$S_{irr,12} = \Delta S_{E-H_2O} + \Delta S_U$$

$$S_{irr,12} = 7{,}582 \frac{kJ}{K} - 7{,}15 \frac{kJ}{K}$$

$$S_{irr,12} = 0{,}432 \frac{kJ}{K}$$

Es tritt also eine irreversible Entropie im Gesamtsystem Umgebung-Eis-Wasser auf. Ergebnis $S_{irr,12} > 0$ in Übereinstimmung mit dem 2. Hauptsatz

10.14 Lösungen Kapitel 7 – Anwendung des ersten Hauptsatzes auf Kreisprozesse

Lösung 7.1

1. System: geschlossenes System

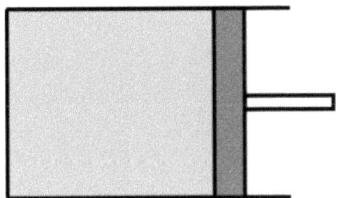

Abb. Repetitorium 7.1A: System zur Aufgabe 7.1

2. Bezugssystem BZS ruht in der Wandung

3. Modellbildung
   quasistatische Zustandsänderung
   reibungsfreier Vorgang
   Zu a) Darstellung des Kreisprozesses im T,s-Diagramm, Abb. 7.1B

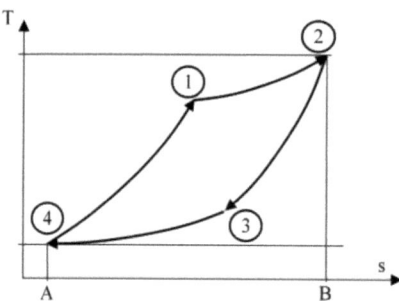

Abb. Repetitorium 7.1B: T,s-Diagramm zur Aufgabe 7.1

Zu b) Berechnung der abgegebenen Prozessarbeit (Nutzarbeit des Kreisprozesses) W_K:

Gl. (7.9) $$\oint (\delta Q + \delta W_t) = \oint dH = 0$$

Gl. (7.10) $$-w_K = q_{zu} + q_{ab}$$
$$-W_K = Q_{zu} + Q_{ab}$$

bzw. $-W_K = \sum_i Q_i$ Summe aller zu- bzw. abgeführten Wärmen. Vorzeichen: Zuführen (+) und Abfuhren (−)

$$-W_K = \sum_i Q_i = +21 \text{ kJ} - 25 \text{ kJ} - 13 \text{ kJ} + 30 \text{ kJ}$$
$$-W_K = 13 \text{ kJ}$$
$$W_K = -13 \text{ kJ}$$

Es wird bei diesem so genannten rechtsläufigen Prozess Arbeit gewonnen (negatives Vorzeichen für eine abgegebene Prozessgröße). Die gewonnene Arbeit ist betragsmäßig gleich der resultierenden Wärmezufuhr.

Lösung 7.2

1. System: geschlossenes System

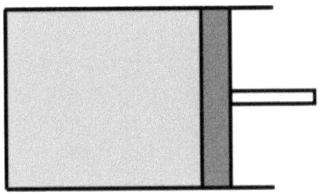

Abb. Repetitorium 7.2A: System zur Aufgabe 7.2

2. Bezugssystem BZS ruht in der Wand des Zylinders

3. Modellbildung
quasistatische Zustandsänderung

keine kinetischen und keine potentiellen Energieänderungen

Berechnung der Prozessarbeit (Nutzarbeit des Kreisprozesses) W_K:

Gl. (7.9) $\qquad \oint (\delta Q + \delta W_t) = \oint dH = 0$

Gl. (7.10) $\qquad -w_K = q_{zu} + q_{ab}$
$\qquad\qquad -W_K = Q_{zu} + Q_{ab}$

bzw. $-W_K = \sum_i Q_i$ Summe aller zu- bzw. abgeführtern Wärmen. Vorzeichen: Zufuhren (+) und Abfuhren (−)

$$-W_K = \sum_i Q_i = +41 \text{ kJ} - 27 \text{ kJ}$$

$$-W_K = 14 \ kJ$$

$$W_K = -14 \ kJ$$

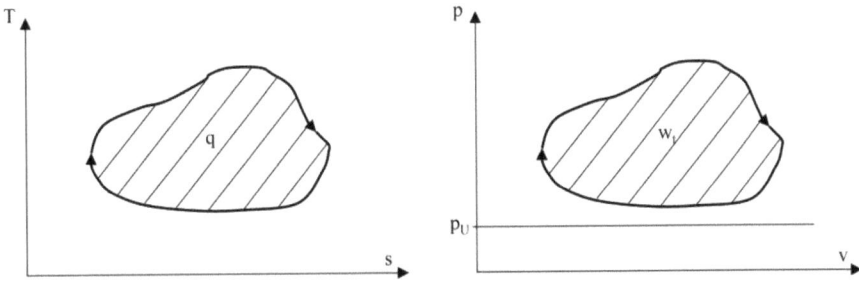

Abb. Repetitorium 7.2B: p, v-Diagramm und T, s-Diagramm zur Aufgabe 7.2

Im reibungsfreien Fall ist die Fläche für $w_K = \sum_j w_{tj}$ im p, v-Diagramm gleich der Fläche für $q = \sum_i q_i$ im T, s-Diagramm.

Für den reibungsbehafteten Prozess würden dagegen folgende Beziehungen gelten:

$$|w_t| = \left|\oint v \cdot dp\right| - |w_R|$$
$$|q| = \left|\oint T \cdot ds\right| - |w_R|$$

Lösung 7.3

1. System: geschlossenes System, Zustandsänderungen sollen gedanklich nacheinander in einem Zylinder ablaufen

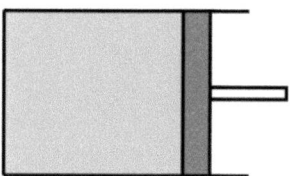

Abb. Repetitorium 7.3A: System zur Aufgabe 7.3

2. Bezugssystem BZS ruht in Zylinderwandung

3. Modellbildung
   quasistatische Zustandsänderungen
   reibungsfreie Zustandsänderungen

   Schaltbild des Prozesses, Abb. 7.3B

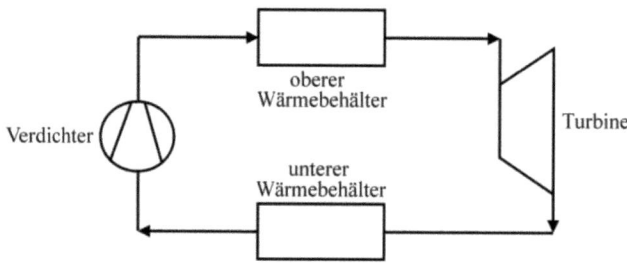

Abb. Repetitorium 7.3B: System zur Aufgabe 7.3

Berechnung des abgegebenen Wärmestroms $\dot{Q}_{ab}$:

Gl. (7.9) $\quad\quad \oint(\delta Q + \delta W_t) = \oint dH = 0$

Gl. (7.10)
$$-w_K = q_{zu} + q_{ab}$$
$$-W_K = Q_{zu} + Q_{ab}$$
$$Q_{ab} = -W_K - Q_{zu}$$
$$\dot{Q}_{ab} = -\dot{W}_K - \dot{Q}_{zu}$$
$$\dot{Q}_{ab} = -(-10\ kW) - 100\ kJ/s$$

$$1\,kW = 1\frac{kJ}{s} \qquad T\,2.4$$

$$\dot{Q}_{ab} = -90\frac{kJ}{s}$$

Berechnung des thermischen Wirkungsgrades η_{th}:

Gl. (7.12)
$$\eta_{th} = \frac{|w_k|}{q_{23}}$$

$$\eta_{th} = \frac{|w_k|}{q_{zu}}$$

$$\eta_{th} = \frac{|w_k|}{q_{zu}} = \frac{|\dot{W}_K|}{\dot{Q}_{zu}} = \frac{10\frac{kJ}{s}}{100\frac{kJ}{s}} = 0{,}1$$

$$\eta_{th} = 10\,\%$$

Lösung 7.4

1. System: geschlossenes System, Zustandsänderungen sollen gedanklich nacheinander in einem Zylinder ablaufen

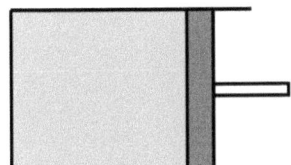

Abb. Repetitorium 7.4A: System zur Aufgabe 7.4

2. Bezugssystem BZS ruht in der Wandung

3. Modellbildung
quasistatische Zustandsänderungen
reibungsfreie Zustandsänderungen
Schaltbild des Prozesses, Abb. 7.4B

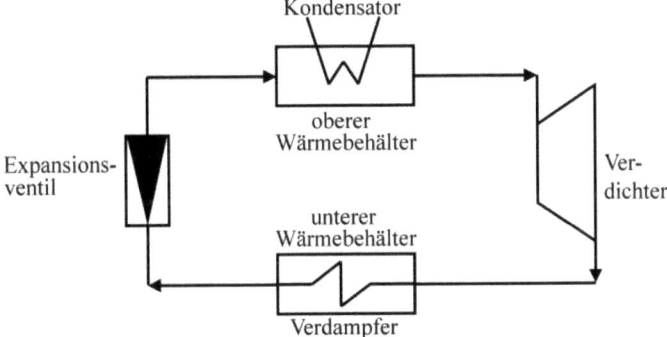

Abb. Repetitorium 7.4B: System zur Aufgabe 7.4

Berechnung der Leistung (pro Sekunde aufzubringende Arbeit) des Kreisprozesses $\dot{W}_K$:

Gl. (7.9) $\qquad \oint (\delta Q + \delta W_t) = \oint dH = 0$

Gl. (7.10)
$$-w_K = q_{zu} + q_{ab}$$
$$-W_K = Q_{zu} + Q_{ab}$$
$$-\dot{W}_K = \dot{Q}_{zu} + \dot{Q}_{ab}$$
$$-\dot{W}_K = +50\,\frac{kJ}{s} - 70\,\frac{kJ}{s}$$
$$-\dot{W}_K = -20\,\frac{kJ}{s}$$
$$\dot{W}_K = +20\,\frac{kJ}{s}$$

Positives Vorzeichen, da diese Arbeit des Kreisprozesses aufzubringen ist, d. h. dem System zugeführt wird (linksläufiger Kreisprozess).

Lösung 7.5

1. System: geschlossenes System, Zustandsänderungen sollen gedanklich nacheinander in einem Zylinder ablaufen

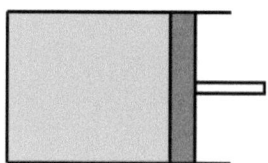

Abb. Repetitorium 7.5A: System zur Aufgabe 7.5

2. Bezugssystem BZS ruht in Bezug zur Systemgrenze

3. Modellbildung
   quasistatische Zustandsänderungen
   reibungsfreie Zustandsänderungen
   T, s-Diagramm des Prozesses, Abb. 7.5B

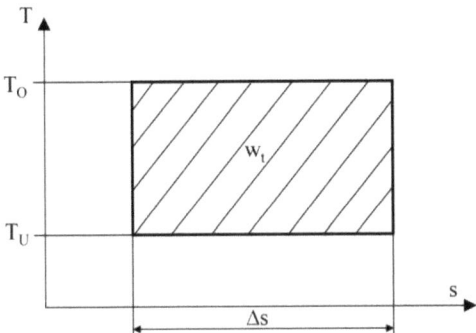

Abb. Repetitorium 7.5B: T,s-Diagramm zur Aufgabe 7.5

Berechnung des thermischen Wirkungsgrades $\eta_{th} = \eta_C$:

Gl. (7.16)
$$\eta_C = \frac{T_{max} - T_{min}}{T_{max}} = \frac{T_{zu} - T_{ab}}{T_{zu}} = 1 - \frac{T_{ab}}{T_{zu}}$$

$$\eta_C = 1 - \frac{T_U}{T_O}$$

$$\eta_C = 1 - \frac{500\,K}{800\,K}$$

$$\eta_C = 0{,}625$$

Gl. (7.12)
$$\eta_{th} = \eta_C = \frac{|w_K|}{q_{zu}}$$

Berechnung der spezifischen Wärme q_{zu}, die dem Arbeitsmedium im oberen Behälter zugeführt wird:

$$q_{zu} = \frac{|w_K|}{\eta_C}$$

$$q_{zu} = \frac{50\,\frac{kJ}{kg}}{0{,}625} = 80\,\frac{kJ}{kg}$$

Lösung 7.6

1. System: geschlossenes System, Zustandsänderungen sollen gedanklich nacheinander in einem Zylinder ablaufen

Abb. Repetitorium 7.6B: System zur Aufgabe 7.6

2. Bezugssystem BZS ruht in Zylinderwand

3. Modellbildung
   Zu a) Darstellung des Prozesses im T,s-Diagramm

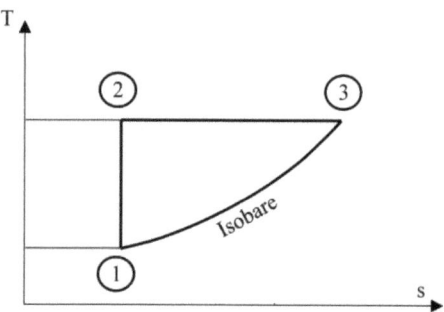

Abb. Repetitorium 7.6C: T,s-Diagramm zur Aufgabe 7.6

Zu b) Berechnung der spezifischen Kreisprozessarbeit w_K:
1 → 2 Isentrope (adiabate und reibungsfreie) Verdichtung

Gl. (5.24)
$$w_{D,12} = c_v \cdot (T_2 - T_1)$$
$$w_{D,12} = 0{,}718 \frac{kJ}{kgK} \cdot (473\ K - 303\ K)$$
$$w_{D,12} = 122{,}1 \frac{kJ}{kg}$$

Gl. (5.17)
$$\frac{T_2}{T_1} = \left(\frac{p_2}{p_1}\right)^{\frac{\kappa-1}{\kappa}}$$

Gl. (4.85)
$$c_p(T) = c_v(T) + R$$

Gl. (5.15)
$$\kappa = \frac{c_p}{c_v}$$
$$\kappa = \frac{c_p}{c_v} = \frac{c_v + R}{c_v} = 1{,}4$$
$$p_2 = p_1 \cdot \left(\frac{T_2}{T_1}\right)^{\frac{\kappa}{\kappa-1}}$$
$$p_2 = 1{,}5\ bar \cdot \left(\frac{473\ K}{303\ K}\right)^{\frac{1{,}4}{1{,}4-1}}$$
$$p_2 = 7{,}13\ bar$$

2 → 3 Isotherme Entspannung

Gl. (5.40)
$$w_{D,12} = -R \cdot T \cdot \ln\left(\frac{p_1}{p_2}\right)$$
$$w_{D,23} = -R \cdot T_2 \cdot \ln\left(\frac{p_2}{p_3}\right)$$

$$T_2 = T_3 = 473\ K$$
$$p_2 = 7{,}13\ bar$$
$$p_3 = p_1 = 1{,}5\ bar$$
$$w_{D,23} = -R \cdot T_2 \cdot \ln\left(\frac{p_2}{p_3}\right)$$
$$w_{D,23} = -0{,}2871\frac{kJ}{kgK} \cdot 473\ K \cdot \ln\left(\frac{7{,}13\ bar}{1{,}5\ bar}\right)$$
$$w_{D,23} = -210{,}3\frac{kJ}{kg}$$

3 → 1 Isobare Zustandsänderung

Gl. (5.67)
$$w_{D,12} = -R \cdot (T_2 - T_1)$$
$$w_{D,31} = -R \cdot (T_1 - T_3)$$
$$w_{D,31} = -0{,}2871\frac{kJ}{kgK} \cdot (303\ K - 473\ K)$$
$$w_{D,31} = 48{,}8\frac{kJ}{kg}$$

Kreisprozessarbeit w_K

Gl. (7.11) $\quad -w_K = w_{D,zu} + w_{D,ab}$

bzw. $-w_K = \sum_i w_{D,i}$ Summe aller zu- bzw. abgeführter spezifischen Volumenänderungsarbeiten. Vorzeichen: Zufuhren (+) und Abfuhren (−)

$$-w_K = \sum_i w_{D,i} = w_{D,12} + w_{D,23} + w_{D,31}$$
$$-w_K = \sum_i w_{D,i} = 122{,}1\frac{kJ}{kg} - 210{,}3\frac{kJ}{kg} + 48{,}8\frac{kJ}{kg}$$
$$-w_K = -39{,}4\frac{kJ}{kg}$$
$$w_K = 39{,}4\frac{kJ}{kg}$$

Zu c) Berechnung des thermischen Wirkungsgrades η_{th}:

Gl. (7.12) $\quad \eta_{th} = \dfrac{|w_K|}{q_{zu}}$

1 → 2 Isentrope $q_{12} = 0$
2 → 3 Isoherme $q_{23} = -w_{D,23} > 0$
3 → 1 Isobare $q_{31} < 0$

$$\eta_{th} = \frac{|w_K|}{|q_{23}|}$$

$$\eta_{th} = \frac{39{,}4\,\frac{kJ}{kg}}{210{,}3\,\frac{kJ}{kg}}$$

$$\eta_{th} = 0{,}19$$

$$\eta_{th} = 19\,\%$$

Lösung 7.7

1. System: geschlossenes System, Abb. 7.7

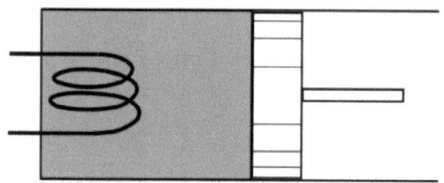

Abb. Repetitorium 7.7A: System zur Aufgabe 7.7

2. Bezugssystem BZS ruht in Zylinderwandung

3. Modellbildung
   quasistatische Zustandsänderung
   reibungsfreier Prozess
   Luft: ideales Gas

Zu a) Darstellung des Prozesses im p,v-Diagramm und T,s-Diagramm

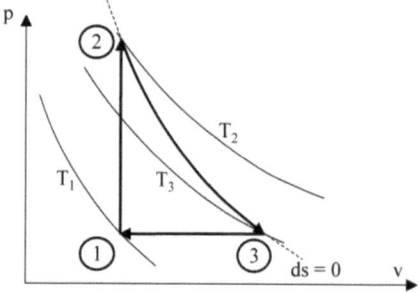
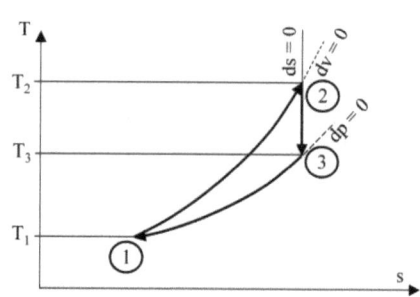

Abb. Repetitorium 7.7B: p,v-Diagramm und T,s-Diagramm zur Aufgabe 7.7

Isentropen ($ds = 0$) steiler als   Isochoren ($dv = 0$) steiler als
Isothermen ($dT = 0$)   Isobaren ($dp = 0$)

Zu b) Berechnung der spezifischen Kreisprozessarbeit w_K:
3 → 1 Isobare Zustandsänderung
Berechnung der spezifischen Wärmen q_{12} und q_{31}

Gl. (5.70)
$$q_{12} = c_{pm}\Big|_{T_1}^{T_2}(T_2 - T_1)$$

Mit $c_p = konst$ folgt
$$q_{12} = c_p \cdot (T_2 - T_1)$$

3 → 1
$$q_{31} = 1{,}004\frac{kJ}{kgK} \cdot (300\,K - 439\,K)$$
$$q_{31} = -139{,}6\frac{kJ}{kg}$$

Berechnung der Kreisprozessarbeit w_K

Gl. (7.10)
$$-w_K = q_{zu} + q_{ab}$$

bzw. $-w_K = \sum_i q_i$ Summe aller zu- bzw. abgeführten spezifischen Wärmen. Vorzeichen: Zufuhren (+) und Abfuhren (−)

$$-w_K = \sum_i q_i = q_{12} + q_{23} + q_{31}$$

$$-w_K = \sum_i q_i = 150\frac{kJ}{kg} - 0\frac{kJ}{kg} - 139{,}6\frac{kJ}{kg}$$

$$-w_K = 10{,}4\frac{kJ}{kg}$$

$$w_K = -10{,}4\frac{kJ}{kg}$$

Bei diesem rechtsläufigen Kreisprozess wird Arbeit abgegeben (negatives Vorzeichen).

Zu c) Berechnung von Temperatur und Druck im Punkt ②, t_2, p_2:

1 → 2 Isochore Zustandsänderung

Gl. (5.54)
$$q_{12} = c_{vm}\Big|_{T_1}^{T_2}(T_2 - T_1)$$

Mit $c_v = konst$ folgt
$$q_{12} = c_v \cdot (T_2 - T_1)$$
$$Q_{12} = m \cdot c_v \cdot (T_2 - T_1)$$
$$T_2 = T_2 + \frac{Q_{12}}{m \cdot c_v}$$
$$T_2 = 300\,K + \frac{150\,kJ}{1\,kg \cdot 0{,}718\frac{kJ}{kgK}}$$

$$T_2 = 300\,K \mid 209\,K$$
$$T_2 = 509\,K$$
$$t_2 = 236\,°C$$

$Gl. (2.31)$
$$\frac{p_1}{T_1} = \frac{p_2}{T_2}$$
$$p_2 = p_1 \cdot \frac{T_2}{T_1}$$
$$p_2 = 1 \, bar \cdot \frac{509 \, K}{300 \, K}$$
$$p_2 = 1{,}7 \, bar$$

Lösung 7.8

1. System: geschlossenes System, Zustandsänderungen sollen gedanklich nacheinander in einem Zylinder ablaufen

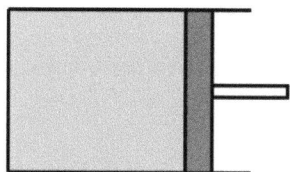

Abb. Repetitorium 7.8A: System zur Aufgabe 7.8

2. Bezugssystem BZS ruht in Zylinderwand

3. Modellbildung

   quasistatische Zustandsänderungen

   Luft: ideales Gas

   reibungsfreie Zustandsänderungen

   Zu a) Darstellung des Prozesses im p, v-Diagramm und T, s-Diagramm

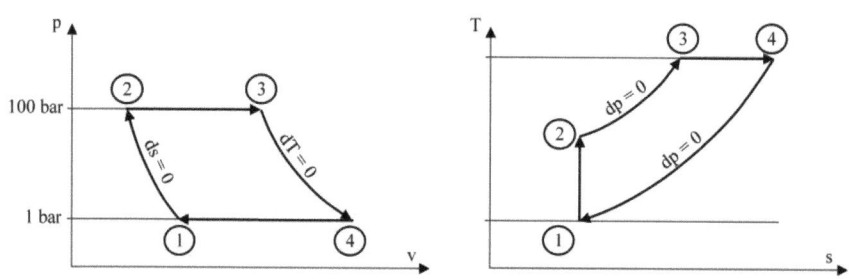

Abb. Repetitorium 7.8B: p, v-Diagramm und T, s-Diagramm zur Aufgabe 7.8

Zu b) Berechnung des Massenstroms (Massendurchsatz) $\dot{m}$ und Berechnung der technischen Leistung des Kreisprozesses $\dot{W}_K$:

$Gl. (7.9)$ $\qquad \oint (\delta Q + \delta W_t) = \oint dH = 0$

$Gl. (7.10)$ $\qquad -w_K = q_{zu} + q_{ab}$

$$-W_K = Q_{zu} + Q_{ab}$$

bzw. $-W_K = \sum_i Q_i$ Summe aller zu- bzw. abgeführtern Wärmen. Vorzeichen: Zuführen (+) und Abfuhren (−)

$$-W_K = \sum_i Q_i$$

$$-\dot{W}_K = \sum_i \dot{Q}_i$$

$$-\dot{W}_K = \sum_i \dot{Q}_i = \dot{Q}_{12} + \dot{Q}_{23} + \dot{Q}_{34} + \dot{Q}_{41}$$

$$-\dot{W}_K = \sum_i \dot{Q}_i = \dot{m} \cdot (q_{12} + q_{23} + q_{34} + q_{41})$$

Berechnung der zu- bzw. abgeführten Wärmen $q_{12} + q_{23} + q_{34} + q_{41}$

1 → 2 Isentrope Zustandsänderung $q_{12} = 0\ kJ$

Gl. (5.17) $\qquad \dfrac{T_2}{T_1} = \left(\dfrac{p_2}{p_1}\right)^{\frac{\kappa-1}{\kappa}}$

Gl. (4.85) $\qquad c_p(T) = c_v(T) + R$

Gl. (5.15) $\qquad \kappa = \dfrac{c_p}{c_v}$

$$\kappa = \dfrac{c_p}{c_v} = \dfrac{c_p}{c_p - R} = 1{,}4$$

$$T_2 = T_1 \cdot \left(\dfrac{p_2}{p_1}\right)^{\frac{\kappa-1}{\kappa}}$$

$$T_2 = 300\ K \cdot \left(\dfrac{100\ bar}{1\ bar}\right)^{0{,}286}$$

$$T_2 = 1120\ K$$

2 → 3 Isobare Zustandsänderung

Gl. (5.70) $\qquad q_{12} = c_{pm}\Big|_{T_1}^{T_2} (T_2 - T_1)$

Mit $c_p = konst$ folgt

$$q_{12} = c_p \cdot (T_2 - T_1)$$

2 → 3

$$q_{23} = c_p \cdot (T_3 - T_2)$$

$$q_{23} = 1{,}004\ \dfrac{kJ}{kgK} \cdot (1400\ K - 1120\ K)$$

$$q_{23} = 381{,}5\ \dfrac{kJ}{kg}$$

3 → 4 Isotherme Zustandsänderung

Gl. (5.48) $\qquad q_{12} = -w_{D,12}$

Gl. (5.40) $\qquad w_{D,12} = -R \cdot T \cdot \ln\left(\dfrac{p_1}{p_2}\right)$

3 → 4

$$w_{D,34} = -R \cdot T_3 \cdot \ln\left(\dfrac{p_3}{p_4}\right)$$

$$q_{34} = R \cdot T_3 \cdot \ln\left(\dfrac{p_3}{p_4}\right)$$

$$T_3 = T_4 = 1400\ K$$

$$p_3 = 100\ bar$$

$$p_4 = p_1 = 1\ bar$$

$$q_{34} = R \cdot T_3 \cdot \ln\left(\dfrac{p_3}{p_4}\right)$$

$$q_{34} = 0{,}2871\ \dfrac{kJ}{kgK} \cdot 1400\ K \cdot \ln\left(\dfrac{100\ bar}{1\ bar}\right)$$

$$q_{34} = 1848\ \dfrac{kJ}{kg}$$

4 → 1 Isobare Zustandsänderung

Gl. (5.70) $\qquad q_{12} = c_{pm}\Big|_{T_1}^{T_2}(T_2 - T_1)$

Mit $c_p = konst$ folgt

$$q_{12} = c_p \cdot (T_2 - T_1)$$

4 → 1

$$q_{41} = c_p \cdot (T_1 - T_4)$$

$$q_{41} = 1{,}004\ \dfrac{kJ}{kgK} \cdot (300\ K - 1400\ K)$$

$$q_{41} = -1104\ \dfrac{kJ}{kg}$$

Massendurchsatz:

$$\dot{Q}_{23} = 5 \cdot 10^5\ \dfrac{kJ}{h}$$

$$q_{23} = 381{,}5\ \dfrac{kJ}{kg}$$

$$\dot{Q}_{23} = \dot{m} \cdot q_{23}$$

$$\dot{m} = \dfrac{\dot{Q}_{23}}{q_{23}}$$

$$\dot{m} = \dfrac{5 \cdot 10^5\ \dfrac{kJ}{h}}{381{,}5\ \dfrac{kJ}{kg}}$$

$$\dot{m} = 1311 \frac{kg}{h}$$

$$-\dot{W}_K = \sum_i \dot{Q}_i = \dot{m} \cdot (q_{12} + q_{23} + q_{34} + q_{41})$$

$$-\dot{W}_K = \dot{m} \cdot (0 + 381{,}5 + 1848 - 1104) \frac{kJ}{kg}$$

$$-\dot{W}_K = 1311 \frac{kg}{h} \cdot 1125{,}5 \frac{kJ}{kg}$$

$$-\dot{W}_K = 1{,}48 \cdot 10^6 \frac{kJ}{h} = 410 \; kW$$

$$\dot{W}_K = -410 \; kW$$

Zu c) Berechnung des thermischen Wirkungsgrades η_{th}:

Gl. (7.12) $\quad\quad\quad \eta_{th} = \frac{|w_K|}{q_{zu}}$

1 → 2 Isentrope $q_{12} = 0 \frac{kJ}{kg}$

2 → 3 Isobare $q_{23} = 381{,}5 \frac{kJ}{kg} > 0$

3 → 4 Isotherme $q_{34} = 1848 \frac{kJ}{kg} > 0$

4 → 1 Isobare $q_{41} = -1104 \frac{kJ}{kg} < 0$

$$q_{zu} = q_{23} + q_{34} = 2229{,}5 \frac{kJ}{kg}$$

$$w_K = 1125{,}5 \frac{kJ}{kg}$$

$$\eta_{th} = \frac{1125{,}5 \frac{kJ}{kg}}{2229{,}5 \frac{kJ}{kg}}$$

$$\eta_{th} = 0{,}50$$

$$\eta_{th} = 50\,\%$$

Lösung 7.9

1. System: geschlossenes System, Zustandsänderungen sollen gedanklich nacheinander in einem Zylinder ablaufen

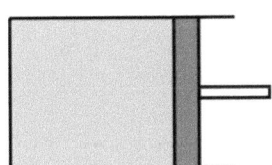

Abb. Repetitorium 7.9A: System zur Aufgabe 7.9

2. Bezugssystem BZS ruht in Zylinderwandung

3. Modellbildung
quasistatische Zustandsänderungen
Luft: ideales Gas
reibungsfreie Zustandsänderungen
Zu a) Darstellung des Prozesses im p,v- und T,s-Diagramm

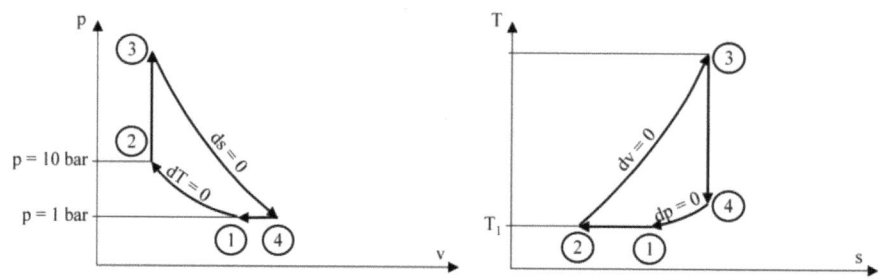

Abb. Repetitorium 7.9B: p,v-Diagramm und T,s-Diagramm zur Aufgabe 7.9

Isentropen $ds = 0$ verläufen Iochoren $dv = 0$ verläufen
steiler als Isothermen $dT = 0$ steiler als Isobaren $dp = 0$

Zu b) Berechnung der resultierenden abzuführenden spezifischen Wärme q_{ab}:
Berechnung der zu- bzw. abgeführten Wärmen $q_{12} + q_{23} + q_{34} + q_{41}$

1 → 2 Isotherme Zustandsänderung $q_{12} = 0\ kJ$

Gl. (5.48) $\qquad q_{12} = -w_{D,12}$

Gl. (5.40) $\qquad w_{D,12} = -R \cdot T \cdot ln\left(\dfrac{p_1}{p_2}\right)$

$$w_{D,12} = -R \cdot T_1 \cdot ln\left(\dfrac{p_1}{p_2}\right)$$

$$q_{12} = R \cdot T_1 \cdot ln\left(\dfrac{p_1}{p_2}\right)$$

$$T_1 = T_2 = 300\ K$$

$$p_3 = 100\ bar$$

$$p_4 = p_1 = 1\ bar$$

$$q_{12} = R \cdot T_1 \cdot ln\left(\dfrac{p_1}{p_2}\right)$$

$$q_{12} = 0{,}2871\,\dfrac{kJ}{kgK} \cdot 300\ K \cdot ln\left(\dfrac{1\ bar}{10\ bar}\right)$$

$$q_{12} = -198\,\dfrac{kJ}{kg}$$

2 → 3 Isobare Zustandsänderung

Gl. (5.70)
$$q_{12} = c_{pm}\Big|_{T_1}^{T_2}(T_2 - T_1)$$

Mit $c_p = konst$ folgt
$$q_{12} = c_p \cdot (T_2 - T_1)$$

2 → 3
$$q_{23} = c_p \cdot (T_3 - T_2)$$
$$T_3 = T_2 + \frac{q_{23}}{c_p}$$
$$T_3 = 300\ K + \frac{10^3\ \frac{kJ}{kg}}{1{,}004\ \frac{kJ}{kgK}}$$
$$T_3 = 1700\ K$$
$$t_3 = 1427\ °C$$

Gl. (2.31)
$$\frac{p_1}{T_1} = \frac{p_2}{T_2}$$
$$\frac{p_2}{T_2} = \frac{p_3}{T_3}$$
$$p_3 = p_2 \cdot \frac{T_3}{T_2}$$
$$p_2 = 10\ bar \cdot \frac{1700\ K}{300\ K}$$
$$p_2 = 56{,}7\ bar$$

3 → 4 Isentrope Zustandsänderung $q_{34} = 0\ kJ$

Gl. (5.17)
$$\frac{T_2}{T_1} = \left(\frac{p_2}{p_1}\right)^{\frac{\kappa-1}{\kappa}}$$

3 → 4
$$\frac{T_4}{T_3} = \left(\frac{p_4}{p_3}\right)^{\frac{\kappa-1}{\kappa}}$$

Gl. (4.85) $\quad c_p(T) = c_v(T) + R$

Gl. (5.15) $\quad \kappa = \dfrac{c_p}{c_v}$

$$\kappa = \frac{c_p}{c_v} = \frac{c_p}{c_p - R} = 1{,}4$$

$$T_4 = T_3 \cdot \left(\frac{p_4}{p_3}\right)^{\frac{\kappa-1}{\kappa}}$$

$$T_4 = 1700\ K \cdot \left(\frac{1\ bar}{56{,}7\ bar}\right)^{0{,}286}$$

$$T_4 = 536\ K$$

$$t_4 = 263\,°C$$

4 → 1 Isobare Zustandsänderung

Gl. (5.70)
$$q_{12} = c_{pm}\Big|_{T_1}^{T_2} (T_2 - T_1)$$

Mit $c_p = konst$ folgt

$$q_{12} = c_p \cdot (T_2 - T_1)$$

4 → 1

$$q_{41} = c_p \cdot (T_1 - T_4)$$
$$q_{41} = 1{,}004 \frac{kJ}{kgK} \cdot (300\,K - 536\,K)$$
$$q_{41} = -237 \frac{kJ}{kg}$$

Feststellung der resultierenden Zu- und Abfuhren:

$$q_{12} = -198\,kJ < 0$$
$$q_{12} = 10^3 \frac{kJ}{kg} > 0$$
$$q_{34} = 0\,kJ$$
$$q_{41} = -237 \frac{kJ}{kg} < 0$$

Zufuhren:
$$q_{zu} = q_{23} = 10^3 \frac{kJ}{kg}$$

Abfuhren:
$$q_{ab} = q_{12} + q_{41} = 435 \frac{kJ}{kg}$$

Zu c) Berechnung des thermischen Wirkungsgrades η_{th}:

Gl. (7.12)
$$\eta_{th} = \frac{|w_K|}{q_{zu}} = \frac{|q_{zu} - q_{ab}|}{q_{zu}}$$

$$\eta_{th} = \frac{1000 \frac{kJ}{kg} - 435 \frac{kJ}{kg}}{1000 \frac{kJ}{kg}}$$

$$\eta_{th} = 0{,}565$$
$$\eta_{th} = 56{,}6\,\%$$
$$\eta_{th} = \frac{|w_K|}{q_{zu}}$$

Zu d) Berechnung der Prozessleistung $\dot{W}_K$:

$$w_K = \eta_{th} \cdot q_{zu}$$

$$w_K = 0{,}565 \cdot 10^3 \frac{kJ}{kg}$$

$$w_K = 566 \frac{kJ}{kg}$$

$$\dot{W}_K = \dot{m} \cdot w_K$$

$$\dot{W}_K = 25 \frac{kg}{h} \cdot 566 \frac{kJ}{kg}$$

$$\dot{W}_K = 3{,}92\ kW$$

Lösung 7.10

1. System: geschlossenes System, Zustandsänderungen sollen gedanklich nacheinander in einem Zylinder ablaufen

Abb. Repetitorium 7.10A: System zur Aufgabe 7.10

2. Bezugssystem BZS ruht in Zylinderwandung

3. Modellbildung
   quasistatische Zustandsänderungen
   reibungsfreie Zustandsänderungen
   Luft: ideales Gas
   Zu d) Darstellung des Prozesses im T, s-Diagramm

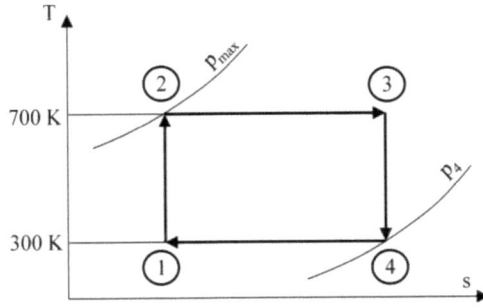

Abb. Repetitorium 7.10B: T, s-Diagramm zur Aufgabe 7.10

Zu a) Berechnung der spezifischen Kreisprozessarbeit w_K:

Gl. (7.13) $q_{zu} = T_{max} \cdot (s_3 - s_2) = T_{max} \cdot (s_4 - s_1)$
Gl. (7.14) $q_{ab} = T_{min} \cdot (s_4 - s_1)$
Gl. (7.10) $-w_K = q_{zu} + q_{ab}$
$|w_K| = q_{zu} - |q_{ab}|$
$\Delta T = T_{max} - T_{min} = T_2 - T_1$
$|w_K| = q_{zu} - |q_{ab}|$
$|w_K| = (s_4 - s_1) \cdot (T_2 - T_1)$

4 → 1 Isotherme Zustandsänderung

Gl. (5.35) $s_2 - s_1 = -R \cdot \ln\left(\dfrac{p_2}{p_1}\right)$

$s_1 - s_4 = -R \cdot \ln\left(\dfrac{p_1}{p_4}\right)$

1 → 2 Isentrope Zustandsänderung

Gl. (5.17) $\dfrac{T_2}{T_1} = \left(\dfrac{p_2}{p_1}\right)^{\frac{\kappa-1}{\kappa}}$

Gl. (4.85) $c_p(T) = c_v(T) + R$

Gl. (5.15) $\kappa = \dfrac{c_p}{c_v}$

$\kappa = \dfrac{1{,}004\,\frac{kJ}{kgK}}{0{,}718\,\frac{kJ}{kgK}} = 1{,}4$

$p_1 = p_2 \cdot \left(\dfrac{T_1}{T_2}\right)^{\frac{\kappa}{\kappa-1}}$

$p_1 = 100\,bar \cdot \left(\dfrac{300}{700}\right)^{3{,}5}$

$p_1 = 5{,}15\,bar$

Gl. (4.85) $c_p(T) = c_v(T) + R$

$R = c_p - c_v = 0{,}2871\,\dfrac{kJ}{kgK}$

$p_4 = p_U = 1\,bar$

$s_1 - s_4 = -R \cdot \ln\left(\dfrac{p_1}{p_4}\right)$

$s_1 - s_4 = -0{,}2871\,\dfrac{kJ}{kgK} \cdot \ln\left(\dfrac{5{,}15\,bar}{1\,bar}\right)$

$s_1 - s_4 = -0{,}47\,\dfrac{kJ}{kgK}$

$|w_K| = (s_4 - s_1) \cdot (T_2 - T_1)$

$$|w_K| = 0{,}47 \frac{kJ}{kgK} \cdot (700\,K - 300\,K)$$

$$w_K = -188 \frac{kJ}{kg}$$

Zu b) Berechnung der zugeführten spezifischen Wärme q_{zu}:

$$q_{zu} = (s_4 - s_1) \cdot T_{max} = (s_4 - s_1) \cdot T_2$$

$$q_{zu} = 0{,}47 \frac{kJ}{kgK} \cdot 700\,K$$

$$q_{zu} = 329 \frac{kJ}{kg}$$

Zu c) Berechnung des thermischen Wirkungsgrades η_{th}:

Gl. (7.12)
$$\eta_C = \eta_{th} = \frac{|w_K|}{q_{zu}} = \frac{|q_{zu} - q_{ab}|}{q_{zu}}$$

$$\eta_C = \frac{188 \frac{kJ}{kg}}{329 \frac{kJ}{kg}}$$

$$\eta_C = 0{,}571$$
$$\eta_C = 57{,}1\,\%$$

Lösung 7.11

1. System: geschlossenes System, Zustandsänderungen sollen gedanklich nacheinander in einem Zylinder ablaufen

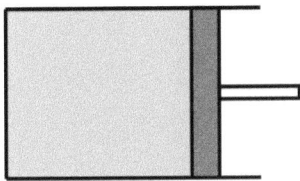

Abb. Repetitorium 7.11A: System zur Aufgabe 7.11

2. Bezugssystem BZS ruht in Zylinderwandung

3. Modellbildung
   quasistatische Zustandsänderungen
   reibungsfreie Zustandsänderungen
   ideales Gas
   Darstellung des Prozesses im T, s-Diagramm, Abb. 7.11B:

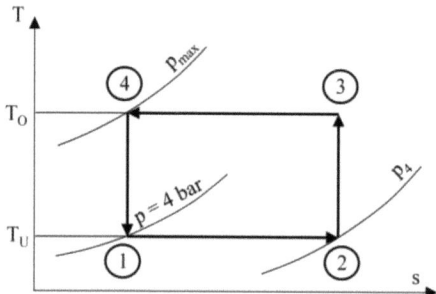

Abb. Repetitorium 7.11B: T,s-Diagramm zur Aufgabe 7.11

Berechnung der zu- und abgeführten spezifischen Wärmen q_{zu} und q_{ab} sowie der spezifischen Kreisprozessarbeit w_K:

Bei rechtsläufigem Carnot-Prozess gilt:

Gl. (7.13) $\qquad q_{zu} = T_{max} \cdot (s_3 - s_2) = T_{max} \cdot (s_4 - s_1)$

Bei linksläufigem Carnot-Prozess gilt:

$$q_{zu} = T_{max} \cdot (s_3 - s_4) = T_{max} \cdot (s_2 - s_1)$$

Bei rechtsläufigem Carnot-Prozess gilt:

Gl. (7.14) $\qquad q_{ab} = T_{min} \cdot (s_4 - s_1)$

Bei linksläufigem Carnot-Prozess gilt:

$$q_{ab} = T_{min} \cdot (s_2 - s_1)$$

Gl. (7.10)
$$-w_K = q_{zu} + q_{ab}$$
$$|w_K| = q_{zu} - |q_{ab}|$$
$$\Delta T = T_{max} - T_{min} = T_4 - T_1$$
$$|w_K| = q_{zu} - |q_{ab}|$$
$$|w_K| = (s_2 - s_1) \cdot (T_4 - T_1)$$

1 → 2 Isotherme Zustandsänderung

Gl. (5.35) $\qquad s_2 - s_1 = -R \cdot \ln\left(\dfrac{p_2}{p_1}\right)$

$$s_2 - s_1 = -0{,}2871 \dfrac{kJ}{kgK} \cdot \ln\left(\dfrac{1\,bar}{4\,bar}\right)$$

$$s_2 - s_1 = +0{,}398 \dfrac{kJ}{kgK}$$

3 → 4 Isotherme Zustandsänderung

$$s_4 - s_3 = -0{,}398 \dfrac{kJ}{kgK}$$

1 → 2 Änderung der Entropie

Gl. (6.26) $\qquad dS = \dfrac{\delta Q + \delta W_R}{T}$

10 Repetitorium

$$ds = \frac{\delta q + \delta w_R}{T}$$

$$\delta w_R = 0$$

$$ds = \frac{\delta q}{T}$$

$$\int_1^2 \frac{\delta q}{T} = s_2 - s_1$$

$$q_{12} = T \cdot (s_2 - s_1)$$

$$q_U = q_{12} = T_U \cdot (s_2 - s_1)$$

$$q_U = q_{12} = 293\ K \cdot 0{,}398\ \frac{kJ}{kgK}$$

$$q_U = +116{,}5\ \frac{kJ}{kgK}$$

$$q_O = q_{34} = T_O \cdot (s_3 - s_4)$$

$$q_O = q_{34} = 373\ K \cdot (-0{,}398\ \frac{kJ}{kgK})$$

$$q_U = -148{,}3\ \frac{kJ}{kgK}$$

Gl. (7.10)

$$-w_K = q_{zu} + q_{ab}$$

$$|w_K| = |q_{zu}| - |q_{ab}|$$

$$|w_K| = |q_O| - |q_U|$$

$$w_K = 31{,}8\ \frac{kJ}{kgK}$$

Lösung 7.12

1. System: geschlossenes System, Zustandsänderungen sollen gedanklich nacheinander in einem Zylinder ablaufen

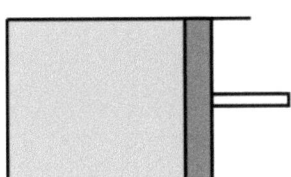

Abb. Repetitorium 7.12A: System zur Aufgabe 7.12

2. Bezugssystem BZS ruht in Zylinderwandung

3. Modellbildung
   quasistatische Zustandsänderungen
   reibungsfreie Zustandsänderungen

Luft: ideales Gas

Zu a) Darstellung des Prozesses im T, s-Diagramm, Abb. 7.12B:

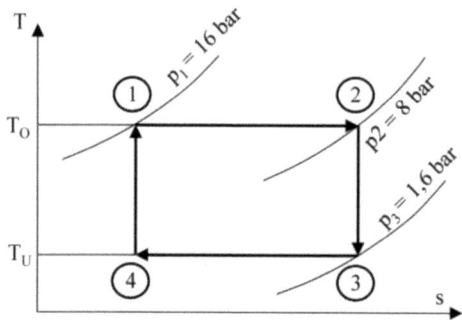

Abb. Repetitorium 7.12B: T, s-Diagramm zur Aufgabe 7.12

Zu b) Berechnung der thermischen Zustandsgrößen p, T, v zu jedem Zustandspunkt

Zustandspunkt ①:

Gegeben: $t_1 = 527\,°C, p_1 = 16\,bar$

Gesucht: v_1

Gl. (2.17)
$$p \cdot v = R \cdot T$$
$$p_1 \cdot v_1 = R \cdot T_1$$

$1\,bar = 10^2 \dfrac{kJ}{m^2}$ T 2.4

$$v_1 = \frac{R \cdot T_1}{p_1} = \frac{0{,}2871 \dfrac{kJ}{kgK} \cdot 800\,K}{16 \cdot 10^2 \dfrac{kJ}{m^2}}$$

$$v_1 = 0{,}144 \frac{m^3}{kg}$$

Ergebnis Zustandspunkt ①: $t_1 = 527\,°C, p_1 = 16\,bar, v_1 = 0{,}144 \dfrac{m^3}{kg}$

Zustandspunkt ②:

Gegeben: $t_2 = 527\,°C, p_2 = 8\,bar$

Gesucht: v_2

Gl. (2.17)
$$p \cdot v = R \cdot T$$
$$p_2 \cdot v_2 = R \cdot T_2$$

$1\,bar = 10^2 \dfrac{kJ}{m^2}$ T 2.4

$$v_2 = \frac{R \cdot T_2}{p_2} = \frac{0{,}2871 \dfrac{kJ}{kgK} \cdot 800\,K}{8 \cdot 10^2 \dfrac{kJ}{m^2}}$$

10 Repetitorium

$$v_2 = 0{,}288 \frac{m^3}{kg}$$

Ergebnis Zustandspunkt ②: $t_1 = 527\,°C, p_1 = 8\,bar, v_1 = 0{,}288 \frac{m^3}{kg}$

Zustandspunkt ③:

Gegeben: $p_3 = 1{,}6\,bar$

Gesucht: t_3, v_3

Gl. (5.17)
$$\frac{T_2}{T_1} = \left(\frac{p_2}{p_1}\right)^{\frac{\kappa-1}{\kappa}}$$

2 → 3
$$\frac{T_3}{T_2} = \left(\frac{p_3}{p_2}\right)^{\frac{\kappa-1}{\kappa}}$$

Gl. (4.85)
$$c_p(T) = c_v(T) + R$$
$$c_v = c_p - R$$

Gl. (5.15)
$$\kappa = \frac{c_p}{c_v}$$

$$\kappa = \frac{c_p}{c_v} = \frac{c_p}{c_p - R} = 1{,}4$$

$$T_3 = T_2 \cdot \left(\frac{p_3}{p_2}\right)^{\frac{\kappa-1}{\kappa}}$$

$$T_3 = 800\,K \cdot \left(\frac{1{,}6\,bar}{8\,bar}\right)^{0{,}286}$$

$$T_3 = 505\,K$$
$$t_3 = 232\,°C$$

Gl. (2.17)
$$p \cdot v = R \cdot T$$
$$p_3 \cdot v_3 = R \cdot T_3$$

$$1\,bar = 10^2 \frac{kJ}{m^2} \qquad T\,2.4$$

$$v_3 = \frac{R \cdot T_3}{p_3} = \frac{0{,}2871 \frac{kJ}{kgK} \cdot 505\,K}{1{,}6 \cdot 10^2 \frac{kJ}{m^2}}$$

$$v_3 = 0{,}906 \frac{m^3}{kg}$$

Ergebnis Zustandspunkt ③: $t_3 = 232\,°C, p_1 = 1{,}6\,bar, v_1 = 0{,}906 \frac{m^3}{kg}$

Zustandspunkt ④:

Gegeben: $t_4 = 232\,°C$

Gesucht: p_4, v_4

Gl. (5.17)
$$\frac{T_2}{T_1} = \left(\frac{p_2}{p_1}\right)^{\frac{\kappa-1}{\kappa}}$$

4 → 1

$$\frac{T_4}{T_1} = \left(\frac{p_4}{p_1}\right)^{\frac{\kappa-1}{\kappa}}$$

Gl. (4.85)
$$c_p(T) = c_v(T) + R$$
$$c_v = c_p - R$$

Gl. (5.15)
$$\kappa = \frac{c_p}{c_v}$$

$$\kappa = \frac{c_p}{c_v} = \frac{c_p}{c_p - R} = 1{,}4$$

$$p_4 = p_1 \cdot \left(\frac{T_4}{T_1}\right)^{\frac{\kappa}{\kappa-1}}$$

$$p_4 = 16\ bar \cdot \left(\frac{505\ K}{800\ K}\right)^{3,5}$$

$$p_4 = 3{,}2\ bar$$

Gl. (2.17)
$$p \cdot v = R \cdot T$$
$$p_4 \cdot v_4 = R \cdot T_4$$

$$1\ bar = 10^2 \frac{kJ}{m^2} \qquad T\ 2.4$$

$$v_4 = \frac{R \cdot T_4}{p_4} = \frac{0{,}2871 \frac{kJ}{kgK} \cdot 505\ K}{3{,}2 \cdot 10^2 \frac{kJ}{m^2}}$$

$$v_4 = 0{,}453 \frac{m^3}{kg}$$

Ergebnis Zustandspunkt ④: $t_4 = 232\ °C, p_4 = 3{,}2\ bar, v_4 = 0{,}453 \frac{m^3}{kg}$

Zu c) Berechnung der zu- und abgeführten spezifischen Wärmen q_{zu}, q_{ab}:

Gl. (7.13) $\qquad q_{zu} = T_{max} \cdot (s_1 - s_2) = T_{max} \cdot (s_4 - s_3)$

Gl. (7.14) $\qquad q_{ab} = T_{min} \cdot (s_4 - s_3)$

$$\Delta T = T_{max} - T_{min} = T_3 - T_2$$

1 → 2 Isotherme Zustandsänderung

Gl. (5.35)
$$s_2 - s_1 = -R \cdot \ln\left(\frac{p_2}{p_1}\right)$$

$$s_2 - s_1 = -0{,}2871 \frac{kJ}{kgK} \cdot \ln\left(\frac{8\ bar}{1{,}6\ bar}\right)$$

$$s_2 - s_1 = +0{,}2 \frac{kJ}{kgK}$$

3 → 4 Isotherme Zustandsänderung

$$s_4 - s_3 = -0.2 \frac{kJ}{kgK}$$

1 → 2 Isentrope Zustandsänderung

Gl. (6.26)
$$dS = \frac{\delta Q + \delta W_R}{T}$$

$$ds = \frac{\delta q + \delta w_R}{T}$$

$$\delta w_R = 0$$

$$ds = \frac{\delta q}{T}$$

$$\int_1^2 \frac{\delta q}{T} = s_2 - s_1$$

$$q_{12} = T \cdot (s_2 - s_2)$$

$$q_{ab} = q_{12} = T_U \cdot (s_2 - s_2)$$

$$q_{ab} = q_{12} = 505\,K \cdot (-0.2 \frac{kJ}{kgK})$$

$$q_{ab} = -101 \frac{kJ}{kgK}$$

$$q_{zu} = q_{34} = T_O \cdot (s_3 - s_4)$$

$$q_{zu} = q_{34} = 800\,K \cdot (+0.2 \frac{kJ}{kgK})$$

$$q_{zu} = 160 \frac{kJ}{kgK}$$

Zu d) Berechnung der spezifischen Kreisprozessarbeit w_K:

Gl. (7.10)
$$-w_K = q_{zu} + q_{ab}$$

$$|w_K| = |q_{zu}| - |q_{ab}|$$

$$w_K = -\left(160 \frac{kJ}{kgK} - 101 \frac{kJ}{kgK}\right)$$

$$w_K = -59 \frac{kJ}{kgK}$$

Zu e) Berechnung des thermischen Wirkungsgrades η_C:

Gl. (7.12)
$$\eta_C = \eta_{th} = \frac{|w_K|}{q_{zu}} = \frac{|q_{zu} - q_{ab}|}{q_{zu}}$$

$$\eta_C = \frac{160 \frac{kJ}{kg} - 101 \frac{kJ}{kg}}{160 \frac{kJ}{kg}}$$

$$\eta_C = 0{,}368$$

$$\eta_C = 36{,}8\,\%$$

Lösung 7.13

1. System: geschlossenes System, Zustandsänderungen sollen gedanklich nacheinander in einem Zylinder ablaufen

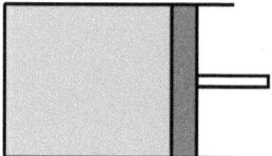

Abb. Repetitorium 7.13A: System zur Aufgabe 7.13

2. Bezugssystem BZS ruht in Zylinderwandung

3. Modellbildung
   quasistatische Zustandsänderungen
   reibungsfreie Zustandsänderungen
   Luft: ideales Gas

Zu a) Darstellung des Prozesses im T, s-Diagramm, Abb. 7.13B:

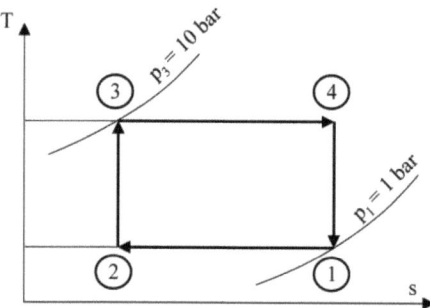

Abb. Repetitorium 7.13B: T, s-Diagramm zur Aufgabe 7.13

Zu b) Berechnung des Luftmassenstroms $\dot{m}$:

Gl. (6.26)
$$dS = \frac{\delta Q + \delta W_R}{T}$$

$$ds = \frac{\delta q + \delta w_R}{T}$$

$$\delta w_R = 0$$

$$ds = \frac{\delta q}{T}$$

$$\int_1^2 \frac{\delta q}{T} = s_2 - s_1$$

$$q_{12} = T \cdot (s_2 - s_2)$$

$$q_{zu} = q_{12} = T_O \cdot (s_2 - s_2)$$

1 → 2 Isotherme Zustandsänderung

Gl. (5.35)
$$s_2 - s_1 = -R \cdot \ln\left(\frac{p_2}{p_1}\right)$$

3 → 4
$$s_4 - s_3 = -R \cdot \ln\left(\frac{p_4}{p_3}\right)$$

4 → 1 Isentrope Zustandsänderung

Nebenrechnung p_4

Gl. (5.17)
$$\frac{T_2}{T_1} = \left(\frac{p_2}{p_1}\right)^{\frac{\kappa-1}{\kappa}}$$

4 → 1
$$T_1 = T_2$$
$$T_3 = T_4$$
$$\frac{p_1}{p_4} = \left(\frac{T_1}{T_4}\right)^{\frac{\kappa}{\kappa-1}}$$
$$p_4 = p_1 \cdot \left(\frac{T_4}{T_1}\right)^{\frac{\kappa}{\kappa-1}}$$

Nebenrechnung κ

Gl. (4.85)
$$c_p(T) = c_v(T) + R$$

Gl. (5.15)
$$\kappa = \frac{c_p}{c_v}$$

$$\kappa = \frac{1{,}004\,\frac{kJ}{kgK}}{0{,}718\,\frac{kJ}{kgK}} = 1{,}4$$

$$p_4 = 1\,bar \cdot \left(\frac{500\,K}{273\,K}\right)^{3{,}5}$$

$$p_4 = 8{,}3\,bar$$

$$s_4 - s_3 = -R \cdot \ln\left(\frac{p_4}{p_3}\right)$$

$$s_4 - s_3 = -0{,}2871\,\frac{kJ}{kgK} \cdot \ln\left(\frac{8{,}3\,bar}{10\,bar}\right)$$

$$s_4 - s_3 = +0{,}0535\,\frac{kJ}{kgK}$$

3 → 4 Isotherme Zustandsänderung
$$q_{zu} = q_{34} = T_O \cdot (s_4 - s_3)$$
$$q_{zu} = q_{34} = 500\,K \cdot 0{,}0535\,\frac{kJ}{kgK}$$

$$q_{zu} = 26{,}75 \frac{kJ}{kg}$$

$$Q_{34} = m \cdot q_{34}$$

$$\dot{Q}_{34} = \dot{m} \cdot q_{34}$$

$$\dot{m} = \frac{\dot{Q}_{34}}{q_{34}}$$

$$\dot{m} = \frac{3000 \frac{kJ}{h}}{26{,}75 \frac{kJ}{kg}}$$

$$\dot{m} = 112 \; kg/h$$

Zu c) Berechnung der Leistung des Kreisprozesses $\dot{W}_K$:

$$q_{ab} = q_{12} = T_0 \cdot (s_2 - s_1)$$

$$q_{ab} = q_{12} = 273 \; K \cdot 0{,}0535 \frac{kJ}{kgK}$$

$$q_{ab} = 14{,}6 \frac{kJ}{kg}$$

Gl. (7.10)
$$-w_K = q_{zu} + q_{ab}$$

$$|w_K| = |q_{zu}| - |q_{ab}|$$

$$w_K = -\left(26{,}75 \frac{kJ}{kg} - 14{,}6 \frac{kJ}{kg}\right)$$

$$w_K = -12{,}1 \frac{kJ}{kg}$$

$$\dot{W}_K = \dot{m} \cdot w_K$$

$$\dot{W}_K = 112 \frac{kg}{h} \cdot \left(-12{,}1 \frac{kJ}{kg}\right)$$

$$\dot{W}_K = -1360 \frac{kJ}{h}$$

Lösung 7.14

1. System: geschlossenes System, Zustandsänderungen sollen gedanklich nacheinander in einem Zylinder ablaufen

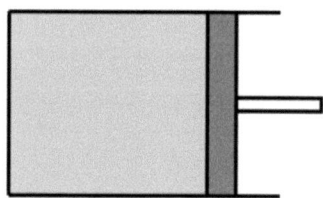

Abb. Repetitorium 7.14A: System zur Aufgabe 7.14

2. Bezugssystem BZS ruht in Zylinderwandung

3. Modellbildung
quasistatische Zustandsänderungen
reibungsfreie Zustandsänderungen
Luft: ideales Gas

Zu c) Darstellung des Prozesses im p,v- und T,s-Diagramm, Abb. 7.14B:

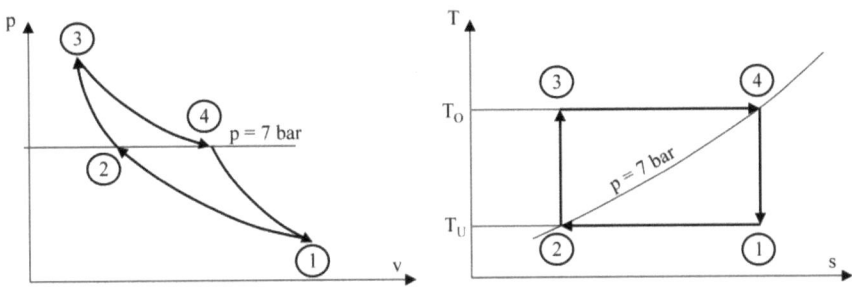

Abb. Repetitorium 7.14B: p,v-Diagramm und T,s-Diagramm zur Aufgabe 7.14

Zu a) Berechnung der Leistung des Kreisprozesses $\dot{W}_K$:

Gl. (6.26)
$$dS = \frac{\delta Q + \delta W_R}{T}$$

$$ds = \frac{\delta q + \delta w_R}{T}$$

$$\delta w_R = 0$$

$$ds = \frac{\delta q}{T}$$

$$\int_1^2 \frac{\delta q}{T} = s_2 - s_1$$

$$q_{12} = T \cdot (s_2 - s_1)$$
$$q_{ab} = q_{12} = T_U \cdot (s_2 - s_2)$$
$$q_{zu} = q_{34} = T_O \cdot (s_4 - s_3) = T_O \cdot (s_2 - s_1)$$
$$\Delta T = T_O - T_U = T_3 - T_2 = T_4 - T_1$$
$$\Delta s = s_1 - s_2 = s_4 - s_3$$

Gl. (7.10)
$$-w_K = q_{zu} + q_{ab}$$
$$|w_K| = q_{zu} - |q_{ab}|$$
$$|w_K| = \Delta s \cdot \Delta T$$

4 → 1 Isentrope Zustandsänderung
Nebenrechnung p_1

Gl. (5.17)

$$\frac{T_2}{T_1} = \left(\frac{p_2}{p_1}\right)^{\frac{\kappa-1}{\kappa}}$$

4 → 1

$$T_1 = T_2$$
$$T_3 = T_4$$
$$\frac{p_1}{p_4} = \left(\frac{T_1}{T_4}\right)^{\frac{\kappa}{\kappa-1}}$$
$$p_1 = p_4 \cdot \left(\frac{T_4}{T_1}\right)^{\frac{\kappa}{\kappa-1}}$$

Nebenrechnung κ
Gl. (4.85)

$$c_p(T) = c_v(T) + R$$

Gl. (5.15)

$$\kappa = \frac{c_p}{c_v}$$

$$\kappa = \frac{1{,}004\,\frac{kJ}{kgK}}{0{,}718\,\frac{kJ}{kgK}} = 1{,}4$$

$$p_1 = 7\,bar \cdot \left(\frac{293\,K}{573\,K}\right)^{3{,}5}$$
$$p_1 = 0{,}67\,bar$$

1 → 2 Isotherme Zustandsänderung

Gl. (5.35)

$$s_2 - s_1 = -R \cdot \ln\left(\frac{p_2}{p_1}\right)$$

$$s_2 - s_1 = -0{,}2871\,\frac{kJ}{kgK} \cdot \ln\left(\frac{7\,bar}{0{,}67\,bar}\right)$$

$$\Delta s = s_1 - s_2 = s_4 - s_3 = -0{,}675\,\frac{kJ}{kgK}$$

$$|w_K| = \Delta s \cdot \Delta T$$

$$w_K = -0{,}675\,\frac{kJ}{kgK} \cdot (573\,K - 293\,K)$$

$$w_K = -189\,\frac{kJ}{kg}$$

$$W_K = m \cdot w_K$$

$$W_K = 2{,}5\,kg \cdot \left(-189\,\frac{kJ}{kg}\right)$$

$$W_K = -472{,}5\,kJ$$

$$\dot{W}_K = \frac{W_K}{\Delta \tau}$$

$$\dot{W}_K = \frac{-472{,}5 \text{ kJ}}{\frac{60}{50} \text{ s}}$$

$$\dot{W}_K = -394 \text{ kW}$$

Zu b) Berechnung des Carnot-Wirkungsgrad η_C bei $T_U = T_{min} = 293$ K und 253 K:

Gl. (7.15)
$$\eta_C = \eta_{th} = \frac{|q_{zu} - q_{ab}|}{q_{zu}} = \frac{T_{max} - T_{min}}{T_{max}}$$

Sommer $T_U = T_{min} = 293$ K:

$$\eta_C = \frac{573 \text{ K} - 293 \text{ K}}{573 \text{ K}}$$

$$\eta_C = 0{,}489$$

$$\eta_C = 48{,}9 \%$$

Winter $T_U = T_{min} = 253$ K:

$$\eta_C = \frac{573 \text{ K} - 253 \text{ K}}{573 \text{ K}}$$

$$\eta_C = 0{,}558$$

$$\eta_C = 55{,}8 \%$$

Lösung 7.15

1. System: geschlossenes System, Zustandsänderungen sollen gedanklich nacheinander in einem Zylinder ablaufen

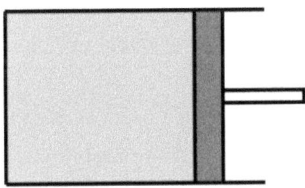

Abb. Repetitorium 7.15A: System zur Aufgabe 7.15

2. Bezugssystem BZS ruht in Bezug zur Systemgrenze

3. Modellbildung
   quasistatische Zustandsänderungen
   reibungsfreie Zustandsänderungen
   Luft: ideales Gas
   Zu b) Darstellung des Prozesses im T, s-Diagramm, Abb. 7.15B:

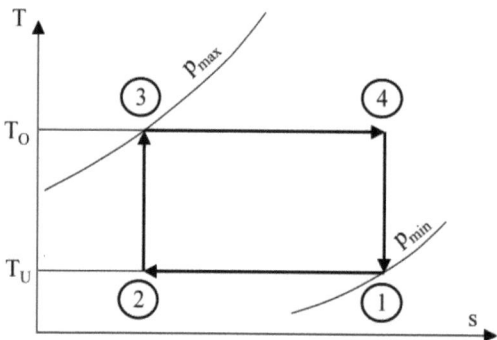

Abb. Repetitorium 7.15B: T, s-Diagramm zur Aufgabe 7.15

Zu a) Funktionsdarstellung der spezifische Prozessarbeit in Abhängigkeit vom Verhältnis des maximalen zum minimalen Druck $w_K = f(p_{max}/p_{min})$:

Gl. (6.26)
$$dS = \frac{\delta Q + \delta W_R}{T}$$
$$ds = \frac{\delta q + \delta w_R}{T}$$
$$\delta w_R = 0$$
$$ds = \frac{\delta q}{T}$$
$$\int_1^2 \frac{\delta q}{T} = s_2 - s_1$$
$$q_{12} = T \cdot (s_2 - s_1)$$
$$q_{ab} = q_{12} = T_U \cdot (s_1 - s_2)$$
$$q_{zu} = q_{34} = T_O \cdot (s_4 - s_3) = T_O \cdot (s_2 - s_1)$$
$$\Delta T = T_O - T_U = T_3 - T_2 = T_4 - T_1$$
$$\Delta s = s_1 - s_2 = s_4 - s_3$$

Gl. (7.10)
$$-w_K = q_{zu} + q_{ab}$$
$$|w_K| = q_{zu} - |q_{ab}|$$
$$|w_K| = \Delta s \cdot \Delta T$$

1 → 2 Isotherme Zustandsänderung
3 → 4 Isotherme Zustandsänderung

Gl. (5.35)
$$\Delta s = s_2 - s_1 = -R \cdot \ln\left(\frac{p_2}{p_1}\right)$$

2 → 3 Isentrope Zustandsänderung
4 → 1 Isentrope Zustandsänderung
Nebenrechnung für p_2

Gl. (5.17)
$$\frac{T_2}{T_1} = \left(\frac{p_2}{p_1}\right)^{\frac{\kappa-1}{\kappa}}$$

2 → 3

Nebenrechnung κ

Gl. (4.85) $c_p(T) = c_v(T) + R$

Gl. (5.15) $\kappa = \dfrac{c_p}{c_v}$

$$\kappa = \dfrac{1{,}004\,\frac{kJ}{kgK}}{0{,}718\,\frac{kJ}{kgK}} = 1{,}4$$

$$\dfrac{p_3}{p_2} = \left(\dfrac{T_O}{T_U}\right)^{3,5}$$

$$p_2 = p_3 \cdot \left(\dfrac{T_O}{T_U}\right)^{-3,5}$$

$$p_3 = p_{max}$$

$$p_2 = p_{max} \cdot \left(\dfrac{T_O}{T_U}\right)^{-3,5}$$

$$|w_K| = \Delta s \cdot \Delta T$$

$$\Delta s = -R \cdot \ln\left(\dfrac{p_2}{p_1}\right)$$

$$\Delta T = T_O - T_U$$

$$|w_K| = -R \cdot \ln\left(\dfrac{p_2}{p_1}\right) \cdot (T_O - T_U)$$

$$p_1 = p_{min}$$

$$|w_K| = -R \cdot (T_O - T_U) \cdot \ln\left(\dfrac{p_2}{p_{min}}\right)$$

$$|w_K| = -R \cdot (T_O - T_U) \cdot \ln\left[\left(\dfrac{p_{max}}{p_{min}}\right) \cdot \left(\dfrac{T_O}{T_U}\right)^{-3,5}\right]$$

Die spezifische Kreisprozessarbeit eines rechtsläufigen Carnot-Prozesses kann damit in funktioneller Abhängigkeit vom Verhältnis des maximalen zum minimalen Druck dargestellt werden:

$$|w_K| = f\left(\dfrac{p_{max}}{p_{min}}\right)$$

Lösung 7.16

1. System: geschlossenes System, Zustandsänderungen sollen gedanklich nacheinander in einem Zylinder ablaufen

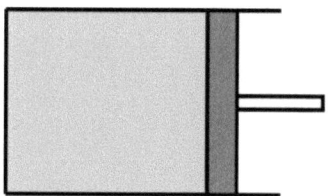

Abb. Repetitorium 7.16A: System zur Aufgabe 7.16

2. Bezugssystem BZS ruht in Zylinderwandung

3. Modellbildung
   quasistatische Zustandsänderungen
   reibungsfreie Zustandsänderungen
   Zu d) Darstellung des Prozesses im T,s-Diagramm, Abb. 7.16B:

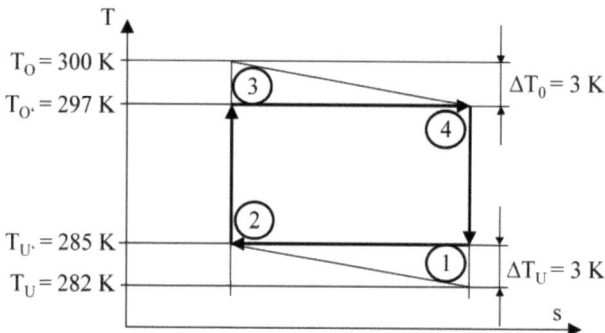

Abb. Repetitorium 7.16B: T,s-Diagramm zur Aufgabe 7.16

Zu a) Berechnung des Carnot-Wirkungsgrades η_C:

Gl. (7.15)
$$\eta_C = \eta_{th} = \frac{|q_{zu} - q_{ab}|}{q_{zu}} = \frac{T_{max} - T_{min}}{T_{max}}$$

$$\eta_C = \frac{T_O - T_U}{T_O}$$

$$\eta_C = \frac{300\,K - 282\,K}{300\,K}$$

$$\eta_C = 0{,}06$$

$$\eta_C = 6\,\%$$

Zu b) Berechnung des Carnot-Wirkungsgrades η_C, wenn sich die Temperaturen der Wärmebehälter während der Wärmeübertragung ändern:

$$\eta_C = \frac{T_{O'} - T_{U'}}{T_{O'}}$$

$$\eta_C = \frac{297\ K - 285\ K}{297\ K}$$

$$\eta_C = 0{,}04$$

$$\eta_C = 4\ \%$$

Zu c) Erforderlicher Massenstrom des Seewassers $\dot{m}$ für eine Leistung von 100 MW:

Gl. (6.26)
$$dS = \frac{\delta Q + \delta W_R}{T}$$

$$ds = \frac{\delta q + \delta w_R}{T}$$

$$\delta w_R = 0$$

$$ds = \frac{\delta q}{T}$$

$$\int_1^2 \frac{\delta q}{T} = s_2 - s_1$$

$$q_{12} = T \cdot (s_2 - s_1)$$

$$q_{ab} = q_{12} = T_U \cdot (s_4 - s_3) = T_U \cdot (s_2 - s_1)$$

$$Q_{ab} = Q_{12} = T_U \cdot (S_4 - S_3) = T_U \cdot (S_2 - S_1)$$

$$\Delta S = S_1 - S_2 = S_4 - S_3$$

$$Q_{ab} = Q_{12} = T_U \cdot \Delta S$$

$$\Delta S = \frac{Q_{ab}}{T_U}$$

System: geschlossenes System, differentiell kleines Wasserteilchen, stationäre Strömung zur Berechnung von Q_{ab}

Gl. (4.49)
$$\delta q + \delta w_t + \delta w_R = dh$$

$$\delta w_t = 0$$

$$\delta w_R = 0$$

$$\delta q = dh$$

$$\int_1^2 \delta q = h_2 - h_1$$

$$h_1 = h(T = 0) = 0$$

$$h_2 - h_1 = h_2 - 0 = c_p \cdot T_U - 0$$

$$q_{12} = h_2 - h_1 = c_p \cdot T_U$$

$$Q_{ab} = Q_{12} = m \cdot c_p \cdot T_U$$

$$\Delta S = \frac{Q_{ab}}{T_U}$$

Gl. (7.10)
$$-w_K = q_{zu} + q_{ab}$$

$$|w_K| = q_{zu} - |q_{ab}|$$

$$|w_K| = \Delta s \cdot \Delta T$$

$$|W_K| = \Delta S \cdot \Delta T$$

$$|W_K| = \frac{Q_{ab}}{T_U} \cdot (T_O - T_U)$$

$$|W_K| = \frac{m \cdot c_p \cdot \Delta T_U}{T_U} \cdot (T_O - T_U)$$

Die Berechnung für den oberen Wärmebehälter - wie man leicht nachvollziehen kann - würde zu dem gleichen Ergebnis führen. An Stelle von T_U wäre hier lediglich T_O herauszukürzen.

$$|\dot{W}_K| = \dot{m} \cdot |w_K| = \frac{\dot{m} \cdot c_p \cdot \Delta T_U}{T_U} \cdot (T_O - T_U)$$

$$\dot{m} = \frac{|\dot{W}_K| \cdot T_U}{c_p \cdot (T_O - T_U) \cdot \Delta T_U}$$

$$\dot{m} = \frac{100 \ MW \cdot 285 \ K}{4{,}02 \frac{kJ}{kgK} \cdot (297 \ K - 285 \ K) \cdot 3 \ K}$$

$$\dot{m} = \frac{10^5 \frac{kJ}{s} \cdot 285 \ K}{4{,}02 \frac{kJ}{kgK} \cdot (297 \ K - 285 \ K) \cdot 3 \ K}$$

$$\dot{m} = 1{,}969 \cdot 10^5 \frac{kg}{s}$$

Von der geforderten Prozess-Leistung, die hier mit 100 MW angesetzt wurde, müsste die hier in der Rechnung vernachlässigte Pumpen-Leistung zur Förderung des Seewasser von $1969 \cdot 10^2 \ t/s$ natürlich genau genommen noch abgezogen werden, so dass der Wirkungsgrad noch ungünstiger wird. Dieser Kraftwerkstyp besitzt bei der derzeit verstärkten Nutzung erneuerbarer Energien so gut wie keine praktische Bedeutung.

Lösung 7.17

1. System: geschlossenes System, Zustandsänderungen sollen gedanklich nacheinander in einem Zylinder ablaufen

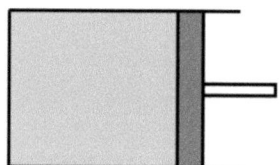

Abb. Repetitorium 7.17A: System zur Aufgabe 7.17

2. Bezugssystem BZS ruht in Zylinderwandung

3. Modellbildung
   quasistatische Zustandsänderungen
   reibungsfreie Zustandsänderungen

Luft: ideales Gas

Zu d) Darstellung des Prozesses im T, s-Diagramm, Abb. 7.17B:

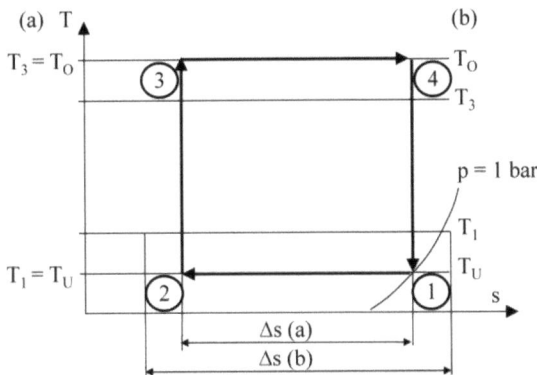

Abb. Repetitorium 7.17B: T, s-Diagramm zur Aufgabe 7.17

Zu a) Berechnung des Carnot-Wirkungsgrades und der zu- und abgeführten spezifischen Wärmen η_C, q_{ab}, q_{zu}:

Gl. (7.15)
$$\eta_C = \eta_{th} = \frac{|q_{zu} - q_{ab}|}{q_{zu}} = \frac{T_{max} - T_{min}}{T_{max}}$$

$$\eta_C = \frac{T_O - T_U}{T_O}$$

$$\eta_C = \frac{1273\ K - 573\ K}{1273\ K}$$

$$\eta_C = 0{,}55$$

$$\eta_C = 55\ \%$$

Gl. (6.26)
$$dS = \frac{\delta Q + \delta W_R}{T}$$

$$ds = \frac{\delta q + \delta w_R}{T}$$

$$\delta w_R = 0$$

$$ds = \frac{\delta q}{T}$$

$$\int_1^2 \frac{\delta q}{T} = s_2 - s_1$$

$$q_{12} = T \cdot (s_2 - s_1)$$

$$|q_{ab}| = q_{12} = T_U \cdot (s_2 - s_1)$$

$$|q_{zu}| = q_{34} = T_O \cdot (s_4 - s_3) = T_O \cdot (s_2 - s_1)$$

$$\Delta s = s_1 - s_2 = s_4 - s_3$$

$$\Delta T = T_O - T_U$$

Nebenrechnung für Δs:

Gl. (7.10)

$$|q_{ab}| = q_{12} = T_U \cdot \Delta s$$
$$|q_{zu}| = q_{12} = T_O \cdot \Delta s$$

$$-w_K = q_{zu} + q_{ab}$$
$$|w_K| = q_{zu} - |q_{ab}|$$
$$|w_K| = \Delta s \cdot \Delta T$$
$$\Delta s = \frac{|w_K|}{\Delta T}$$
$$\Delta s = \frac{15 \frac{kJ}{kg}}{700\ K}$$
$$\Delta s = 0{,}0214 \frac{kJ}{kgK}$$
$$|q_{ab}| = q_{12} = T_U \cdot \Delta s$$
$$|q_{ab}| = 573\ K \cdot (-0{,}0214 \frac{kJ}{kgK})$$
$$q_{ab} = -13{,}2 \frac{kJ}{kg}$$
$$|q_{zu}| = q_{34} = T_O \cdot \Delta s$$
$$|q_{zu}| = 1273\ K \cdot 0{,}0214 \frac{kJ}{kgK}$$
$$q_{zu} = 27{,}3 \frac{kJ}{kg}$$

Zu b) Berechnung des Carnot-Wirkungsgrad η_C bei Abweichung vom Idealprozess:

Gl. (7.15)

$$\eta_C = \eta_{th} = \frac{|q_{zu} - q_{ab}|}{q_{zu}} = \frac{T_{max} - T_{min}}{T_{max}}$$
$$\eta_C = \frac{T_3 - T_1}{T_3}$$
$$\eta_C = \frac{1173 K - 673\ K}{1173\ K}$$
$$\eta_C = 0{,}43$$

Zu c) Prozess a) ist besser, wie aus den Wirkungsgraden zu erkennen ist. Die Ursache dafür ist die Vermeidung von Irreversibilitäten, denn bei a) treten keine endlichen Temperaturdifferenzen zwischen Arbeitsmedium und Wärmebehältern auf. Ein weiterer Vorteil für a) sind die geringeren ausgetauschten Wärmen, was sich günstiger auf die Wärmeübertrager auswirkt. Es ist aber zu beachten, dass eine Wärmeübertragung mit verschwindenden Temperaturdifferenzen (ohne Phasenwechsel) praktisch unmöglich ist. Man müsste jedoch anstreben, die Temperaturdifferenzen so klein wie möglich zu halten.

Lösung 7.18

1. System: geschlossenes Gesamtsystem mit den homogenen Teilsystemen A und B

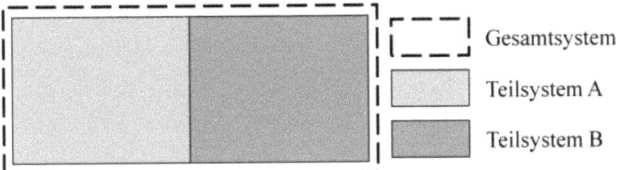

Abb. Repetitorium 7.18A: System zur Aufgabe 7.18

2. Bezugssystem BZS ruht in Zylinderwandung

3. Modellbildung
   Wärmeübertragung erfolgt reibungsfrei $\delta W_R = 0$
   Gesamtsystem ist adiabat $\delta Q = 0$

Zu a) Berechnung der irreversiblen Entropie $S_{irr,12}$:

Gl. (6.19)
$$\delta S_{irr} = \sum_i dS_i - \sum_{F_i} \frac{\delta Q}{T}$$

Kein Wärmeübertrag über die Oberfläche des geschlossenen Systems:
$\delta Q = 0$
Reibungsfreier Prozess
$\delta W_R = 0$

$$\delta S_{irr} = \sum_i dS_i$$

$$\int_1^2 \delta S_{irr} = \sum_i \Delta S_i$$

$$S_{irr,12} = \Delta S_A + \Delta S_B$$

Entropieänderungen der homogenen Teilsysteme A und B:

Gl. (6.26)
$$dS = \frac{\delta Q + \delta W_R}{T}$$

$$\delta W_R = 0$$

$$dS = \frac{\delta Q}{T}$$

$$\int_1^2 \frac{\delta Q}{T} = S_2 - S_1$$

$$\Delta S_A = -\frac{Q_{12}}{T_A}$$

$$\Delta S_A = -\frac{1000\ kJ}{873\ K}$$

$$\Delta S_A = -1{,}145\ \frac{kJ}{K}$$

$$\Delta S_B = +\frac{Q_{12}}{T_B}$$

$$\Delta S_B = +\frac{1000\ kJ}{573\ K}$$

$$\Delta S_B = +1{,}745\ \frac{kJ}{K}$$

$$S_{irr,12} = \Delta S_A + \Delta S_B$$

$$S_{irr,12} = -1{,}145\ \frac{kJ}{K} + 1{,}745\ \frac{kJ}{K}$$

$$S_{irr,12} = 0{,}6\ \frac{kJ}{K}$$

Das entspricht dem 2. Hauptsatz der Thermodynamik: $S_{irr,12} > 0$

Zu b) Berechnung der Prozess-Arbeit A $|W_K|_A$, Prozessarbeit B, $|W_K|_B$ und des Arbeitsfähigkeitsverlustes (Anergie) B_{AB}:

1. System: geschlossenes System, Zustandsänderungen sollen gedanklich nacheinander in einem Zylinder ablaufen

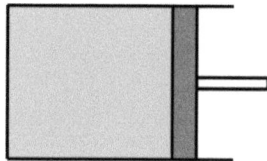

Abb. Repetitorium 7.18B: System zur Aufgabe 7.18

2. Bezugssystem BZS ruht in Zylinderwandung

3. Modellbildung

   quasistatische Zustandsänderungen
   reibungsfreie Zustandsänderungen $\delta W_R = 0$

   Gl. (6.26) $\quad\quad\quad\quad dS = \dfrac{\delta Q + \delta W_R}{T}$

   $$\delta W_R = 0$$

   $$dS = \frac{\delta Q}{T}$$

   $$\int_1^2 \frac{\delta Q}{T} = S_2 - S_1$$

   $$Q_{12} = T \cdot \Delta S$$

10 Repetitorium

$$|Q_{ab}|_A = T_U \cdot |\Delta S|_A$$

$$|Q_{ab}|_A = 293\,K \cdot 1{,}145\,\frac{kJ}{kg}$$

$$|Q_{ab}|_A = 335{,}6\,kJ$$

Gl. (7.10)
$$-w_K = q_{zu} + q_{ab}$$

$$|W_K|_A = Q_{12} - |Q_{ab}|_A$$

$$|W_K|_A = 1000\,kJ - 335{,}6\,kJ$$

$$|W_K|_A = 664{,}4\,kJ$$

$$|Q_{ab}|_B = T_U \cdot |\Delta S|_B$$

$$|Q_{ab}|_B = 293 \cdot 1{,}745\,\frac{kJ}{kg}$$

$$|Q_{ab}|_B = 511{,}4\,kJ$$

Gl. (7.10)
$$-w_K = q_{zu} + q_{ab}$$

$$|W_K|_B = Q_{12} - |Q_{ab}|_B$$

$$|W_K|_B = 1000\,kJ - 511{,}4\,kJ$$

$$|W_K|_B = 488{,}6\,kJ$$

Berechnung des Verlustes B_{AB}:

$$B_{AB} = |W_K|_A - |W_K|_B$$
$$B_{AB} = 664{,}4\,kJ - 488{,}6\,kJ$$
$$B_{AB} = 175{,}8\,kJ$$

Zu c) Darstellung der beiden Carnot-Prozesse und des Verlustes im T,s-Diagramm:

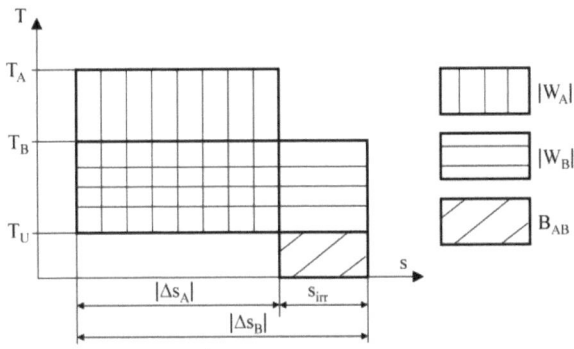

Abb. Repetitorium 7.18C: T,s-Diagramm zur Aufgabe 7.18

Zu d) Der Verlust (Verlust an technischer Arbeitsfähigkeit, siehe folgendes Kap. 8) kann auch über die Funktion $B_{AB} = f(S_{irr,12})$ berechnet werden:

Gl. (8.49)
$$\delta B = T_U \cdot \delta S_{irr}$$

$$\int_1^2 \delta B = T_U \cdot \int_1^2 \delta S_{irr}$$

$$B_{AB} = T_U \cdot S_{irr,12}$$

$$B_{AB} = 293\ K \cdot 0{,}6\frac{kJ}{k}$$

$$B_{AB} = 175{,}8\ kJ$$

Lösung 7.19

1. System: geschlossenes System, Zustandsänderungen sollen gedanklich nacheinander in einem Zylinder ablaufen

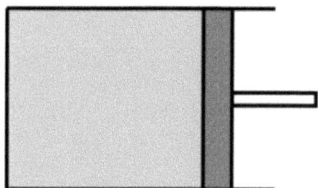

Abb. Repetitorium 7.19A: System zur Aufgabe 7.19

2. Bezugssystem BZS ruht in Zylinderwandung

3. Modellbildung
   quasistatische Zustandsänderungen
   reibungsfreie Zustandsänderungen
   Luft: ideales Gas

   Zu a) Darstellung des Prozessverlaufs im p, v- und T, s-Diagramm, Abb. 7.19B:

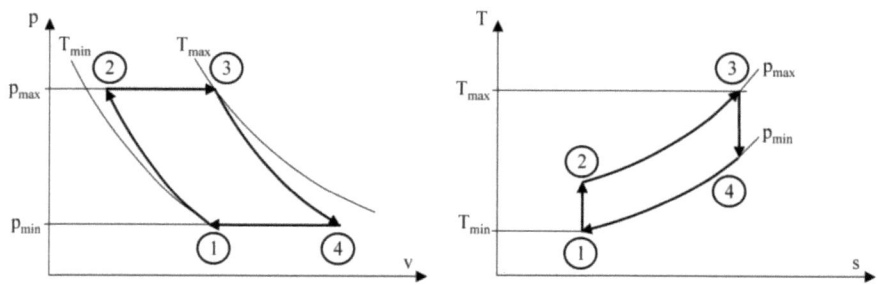

Abb. Repetitorium 7.19B: p, v-Diagramm und T, s-Diagramm zur Aufgabe 7.19

Zu b) Berechnung der übertragenen spezifischen Wärmen q_{23}, q_{41}, der geleisteten spezifischen Kreisprozessarbeit $|w_K|$ und des thermischen Wirkungsgrades η_{th}:
Wärmeübertragung findet nur während der isobaren Zustandsänderung statt. Für die reversible isobaren Zustandsänderungen 4 → 1 und 2 → 3 gilt:

Gl. (5.76)
$$q_{12} = c_{pm}\Big|_{T_1}^{T_2} (T_2 - T_1)$$

Für $c_p = konst$ gilt
$$q_{12} = c_p \cdot (T_2 - T_1)$$

4 → 1
$$q_{41} = c_p \cdot (T_1 - T_4)$$

2 → 3
$$q_{23} = c_p \cdot (T_3 - T_2)$$

Für die isentropen Zustandsänderungen 1 → 2 und 3 → 4 gilt:

1 → 2

Gl. (5.17)
$$\frac{T_2}{T_1} = \left(\frac{p_2}{p_1}\right)^{\frac{\kappa-1}{\kappa}}$$

$$T_2 = T_1 \cdot \left(\frac{p_2}{p_1}\right)^{\frac{\kappa-1}{\kappa}}$$

Nebenrechnung κ

Gl. (4.85)
$$c_p(T) = c_v(T) + R$$

Gl. (5.15)
$$\kappa = \frac{c_p}{c_v}$$

$$\kappa = \frac{1{,}004\,\frac{kJ}{kgK}}{0{,}718\,\frac{kJ}{kgK}} = 1{,}4$$

$$T_2 = 300\,K \cdot \left(\frac{36\,bar}{1\,bar}\right)^{0{,}286}$$

$$T_2 = 836\,K$$

3 → 4

$$\frac{T_4}{T_3} = \left(\frac{p_4}{p_3}\right)^{\frac{\kappa-1}{\kappa}}$$

$$T_4 = T_3 \cdot \left(\frac{p_4}{p_3}\right)^{\frac{\kappa-1}{\kappa}}$$

$$T_4 = 1600\,K \cdot \left(\frac{1\,bar}{36\,bar}\right)^{0{,}286}$$

$$T_4 = 574\,K$$

$$q_{23} = c_p \cdot (T_3 - T_2)$$

$$q_{23} = 1{,}004\,\frac{kJ}{kgK} \cdot (1600\,K - 836\,K)$$

$$q_{23} = 767\,\frac{kJ}{kg}$$

$$q_{41} = c_p \cdot (T_1 - T_4)$$
$$q_{41} = 1{,}004 \frac{kJ}{kgK} \cdot (300\ K - 574\ K)$$
$$q_{41} = -275 \frac{kJ}{kg}$$

Spezifische Prozess-Arbeit:

Gl. (7.10)
$$-w_K = q_{zu} + q_{ab}$$
$$|w_K| = q_{23} - |q_{41}|$$
$$|w_K| = 767 \frac{kJ}{kg} - 275 \frac{kJ}{kg}$$
$$|w_K| = 492 \frac{kJ}{kg}$$

Thermischer Wirkungsgrad:

Gl. (7.15)
$$\eta_{th} = \frac{|q_{zu} - q_{ab}|}{q_{zu}}$$
$$\eta_{th} = \frac{|w_K|}{q_{zu}}$$
$$\eta_{th} = \frac{|w_K|}{q_{23}}$$
$$\eta_{th} = \frac{492 \frac{kJ}{kg}}{767 \frac{kJ}{kg}}$$
$$\eta_{th} = 0{,}64$$
$$\eta_{th} = 64\ \%$$

Lösung 7.20

1. System: geschlossenes System, Zustandsänderungen sollen gedanklich nacheinander in einem Zylinder ablaufen

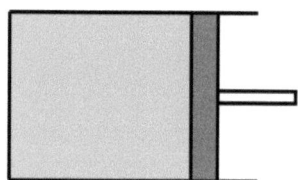

Abb. Repetitorium 7.20B: System zur Aufgabe 7.20

2. Bezugssystem BZS ruht in Bezug zur Systemgrenze

3. Modellbildung
quasistatische Zustandsänderungen

reibungsfreie Zustandsänderungen

Luft: ideales Gas

Temperaturen der Wärmebehälter bleiben konstant

Zu a) Darstellung des Prozessverlaufs im p, v-Diagramm, Abb. 7.20B:

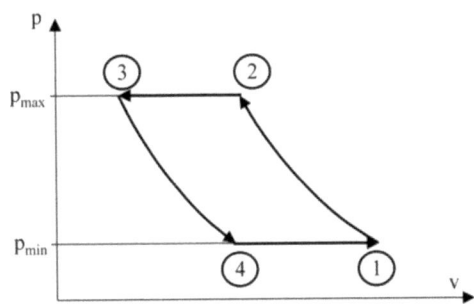

Abb. Repetitorium 7.20C: p, v-Diagramm zur Aufgabe 7.20

Zu b) Berechnung der Prozessleistung $\dot{W}_K$ und der stündlich umlaufenden Luftmenge (Massenstrom) $\dot{m}$:

Wärmeübertragung findet nur während der isobaren Zustandsänderung statt. Für die reversible isobaren Zustandsänderungen 4 → 1 und 2 → 3 gilt:

Gl. (5.76) $\qquad q_{12} = c_{pm} \Big|_{T_1}^{T_2} (T_2 - T_1)$

Für $c_p = konst$ gilt

$$q_{12} = c_p \cdot (T_2 - T_1)$$

4 → 1

$$q_{41} = c_p \cdot (T_1 - T_4)$$

2 → 3

$$q_{23} = c_p \cdot (T_3 - T_2)$$

Für die isentropen Zustandsänderungen 1 → 2 und 3 → 4 gilt:

1 → 2

Gl. (5.17) $\qquad \dfrac{T_2}{T_1} = \left(\dfrac{p_2}{p_1}\right)^{\frac{\kappa-1}{\kappa}}$

$$T_2 = T_1 \cdot \left(\dfrac{p_2}{p_1}\right)^{\frac{\kappa-1}{\kappa}}$$

Nebenrechnung κ

Gl. (4.85) $\qquad c_p(T) = c_v(T) + R$

Gl. (5.15) $\qquad \kappa = \dfrac{c_p}{c_v}$

$$\kappa = \frac{1{,}004 \frac{kJ}{kgK}}{0{,}718 \frac{kJ}{kgK}} = 1{,}4$$

$$T_2 = 268\,K \cdot \left(\frac{150\,bar}{50\,bar}\right)^{0{,}286}$$

$$T_2 = 366\,K$$

3 → 4

$$\frac{T_4}{T_3} = \left(\frac{p_4}{p_3}\right)^{\frac{\kappa-1}{\kappa}}$$

$$T_4 = T_3 \cdot \left(\frac{p_4}{p_3}\right)^{\frac{\kappa-1}{\kappa}}$$

$$T_4 = 298\,K \cdot \left(\frac{50\,bar}{150\,bar}\right)^{0{,}286}$$

$$T_4 = 218\,K$$

$$q_{23} = c_p \cdot (T_3 - T_2)$$

$$q_{23} = 1{,}004 \frac{kJ}{kgK} \cdot (298\,K - 366\,K)$$

$$q_{23} = -68 \frac{kJ}{kg}$$

$$q_{41} = c_p \cdot (T_1 - T_4)$$

$$q_{41} = 1{,}004 \frac{kJ}{kgK} \cdot (268\,K - 218\,K)$$

$$q_{41} = +50 \frac{kJ}{kg}$$

Berechnung der stündlich umlaufende Luftmenge (Massenstrom):

$$Q_{41} = m \cdot q_{41}$$

$$\dot{Q}_{41} = \dot{m} \cdot q_{41}$$

$$\dot{m} = \frac{\dot{Q}_{41}}{q_{41}}$$

$$\dot{m} = \frac{20000 \frac{kJ}{h}}{50 \frac{kJ}{kg}}$$

$$\dot{m} = 400 \frac{kg}{h}$$

Prozess-Leistung:
Gl. (7.10)

$$-w_K = q_{zu} + q_{ab}$$

$$|w_K| = q_{23} - |q_{41}|$$

$$|w_K| = 69 \frac{kJ}{kg} - 50 \frac{kJ}{kg}$$

$$|w_K| = 19 \frac{kJ}{kg}$$

$$\dot{W}_K = \dot{m} \cdot w_K$$

$$\dot{W}_K = 400 \frac{kg}{h} \cdot 19 \frac{kJ}{kg}$$

$$\dot{W}_K = 2{,}1\ kW$$

Lösung 7.21

1. System: geschlossenes System (Strömungsteilchen bewegt sich von ① nach ②), Zustandsänderungen in diesem Strömungsteilchen sollen gedanklich nacheinander in einem Zylinder ablaufen

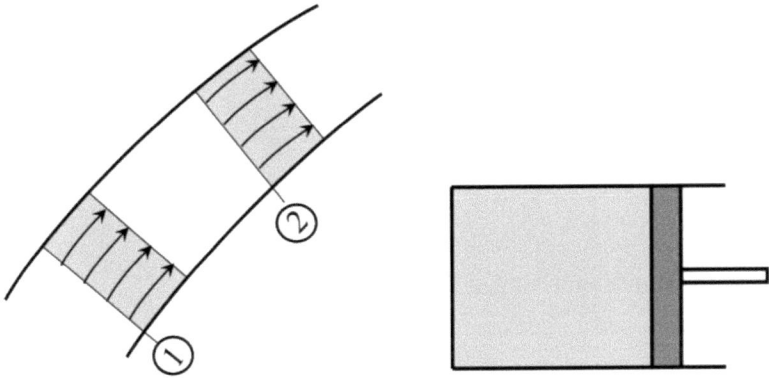

Abb. Repetitorium 7.21B: System zur Aufgabe 7.21   Abb. Repetitorium 7.21C: System zur Aufgabe 7.21

2. Bezugssystem BZS ruht in Zylinderwandung

3. Modellbildung
   kontinuierliche, stationäre Strömung

   reibungsfreie Zustandsänderungen

   Luft: ideales Gas

   keine kinetischen und potentiellen Energieänderungen $de_{kin} = 0$, $de_{pot} = 0$

   Zu a) Berechnung der resultierenden Arbeit des Prozesses w_K, das Verhältnis von zu- und abgeführter Arbeit w_{zu}/w_{ab}, des Verhältnisses von zu- und abgeführter Wärme q_{zu}/q_{ab} sowie den thermischen Wirkungsgrad η_{th}:

   Zwischendruck

   $$p_z = \sqrt{p_0 \cdot p_0}$$
   $$p_z = \sqrt{1\ bar \cdot 16\ bar}$$

$$p_Z = 4\,bar$$

Für die reversible isobare Arbeitszufuhr 1 → 2 und 3 → 4 und Arbeitsabfuhr 5 → 6 und 7 → 8 gilt:

Gl. (5.30)
$$w_{t,12} = c_p \cdot (T_2 - T_1)$$

3 → 4
$$w_{t,34} = c_p \cdot (T_4 - T_3)$$

5 → 6
$$w_{t,56} = c_p \cdot (T_6 - T_5)$$

7 → 8
$$w_{t,78} = c_p \cdot (T_8 - T_7)$$

Nebenrechnung
Temperaturen gegeben:
$$T_1 = T_U = 300\,K$$
$$T_3 = T_U = 300\,K$$
$$T_5 = T_O = 923\,K = 923\,K$$
$$T_7 = T_O = 923\,K = 923\,K$$

Temperaturen gesucht:
$$T_2 = T_4$$
$$T_6 = T_8$$

Für die isentropen Zustandsänderungen 1 → 2 und 5 → 6 gilt:

1 → 2

Gl. (5.17)
$$\frac{T_2}{T_1} = \left(\frac{p_Z}{p_U}\right)^{\frac{\kappa-1}{\kappa}}$$

$$T_2 = T_1 \cdot \left(\frac{p_Z}{p_U}\right)^{\frac{\kappa-1}{\kappa}}$$

Nebenrechnung κ

Gl. (4.85)
$$c_p(T) = c_v(T) + R$$

Gl. (5.15)
$$\kappa = \frac{c_p}{c_v}$$

$$\kappa = \frac{1{,}004\,\frac{kJ}{kgK}}{0{,}718\,\frac{kJ}{kgK}} = 1{,}4$$

$$T_2 = 300\,K \cdot \left(\frac{4\,bar}{1\,bar}\right)^{0{,}286}$$

$$T_2 = 446\,K = T_4$$

5 → 6

$$\frac{T_6}{T_5} = \left(\frac{p_Z}{p_0}\right)^{\frac{\kappa-1}{\kappa}}$$

$$T_6 = T_5 \cdot \left(\frac{p_Z}{p_0}\right)^{\frac{\kappa-1}{\kappa}}$$

$$T_6 = 923\,K \cdot \left(\frac{4\,bar}{16\,bar}\right)^{0{,}286}$$

$$T_6 = 621\,K = T_8$$

Zusammenstellung der ProzessTemperaturen:

$$T_1 = 300\,K$$
$$T_2 = 446\,K$$
$$T_3 = 300\,K$$
$$T_4 = 446\,K$$
$$T_5 = 923\,K$$
$$T_6 = 621\,K$$
$$T_7 = 923\,K$$
$$T_8 = 621\,K$$

$$w_{t,12} = c_p \cdot (T_2 - T_1)$$
$$w_{t,12} = 1{,}004\,\frac{kJ}{kgK} \cdot (446\,K - 300\,K)$$
$$w_{t,12} = 146{,}6\,\frac{kJ}{kgK}$$

$$w_{t,34} = c_p \cdot (T_4 - T_3)$$
$$w_{t,34} = 1{,}004\,\frac{kJ}{kgK} \cdot (446\,K - 300\,K)$$
$$w_{t,34} = 146{,}6\,\frac{kJ}{kg}$$

$$w_{t,56} = c_p \cdot (T_6 - T_5)$$
$$w_{t,56} = 1{,}004\,\frac{kJ}{kgK} \cdot (621\,K - 923\,K)$$
$$w_{t,56} = -303{,}2\,\frac{kJ}{kg}$$

$$w_{t,78} = c_p \cdot (T_8 - T_7)$$
$$w_{t,78} = 1{,}004\,\frac{kJ}{kgK} \cdot (621\,K - 923\,K)$$
$$w_{t,78} = -303{,}2\,\frac{kJ}{kg}$$

Spezifische Arbeitszufuhr 1 → 2 und 3 → 4

$$w_{t,zu} = w_{t,12} + w_{t,34} = 2 \cdot 146{,}6\,\frac{kJ}{kg}$$

Spezifische Arbeitsabfuhr 5 → 6 und 7 → 8

$$|w_{t,ab}| = |w_{t,56}| + |w_{t,78}| = 2 \cdot 303{,}2 \frac{kJ}{kg}$$

$$\frac{w_{t,zu}}{|w_{t,ab}|} = \frac{2 \cdot 146{,}6 \frac{kJ}{kg}}{2 \cdot 303{,}2 \frac{kJ}{kg}} = 0{,}48$$

Resultierende spezifische technische Arbeit

$$|w_K| = w_{t,zu} + |w_{t,ab}|$$

$$|w_K| = 2 \cdot (146{,}6 - 303{,}2) \frac{kJ}{kg}$$

$$w_K = -313 \frac{kJ}{kg}$$

Zu- und abgeführte Wärmen:
Wärmeübertrag findet nur während der isobaren Zustandsänderungen statt.
Für die reversiblen isobaren Zustandsänderungen 4 → 5 und 6 → 7 gilt:

Gl. (5.76)
$$q_{12} = c_{pm} \Big|_{T_1}^{T_2} (T_2 - T_1)$$

Für $c_p = konst$ gilt

$$q_{12} = c_p \cdot (T_2 - T_1)$$

4 → 5
$$q_{45} = c_p \cdot (T_5 - T_4)$$

6 → 7
$$q_{67} = c_p \cdot (T_7 - T_6)$$
$$q_{zu} = c_p \cdot [(T_5 - T_4) + (T_7 - T_6)]$$
$$q_{zu} = 1{,}004 \frac{kJ}{kgK} \cdot (2 \cdot 923\,K - 446\,K - 621K)$$
$$q_{zu} = 782{,}1 \frac{kJ}{kg}$$

Für die reversiblen isobaren Zustandsänderungen 8 → 1 und 2 → 3 gilt:

8 → 1
$$q_{81} = c_p \cdot (T_1 - T_8)$$

2 → 3
$$q_{23} = c_p \cdot (T_3 - T_2)$$
$$q_{ab} = c_p \cdot [(T_1 - T_8) + (T_3 - T_2)]$$
$$q_{ab} = 1{,}004 \frac{kJ}{kgK} \cdot (2 \cdot 300\,K - 621\,K - 446K)$$

$$q_{ab} = -468{,}9 \frac{kJ}{kg}$$

Die spezifische Prozess-Leistung w_K ist auch aus den zu- und abgeführten Wärmen berechenbar:

Gl. (7.10)
$$-w_K = q_{zu} + q_{ab}$$
$$|w_K| = q_{zu} - |q_{ab}|$$
$$|w_K| = 782{,}1 \frac{kJ}{kg} - 468{,}9 \frac{kJ}{kg}$$
$$|w_K| = 313 \frac{kJ}{kg}$$
$$w_K = -313 \frac{kJ}{kg}$$

Thermischer Wirkungsgrad:

Gl. (7.15)
$$\eta_{th} = \frac{|q_{zu} - q_{ab}|}{q_{zu}}$$
$$\eta_{th} = \frac{|w_K|}{q_{zu}}$$
$$\eta_{th} = \frac{313 \frac{kJ}{kg}}{782{,}1 \frac{kJ}{kg}}$$
$$\eta_{th} = 0{,}40$$
$$\eta_{th} = 40\,\%$$

Zu b) Vergleich des thermischen Wirkungsgrad η_{th} mit dem Carnot-Wirkungsgrad η_C Gl. (7.15)
$$\eta_C = \eta_{th} = \frac{|q_{zu} - q_{ab}|}{q_{zu}} = \frac{T_{max} - T_{min}}{T_{max}}$$
$$\eta_C = \frac{T_{max} - T_{min}}{T_{max}} = \frac{T_O - T_U}{T_O}$$
$$\eta_C = \frac{923\,K - 300\,K}{923\,K}$$
$$\eta_C = 0{,}675$$
$$\eta_C = 67{,}5\,\%$$

Der thermische Wirkungsgrad η_{th} ist schlechter als der Carnot-Wirkungsgrad η_C, da an Stelle von $T_U = 300\,K$ hier ein höherer Temperaturwert zwischen $T_U = T_1 = T_3 = 300\,K$ und $T_2 = T_4 = 446\,K$ und an Stelle von $T_O = 923\,K$ ein tieferer Temperaturwert zwischen $T_O = T_5 = T_7 = 923\,K$ und $T_6 = T_8 = 621\,K$ wirkt.

Lösung 7.22

1. System: geschlossenes System, Zustandsänderungen sollen gedanklich nacheinander in einem Zylinder ablaufen

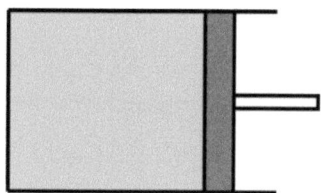

Abb. Repetitorium 7.22B: System zur Aufgabe 7.22

2. Bezugssystem BZS ruht in Zylinderwandung

3. Modellbildung
   quasistatische Zustandsänderungen
   reibungsfreie Zustandsänderungen
   Luft: ideales Gas

Berechnung der aufzuwendenden Leistung $\dot{W}_K$ und des Wärmestroms $\dot{Q}_{zu} = \dot{Q}_{12}$:
Für die isentropen Zustandsänderungen gilt:

1 → 2

Gl. (5.17)
$$\frac{T_2}{T_1} = \left(\frac{p_2}{p_1}\right)^{\frac{\kappa-1}{\kappa}}$$

2 → 3

$$T_3 = T_2 \cdot \left(\frac{p_3}{p_2}\right)^{\frac{\kappa-1}{\kappa}}$$

$$T_3 = T_A \cdot \left(\frac{p_3}{p_2}\right)^{\frac{\kappa-1}{\kappa}}$$

Nebenrechnung κ

Gl. (4.85)
$$c_p(T) = c_v(T) + R$$

Gl. (5.15)
$$\kappa = \frac{c_p}{c_v}$$

$$\kappa = \frac{1{,}004\,\frac{kJ}{kgK}}{0{,}718\,\frac{kJ}{kgK}} = 1{,}4$$

$$T_3 = 303\,K \cdot \left(\frac{100\,bar}{10\,bar}\right)^{0{,}286}$$

$$T_2 = 585\,K$$

4 → 1

$$\frac{T_1}{T_4} = \left(\frac{p_1}{p_4}\right)^{\frac{\kappa-1}{\kappa}}$$

10 Repetitorium

$$T_1 = T_4 \cdot \left(\frac{p_1}{p_4}\right)^{\frac{\kappa-1}{\kappa}}$$

$$T_1 = T_B \cdot \left(\frac{p_1}{p_4}\right)^{\frac{\kappa-1}{\kappa}}$$

$$T_1 = 353\ K \cdot \left(\frac{10\ bar}{100\ bar}\right)^{0,286}$$

$$T_1 = 183\ K$$

Wärmeübertrag findet nur während der isobaren Zustandsänderung statt. Für die reversible isobaren Zustandsänderungen 4 → 1 und 2 → 3 gilt:

Gl. (5.76)
$$q_{12} = c_{pm}\Big|_{T_1}^{T_2} (T_2 - T_1)$$

Für $c_p = konst$ gilt

1 → 2

$$q_{12} = q_{zu} = c_p \cdot (T_2 - T_1)$$
$$q_{12} = q_{zu} = 1{,}004\ \frac{kJ}{kgK} \cdot (303\ K - 183\ K)$$
$$q_{12} = q_{zu} = 120{,}5\ \frac{kJ}{kg}$$

3 → 4

$$q_{34} = c_p \cdot (T_4 - T_3)$$
$$q_{34} = q_{ab} = 1{,}004\ \frac{kJ}{kgK} \cdot (353\ K - 585\ K)$$
$$q_{34} = q_{ab} = -232{,}9\ \frac{kJ}{kg}$$

Massenstrom:

$$Q_{12} = m \cdot q_{12}$$
$$\dot{Q}_{12} = \dot{m} \cdot q_{12}$$

3 → 4

$$\dot{Q}_{34} = \dot{m} \cdot q_{34}$$
$$\dot{m} = \frac{\dot{Q}_{34}}{q_{34}}$$
$$\dot{Q}_{34} = -42000\ \frac{kJ}{h}$$
$$\dot{m} = \frac{-42000\ \frac{kJ}{h}}{-232{,}9\ \frac{kJ}{kg}}$$
$$\dot{m} = 180\ \frac{kg}{h}$$

Wärmestrom $\dot{Q}_{12} = \dot{Q}_{zu}$

1 → 2

$$\dot{Q}_{12} = \dot{m} \cdot q_{12}$$
$$\dot{Q}_{12} = \dot{Q}_{zu} = 180\frac{kg}{h} \cdot 120{,}5\frac{kJ}{kg}$$
$$\dot{Q}_{12} = \dot{Q}_{zu} = 21690\frac{kJ}{h}$$

Die spezifische Prozess-Leistung w_K ist auch aus den zu- und abgeführten Wärmen berechenbar:

Gl. (7.10)
$$-w_K = q_{zu} + q_{ab}$$
$$|w_K| = q_{zu} - |q_{ab}|$$
$$|w_K| = 120{,}5\frac{kJ}{kg} - 232{,}9\frac{kJ}{kg}$$
$$|w_K| = 112{,}4\frac{kJ}{kg}$$
$$|\dot{W}_K| = \dot{m} \cdot |w_K|$$
$$|\dot{W}_K| = 180\frac{kg}{h} \cdot 112{,}4\frac{kJ}{kg}$$
$$|\dot{W}_K| = 20232\frac{kJ}{h}$$
$$|\dot{W}_K| = 5{,}6\,kW$$

Lösung 7.23

1. System: geschlossenes System, Zustandsänderungen sollen gedanklich nacheinander in einem Zylinder ablaufen

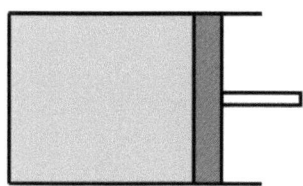

Abb. Repetitorium 7.23A: System zur Aufgabe 7.23

2. Bezugssystem BZS ruht in Zylinderwandung

3. Modellbildung
   quasistatische Zustandsänderungen
   reibungsfreie Zustandsänderungen
   Darstellung des Prozesses im T, s-Diagramm, Abb. 7.23B

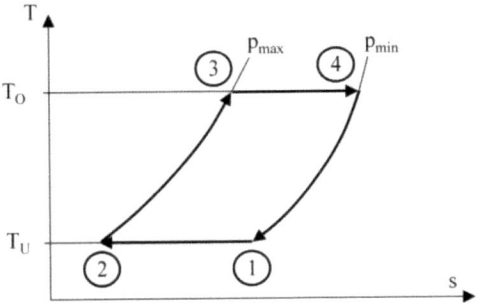

Abb. Repetitorium 7.23B: T, s-Diagramm zur Aufgabe 7.23

Berechnung des Zusammenhanges zwischen der spezifischen Kreisarbeit (spezifische Nutzarbeit des Kreisprozesses) und dem Verhältnis der extremalen Drücke (p_{max}/p_{min}) sowie Berechnung des thermischen Wirkungsgrades η_{th}:

Wärmeübertrag bei isobarer Zustandsänderung:

Gl. (5.76) $\qquad q_{12} = c_{pm} \Big|_{T_1}^{T_2} (T_2 - T_1)$

Für $c_p = konst$ gilt

2 → 3
$$q_{23} = c_p \cdot (T_3 - T_2)$$
$$q_{23} = c_p \cdot (T_O - T_U)$$

4 → 1
$$q_{41} = c_p \cdot (T_1 - T_4)$$
$$q_{41} = c_p \cdot (T_U - T_O)$$

Wärmeübertrag bei isothermer Zustandsänderung:

Gl. (5.46) $\qquad q_{12} = - w_{t,12}$

Gl. (5.43) $\qquad w_{t,12} = -R \cdot T \cdot \ln\left(\dfrac{p_1}{p_2}\right)$

$$q_{12} = R \cdot T \cdot \ln\left(\dfrac{p_1}{p_2}\right)$$

1 → 2
$$q_{12} = R \cdot T_U \cdot \ln\left(\dfrac{p_{min}}{p_{max}}\right)$$

3 → 4
$$q_{34} = R \cdot T_O \cdot \ln\left(\dfrac{p_{max}}{p_{min}}\right)$$

Gl. (7.10) $\qquad -w_K = q_{zu} + q_{ab}$

bzw. $-w_K = \sum_i q_i$ Summe aller zu- bzw. abgeführten spezifischen Wärmen. Vorzeichen: Zuführen (+) und Abführen (−).

$$-w_K = \sum_i q_i = q_{12} + q_{23} + q_{34} + q_{41}$$

$$-w_K = \sum_i q_i = R \cdot T_U \cdot \ln\left(\frac{p_{min}}{p_{max}}\right) + c_p \cdot (T_O - T_U)$$

$$+ R \cdot T_O \cdot \ln\left(\frac{p_{max}}{p_{min}}\right) + c_p \cdot (T_U - T_O)$$

$$w_K = -\sum_i q_i = -R \cdot T_U \cdot \ln\left(\frac{p_{min}}{p_{max}}\right) - c_p \cdot (T_O - T_U)$$

$$- R \cdot T_O \cdot \ln\left(\frac{p_{max}}{p_{min}}\right) - c_p \cdot (T_U - T_O)$$

$$w_K = -\sum_i q_i = R \cdot T_U \cdot \ln\left(\frac{p_{max}}{p_{min}}\right) - c_p \cdot (T_O - T_U)$$

$$- R \cdot T_O \cdot \ln\left(\frac{p_{max}}{p_{min}}\right) + c_p \cdot (T_O - T_U)$$

$$w_K = R \cdot (T_O - T_U) \cdot \ln\left(\frac{p_{max}}{p_{min}}\right)$$

Damit liegt der funktionelle Zusammenhang zwischen der spezifischen Kreisarbeit w_K und dem Verhältnis der extremalen Drücke (p_{max}/p_{min}) vor:

$$w_K = f\left(\frac{p_{max}}{p_{min}}\right)$$

Berechnung des thermischen Wirkungsgrades des Ericson-Prozesses η_{th}

Gl. (7.4)
$$\eta_{th} = \frac{|q_{zu} - q_{ab}|}{q_{zu}}$$

$$q_{23} = -q_{41}$$

$$\eta_{th} = \frac{q_{34} - |q_{12}|}{q_{34}}$$

$$\eta_{th} = 1 - \frac{|q_{12}|}{q_{34}}$$

$$\eta_{th} = 1 - \frac{T_U}{T_O}$$

Lösung 7.24

1. System: geschlossenes System, Zustandsänderungen sollen gedanklich nacheinander in einem Zylinder ablaufen

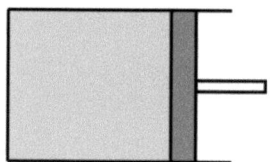

Abb. Repetitorium 7.24A: System zur Aufgabe 7.24

2. Bezugssystem BZS ruht in Zylinderwandung

3. Modellbildung
   quasistatische Zustandsänderungen
   reibungsfreie Zustandsänderungen
   Luft: ideales Gas

Berechnung von Q_{zu}, Q_{ab} und des thermischen Wirkungsgrades η_{th} für den Carnot-Prozess:

Zu a) Darstellung des Prozessverlaufs des Carnot-Prozesses, Abb. 7.24B:

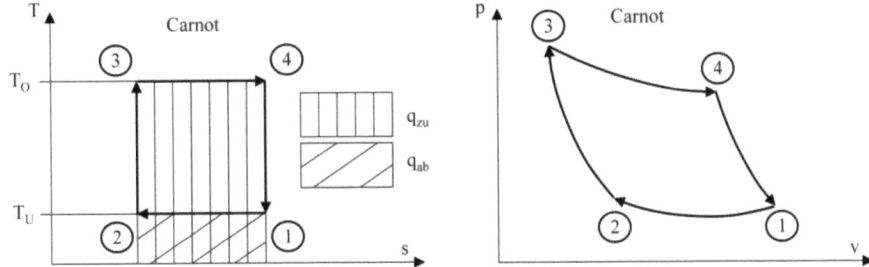

Abb. Repetitorium 7.24B: T,s-Diagramm und p,v-Diagramm zur Aufgabe 7.24

Gl. (6.26)
$$dS = \frac{\delta Q + \delta W_R}{T}$$
$$\delta W_R = 0$$
$$dS = \frac{\delta Q}{T}$$

1 → 2
$$\int_1^2 \frac{\delta Q}{T} = S_2 - S_1$$
$$Q_{12} = T \cdot \Delta S_{12}$$
$$Q_{ab} = Q_{12} = T_U \cdot \Delta S_{12}$$

3 → 4
$$\int_3^4 \frac{\delta Q}{T} = S_4 - S_3$$
$$Q_{34} = T \cdot \Delta S_{34}$$
$$Q_{zu} = Q_{34} = T_O \cdot \Delta S_{34}$$

Gl. (7.10)
$$-w_K = q_{zu} + q_{ab}$$
$$|W_K| = Q_{zu} - |Q_{ab}|$$
$$|W_K| = T_O \cdot \Delta S_{34} - |T_U \cdot \Delta S_{12}|$$
$$\Delta S_{12} = |\Delta S_{34}| = |\Delta S|$$

$$|W_K| = T_O \cdot \Delta S - T_U \cdot |\Delta S|$$

$$\Delta S = \frac{|W_K|}{T_O - T_U}$$

$$|\Delta S| = \frac{450 \, kJ}{1000 \, K - 100 \, K}$$

$$|\Delta S| = 0{,}5 \frac{kJ}{K}$$

$$Q_{ab} = Q_{12} = T_U \cdot \Delta S_{12}$$

$$Q_{ab} = Q_{12} = -100 \, K \cdot 0{,}5 \frac{kJ}{K}$$

$$Q_{ab} = -50 \, kJ$$

$$Q_{zu} = Q_{34} = T_O \cdot \Delta S_{34}$$

$$Q_{zu} = Q_{34} = 1000 \, K \cdot 0{,}5 \frac{kJ}{K}$$

$$Q_{zu} = 500 \, kJ$$

Gl. (7.4)
$$\eta_{th} = \frac{|q_{zu} - q_{ab}|}{q_{zu}}$$

$$\eta_{th} = \frac{Q_{34} - |Q_{12}|}{Q_{34}}$$

$$\eta_{th} = 1 - \frac{|Q_{12}|}{Q_{34}}$$

$$\eta_{th} = 1 - \frac{T_U}{T_O}$$

$$\eta_{th} = 1 - \frac{100 \, K}{1000 \, K}$$

$$\eta_{th} = 0{,}9$$

$$\eta_{th} = 90 \, \%$$

Der Carnot-Prozess ist reversibel (umkehrbar), da mit $\delta W_R = 0$ und $\delta q = 0$ auch $ds = 0$ sein muss (Wärmeübertragung bei verschwindenden Temperaturdifferenzen).

Zu b) Darstellung des Prozessverlaufs des Ericson –Prozesses, Abb. 7.24C:

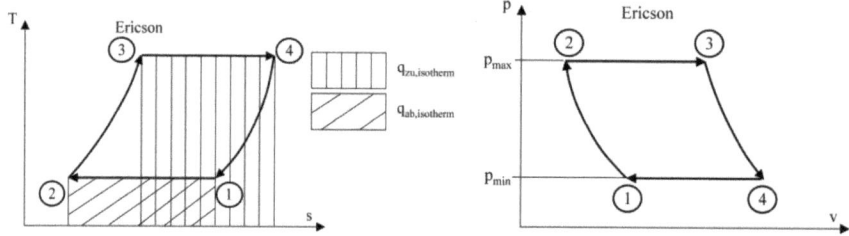

Abb. Repetitorium 7.24C: T, s-Diagramm und p, v-Diagramm zur Aufgabe 7.24

10 Repetitorium

Berechnung von Q_{zu}, Q_{ab} und des thermischen Wirkungsgrades η_{th} für den Ericson-Prozess:

Wärmeübertrag bei isobarer Zustandsänderung:

Gl. (5.76) $\quad q_{12} = c_{pm}\Big|_{T_1}^{T_2}(T_2 - T_1)$

Für $c_p = konst$ gilt

$2 \rightarrow 3$

$$q_{23} = c_p \cdot (T_3 - T_2)$$
$$Q_{23} = m \cdot c_p \cdot (T_O - T_U)$$
$$Q_{23} = 5\,kg \cdot 1{,}004\frac{kJ}{kgK} \cdot (1000\,K - 100\,K)$$
$$Q_{23} = 4518\,kJ$$

$4 \rightarrow 1$

$$q_{41} = c_p \cdot (T_1 - T_4)$$
$$q_{41} = c_p \cdot (T_U - T_O)$$
$$Q_{41} = 5\,kg \cdot 1{,}004\frac{kJ}{kgK} \cdot (100\,K - 1000\,K)$$
$$Q_{41} = -4518\,kJ$$

Wärmeübertrag bei isothermer Zustandsänderung:

Gl. (5.46) $\quad q_{12} = -w_{t,12}$

Gl. (5.43) $\quad w_{t,12} = -R \cdot T \cdot \ln\left(\frac{p_1}{p_2}\right)$

$\quad\quad\quad\quad q_{12} = R \cdot T \cdot \ln\left(\frac{p_1}{p_2}\right)$

Gl. (5.35) $\quad s_2 - s_1 = -R \cdot \ln\left(\frac{p_1}{p_2}\right)$

$\quad\quad\quad\quad \Delta s_{12} = s_2 - s_1$
$\quad\quad\quad\quad q_{12} = T \cdot \Delta s_{12}$
$\quad\quad\quad\quad Q_{12} = T \cdot \Delta S_{12}$

$1 \rightarrow 2$

$$Q_{12} = T_U \cdot \Delta S_{12} = -50\,kJ$$

$3 \rightarrow 4$

$$\Delta s_{34} = s_4 - s_3$$
$$q_{34} = T \cdot \Delta s_{12}$$
$$Q_{34} = T \cdot \Delta S_{12}$$
$$Q_{34} = T_O \cdot \Delta S_{34} = 500\,kJ$$
$$Q_{ab} = Q_{12} + Q_{41}$$
$$Q_{ab} = -50\,kJ - 4518\,kJ$$

$$Q_{ab} = -4568 \text{ kJ}$$
$$Q_{zu} = Q_{34} + Q_{23}$$
$$Q_{zu} = 500 \text{ kJ} + 4518 \text{ kJ}$$
$$Q_{zu} = 5018 \text{ kJ}$$

Gl. (7.4)
$$\eta_{th} = \frac{|q_{zu} - q_{ab}|}{q_{zu}}$$
$$\eta_{th} = \frac{Q_{zu} - |Q_{ab}|}{Q_{zu}}$$
$$\eta_{th} = 1 - \frac{|Q_{ab}|}{Q_{zu}}$$
$$\eta_{th} = 1 - \frac{4568 \text{ kJ}}{5018 \text{ kJ}}$$
$$\eta_{th} = 0{,}09$$
$$\eta_{th} = 9\%$$

Der Ericson-Prozess ist irreversibel (nicht umkehrbar). Zwar beträgt auch hier $\delta W_R = 0$, aber die Wärmeübertragung findet bei endlichen Temperaturdifferenzen (Isobaren) statt.

Lösung 7.25

1. System: geschlossenes System, Zustandsänderungen sollen gedanklich nacheinander in einem Zylinder ablaufen

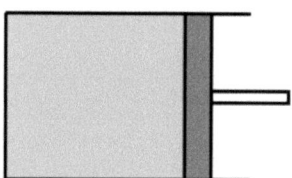

Abb. Repetitorium 7.25B: System zur Aufgabe 7.25

2. Bezugssystem BZS ruht in Zylinderwandung

3. Modellbildung
   quasistatische Zustandsänderungen
   reibungsfreie Zustandsänderungen
   Treibstoff-Luft-Gemisch: ideales Gas
   Zu a) Darstellung des Prozesses im T, s-Diagramm, Abb. 7.25C:

10 Repetitorium

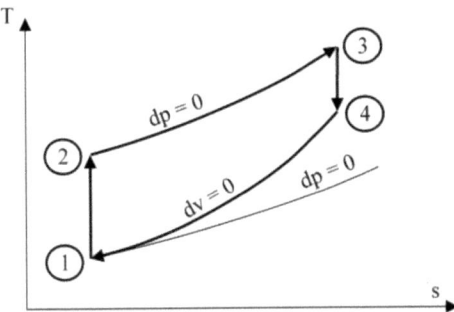

Abb. Repetitorium 7.25C: T,s-Diagramm zur Aufgabe 7.25

Zu b) Berechnung des Drucks p_2, bei dem Eigenzündung auftreten kann, wenn die Entzündungstemperatur bei 500 °C liegt:

Damit Selbstzündung auftreten kann, muss also $T_2 \geq 773\ K$ sein.

1 → 2 Isentrope Zustandsänderung

Gl. (5.17)
$$\frac{T_2}{T_1} = \left(\frac{p_2}{p_1}\right)^{\frac{\kappa-1}{\kappa}}$$

$$p_2 = p_1 \cdot \left(\frac{T_2}{T_1}\right)^{\frac{\kappa}{\kappa-1}}$$

Nebenrechnung κ

Gl. (4.85)
$$c_p(T) = c_v(T) + R$$

Gl. (5.15)
$$\kappa = \frac{c_p}{c_v}$$

$$\kappa = \frac{1{,}004\ \frac{kJ}{kgK}}{0{,}718\ \frac{kJ}{kgK}} = 1{,}4$$

$$p_2 = 1\ bar \cdot \left(\frac{773\ K}{293\ K}\right)^{3{,}5}$$

$$p_2 = 29{,}8\ bar$$

Zu c) Berechnung der Temperatur T_4, bei der die Wärmeabfuhr beginnt:

Isentrope Zustandsänderung

Gl. (5.19)
$$\frac{T_2}{T_1} = \left(\frac{v_1}{v_2}\right)^{\kappa-1}$$

3 → 4

$$\frac{T_4}{T_3} = \left(\frac{v_3}{v_4}\right)^{\kappa-1}$$

Nebenrechnung zur Ermittlung von T_3:

Gl. (2.17)
$$p \cdot v = R \cdot T$$

$$p_3 \cdot v_3 = R \cdot T_3$$
$$T_3 = \frac{p_3 \cdot v_3}{R}$$

2 → 3 Isobare
$$p_3 = p_2$$

4 → 1 Isochore
$$v_4 = v_1$$
$$v_3 = 0{,}2 \cdot v_4$$
$$v_3 = 0{,}2 \cdot v_1$$
$$T_3 = \frac{p_2 \cdot 0{,}2 \cdot v_1}{R}$$
$$T_3 = \frac{p_2 \cdot 0{,}2 \cdot T_1}{p_1}$$
$$T_3 = 1748\ K$$
$$T_4 = T_3 \cdot \left(\frac{v_3}{v_4}\right)^{\kappa-1}$$
$$T_4 = 0{,}2 \cdot T_1 \cdot \frac{p_2}{p_1} \cdot \left(\frac{0{,}2 \cdot v_4}{v_4}\right)^{\kappa-1}$$
$$T_4 = 0{,}2 \cdot 293\ K \cdot \frac{29{,}8\ bar}{1\ bar} \cdot 0{,}2^{0{,}4}$$
$$T_4 = 917\ K$$

Zu d) Berechnung der spezifischen Kreisarbeit (spezifische Nutzarbeit des Kreisprozesses) $|w_K|$:

Gl. (7.10)
$$-w_K = q_{zu} + q_{ab}$$
$$|w_K| = q_{zu} - |q_{ab}|$$

Wärmeübertrag bei isobarer Zustandsänderung:

Gl. (5.76)
$$q_{12} = c_{pm}\Big|_{T_1}^{T_2} (T_2 - T_1)$$

Für $c_p = konst$ gilt

2 → 3
$$q_{zu} = q_{23} = c_p \cdot (T_3 - T_2)$$
$$q_{zu} = q_{23} = 1{,}004\ \frac{kJ}{kgK} \cdot (1748\ K - 773\ K)$$
$$q_{zu} = q_{23} = 979\ \frac{kJ}{kg}$$

Wärmeübertrag bei isochorer Zustandsänderung:

Gl. (5.58)
$$q_{12} = c_{vm}\Big|_{T_1}^{T_2} (T_2 - T_1)$$

Für $c_v = konst$ gilt
4 → 1

$$q_{ab} = q_{41} = c_v \cdot (T_1 - T_4)$$
$$q_{ab} = q_{41} = 0{,}718 \frac{kJ}{kgK} \cdot (293\,K - 917\,K)$$
$$q_{ab} = q_{41} = -448 \frac{kJ}{kg}$$
$$|w_K| = q_{zu} - |q_{ab}|$$
$$|w_K| = 979 \frac{kJ}{kg} - |-448 \frac{kJ}{kg}|$$
$$|w_K| = 531 \frac{kJ}{kg}$$

Lösung 7.26

1. System: geschlossenes System, Zustandsänderungen sollen gedanklich nacheinander in einem Zylinder ablaufen

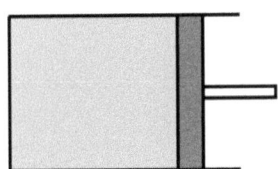

Abb. Repetitorium 7.26A: System zur Aufgabe 7.26

2. Bezugssystem BZS ruht in Zylinderwandung

3. Modellbildung
   quasistatische Zustandsänderungen
   reibungsfreie Zustandsänderungen
   Luft: ideales Gas
   Darstellung des Prozesses im p,v- und T,s-Diagramm, Abb. 7.26B:

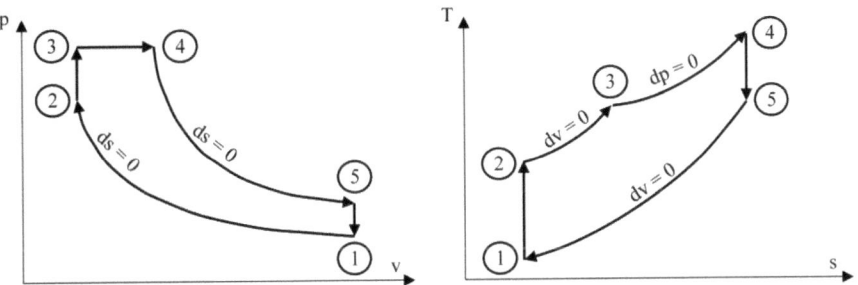

Abb. Repetitorium 7.26B: p,v-Diagramm und T,s-Diagramm zur Aufgabe 7.26

Berechnung der Endtemperatur T_2 und der Änderung von spezifischer Enthalpie $h_2 - h_1$ und spezifischer innerer Energie $u_2 - u_1$ bei der isentropen (adiabaten, reibungsfreien) Verdichtung:

1 → 2 Isentrope Verdichtung

T_2 Endtemperatur bei der isentropen Verdichtung

Gl. (5.17)
$$\frac{T_2}{T_1} = \left(\frac{p_2}{p_1}\right)^{\frac{\kappa-1}{\kappa}}$$

$$T_2 = T_1 \cdot \left(\frac{p_2}{p_1}\right)^{\frac{\kappa-1}{\kappa}}$$

Nebenrechnung κ

Gl. (4.85)
$$c_p(T) = c_v(T) + R$$

Gl. (5.15)
$$\kappa = \frac{c_p}{c_v}$$

$$\kappa = \frac{1{,}004 \frac{kJ}{kgK}}{0{,}718 \frac{kJ}{kgK}} = 1{,}4$$

$$T_2 = 300\,K \cdot \left(\frac{38\,bar}{1\,bar}\right)^{0{,}286}$$

$$T_2 = 850\,K$$

$\Delta h, \Delta u$ bei der isentropen Verdichtung

Gl. (5.30)
$$h_2 - h_1 = c_p \cdot (T_2 - T_1)$$
$$h_2 - h_1 = c_p \cdot (T_2 - T_1)$$
$$h_2 - h_1 = 1{,}004 \frac{kJ}{kgK} \cdot (850\,K - 300\,K)$$
$$h_2 - h_1 = 552 \frac{kJ}{kg}$$

Gl. (5.24)
$$u_2 - u_1 = c_p \cdot (T_2 - T_1)$$
$$u_2 - u_1 = 0{,}718 \frac{kJ}{kgK} \cdot (850\,K - 300\,K)$$
$$u_2 - u_1 = 395 \frac{kJ}{kg}$$

Berechnung der Endtemperatur T_3 und der Änderung von spezifischer Enthalpie und spezifischer innerer Energie bei isochorer Wärmezufuhr $h_3 - h_2$ bzw. $u_3 - u_2$:

2 → 3 Isochore Wärmezufuhr

T_3 Endtemperatur bei der isochoren Wärmezufuhr

Nebenrechnung zur Ermittlung von T_3:

Gl. (2.17)
$$p \cdot v = R \cdot T$$

$$\frac{T_3}{T_2} = \frac{p_3}{p_2}$$

$$T_3 = T_2 \cdot \frac{p_3}{p_2}$$

$$T_3 = 850\,K \cdot \frac{56\,bar}{38\,bar}$$

$$T_3 = 1250\,K$$

Δh, Δu bei der isochoren Wärmezufuhr

Gl. (5.54) $\quad q_{12} = u_2 - u_1$

$2 \rightarrow 3$

$$u_3 - u_2 = q_{23} = q_H \cdot \frac{m_{Öl}}{m_L}$$

$$u_3 - u_2 = q_{23} = 43500\,\frac{kJ}{kg} \cdot \frac{65\,g}{1000\,g}$$

$$u_3 - u_2 = q_{23} = 2830\,\frac{kJ}{kg}$$

Gl. (4.50) $\quad h_2 - h_1 = q_{12} + \int_1^2 v(p) \cdot dp + w_{R,12}$

$$w_{R,12} = 0$$

$$h_2 - h_1 = q_{12} + v \cdot \Delta p$$

$2 \rightarrow 3$

$$h_3 - h_2 = q_{23} + v_2 \cdot \Delta p$$

Nebenrechnung zur Ermittlung von v_2:

Gl. (2.17) $\quad p \cdot v = R \cdot T$

$$v_2 = \frac{R \cdot T_2}{p_2}$$

$1\,bar = 10^2\,\frac{kJ}{m^3}$ $\quad$ T 2.4

$$v_2 = \frac{0{,}718\,\frac{kJ}{kgK} \cdot 850\,K}{38 \cdot 10^2\,\frac{kJ}{m^3}}$$

$$v_2 = 0{,}0642\,\frac{m^3}{kg}$$

$$h_3 - h_2 = q_{23} + v_2 \cdot \Delta p$$

$$h_3 - h_2 = 2830\,\frac{kJ}{kg} + 0{,}0642\,\frac{m^3}{kg} \cdot (56\,bar - 38\,bar)$$

$$h_3 - h_2 = 2945\,\frac{kJ}{kg}$$

Lösung 7.27

1. System: geschlossenes System, Zustandsänderungen sollen gedanklich nacheinander in einem Zylinder ablaufen

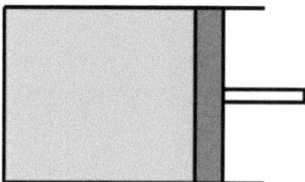

Abb. Repetitorium 7.27B: System zur Aufgabe 7.27

2. Bezugssystem BZS ruht in Bezug zur Systemgrenze

3. Modellbildung
   quasistatische Zustandsänderungen
   reibungsfreie Zustandsänderungen
   keine potentiellen Energieänderungen $de_{pot} = 0$
   Luft: ideales Gas

Zu a) Darstellung des Prozesses im T,s -Diagramm, Abb. 7.27C:

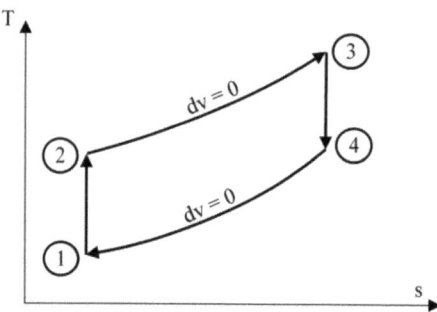

Abb. Repetitorium 7.27C: T,s-Diagramm zur Aufgabe 7.27

Zu b) Berechnung der Kreisarbeit des Prozesses w_K:
Wärmeübertrag bei isobarer Zustandsänderung:

Gl. (5.54) $\qquad q_{12} = c_{vm} \Big|_{T_1}^{T_2} (T_2 - T_1)$

Für $c_v = konst$ gilt

$$q_{12} = c_v \cdot (T_2 - T_1)$$

Nebenrechnung c_v

Gl. (4.85)
$$c_p(T) = c_v(T) + R$$
$$c_v = c_p - R$$
$$c_v = 1{,}004\frac{kJ}{kgK} - 0{,}2871\frac{kJ}{kgK}$$
$$c_v = 0{,}718\frac{kJ}{kgK}$$

2 → 3
$$q_{23} = c_v \cdot (T_3 - T_2)$$
$$q_{23} = 0{,}718\frac{kJ}{kgK} \cdot (1300\ K - 300\ K)$$
$$q_{zu} = q_{23} = 718\frac{kJ}{kg}$$

4 → 1
$$q_{41} = c_v \cdot (T_1 - T_4)$$

Nebenrechnung zur Ermittlung von T_4:

1 → 2 Isentrope

Gl. (5.19)
$$\frac{T_2}{T_1} = \left(\frac{v_1}{v_2}\right)^{\kappa-1}$$

Nebenrechnung κ

Gl. (4.85)
$$c_p(T) = c_v(T) + R$$

Gl. (5.15)
$$\kappa = \frac{c_p}{c_v}$$

$$\kappa = \frac{1{,}004\frac{kJ}{kgK}}{0{,}718\frac{kJ}{kgK}} = 1{,}4$$

$$\frac{v_1}{v_2} = 10$$

$$T_2 = 300\ K \cdot \left(\frac{10}{1}\right)^{0,4}$$

$$T_2 = 755\ K$$

2 → 3 Isochore
$$T_3 = T_2 + 1000\ K$$
$$T_3 = 755\ K + 1000\ K$$
$$T_3 = 1755\ K$$

3 → 4 Isentrope

Gl. (5.19)
$$\frac{T_2}{T_1} = \left(\frac{v_1}{v_2}\right)^{\kappa-1}$$

3 → 4

$$v_2 = v_3$$
$$v_1 = v_4$$
$$T_4 = T_3 \cdot \left(\frac{v_3}{v_4}\right)^{\kappa-1}$$
$$T_4 = T_3 \cdot \left(\frac{v_2}{v_1}\right)^{\kappa-1}$$
$$T_4 = 1755\,K \cdot \left(\frac{1}{10}\right)^{\kappa-1}$$
$$T_4 = 700\,K$$
$$q_{41} = c_v \cdot (T_1 - T_4)$$
$$q_{41} = 0{,}718\,\frac{kJ}{kgK} \cdot (300\,K - 700\,K)$$
$$q_{ab} = q_{41} = -287\,\frac{kJ}{kg}$$

Gl. (7.10)
$$-w_K = q_{zu} + q_{ab}$$
$$|w_K| = q_{zu} - |q_{ab}|$$
$$|w_K| = 718\,\frac{kJ}{kg} - \left|-287\,\frac{kJ}{kg}\right|$$
$$|w_K| = 431\,\frac{kJ}{kg}$$
$$w_K = -431\,\frac{kJ}{kg}$$

Zu c) Berechnung des thermischen Wirkungsgrades η_{th}:

Gl. (7.4)
$$\eta_{th} = \frac{|q_{zu} - q_{ab}|}{q_{zu}}$$
$$\eta_{th} = \frac{q_{zu} - |q_{ab}|}{q_{zu}}$$
$$\eta_{th} = 1 - \frac{|q_{ab}|}{q_{zu}}$$
$$\eta_{th} = 1 - \frac{287\,\frac{kJ}{kg}}{718\,\frac{kJ}{kg}}$$
$$\eta_{th} = 0{,}6$$
$$\eta_{th} = 60\,\%$$

10.15 Lösungen Kapitel 8 – Anwendung des zweiten Hauptsatzes auf Energieumwandlungen

Lösung 8.1

1. System: geschlossenes System

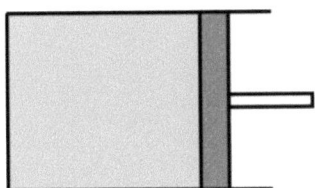

Abb. Repetitorium 8.1A: System zur Aufgabe 8.1

2. Bezugssystem BZS ruht in Zylinderwandung

3. Modellbildung
   Luft: ideales Gas
   Keine Änderungen der kinetischen und potentiellen Energien de_{kin} bzw. de_{pot}

Zu a) Berechnung der maximal möglichen technischen Arbeit (Exergie) E_{g1}:

Gl. (8.37) $\quad E_{g,1} = \int_1^G -\delta W_t = \int_G^1 \delta W_t = U_{g,1} - U_{g,G} - W_{nt,D,G1} - T_U \cdot (S_1 - S_G)$

Definitionsgemäß müsste das Ergebnis des wegabhängigen Integrals $\int_G^1 \delta W_t$ eigentlich $E_{g,12}$ ergeben. Mit Gl. (6.16) $dS = \frac{\delta Q}{T} + \frac{\delta W_R}{T} = dS_{rev} + \delta S_{irr}$ ist jedoch erkennbar, dass das Integral der differentiellen Entropie für die reibungsfreie Zustandsäderung $\int_1^2 \frac{\delta Q}{T}$ mit $\frac{\delta W_R}{T} = 0$ ein wegunabhägiges ist mit dem Ergebnis $\Delta S = S_2 - S_1$. Genau genommen müsste Gl. (8.37) also wie folgt geschrieben werden

$$E_{g,1} - E_{g,2} = \int_1^G -\delta W_t = \int_G^1 \delta W_t = U_{g,1} - U_{g,G} - W_{nt,D,G1} - T_U \cdot (S_1 - S_G)$$

$$\Delta E_g = \int_1^G -\delta W_t = \int_G^1 \delta W_t = U_{g,1} - U_{g,G} - W_{nt,D,G1} - T_U \cdot (S_1 - S_G)$$

Da aber die maximale Arbeitsfähigkeit $E_{g,1}$ bis zum Gleichgewichtszustand G abnimmt und dort den Wert $E_{g,2} = 0$ hat, gilt tatsächlich Gl. (8.37) und folgende Schreibweisen sind möglich

$$\Delta E_g = E_{g,1} - E_{g,2} = E_{g,1} = E_g$$

$$U_{g,1} - U_{g,G} = U_1 - U_G + \frac{m}{2} \cdot (c_G^2 - c_1^2) + g \cdot m \cdot (z_G - z_1)$$

Gl. (8.38) $\quad W_{nt,D,G1} = p_U \cdot (V_G - V_1)$

Gl. (8.39) $\quad E_{g,1} = U_g - U_{g,G} + p_U \cdot (V_1 - V_G) - T_U \cdot (S_1 - S_G)$
$\qquad E_{g,1} = U_1 - U_G + p_U \cdot (V_1 - V_G) - T_U \cdot (S_1 - S_G)$
$\qquad\qquad + \dfrac{m}{2} \cdot (c_G^2 - c_1^2) + g \cdot m \cdot (z_G - z_1)$

$\dfrac{m}{2} \cdot (c_G^2 - c_1^2) = 0$

$g \cdot m \cdot (z_G - z_1) = 0$

Gl. (5.9) $\quad s_2 - s_1 = c_v \cdot \ln\left(\dfrac{T_2}{T_1}\right) + R \cdot \ln\left(\dfrac{v_2}{v_1}\right)$

$\qquad s_G - s_1 = c_v \cdot \ln\left(\dfrac{T_G}{T_1}\right) + R \cdot \ln\left(\dfrac{v_G}{v_1}\right)$

Gl. (2.27) $\quad p_1 \cdot \dfrac{v_1}{T_1} = p \cdot \dfrac{v_1}{T_1}$

$\qquad \dfrac{v_G}{v_1} = \dfrac{p_1}{p_G} \cdot \dfrac{T_U}{T_1}$

$E_{g,1} = m \cdot c_v \cdot (T_1 - T_U) + m \cdot p_U \cdot R \cdot \left(\dfrac{T_1}{p_1} - \dfrac{T_U}{p_G}\right)$

$\qquad + T_U \cdot m \cdot \left[c_v \cdot \ln\left(\dfrac{T_U}{T_1}\right) + R \cdot \ln\left(\dfrac{p_1}{p_G} \cdot \dfrac{T_U}{T_1}\right)\right]$

$E_{g,1} = 1\,kg \cdot 0{,}718 \dfrac{kJ}{kgK} \cdot (723\,K - 293\,K)$

$\qquad + 1\,kg \cdot 1\,bar \cdot 0{,}2871 \dfrac{kJ}{kgK} \left(\dfrac{723\,K}{10\,bar} - \dfrac{293\,K}{1\,bar}\right) + 293\,K \cdot 1\,kg \cdot$

$\qquad \cdot \left[0{,}718 \dfrac{kJ}{kgK} \ln\left(\dfrac{293\,K}{723\,K}\right) + 0{,}2871 \dfrac{kJ}{kgK} \ln\left(\dfrac{10\,bar}{1\,bar} \cdot \dfrac{293\,K}{723\,K}\right)\right]$

$E_{g,1} = 318{,}8\,kJ - 63{,}4\,kJ - 71{,}8\,kJ$

$E_{g,1} = 183{,}6\,kJ$

Diese Arbeit kann erhalten werden durch eine reversible Zustandsänderung, d. h. es darf weder Reibung noch eine Wärmeübertragung bei einer endlichen Temperatur auftreten. Diese Bedingung wird durch den Weg 1 → 3 → G erfüllt:

1 → 3: $ds = 0$, d. h. $\delta w_R = 0$ und $\delta q = 0$
3 → G: Wärmeübertragung bei $\Delta T = 0$

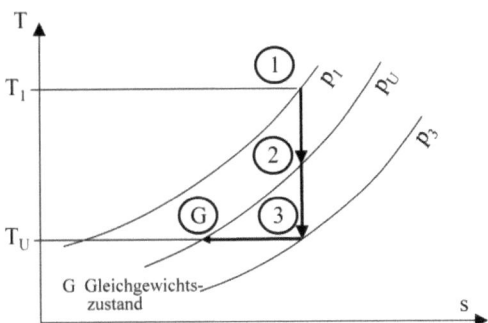

Abb. Repetitorium 8.1B: T, s-Diagramm zur Aufgabe 8.1

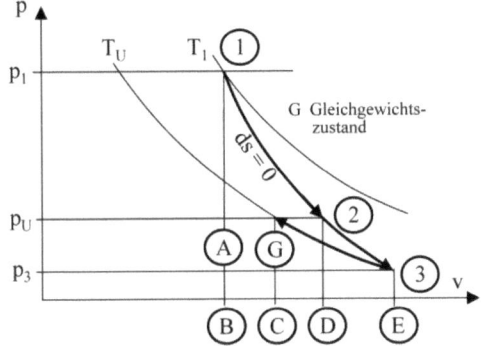

Abb. Repetitorium 8.1C: p, v-Diagramm zur Aufgabe 8.1

Es gilt

B 1 3 E B $\;= -W_{13}$

C G 3 E C $\;= +W_{3G}$

B 1 3 G C B $= -W_{1G}$ (gesamte abzugebende Arbeit)

Wird von der gesamten abzugebenden Arbeit W_{1G} die nichttechnische Arbeit $W_{nt,1G} = -p_U(v_G - v_1)$, Fläche B A G C, abgezogen, so ergibt sich die technische Arbeitsfähigkeit (Exergie E_g = max. techn. Arbeit) durch die Fläche A 1 3 G A.

Lösung 8.2

1. System: geschlossenes System

Abb. Repetitorium 8.2: System zur Aufgabe 8.2

2. Bezugssystem BZS ruht in Rohrwandung

3. Modellbildung
Umgebungszustand bleibt während des Prozesses konstant $T_U = 0$
Konstante Dampftemperatur während des Prozesses $T_D = konst$
keine Zufuhr/Abfuhr an technischer Arbeit $\delta W_t = 0$

Berechnung der theoretisch maximal gewinnbaren Leistung, d. h. Exergiestrom der Wärme (Arbeitsfähigkeit des Wärmestroms) $\dot{E}_Q$:

Gl. (8.17) $\qquad E_Q = \int_1^2 \left(1 - \frac{T_U}{T}\right) \delta Q = Q_{12} - T_U \int_1^2 \frac{\delta Q}{T}$

Mit
$$T = T_D$$
folgt
$$E_Q = Q_{12}\left(1 - \frac{T_U}{T_D}\right)$$

und in Stromgrößen
$$\dot{E}_Q = \dot{Q}_{12}\left(1 - \frac{T_U}{T_D}\right)$$
$$\dot{E}_Q = 3{,}5\ kW \left(1 - \frac{293\ K}{423\ K}\right)$$
$$\dot{E}_Q = 1{,}075\ kW$$

Lösung 8.3

1. System: geschlossenes Gesamtsystem, bestehend aus den beiden Teilsystemen 1 und 2

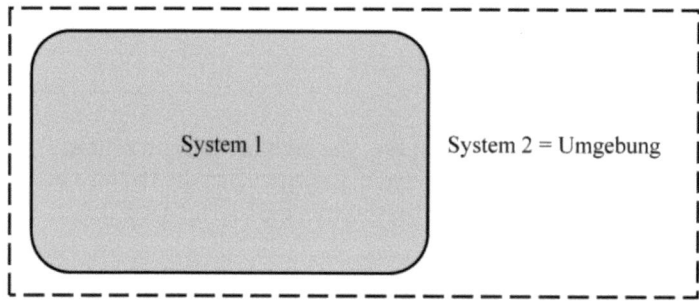

Abb. Repetitorium 8.3: System zur Aufgabe 8.3

2. Bezugssystem BZS ruht in Behälterwandung

3. Modellbildung
Umgebungstemperatur konstant $T_U = konst$

reibungsfreier Prozess $\delta W_R = 0$

Berechnung der bei diesem Vorgang ungenutzen Leistung (Anergie des Wärmestroms) $\dot{B}_q$:

Gl. (6.21)
$$\delta S_{irr} = \sum_{F_i} \frac{\delta W_R}{T} + \sum_j \frac{\delta Q + \delta W_R}{T}$$

$$\delta W_R = 0$$

$$\delta S_{irr} = \frac{\delta Q}{T}$$

Gl. (6.22)
$$\delta S_{irr} = -\frac{|\delta Q|}{T_1} + \frac{|\delta Q|}{T_2} = |\delta Q| \cdot \frac{T_1 - T_2}{T_1 \cdot T_2}$$

$$T_2 = T_U$$

$$\int_1^U \delta S_{irr} = \frac{T_1 - T_U}{T_1 \cdot T_U} \cdot \int_1^U |\delta Q|$$

$$S_{irr,1U} = Q_{12} \cdot \frac{T_1 - T_U}{T_1 \cdot T_U}$$

Gl. (8.14)
$$B_q = T_U \cdot \int_1^2 \frac{\delta Q}{T}$$

$$B_q = T_U \cdot \int_1^U \frac{\delta Q}{T}$$

$$B_q = T_U \cdot \int_1^U \delta S_{irr}$$

$$B_q = T_U \cdot Q_{1U} \cdot \frac{T_1 - T_U}{T_1 \cdot T_U}$$

$$B_q = Q_{1U} \cdot \frac{T_1 - T_U}{T_1}$$

In Stromgrößen geschrieben folgt

$$\dot{B}_q = \dot{Q}_{1U} \cdot \left(1 - \frac{T_U}{T_1}\right)$$

$$\dot{B}_q = 0{,}35\ kW \cdot \left(1 - \frac{293\ K}{473\ K}\right)$$

$$\dot{B}_q = 0{,}133\ kW$$

Lösung 8.4

1. System: geschlossenes, homogenes System (Punktmasse) vor und nach der Kompression

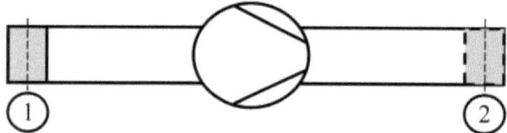

Abb. Repetitorium 8.4A: System zur Aufgabe 8.4

2. Bezugssystem BZS ruht in Wandung

3. Modellbildung
   isothermer Prozess $dT = 0$
   ideales Gas

Berechnung des Verlustes an Arbeitsfähigkeit (Anergie der Wärme) B_q:

Gl. (8.48)
$$\delta S_{irr} = dS - \sum_G \frac{\delta Q}{T}$$

$$\delta s_{irr} = ds - \sum_G \frac{\delta q}{T}$$

$$\int_1^2 \delta s_{irr} = s_2 - s_1 - \int_1^2 \frac{\delta q}{T}$$

$$S_{irr,12} = s_2 - s_1 - \frac{q_{12}}{T}$$

$$S_{irr,12} = -5 \frac{J}{kgK} - \frac{2{,}1 \cdot 10^3 \frac{J}{kg}}{350\,K}$$

$$S_{irr,12} = -5 \frac{J}{kgK} + 6 \frac{J}{kgK}$$

$$S_{irr,12} = 1 \frac{J}{kgK}$$

Gl. (8.49)
$$\delta B_q = T_U \cdot \delta S_{irr}$$

$$B_q = T_U \cdot S_{irr,12}$$

$$B_q = 300\,K \cdot 1 \frac{J}{kgK}$$

$$B_q = 0{,}3 \frac{kJ}{kg}$$

Der Verlust an Arbeitsfähigkeit (Anergie der Wärme) B_q kann als Fläche im T,s-Diagramm, Abb. 8.4B, dargestellt werden. Die eine schraffierte Fläche $T_U \cdot S_{irr,12} = 300\,K \cdot 1 \frac{J}{kgK} = 0{,}3 \frac{kJ}{kg}$ hat die gleiche Größe wie die andere schraffierte Fläche $(s_2 - s_1) \cdot (T - T_U) = 5 \frac{J}{kgK} \cdot (350\,K - 300\,K) = 0{,}3 \frac{kJ}{kg}$, nämlich den Wert für den Verlust an Arbeitsfähigkeit (Anergie) B_q.

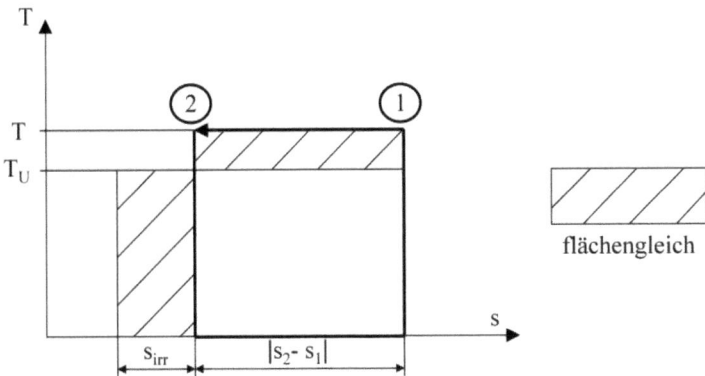

Abb. Repetitorium 8.4B: T,s-Diagramm zur Aufgabe 8.4

Lösung 8.5

1. System: geschlossenes Gesamtsystem bestehend aus den Teilsystemen 1 und 2

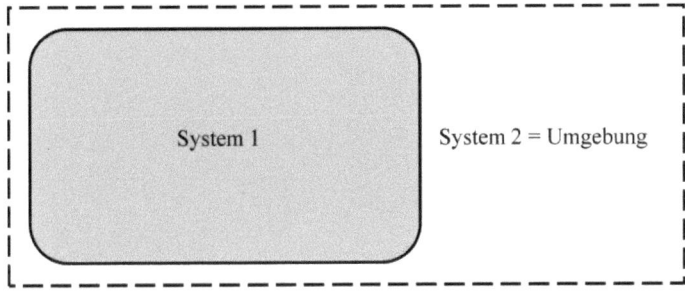

Abb. Repetitorium 8.5A: System zur Aufgabe 8.5

2. Bezugssystem BZS ruht in Behälterwandung

3. Modellbildung
   reibungsfreie Zustandsänderung $\delta W_R = 0$
   keine Änderung der kinetischen Energie $de_{kin} = 0$
   isobarer Vorgang $dp = 0$

   Darstellung des Prozesses im T,s-Diagramm, Abb. 8.5B:
   1 → G tatsächlicher Weg
   1 → 2 reversible Zustandsänderung

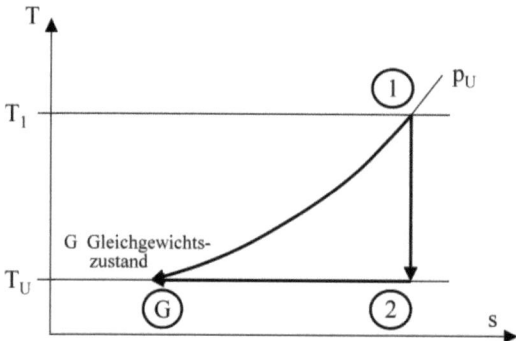

Abb. Repetitorium 8.5B: T, s-Diagramm zur Aufgabe 8.5

Zu a) Berechnung der Entropieänderungen des Wassers ΔS_W, der Umgebung ΔS_U und des Gesamtsystems Wasser-Umgebung ΔS_G:

System Wasser ΔS_W

Gl. (5.8)
$$s_2 - s_1 = c_p \cdot \ln\left(\frac{T_2}{T_1}\right) - R \cdot \ln\left(\frac{p_2}{p_1}\right)$$

$$p_1 = p_1 = p = konst$$

$$\Delta s = s_2 - s_1 = c_p \cdot \ln\left(\frac{T_2}{T_1}\right)$$

$$\Delta S_W = S_2 - S_1 = m \cdot c_p \cdot \ln\left(\frac{T_U}{T_1}\right)$$

Gl. (2.5)
$$v = \frac{1}{\varrho} = \frac{V}{m}$$

$$m = \varrho \cdot V$$

$$m = 1000 \frac{kg}{m^3} \cdot 0{,}01 m^3$$

$$m = 10 \, kg$$

$$\Delta S_W = 10 \, kg \cdot 4{,}187 \frac{kJ}{kgK} \cdot \ln\left(\frac{293 \, K}{353 \, K}\right)$$

$$\Delta S_W = -7{,}88 \frac{kJ}{K}$$

System Umgebung ΔS_U

Gl. (6.26)
$$dS = \frac{dU + pdV}{T} = \frac{\delta Q + \delta W_R}{T}$$

$$\delta W_R = 0$$

$$dS = \frac{\delta Q}{T}$$

$$p_1 = p_1 = p = konst$$

Gl. (5.76)
$$q_{12} = c_{pm} \Big|_{T_1}^{T_2} \cdot (T_2 - T_1)$$

$$c_p = konst$$

$$q_{12} = c_p \cdot (T_1 - T_U)$$

$$Q_{12} = m \cdot q_{12} = m \cdot c_p \cdot (T_1 - T_U)$$

$$\Delta S_U = \frac{m \cdot c_p \cdot (T_1 - T_U)}{T_U}$$

$$\Delta S_U = \frac{10 \, kg \cdot 4{,}187 \frac{kJ}{kgK} \cdot (353 \, K - 293 \, K)}{293 \, K}$$

$$\Delta S_U = 8{,}57 \frac{kJ}{K}$$

Gesamtsystem Wasser – Umgebung ΔS_G

Gl. (6.19)
$$\delta S_{irr} = \sum_i dS_i + \sum_{F_i} \frac{\delta Q}{T}$$

Abgeschlossenes (inhomogenes) System, d. h. keine Wärmeabgabe über die Systemgrenze des Gesamtsystems:

$$\delta S_{irr} = \sum_i dS_i$$

$$\Delta S_G = S_{irr,12} = \Delta S_W + \Delta S_U$$

$$\Delta S_G = S_{irr,12} = -7{,}88 \frac{kJ}{K} + 8{,}57 \frac{kJ}{K}$$

$$\Delta S_G = S_{irr,12} = 0{,}69 \frac{kJ}{K}$$

Zu b) Berechnung des Arbeitsfähigkeitsverlustes der Wärme B_q:

Gl. (8.49)
$$\delta B_q = T_U \cdot \delta S_{irr}$$

$$B_q = T_U \cdot S_{irr,12}$$

$$B_q = 293 \, K \cdot 0{,}69 \frac{kJ}{K}$$

$$B_q = 202{,}2 \, kJ$$

Lösung 8.6

1. System: geschlossenes Gesamtsystem beinhaltet die homogenen Teilsysteme 1 (Stahl) und 2 (Umgebung)

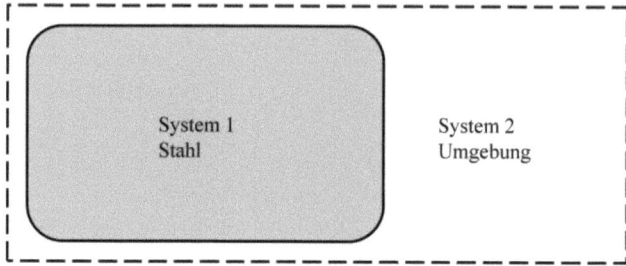

Abb. Repetitorium 8.6A: System zur Aufgabe 8.6

2. Bezugssystem BZS ruht im Stahlblock

3. Modellbildung
   isobare Zustandsänderung $dp = 0$
   reibungsfreie Zustandsänderung $\delta W_R = 0$
   $T = T_U = konst$
   Keine Änderung der kinetischen Energie $de_{kin} = 0$

Berechnung der Entropieänderungen Δs und ΔS des Stahlblocks (Index s) sowie ΔS der Umgebung (Index U):

Entropieänderung des Stahlblocks

Gl. (5.4) $\quad ds = \dfrac{dh - vdp}{T} = \dfrac{c_p \cdot dT - vdp}{T} = c_p \cdot \dfrac{dT}{T} - R \cdot \dfrac{dp}{p}$

$$p_1 = p_2 = p = konst$$

$$\int_1^2 ds_S = c_p \cdot \int_1^2 \dfrac{dT}{T}$$

Gl. (4.94) $\quad c_p(T) \approx c_v(T) = c(T)$

$$\Delta s_S = c \cdot \ln\left(\dfrac{T_2}{T_1}\right)$$

$$\Delta s_S = 0{,}42 \, \dfrac{kJ}{kgK} \cdot \ln\left(\dfrac{293 \, K}{1073 \, K}\right)$$

$$\Delta s_S = -0{,}545 \, \dfrac{kJ}{kgK}$$

$$\Delta S_S = m \cdot \Delta s_S$$

$$\Delta S_S = -100 \, kg \cdot 0{,}545 \, \dfrac{kJ}{kgK}$$

$$\Delta S_S = -54{,}5 \, \dfrac{kJ}{K}$$

Die vom Stahlblock abgegebene Wärme Q_{12} wird von der Umgebung aufgenommen.
Entropieänderung der Umgebung

Gl. (6.16)
$$dS = \frac{\delta Q + \delta W_R}{T}$$
$$dS_U = \frac{\delta Q + \delta W_R}{T_U}$$
$$\delta W_R = 0$$
$$dS_U = \frac{\delta Q}{T_U}$$
$$\int_1^2 dS_U = \frac{1}{T_U} \cdot \int_1^2 \delta Q$$
$$\Delta S_U = \frac{Q_{12}}{T_U}$$

Gl. (4.49)
$$dh = \delta q + \delta w_t + \delta w_R$$
$$\delta w_t = 0$$
$$\delta w_R = 0$$
$$dh = \delta q$$

Gl. (4.77)
$$c_p(T) = \left(\frac{\partial h}{\partial T}\right)_p = \frac{dh}{dT}$$
$$dh = c_p \cdot dT$$
$$\int_1^2 dh = \int_1^2 c_p \cdot dT$$
$$h_2 - h_1 = c_p \cdot (T_2 - T_1)$$
$$h_2 - h_1 = q_{12}$$
$$q_{12} = c_p \cdot (T_2 - T_1)$$

Gl. (4.94)
$$c_p(T) \approx c_v(T) = c(T)$$
$$Q_{12} = m \cdot c \cdot (T_2 - T_1)$$
$$\Delta S_U = \frac{Q_{12}}{T_U}$$
$$\Delta S_U = \frac{m \cdot c \cdot (T_2 - T_1)}{T_U}$$
$$\Delta S_U = \frac{10^2 kg \cdot 0{,}42 \frac{kJ}{kgK} \cdot (1073 - 293)}{293\ K}$$
$$\Delta S_U = 111{,}8 \frac{kJ}{K}$$

Entropieänderung des Gesamtsystems Stahlblock – Umgebung ΔS_G

Gl. (6.19)
$$\delta S_{irr} = \sum_i dS_i + \sum_{F_i} \frac{\delta Q}{T}$$

Abgeschlossenes (inhomogenes) System, d. h. keine Wärmeabgabe über die Systemgrenze des Gesamtsystems:

$$\delta S_{irr} = \sum_i dS_i$$

$$\Delta S_G = S_{irr,12} = \Delta S_S + \Delta S_U$$

$$\Delta S_G = S_{irr,12} = -54{,}5\frac{kJ}{K} + 111{,}8\frac{kJ}{K}$$

$$\Delta S_G = S_{irr,12} = 57{,}3\frac{kJ}{K}$$

Zu b) Berechnung der technischen Arbeitsfähigkeit vor und nach der Abkühlung $E_{g,1}$ bzw. $E_{g,2}$

Technische Arbeitsfähigkeit $E_{g,2}$ ist nach der Abkühlung nicht mehr vorhanden, d. h. die Änderung der technischen Arbeitsfähigkeit ist über den Verlust an technischer Arbeitsfähigkeit B_q zu bestimmen:

Arbeitsfähigkeitsverlust B_q:

Gl. (8.49)
$$\delta B_q = T_U \cdot \delta S_{irr}$$
$$B_q = T_U \cdot S_{irr,12}$$
$$B_q = 293\,K \cdot 57{,}3\frac{kJ}{K}$$
$$B_q = 16789\,kJ$$

Die technische Arbeitsfähigkeit vor der Abkühlung $E_{g,1}$ ist natürlich auch wie folgt bestimmbar:

Gl. (8.37)
$$E_{g,1} = \int_1^G -\delta W_t$$

$$E_{g,1} = \int_G^1 \delta W_t = U_{g,1} - U_{g,G} - W_{nt,D,G1} - T_U \cdot (S_1 - S_G)$$

$$U_{g,1} - U_{g,G} = U_1 - U_G + \frac{m}{2} \cdot (c_G^2 - c_1^2) + g \cdot m \cdot (z_G - z_1)$$

Gl. (8.38) $\quad W_{nt,D,G1} = p_U \cdot (V_G - V_1)$

Gl. (8.39) $\quad E_{g,1} = U_g - U_{g,G} + p_U \cdot (V_1 - V_G) - T_U \cdot (S_1 - S_G)$

$$E_{g,1} = U_1 - U_G + p_U \cdot (V_1 - V_G) - T_U \cdot (S_1 - S_G)$$
$$+ \frac{m}{2} \cdot (c_G^2 - c_1^2) + g \cdot m \cdot (z_G - z_1)$$

$$\frac{m}{2} \cdot (c_G^2 - c_1^2) = 0$$

$$g \cdot m \cdot (z_G - z_1) = 0$$

Gl. (4.32)
$$dh = du + d \cdot (p \cdot v) = du + p \cdot dv + v \cdot dp$$
$$p = p_U = konst$$
$$\int_1^G dh = \int_1^G du + \int_1^G p \cdot dv$$
$$\int_1^G dH = \int_1^G dU + \int_1^G p \cdot dV$$

$$U_1 - U_G = H_1 - H_G - p_U \cdot (V_1 - V_G)$$
$$E_{g,1} = H_1 - H_G - p_U \cdot (V_1 - V_G)$$
$$+ p_U \cdot (V_1 - V_G) - T_U \cdot (S_1 - S_G)$$
$$E_{g,1} = H_1 - H_G - T_U \cdot (S_1 - S_G)$$

Für feste Stoffe gilt:

Gl. (4.77) $\quad c_p(T) = \left(\dfrac{\partial h}{\partial T}\right)_p = \dfrac{dh}{dT}$

Gl. (4.94) $\quad c_p(T) \approx c_v(T) = c(T)$

$$dh = c \cdot dT$$
$$dH = m \cdot c \cdot dT$$
$$\int_1^G dH = m \cdot c \int_1^U dT$$
$$H_1 - H_G = m \cdot c \cdot (T_1 - T_U)$$
$$E_{g,1} = m \cdot c \cdot (T_1 - T_U) - T_U \cdot (S_1 - S_G)$$
$$E_{g,1} = m \cdot c \cdot (T_1 - T_U) - T_U \cdot (-\Delta S_S)$$
$$E_{g,1} = 100 \, kg \cdot 0{,}42 \, \frac{kJ}{kgK} \cdot (1073 \, K - 293 \, K)$$
$$-293 \cdot \left(54{,}5 \frac{kJ}{K}\right)$$
$$E_{g,1} = 16791{,}5 \, kJ$$

Die technische Arbeitsfähigkeit der Wärme (Exergie) vor der Abkühlung beträgt $E_{g,1} = 16791{,}5 \, kJ$ und nach der Abkühlung $E_{g,2} = 0 \, kJ$, dafür beträgt der Wert des Verlustes an technischer Arbeitsfähigkeit (Anergie) nach der Abkühlung $B_q = 16789 \, kJ$.

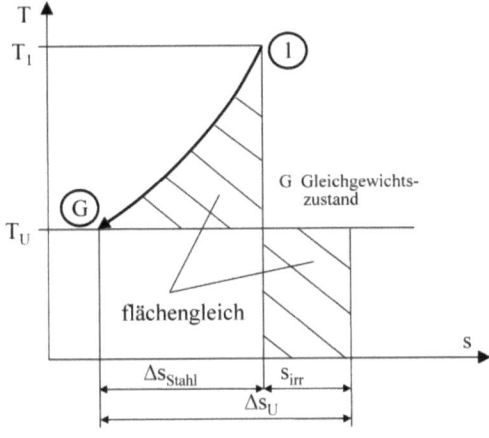

Abb. Repetitorium 8.6B: T, s-Diagramm zur Aufgabe 8.6

Die beiden schraffierten Felder im T,s-Diagramm, Abb. 8.6B, sind flächengleich, da die vom Gussblock bei 1 → G abgegebene Wärme von der Umgebung bei T_U aufgenommen wird.

Lösung 8.7

1. System: geschlossenes System, bestehend aus den homogenen Teilsystemen 1 (Dampf) und 2 (Umgebung)

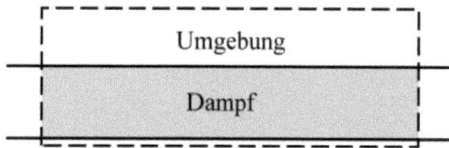

Abb. Repetitorium 8.7: System zur Aufgabe 8.7

2. Bezugssystem BZS ruht in Rohrwandung

3. Modellbildung
reibungsfreie Zustandsänderung $\delta W_R = 0$

$T_D = konst$

$T_U = konst$

Berechnung der irreversiblen Entropie $S_{irr,12}$ des Systems Dampf-Umgebung und der Entropieänderung ΔS jeweils von den Teilsystemen Dampf und Umgebung:
Entropieänderung des Dampfes:

Gl. (6.16)
$$dS = \frac{\delta Q + \delta W_R}{T}$$

$$dS_D = \frac{\delta Q + \delta W_R}{T_D}$$

$$\delta W_R = 0$$

$$dS_D = \frac{\delta Q}{T_D}$$

$$\int_1^2 dS_D = \frac{1}{T_D} \cdot \int_1^2 \delta Q$$

$$\Delta S_D = \frac{Q_{12}}{T_D}$$

$$\Delta S_D = \frac{-10^3 \frac{kJ}{kg}}{393}$$

$$\Delta S_D = -2{,}54 \frac{kJ}{K}$$

Der vom Dampf abgegebene Wärmestrom Q_{12} wird von der Umgebung aufgenommen:

Entropieänderung der Umgebung:

Gl. (6.16)
$$dS = \frac{\delta Q + \delta W_R}{T}$$

$$dS_U = \frac{\delta Q + \delta W_R}{T_U}$$

$$\delta W_R = 0$$

$$dS_U = \frac{\delta Q}{T_U}$$

$$\int_1^2 dS_U = \frac{1}{T_U} \cdot \int_1^2 \delta Q$$

$$\Delta S_U = \frac{Q_{12}}{T_U}$$

$$\Delta S_U = \frac{Q_{12}}{T_U}$$

$$\Delta S_U = \frac{10^3 kJ}{293\ K}$$

$$\Delta S_U = 3{,}41\ \frac{kJ}{K}$$

Entropieänderung des Systems Dampf-Umgebung:

Gl. (6.28)
$$dS = \sum_i dS_i$$

$$\Delta S = \Delta S_D + \Delta S_U$$

$$\Delta S = -2{,}54\ \frac{kJ}{K} + 3{,}41\ \frac{kJ}{K}$$

$$\Delta S = 0{,}87\ \frac{kJ}{K}$$

Gl. (6.22)
$$\delta S_{irr} = |\delta Q| \frac{T_1 - T_2}{T_1 \cdot T_2}$$

$$\int_1^2 \delta S_{irr} = \frac{T_1 - T_2}{T_1 \cdot T_2} \cdot \int_1^2 |\delta Q|$$

$$S_{irr,12} = |Q_{12}| \cdot \frac{T_1 - T_2}{T_1 \cdot T_2}$$

$$S_{irr,12} = |Q_{12}| \cdot \frac{T_D - T_U}{T_D \cdot T_U}$$

$$S_{irr,12} = 10^3 kJ \cdot \frac{393\ K - 293\ K}{393\ K \cdot 293\ K}$$

$$S_{irr,12} = 0{,}87\ \frac{kJ}{K}$$

Es gilt demnach auch

$$S_{irr,12} = \Delta S = \sum_i \Delta S_i$$

Ergebnis $S_{irr,12} > 0$ in Übereinstimmung mit dem 2. Hauptsatz

Zu b) Berechnung des Arbeitsfähigkeitsverlust B_q:

Gl. (8.49)
$$\delta B_q = T_U \cdot \delta S_{irr}$$
$$B_q = T_U \cdot S_{irr,12}$$
$$B_q = 293\,K \cdot 0{,}87 \frac{kJ}{K}$$
$$B_q = 254{,}9\,kJ$$

Lösung 8.8

1. System: geschlossenes System

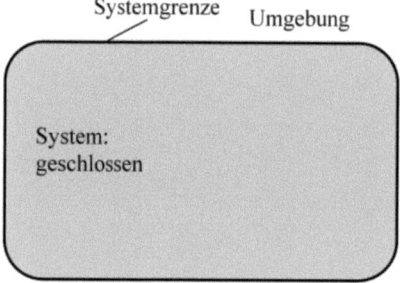

Abb. Repetitorium 8.8: System zur Aufgabe 8.8

2. Bezugssystem BZS ruht in Druckkesselwandung

3. Modellbildung
   reibungsfreie Zustandsänderung $\delta W_R = 0$
   keine potentielle und keine kinetischen Energieänderungen $de_{pot} = 0$, $de_{kin} = 0$

Berechnung der Arbeitsfähigkeit der Luft in einem Druckkessel $E_{g,1}$:

Es wird zur Ermittlung der technischen Arbeitsfähigkeit angenommen, dass die Luft eine einmalige Zustandsänderung bis zum Gleichgewicht G mit der Umgebung ausführt. Gl. (8.37)
$$E_{g,1} = \int_1^G -\delta W_t$$
$$E_{g,1} = \int_G^1 \delta W_t = U_{g,1} - U_{g,G} - W_{nt,D,G1} - T_U \cdot (S_1 - S_G)$$
$$U_{g,1} - U_{g,G} = U_1 - U_G + \frac{m}{2} \cdot (c_G^2 - c_1^2) + g \cdot m \cdot (z_G - z_1)$$

Gl. (8.38)
$$W_{nt,D,G1} = p_U \cdot (V_G - V_1)$$

Gl. (8.39)
$$E_{g,1} = U_g - U_{g,G} + p_U \cdot (V_1 - V_G) - T_U \cdot (S_1 - S_G)$$
$$E_{g,1} = U_1 - U_G + p_U \cdot (V_1 - V_G) - T_U \cdot (S_1 - S_G)$$
$$+ \frac{m}{2} \cdot (c_G^2 - c_1^2) + g \cdot m \cdot (z_G - z_1)$$

$$\frac{m}{2} \cdot (c_G^2 - c_1^2) = 0$$
$$g \cdot m \cdot (z_G - z_1) = 0$$
$$E_{g,1} = U_1 - U_G + p_U \cdot (V_1 - V_G) - T_U \cdot (S_1 - S_G)$$

Für ideale Gase gilt:

Gl. (4.76)
$$c_v(T) = \left(\frac{\partial u}{\partial T}\right)_v = \frac{du}{dT}$$
$$du = c_v \cdot dT$$
$$dU = m \cdot c_v \cdot dT$$
$$\int_1^G dU = m \cdot c_v \int_1^U dT$$
$$U_1 - U_G = m \cdot c_v \cdot (T_1 - T_U)$$
$$E_{g,1} = m \cdot c_v \cdot (T_1 - T_U) + p_U \cdot (V_1 - V_G) - T_U \cdot (S_1 - S_G)$$

Gl. (5.9)
$$s_2 - s_1 = c_v \cdot \ln\left(\frac{T_2}{T_1}\right) + R \cdot \ln\left(\frac{v_2}{v_1}\right)$$
$$s_1 - s_G = c_v \cdot \ln\left(\frac{T_1}{T_U}\right) + R \cdot \ln\left(\frac{v_1}{v_G}\right)$$
$$E_{g,1} = m \cdot c_v \cdot (T_1 - T_U) + p_U \cdot (V_1 - V_G)$$
$$- T_U \cdot m \cdot \left[c_v \cdot \ln\left(\frac{T_1}{T_U}\right) + R \cdot \ln\left(\frac{v_1}{v_G}\right)\right]$$

Gl. (2.21)
$$p \cdot V = m \cdot R \cdot T$$
$$m = \frac{p_1 \cdot V_1}{R \cdot T_1}$$
$$m = \frac{10 \, bar \cdot 2 \, m^3}{0{,}2871 \frac{kJ}{kgK} \cdot 373 \, K}$$

$1 \, bar = 10^2 \frac{kJ}{m^3}$ T 2.4

$$m = 18{,}68 \, kg$$

Gl. (2.21)
$$p \cdot V = m \cdot R \cdot T$$
$$V_G = \frac{m \cdot R \cdot T_U}{p_U}$$
$$V_G = \frac{18{,}68 \, kg \cdot 0{,}2871 \frac{kJ}{kgK} \cdot 293 \, K}{1 \, bar}$$

$$V_G = 15{,}7\ m^3$$
$$E_{g,1} = m \cdot c_v \cdot (T_1 - T_U) + p_U \cdot (V_1 - V_G)$$
$$-T_U \cdot m \cdot \left[c_v \cdot \ln\left(\frac{T_1}{T_U}\right) + R \cdot \ln\left(\frac{V_1}{V_G}\right)\right]$$

$$1\ bar = 10^2\ \frac{kJ}{m^3} \quad T\ 2.4$$

$$E_{g,1} = 18{,}68\ kg \cdot 0{,}7169\ \frac{kJ}{kgK} \cdot (373\ K - 293\ K)$$
$$+1\ bar \cdot (2\ m^3 - 15{,}7\ m^3) - 293\ K \cdot 18{,}68\ kg \cdot$$
$$\cdot \left[0{,}7169\ \frac{kJ}{kgK} \cdot \ln\left(\frac{373\ K}{293\ K}\right) + 0{,}2871\ \frac{kJ}{kgK} \cdot \ln\left(\frac{2\ m^3}{15{,}7\ m^3}\right)\right]$$

$$1\ bar = 10^2\ \frac{kJ}{m^3} \quad T\ 2.4$$

$$E_{g,1} = 1070\ kJ - 1370\ kJ + 2300\ kJ$$
$$E_{g,1} = 2000\ kJ$$

Lösung 8.9

1. System: geschlossenes System Windkessel

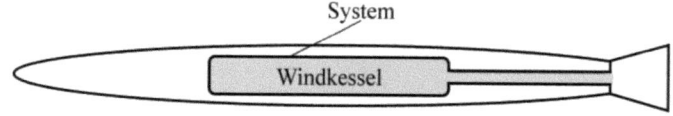

Abb. Repetitorium 8.9: System zur Aufgabe 8.9

2. Bezugssystem BZS ruht in Windkesselwandung

3. Modellbildung
Luft: ideales Gas

reibungsfreie Zustandsänderung $\delta W_R = 0$

keine potentielle und keine kinetischen Energieänderungen $de_{pot} = 0$, $de_{kin} = 0$

isotherme Zustandsänderung $dT = 0$

Berechnung der Arbeit, die günstigstenfalls aus dem Gasdruckbehälter gewonnen werden kann (technische Arbeitsfähigkeit) $E_{g,1}$:

Es wird zur Ermittlung der technischen Arbeitsfähigkeit angenommen, dass die Luft eine einmalige Zustandsänderung bis zum Gleichgewicht mit der Umgebung ausführt. Gl. (8.37)
$$E_{g,1} = \int_1^G -\delta W_t$$
$$E_{g,1} = \int_G^1 \delta W_t = U_{g,1} - U_{g,G} - W_{nt,D,G1} - T_U \cdot (S_1 - S_G)$$

$$U_{g,1} - U_{g,G} = U_1 - U_G + \frac{m}{2} \cdot (c_G^2 - c_1^2) + g \cdot m \cdot (z_G - z_1)$$

Gl. (8.38) $\quad W_{nt,D,G1} = p_U \cdot (V_G - V_1)$

Gl. (8.39) $\quad E_{g,1} = U_g - U_{g,G} + p_U \cdot (V_1 - V_G) - T_U \cdot (S_1 - S_G)$

$$E_{g,1} = U_1 - U_G + p_U \cdot (V_1 - V_G) - T_U \cdot (S_1 - S_G)$$
$$+ \frac{m}{2} \cdot (c_G^2 - c_1^2) + g \cdot m \cdot (z_G - z_1)$$

$$\frac{m}{2} \cdot (c_G^2 - c_1^2) = 0$$
$$g \cdot m \cdot (z_G - z_1) = 0$$
$$E_{g,1} = U_1 - U_G + p_U \cdot (V_1 - V_G) - T_U \cdot (S_1 - S_G)$$

Gl. (2.21) $\quad p \cdot V = m \cdot R \cdot T$

$$m = \frac{p_1 \cdot V_1}{R \cdot T_1}$$

$$m = \frac{200 \, bar \cdot 0{,}5 \, m^3}{0{,}2871 \frac{kJ}{kgK} \cdot 288 \, K}$$

$\qquad 1 \, bar = 10^2 \frac{kJ}{m^3} \qquad$ T 2.4

$$m = 121 \, kg$$

Gl. (2.21) $\quad p \cdot V = m \cdot R \cdot T$

$$V_G = \frac{m \cdot R \cdot T_U}{p_U}$$

$$V_G = \frac{121 \, kg \cdot 0{,}2871 \frac{kJ}{kgK} \cdot 288 \, K}{1 \, bar}$$

$\qquad 1 \, bar = 10^2 \frac{kJ}{m^3} \qquad$ T 2.4

$$V_G = 100 \, m^3$$

Für ideale Gase gilt:

Gl. (4.76) $\quad c_v(T) = \left(\frac{\partial u}{\partial T}\right)_v = \frac{du}{dT}$

$$du = c_v \cdot dT$$
$$dU = m \cdot c_v \cdot dT$$
$$\int_1^G dU = m \cdot c_v \int_1^U dT$$
$$U_1 - U_G = m \cdot c_v \cdot (T_1 - T_U)$$
$$T_1 = T_1 = T_U$$
$$U_1 - U_G = 0$$
$$E_{g,1} = p_U \cdot (V_1 - V_G) - T_U \cdot (S_1 - S_G)$$

Gl. (5.8)
$$s_2 - s_1 = c_v \cdot \ln\left(\frac{T_2}{T_1}\right) - R \cdot \ln\left(\frac{p_2}{p_1}\right)$$

$$s_1 - s_G = c_v \cdot \ln\left(\frac{T_1}{T_U}\right) - R \cdot \ln\left(\frac{p_1}{p_U}\right)$$

$$T_1 = T_1 = T_U$$

$$s_1 - s_G = -R \cdot \ln\left(\frac{p_1}{p_U}\right)$$

$$E_{g,1} = p_U \cdot (V_1 - V_G) - T_U \cdot m \cdot (s_1 - s_G)$$

$$E_{g,1} = p_U \cdot (V_1 - V_G) + T_U \cdot m \cdot R \cdot \ln\left(\frac{p_1}{p_U}\right)$$

$$E_{g,1} = 1\ bar \cdot (0{,}5\ m^3 - 100\ m^3)$$

$$+ 288\ K \cdot 121\ kg \cdot 0{,}2871 \frac{kJ}{kgK} \cdot \ln\left(\frac{200\ bar}{1\ bar}\right)$$

$$1\ bar = 10^2 \frac{kJ}{m^3} \qquad T\ 2.4$$

$$E_{g,1} = -9950\ kJ + 53000\ kJ$$

$$E_{g,1} = 43050\ kJ$$

Lösung 8.10

1. System: geschlossenes System (Strömungsteilchen)

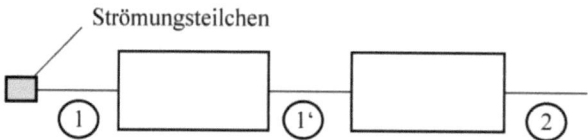

Abb. Repetitorium 8.10A: System zur Aufgabe 8.10

2. Bezugssystem BZS ruht in Bezug zur Systemgrenze

3. Modellbildung
   stationäre, eindimensionale Strömung (kontinuierlich)
   ideales Gas
   keine Änderung der kinetischen und potentiellen Energien $dE_{kin} = 0$, $dE_{pot} = 0$

Zu a) Berechnung der Änderung der spezifischen technischen Arbeitsfähigkeit Δe_g:

Es wird zur Ermittlung der technischen Arbeitsfähigkeit angenommen, dass die Luft eine einmalige Zustandsänderung bis zum Gleichgewicht G mit der Umgebung ausführt.

Gl. (8.37)
$$E_{g,1} = \int_1^G -\delta W_t$$

$$E_{g,1} = \int_G^1 \delta W_t = U_{g,1} - U_{g,G} - W_{nt,D,G1} - T_U \cdot (S_1 - S_G)$$

$$U_{g,1} - U_{g,G} = U_1 - U_G + \frac{m}{2} \cdot (c_G^2 - c_1^2) + g \cdot m \cdot (z_G - z_1)$$

Gl. (8.38)
$$W_{nt,D,G1} = p_U \cdot (V_G - V_1)$$

Gl. (8.39)
$$E_{g,1} = U_g - U_{g,G} + p_U \cdot (V_1 - V_G) - T_U \cdot (S_1 - S_G)$$

$$E_{g,1} = U_1 - U_G + p_U \cdot (V_1 - V_G) - T_U \cdot (S_1 - S_G)$$
$$+ \frac{m}{2} \cdot (c_G^2 - c_1^2) + g \cdot m \cdot (z_G - z_1)$$

$$\frac{m}{2} \cdot (c_G^2 - c_1^2) = 0$$

$$g \cdot m \cdot (z_G - z_1) = 0$$

Gl. (4.32)
$$dh = du + d \cdot (p \cdot v) = du + p \cdot dv + v \cdot dp$$

$$p = p_U = konst$$

$$\int_1^G dh = \int_1^G du + \int_1^G p \cdot dv$$

$$\int_1^G dH = \int_1^G dU + \int_1^G p \cdot dV$$

$$U_1 - U_G = H_1 - H_G - p_U \cdot (V_1 - V_G)$$

$$E_{g,1} = H_1 - H_G - p_U \cdot (V_1 - V_G)$$
$$+ p_U \cdot (V_1 - V_G) - T_U \cdot (S_1 - S_G)$$

$$E_{g,1} = H_1 - H_G - T_U \cdot (S_1 - S_G)$$

$$e_{g,1} = h_1 - h_G - T_U \cdot (s_1 - s_G)$$

$$e_{g,2} = h_2 - h_G - T_U \cdot (s_2 - s_G)$$

$$\Delta e_g = e_{g,1} - e_{g,2} = h_1 - h_2 - T_U \cdot (s_1 - s_2)$$

Für ideale Gase gilt:

Gl. (4.77)
$$c_p(T) = \left(\frac{\partial h}{\partial T}\right)_p = \frac{dh}{dT}$$

$$dh = c_p \cdot dT$$

$$\int_1^2 dh = c_p \cdot \int_1^U dT$$

$$h_1 - h_2 = c_p \cdot (T_1 - T_2)$$

Gl. (5.9)
$$s_2 - s_1 = c_v \cdot \ln\left(\frac{T_2}{T_1}\right) + R \cdot \ln\left(\frac{v_2}{v_1}\right)$$

Gl. (2.27)
$$R = p_1 \frac{v_1}{T_1} = p_2 \frac{v_2}{T_2}$$

$$\frac{v_1}{v_2} = \frac{p_2}{p_1} \cdot \frac{T_1}{T_2}$$

$$s_1 - s_2 = c_v \cdot ln\left(\frac{T_1}{T_2}\right) + R \cdot ln\left(\frac{p_2}{p_1} \cdot \frac{T_1}{T_2}\right)$$

$$\Delta e_g = e_{g,1} - e_{g,2} = h_1 - h_2 - T_U \cdot (s_1 - s_2)$$

$$\Delta e_g = c_p \cdot (T_1 - T_2)$$

$$-T_U \cdot \left[s_1 - s_2 = c_v \cdot ln\left(\frac{T_1}{T_2}\right) + R \cdot ln\left(\frac{p_2}{p_1} \cdot \frac{T_1}{T_2}\right)\right]$$

Gl. (4.85) $\quad c_p(T) = c_v(T) + R$

$$c_p = 10{,}09 \frac{kJ}{kgK} + 4{,}1243 \frac{kJ}{kgK}$$

$$c_p = 14{,}21 \frac{kJ}{kgK}$$

$$\Delta e_g = 14{,}21 \frac{kJ}{kgK} \cdot (800\,K - 400\,K) - 300\,K \cdot$$

$$\cdot \left[10{,}09 \frac{kJ}{kgK} \cdot ln\left(\frac{800\,K}{400\,K}\right) + 4{,}1243 \frac{kJ}{kgK} \cdot ln\left(\frac{10\,bar}{20\,bar} \cdot \frac{800\,K}{400\,K}\right)\right]$$

$$\Delta e_g = 5640 \frac{kJ}{kg} - 2080 \frac{kJ}{kg}$$

$$\Delta e_g = 3560 \frac{kJ}{kg}$$

Zu b) Darstellung des Vorganges im T, s-Diagramm, Abb. 8.10B:

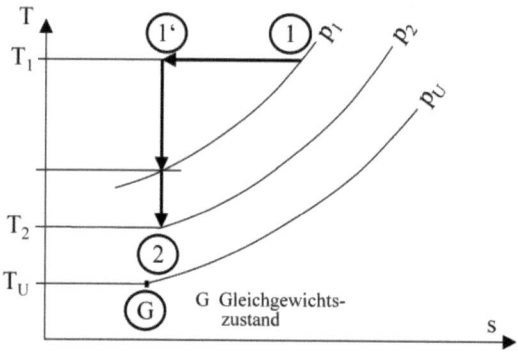

Abb. Repetitorium 8.10B: T, s-Diagramm zur Aufgabe 8.10

Lösung 8.11

1. System: geschlossenes System

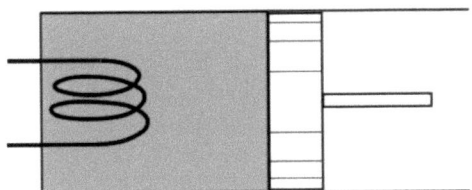

Abb. Repetitorium 8.11A: System zur Aufgabe 8.11

2. Bezugssystem BZS ruht in Zylinderwandung

3. Modellbildung
   quasistatische Zustandsänderung
   ideales Gas
   keine Änderung der potentiellen Energie $dE_{pot} = 0$

Zu a) Darstellung der spezifischen Wärme q_{12} und der Änderung der spezifischen Arbeitsfähigkeit $e_{q,12}$ im T, s-Diagramm, Abb. 8.11B:

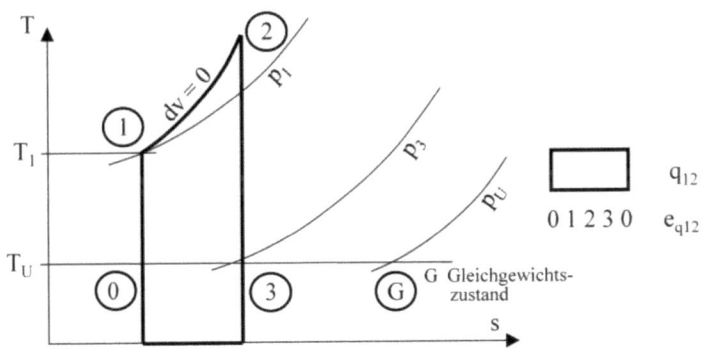

Abb. Repetitorium 8.11B: q_{12} und $e_{q,12}$ im T, s-Diagramm

Zu b) Berechnung der spezifischen Arbeitsfähigkeit im Zustand 2, $e_{g,2}$:

Es wird zur Ermittlung der technischen Arbeitsfähigkeit angenommen, dass die Luft eine einmalige Zustandsänderung bis zum Gleichgewicht G mit der Umgebung ausführt.

Zustandsänderung 2 → 3 → G

Gl. (8.37) $\qquad E_{g,1} = \int_1^G -\delta W_t$

$$E_{g,1} = \int_G^1 \delta W_t = U_{g,1} - U_{g,G} - W_{nt,D,G1} - T_U \cdot (S_1 - S_G)$$

$$U_{g,1} - U_{g,G} = U_1 - U_G + \frac{m}{2} \cdot (c_G^2 - c_1^2) + g \cdot m \cdot (z_G - z_1)$$

Gl. (8.38) $W_{nt,D,G1} = p_U \cdot (V_G - V_1)$

Gl. (8.39) $E_{g,1} = U_g - U_{g,G} + p_U \cdot (V_1 - V_G) - T_U \cdot (S_1 - S_G)$

$E_{g,1} = U_1 - U_G + p_U \cdot (V_1 - V_G) - T_U \cdot (S_1 - S_G)$
$\quad + \dfrac{m}{2} \cdot (c_G^2 - c_1^2) + g \cdot m \cdot (z_G - z_1)$

$\dfrac{m}{2} \cdot (c_G^2 - c_1^2) = 0$

$g \cdot m \cdot (z_G - z_1) = 0$

$E_{g,1} = U_1 - U_G + p_U \cdot (V_1 - V_G) - T_U \cdot (S_1 - S_G)$

$e_{g,1} = u_1 - u_G + p_U \cdot (v_1 - v_G) - T_U \cdot (s_1 - s_G)$

$e_{g,2} = u_2 - u_G + p_U \cdot (v_2 - v_G) - T_U \cdot (s_2 - s_G)$

2 → 3 Isentrope Zustandsänderung:

Gl. (5.5) $s_2 - s_1 = c_{pm}\Big|_{T_1}^{T_2} (T_2 - T_1) \cdot \ln\left(\dfrac{T_2}{T_1}\right) - R \cdot \ln\left(\dfrac{p_2}{p_1}\right)$

$s_2 - s_G = s_3 - s_G$

$p_G = p_U$

$s_3 - s_G = c_{pm}\Big|_{T_1}^{T_2} (T_2 - T_1) \cdot \ln\left(\dfrac{T_3}{T_U}\right) - R \cdot \ln\left(\dfrac{p_3}{p_G}\right)$

3 → G: Isotherme Zustandsänderung:

$T_3 = T_U$

$s_3 - s_G = -R \cdot \ln\left(\dfrac{p_3}{p_U}\right)$

Für ideale Gase gilt:

Gl. (4.76) $c_v(T) = \left(\dfrac{\partial u}{\partial T}\right)_p = \dfrac{du}{dT}$

$du = c_v \cdot dT$

$\int_2^U du = c_v \cdot \int_2^U dT$

$u_2 - u_U = c_v \cdot (T_2 - T_U)$

Berechnung der Zustandsgrößen in 2: T_2, p_2, v_2

1 → 2: Isochore Zustandsänderung:

Gl. (5.53) $\delta q = du = c_v(T) \cdot dT$

$c_v = konst$

$\int_1^2 \delta q = c_v \cdot \int_1^2 dT$

$q_{12} = c_v \cdot (T_2 - T_1)$

$T_2 = T_1 + \dfrac{q_{12}}{c_v}$

$$T_2 = 400\,K + \frac{68{,}5\,\frac{kJ}{kg}}{0{,}718\,\frac{kJ}{kgK}}$$

$$T_2 = 500\,K$$

Gl. (2.27) $\quad R = p_1 \dfrac{v_1}{T_1} = p_2 \dfrac{v_2}{T_2}$

$v_1 = v_2$

$p_2 = p_1 \cdot \dfrac{T_2}{T_1}$

$p_2 = 10\,bar \cdot \dfrac{500\,K}{400\,K}$

$p_2 = 12{,}5\,bar$

Gl. (2.27) $\quad R = p_1 \dfrac{v_1}{T_1} = p_2 \dfrac{v_2}{T_2}$

$v_2 = R \cdot \dfrac{T_2}{p_2}$

Gl. (4.85) $\quad c_p(T) = c_v(T) + R$

$R = c_p - c_v = 0{,}2871\,\dfrac{kJ}{kgK}$

$v_2 = 0{,}2871\,\dfrac{kJ}{kgK} \cdot \dfrac{500\,K}{12{,}5\,bar}$

$1\,bar = 10^2\,\dfrac{kJ}{m^3}$ T 2.4

$v_2 = 0{,}128\,\dfrac{m^3}{kg}$

Berechnung der Zustandsgrößen in 3: p_3

2 → 3: Isentrope Zustandsänderung:

Gl. (5.17) $\quad \dfrac{T_2}{T_1} = \left(\dfrac{p_2}{p_1}\right)^{\frac{\kappa-1}{\kappa}}$

$\dfrac{T_3}{T_U} = \left(\dfrac{p_3}{p_2}\right)^{\frac{\kappa-1}{\kappa}}$

$p_3 = p_2 \cdot \left(\dfrac{T_3}{T_2}\right)^{\frac{\kappa}{\kappa-1}}$

$T_3 = T_U$

Gl. (5.15) $\quad \kappa = \dfrac{c_p}{c_v}$

$p_3 = 12{,}5\,bar \cdot \left(\dfrac{300\,K}{500\,K}\right)^{3{,}5}$

$p_3 = 2{,}51\,bar$

Berechnung der Zustandsgrößen in G: v_G

Gl. (2.27)
$$R = p_1 \frac{v_1}{T_1} = p_2 \frac{v_2}{T_2}$$

$$p_U \cdot v_G = R \cdot T_U$$

$$v_G = \frac{R \cdot T_U}{p_U}$$

$$v_G = \frac{0{,}2871 \frac{kJ}{kgK} \cdot 300\ K}{1\ bar}$$

$1\ bar = 10^2 \frac{kJ}{m^3}$ T 2.4

$$v_G = 0{,}96 \frac{m^3}{kg}$$

Spezifische Arbeitsfähigkeit im Zustand 2, $e_{g,2}$:

$$e_{g,2} = u_2 - u_G + p_U \cdot (v_2 - v_G) - T_U \cdot (s_2 - s_G)$$

$1\ bar = 10^2 \frac{kJ}{m^3}$ T 2.4

$$e_{g,2} = c_v \cdot (T_2 - T_U) + p_U \cdot (v_2 - v_G) + T_U \cdot R \cdot \ln\left(\frac{p_3}{p_U}\right)$$

$$e_{g,2} = 0{,}718 \frac{kJ}{kgK} \cdot (500\ K - 300\ K)$$

$$+ 1\ bar \cdot \left(0{,}128 \frac{m^3}{kg} - 0{,}96 \frac{m^3}{kg}\right)$$

$$+ 300\ K \cdot 0{,}718 \frac{kJ}{kgK} \cdot \ln\left(\frac{2{,}51\ bar}{1\ bar}\right)$$

$$e_{g,2} = 137 \frac{kJ}{kg} - 83{,}2 \frac{kJ}{kg} + 88{,}2 \frac{kJ}{kg} = 142 \frac{kJ}{kg}$$

Zu c) Berechnung der Änderung der spezifischen Arbeitsfähigkeit Δe_q:

Gl. (8.17)
$$E_Q = \int_1^2 \left(1 - \frac{T_U}{T}\right) \delta Q = Q_{12} - T_U \int_1^2 \frac{\delta Q}{T}$$

$$\Delta e_q = e_q = \int_1^2 \left(1 - \frac{T_U}{T}\right) \delta q = q_{12} - T_U \int_1^2 \frac{\delta q}{T}$$

1 → 2: Isochore Zustandsänderung:

Gl. (5.53)
$$\delta q = du = c_v(T) \cdot dT$$

$$c_v = konst$$

$$\int_1^2 \delta q = c_v \cdot \int_1^2 dT$$

$$\int_1^2 \frac{\delta q}{T} = c_v \cdot \int_1^2 \frac{dT}{T}$$

$$\Delta e_q = c_v \cdot \int_1^2 dT - T_U \cdot c_v \cdot \int_1^2 \frac{dT}{T}$$

$$\Delta e_q = c_v \cdot (T_2 - T_1) - T_U \cdot c_v \cdot ln\left(\frac{T_2}{T_1}\right)$$

$$\Delta e_q = 0{,}718\frac{kJ}{kgK} \cdot (400\ K - 300\ K)$$
$$-300\ K \cdot 0{,}718\frac{kJ}{kgK} \cdot ln\left(\frac{500\ K}{400\ K}\right)$$

$$\Delta e_q = 23{,}7\frac{kJ}{kg}$$

Für die isochore Zustandsänderung 1 → 2 gilt:

$$\Delta s = s_2 - s_1 = c_v \cdot ln\left(\frac{T_2}{T_1}\right)$$

Der 2.Teil der Gleichung

$$\Delta e_q = c_v \cdot (T_2 - T_1) - T_U \cdot c_v \cdot ln\left(\frac{T_2}{T_1}\right)$$

ist also im T, s-Diagramm die Fläche $T_U \cdot (s_2 - s_1)$.

Von 1 → 2 wird Wärme zugeführt. Die spezifische technische Arbeitsfähigkeit im Zustandspunkt 1 muss also

$$e_{g,1} = e_{g,2} - \Delta e_q$$

betragen:

$$e_{g,1} = 142\frac{kJ}{kg} - 23{,}7\frac{kJ}{kg} = 118{,}3\frac{kJ}{kg}$$

Zu d) Darstellung der spezifischen technische Arbeitsfähigkeit $e_{g,2}$ im p, v-Diagramm:

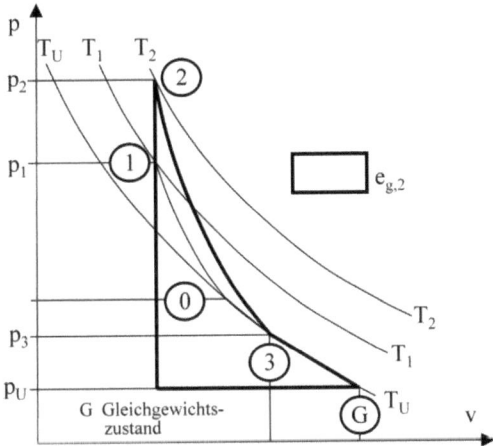

Abb. Repetitorium 8.11C: $e_{g,2}$ im p, v-Diagramm

Lösung 8.12

1. System: geschlossenes System (Strömungsteilchen)

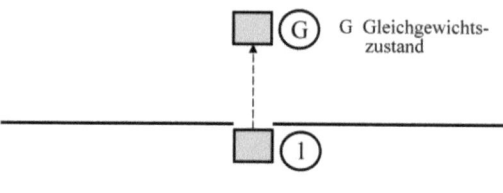

Abb. Repetitorium 8.12A: System zur Aufgabe 8.12

2. Bezugssystem BZS ruht in Rohrwandung

3. Modellbildung
   Luft: ideales Gas
   $T = konst$
   $c_G = 0 \frac{m}{s}$
   keine Änderung der potentiellen Energie $dE_{pot} = 0$

Berechnung des Verlustes an Arbeitsfähigkeit beim Entweichen der Luft $\dot{E}_{g,1}$:

Es wird zur Ermittlung der technischen Arbeitsfähigkeit angenommen, dass die Luft eine einmalige Zustandsänderung bis zum Gleichgewicht mit der Umgebung ausführt.

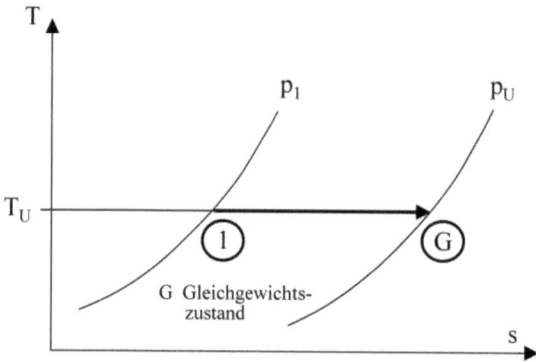

Abb. Repetitorium 8.12B: T,s-Diagramm zur Aufgabe 8.12

$Gl.(8.37)$ $\qquad E_{g,1} = \int_1^G -\delta W_t$

$\qquad\qquad\qquad E_{g,1} = \int_G^1 \delta W_t = U_{g,1} - U_{g,G} - W_{nt,D,G1} - T_U \cdot (S_1 - S_G)$

10 Repetitorium

$$U_{g,1} - U_{g,G} = U_1 - U_G + \frac{m}{2} \cdot (c_G^2 - c_1^2) + g \cdot m \cdot (z_G - z_1)$$

Gl. (8.38) $\quad W_{nt,D,G1} = p_U \cdot (V_G - V_1)$

Gl. (8.39) $\quad E_{g,1} = U_g - U_{g,G} + p_U \cdot (V_1 - V_G) - T_U \cdot (S_1 - S_G)$

$$E_{g,1} = U_1 - U_G + p_U \cdot (V_1 - V_G) - T_U \cdot (S_1 - S_G)$$
$$+ \frac{m}{2} \cdot (c_G^2 - c_1^2) + g \cdot m \cdot (z_G - z_1)$$

$g \cdot m \cdot (z_G - z_1) = 0$

Gl. (4.32) $\quad dh = du + d \cdot (p \cdot v) = du + p \cdot dv + v \cdot dp$

$$p = p_U = konst$$

$$\int_1^G dh = \int_1^G du + \int_1^G p \cdot dv$$

$$\int_1^G dH = \int_1^G dU + \int_1^G p \cdot dV$$

$$U_1 - U_G = H_1 - H_G - p_U \cdot (V_1 - V_G)$$

$$E_{g,1} = H_1 - H_G - p_U \cdot (V_1 - V_G)$$
$$+ p_U \cdot (V_1 - V_G) - T_U \cdot (S_1 - S_G) + \frac{m}{2} \cdot (c_1^2 - c_G^2)$$

$$E_{g,1} = H_1 - H_G - T_U \cdot (S_1 - S_G) + \frac{m}{2} \cdot (c_1^2 - c_G^2)$$

Für ideale Gase gilt:

Gl. (4.77) $\quad c_p(T) = \left(\frac{\partial h}{\partial T}\right)_p = \frac{dh}{dT}$

$$dh = c_p \cdot dT$$

$$\int_1^G dh = c_p \cdot \int_1^U dT$$

$$T = konst$$

$$h_1 - h_G = 0$$

$$H_1 - H_G = m \cdot (h_1 - h_G) = 0$$

$$E_{g,1} = -T_U \cdot (S_1 - S_G) + \frac{m}{2} \cdot (c_1^2 - c_G^2)$$

$$T = konst$$

Gl. (5.35) $\quad s_2 - s_1 = -R \cdot \ln\left(\frac{p_2}{p_1}\right)$

$$s_1 - s_G = -R \cdot \ln\left(\frac{p_1}{p_U}\right)$$

$$S_1 - S_G = m \cdot (s_1 - s_G) = -m \cdot R \cdot \ln\left(\frac{p_1}{p_U}\right)$$

$$E_{g,1} = T_U \cdot m \cdot R \cdot \ln\left(\frac{p_1}{p_U}\right) + \frac{m}{2} \cdot (c_1^2 - c_G^2)$$

$$\dot{E}_{g,1} = T_U \cdot \dot{m} \cdot R \cdot ln\left(\frac{p_1}{p_U}\right) + \frac{\dot{m}}{2} \cdot (c_1^2 - c_G^2)$$

$$c_G = 0 \frac{m}{s}$$

$$\dot{E}_{g,1} = T_U \cdot \dot{m} \cdot R \cdot ln\left(\frac{p_1}{p_U}\right) + \frac{\dot{m}}{2} \cdot c_1^2$$

$$\dot{E}_{g,1} = 293 \, K \cdot 0{,}5 \frac{kg}{h} \cdot 0{,}2871 \frac{kJ}{kgK} \cdot ln\left(\frac{6 \, bar}{1 \, bar}\right) + \frac{0{,}5 \frac{kg}{h}}{2} \cdot 4 \frac{m^2}{s^2}$$

$$\dot{E}_{g,1} = 75{,}3 \frac{kJ}{h} + 0{,}001 \frac{kJ}{h}$$

$$\dot{E}_{g,1} = 75{,}3 \frac{kJ}{h}$$

Lösung 8.13

1. System: geschlossenes System (Strömungsteilchen)

2. Bezugssystem BZS ruht in Wandung

3. Modellbildung
   maximal mögliche technische Arbeit (technischen Arbeitsfähigkeit) wird über eine reibungsfreie Prozessführung $\delta W_R = 0$ gewonnen

   Wärmeübertragung erfolgt bei $T = T_G = T_U$

   ideales Gas

   kontinuierliche, eindimensionale Strömung

   keine Änderung der potentiellen Energie $dE_{pot} = 0$

Berechnung der spezifischen technischen Arbeitsfähigkeit $e_{g,1}$:

Es wird zur Ermittlung der spezifischen technischen Arbeitsfähigkeit angenommen, dass die Luft eine einmalige Zustandsänderung bis zum Gleichgewicht mit der Umgebung ausführt.

Gl. (8.37) $$E_{g,1} = \int_1^G -\delta W_t$$

$$E_{g,1} = \int_G^1 \delta W_t = U_{g,1} - U_{g,G} - W_{nt,D,G1} - T_U \cdot (S_1 - S_G)$$

$$U_{g,1} - U_{g,G} = U_1 - U_G + \frac{m}{2} \cdot (c_G^2 - c_1^2) + g \cdot m \cdot (z_G - z_1)$$

Gl. (8.38) $$W_{nt,D,G1} = p_U \cdot (V_G - V_1)$$

Gl. (8.39) $$E_{g,1} = U_g - U_{g,G} + p_U \cdot (V_1 - V_G) - T_U \cdot (S_1 - S_G)$$

$$E_{g,1} = U_1 - U_G + p_U \cdot (V_1 - V_G) - T_U \cdot (S_1 - S_G)$$

$$+ \frac{m}{2} \cdot (c_G^2 - c_1^2) + g \cdot m \cdot (z_G - z_1)$$

$$g \cdot m \cdot (z_G - z_1) = 0$$

Gl. (4.32)
$$dh = du + d \cdot (p \cdot v) = du + p \cdot dv + v \cdot dp$$
$$p = p_U = konst$$
$$\int_1^G dh = \int_1^G du + \int_1^G p \cdot dv$$
$$\int_1^G dH = \int_1^G dU + \int_1^G p \cdot dV$$
$$U_1 - U_G = H_1 - H_G - p_U \cdot (V_1 - V_G)$$
$$E_{g,1} = H_1 - H_G - p_U \cdot (V_1 - V_G)$$
$$+ p_U \cdot (V_1 - V_G) - T_U \cdot (S_1 - S_G) + \frac{m}{2} \cdot (c_1^2 - c_G^2)$$
$$E_{g,1} = H_1 - H_G - T_U \cdot (S_1 - S_G) + \frac{m}{2} \cdot (c_1^2 - c_G^2)$$
$$e_{g,1} = h_1 - h_G - T_U \cdot (s_1 - s_G) + \frac{1}{2} \cdot (c_1^2 - c_G^2)$$

Für ideale Gase gilt:

Gl. (4.77)
$$c_p(T) = \left(\frac{\partial h}{\partial T}\right)_p = \frac{dh}{dT}$$
$$dh = c_p \cdot dT$$
$$\int_1^G dh = c_p \cdot \int_1^U dT$$
$$h_1 - h_G = c_p \cdot (T_1 - T_U)$$

Gl. (5.8)
$$s_2 - s_1 = c_p \cdot \ln\left(\frac{T_2}{T_1}\right) - R \cdot \ln\left(\frac{p_2}{p_1}\right)$$
$$p_1 = p_2 = p = konst$$
$$s_1 - s_G = c_p \cdot \ln\left(\frac{T_1}{T_U}\right)$$
$$c_G = 0 \frac{m}{s}$$
$$e_{g,1} = c_p \cdot (T_1 - T_U) - T_U \cdot c_p \cdot \ln\left(\frac{T_1}{T_U}\right) + \frac{c_1^2}{2}$$
$$e_{g,1} = 1{,}26 \frac{kJ}{kgK} \cdot (423\,K - 293\,K)$$
$$-293\,K \cdot 1{,}26 \frac{kJ}{kgK} \cdot \ln\left(\frac{423\,K}{293\,K}\right) + \frac{6400\,m^2}{2\,s^2}$$
$$e_{g,1} = 163{,}8 \frac{kJ}{kg} - 137{,}4 \frac{kJ}{kg} + \frac{6400\,m^2}{2\,s^2}$$

$$1\,J = 1 \frac{m^2}{s^2} \qquad T\ 2.4$$

$$e_{g,1} = 28{,}6 \, \frac{kJ}{kg}$$

Lösung 8.14

1. System: geschlossenes System (Strömungsteilchen)

   ▪ geschlossenes System (Strömungsteilchen)

   Abb. Repetitorium 8.14A: System zur Aufgabe 8.14

2. Bezugssystem BZS ruht in Rohrwandung

3. Modellbildung
   Luft: ideales Gas
   stationäre Strömung
   keine Änderung der potentiellen und kinetischen Energien $dE_{pot} = 0, dE_{kin} = 0$
   reibungsfreie Zustandsänderungen
   Prozessführung im T, s-Diagramm, Abb. 8.14B:

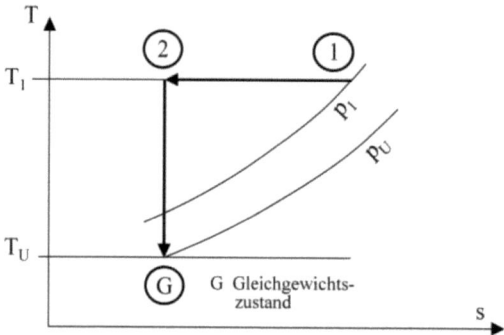

Abb. Repetitorium 8.14B: T, s-Diagramm zur Aufgabe 8.14

Zu a): Berechnung der spezifischen technischen Arbeitsfähigkeit $e_{g,1}$:

Es wird zur Ermittlung der spezifischen technischen Arbeitsfähigkeit angenommen, dass die Luft eine einmalige Zustandsänderung bis zum Gleichgewicht mit der Umgebung ausführt.

Gl. (8.37)
$$E_{g,1} = \int_1^G -\delta W_t$$

$$E_{g,1} = \int_G^1 \delta W_t = U_{g,1} - U_{g,G} - W_{nt,D,G1} - T_U \cdot (S_1 - S_G)$$

$$U_{g,1} - U_{g,G} = U_1 - U_G + \frac{m}{2} \cdot (c_G^2 - c_1^2) + g \cdot m \cdot (z_G - z_1)$$

Gl. (8.38)
$$W_{nt,D,G1} = p_U \cdot (V_G - V_1)$$

Gl. (8.39)
$$E_{g,1} = U_g - U_{g,G} + p_U \cdot (V_1 - V_G) - T_U \cdot (S_1 - S_G)$$
$$E_{g,1} = U_1 - U_G + p_U \cdot (V_1 - V_G) - T_U \cdot (S_1 - S_G)$$
$$+ \frac{m}{2} \cdot (c_G^2 - c_1^2) + g \cdot m \cdot (z_G - z_1)$$
$$g \cdot m \cdot (z_G - z_1) = 0$$
$$\frac{m}{2} \cdot (c_G^2 - c_1^2) = 0$$

Gl. (4.32)
$$dh = du + d \cdot (p \cdot v) = du + p \cdot dv + v \cdot dp$$
$$p = p_U = konst$$
$$\int_1^G dh = \int_1^G du + \int_1^G p \cdot dv$$
$$\int_1^G dH = \int_1^G dU + \int_1^G p \cdot dV$$
$$U_1 - U_G = H_1 - H_G - p_U \cdot (V_1 - V_G)$$
$$E_{g,1} = H_1 - H_G - p_U \cdot (V_1 - V_G)$$
$$+ p_U \cdot (V_1 - V_G) - T_U \cdot (S_1 - S_G)$$
$$E_{g,1} = H_1 - H_G - T_U \cdot (S_1 - S_G)$$
$$e_{g,1} = h_1 - h_G - T_U \cdot (s_1 - s_G)$$

Für ideale Gase gilt:

Gl. (4.77)
$$c_p(T) = \left(\frac{\partial h}{\partial T}\right)_p = \frac{dh}{dT}$$
$$dh = c_p \cdot dT$$
$$\int_1^G dh = c_p \cdot \int_1^U dT$$
$$h_1 - h_G = c_p \cdot (T_1 - T_U)$$

Gl. (5.8)
$$s_2 - s_1 = c_p \cdot \ln\left(\frac{T_2}{T_1}\right) - R \cdot \ln\left(\frac{p_2}{p_1}\right)$$
$$s_1 - s_G = c_p \cdot \ln\left(\frac{T_1}{T_U}\right) - R \cdot \ln\left(\frac{p_1}{p_U}\right)$$
$$s_1 - s_G = 1{,}004 \frac{kJ}{kgK} \cdot \ln\left(\frac{700\,K}{300\,K}\right) - 0{,}2871 \frac{kJ}{kgK} \cdot \ln\left(\frac{15\,bar}{1\,bar}\right)$$
$$s_1 - s_G = 0{,}0732 \frac{kJ}{kgK}$$
$$e_{g,1} = c_p \cdot (T_1 - T_U) - T_U \cdot (s_1 - s_G)$$
$$e_{g,1} = 1{,}004 \frac{kJ}{kgK} \cdot (700\,K - 300\,K) - 300\,K \cdot 0{,}0732 \frac{kJ}{kgK}$$
$$e_{g,1} = 379{,}6 \frac{kJ}{kg}$$

Zu b): Berechnung der spezifischen technischen Arbeit $w_{t,1G}$ für den Verlauf 1 → 2 → G:

1 → 2: Isotherme Zustandsänderung:
$$T_1 = T_2 = T$$

Gl. (5.46)
$$q_{12} = -w_{t,12}$$

Gl. (5.49)
$$q_{12} = T \cdot (s_2 - s_2)$$
$$s_2 = s_G$$
$$w_{t,12} = -T_1 \cdot (s_2 - s_1) = T_1 \cdot (s_1 - s_G)$$
$$w_{t,12} = 700\,K \cdot 0{,}0732\,\frac{kJ}{kgK}$$
$$w_{t,12} = 51{,}24\,\frac{kJ}{kg}$$

2 → G: Isentrope Zustandsänderung:
$$s_2 = s_G$$

Gl. (5.30)
$$w_{t,12} = h_2 - h_1 = c_p \cdot (T_2 - T_1)$$
$$w_{t,2G} = c_p \cdot (T_G - T_1)$$
$$w_{t,2G} = 1{,}004\,\frac{kJ}{kgK} \cdot (300\,K - 700\,K)$$
$$w_{t,2G} = -401{,}6\,\frac{kJ}{kg}$$

1 → G:
$$w_{t,1G} = w_{t,2G} + w_{t,12}$$
$$w_{t,1G} = -401{,}6\,\frac{kJ}{kg} + 51{,}24\,\frac{kJ}{kg}$$
$$w_{t,1G} = -350{,}36\,\frac{kJ}{kg}$$

Zu c): Erklärung des Unterschiedes zwischen spezifischer technischer Arbeitsfähigkeit $e_{g,1}$ und spezifischer technischer Arbeit $w_{t,1G}$:

Der Unterschied zwischen spezifischer technischer Arbeitsfähigkeit $e_{g,1}$ und $w_{t,1G}$ beträgt:

$$|e_{g,1}| - |w_{t,1G}| = 379{,}6\,\frac{kJ}{kg} - 350{,}36\,\frac{kJ}{kg} = 29{,}24\,\frac{kJ}{kg}$$

Diese Differenz ist eindeutig die spezifische technische Arbeitsfähigkeit der Wärme von 1 → 2, also $e_{q,12}$. Diese kann auch wie folgt berechnet werden:

Spezifische Arbeitsfähigkeit $e_{q,12}$:

Gl. (8.17)
$$E_Q = \int_1^2 \left(1 - \frac{T_U}{T}\right) \delta Q = Q_{12} - T_U \int_1^2 \frac{\delta Q}{T}$$
$$\Delta e_q = e_q = \int_1^2 \left(1 - \frac{T_U}{T}\right) \delta q = q_{12} - T_U \int_1^2 \frac{\delta q}{T}$$

Gl. (5.10)
$$\delta q = \int_1^2 T \cdot ds$$

$$\Delta e_q = e_q = \int_1^2 \left(1 - \frac{T_U}{T}\right) \delta q = q_{12} - T_U \int_1^2 ds$$

$$\Delta e_q = e_q = (T_1 - T_U) \cdot (s_1 - s_G)$$

$$\Delta e_q = e_q = (700\,K - 300\,K) \cdot 0{,}0732 \frac{kJ}{kgK} = 29{,}28 \frac{kJ}{kg}$$

Lösung 8.15

1. System: geschlossenes System Stein (Punktmasse)

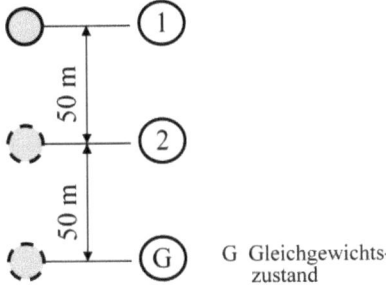

Abb. Repetitorium 8.15: System zur Aufgabe 8.15

2. Bezugssystem BZS ruht in Erdoberfläche

3. Modellbildung
   adiabate Zustandsänderung $\delta q = 0$
   reibungsfreie Zusatandsänderung $\delta W_R = 0$
   $T_1 = T_2 = T_G = konst$, d. h. $du = 0$
   $dp = 0$

Zu a): Berechnung der technischen Arbeitsfähigkeit des Steins von 100 m Höhe gegenüber dem Erdboden $E_{g,1}$:
1 → G einmalige Zustandsänderung bis zum Gleichgewicht mit der Umgebung

Gl. (8.37)
$$E_{g,1} = \int_1^G -\delta W_t$$

$$E_{g,1} = \int_G^1 \delta W_t = U_{g,1} - U_{g,G} - W_{nt,D,G1} - T_U \cdot (S_1 - S_G)$$

$$U_{g,1} - U_{g,G} = U_1 - U_G + \frac{m}{2} \cdot (c_G^2 - c_1^2) + g \cdot m \cdot (z_G - z_1)$$

Gl. (8.38)
$$W_{nt,D,G1} = p_U \cdot (V_G - V_1)$$

Gl. (8.39)
$$E_{g,1} = U_g - U_{g,G} + p_U \cdot (V_1 - V_G) - T_U \cdot (S_1 - S_G)$$
$$E_{g,1} = m \cdot (u_1 - u_G) + p_U \cdot m \cdot (v_1 - v_G) - T_U \cdot (S_1 - S_G)$$
$$+ \frac{m}{2} \cdot (c_G^2 - c_1^2) + g \cdot m \cdot (z_G - z_1)$$

Für ideale Gase gilt:

Gl. (4.77) $\quad c_v(T) = \left(\frac{\partial u}{\partial T}\right)_v = \frac{du}{dT}$

$$du = c_v \cdot dT$$
$$\int_1^G du = c_v \cdot \int_1^U dT$$
$$u_1 - u_G = c_v \cdot (T_1 - T_U)$$

1 → G Isotherme Zustandsänderung
$$T_1 = T_U$$
$$u_1 - u_G = 0$$

1 → G Isochore Zustandsänderung
$$v_1 - v_G = 0$$

Größen für die Berechnung der kinetischen und potentiellen Energien:
$$c_1 = 0$$
$$c_G = 0$$
$$z_1 = 100\ m$$
$$z_G = 0\ m$$
$$E_{g,1} = m \cdot (u_1 - u_G) + p_U \cdot m \cdot (v_1 - v_G) - T_U \cdot (S_1 - S_G)$$
$$+ \frac{m}{2} \cdot (c_G^2 - c_1^2) + g \cdot m \cdot (z_G - z_1)$$
$$E_{g,1} = g \cdot m \cdot (z_G - z_1)$$
$$E_{g,1} = 9{,}81 \frac{m}{s} \cdot 1\ kg \cdot 100\ m = 981\ J$$
$$E_{g,1} = 981\ J$$

Zu b): Berechnung der technischen Arbeitsfähigkeit des Steins von 50 m Höhe gegenüber dem Erdboden $E_{g,2}$:

2 → G einmalige Zustandsänderung von 2 bis zum Gleichgewicht mit der Umgebung
$$E_{g,2} = m \cdot (u_2 - u_G) + p_U \cdot m \cdot (v_2 - v_G) - T_U \cdot (S_2 - S_G)$$
$$+ \frac{m}{2} \cdot (c_G^2 - c_2^2) + g \cdot m \cdot (z_2 - z_G)$$
$$E_{g,2} = \frac{m}{2} \cdot (c_G^2 - c_2^2) + g \cdot m \cdot \left(\frac{z_1}{2} - z_G\right)$$

Größen für die Berechnung der kinetischen und potentiellen Energien:
$$c_G = 0$$
$$z_2 = 50\ m$$

$$z_G = 0 \, m$$

Gl. (4.65) $\quad w_{t,12} +$

$$+ w_{R,12} + q_{12} = h_2 - h_1 + \frac{c_2^2 - c_1^2}{2} + g \cdot (z_2 - z_1)$$

$$w_{t,2G} + w_{R,2G} + q_{2G} = h_G - h_2 + \frac{c_G^2 - c_2^2}{2} + g \cdot (z_G - z_2)$$

2 → G adiabate Zustandsänderung
$$q_{2G} = 0$$
2 → G reibungsfreie Zustandsänderung
$$w_{R,2G} = 0$$
2 → G isobare Zustandsänderung

Gl. (4.48) $\quad w_{t,12} = \int_1^2 v \cdot dp$

$$w_{t,2G} = \int_2^G v \cdot dp$$

$$dp = 0$$

$$w_{t,2G} = 0$$

2 → G isotherme Zustandsänderung
$$T_U = T_2$$

Für ideale Gase gilt:

Gl. (4.77) $\quad c_p(T) = \left(\frac{\partial h}{\partial T}\right)_p = \frac{dh}{dT}$

$$dh = c_p \cdot dT$$

$$\int_1^2 dh = c_p \cdot \int_1^2 dT$$

$$\int_2^G dh = c_p \cdot \int_2^G dT$$

$$h_G - h_2 = c_p \cdot (T_U - T_2)$$

$$h_G - h_2 = 0$$

$$w_{t,2G} + w_{R,2G} + q_{2G} = h_G - h_2 + \frac{c_G^2 - c_2^2}{2} + g \cdot (z_2 - z_G)$$

$$\frac{-c_2^2}{2} = g \cdot (z_G - z_2)$$

$$z_2 = \frac{z_1}{2}$$

$$z_G = 0$$

$$\frac{-c_2^2}{2} = g \cdot \left(-\frac{z_1}{2}\right)$$

$$m \cdot \frac{c_2^2}{2} = m \cdot g \cdot \frac{z_1}{2}$$
$$E_{g,2} = m \cdot (u_1 - u_G) + p_U \cdot m \cdot (v_1 - v_G) - T_U \cdot (S_1 - S_G)$$
$$+ \frac{m}{2} \cdot (c_G^2 - c_1^2) + g \cdot m \cdot (z_2 - z_G)$$
$$E_{g,2} = \frac{m}{2} \cdot (c_G^2 - c_2^2) + g \cdot m \cdot \left(\frac{z_1}{2} - z_G\right)$$
$$E_{g,2} = m \cdot g \cdot \frac{z_1}{2} + g \cdot m \cdot \frac{z_1}{2}$$
$$E_{g,2} = m \cdot g \cdot z_1$$
$$E_{g,2} = 981\,J$$

10.16 Lösungen Kapitel 9 – Wärmeübertragung und Wärmedämmung

Lösung 9.1

1. System: geschlossenes System

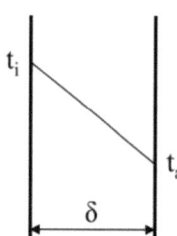

Abb. Repetitorium 9.1: System zur Aufgabe 9.1

2. Bezugssystem BZS ruht in Wandung

3. Modellbildung
   Oberflächentemperaturen bleiben konstant
   Stationäre Wärmebertragung

   Berechnung des Wärmestroms durch die Tür $\dot{Q}$:

   Gl. (9.10)
   $$\dot{q} = \frac{\lambda}{\delta}(T_1 - T_2)$$
   $$\dot{q} = \frac{\lambda}{\delta}(T_i - T_a)$$
   $$\dot{Q} = \dot{q} \cdot A = \frac{\lambda \cdot A \cdot (T_i - T_a)}{\delta}$$

$$\dot Q = \frac{58\frac{W}{mK} \cdot 2\,m^2 \cdot (283\,K - 258\,K)}{0{,}01\,m}$$

$$\dot Q = 174\,\frac{kJ}{s}$$

$$\dot Q = 6{,}3 \cdot 10^5\,\frac{kJ}{h}$$

Lösung 9.2

1. System: geschlossenes System

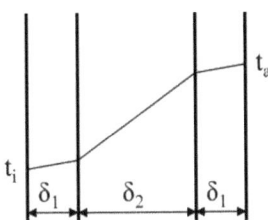

Abb. Repetitorium 9.2: System zur Aufgabe 9.2

2. Bezugssystem BZS ruht in Wandung

3. Modellbildung
   Oberflächentemperaturen bleiben konstant
   Stationäre Wärmeübertragung

Berechnung des Wärmestroms durch die Tür $\dot Q$:

Gl. (9.15)
$$\dot q = \frac{T_1 - T_2}{\frac{\delta_1}{\lambda_1} + \frac{\delta_2}{\lambda_2} + \frac{\delta_3}{\lambda_3}}$$

$$\dot q = \frac{T_a - T_i}{\frac{\delta_1}{\lambda_1} + \frac{\delta_2}{\lambda_2} + \frac{\delta_3}{\lambda_3}}$$

$$\dot Q = \dot q \cdot A = \frac{A \cdot (T_i - T_a)}{\frac{\delta_1}{\lambda_1} + \frac{\delta_2}{\lambda_2} + \frac{\delta_3}{\lambda_3}}$$

$$\dot Q = \frac{5\,m^2 \cdot (293\,K - 243\,K)}{\frac{0{,}005\,m}{58\frac{W}{mK}} + \frac{0{,}2\,m}{0{,}04\frac{W}{mK}} + \frac{0{,}005\,m}{58\frac{W}{mK}}}$$

$$\dot Q = 50\,\frac{J}{s}$$

$$\dot{Q} = 180 \frac{kJ}{h}$$

Lösung 9.3

1. System: geschlossenes System

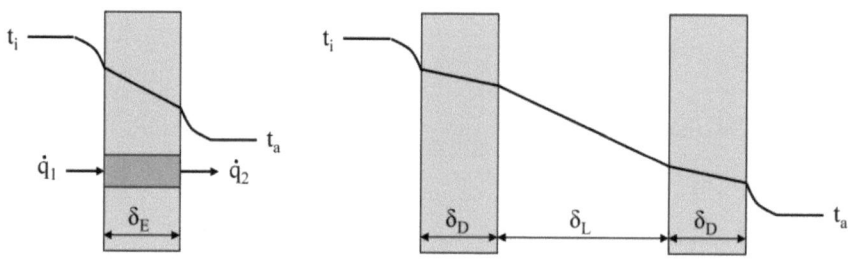

Abb. Repetitorium 9.3: System a)   System b) zur Aufgabe 9.3

2. Bezugssystem BZS ruht in Bezug zur Systemgrenze

3. Modellbildung
   Stationärer Wärmeübertragungsvorgang $\dot{q}_1 = \dot{q}_2$
   Reihenschaltung von thermischen Widerständen

   Zu a) Berechnung der Wärmeabgabe durch einfach verglastes Fenster:

   Gl. (9.46)
   $$\dot{q} = \frac{T_{F1} - T_{F2}}{\frac{1}{\alpha_1} + \Sigma_i \frac{\delta_i}{\lambda_i} + \frac{1}{\alpha_2}}$$

   Gl. (9.48)
   $$R_T = \frac{1}{\alpha_1} + \sum_i \frac{\delta_i}{\lambda_i} + \frac{1}{\alpha_2}$$

   $$R_T = \sum_i R_i$$

   $$\Delta T_g = \sum_i \Delta T_i$$

   $$\dot{q} = \frac{\Delta T_i}{R_i} = \frac{\Delta T_g}{R_T}$$

   $$\Delta T_i = R_i \frac{\Delta T_g}{R_T}$$

   $$\Delta T_i = R_i \frac{\Sigma_i \Delta T_i}{\Sigma_i R_i}$$

   $$\Delta T_i = \dot{q} \cdot R_i$$

Tab. Repetitorium 9.3A: Ergebnisse des thermischen Energietransports bei einfacher Verglasung

	Thermischer Energietransport		
Thermische Einzel- widerstände	R_i in $\dfrac{m^2 K}{W}$	$\Delta T_i = \dot{q} \cdot R_i$ in K	Einzeltempera- turen t_i in °C $t_{F1} = +18{,}0$
Wärme- übergang	$R_{\ddot{U}1} = \dfrac{1}{\alpha_1} = \dfrac{1}{5{,}82} = 0{,}172$	16,1	$t_{W1} = +1{,}9$
Wärme- leitung	$R_{D1} = \dfrac{\delta_E}{\lambda_G} = \dfrac{0{,}006}{0{,}756} = 0{,}008$	0,8	$t_{W2} = +1{,}1$
Wärme- übergang	$R_{\ddot{U}2} = \dfrac{1}{\alpha_1} = \dfrac{1}{5{,}82} = 0{,}172$	16,1	$t_{F1} = -15{,}0$

$$t_{W1} = +1{,}9\ °C$$
$$t_{W2} = 1{,}1\ °C$$
$$\sum_i \Delta T_i = 33{,}0\ K$$
$$\sum_i R_i = 0{,}352\ \frac{m^2 K}{W}$$
$$\dot{q}_E = \frac{\sum_i \Delta T_i}{\sum_i R_i}$$
$$\dot{q}_E = \frac{33{,}0\ K}{0{,}352\ \frac{m^2 K}{W}}$$
$$\dot{q}_E = 93{,}75\ \frac{W}{m^2}$$

Zu b) Berechnung der Wärmeabgabe durch doppelt verglastes Fenster:

Tab. Repetitorium 9.3B: Ergebnisse des thermischen Energietransports bei doppelter Verglasung

Thermische Einzelwiderstände	R_i in $\frac{m^2 K}{W}$		$\Delta T_i = \dot{q} \cdot R_i$ in K	Einzeltemperaturen t_i in $°C$ $t_{F1} = +18,0$
Thermischer Energietransport				
Wärmeübergang	$R_{Ü1} = \frac{1}{\alpha_1} = \frac{1}{5,82}$	$= 0,172$	11,0	$t_{W1} = +7,0$
Wärmeleitung	$R_{D1} = \frac{\delta_D}{\lambda_G} = \frac{0,003}{0,756}$	$= 0,004$	0,25	$t_{Z1} = +6,75$
Wärmeleitung	$R_{D1} = \frac{\delta_L}{\lambda_L} = \frac{0,050}{0,307}$	$= 0,163$	10,5	$t_{Z2} = -3,75$
Wärmeleitung	$R_{D1} = \frac{\delta_D}{\lambda_G} = \frac{0,003}{0,756}$	$= 0,004$	0,25	$t_{W2} = -4,0$
Wärmeübergang	$R_{Ü2} = \frac{1}{\alpha_1} = \frac{1}{5,82}$	$= 0,172$	11,0	$t_{F1} = -15,0$

$$t_{W1} = +7,0\,°C$$
$$t_{W2} = -4,0\,°C$$
$$\sum_i \Delta T_i = 33,0\,K$$
$$\sum_i R_i = 0,515\,\frac{m^2 K}{W}$$
$$\dot{q}_D = \frac{\sum_i \Delta T_i}{\sum_i R_i}$$
$$\dot{q}_D = \frac{33,0\,K}{0,515\,\frac{m^2 K}{W}}$$
$$\dot{q}_D = 64,08\,\frac{W}{m^2}$$
$$\frac{\dot{q}_D}{\dot{q}_E} = \frac{64,08\,W/m^2}{93,75\,W/m^2} = 0,684$$

Lediglich 68,4 % des Wärmestroms eines einfach verglasten Fensters $\dot{q}_E$ gehen beim doppelt verglasten Fenster $\dot{q}_D$ hindurch.

Lösung 9.4

1. System: geschlossenes System

10 Repetitorium

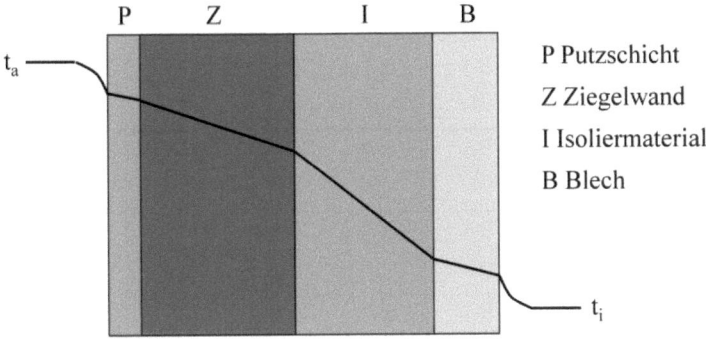

Abb. Repetitorium 9.4: System zur Aufgabe 9.4

P Putzschicht
Z Ziegelwand
I Isoliermaterial
B Blech

2. Bezugssystem BZS ruht in Bezug zur Systemgrenze

3. Modellbildung
Reihenschaltung der thermischen Widerstände
stationärer Vorgang

Zu a) Qualitativer Temperaturverlauf durch die Wand:
Siehe Abb. 9.4

Zu b) Berechnung der stündlich in den Kühlraum eintretenden Wärme $\dot{q}$:

Gl. (9.46)
$$\dot{q} = \frac{T_{F1} - T_{F2}}{\frac{1}{\alpha_1} + \Sigma_i \frac{\delta_i}{\lambda_i} + \frac{1}{\alpha_2}}$$

Gl. (9.48)
$$R_T = \frac{1}{\alpha_1} + \sum_i \frac{\delta_i}{\lambda_i} + \frac{1}{\alpha_2}$$

$$R_T = \sum_i R_i$$

$$\Delta T_g = \sum_i \Delta T_i$$

$$\dot{q} = \frac{\Delta T_i}{R_i} = \frac{\Delta T_g}{R_T}$$

$$\Delta T_i = R_i \frac{\Delta T_g}{R_T}$$

$$\Delta T_i = R_i \frac{\Sigma_i \Delta T_i}{\Sigma_i R_i}$$

$$\Delta T_i = \dot{q} \cdot R_i$$

Tab. Repetitorium 9.4: Zusammenstellung der Ergebnisse des thermischen Energietransports

Thermische Einzel- widerstände	R_i in $\frac{m^2 K}{W}$	$\Delta T_i = \dot{q} \cdot R_i$ in K	Einzeltempera- turen t_i in °C
	Thermischer Energietransport		$t_{F1} = +20,0$
Wärme- übergang	$R_{\ddot{U}1} = \frac{1}{\alpha_1} = \frac{1}{6} = 0,167$	0,7	$t_{W1} = +19,30$
Wärme- leitung	$R_{D1} = \frac{\delta_D}{\lambda_G} = \frac{0,01}{0,8} = 0,013$	0,1	$t_{Z1} = +19,2$
Wärme- leitung	$R_{D1} = \frac{\delta_L}{\lambda_L} = \frac{0,25}{0,7} = 0,357$	1,5	$t_{Z2} = +17,7$
Wärme- leitung	$R_{D1} = \frac{\delta_D}{\lambda_G} = \frac{0,25}{0,04} = 6,250$	26,5	$t_{Z3} = -8,8$
Wärme- leitung	$R_{D1} = \frac{\delta_D}{\lambda_G} = \frac{0,003}{60} = 0,000$	0,00	$t_{W2} = -8,8$
Wärme- übergang	$R_{\ddot{U}2} = \frac{1}{\alpha_1} = \frac{1}{3,5} = 0,286$	1,2	$t_{F1} = -10,0$

$$t_{W1} = +19,3 \,°C$$
$$t_{W2} = -8,8 \,°C$$
$$\sum_i \Delta T_i = 30,0 \, K$$
$$\sum_i R_i = 7,073 \, \frac{m^2 K}{W}$$
$$\dot{q} = \frac{\sum_i \Delta T_i}{\sum_i R_i}$$
$$\dot{q} = \frac{30,0 \, K}{7,073 \, \frac{m^2 K}{W}}$$
$$\dot{q} = 4,24 \, \frac{W}{m^2}$$
$$\dot{q} = 4,24 \, \frac{J}{s \cdot m^2}$$
$$\dot{q} = 15,3 \, \frac{kJ}{h \cdot m^2}$$

Lösung 9.5

1. System: geschlossenes System

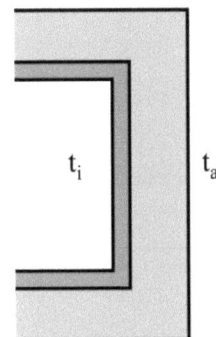

Abb. Repetitorium 9.5A: System zur Aufgabe 9.5

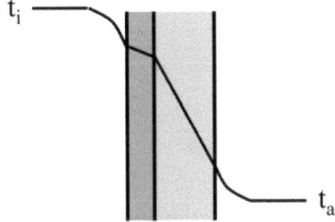

Abb. Repetitorium 9.5B: System zur Aufgabe 9.5

2. Bezugssystem BZS ruht in Wandung

3. Modellbildung
stationäre Wärmeübertragung
Reihenschaltung von thermischen Widerständen

Zu a) Berechnung der Wärmedurchgangszahl k:

Gl. (9.46)
$$\dot{q} = \frac{T_{F1} - T_{F2}}{\frac{1}{\alpha_1} + \Sigma_i \frac{\delta_i}{\lambda_i} + \frac{1}{\alpha_2}}$$

Gl. (9.48)
$$R_T = \frac{1}{\alpha_1} + \sum_i \frac{\delta_i}{\lambda_i} + \frac{1}{\alpha_2}$$

$$R_T = \sum_i R_i$$

$$\Delta T_g = \sum_i \Delta T_i$$

$$\dot{q} = \frac{\Delta T_i}{R_i} = \frac{\Delta T_g}{R_T}$$

$$\Delta T_i = R_i \frac{\Delta T_g}{R_T}$$

$$\Delta T_i = R_i \frac{\sum_i \Delta T_i}{\sum_i R_i}$$

$$\Delta T_i = \dot{q} \cdot R_i$$

Tab. Repetitorium 9.5: Zusammenstellung der Ergebnisse des thermischen Energietransports

Thermischer Energietransport			
Thermische Einzel-widerstände	R_i in $\frac{m^2 K}{W}$	$\Delta T_i = \dot{q} \cdot R_i$ in K	Einzeltemperaturen t_i in °C $t_{F1} = +99{,}1$
Wärme-übergang	$R_{Ü1} = \frac{1}{\alpha_1} = \frac{1}{1{,}16 \cdot 10^4} = 0{,}0001$	0,01	$t_{W1} = +99{,}09$
Wärme-leitung	$R_{D1} = \frac{\delta_D}{\lambda_G} = \frac{0{,}003}{52{,}4} = 0{,}00007$	0,01	$t_{Z1} = +99{,}08$
Wärme-leitung	$R_{D1} = \frac{\delta_L}{\lambda_L} = \frac{0{,}1}{0{,}14} = 0{,}714$	73,23	$t_{Z2} = +25{,}86$
Wärme-übergang	$R_{Ü2} = \frac{1}{\alpha_1} = \frac{1}{17{,}5} = 0{,}057$	5,86	$t_{F1} = 20{,}0$

Gl. (9.47)
$$k = \frac{1}{\frac{1}{\alpha_1} + \sum_i \frac{\delta_i}{\lambda_i} + \frac{1}{\alpha_2}}$$

Gl. (9.48)
$$R_T = \frac{1}{\alpha_1} + \sum_i \frac{\delta_i}{\lambda_i} + \frac{1}{\alpha_2}$$

$$k = \frac{1}{R_T}$$

$$\sum_i R_i = 0{,}771 \frac{m^2 K}{W}$$

$$k = \frac{1}{0{,}771 \frac{m^2 K}{W}}$$

$$k = 1{,}3 \frac{W}{m^2 K}$$

$$\sum_i \Delta T_i = 79{,}1 \, K$$

Zu b) Berechnung der Wärme, die stündlich an die Raumluft abgegeben wird, Wärmestrom $\dot{q}$:

$$\dot{q} = \frac{\sum_i \Delta T_i}{\sum_i R_i}$$

$$\dot{q} = \frac{79{,}1\ K}{0{,}771\ \frac{m^2 K}{W}}$$

$$\dot{q} = 102\ \frac{W}{m^2}$$

$$\dot{q} = 102\ \frac{J}{s \cdot m^2}$$

$$\dot{q} = 367\ \frac{kJ}{h \cdot m^2}$$

Zu c) Auflistung der Grenztemperaturen der einzelnen Schichten:

$$t_{F1} = +99{,}1$$
$$t_{W1} = +99{,}09$$
$$t_{Z2} = +25{,}86$$
$$t_{F1} = +20{,}0$$

Lösung 9.6

1. System: geschlossenes System

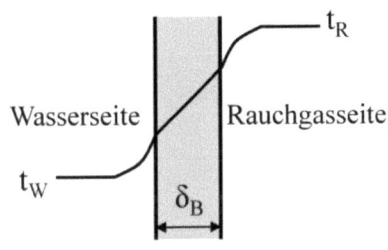
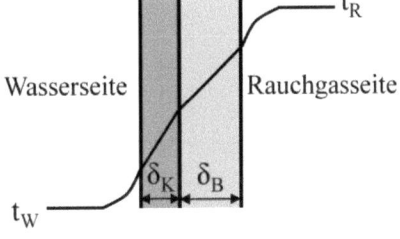

Abb. Repetitorium 9.6: System a)   System b) zur Aufgabe 9.6

2. Bezugssystem BZS ruht in Wandung

3. Modellbildung
   stationäre Strömung
   Reihenschaltung von thermischen Widerständen

Zu a): Berechnung der Oberflächentemperaturen:

Gl. (9.46) $$\dot{q} = \frac{T_{F1} - T_{F2}}{\frac{1}{\alpha_1} + \sum_i \frac{\delta_i}{\lambda_i} + \frac{1}{\alpha_2}}$$

Gl. (9.48) $$R_T = \frac{1}{\alpha_1} + \sum_i \frac{\delta_i}{\lambda_i} + \frac{1}{\alpha_2}$$

$$R_T = \frac{1}{\alpha_R} + \sum_i \frac{\delta_i}{\lambda_i} + \frac{1}{\alpha_D}$$

$$R_T = \sum_i R_i$$

$$\Delta T_g = \sum_i \Delta T_i$$

$$\dot{q} = \frac{\Delta T_i}{R_i} = \frac{\Delta T_g}{R_T}$$

$$\Delta T_i = R_i \frac{\Delta T_g}{R_T}$$

$$\Delta T_i = R_i \frac{\sum_i \Delta T_i}{\sum_i R_i}$$

$$\Delta T_i = \dot{q} \cdot R_i$$

Tab. Repetitorium 9.6A: Ergebnisse des thermischen Energietransports beim Dampfkessel ohne Kesselstein

	Thermischer Energietransport		
Thermische Einzelwiderstände	$R_i \cdot 10^4$ in $\frac{m^2 K}{W}$	$\Delta T_i = \dot{q} \cdot R_i$ in K	Einzeltemperaturen t_i in °C $t_R = +900$
Wärmeübergang	$R_{\ddot{U}1} = \dfrac{1}{\alpha_R} = \dfrac{1}{35} = 285{,}7$	665,5	$t_{W1} = +234{,}5$
Wärmeleitung	$R_{D1} = \dfrac{\delta_D}{\lambda_G} = \dfrac{0{,}022}{58} = 3{,}8$	8,9	$t_{W1} = +234{,}5$
Wärmeübergang	$R_{\ddot{U}2} = \dfrac{1}{\alpha_D} = \dfrac{1}{9300} = 1{,}1$	2,6	$t_D = 223{,}0$

$$t_{W1} = +234{,}5$$
$$t_{W1} = +234{,}5$$

Zu b) Berechnung des Temperaturanstiegs nach Kesselsteinbildung:

Gl. (9.46) $$\dot{q} = \frac{T_{F1} - T_{F2}}{\dfrac{1}{\alpha_1} + \sum_i \dfrac{\delta_i}{\lambda_i} + \dfrac{1}{\alpha_2}}$$

Gl. (9.48) $$R_T = \frac{1}{\alpha_1} + \sum_i \frac{\delta_i}{\lambda_i} + \frac{1}{\alpha_2}$$

$$R_T = \frac{1}{\alpha_R} + \sum_i \frac{\delta_i}{\lambda_i} + \frac{1}{\alpha_D}$$

$$R_T = \sum_i R_i$$

Tab. Repetitorium 9.6B: Ergebnisse des thermischen Energietransports beim Dampfkessel mit Kesselstein

Thermische Einzelwiderstände	Thermischer Energietransport $R_i \cdot 10^4$ in $\frac{m^2 K}{W}$	$\Delta T_i = \dot{q} \cdot R_i$ in K	Einzeltemperaturen t_i in °C $t_R = +900{,}0$
Wärmeübergang	$R_{\ddot{U}1} = \dfrac{1}{\alpha_R} = \dfrac{1}{35} = 285{,}7$	507,0	$t_{W1} = +393{,}0$
Wärmeleitung	$R_{D1} = \dfrac{\delta_D}{\lambda_G} = \dfrac{0{,}022}{58} = 3{,}8$	6,7	$t_{Z1} = +386{,}0$
Wärmeleitung	$R_{D1} = \dfrac{\delta_L}{\lambda_L} = \dfrac{0{,}01}{1{,}1} = 90{,}9$	161,3	$t_{W2} = +225{,}0$
Wärmeübergang	$R_{\ddot{U}2} = \dfrac{1}{\alpha_D} = \dfrac{1}{9300} = 1{,}1$	2,0	$t_D = +223{,}0$

$$t_{W1} = +393{,}0$$
$$t_{W2} = +225{,}0$$

Lösung 9.7

1. System: geschlossenes System

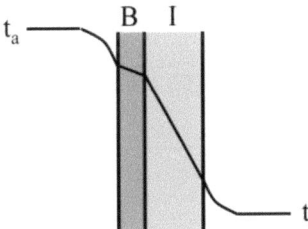

Abb. Repetitorium 9.7A: System zur Aufgabe 9.7

2. Bezugssystem BZS ruht in Wandung

3. Modellbildung
   stationäre Wärmeübertragung
   Reihenschaltung von thermischen Widerständen

Zu a) Berechnung der von der Kälteanlage abgeführten Wärme $\dot{Q}_{ab}$, des Wärmedurchgangskoeffizienten k und der einzelnen Grenztemperaturen:

Gl. (9.46) $$\dot{q} = \frac{T_{F1} - T_{F2}}{\dfrac{1}{\alpha_1} + \Sigma_i \dfrac{\delta_i}{\lambda_i} + \dfrac{1}{\alpha_2}}$$

Gl. (9.48)
$$R_T = \frac{1}{\alpha_1} + \sum_i \frac{\delta_i}{\lambda_i} + \frac{1}{\alpha_2}$$

$$R_T = \sum_i R_i$$

$$\Delta T_g = \sum_i \Delta T_i$$

$$\dot{q} = \frac{\Delta T_i}{R_i} = \frac{\Delta T_g}{R_T}$$

$$\Delta T_i = R_i \frac{\Delta T_g}{R_T}$$

$$\Delta T_i = R_i \frac{\sum_i \Delta T_i}{\sum_i R_i}$$

$$\Delta T_i = \dot{q} \cdot R_i$$

Tab. Repetitorium 9.7: Zusammenstellung der Ergebnisse des thermischen Energietransports

	Thermischer Energietransport		
Thermische Einzelwiderstände	R_i in $\frac{m^2 K}{W}$	$\Delta T_i = \dot{q} \cdot R_i$ in K	Einzeltemperaturen t_i in °C $t_{F1} = +27{,}0$
Wärmeübergang	$R_{01} = \frac{1}{\alpha_1} = \frac{1}{5} = 0{,}2$	1,5	$t_{W1} = +25{,}5$
Wärmeleitung	$R_{D1} = \frac{\delta_D}{\lambda_G} = \frac{0{,}1}{0{,}2} = 0{,}5$	3,75	$t_{Z1} = +21{,}75$
Wärmeleitung	$R_{D1} = \frac{\delta_L}{\lambda_L} = \frac{0{,}145}{0{,}05} = 2{,}9$	21,75	$t_{Z2} = \pm 0{,}0$
Wärmeübergang	$R_{02} = \frac{1}{\alpha_1} = \frac{1}{2{,}5} = 0{,}4$	3,00	$t_{F2} = -3{,}0$

Grenztemperaturen der einzelnen Schichten betragen:
$$t_{F1} = +27{,}0 \,°C$$
$$t_{W1} = +25{,}5 \,°C$$
$$t_{Z2} = +21{,}75 \,°C$$
$$t_{Z2} = \pm 0{,}0 \,°C$$
$$t_{F2} = -3{,}0 \,°C$$

Gl. (9.47)
$$k = \frac{1}{\frac{1}{\alpha_1} + \sum_i \frac{\delta_i}{\lambda_i} + \frac{1}{\alpha_2}}$$

Gl. (9.48)
$$R_T = \frac{1}{\alpha_1} + \sum_i \frac{\delta_i}{\lambda_i} + \frac{1}{\alpha_2}$$

$$k = \frac{1}{R_T}$$

$$R_T = \sum_i R_i = 4\frac{m^2 K}{W}$$

$$k = \frac{1}{4\frac{m^2 K}{W}}$$

$$k = 0{,}25 \frac{W}{m^2 K}$$

$$\sum_i \Delta T_i = 30{,}0\ K$$

$$\dot{q} = \frac{\sum_i \Delta T_i}{\sum_i R_i}$$

$$\dot{q} = \frac{30\ K}{4\frac{m^2 K}{W}}$$

$$\dot{q} = 7{,}5 \frac{W}{m^2}$$

$$\dot{Q}_{ab} = \dot{q} \cdot A$$

$$\dot{Q}_{ab} = 7{,}5 \frac{W}{m^2} \cdot 400\ m^2$$

$$\dot{Q}_{ab} = 3000\ W$$

$$\dot{Q}_{ab} = 3\ \frac{kJ}{s}$$

Zu b) Berechnung der Kreisprozessleistung $\dot{W}_K$ der nach dem Carnot-Prozess arbeitenden Kälteanlage:

1. System: geschlossenes System, Zustandsänderungen sollen gedanklich nacheinander in einem Zylinder ablaufen

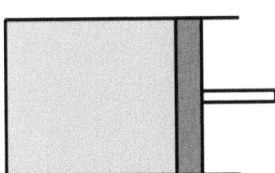

Abb. Repetitorium 9.7B: System zur Aufgabe 9.7

2. Bezugssystem BZS ruht in Zylinderwandung

3. Modellbildung
   quasistatische Zustandsänderungen
   reibungsfreie Zustandsänderungen
   Gl. (7.13) $\qquad q_{zu} = T_{max} \cdot (s_3 - s_2) = T_{max} \cdot (s_4 - s_1)$

Gl. (7.14)
$$q_{zu} = T_{F1} \cdot (s_3 - s_2) = T_{F1} \cdot (s_4 - s_1)$$
$$q_{ab} = T_{min} \cdot (s_4 - s_1)$$
$$q_{ab} = T_{F2} \cdot (s_4 - s_1)$$
$$\Delta s = |s_4 - s_1| = |s_3 - s_2|$$

Gl. (7.10)
$$-w_K = q_{zu} + q_{ab}$$
$$|w_K| = q_{zu} - |q_{ab}|$$
$$\Delta T = T_{max} - T_{min} = T_{F1} - T_{F2}$$
$$|w_K| = q_{zu} - |q_{ab}|$$
$$|w_K| = \Delta s \cdot \Delta T$$
$$|\dot{W}_K| = \dot{m} \cdot \Delta s \cdot \Delta T$$
$$|\dot{Q}_{ab}| = \dot{m} \cdot T_{F2} \cdot \Delta s$$
$$\Delta s = \frac{|\dot{Q}_{ab}|}{\dot{m} \cdot T_{F2}}$$
$$|\dot{W}_K| = \dot{m} \cdot \frac{|\dot{Q}_{ab}|}{\dot{m} \cdot T_{F2}} \cdot \Delta T$$
$$|\dot{W}_K| = \frac{|\dot{Q}_{ab}| \cdot \Delta T}{T_{F2}}$$
$$\Delta T = 300\,K - 270\,K = 30\,K$$
$$t_{F2} = -3{,}0\,°C$$
$$T_{F2} = 270\,K$$
$$\dot{Q}_{ab} = 3\,\frac{kJ}{s}$$
$$|\dot{W}_K| = \frac{3\,\frac{kJ}{s} \cdot 30\,K}{270\,K}$$
$$|\dot{W}_K| = 0{,}33\,\frac{kJ}{s}$$
$$|\dot{W}_K| = 0{,}33\,kW$$

Zu c) Darstellung des Prozesses im T, s-Diagramm, Abb. 9.7:

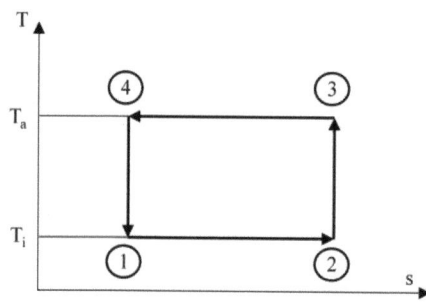

Abb. Repetitorium 9.7C: T, s-Diagramm zur Aufgabe 9.7

Lösung 9.8

1. System: geschlossenes System

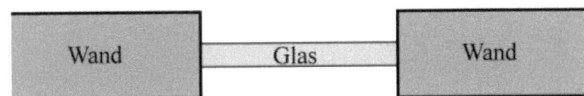

Abb. Repetitorium 9.8: System zur Aufgabe 9.8

2. Bezugssystem BZS ruht in Wandung

3. Modellbildung
   stationäre Wärmeübertragung
   Parallelschaltung von thermischen Widerständen

   Berechnung des thermischen Gesamtwiderstandes der Wand pro m^2, R_T

   Gl. (9.48) $$R_T = \frac{1}{\alpha_1} + \sum_i \frac{\delta_i}{\lambda_i} + \frac{1}{\alpha_2}$$

   $$R_{TW} = \frac{1}{\alpha_{1W}} + \frac{\delta_W}{\lambda_W} + \frac{1}{\alpha_{2W}}$$

   $$R_{TW} = \frac{1}{5\frac{W}{m^2K}} + \frac{0{,}25\,m}{0{,}75\frac{W}{mK}} + \frac{1}{4\frac{W}{m^2K}}$$

   $$R_{TW} = 0{,}2\frac{m^2K}{W} + 0{,}33\frac{m^2K}{W} + 0{,}25\frac{m^2K}{W}$$

   $$R_{TW} = 0{,}78\frac{m^2K}{W}$$

   Flächenbezogener thermischer Widerstand für die Wand:

   $$\frac{R_{TW}}{A_W} = \frac{0{,}78\frac{m^2K}{W}}{4\,m^2} = 0{,}195\frac{K}{W}$$

   Thermischer Widerstand für das Glasfenster:

   Gl. (9.48) $$R_T = \frac{1}{\alpha_1} + \sum_i \frac{\delta_i}{\lambda_i} + \frac{1}{\alpha_2}$$

   $$R_{TG} = \frac{1}{\alpha_{1G}} + \frac{\delta_G}{\lambda_G} + \frac{1}{\alpha_{2G}}$$

   $$R_{TG} = \frac{1}{4\frac{W}{m^2K}} + \frac{0{,}05\,m}{1\frac{W}{mK}} + \frac{1}{3\frac{W}{m^2K}}$$

   $$R_{TG} = 0{,}25\frac{m^2K}{W} + 0{,}05\frac{m^2K}{W} + 0{,}33\frac{m^2K}{W}$$

$$R_{TG} = 0{,}63\,\frac{m^2 K}{W}$$

Flächenbezogener thermischer Widerstand für das Glasfenster:

$$\frac{R_{TG}}{A_G} = \frac{0{,}63\,\frac{m^2 K}{W}}{3\,m^2} = 0{,}210\,\frac{K}{W}$$

Die beiden flächenbezogenen, thermischen Widerstände sind parallel geschaltet und ergeben wie bei elektrischen Widerständen folgenden flächenbezogenen Gesamtwiderstand:

$$\frac{1}{R_T} = \sum_i \frac{1}{R_i}$$

$$\frac{1}{R_T} = \frac{1}{0{,}195\,\frac{K}{W}} + \frac{1}{0{,}210\,\frac{K}{W}}$$

$$R_T = 0{,}101\,\frac{W}{K}$$

Lösung 9.9

1. System: geschlossenes System

2. Bezugssystem BZS ruht in Wandung

3. Modellbildung
   Berechnung des flächenbezogenen Energiestroms $\dot{e}$:

   Gl. (9.38)
   $$\dot{e} = \frac{\dot{E}}{A} = \varepsilon \cdot C_s \left(\frac{T}{100}\right)^4$$

   $$\dot{e} = 0{,}6 \cdot 5{,}670\,\frac{W}{m^2 K^4}\left(\frac{1073\,K}{100}\right)^4$$

   $$\dot{e} = 41{,}2\,\frac{kW}{m^2}$$

Lösung 9.10

1. System: geschlossenes System

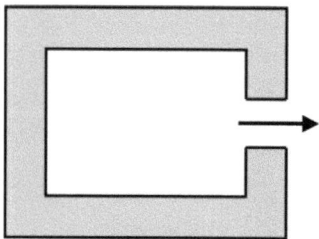

Abb. Repetitorium 9.10: System zur Aufgabe 9.10

2. Bezugssystem BZS ruht in Ofenwandung

3. Modellbildung
$\varepsilon = konst$

Berechnung des durch die Öffnung abgestrahlten Energiestroms $\dot{E}$:

Gl. (9.39) $\quad \dot{E} = \dot{e} \cdot A = A \cdot \varepsilon \cdot C_s \left(\frac{T}{100}\right)^4$

$$\dot{E} = 0{,}5 \, m^2 \cdot 0{,}6 \cdot 5{,}670 \, \frac{W}{m^2 K^4} \left(\frac{1573}{100}\right)^4$$

$$\dot{E} = 104{,}1 \, kW$$

Berechnung der über die Zeit $\Delta \tau = 5 \, min$ abgestrahlten Wärme Q:

$$Q = \dot{E} \cdot \Delta \tau$$

$$Q = 104{,}1 \, \frac{kJ}{s} \cdot 300 \, s$$

$$Q = 31{,}2 \cdot 10^3 \, kJ$$

Lösung 9.11

1. System: geschlossenes System

2. Bezugssystem BZS ruht in einer der beiden Wandungen

3. Modellbildung
Berechnung des Wärmeübertrags durch Strahlung $\dot{Q}_{12}$ zwischen zwei parallelen Wänden:

Gl. (9.40) $\quad \dot{Q}_{12} = \dfrac{A \cdot C_s}{\dfrac{1}{\varepsilon_1} + \dfrac{1}{\varepsilon_2} - 1} \cdot \left[\left(\dfrac{T_1}{100}\right)^4 - \left(\dfrac{T_2}{100}\right)^4\right]$

Es findet kein Stahlungsaustausch, sondern nur eine Abstrahlung statt

$$\dot{Q}_{12} = \dfrac{10 \, m^2 \cdot 5{,}670 \, \dfrac{W}{m^2 K^4}}{\dfrac{1}{0{,}7} + \dfrac{1}{0{,}8} - 1} \cdot \left[\left(\dfrac{1100 \, K}{100}\right)^4 - \left(\dfrac{800 \, K}{100}\right)^4\right]$$

$$\dot{Q}_{12} = 356 \, \frac{kJ}{s}$$

$$\dot{Q}_{12} = 356 \, kW$$

Lösung 9.12

1. System: geschlossenes System

2. Bezugssystem BZS ruht in Ofenwandung

3. Modellbildung

Ofenloch wird als schwarzer Strahler betrachtet $C_{12} = C_s = 5{,}670 \frac{W}{m^2 K^4}$

(Diese Annahme gilt solange Wand- und Flammentemperatur identisch sind)

Zu a) Berechnung des durch die Öffnung abgestrahlten Wärmestroms $\dot{Q}_{12}$:

Gl. (9.40) $\quad \dot{Q}_{12} = \dfrac{A \cdot C_s}{\dfrac{1}{\varepsilon_1} + \dfrac{1}{\varepsilon_2} - 1} \cdot \left[\left(\dfrac{T_1}{100}\right)^4 - \left(\dfrac{T_2}{100}\right)^4 \right]$

Es findet kein Stahlungsaustausch, sondern nur eine Abstrahlung statt, damit entfällt T_2 und es gilt:

Gl. (9.39) $\quad \dot{Q}_{12} = A \cdot C_s \cdot \left(\dfrac{T_1}{100}\right)^4$

$A = d^2 \pi = 0{,}05^2 m^2 \cdot \pi = 0{,}00785\ m^2$

$\dot{Q}_{12} = 0{,}00785\ m^2 \cdot 5{,}670 \dfrac{W}{m^2 K^4} \cdot \left(\dfrac{1773\ K}{100}\right)^4$

$\dot{Q}_{12} = 4{,}4\ kW$

Zu b) Berechnung der Fläche A, die die gleichen Wärmeverluste durch Wärmedurchgang verursachen würde:

Gl. (9.46) $\quad \dot{q} = \dfrac{T_{F1} - T_{F2}}{\dfrac{1}{\alpha_1} + \sum_i \dfrac{\delta_i}{\lambda_i} + \dfrac{1}{\alpha_2}}$

$\dot{Q}_{12} = A \cdot \dot{q} = A \cdot \dfrac{T_{F1} - T_{F2}}{\dfrac{1}{\alpha_1} + \sum_i \dfrac{\delta_i}{\lambda_i} + \dfrac{1}{\alpha_2}}$

$\Delta T = T_{F1} - T_{F2}$

$A = \dfrac{\dot{Q}_{12}}{\Delta T} \cdot \left[\dfrac{1}{\alpha_1} + \sum_i \dfrac{\delta_i}{\lambda_i} + \dfrac{1}{\alpha_2}\right]$

$A = \dfrac{4{,}4 \cdot 10^3 W}{1480\ K} \cdot \left[\dfrac{1}{230 \frac{W}{m^2 K}} + \dfrac{0{,}38\ m}{0{,}87 \frac{W}{mK}} + \dfrac{1}{17 \frac{W}{m^2 K}}\right]$

$A = 1{,}52\ m^2$

Lösung 9.13

1. System: geschlossenes Gesamtsystem

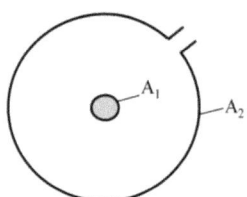

Abb. Repetitorium 9.13B: System zur Aufgabe 9.13

2. Bezugssystem BZS ruht in Bezug zum Gesamtsystem

3. Modellbildung
Strahlungsaustauschkonstante C_{12} für umschlossene Körper $C_{12} = \frac{C_s}{\frac{1}{\varepsilon_1}+\frac{1}{\varepsilon_2}-1}$

Berechnung der tatsächlichen Lufttemperatur t_L:

Gl. (9.40)
$$\dot{Q}_{12} = \frac{A \cdot C_s}{\frac{1}{\varepsilon_1}+\frac{1}{\varepsilon_2}-1} \cdot \left[\left(\frac{T_1}{100}\right)^4 - \left(\frac{T_2}{100}\right)^4\right]$$

$$C_{12} = \frac{C_s}{\frac{1}{\varepsilon_1}+\frac{1}{\varepsilon_2}-1} = 4{,}99\, \frac{W}{m^2 K^4}$$

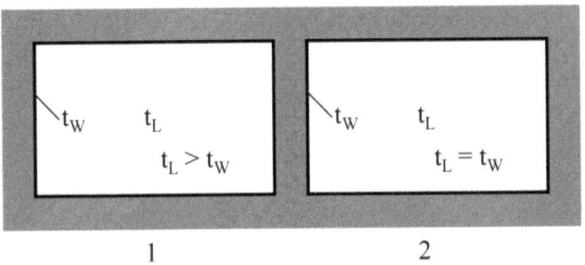

Abb. Repetitorium 9.13C: System zur Aufgabe 9.13

Der Wärmestrom durch Strahlung
$$\dot{q}_{St} = \dot{q}_{12} = 4{,}99\, \frac{W}{m^2 K^4} \cdot \left[\left(\frac{T_{Th}}{100}\right)^4 - \left(\frac{T_W}{100}\right)^4\right]$$

muss gleich sein mit dem Wärmestrom durch Konvektion
$$\dot{q}_K = \alpha \cdot (T_L - T_{Th})$$
$$\alpha = 3{,}19 \cdot \sqrt[4]{T_L - T_{Th}}$$
$$\dot{q}_K = 3{,}19 \cdot \sqrt[4]{T_L - T_{Th}} \cdot (T_L - T_{Th})$$

Aus
$$\dot{q}_{St} = \dot{q}_K$$
folgt
$$4{,}99\, \frac{W}{m^2 K^4} \cdot \left[\left(\frac{T_{Th}}{100}\right)^4 - \left(\frac{T_W}{100}\right)^4\right] = 3{,}19 \cdot \sqrt[4]{T_L - T_{Th}} \cdot (T_L - T_{Th})$$

$$37{,}81\, \frac{W}{m^2} = 3{,}19 \cdot \sqrt[4]{T_L - T_{Th}}\, \frac{W}{m^2 K} \cdot (T_L - T_{Th}) K$$

Die Nullstelle der folgenden Gleichung $y = f(T_L)$:
$$y = \sqrt[4]{T_L - T_{Th}} \cdot (T_L - T_{Th}) - 11{,}85$$

liefert

$$T_L = 298{,}4\,K$$
$$t_L = 25{,}23\,°C$$

Die Abweichung zwischen der wahren Lufttemperatur und der am Thermometer angezeigten Temperatur beträgt also

$$\Delta T = T_L - T_{Th}$$
$$\Delta T = 298{,}4\,K - 291\,K$$
$$\Delta T = 7{,}4\,K$$

Lösung 9.14

1. System: geschlossenes System

2. Bezugssystem BZS ruht in Heizkörperwandung

3. Modellbildung
   Es soll hier auch die Strahlungsaustauschkonstante für den eingeschlossenen Körper

$$C_{12} = \frac{C_s}{\frac{1}{\varepsilon_1} + \frac{A_1}{A_2}\left(\frac{1}{\varepsilon_2} - 1\right)} \text{ mit } \varepsilon = \frac{C}{C_s} \text{ gelten.}$$

Berechnung des vom Heizkörper durch Strahlung übertragenen Wärmestroms $\dot{Q}_H$:

Gl. (9.39) $$\dot{Q} = A \cdot \varepsilon \cdot C_s \cdot \left(\frac{T}{100}\right)^4$$

Daraus folgt der flächenbezogene Wärmestrom:

$$\dot{q}_{12} = \frac{C_s}{\frac{1}{\varepsilon_1} + \frac{A_1}{A_2}\cdot\left(\frac{1}{\varepsilon_2} - 1\right)} \cdot \left[\left(\frac{T_1}{100}\right)^4 - \left(\frac{T_2}{100}\right)^4\right]$$

$$C_1 = \varepsilon_1 \cdot C_s$$
$$C_2 = \varepsilon_2 \cdot C_s$$

$$\dot{q}_{12} = \frac{C_s}{\frac{C_s}{C_1} + \frac{A_1}{A_2}\cdot\left(\frac{C_s}{C_2} - 1\right)} \cdot \left[\left(\frac{T_1}{100}\right)^4 - \left(\frac{T_2}{100}\right)^4\right]$$

Mit

$$C_{12} = \frac{C_s}{\frac{C_s}{C_1} + \frac{A_1}{A_2}\cdot\left(\frac{C_s}{C_2} - 1\right)}$$

folgt

$$\dot{q}_{12} = C_{12} \cdot \left[\left(\frac{T_1}{100}\right)^4 - \left(\frac{T_2}{100}\right)^4\right]$$

$$C_s = 5{,}670\,\frac{W}{m^2 K^4}$$

$$C_1 = \varepsilon_1 \cdot C_s = 4{,}65\,\frac{W}{m^2 K^4}$$

$T_1 = 413\ K$

$A_1 = 3{,}25\ m^2$

$C_2 = \varepsilon_2 \cdot C_s = 2{,}79\ \dfrac{W}{m^2 K^4}$

$T_2 = 298\ K$

$A_2 = 2 \cdot (L \cdot H + B \cdot H + L \cdot B)$

$A_2 = 2 \cdot (4{,}5 \cdot 3{,}5 + 5 \cdot 3{,}5 + 4{,}5 \cdot 5) = 111{,}5\ m^2$

$C_{12} = \dfrac{C_s}{\dfrac{C_s}{C_1} + \dfrac{A_1}{A_2} \cdot \left(\dfrac{C_s}{C_2} - 1\right)}$

$C_{12} = \dfrac{5{,}670\ \dfrac{W}{m^2 K^4}}{\dfrac{5{,}670\ \dfrac{W}{m^2 K^4}}{4{,}65\ \dfrac{W}{m^2 K^4}} + \dfrac{3{,}25\ m^2}{111{,}5\ m^2} \cdot \left(\dfrac{5{,}670\ \dfrac{W}{m^2 K^4}}{2{,}79\ \dfrac{W}{m^2 K^4}} - 1\right)}$

$C_{12} = 4{,}43\ \dfrac{W}{m^2 K^4}$

Der vom Heizkörper abgegebene Wärmestrom beträgt

$\dot{Q}_H = A_1 \cdot \dot{q}_{12} = A_1 \cdot C_{12} \cdot \left[\left(\dfrac{T_1}{100}\right)^4 - \left(\dfrac{T_2}{100}\right)^4\right]$

$\dot{Q}_H = 3{,}25\ m^2 \cdot 4{,}43\ \dfrac{W}{m^2 K^4} \cdot \left[\left(\dfrac{413\ K}{100}\right)^4 - \left(\dfrac{298\ K}{100}\right)^4\right]$

$\dot{Q}_H = 3{,}06\ kW$

11 Literatur

[1] Baehr, Hans-Dieter und Kabelac, Stephan, Thermodynamik, 13. Aufl., Berlin Heidelberg New York 2006

[2] Hahne, Erich, Technische Thermodynamik, 5.Aufl.Oldenbourg Verlag, München Wien 2010

[3] Meyer, Günter und Schiffner, Erich, Technische Thermodynamik, 4. Aufl., Leipzig 1989

[4] Elsner, Norbert, Grundlagen der Technischen Thermodynamik, 7. Aufl., Berlin 1988

[5] Bosnjakovic; F., Technische Thermodynamik, 8. Aufl., Darmstadt 1998

[6] VDI-Wärmeatlas, 10. Aufl., Düsseldorf 2006

[7] Windisch, Herbert, Thermodynamik, 4. Aufl., Oldenbourg Verlag, München 2011

[8] Herwig, H. und Kautz, Christian, Technische Thermodynamik, Pearson Studium, München 2007

[9] Doering, Ernst, Schedwill, Herbert und Dehli, Martin, Grundlagen der technischen Thermodynamik, 6. Aufl., Wiesbaden 2008

[10] Geller, Wolfgang, Thermodynamik für Maschinenbauer, 4. Aufl., Berlin 2006

[11] Lucas, Klaus, Thermodynamik, 7. Aufl., Berlin 2008

[12] Lüdecke, Christa und Lüdecke, Dorothea, Thermodynamik, Berlin 2000

[13] Langeheinecke, Klaus, Jany Peter und Thieleke, Gerd, Thermodynamik für Ingenieure, 8. Aufl., Wiesbaden 2011

[14] Cerbe, Günter und Wilhelms, Gernot, Technische Thermodynamik, 16 Aufl., München 2011

[15] Reimann, Michael, Thermodynamik mit Mathcad, München 2010

[16] Stierstadt, Klaus, Thermodynamik, Berlin 2010

[17] Müller, Ingo, Grundzüge der Thermodynamik, 3. Aufl., Berlin 2001

[18] Weigand, Bernhard, Köhler, Jürgen und v. Wolfersdorf, Jens, Thermodynamik kompakt, Berlin 2010

[19] Nickel, Ulrich, Lehrbuch der Thermodynamik, 2. Aufl., Erlangen 2011

[20] Kittel, Charles und Krömer, Herbert, Thermodynamik, 5. Aufl., Oldenbourg V., München 2001

[21] Langbein, Werner, Thermodynamik, 3. Aufl., Frankfurt 2010

[22] Fischer, Siegfried, Zur Berücksichtigung der Temperaturabhängigkeit der spezifischen Wärme von Einzelgasen und Gasgemischen bei der thermodynamischen Berechnung von Strömungsmaschinen, Freiberger Forschungsheft Ausgabe 381, Leipzig 1965

[23] Hütte I, Des Ingenieurs Taschenbuch Maschinenbau, 28. Aufl., Berlin 1954

[24] Dittrich, E. u.a. Technische Thermodynamik, Abschn. 4 in Taschenbuch Maschinenbau, Band 2, Berlin 1985

[25] Faltin, Hans, Technische Wärmelehre, berichtigter Nachdruck der 4. Aufl. Berlin 1964

[26] **Michejew, Michail Aleksandrowič, Grundlagen der Wärmeübertragung, 3. Aufl. Berlin 1968**

[27] Höttges, Kirsten, U-Wert-Berechnung von Bauteilen mit nebeneinanderliegenden Bereichen, Bauphysik 22 (2000), H. 2, S. 121-123

[28] Barth, Frank-Michael, Die Behandlung instationärer Wärmeleitprobleme mit Phasenänderung, Zeitschrift Luft- und Kältetechnik 3/1982

[29] Barth, Frank-Michael, Zum Begriff „Erneuerbare Energien", VAA Magazin, Zeitschrift für Führungskräfte in der Chemie, 04/2015

[30] Eichen, Theo u. a., Zur Thematik des Einflusses von Kohlendioxid auf das Klima, VAA Magazin, Zeitschrift für Führungskräfte in der Chemie, 04/2014

[31] Zitto, Martin, Glasarchitektur von Morgen, CHEManager, 18/2018

12 Index

Ableitung 28, 29, 30, 50, 125
adiabate Zustandsänderung 209, 388, 511, 513
Anergie 448, 481, 482, 489
Anfangszustand 159, 342
Arbeit 159, 160, 161, 162, 163, 164, 165
Arbeitsfähigkeit 217, 225, 226, 227, 228, 229, 230, 231, 232
Barometerstand 153, 155
Bezugssystem 151, 159, 174, 175, 186
Carnot 208, 211, 212, 213, 214, 215, 216
Druck 152, 153, 154, 155, 156, 159, 160
Endzustand 159, 174, 196, 293, 294, 342
Energie 164, 165, 166, 167, 168, 169, 170, 171, 172, 173, 174, 175, 180, 190
Enthalpie 167, 171, 172, 196, 223, 273, 283, 284, 285, 360, 368, 472
Entropie 193, 194, 201, 204, 205, 217, 356, 358, 359, 388
Ericson 221, 222, 464, 466, 467, 468
Exergie 225, 477, 479, 489
Expansion 161, 198, 211, 213, 214, 219, 228, 267
Flüssigkeit 176, 182, 299, 318, 319, 321
Gas 155, 158, 159, 160, 161, 164, 167, 172, 184, 187, 192, 194, 197, 202, 210, 211
Gaskonstante 154, 155, 197
Gesamtenergie 158, 159, 164, 165, 172, 173, 174, 256, 259, 267, 269, 270, 285, 288, 289, 292, 293, 296, 297
Geschwindigkeit 172, 174, 175, 176, 178
Gleichgewichtszustand 402, 403, 477
Hauptsatz 258, 402, 448, 492
Idealprozess 216, 446
inkompressibel 293, 295, 296, 302, 303, 306, 312, 318, 319, 321, 324
isentrope Zustandsänderung 198, 396
Isentrope Zustandsänderung 380, 419, 423, 426, 433, 435, 437, 440, 469, 500, 501, 510
Isobare Zustandsänderung 415, 416, 419, 420, 422, 424
Isochore Zustandsänderung 417, 500, 502, 512
Isotherme Zustandsänderung 419, 422, 426, 428, 432, 435, 438, 440, 500, 510, 512
Kompression 214, 216, 222, 224, 226, 481
Kompressor 155, 201
kontinuierliche Strömung 342
Körper 162, 173, 174, 175, 293, 296, 533, 534
Kräftegleichgewicht 251, 327
Kreisprozess 206
Kreisprozessarbeit 414, 415, 416, 417, 425, 428, 433, 441, 450
Masse 152, 155, 162, 168, 169, 171, 200, 205, 227, 232, 248, 318, 369, 381
Massenstrom 177, 185, 186, 192, 211, 443, 453, 454, 461
Modellbildung 243, 244, 245, 246, 247, 248, 249, 250, 251, 252, 253, 254, 255, 256, 257, 258, 259, 260, 261, 262, 263
Molare Masse 152
molares Volumen 152
Nutzarbeit des Kreisprozesses 206, 221, 222, 408, 409, 463, 470
Polytrope Zustandsänderung 198, 374
Prozess 186, 195, 201, 202, 208, 209, 210, 211, 212, 214, 215, 216, 217, 218, 219, 220, 221, 222, 223, 224, 229
Prozessgröße 400, 408
Prozessverlauf 450, 453
Pumpe 152, 177, 181, 190, 191, 215, 302, 304, 315
Pumpen-Leistung 444
Reibungsarbeit 160, 164, 166, 194, 201, 259, 266, 272, 309, 310, 334, 377
reibungsfreie Zustandsänderung 266, 273, 274, 277, 282, 395, 483, 486, 490, 492, 494, 513
stationäre Strömung 295, 299, 301, 315, 318, 321, 328, 340, 373, 384, 443, 455, 508, 523
Strahlung 239, 241, 531, 533, 534
Strömung 179, 182, 299, 300, 302, 303, 306, 307, 310, 312, 318, 321, 322, 324

Strömungsprozess 163, 186, 313, 319, 322, 325, 328, 386, 392
System 151, 158, 159, 160, 161, 163, 164, 165, 166, 169, 172, 173, 177, 179, 180, 181, 183, 187, 188, 191, 192, 198, 202
Systemgrenze 151, 163, 242, 243, 244, 245, 261, 262, 270
Temperatur 154, 155, 159, 160, 161, 164, 167, 168, 169, 170, 174, 176
Turbine 151, 163, 185, 188, 202, 306, 332
Überdruck 153, 155, 248
Umgebungszustand 154, 210, 222, 225
Verdichter 185

Verlust 217, 226, 227, 230, 231, 449, 482
Volumen 152, 155, 156, 157, 166, 169, 172
Wärmepumpe 212
Winkelgeschwindigkeit 161, 297, 317
Wirkungsgrad 207, 208, 210, 211, 212, 214, 215, 216, 217, 219, 221, 224
Zustandsänderung 159, 160, 167, 172, 173, 196, 198, 202, 223, 230, 232, 260, 263, 267, 271, 273, 274
Zustandsgröße 163, 164, 197, 213, 267, 285, 370, 400, 430, 500, 501, 502
Zylinder 152, 159, 160, 161, 162, 163, 164, 165, 166, 167, 198, 199, 206, 209, 225

Bei Fragen zur Produktsicherheit wenden Sie sich bitte an:
If you have any questions regarding product safety,
please contact:

Walter de Gruyter GmbH
Genthiner Straße 13
10785 Berlin
productsafety@degruyterbrill.com